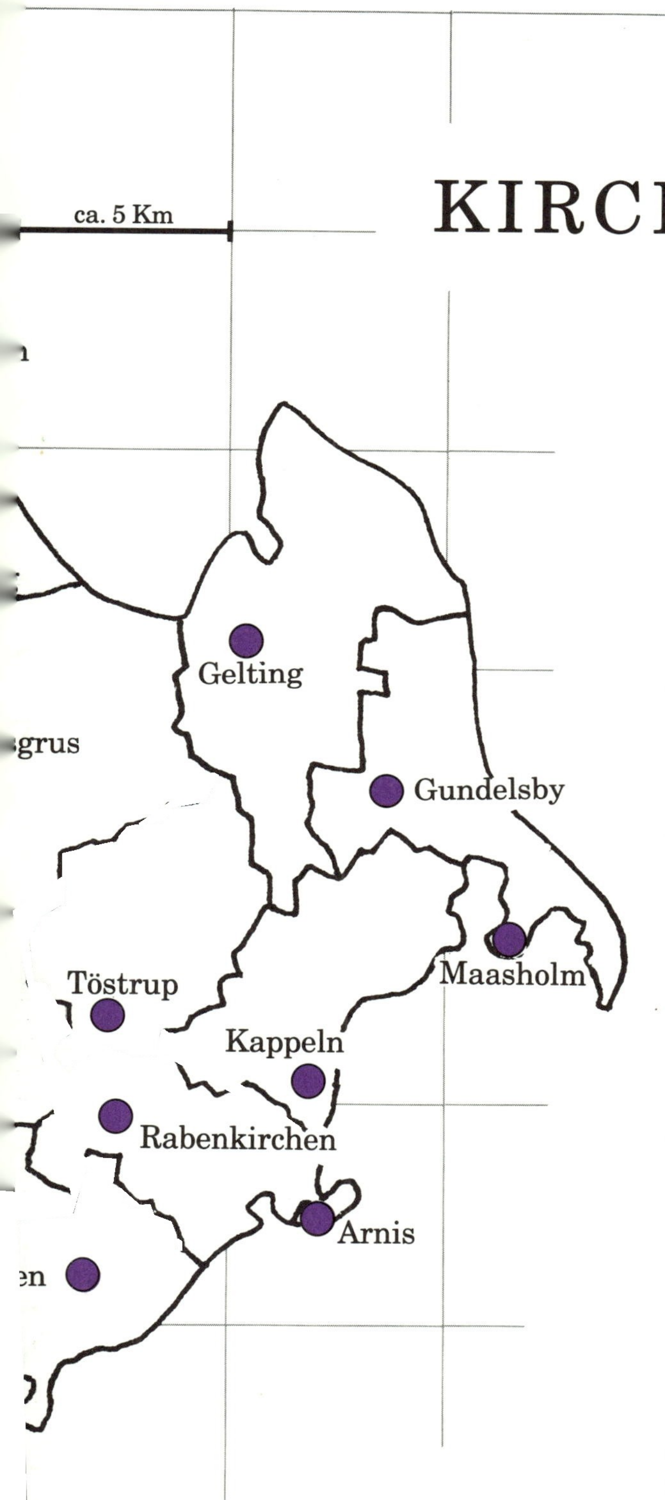

KIRCHSPIELE

● Kirchorte

NORDANGELN

Adelby
Glücksburg
Grundhof
Hürup
Husby
Munkbrarup
Neukirchen
Quern
Rüllschau
Steinberg

OSTANGELN

Esgrus
Gelting
Gundelsby
Kappeln
Töstrup

MITTELANGELN

Böel
Norderbrarup
Satrup
Sörup
Sterup
Struxdorf
Thumby

WESTANGELN

Böklund
Großsolt
Havetoft
Idstedt
Kleinsolt
Nübel
Sieverstedt
Ülsby

SÜDANGELN

Arnis
Boren
Brodersby
Kahleby
Loit
Moldenit
Rabenkirchen
Süderbrarup
Taarstedt
Tolk
Ulsnis

TOPOGRAPHIE DER LANDSCHAFT ANGELN

Eine Dokumentation des Heimatvereins der Landschaft Angeln

Berthold Hamer

Topographie der Landschaft Angeln

Band I
Lexikon A–K

Husum

Umschlag: „Höhen-Mosaik“ der Landschaft Angeln.
Jedes farbige „Steinchen“ gibt die überwiegende Höhenschicht auf einem Quadratkilometer wieder: Grün bis 10 und 20 m, Ocker, Gelb, Orange von 20 bis 50 m, Braun und Rot bis 60, 70 und über 80 m. Grundlage sind handcolorierte Topographische Karten 1:25000.

Die Deutsche Bibliothek – CIP-Einheitsaufnahme

Hamer, Berthold:
Topographie der Landschaft Angeln : eine Dokumentation des Heimatvereins der Landschaft Angeln / Berthold Hamer. –
Husum : Husum Druck- und Verlagsges.
NE: HST

Bd. 1. Lexikon A – K. – 1994
ISBN 3-88042-705-4

Satz: Fotosatz Husum GmbH
Lithos: Litho-Jankowski GmbH, Flensburg
Druck: Husum Druck- und Verlagsgesellschaft
Bindearbeiten: Hunke & Schröder, Iserlohn

ISBN 3-88042-705-4

VORWORT

Die Landschaft Angeln ist ein ideales Feld für eine Topographie. Der geographische Raum ist begrenzt, überschaubar und abwechslungsreich gestaltet. Seine Dörfer, selbst die kleinsten, sind topographische Persönlichkeiten, mit historischen Momenten und interessanten Objekten. Reichlich vorhandene Literatur über Angeln liefert eine günstige Materialgrundlage.

Die Geschichte zur Topographie der Landschaft Angeln beginnt 1844 mit Pastor Hans Nic. Andreas Jensen und seinem vor 150 Jahren erschienenen Werk „Angeln". Seine Arbeit ist die „Urschrift" zur Landesbeschreibung von Angeln.
Die zweite Generation „Jensen-Angeln" waren die Pastoren Martensen und Henningsen u.a. mit ihrer Neubearbeitung von 1922.
Der Plan zu einem dritten „Heimatbuch" wurde 1931 vom Heimatverein verkündet. Zur gleichen Zeit befaßte sich die Gesellschaft für Schleswig-Holsteinische Geschichte in einer Denkschrift mit der Bearbeitung einer „neuen Topographie der Herzogtümer". Beide Vorhaben ließen sich nicht verwirklichen – der Auftrag blieb jedoch bestehen.

Nach 70 Jahren ist eine Topographie fällig. Aus diesem Zeitraum sind im Buch der Landschaft Angeln viele Veränderungen nachzutragen und viele Orte anders zu beschreiben. Kaum eine Buchseite, auf der nicht der Zusatz „Ehemalig" als Schlüsselwort für das in jüngster Zeit Vergangene steht: Eisenbahnen abgebaut, Dorfschulen geschlossen, Meiereien still- und Mühlen lahmgelegt. Landschaftswandel ohne Ende, Knicks abgeräumt, Fließgewässer verrohrt und wieder zurückgebaut. Dörfer ohne landwirtschaftliche Betriebe, Fremdenverkehr die Alternative. Auf der Topographischen Karte sind Bebauung und Verkehrswege in anderen Dimensionen abzulesen und mancher Ortsname verschwunden. Gebietsreformen haben das politische Bild der Landschaft neu geordnet, und mit der Gründung des Kreises Schleswig-Flensburg 1974 ist Angeln seit 20 Jahren auch politisch vereint.

Die Idee zu einer Topographie ist bei der Erstellung des Registers zu den Jahrbüchern des Heimatvereins der Landschaft Angeln 1982 entstanden. Zusammen mit der Erfassung der Bibliographie zur Geschichte und Landeskunde der Landschaft Angeln 1986 wurden die Hilfsmittel erarbeitet.
Die eigentliche Arbeit bestand in dem Plan, den in Hunderten von Jahrbüchern, Chroniken und Artikeln verstreuten Stoff zu sammeln und örtlich zu ordnen. Bei der Sammlung hat sich die Bearbeitung nicht nur mit dem Studium der Literatur begnügt. Auf aktuellen Topographischen Karten, auch älteren „Chronologen" und sämtlichen Deutschen Grundkarten wurde die Landschaft Angeln „durchschritten", um nach gezeichneten Merkmalen für eine Beschreibung zu suchen. Und um nachzusehen, bin ich auf vielen Wanderungen und Fahrten durch das Land an Ort und Stelle gewesen.

Ich lebe seit 1984 fern von Angeln in Frankfurt am Main. In meiner Heimat bin ich ein Tourist. Die fachlichen Disziplinen der Geographie und Geschichte habe ich nicht gelernt. Ein Nicht-Fachmann also, der sich ohne die Voraussetzungen zum „Topographen", bei Umständen und dazu noch im Alleingang an dieses Werk gewagt hat.
Korrespondierend hat mich dabei ein großer Kreis von Heimatfreunden unterstützt. Viele Ortskundige, die meine Anfragen ausführlich beantwortet haben, die Texte korrigierten und ergänzten, möchte ich dankbar Mitarbeiter nennen.
Über Angeln hat sich eine chronikalische Bewegung ausgebreitet, aus der viele Dorf- und Kirchspielchroniken entstanden. Die Topographie verneigt sich vor der großen Leistung der „Chronisten", die aus der Fülle ihrer Werke schöpfen konnte.

Der Inhalt der Topographie besteht aus vielen Mosaiksteinen, aus denen sich das große Bild einer erfüllten Landschaft zu-

sammensetzt. Aus der überwältigenden Fülle des Materials wurde so ausgewählt, daß alle für die Beschreibung wesentlichen Merkmale und für die Entwicklung bedeutenden Tatsachen Berücksichtigung finden. Eine ausführliche Behandlung soll den „Chroniken“ und Spezialwerken vorbehalten bleiben.
Um das Gebot, den aktuellen Stand zu verzeichnen, habe ich mich bemüht. Erfüllen konnte ich es nicht immer, denn die Verhältnisse ändern sich schon beim Manuskript.
Um die Übersichtlichkeit und ungeteilte Einheit des Gebietes zu wahren, ist das Verzeichnis der Orte alphabetisch geordnet. Um dem Handbuch auch im Äußeren durch eine handliche Form zu entsprechen, erscheint das Werk in zwei Bänden.

Die Topographie bindet in sich den Stoff von sieben Büchern.
Das Ortsverzeichnis mit allen Wohnplätzen, die einen Eigennamen haben. Das Ortsnamenlexikon nennt das Jahr der ersten urkundlichen Erwähnung des Ortes und gibt eine Deutung seines Namens. Die Chronik zur Geschichte der Kirchspiele, Gemeinden, Dörfer und Höfe in Angeln. Die Statistik vermittelt Werte aus wesentlichen Bestandszählungen. Das Inventarverzeichnis ist eine Bestandsaufnahme aller Objekte aus dem Denkmalbuch und anderer Gebäude und Stätten. Mit ihren Literaturhinweisen kann die Topographie als Findbuch genutzt werden, das bei der Suche einzelner Wohnplätze und Objekte in den „Chroniken“, in denen ein Register fehlt, behilflich ist. Der Wanderführer ist ein Wegweiser zu den Naturräumen, Höhen, Wäldern, Gewässern und Orten in der Landschaft.

Die Bilder, die den Text begleiten, haben Fotografen aus ihren Sammlungen zur Verfügung gestellt oder eigens für die Auswahl zur Topographie aufgenommen, wofür ihnen allen herzlich gedankt sei. Das umfangreichste, von vielen Fahrten durch Angeln, auf Wunsch und auf „Bestellung“ mitgebrachte Bildmaterial, hat mir Dietrich Weldt, Glücksburg, zum Geschenk gemacht, dem ich dafür besonders danken möchte.
Durch großzügige Kostenbeiträge war es möglich, daß die Bilder im Farbdruck erscheinen können.

Die Vorstellungen des Autors zur Gestaltung des Buches fanden beim Verleger, Ingwert Paulsen, stets seine Bereitschaft zum Entgegenkommen.

12 Jahre habe ich mit der Materialsammlung gelebt, seit 1982 an der Dokumentation gearbeitet – und oft von diesem Buch geträumt.
Mit dem Druck des Buches beende ich die Arbeit – völlig fertig wird ein solches Werk wohl nie.
Fehler, Lücken und Veränderungen werden zu bemerken sein. Es finden sich sicherlich Leser, die Berichtigungen oder Ergänzungen anzubringen haben oder über Wandlungen und Neues berichten können. Sie sind eingeladen, sich durch Mitteilung an das Jahrbuch des Heimatvereins an der Nacharbeit und Fortschreibung seiner Topographie zu beteiligen.

Berthold Hamer

Topographen

Kirchspiel- und Dorf-Chronisten
Bernhard Asmussen, Steinberg. Gretchen Bartel, Wagersrott.
Annemarie Biesel, Mohrkirch. Jes Peter Clausen, Kleinsolt. Gerhard Hoffmann, Tolk.
Johannes Jessen, Taarstedt. Detlef Lille, Steinfeld. Johannes Lorenzen, Hürup.
Leonhard Möller, Süderbrarup. Ursula Pülschen, Großsolt. Peter Rasmussen, Brekling.
Georg Wilhelm Saß, Kiel. Wilhelm Sell, Flensburg. Klaus Thiessen, Schaalby.
Hans Tüxen, Ulsnis.

Ortskundige
Klaus Agger, Brodersby. Johannes Callsen, Ülsby. Erdmuthe Carstensen, Rurup.
Karl-Heinz Carstensen, Grundhof. Andreas Clausen, Husby.
Max Werner Detlefsen, Lindaunis. Helmut Diederichsen, Löstrup. Peter Dreyer, Faulück.
Hans Frahm, Flensburg. Dr. Rolf Glawischnig, Glücksburg. Nico Gondesen, Baustrup.
Asmus Hansen, Munkbrarup. Claus Hansen-Flüh, Brodersby. Meike Harm, Havetoftloit.
Christa Henningsen, Neuberend. Heinrich Henningsen, Bünderies.
Benedikt von Hobe, Düttebüll. Cord von Hobe, Ohrfeld. Siegfried Baron von Hobe, Gelting.
Hans-Peter Ihle, Glücksburg. Georg Julius Jacobsen, Ekenis. Matthias Jacobsen, Satrup.
Hans Jensen, Stenderup. Georg H. Jürgensen, Roikier. Hans H. Kolbeck, Ekenis.
Hartwig Martensen, Norgaardholz. Peter Matzen, Brunsholmhof. Johannes Mau, Quern.
Peter Mau-Hansen, Flatzby. Peter Otzen, Gintoft. Hugo Petersen, Sörup.
Magnus Petersen, Gintoft. Heinrich Reimer, Hostrup. Klaus Rethwisch, Kappeln.
Harald Rieve, Böklund. Karin von Rönn, Brarupholz. Hans Rose, Sörup.
Gerhard Rossen, Flarupgaard. Armin Ruhe, Osterbunsbüll.
Cai Asmus von Rumohr, Drült. Käthe von Rumohr, Rundhof.
Wulf-Henning von Rumohr, Rundhof. Hans Konrad Sacht, Schnarup.
Paul von Schiller, Buckhagen. Hans-Werner Staritz, Stolk. Frenz Stüdtje, Munkbrarup.
Kurt Suder, Grünkoppel. Hans-Jürgen Tech, Mehlby. Gustav Thiesen, Taarstedt.
Otto Thiessen, Tolk. Heinrich Thomsen, Struxdorf.

Ämter
Amt für Land- und Wasserwirtschaft Flensburg, Hans-Otto Tiedemann.
Forstamt Flensburg in Glücksburg, Karl-Jochen Rave.
Forstamt Schleswig, Bernd Friedrichsdorf.
Herzogl. Holstein-Glücksburgische Forstverwaltung, Grünholz.
Kirchenkreis Angeln in Kappeln, Walter Gaul.
Kreisarchiv, Dr. Matthias Schartl. Kreisdenkmalamt, Friedrich Wilh. Wenner.
Kreisforstamt. Kreisschulamt. Kreisumweltamt, Roland Polensky.
Landesarchiv, Dr. Wolfgang Laur. Stadtarchiv Kappeln. Statistisches Landesamt, Kiel.
Straßenbauamt Flensburg.

Banken und Sparkassen
Raiffeisenbank Glücksburg. Raiffeisenbank Flensburg.
Raiffeisenbank Jübek-Tarp. Raiffeisenbank Süderbrarup.
Sparkasse Schleswig-Flensburg. Vereins- und Westbank Flensburg.
Volksbank Schleswig. Volks- und Raiffeisenbank Kappeln.

Bürgermeister
Nicolaus Jessen-Thiesen, Ahneby. Jan Degen, Arnis. Hans Jensen, Ausacker.
Hans Schütt, Böklund. Paul Mallach, Boren. Heinz Schmädecker, Brebel.
Joh. Georg Thomsen, Dollrottfeld. Hans Chr. Green, Ekenis. Jürgen Vogel, Esgrus.
Hans Heinrich Christiansen, Freienwill. Rainer Moll, Gelting. Heinz Borghorst, Goltoft.
Ernst-Detlef Mangelsen, Grödersby. Uwe Carstens, Hasselberg.
Georg Fr. Thomsen, Havetoftloit. Peter Matthiesen, Hürup.
Hans-Walter Jens, Kronsgaard. Dietrich Caesar, Langballig. Horst Franzen, Maasholm.
Erwin Hansen, Mohrkirch. Hans-Joachim Wendorff, Munkbrarup.
Winfried Haas, Neuberend. Harald Thomsen, Nieby. Claus Johannsen, Niesgrau.
Wolfgang Knitter, Nübel. Arno Thiesen, Rügge. Marquardt Petersen, Sankelmark.
Karl-Otto Baarth, Saustrup. Sönke Andresen, Schnarup-Thumby.
Klaus Knoll, Sieverstedt. Werner Krüger, Sterup. Hans-Jürgen Schwager, Stoltebüll.
Johannes Trahn, Struxdorf. Christian Thomsen, Tastrup. Gustav Lasarzik, Tolk.
Claus Holländer, Twedt. Friedrich Wilh. Jerratsch, Ulsnis.
Ulrich Christophersen, Wees. Jürgen Bachmann, Westerholz.

Pastoren
Hans-Ulrich von der Fecht, Großsolt. Erich Hans Müller, Kappeln.
Dieter Prieß, Schaalby. Friedrich Welsch, Husby. Friedrich Willert, Brodersby.

Verbandsvorsteher der Wasser- und Bodenverbände
Asmus Andresen, Kiesby. Winfried Eichstaedt, Brodersby. Hartwig Greve, Royum.
Hans Hansen, Süderbrarup. Johann Hopmann, Sandbek. Dirk Iversen, Munkbrarup.
Peter Jacobsen, Dollerup. Kuno von Kaehne, Priesholz. Jacob Möllgaard, Westerholm.
Peter Nissen, Obdrup. Hans Seehusen, Wielenberg.

Fotografen in Band I
Christian Bendixen, Atzbüll. Hans-Christian Callsen, Hamburg.
Andreas Clausen, Husby. Jochen Clausen, Husby. Hans Frahm, Flensburg.
Berthold Hamer, Glücksburg. Hans-Wilhelm Langholz, Flensburg.
Ulf-Norman Neitzel, Flensburg. Armin Ruhe, Oster-Bunsbüll. Gerd Schmidt, Flensburg.
Kurt-Dietmar Schmidtke, Melsdorf. Hans Schütt, Böklund.
Arne Träger, Achtrup. Hildegard Vollmer, Altenholz.
Dietrich Weldt, Glücksburg.

Für großzügige Druckkostenzuschüsse bedankt sich der Heimatverein sehr herzlich bei:
Ev.-luth. Kirchenkreis Angeln, Stadt Glücksburg, Gemeinde Husby,
Gemeinde Freienwill, Sparkasse Schleswig-Flensburg,
Raiffeisenbanken u. Volksbanken im Kreis Schleswig-Flensburg,
Kirchspielarchiv Steinberg, Gemeinde Böklund, Gemeinde Gelting, Stadt Kappeln.

Die Druckkosten für ein Farbbild übernahmen dankenswerterweise:
Dr. Hillebrand, Faulück, und die Gemeinden Ausacker, Esgrus, Hürup, Kronsgaard,
Maasholm, Neuberend, Niesgrau, Nübel, Sieverstedt, Sterup, Struxdorf, Wees.

INHALTSVERZEICHNIS

Vorwort
Dank den Topographen, Informanten, Fotografen und für Kostenzuschüsse 5

Land
Name – Wappen – Grenzen – Flächen – Einwohner 11

Landschaft
Küsten – Gewässer – Höhen und Berge – Knicks – Wald – Biotope – Schutzgebiete – Landwirtschaft 14

Verwaltung
Kreis Schleswig-Flensburg – Ämter – Städte und Gemeinden – In vorpreußischer Zeit 18

Kirchen
Kirchenkreis Angeln – Kirchengemeinden – Kirchspiele – Kirchen 21

Wohnplätze
Wohnplatzverzeichnis – Ortsnamen – Güter – Höfe und Bauernhäuser 24

Alte und neue Verkehrswege
Bahnlinien – Landstraßen 27

Landkarten
Historische Karten – Topographische Karte – Deutsche Grundkarte 30

Aus der Chronik der Landschaft Angeln 31

Literaturverzeichnis 36

Erläuterungen und Abkürzungen 40

Lexikon A–K 41

LAND

Land Schleswig-Holstein, Kreis Schleswig-Flensburg. Landschafts-Fläche 868 qkm. 70.000 Einwohner.
Lage: auf der Landkarte von Deutschland ganz oben im Norden von Schleswig-Holstein, zwischen Schlei und Flensburger Förde, an der Grenze zu Dänemark. Das Dreieck Flensburg–Kappeln–Schleswig umfaßt ungefähr die östliche Hälfte des Kreisgebietes.

Literatur. N. Detlefsen, Das Angelnbuch. Eine Landeskunde in Wort und Bild, 1979.

Name

Der Name der Landschaft Angeln ist von allen Landschaftsnamen Schleswig-Holsteins der am frühesten überlieferte. Die älteste bekannte Form Ongle, Ongel, erscheint in einer altenglischen Erzählung des 8. Jh. Dann gibt der angelsächsische Kirchenhistoriker Beda 731 an, daß die Heimat seiner Vorfahren die zwischen den Sachsen und Jüten gelegene Landschaft Angulus sei. Nach 974 lautet der Name Anglia, die gleiche lateinische Form wie für den Landesnamen England.
Bei uns zulande ist der Landschaftsname erst seit Beginn des 14. Jh. verhältnismäßig spät überliefert, altdänisch Angul; so ähnlich wird der Name noch im heutigen Angelner Platt ausgesprochen, -el als kurzes u = „Angun". 1411 kommt im Mittelniederdeutschen erstmals die Form mit dem Ausgang -en vor, am häufigsten in den Quellen danach Angelen, und Mejer u. Danckwerth schreiben 1648–52 Angelen, Anglen, Angeln.
Der Landschaftsname ist der ursprüngliche. Die erste schriftliche Nachricht vom Volksstamm der Angeln ist jedoch schon vor Nennung des Landschaftsnamen durch Tacitus in seiner „Germania" um 100 n. Chr. erfolgt.

Namensdeutung. Germanisch Angulaz, altengl. Ongel, dän. Angel. Entweder zu unserem Worte Angel in der Bedeutung „Haken" oder eher eine Bildung mit einem l-Suffix zu germ. angwa = eng als einer ursprünglichen Benennung der Schlei (Laur).

Literatur. Jensen Angeln 1844, 302. Angeln 1922, 390. W. Laur, Angeln und die Angeln in namenkundlicher Sicht, JbAngeln 1958, 46. Ders., Der Landschaftsname Angeln, JbAngeln 1969, 10. Laur 1992, 127.

Wappen

Das sogenannte Wappen zeigt auf neun Feldern Symbole der Harden in Angeln, das in dieser Zusammenstellung erstmals 1847 abgebildet wurde.
Das Haus aus dem Siegel der Husbyharde. Ein Eisenrost für die Munkbrarupharde. Stern und Halbmond der Nieharde. Zwischen zwei Wellenbalken ein Fisch als Zeichen der Schliesharde. In der Mitte die beiden schleswigschen Löwen für den 1. Angler Güterdistrikt, später die Kappelerharde. Die Eiche steht für die Struxdorfharde. Eine Sense als Symbol für die Satrupharde. Das Antoniuskreuz der Mohrkirchharde. Zwei gekreuzte Schlüssel als Zeichen der Füsingharde. Die Uggelharde fehlt.

Literatur. P. Selk, Zum Angler Wappen, JbAngeln 1972, 7. B. Asmussen, Kommunale Wappen in Angeln, JbAngeln 1980, 147.

Grenzen

Westgrenze. An drei Seiten bildet das Wasser der Förde, Ostsee und Schlei die sichtbare natürliche Landesgrenze. Im Westen kann eine so eindeutige Grenze nicht gezogen werden, wo sich der Wechsel vom Hügelland zur Geest im nahtlosen Übergang vollzieht. Eine Verbindungslinie zwischen den westlichen Endpunkten der Schlei und der Förde ergibt zwar noch keine geographische Grenze, aber „das Volk hat sich daran gewöhnt, alles Land, welches östlich von der Flensburg–Schleswiger Chaussee liegt, zu Angeln zu rechnen" (Angeln 1922).

Als Leitlinie für das Bearbeitungsgebiet befolgt die Topographie die westliche „Traditionsgrenze“. Den Grenzverlauf Richtung Süden markieren die Höhen von Hornholz und Munkwolstrup, die Fröruper Berge und die Nordhöhe vor Süderschmedeby. Von der Gemeinde Sankelmark ist die östliche Hälfte, die ehemaligen Gemeinden Munkwolstrup und Juhlschau umfassend, in Angeln gelegen. Von Stenderupau im Kirchspiel Sieverstedt bis zum Waldgebiet von Idstedt orientieren wir uns bei der Grenzlinie an der alten Schleswiger Chaussee. Allerdings scheinen die Einwohner im Raum Sieverstedt–Idstedt Angeln nicht sehr verbunden zu sein, da sie sich nur dem Heimatverein der Geest als Mitglieder angeschlossen haben.
Jensen hat 1844 in seinem Werk „Angeln“ die Dörfer Idstedt und St. Jürgen vor Schleswig behandelt, weil sie zur Struxdorfharde gehörten. Dagegen sind die Kirchspiele Sieverstedt und Oeversee ausgeschlossen, „welche man nicht zu Angeln zu rechnen pflegt“.

Stadtgrenzen. Aus der Stadt Schleswig nimmt sich die Topographie der ehemaligen Landgemeinden Klosterhof und St. Jürgen an, die bis zur Eingliederung in die Stadt dem Angelner Amtsbezirk Moldenit angehörten. Im Norden trennt die Kreisgrenze zu Flensburg heute Stadt und Land. Geographisch und historisch gehört der Ostteil Flensburgs zur Landschaft Angeln. Die ehemaligen Landgemeinden Adelby, Engelsby, Fischerhof, Fruerlund, Hohlwege, Jürgensgaard, Sünderup, Tarup, Twedt und Twedterholz werden mit ihren Wohnplätzen bis zur Eingliederung in das Stadtgebiet in dieser Topographie behandelt.

Flächen

Angeln ist die größte durch Förden gebildete Halbinsel, die im Umriß auf rund 140 km zu Dreiviertel von Wasser umgeben ist.
Äußerste Grenzpunkte. Im Norden an der Flensburger Innenförde die Norderbrücke von Holnis. Im Süden das Johanniskloster auf dem Holm vor Schleswig und die Spitze der Halbinsel Reesholm in der Schlei. Im Osten der Leuchtturm von Schleimünde an der Ostsee. Im Westen die Nordhöhe bei Süderschmedeby. Zwischen diesen Punkten beträgt die größte Entfernung in der Luftlinie gemessen von Nord nach Süd wie auch von Ost nach West jeweils rund 40 km.

Fläche in den topographischen Grenzen. 868 qkm Festland. Der fruchtbare Boden wird zu 84 % landwirtschaftlich genutzt. 6 % der Fläche sind mit Wald bedeckt. Der Rest wird von Binnengewässern, Gebäude- und Verkehrsflächen eingenommen.
Im Flächenvergleich mit Angeln stehen in ungefähr gleicher Größe der Kreis Deggendorf in Niederbayern an der Donau 860 qkm und die Weltstadt Berlin 882 qkm. Wäre das Land Angeln ein selbständiger Staat, so stände er nach der Flächengröße neben der Insel-Republik Kiribati im Pazifischen Ozean auf Platz 151 in der Welt.

Fläche in den kommunalen Grenzen. 940 qkm einschließlich der eingemeindeten Küstengewässer der Flensburger Förde und der Schlei.

Fläche in den geographischen Grenzen. Rund 1000 qkm. Die Reliefformen des Hügellandes Angeln treten im Westen der Landschaft in einigen Abschnitten über die topographische Grenzlinie Flensburg–Schleswig hinaus und zurück. Verfolgt man die Höhenschichten von 30–40 m als Abgrenzung zur ebeneren Landschaft der Geest, so laufen diese südlich von Flensburg und westlich von Süderschmedeby weit nach Westen aus. Dagegen bildet die Gegend um Idstedt eine Bucht des Übergangs zur Landschaft Angeln. Von den Städten sind die östliche Höhe Flensburgs und das Gebiet der Stadt Schleswig mit ihrem Umland bis zur Autobahn eindeutig von der Gestalt Angelns.

Einwohner

70.000 Einwohner, 27.500 Haushalte, 21.000 Wohngebäude einschließlich Ferienhäuser (1987).

Einwohnerdichte. Für eine Bauernlandschaft ist Angeln mit 90 Einwohnern pro qkm Festland verhältnismäßig dicht besiedelt. 35.000 Menschen wohnen in den drei Städten und ihren Stadtteilen, sieben Hauptorten und größeren Dörfern. 50 % leben in vielen kleinen Dörfern, Häusergruppen und den gleichmäßig verstreuten Einzelstellen „auf dem Lande".

Statistiken. 1867–1919 wurden als ortsanwesende „Bevölkerung" alle am Tag der Volkszählung in der Gemeinde bzw. auf dem Wohnplatz ständig oder vorübergehend anwesende Personen gezählt.
1925–1970 umfaßt die „Wohnbevölkerung" die Personen, die in der Gemeinde bzw. auf dem Wohnplatz ihre ständige Wohnung haben, ohne Rücksicht, ob abwesend.
1987 sind „Einwohner" die Bevölkerung am Ort der Hauptwohnung, die dort ihren alleinigen oder ersten Wohnsitz haben. „Bewohner" ist die wohnberechtigte Bevölkerung, die in der Gemeinde eine Wohnung, auch Ferienwohnung, hat.
Die Einwohnerzahlen der einzelnen Wohnplätze sind dem Wohnplatzverzeichnis entnommen. Da die Erfassung bei der Volkszählung 1987 straßenweise erfolgte, kann bei Unkenntnis der topographischen Verhältnisse ein fehlerhaftes oder unvollständiges Einzelergebnis entstanden sein.

Entwicklung. In 150 Jahren ist die Bevölkerung Angelns seit 1840 von 46.000 auf 70.000 um 50 % gewachsen. Insbesondere in den letzten 20 Jahren hat ein alle Zeiten übertreffender „Bauboom" Angeln viele Neubürger gebracht. Der Landflucht der sechziger Jahre folgte eine Wanderung in umgekehrter Richtung hinaus aufs Land, zu den großen Zentralorten und in den Umkreis der Städte. In Kurorten und Feriengebieten hat auch der Fremdenverkehr den Anstieg der Wohnbevölkerung bewirkt.

Einwohner-Höchstzahl 1946. Das einschneidenste Ergebnis, das aus der Entwicklung der Einwohnerzahlen einer jeden Gemeinde abzulesen ist, war die Aufnahme von fast 50.000 Vertriebenen und Flüchtlingen als Folge des II. Weltkrieges. In ländlichen Gebieten ist die Einwohnerzahl von 1946 oft die einzige wirkliche Veränderung in den letzten 100 Jahren gewesen.

Angeliter. Nach der Auswanderung nach Britannien bzw. seit dem frühen Mittelalter gibt es im deutschen Bereich keine Angeln mehr. Die heutigen Einwohner nennen sich Angeliter. Die Bezeichnung mit der fremdartigen Ableitung -iter, die an Stammesnamen aus dem Alten Testament erinnert, ist jedoch erst seit Mitte des 19. Jh. bekannt. Der Historiker Pastor Jensen kennt die Bezeichnung noch nicht, er spricht von „den Anglern" und „die Angler".
Die Einheit Angelns besteht nicht nur aufgrund der landschaftlichen Gegebenheiten. Sie wird auch durch seine einheimischen „Angeliter" geprägt. Von ihren Nachbarn werden sie als eigenes „Volk" angesehen, wohl wegen ihrer etwas anderen Sprachweise des Niederdeutschen, des verhaltenen Wesens und ihrer früher nur unter sich geknüpften Familienbande. In Angeln war es Sitte, daß Einheimische „beständig unter einander heirathen, fast nie aus der Fremde, d. h. zwei Stunden hinter der Distriktsgrenze, einen Mann oder ein Mädchen finden, mit dem eine rechtschaffene Angeliter-Familie sich verschwägern möchte" (1864).
Ganz Angeln scheint miteinander „verwandt" zu sein und namentlich von einigen -sen-Sippen „beherrscht" zu werden. Überall in Angeln sind die Familien Petersen und Hansen in der Zahl unübertroffen die Nummer Eins. Dann folgen die Thomsen, Lorenzen und Nissen, denen sich die vielen Namensvettern Jürgensen, Jensen und Clausen anschließen.

Literatur. Jensen Angeln 1844, 3. A. Baudissin, Schleswig-Holstein, Kriegs- und Friedensbilder aus dem Jahre 1864, 59. Angeln 1922, 479, 482. W. Laur, Der Einwohnername Angeliter und andere Bezeichnungen für die Bewohner Angelns, JbAngeln 1975, 37. Wohnplatzverzeichnisse 1970 u. 1987. W. Laur, Sprachen u. Sprachformen in Angeln, JbAngeln 1983, 11. W. Sell, Angelns Familien, versippt und verquickt, JbAngeln 1988, 39. P. Selk, Der Angeliter, JbAngeln 1989, 133.

LANDSCHAFT

Das Landschaftsbild Angeln ist oft beschrieben worden. Andächtig die Worte des Grafen Adelbert von Baudissin 1864, der es nicht vermochte, „das Land Angeln zu betreten, ohne die Hände zu falten und zu sagen: ‚Herr, mein Gott, ich preise Dich und bewundere Deine Werke!' Welch' wunderbarer Friede liegt über diesem Garten Gottes!"
Der Landwirt Albrecht Thaer zeichnet auf seiner Studienreise durch Angeln 1798 von der Landschaft ein „gefälliges und lachendes Gemälde, welches in der Seele zwar kein Staunen, aber das Gefühl des Wohlbehagens und der sanften Freude erweckt".
Kurz, aber in vielerlei Hinsicht zutreffend nennt der Topograph Schleswig-Holsteins, Caspar Danckwerth, 1652 Angeln „eine feine Gegend".
Die „feine" Art, mit der immer wieder dieselben einfachen Elemente zusammengestellt werden, darin liegt der Reiz dieser Landschaft. Im Rhythmus sanfter Wogen bewegt sich das Land im Reichtum seiner Formen von den Höhen im Landesinnern über Hügel und Täler auf und ab bis an die Strände der Küsten.

Küstenlandschaften

Förde. Der 1 bis 5 km breite Küstensaum an der Flensburger Förde, dem Grenzgewässer zu Dänemark, zeigt einen eigenen Charakter. Wiederholt wird das hohe Ufer von tief eingekerbten Bachtälern zerfurcht und durch schluchtenreiche Wälder bedeckt.
Zu den Besonderheiten zählen die Steilküsten, die auf weiten Strecken zwischen Flensburg und Habernis das Bild des Fördeufers bestimmen. Ein auffälliges Gebilde im Küstenvorland der Förde sind die durch angespültes Abbruchmaterial der Steilküsten entstandenen Höfte. Neben diesen „Land-Nasen" formen nur kleine Buchten den sonst gleichmäßig gerundeten Küstenverlauf.

Ostsee. Die größte Bucht an der Küste Angelns ist die Geltinger Bucht, ein weites halbrundes Becken der Ostsee, das bis auf das Noor ohne Küstengliederung geblieben ist. Auch an den schmalen langen Stränden von Birk-Nack bis Schleimünde hat sich die Ostsee gestaltlos verhalten.

Schlei. Das Grenzgewässer zwischen den Landschaften Angeln und Schwansen ist die längste und schmalste deutsche Förde, die an vielen Stellen eher einem Fluß gleicht. Der abwechslungsreich durch Noore gebuchtete Küstenverlauf des „Schleistroms" wechselt in der Breite zwischen 120 m bei Missunde bis zu 5500 m in der Großen Breite.
Mit der Ostsee hält die Schlei nur wenig Verbindung. In seltsamer Weise, wie keine andere Förde, hat sie sich den Übergang zur offenen See verschlossen, der nur durch einen schmalen künstlichen Ausgang bei Schleimünde erreicht wird. Nördlich der Schleimündung liegt ein Bereich, der in seiner Anlage eine der großartigsten Naturlandschaften an der schleswig-holsteinischen Ostseeküste darstellt.

Literatur. J. A. Bendixen, Küstenformen an der Flensburger Förde, JbAngeln 1951, 156. G. Moltsen, Fahrgastschiffahrt an Angelns Nordküsten, JbAngeln 1978, 112. H. O. Tiedemann, Sturmflutmarken an Angelns Küsten, JbAngeln 1983, 176. Biotop 1989, 94.

Gewässer

Der Naturraum Angeln ist reich an Fließgewässern. Die größten Talsysteme haben sich in den eiszeitlichen Schmelzwasserrinnen gebildet. 30 % der Landfläche liegen im Einzugsbereich der Nordsee. Der größere Teil Angelns ist der Ostsee verbunden, wobei die Flensburger Förde und die Schlei ungefähr gleichgroßen Anteil an der Entwässerung mit je 35 % haben.

Wasserscheide. Die Trennungslinie der Einzugsgebiete von Nordsee und Ostsee zeichnet von Nordwestangeln über Mittelangeln bis an den Rand der Landschaft im

Südwesten ein großes Dreieck. Die Wasserscheide verläuft zumeist auf den Höhen von 50–60 m, liegt stellenweise aber auch in Ebenen und Tälern.
Im Nordwesten beginnt die Linie bei Hornholz, nur 4 km vom Ostseehafen Flensburg entfernt. Über Kleinwolstrup zieht sie die Hüruper Höhen hinauf nach Neukrug, dem nördlichsten Punkt des Einzugsbereiches der Nordsee in Angeln. Parallel zur Kappelner Chaussee erreicht sie Husby. Nach einem Bogen um Lutzhöft ist die Straße nach Kappeln wieder der Scheideweg bis Dingholz. Auf der Linie Ahneby–Spenting hat sich das Nordsee-Einzugsgebiet in Angeln am weitesten nach Osten ausgelegt. Auf dem Weg in westliche Richtung entfernt sich die Wasserscheide nur 1 km vom Oberlauf der Bondenau. Durch das Rehbergholz, am Hechtmoor vorbei, über Klappholz und Stolk erreicht die Entwässerungsgrenze Helligbek und steuert von hier aus in südliche Richtung, genau auf der alten Schleswiger Chaussee, auf das Stadtgebiet von Schleswig zu.

Auen und Bäche. Die bedeutendste Au Angelns, und als einzige wohl ein Fluß zu nennen, ist die Loiter Au. Zusammen mit ihren beiden Quellflüssen Oxbek und Wellspanger Au ist sie 52 km lang. Aus einer großen Einzugsfläche von 243 qkm führt die Loiter Au der Schlei das meiste Wasser zu. In die untere Schlei mündet die Grimsau bei Kappeln ein, die mit einem der windungsreichsten Bachläufe weit in das Innere von Ostangeln hineinreicht.
Aus Mittelangeln fließt die Lippingau der Geltinger Bucht zu. Ihr Quellraum, nur wenige Kilometer vor dem Südensee, grenzt direkt an die Wasserscheide zur Nordsee. Im Verlauf der Lippingau und ihrer Nebengewässer sind eine Vielzahl gut erhaltener Landschaftsstrukturen anzutreffen. Die auffälligste Erscheinung ist die große Grünlandniederung um Sterup. In die Ostseebucht münden auch die Hunau und Lehbek, die Geltinger Au endet im Noor.
Zwei landschaftsgestaltende Auen der Außenförde sind die Steinberger Au und die Langballigau. Als eines der reizvollsten Autäler an der schleswig-holsteinischen Ostseeküste ist der Unterlauf der Langballigau zum Naturschutzgebiet erhoben worden. Die größeren Fließgewässer zur Innenförde sind die Munkbrarupau, die Adelbybek und der Flensburger Mühlenstrom.
Alles was aus Angeln weiter in Richtung Westen fließt, nimmt die Treene auf und führt über die Eider der Nordsee zu. Die Täler ihrer beiden Quellbäche Bondenau und Kielsau, wie auch der Zulauf der Bollingstedter Au, folgen den eiszeitlichen Schmelzwasserrinnen durch Angeln.

Seen und Teiche. Die „Stillgewässer“ sind im Gewässersystem Angelns weniger bedeutend. Der Langsee ist mit 5 km Länge und 152 ha Fläche der größte, der wie Südensee und Winderatter See nur eine längere Rinne zum See ausfüllt. Die Glücksburger Seenlandschaft ist erst durch künstliche Stauteiche entstanden.
Neben den Seen ragt in Angeln die Menge der Kleingewässer heraus. Bei der Biotopkartierung ist die größte Tümpeldichte Angelns in den Räumen Havetoft–Ülsby, Hürup–Winderatt und besonders um Sörup-Dingholz festgestellt worden.

Literatur. Jensen Angeln 1844, 16. Angeln 1922, 512. Biotop 1989, 83.

Höhen und Berge

Berge? Ein Südtiroler, unser Hügelland betrachtend, konnte im Vergleich zu seiner Bergwelt nur feststellen, daß hierzulande die höchsten „Berge“ so hoch seien, wie bei ihm zu Hause keine Stelle tief ist. In Schleswig-Holstein gelten andere Maßstäbe.
In Angeln ist jeder Hügel, der sich deutlich aus dem Gelände heraushebt, ein „Berg“, von denen mehr als 1000 über das Land gestreut sind. Die Gestalt der Landschaft Angeln ist das Produkt eines Chaos, der Eiszeit, die hier die schönste Unordnung hinterließ. Zu Endmoränen sind ungeheure Geröll- und Schuttmassen zusammengeschoben und das Bodenrelief mit vielfältigen Geschiebespuren und Schmelzwassergebilden der Gletscher gezeichnet. In ständiger Bewegung wechseln die Formen

der Oberfläche: wallartige Höhen – eingekerbte Täler, kegelförmige Hügel – breite Ebenen, runde Kuppen – flache Senken.
Vom flachen Ostangeln und dem großen Autal Oxbek-Wellspanger Au im Süden steigt das Hügelland allmählich zu größeren Formen auf. Der größte Teil des Landes erhebt sich über die Höhenlinie von 40 m. Ein Siebentel der Fläche geht über die 50 m hinweg, und 16mal erreichen die Berge aus verschiedenen Höhenzügen Spitzenwerte von 60 m und mehr.

B e r g e. Der bekannteste Berg Angelns ist der Scheersberg, dem zwar einige Zentimeter zu 70 m fehlen, in dessen Turm aber der höchste Aussichtspunkt des Landes Angeln bestiegen werden kann.
Auf 71 m bringt es der Helleberg im Höhengebiet von Rügge, von dem sich eine lange Hügelkette in nordwestliche Richtung bis zur Innenförde fortsetzt.
Kurz vor Flensburg umstellen die Hüruper Höhen mit einem bogenförmigen Wall das Stadtgebiet. Mit dem Hökeberg oberhalb von Kleinwolstrup erreicht Angeln in 82,4 m seinen absoluten Höhepunkt.
Tiefste Geländepunkte unter dem Meeresspiegel sind nur dort zu begehen, wo Noore entwässert wurden: Wormshöft, Beveroe und Holnis.

L i t e r a t u r. Jensen Angeln 1844, 30. Angeln 1922, 495, 510. K. Gripp, Die Entstehung der Landschaft Angeln, JbAngeln 1954, 170. W. Sell, Angelns höchste Berge, Kreischronik 1979/80, 65. W. Riedel, Die landschaftliche Gliederung des Kreises, Landkreis Flensburg 1981, 11.

Knicklandschaft

Das Auffälligste im Landschaftsbild sind die Knicks, die die Schwingungen der Oberfläche betonen und ihnen über das ganze Land folgen. Die Knicklandschaft Angeln hat das ausgeprägteste und dichteste Netz in Schleswig-Holstein. Alle Knicks in Angeln zu laufenden Metern verknüpft, würden wohl eine Länge von 2500 km ergeben – der Strecke Stockholm–Bordeaux auf der Europastraße 3 etwa gleich.
Das kleingemusterte System der lebenden Hecken auf Erdwällen ist hauptsächlich aufgrund landesherrlicher Verordnungen in der Zeit 1766/70 zum Zweck der Einfriedung der Koppeln entstanden. Ihren Namen haben sie nach der Methode des Abknickens des Strauch- und Buschwerks, das regelmäßig etwa alle 8–10 Jahre geschehen muß.
Knicks sind schon seit 1935 durch das Reichsnaturschutzgesetz geschützt. Seit 1935 haben sich Siedlungsbau, Wegenetz und Landwirtschaft weiterentwickeln müssen, so daß viele Kilometer Knick den Landkulturmaßnahmen zum Opfer fielen. Jedoch sind die Verluste ersetzbar. Mit Neuanpflanzungen und Rücksicht beim Wegeausbau ist damit begonnen worden, der Kulturlandschaft Angeln ihr prägendes Element zu erhalten.

L i t e r a t u r. Angeln 1922, 518. A. Lühning, Koppelwirtschaft und Knicks, JbAngeln 1988, 59. Biotop 1989, 64.

Wald

Bevor Angeln ein Bauernland wurde, war es ein Waldland. Davon künden noch viele Orte mit Holz- oder Rodungsnamen. Heute sind nur 5200 ha, 6 % des Landes, mit Wald bedeckt. Der Sachsenwald im Kreis Herzogtum Lauenburg ist um ein Viertel größer. Die Forstverwaltung ist aber bestrebt, sich mindestens dem Durchschnittswert im Land Schleswig-Holstein von 10 % anzupassen, und hat seit 1985 schon 500 ha Neuwald angepflanzt.
Die größten zusammenhängenden Flächen sind die Wälder um Glücksburg. Daneben sind einige Staatsforsten und Gutswälder von größerem Bestand. Die überwiegende Fläche verteilt sich auf mehrere kleine Hölzungen.

W a l d b e s i t z e r. Die Gutswälder und viele im Privatbesitz befindliche, oft nur kleine Parzellen sind in der Forstbetriebsgemeinschaft Angeln vereinigt, die 2260 ha (1989), teilweise auch außerhalb der Landschaft, forstwirtschaftlich betreut. Dem Kreis Schleswig-Flensburg gehören das Fröruper

Holz und das Wassermühlenholz bei Kappeln. 2000 ha Wald des Landes Schleswig-Holstein werden von den Forstämtern Flensburg in Glücksburg und Schleswig bewirtschaftet.

Literatur. Angeln 1922, 517. Kuhlmann 1958, 27, 239. Biotop 1989, 58.

Biotope

Begriff. Ein Biotop ist ein natürlicher Lebensraum, der sich durch eine besondere Beschaffenheit von seiner Umgebung abgrenzt. Es sind nur kleine und kleinste Flächen, die nicht als Naturschutzgebiete, Landschaftsschutzgebiete, Naturdenkmale oder geschützte Landschaftsbestandteile ausgewiesen sind, aber auch Schutz und Pflege verdienen.

Kartierung. Ein umfangreiches Material von informationsreichem Inhalt ist nach der erstmalig systematischen Inventur der freien Landschaft im Kreis Schleswig-Flensburg mit der einmaligen Biotop-Kartierung zusammengestellt worden.
Von rund 1900 erfaßten Biotopen entfallen auf den Naturraum Angeln zwei Drittel. Bei der Bewertung der als naturschutzwürdigen Flächen ist Angeln mit 28 NSG-Vorschlägen „Spitzenreiter“.
Die Topographie hat über 300 der höchstbewerteten Biotope bei der „Expedition“ durch die Landschaft und in die Ortsbeschreibungen übernommen (Biotop 1987, TK Blatt u. Nr.). Die Bedeutung vieler Moore, Sümpfe, Heiden und Wälder war bisher unbekannt. Versteckte Bachschluchten, naturnahe Fließgewässer, Seen und Teiche haben jetzt Beachtung gefunden. Steilküsten, Höfte, Nehrungen und Noore werden als besondere Küstenmerkmale anerkannt.

Literatur. Landesamt für Naturschutz und Landschaftspflege Schleswig-Holstein, Auswertung der Biotopkartierung Kreis Schleswig-Flensburg. Kiel 1989.

Schutzgebiete

Naturschutzgebiete. Fröruper Berge, Geltinger Birk, Heidberg im Tal der Oxbek bei Süderbrarup, Hechtmoor, Spitze der Halbinsel Holnis, Tal der Langballigau, Oehe-Schleimünde, Pugumer See, Halbinsel Reesholm an der Schlei, Düne am Treßsee. Gesamtfläche 1960 ha (1993).

Landschaftsschutzgebiete. Küstenbereiche der Flensburger Förde, Havetofter See, Idstedter Gehege, Langsee, Steilufer der Loiter Au, Lüngmoor bei Süderfahrenstedt, Schleiufer, Friedhof von Ülsby, Winderatter See. Gesamtfläche 13.680 ha.

Naturdenkmale. Im Bereich Naturschutz ist neben Flächenschutz auch der einzelne Objektschutz von großer Bedeutung. Einzelschöpfungen der Natur, die wegen ihrer Eigenart, Seltenheit oder Schönheit besonders schutzwürdig sind, werden als Naturdenkmal unter Schutz gestellt. In Angeln sind 61 Einzelobjekte, darunter 54 prächtige und alte Bäume, als Naturdenkmal ausgewiesen.

Literatur. M. Kranz, Bemerkenswerte Bäume in der Landschaft Angeln, JbAngeln 1982, 208. W. Riedel, Naturschutzgebiete im Kreis Schleswig-Flensburg, 1986. Biotop 1989, 101, 109. Kreis Schleswig-Flensburg, Umweltbericht 1992.

Landwirtschaft

Landschaft heißt in Angeln auch Landwirtschaft. Bei allen natürlichen Merkmalen ist die Landschaft Angeln kein Naturpark. Angeln ist eine von der Landwirtschaft geprägte Kulturlandschaft und nicht nur oberflächlich betrachtet, sondern auch in seinem Wesen, Werden und Wirken ein Bauernland trotz Wandlungen.

Landwirtschaftliche Betriebe. Nach der amtlichen Gemeindestatistik 1987 soll es in Angeln 2000 landwirtschaftliche Betriebe gegeben haben. In 10 Gemeinden haben ortskundige Mitarbeiter der Topographie 1991/92 eine Nachzählung vorgenommen. Im Vergleich zu dieser Stichprobe verringerte sich die Betriebszahl um durchschnittlich 30 %. In Angeln sind 1993 schät-

zungsweise nicht mehr als 1500 Höfe in Betrieb.
Als Landwirtschafts-Betrieb am Wohnplatz hat die Topographie nur die Höfe gezählt, auf denen/von denen aus Landwirtschaft betrieben wird, auch Nebenbetriebe, aber nicht jene, die ihr Land verpachtet haben. Oft sind die Landwirtschafts-Betriebe eines Dorfes an einer Hand abzuzählen. Höfe ohne Kühe und Hühner sind keine Ausnahme.

Landwirtschaftliche Nutzfläche. 84 % des Landes werden landwirtschaftlich genutzt. In der Statistik erscheint ein bisher unbekannter Begriff „Ödland oder Unland", die sogenannten Flächenstillegungen. In Angeln sind 1992 etwa 4000 ha „zum Zwecke der EG-Marktentlastung" unter Vertrag.

Literatur. Angeln 1922, 247, 342. A. Lüthje, Angeln – ein Butterland, JbAngeln 1980, 42. G. Hofmann, Angeln – Deine rote Kuh. 140 Jahre Zuchtarbeit am Angler Rind, 1980. Landkreis Flensburg 1981, 209.

VERWALTUNG

Kreis Schleswig-Flensburg

Kreisstadt Schleswig. Kreisgebiet 2071 qkm, davon nicht ganz die Hälfte in seinem „Hochland" Angeln. 182.670 Einwohner, davon sind 40 % in Angeln zu Hause. Von 136 Städten und Gemeinden im Kreis haben 77 ihren Sitz in der Landschaft Angeln (alle Angaben 1992).
Der Kreis ist 1974 aus den Kreisen Flensburg-Land und Schleswig gebildet worden, die seit 1867 bestanden. Die Kreisgrenze verlief mitten durch Angeln und halbierte die Landschaft, wie vordem schon die Ämter Flensburg und Gottorf, in Nord und Süd.

Literatur. N. Detlefsen, Verwaltung u. Rechtspflege in Angeln vor u. nach 1867, JbAngeln 1979, 37. Gesellschaft für Flensburger Stadtgeschichte, Der Landkreis Flensburg 1867–1974. Teil I, 1981.

Ämter

Die Verwaltungsgeschäfte der Gemeinden werden von den Ämtern erfüllt: Böklund, Gelting, Hürup, Kappeln-Land, Langballig, Satrup, Steinbergkirche, Süderbrarup – mit 17 Gemeinden die umfangreichste Amtsverwaltung – und Tolk.
Zum Amt Oeversee gehören die Gemeinden Sankelmark und Sieverstedt, dem Amt Schuby sind die Gemeinden Idstedt und Neuberend verbunden. Amtsfrei sind die Städte Glücksburg und Kappeln sowie die Großgemeinde Sörup.

Hardesvogteibezirke. In preußischer Zeit waren die Kreise bis 1888/89 verwaltungsmäßig in Hardesvogteibezirke unterteilt. Im Kreis Flensburg die Bezirke Flensburg, Glücksburg und der Bezirk der adligen Güter. Im Kreis Schleswig die Bezirke Schleswig I, Schleswig II, Kappeln und Johanniskloster. Lit.: Landkreis Flensburg 1981, 37.

Amtsbezirke. 1889 traten an die Stelle der Hardesvogteibezirke in Angeln 32 Amtsbezirke, durch die jetzt auch die adligen Güter in die kommunale Verwaltung eingegliedert wurden. Lit.: Landkreis Flensburg 1981, 54.

Städte und Gemeinden

Städte. Kappeln 10.130 Ewh., Glücksburg 6570 Ewh., Arnis 357 Ewh., die kleinste Stadt in Deutschland (1992).
Die Städte liegen alle am Rande der Landschaft Angeln am Wasser. Glücksburg und Kappeln haben sich weit über ihre alten Stadtgrenzen hinaus ausgebreitet und sind flächenmäßig größer als die Kreisstadt Schleswig.
Alle drei Städte waren vor Erlangung des Stadtrechts Flecken mit Rechten und Pflichten einer Stadt. Mit dem Städtever-

fassungsgesetz von 1869 war ihnen die Möglichkeit des Übergangs zum vollen Stadtrecht gegeben. Davon machte Kappeln 1870 und Glücksburg 1900 Gebrauch. Arnis war nicht in diesem Sinne anerkannt worden und behielt bis 1933 als letzter Ort in Schleswig-Holstein die Bezeichnung Flecken, ab 1934 dann Stadt.

Gemeinden. In Angeln bestehen 74 Gemeinden, von denen $^3/_4$ der Größenklasse unter 1000 Einwohner zuzuordnen sind. Die größten Gemeinden sind Sörup 3900 Ewh., Süderbrarup 3470 Ewh., Satrup 3010 Ewh. (1992).
Nach der preußischen Landgemeindeordnung von 1867 wurden in Angeln 213 Gemeinden und Gutsbezirke gebildet. Zum Kreis Flensburg gehörten 138 und zum Kreis Schleswig 75 Gemeinden.
Bis 1872 zog sich die Gemeindebildung hin, manchenorts war sie erst Ende der achtziger Jahre abgeschlossen, nachdem die bisher kommunalfreien Seen und Meeresflächen den Gemeinden zugeteilt waren. Jedoch verging auch danach kein Jahrzehnt, in dem Gemeindegrenzen nicht verändert worden sind.

Gutsbezirke. 1872 im Kreis Schleswig 7, im Kreis Flensburg 21, hauptsächlich in Ostangeln.
Bei der Neuordnung der kommunalen Verhältnisse kam man 1867 an der politischen Macht der Großgrundbesitzer nicht vorbei. Alle Güter, mit deren Besitz ursprünglich Obrigkeitsrechte verbunden gewesen waren, wurden von der Gemeindebildung ausgenommen und erhielten Gutsbezirks-Eigenschaft.
Unter der Bezeichnung liefen auch rein fiskalische Bezirke, wie die Forstgutsbezirke Glücksburg und Schleswig und die Lotseninsel Schleimünde.
Nach Veränderung der politischen Machtverhältnisse im Staat wurden die 23 noch bestehenden Gutsbezirke in Angeln 1928 aufgelöst und den Gemeinden zugeordnet.

Gebietsveränderungen. Die ersten größeren Aktionen kommunaler Gebietsneuordnung in Angeln betrafen 1910 vier Stadtrandgemeinden, die nach Flensburg ausgegliedert wurden. Bis 1980 hat das „Land" Angeln der Stadt insgesamt rund 2200 ha abgetreten.
Um 12.000 ha vergrößerten sich 1928 die Gebiete der Landgemeinden, nachdem alle Gutsbezirke aufgelöst wurden.
In den Jahren 1936–38 haben 13 Gemeinden zur Vergrößerung der Städte Schleswig, Kappeln, Glücksburg und der Gemeinden Gelting, Sterup und Taarstedt ihre Selbständigkeit aufgegeben.
Die größte Gebietsreform seit Gründung der preußischen Landgemeinde wurde 1970/74 durchgeführt. Vor 1970 gab es in Angeln noch 150 Gemeinden, deren Zahl sich durch Auflösung oder Vereinigung auf die Hälfte reduziert hat. Vom Kreis Flensburg verblieben in Angeln noch 36 Gemeinden, aus dem ehemaligen Kreis Schleswig 41 Gemeinden. Nur 22 kleine Gemeinden haben unverändert in ihren Grenzen seit 120 Jahren alle Gebietsreformen überlebt.

Städte und Gemeinden 1993. Ahneby, Arnis, Ausacker, Böel, Böklund, Boren, Brebel, Brodersby, Dollerup, Dollrottfeld, Ekenis, Esgrus, Freienwill, Gelting, Glücksburg, Goltoft, Grödersby, Großsolt, Grundhof, Hasselberg, Havetoft, Havetoftloit, Hürup, Husby, Idstedt, Kappeln teilw., Kiesby, Klappholz, Kronsgaard, Langballig, Loit, Maasbüll, Maasholm, Mohrkirch, Munkbrarup, Neuberend, Nieby, Niesgrau, Norderbrarup, Nottfeld, Nübel, Oersberg, Pommerby, Quern, Rabel, Rabenholz, Rabenkirchen-Faulück, Ringsberg, Rüde, Rügge, Sankelmark teilw., Satrup, Saustrup, Schaalby, Scheggerott, Schnarup-Thumby, Sieverstedt teilw., Sörup, Stangheck, Steinberg, Steinbergkirche, Steinfeld, Sterup, Stolk, Stoltebüll, Struxdorf, Süderbrarup, Süderfahrenstedt, Taarstedt, Tastrup, Tolk, Twedt, Ülsby, Ulsnis, Wagersrott, Wees, Westerholz.

Literatur. Statistisches Landesamt, Die Bevölkerung der Gemeinden in Schleswig-Holstein 1867–1970. Historisches Gemeindeverzeichnis. Kiel 1972. Landkreis Flensburg 1981, 34. Kreis-Chronik, Städte, Gemeinden u. Ämter, 1993/94, 61.

In vorpreußischer Zeit

Ämter 1490–1864. Fünf Jahrhunderte stand die Landschaft Angeln unter geteilter Aufsicht. Südangeln gehörte zum herzoglichen Anteil des Amtes Gottorf und Nordangeln zum königlichen Amt Flensburg. Nach Ende des Gottorfer Staates 1713/21 bestanden beide Ämter weiter unter königlicher Verwaltung, bis Schleswig-Holstein eine preußische, in Kreise untergliederte Provinz wurde.
Die Grenze der Ämter wie auch die der beiden Kreise verlief bis 1974 mitten durch Angeln.

Harden bis 1867. Der unterste Verwaltungs- und Gerichtsbezirk des Staates war die Harde. Die vier Urharden Angelns sind die Husby-, Schlies-, Struxdorf- und Uggelharde. Anfang des 13. Jh. hat sich die Nieharde gebildet.
Mit der Rückgliederung der geistlichen und adligen Besitzungen unter die königlichen Ämter sind neue Harden entstanden. Aus der bischöflichen Vogtei Füsing wurde 1702 die Füsingharde. Dem aufgelösten Gut Satrupholm folgte 1771 die Satrupharde. Aus dem ehemals klösterlichen, dann herzoglichen Mohrkirchen wurde 1778 die Mohrkirchharde. Den in Nordangeln gelegenen Teil des Herzogtums Glücksburg übernahm 1779 die neue Munkbrarupharde. Zuletzt wurden 1853 die Güter Ostangelns zur Kappelerharde zusammengefaßt.
Durch die preußische Neuordnung sind die Verwaltungs- und Gerichtshoheiten der Harden 1867 aufgehoben worden.

1. Angler Güterdistrikt 1713–1853. Die adligen Güter waren nicht den Harden und Ämtern zugeteilt, sie unterstanden der gemeinschaftlichen Regierung von König und Gottorfer Herzog. Die Gutsherren hatten seit 1524 die volle Gerichtsbarkeit über ihre Untertanen, wodurch die Harden von verschiedenen Jurisdiktionen durchsetzt wurden. 1713 sind unter dem 1. Angler Güterdistrikt 26 Güter verwaltungsmäßig zusammengefaßt. Daraus entstand 1853 die Kappelerharde, womit die politische Sonderstellung der Güter beendet war.
In den adligen Güterdistrikt waren die Kanzleigüter Grumby, Tolkschuby und Winning nicht aufgenommen, weil sie keine Gerichtsbarkeit in ihrem Gutsbezirk hatten, aufgrund einiger Privilegien aber auch nicht hardesdingpflichtig sein konnten. Sie unterstanden der Deutschen Kanzlei in Kopenhagen, daher „Kanzleigüter“ genannt, später dem Obergericht Gottorf.

Kloster- und Kirchenbesitz. Die geistlichen Besitzungen waren wie die adligen Güter hardesunabhängig, die ihren verstreuten Besitz eigenständig verwalteten. In Südangeln trat das Johanniskloster als Großgrundbesitzer hervor, und in Nordangeln besaßen die Nikolaikirche und das Hospital zu Flensburg mehrere Stellen.
Unter der Aufsicht der Vogteien Berend, Gammelbygaard, Gródersby und Ulsnis stand in Angeln der umfangreiche Besitz des Domkapitels Schleswig. 1658 teilten König und Herzog die Kapitelgüter unter sich auf, die nach Auflösung des Domkapitelamtes 1777 den Harden eingegliedert wurden.
Das 1209 gegründete und 1583 vor dem Schloßbau von Glücksburg abgebrochene Rudekloster war bis zur Reformation Grundbesitzer in Nordangeln. In Mittelangeln hat das Kloster Mohrkirchen bis 1544 ein geschlossenes Gebiet eigentümlich verwaltet.

Literatur. Jensen Angeln 1844, 6, 278. Angeln 1922, 101, 487. KDM FL 1952, 8. KDM SL 1957, 7. Kuhlmann 1958, 106. N. Detlefsen, Verwaltung u. Rechtspflege in Angeln vor u. nach 1867, JbAngeln 1979, 37. Landkreis Flensburg 1981, 20.

KIRCHEN

Kirchenkreis Angeln

33 Kirchengemeinden in Angeln und die Kirchengemeinde Ellenberg auf Schwansen mit 37 Pfarrstellen. 59.570 Gemeindeglieder (1991). Kirchenkreisbüro und Rentamt in Kappeln.

Propsteien. Seit der Reformation, die sich etwa 1530–40 im Lande vollzog, war Angeln unter zwei Propsteien aufgeteilt. Die Nordhälfte stand unter der Aufsicht der Propstei Amt Flensburg, Südangeln gehörte zur Propstei Amt Gottorf.
Die Kirchspiele Glücksburg, Munkbrarup und Neukirchen waren seit 1623 in der Propstei des Herzogtums Glücksburg vereint. Sie sind erst 1786, nach dem Tod des Glücksburger Propsten Lüders, zur Propstei Amt Flensburg gekommen.
Boren, Gelting, Kahleby und Kappeln blieben als adlige Patronatskirchen bis ins späte 18. bzw. 19. Jh. außerhalb der Propsteien unter dem Generalsuperintendenten.
Bei der Neuordnung der Kirchenverwaltung 1879 sind mit den Angelner Kirchspielen zwei neue Propsteien Nordangeln und Südangeln gegründet worden. Aus der ehemaligen Propstei Amt Flensburg umfaßte Nordangeln 17 Kirchspiele; Oeversee, 1912 auch Adelby und später Sieverstedt, wurden zur Propstei Flensburg gelegt. Ein neues Kirchspiel Gundelsby bildet seit 1929 der 2. Pfarrbezirk der großen Kirchengemeinde Gelting. Aus der ehemaligen Propstei Amt Gottorf vereinte die Propstei Südangeln 22 Kirchspiele, jedoch ohne Michaelis-Land mit Idstedt, das jetzt zur Propstei Schleswig gehört.

Kirchenkreis. 1971 sind die beiden Propsteien Nordangeln und Südangeln zu einer Propstei Angeln verbunden worden, die seit 1977 als Kirchenkreis Angeln fortbesteht.

Literatur. Jensen Stat. 1841, 839, 1039. Jensen Angeln 1844, 123. Angeln 1922, 492. K. P. Reumann, Die Entwicklung der ev.-luth. Kirche 1865–1945, Landkreis Flensburg 1981, 124.

Kirchengemeinden

Angeln. 33 Gemeinden der ev.-luth. Kirche. Im Kirchenkreis Angeln 30, aus dem Kirchenkreis Flensburg Adelby und Sieverstedt, sowie Idstedt in der Gemeinde Jübek-Idstedt aus dem Kirchenkreis Schleswig.
Die Gemeinden des Kirchenkreises Angeln unterhalten 40 Kirchen, mehrere Gemeindehäuser, Kindergärten und Schwestern- und Sozialstationen. Der Grundbesitz umfaßt insgesamt 1420 ha.

Kirchspiele

Die Kirchspiele sind das Grundmuster der kirchlichen Gebietsorganisation. Sie sind im Gegensatz zu den kommunalen Verwaltungsbezirken über Jahrhunderte nur wenig verändert worden.
Die Kirchspiele Großsolt und Kleinsolt sind seit Gründung immer verbunden geblieben. Im Laufe der Zeit haben sich acht meist kleinere Kirchspiele zu einer Kirchengemeinde vereinigt. Gewöhnlich umfaßt ein Kirchspiel heute ein bis zwei kommunale Gemeinden. Die Gemeinden Quern und Schaalby haben zwei Kirchen.
Merkwürdigerweise gehören einige Dörfer in Angeln seit langem zwei Kirchspielen an, wie z. B. Arrild, Dollrottfeld, Lutzhöft.

Geschichte. Angeln ist Teil des 947 gegründeten Bistums Schleswig. Vermutlich wurde das Land aber erst im Laufe des 12. Jh. in Kirchspiele aufgeteilt. Zunächst wird wohl jede Harde einen großen Kirchenbezirk gebildet haben. Bald nach Gründung von Filialkirchen müssen diese in einzelne Kirchspiele unterteilt worden sein, denn die vielen auffällig kleinen Gemeindegebiete werden sicherlich nicht ursprünglich sein. Die ersten Kirchspielnennungen sind 1196 Kahleby, Nübel und Tolk, 1209 Grundhof und Munkbrarup.
Im wesentlichen ist die Kirchspielorganisation der Landschaft Angeln vor 750 Jahren abgeschlossen. Nach der Reformation haben nur die Ortsgründungen Neukirchen, Glücksburg und Arnis neue Kirchspiele ge-

bildet. Im 20. Jh. hat sich Gundelsby mit einer eigenen Kirche verselbständigt und Maasholm eine Kapelle erbaut. Aus den von Adelby abgetrennten Teilen entstand 1895 die neue Kirchengemeinde St. Jürgen Flensburg, Propstei Flensburg.

41 Kirchspiele in Angeln. Adelby, Arnis, Böel, Böklund, Boren, Brodersby, Esgrus, Gelting, Glücksburg, Großsolt, Grundhof, Gundelsby, Havetoft, Hürup, Husby, Idstedt, Kahleby, Kappeln, Kleinsolt, Loit, Moldenit, Munkbrarup, Neukirchen, Norderbrarup, Nübel, Quern, Rabenkirchen, Rüllschau, Satrup, Sieverstedt, Sörup, Steinberg, Sterup, Struxdorf, Süderbrarup, Taarstedt, Thumby, Töstrup, Tolk, Ülsby, Ulsnis.

Literatur. KDM FL 1952, 10. KDM SL 1957, 11. Kuhlmann 1958, 137, 168.

Kirchenlandschaft

In der kirchlichen Baukunst des Landes glänzt Angeln mit seinen 38 alten Kirchen in einem farbigen Bild einer Kirchenlandschaft. Die Zahl ist so groß, daß im Durchschnitt alle 20 qkm eine Kirche gesetzt werden kann. Diese Kirchendichte erreicht im ländlichen Gebiet Schleswig-Holstein nur noch die Halbinsel Eiderstedt.

Mittelalterliche Kirchen

Bestand. Innerhalb von 100 Jahren sind zwischen 1150 und 1250 alle 35 mittelalterlichen, heute noch bestehende Kirchen in Angeln erbaut. Verschwunden sind nur die Bauten von Goltoft und Stolk sowie die alte Kirche in Kappeln, deren Platz ein bedeutender Barockbau eingenommen hat.

Lage. Fast alle Kirchen sind ursprünglich am Rand des Dorfes erbaut worden und nur selten mitten im Dorf, wie Loit und Satrup. Alleingelassen stehen die Kirchen ehemaliger Dörfer in Adelby, Esgrus, Töstrup, Boren und Kahleby.
Als Bauplatz wurde immer eine etwas erhöhte Stelle gewählt, vorzugsweise am Rand eines Höhenausläufers oder einer flachen Kuppe. In Esgrus, Großsolt, Loit und Süderbrarup wurde die Kirche ausnahmsweise auf dem größten Hügel der Dorfgemarkung errichtet.
An einigen Orten führt ein alter Hauptweg direkt an der Kirche vorbei. Der Alte Kurierweg von Schleswig nach Holnis verbindet die Kirchdörfer Böklund, Ülsby, Satrup, Husby und Munkbrarup. An der Kirchentür von Kleinsolt, Havetoft, Tolk und Brodersby „wandert" die Eckernförder Landstraße vorbei.

Bauwerk. Alle mittelalterlichen Bauten folgen einem Typus. Das längsrechteckige Schiff wird von zwei Seitenportalen geöffnet, die nahe der Westwand einander gegenüberstehen. Lage und Zahl der Fenster im Schiff sind unterschiedlich. Sie sind oft hochgelegen und in der Südwand später meistens vergrößert worden. Kleine Kirchen haben zwei, größere drei Fensterachsen in der Schiffswand.
Stets im Osten ist ein rechteckiger Chor, schmäler und niedriger als das Schiff, angefügt. Gewöhnlich hat der Chor in jeder Wand nur ein kleines Fenster. Selten wurde dem Chor eine Apsis angebaut, die nur in Sörup und Böel erhalten blieb.
Die Dächer waren in Blei oder mit Holzschindeln gedeckt, in jüngster Zeit durch Schiefer oder Pfannen ersetzt.
Zum Ende des Mittelalters haben einige Kirchen vor einem ihrer Portale ein kleines Vorhaus aus Backstein gesetzt.
Erst in spätgotischer Zeit wird dem Schiff an seinem Westende ein steinerner Turm angefügt. Besonders kräftige und hohe Türme haben die Kirchen Nordangelns schon früh in Munkbrarup, Husby, Quern, Sörup und Esgrus erhalten. Die turmlos gebliebenen Kirchen haben ihre Glocken in einem Dachreiter oder hölzernen Glockenhaus aufgehängt, das abseits der Kirche für sich auf dem Friedhof steht.

Friedhof. Rings um die Kirche ist in einem regelmäßigen Viereck der Friedhof plaziert, der von Feldsteinmauer, Steinwall und Hecke eingefaßt wird. Alte Eichen sind in Esgrus und Ulsnis vorhanden. Der übliche „Friedhofsbaum" ist die Linde, die in

hochgewachsenen Baumreihen den Platz umstehen, aus deren Laubkronen die Kirchturmspitze gerade noch hervorlugt.
In Adelby, Havetoft, Ulsnis und einigen anderen Orten betritt man den Friedhof durch steinerne Tore. Geradezu wehrhaft ist der Friedhof in Grundhof mit einer ungewöhnlich hohen Feldsteinmauer umstellt.
Vorplatz. Wo der freie Platz vor der Kirche nicht zur Erweiterung des Friedhofs eingenommen wurde, ist der alte Vorplatz oder sogenannte Brautplatz erhalten.

Feldsteinkirchen. Das Bild der Kirchenlandschaft Angeln wird von 24 romanischen Feldsteinkirchen beherrscht. Es sind kleine, schlichte Bauwerke von rustikaler Gestalt mit buckeligen, oft schiefen Wänden. Der Kirchenwinzling von Kleinsolt hat eine Schiffslänge von nur 12 m, dagegen erstreckt sich der längste Raum in Grundhof auf 30 m.

Backsteinkirchen. Etwas jünger als die Feldsteinbauten sind die 7 Backsteinkirchen. Unter ihnen ist Böel mit seiner Apsis ein besonders ausgezeichnetes Beispiel. Gelting ist wohl schon in gotischer Zeit als letzter Kirchenbau des Mittelalters entstanden.

Granitquaderkirchen. Zu den bedeutendsten Kirchen des Landes gehören die vier stattlichen Granitquaderbauten Angelns. Das Beste, was Steinmetzarbeit damals zu schaffen vermochte, ist an den Kirchen zu Sörup und Munkbrarup zu bestaunen. Mit ihren profilierten Sockeln, glattwandigen Quadern und säulengerahmten Prachtportalen voll plastischer Formen sind es die kunstvollsten Zeugnisse romanischer Architektur.

Zu der kleinen, elitären Baugruppe gehören auch die kunstgeschichtlich bedeutenden Kirchen von Norderbrarup und Husby.

Nachreformatorische Bauten. Bei der Kirchendichte und der bereits im Mittelalter abgeschlossenen Kirchspielorganisation brauchte die Neuzeit in Angeln kaum noch etwas hinzuzufügen. Nur aus besonderem Anlaß kam eine neue Kirche dazu.
Neukirchen und Arnis sind im Zuge der Ortsgründungen 1619 und 1673 entstanden. Kappeln hat 1793 als Ersatz für seine alte und baufällige Kirche ein Meisterwerk des Spätbarocks im Lande erhalten. Nach Teilung des großen Kirchspiels Gelting wurde 1909 für die neue Gemeinde Gundelsby eine Kirche erbaut. Auf dem Schlachtfeld von Idstedt erinnert seit 1903 die Gedächtniskirche an die Kriege 1848–51. Heute steht dort ein Neubau von 1956. Maasholm hat seit 1952 eine Kapelle am Ort, und als letztes Kirchspiel in Angeln baute sich Glücksburg 1965 nach 350 Jahren Gottesdienst in der Schloßkapelle eine eigene Kirche.

Bauveränderungen. Aus Gründen des größeren Raumbedarfs sind einige romanische Dorfkirchen durch eine spätere Westverlängerung erweitert worden. Andere Bauten haben im 17./18. Jh. ihre ursprüngliche Gestalt verändert, indem nach Abbruch des Chores das Schiff nach Osten verlängert und im Innern zur Saalkirche umgebaut wurde.

Literatur. KDM FL 1952, 18. KDM SL 1957, 20. Kuhlmann 1958, 155, 178. H. Frahm, Angeln u. seine mittelalterlichen Kirchen, JbAngeln 1989, 33; 1990, 43; 1991, 175.

WOHNPLÄTZE

Ein Wohnplatz ist ein siedlungsgeographischer Begriff. Jede kleinere oder größere bewohnte Ansiedlung, vom Haus bis zum Dorf, auch Ortsteile und Häuser innerhalb eines Dorfes, die einen Eigennamen führen, sind Wohnplätze. Zur näheren Charakterisierung werden Wohnplätze mit der topographischen Eigenschaft gekennzeichnet, die der Siedlungsform entspricht (Statistisches Landesamt).

Topographische Bezeichnungen

Die Topographie folgt den „amtlichen" Bezeichnungen im Wohnplatzverzeichnis Schleswig-Holstein 1987. Einige wenige davon abweichende Charakterisierungen beruhen auf ortskundigem „Einspruch".

Hauptort. Größerer geschlossener Ort mit städtischem Charakter, der einen Mittelpunkt der Umgebung für Handel und Gewerbe bildet oder ein Verkehrsknotenpunkt ist.

Dorf. Jede geschlossene Ansiedlung mit überwiegend ländlichem Charakter „und landwirtschaftlichen Betrieben", ohne eine bestimmte Größenordnung des Dorfes. – Die Topographie bleibt bei der Bezeichnung „Dorf", auch wenn heute kein landwirtschaftlicher Betrieb vorhanden ist.

Streusiedlung. Besteht aus räumlich getrenntliegenden Höfen und Häusern mit einem gemeinsamen Namen.

Häusergruppe. Sie setzt sich zusammen aus Einzelhäusern, die räumlich zusammenliegen und einen gemeinsamen Namen haben.

Haus, Häuser. Dies sind Einzelhäuser, die räumlich getrenntliegen, aber einen gemeinsamen Namen führen.

Gut. Nach dem Wohnplatzverzeichnis alle landwirtschaftlichen Großbetriebe. In Angeln gelten als Gut nur die ehemals adligen Güter, die früher eigene Verwaltungs- und Gerichtshoheit hatten. Im Volksmund werden einige auch „Hof" genannt.

Hof. Alleinliegender landwirtschaftlicher Klein- und Mittelbetrieb. Diese Topographie hält an der Bezeichnung aber auch dann fest, wenn Landwirtschaft nicht mehr betrieben wird, der Wohnplatz jedoch in seiner Anlage als Hof zu erkennen ist.

Zugehörigkeit. Wohnplätze können verschiedenen Kirchspielen oder mehreren Gemeinden angehören. Einige Orte gehören einer politischen Gemeinde an, aber nicht dem gleichnamigen Kirchspiel, wie z. B. Holnis, Ksp. Munkbrarup, Stadt Glücksburg. Wenn der Wohnplatz außerhalb des eigenen Gemeindegebietes liegt, ist er eine Exklave.

Wohnplatzverzeichnis

Das Wohnplatzverzeichnis 1987 ist vom Statistischen Landesamt Schleswig-Holstein 1992 aufgrund der Volkszählung 1987 erstellt worden. Das Verzeichnis enthält die Gemeinden, deren Wohnplätze mit topographischer Bezeichnung, Anzahl der Einwohner und Haushalte.
Die Schreibweise der Wohnplatznamen im Verzeichnis ist die amtliche. Über Anzahl und Namen ihrer Wohnplätze entscheiden die Gemeinden.

Anzahl der Wohnplätze. Das Wohnplatzverzeichnis 1970 nennt aus Angeln 1020 Ortsnamen. 1987 sind noch 880 „amtlich". Der Schwund besteht nur statistisch. Von den Gemeinden Sankelmark, Satrup und Sieverstedt ist 1987 kein Namensverzeichnis angelegt worden. Andere Gemeinden haben kleinere Wohnplätze vergessen, obwohl diese namentlich auf amtlichen Karten existent sind. Trotzdem bleibt die Landschaft Angeln besonders namensreich: 70 % des Ortsnamengutes des Kreises Schlewig-Flensburg sind von Angelner Art. Die Topographie der Landschaft Angeln 1994 verzeichnet 1350 bewohnte Wohnplätze mit Eigennamen.

Ortsnamen

Für die frühe Besiedlungsgeschichte Angelns sind die Ortsnamen eine wichtige Quelle.
Dörfer, deren Ortsname sich aus einem Personennamen und der Endung -by zusammensetzen, sind Gründungen der Wikingerzeit 800–1050. Im 10. Jh. entstanden Ausbaudörfer und Tochtersiedlungen, deren Ortsnamen auf -thorp, -toft oder -böl enden. Bei den Siedlungen mit Wald- oder Rodungsnamen -lund, -skow, -rott, -twedt darf angenommen werden, daß sie im 11./12. Jh. auf gerodetem Land angelegt wurden. Aufgrund der vielen frühen Ortsnamen muß Angeln um 1200 verhältnismäßig dicht besiedelt gewesen sein, während Schwansen und Dänisch Wohld fast noch „öde Einsamkeiten" waren.
Die ersten schriftlichen Ortsnennungen sind in einer Urkunde von 1196 und in König Waldemars Erdbuch 1231 belegt.
Im Spätmittelalter ist ein Stillstand des Siedlungsausbaus zu beobachten, und durch die Aufgabe einiger Dörfer kam es sogar zu einem Rückgang. Die Ortsnamen der verlassenen Plätze, sogenannte „Wüstungen", sind als Flurnamen überliefert.
Nach Aufhebung der Feldgemeinschaft und mit der Privatisierung der Landwirtschaft entstanden wieder neue Siedlungen, in denen sich Kätner, Handwerker und Tagelöhner zusammenschlossen. Dem Namen ihres Herkunftsortes fügten sie meisten nur den Zusatz -feld oder -holz als Ortsbenennung an.
Ende des 18. Jh. sind auf Parzellen königlicher Domänen und adliger Güter zahlreiche Einzelhöfe und Streusiedlungen begründet worden, die als Ortsnamen häufig den alten Flurnamen übernommen haben.

S p r a c h e. Die älteren Ortsnamen sind von ihrer Sprachherkunft dänisch. Seit der Reformation ist in Angeln Niederdeutsch die Sprache von Kirche und Verwaltung. Ab dem 17. Jh. vollzieht sich in der Amtssprache von den Kanzeln und in den Kanzleien, bald auch in den Schulen, ein Übergang zum Hochdeutschen.
In den Ortsnamen finden sich auch Worte der angeldänischen Mundart, der ursprünglichen Umgangssprache in Angeln. Zu Beginn der preußischen Zeit war das Angeldänisch nur noch die Sprache einzelner Leute.
Durch die preußische Landesaufnahme 1877 sind einige alte Ortsnamen falsch aufgenommen oder verdeutscht worden; die „amtliche" Schreibweise hat seitdem selten eine Korrektur erfahren.

L i t e r a t u r. Angeln 1922, 462. W. Laur, Angelns älteste Ortsnamen, JbAngeln 1950, 133. H. Jankuhn, Die Besiedlung Angelns im frühen Mittelalter, JbAngeln 1951, 28. W. Laur, Die sprachlichen Verhältnisse in Angeln in ihrer geschichtlichen Entwicklung, JbAngeln 1953, 50. Ders., Theophore Ortsnamen in der Landschaft Angeln, JbAngeln 1954, 106. KDM FL 1952, 2. KDM SL 1957, 3. Kuhlmann 1958, 40. W. Laur, Die Ortsnamen in Angeln, JbAngeln 1963, 19; 1964, 56; 1966, 16; 1967, 100; 1968, 26. O. Clausen, Flurnamen Schleswig-Holsteins. 2. Auflage. 1988. W. Laur, Historisches Ortsnamenlexikon von Schleswig-Holstein, 1992.

Güter

Von ehemals 30 Gütern in Angeln bestehen heute noch 15 als landwirtschaftliche Betriebe, die insgesamt 3800 ha Land besitzen. Im Flächenvergleich ist das genauso viel, wie das Kirchspiel Esgrus in den Grenzen seiner Gemeinden Esgrus, Niesgrau und Stangheck umfaßt.
Die größten und ältesten Gutshöfe haben sich in Ostangeln als Großbetriebe erhalten: Gelting 750 ha, Rundhof 500 ha, Buckhagen 450 ha. Seit über 400 Jahren sind Rundhof und Drült am längsten im Familienbesitz.

H e r r e n h ä u s e r. Aus der reichen Bautätigkeit der Güter sind als bemerkenswerte architektonische Leistungen mehrere Herrenhäuser entstanden. Unter ihnen sind das altertümliche Roest, das nach holländischer Art gestaltete Gelting und als Hauptwerk spätbarocker Architektur in Angeln Rundhof hervorragende und gut erhaltene Beispiele.

Burgplätze. Im Mittelalter wohnte der einheimische Adel auf kleinen befestigten „Burgen“, von denen nur noch der Platz bekannt ist, auf dem heute kaum mehr Spuren zu erkennen sind.
Es waren die Wohnsitze des Heermannenadels, der dem König Heerdienste leistete. Seit dem 14. Jh. verdrängten einwandernde holsteinische Ritter den anglischen Adel. Dadurch wurden die „Burgen“ verwüstet, aufgegeben, oder sie sind in adlige Güter übergegangen.

Geschichte. In der Geschichte Angelns sind die Güter über Jahrhunderte ein allgegenwärtiger und bedeutender Bestandteil. Über Ostangeln hatte die Ritterschaft die Alleinherrschaft. Im 16. Jh. wurden die Edelhöfe als Güter zu landwirtschaftlichen Großbetrieben ausgebaut, neue Güter abgeteilt und bald auch Meierhöfe als Außenwerke zur besseren Gutswirtschaft angelegt. Einige dieser Nebenhöfe sind später zu adligen Gütern erhoben, selbständig geworden.
Mitte des 18. Jh. begannen die Güter ihren Grundbesitz in Parzellen aufzuteilen, die verpachtet oder verkauft wurden. Vor der Parzellierung umfaßte das Hofland größerer Güter mehr als 1000 ha. Danach behielten die Gutshöfe nur noch einige hundert Hektar in eigener Bewirtschaftung. Große Domänen wie Satrupholm, Mohrkirchen und Lindau wurden sogar ganz aufgeteilt.
Insbesondere die Gutslandschaft Ostangeln ist durch die Parzellierung in ihrem Siedlungsbild beeinflußt worden, wobei mit zahlreichen neuen Bauernstellen viele Höfe und Kleinsiedlungen begründet wurden.

Literatur. KDM FL 1952, 60. J. A. Bendixen, Adliges Gut u. Dorfwüstung in Angeln, JbAngeln 1955, 199. KDM SL 1957, 65. H. v. Rumohr, Schlösser und Herrenhäuser im Herzogtum Schleswig. Zweite, veränderte Auflage, 1979.

Höfe und Bauernhäuser

Dreiseithöfe. Der „Angelner Hof“ ist der Dreiseithof, der in dieser Art und Zahl in anderen Landschaften Schleswig-Holsteins nicht zu finden ist.
Die Anlage besteht aus drei Hauptgebäuden. An den Seiten stehen große Scheunen aus Ziegeln, deren Gemäuer häufig mit Zierwerk versehen sind. In der Mitte des Hofbildes steht das herrenhausartige Wohnhaus als rückseitiger Abschluß des Platzes. Zur Schauseite ist die Fassade in zahlreichen Variationen gestaltet. Die besondere Eigenart des Hauses ist der Frontispiz, der Giebelaufbau in der Mitte. Bei der architektonischen Gestaltung dieses Teils mit dem Eingang und der Haustür hat sich in Angeln ein großer Formenreichtum entwickelt. Als viertes Gestaltungselement hat der Hofplatz vor dem Wohnhaus häufig ein Rondell oder einen Teich erhalten.
Eine Parade schöner Dreiseithöfe ist an der Dorfstraße von Westerholm anzusehen.

Bauernhäuser. In der Hauslandschaft Angelns sind aus geschichtlicher Zeit zwei verschiedene Hausformen überliefert.
Für das Nordangler Haus ist die Querdiele durch das Haus charakteristisch. Das Südangler Fachhallenhaus setzt sich zusammen aus einem Wirtschaftsteil mit der von der Giebelseite her aufgeschlossenen Längsdiele und einem angebauten Wohnteil nach Nordangler Art.
Viele ältere Fachwerkhäuser, bei denen das Wohnen und Wirtschaften unter einem Dach kombiniert waren, sind noch vorhanden. Massivbauten aus rotem Backstein oder weißgetünchtem Mauerwerk stehen zumeist auf einem Granitquadersockel als Fundament. Ist das Haus reetgedeckt, mit Hängehölzern als Firstabschluß versehen, und hat es auch noch seine ursprünglichen Sprossenfenster behalten und sogar eine beschnitzte Haustür – dann ist es ein Angelner Bauernhaus von besonderem Wert.

Volkskundliche Sammlungen. Was in den vergangenen Zeiten auf dem Hof und im Haus an landwirtschaftlichen Geräten, Hausrat, Möbeln, Textilien u. a. im Gebrauch war, haben einige private „Dorfmuseen“ gesammelt und ausgestellt.
Eine vielseitige Sammlung zeigt der „Holländerhof“ in Wagersrott, das älteste

bewohnte Bauernhaus in Angeln. Hier wird alles, was an „Pütt un Pann un Plünn to Pingstsüssel wegsmeten warn schull“, im Museums-Kuhstall zum Gedächtnis an altes Brauchtum in Angeln verwahrt.

Literatur. Angeln 1922, 416. R. Frahm, Die Entwicklung des Angler Bauernhauses, JbAngeln 1933, 5. KDM FL 1952, 68. KDM SL 1957, 68. F. Saeftel, Bauern- u. Kleinhäuser in Angeln, JbAngeln 1972, 81. A. Hagemeier, Ländliches Bauen in Angeln, JbAngeln 1977, 126. Hagemeier-Kottwitz 1982. W. Börnsen, Heimatkundliche Sammlungen in der Museumslandschaft Schleswig-Flensburg, 1984. Hagemeier-Kottwitz 1985.

ALTE UND NEUE VERKEHRSWEGE

Bahnlinien

In der Verkehrsgeschichte der Landschaft Angeln hat die Eisenbahn die größere Bedeutung als der Straßenbau. Zwischen 1881 und 1904 wurden im Dreieck Flensburg–Kappeln–Schleswig fünf Bahnlinien mit einem Streckennetz von insgesamt 195 km durch Angeln gelegt und 80 Haltestellen eingerichtet. Die Bahnhofsorte erlebten in dieser Zeit wirtschaftlich einen rasanten Aufschwung, allen voran Süderbrarup. Im Durchschnitt wurde alle 2,5 km von Dorf zu Dorf an vorhandenen Dorfkrügen oder neuen Stationsgebäuden haltgemacht.
Heute sind nur noch die Bahnhöfe Süderbrarup und Sörup auf der Strecke Kiel–Flensburg in Betrieb. Neben den vielen alten Stationsgebäuden, die zum Teil noch ihren alten Namen tragen, erinnern an die Eisenbahnzeit viele Hecktore, die aus Schienenstücken zusammengesetzt wurden, Geländeeinschnitte, Dämme und Teilstücke der alten Trasse, die als Rad- und Wanderwege genutzt werden. Die Tradition der Eisenbahnlandschaft hält die Angelner Dampfeisenbahn aufrecht, die im Sommer auf der Strecke Kappeln–Süderbrarup verkehrt.

Linie Kiel–Flensburg seit 1881. In Angeln beträgt die Streckenlänge 35 km mit ursprünglich acht Haltestellen.
Sie wurde 1881 von der Kiel-Flensburger-Eisenbahngesellschaft erbaut und ist seit 1903 Staatsbahn. Heute wird nur noch auf den Stationen in Sörup und Süderbrarup haltgemacht.

Linie Schleswig–Süderbrarup–Kappeln 1883/1904–1972. Streckenlänge 37 km mit 14 Haltestellen.
Den ersten Streckenabschnitt bis Süderbrarup erbaute die Schleswig-Angler-Eisenbahngesellschaft 1883. Der Kreis Schleswig übernahm die Bahn 1901 und verlängerte die Strecke 1904 bis nach Kappeln. 1972 wurde der Personenverkehr eingestellt und 1983 das Gleis bis Süderbrarup abgebaut. Die 15 km lange Reststrecke bis Kappeln wird seit 1979 in der Saison von der Angelner Dampfeisenbahn befahren.

Linie Flensburg–Glücksburg–Kappeln 1885/86–1952/53. Streckenlänge 50 km mit 23 Haltestellen.
Es war die erste Kleinbahn in Preußen, die vom Landkreis Flensburg als Schmalspurbahn erbaut wurde. 1885 erreichte der erste Zug Glücksburg, und 1886 konnte die Gesamtstrecke bis zum Endbahnhof in Kappeln befahren werden. 1925–34 war der Streckenabschnitt bis Glücksburg für die Mitbenutzung der Flensburger Straßenbahn elektrifiziert. Gesamtstrecke 1952/53 abgebaut.

Linie Flensburg–Satrup–Rundhof 1901/02–1938. Streckenlänge 44 km mit 23 Haltestellen.
Die zweite Kleinbahn des Landkreises Flensburg durch Angeln wurde 1901 bis Satrup in Betrieb genommen und 1902 bis Rundhof weitergeführt. 1938 eingestellt.

Linie Schleswig–Satrup 1904–1965.

Streckenlänge 29 km mit 17 Haltestellen. Der Personenverkehr mußte 1965 eingestellt werden. Der Güterverkehr hat bis 1975 bestanden, danach wurde die Strecke abgebaut.

Literatur. G. Wolf, Deutsche Klein- u. Privatbahnen, 1972, 25, 38. K. Bohljahn, Entstehungsgeschichte der Eisenbahnen in Angeln, JbAngeln 1981, 132.

Landstraßen

Die Halbinsel Angeln lag in geschichtlicher Zeit und liegt auch heute abseits der Hauptverkehrswege. Das alte Wegesystem ist weitgehend erhalten. Neue Straßen sind als Ersatz für die abgebauten Kleinbahnstrecken entstanden.

Angelboweg. Stenderupau–Sörup 17 km. Der heute bedeutungslose Weg war einst eine wichtige Verbindung aus dem Westen in das Innere der Landschaft Angeln.
Straßen u. Orte: Gem.Str. Sieverstedt, Holming, Hostrup, Torsballig, Esmark, L 22 Satrup, Südensee.

Bundesstraße 201. Schleswig–Kappeln 35 km. Die neue Straße ist ein Hauptverkehrsweg in Südangeln.
Orte: Tolk, Grumby, Loit, Süderbrarup, Dollrottfeld.

Eckernförder Landstraße. Flensburg– Missunde 37 km. In Westangeln ist die 1877 zur Chaussee ausgebaute Landstraße die wichtigste Nord-Süd-Verbindung. In Missunde setzt eine Fähre die Fahrzeuge über die Schlei, die weiter nach Eckernförde oder Kiel gelangen wollen.
Straßen u. Orte: L 23 Freienwill, Großsoltbrück, L 267 Havetoft, Klappholz, Böklund, L 22 Wellspang, L 189 Tolk, Scholderup, Brodersby.

Geltinger Landstraße. Flensburg–Gelting 35 km. Der alte Hauptweg in Nordangeln verlor seine Bedeutung mit dem Bau der Kappelner Chaussee und geriet nach Eröffnung der Kleinbahn endgültig in Vergessenheit.
Straßen u. Orte: L 21 Husby, Husbyries, K 95 Lutzhöft, Gem.Str. Hollehitt, Quern, Westerholm, Niesgrau, B 199 Koppelheck, Lehbek.

Großer Gemeindeweg. Süderschmedeby–Sterup 23 km. Die neue Landesstraße wurde 1964 gebaut, um von der B 76 und der späteren Autobahn Mittelangeln auf schnellem Weg zu erreichen.
Straßen u. Orte: L 193 Großsolt, Kollerupholz, L 292 Sörup.

Kappelner Chaussee L 21. Flensburg–Kappeln 39 km. Vor der Instandsetzung 1826–30 waren die Wegstrecken teilweise von einer Beschaffenheit, daß sie „fast ohne große Lebensgefahr nicht passiert werden konnten“. Auch nach dem Chausseeausbau 1872–74 blieb die „Ole Kappler“, einer der verkehrsreichen Hauptwege Angelns für ihre unzähligen Kurven berüchtigt.
Orte: Adelby, Husby, Schwensby, Sterup, Grünholz, Schorrehy, Arrild, Oersberg, Wittkiel, Mehlby.

Kurierweg. Schleswig–Holnis Fähre 45 km. In alter Zeit war es der kürzeste Weg für königliche und herzogliche Kuriere auf der Reise von und nach Kopenhagen.
Straßen u. Orte: K 129 Triangel, L 22 Wellspang, Böklund, Ülsby, Satrup, L 268 Ausacker, Husby, Munkbrarup, Gem.Str. Rüde, L 96 Bockholm.

Nordstraße B 199. Flensburg–Kappeln 46 km. Sie ist 1951–54 als Ersatz für die stillgelegte Kleinbahnstrecke erbaut worden. Seinerzeit war die Nordstraße die neuste und längste Betonstraße außerhalb des Autobahnnetzes.
Orte: Wees, Munkbrarup, Langballig, Dollerup, Nübelfeld, Steinbergkirche, Steinberg, Gelting, Rabel.

Schleidörferstraße. Schleswig–Arnis 30 km. Landschaftlich ist sie eine der reizvollsten Straßen Angelns.
Straßen u. Orte: K 119 Füsing, Brodersby, Goltoft, Ulsnis, K 29 Kius, Lindau, K 26 Lindaunis, Ketelsby, K 113 Pagerö, Karschau, L 25 Habertwedt, Grödersby.

Schleswiger Chaussee. Schleswig–Flensburg 32 km. Als Nachfolgerin des östlichen Heer- und Ochsenweges führt die Chaussee, die auf mehreren Teilstrecken zur B 76 ausgebaut ist, am Westrand der Landschaft Angeln entlang.
Straßen u. Orte: K 44 Ruhekrug, Idstedtkirche, Stenderupau, Süderschmedeby, B 76 Oeversee.

Süderlandstraße. Schleswig–Kappeln 30 km. Der alte Landweg hat durch die Schleidörferstraße und B 201 an Bedeutung verloren.
Straßen u. Orte: K 119 Klensby, K 114 Moldenit, Schaalby, Scholderup, K 29 Taarstedt, Kiusballig, Kius, K 119 Wackerade, Steinfeld, K 31 Fahrtoft, Boren, Kaltoft, Ekenis, Faulück.

Literatur. A. Petersen, Verkehrsgeschichte der Landschaft Angeln, JbAngeln 1937, 33. M. Schartl, Die Nordstraße, JbAngeln 1993, 185.

LANDKARTEN

Historische Karten

Die älteste Karte der Herzogtümer Schleswig und Holstein zeichnete Marcus Jordanus 1559. Im Bereich der Landschaft Angeln sind 12 Ortsnamen eingetragen: Bughagen, Capplen, Elgard, Gelting, Langberch, Lindow, Lunigap (d.i. Lundsgaard), Nubel, Röste, Ruekloster, Runtoft, Satorp.
Eine Spezialkarte von Angeln ließ Heinrich Rantzau 1597 anfertigen. Sie verwendet zur Ortsbezeichnung verschiedene kleine Bildchen von Gebäuden. Lit.: O. Hartz, Die älteste Karte Angelns, JbAngeln 1937, 48.

Danckwerth-Atlas. Durch den Husumer Mathematiker Johannes Mejer wurde die kartographische Darstellung wesentlich verbessert. Seine erstaunlich genauen Karten wurden gedruckt in Danckwerths „Newe Landesbeschreibung" von 1652. Angeln wird mit den Karten des Amtes Flensburg 1648, dem Nordteil des Amtes Gottorf 1649 und Angeln und Schwansen 1649 erfaßt.

In den Jahren 1804 und 1805 zeichnete Joh. Heinrich Chr. du Plat Karten des Herzogtums Schleswig, die in einer Neuauflage 1983 vorliegen.

Amtliche topographische Karten

Topographische Karte. Durch die preußische Landesaufnahme 1877 wurde auch Angeln gründlich vermessen und die ersten topographischen Karten, damals Meßtischblätter genannt, 1879 herausgegeben. Sie sind seitdem ständig fortgeführt und heute als mehrfarbige Topographische Karten von allen amtlichen Landkarten das allgemein verbreitetste Kartenwerk. Der Maßstab 1 : 25.000 (1 km = 4 cm) wird den Ansprüchen eines vielseitigen Auskunfts- und Orientierungsmittels gerecht. Die einzelnen Blätter bieten dem Betrachter ein Bild von der in einer Fläche von rund 120 qkm dargestellten Landschaft.
Auf die Landschaft Angeln entfallen 15 Blätter (Nr. u. Name): 1122 Flensburg Nord, 1123 Glücksburg, 1124 Westerholz, 1222 Flensburg Süd, 1223 Husby, 1224 Sterup, 1225/26 Gelting/Oehe, 1322 Eggebek (betr. Sieverstedt), 1323 Satrup, 1324 Süderbrarup, 1325 Kappeln, 1326 Schönhagen (betr. Schleimünde), 1422 Jübek (betr. Idstedtkirche), 1423 Schleswig, 1424 Brodersby.

Deutsche Grundkarte. Im großen Maßstab 1 : 5000 (1 km = 20 cm) entsteht das Kartenwerk Deutsche Grundkarte. Die Karten enthalten einen maßstabsgetreuen Grundriß mit einer Geländedarstellung in Höhenlinien. Die Herstellung des umfangreichen Kartenwerkes ist noch nicht abgeschlossen. Die ersten Blätter zur Landschaft Angeln wurden 1952 aus dem Raum um die Stadt Schleswig geliefert. Unser Gebiet wird von 270 Blättern abgedeckt, von denen 200 Deutsche Grundkarten mit Höhendarstellung vorliegen (1993). Die übrigen Blätter sind nur als Katasterplankarte mit Grundriß vorhanden.

Die auf den historischen und amtlichen Karten verzeichneten Ortsnamen und Flurnamen sind alle in dieser Topographie aufgenommen.

AUS DER CHRONIK DER LANDSCHAFT ANGELN

1192 Kloster Guldholm am Langsee erbaut, bereits 1209 wieder aufgegeben und nach Rüde in Nordangeln verlegt.

1196 Erste Ortsnamen in Angeln urkundlich: Ahneby, Apenstorf, Brekling, Kloster Guldholm, Idstedt, Kahleby, Klensby, Nübel in Südangeln, Rüde in Nordangeln, Tolk.

1209 Rudekloster von Zisterziensermönchen aus Guldholm gegründet.
Kirchdörfer Grundhof und Munkbrarup erstmals urkundlich.

1231 König Waldemars Erdbuch nennt 29 Orte in Ost- und Südangeln, nur Bistoft in Westangeln.

1237 Kirchspiel Munkbrarup als eigenständiges Birk des Rudeklosters von Husbyharde abgetrennt.

1250 Alle 36 mittelalterlichen Kirchen Angelns innerhalb der letzten 100 Jahre erbaut.

1339 Eingewanderte holsteinische Ritter gründen die Güter Buckhagen und Gelting. Zwischen beiden Orten ist die silva geltinga ein einziges Waldgebiet.

1391 Antoniterorden aus Mecklenburg kauft Edelhof Moerker im Kirchspiel Böel und gründet hier das Kloster Mohrkirchen.

1406 Königin von Dänemark schenkt der Domkirche Schleswig die Vogtei Grödersby.

1431 Rittersitz Rundhof von herzoglichen Heerscharen zerstört.

1524 Adel erhält die volle Gerichtsbarkeit über seine grundherrlichen Untertanen und ist somit von Hardesgerichten unabhängig.

1528 Abt des Rudeklosters nimmt lutherische Lehre an. Bis 1540 sind Angelns Kirchen „reformiert".

1544 Landesteilung. Herzog von Hadersleben erhält Rudekloster, Kloster Mohrkirchen wird herzogliche Domäne Gottorfs.

1557 Gutsherr von Lindau läßt 10 Hexen auf dem Kirchenplatz Boren verbrennen.

1583 Abbruch des Rudeklosters und Baubeginn von Schloß Glücksburg durch Herzog Johann von Sonderburg (38 Jahre).

1593 Brarup-Markt in Süderbrarup urkundlich. Heute größter ländlicher Jahrmarkt in Schleswig-Holstein.

1622 Hafengründung zu Nieby an der Förde nach Einspruch Flensburgs gestoppt, Kirche von Neukirchen erbaut. Bauherr Herzog Johann (77) auf Glücksburg gestorben, aus seinem Erbe entsteht u.a. das Herzogtum Glücksburg.

1629 Dreißigjähriger Krieg. König Christian IV. (52) mit Heer an der Schleimündung bei Oehe gelandet und marschiert durch Südangeln gegen Gottorf. Kaiserliche Truppen verfolgen den Dänen und plündern, rauben, brennen, verpesten Angeln.

1632 Hexenverbrennung zu Mehlby, 1637 in Brunsholm, 1641 in Sterup.

1635 Fachhallenhaus „Holländerhof" in Wagersrott erbaut, ältestes bewohntes Bauernhaus in Angeln. Ein 9 Jahre älteres Fachwerkhaus aus Süderbrarup 1990 im Landschaftsmuseum Unewatt wieder aufgebaut.

1641 In der Schlei zwischen Arnis und Schleimünde 41 Heringszäune.
H. Gudewerdt schnitzt großen Altar für Kappeln, ein Hauptwerk des Hochbarock im Lande.

1644 Schweden und Dänemark im Krieg. Schweden in Angeln einquartiert, berauben Kirchen und Bewohner.

1658 Polnische Truppen als Verbündete

Dänemarks gegen Schweden im „Polackenkrieg“ der Schrecken des Landes. Grundhofer verschanzen sich hinter der Kirchhofsmauer.
König und Herzog teilen unter sich die Besitzungen des Domkapitels in Angeln auf.

1667 Von der Gutsherrschaft Roest bedrängt wandern 74 Familien aus Kappeln aus und gründen den Flecken Arnis.

1702 Aus der bischöflichen Vogtei Füsing entsteht die Füsingharde.

1713 Im 1. Angler Güterdistrikt werden 26 adlige Güter, die nicht den Harden und Ämtern unterstehen, verwaltungsmäßig zusammengefaßt.

1721 Ende des Gottorfer Staates, herzoglicher mit königlichem Anteil von Schleswig vereint.

1761 Kolonistenstellen in Westangeln auf Großsolter, Kleinsolter und Munkwolstruper Feld errichtet. 1764 besiedeln Familien aus Durlach in Baden die Berender und Havetofter-Heide.

1765 Ohrfeld entläßt seine Gutsuntertanen als erstes in Angeln aus der Leibeigenschaft.

1766 Verordnung zur Verkoppelung, Aufhebung der Feldgemeinschaft, Anlage von Knicks. 1770 wiederholt.

1771 Verordnung beendet patronymische Namensgebung, in einigen Gegenden aber erst Jahre später befolgt.
Nach Auflösung des Gutes Satrupholm entsteht die Satrupharde.

1778 Herzogliche Domäne Mohrkirchen parzelliert, und aus dem aufgelösten Amt wird die Mohrkirchharde gebildet.

1779 Herzog von Glücksburg (32) unbeerbt gestorben, Herzogtum Glücksburg als letzter Kleinstaat in Schleswig-Holstein aufgelöst und als Munkbrarupharde dem Amt Flensburg zugeordnet.

1784 Gut Lindau parzelliert, weitere Parzellierungen folgen, als letztes entläßt Rundhof 1800 seine Untertanen aus der Leibeigenschaft.

1786 Propst Philipp Ernst Lüders (84) in Glücksburg gestorben.
Propstei des Herzogtum Glücksburg aufgelöst, Kirchspiele Glücksburg, Munkbrarup und Neukirchen zur Propstei des Amtes Flensburg.

1790 Ende des 18. Jh. gilt Angler Butter als die beste Bauernbutter in den Herzogtümern.

1793 Neue Kirche in Kappeln eingeweiht, ein Hauptwerk des Spätbarock im Lande.
Geltings Kirche erhält an der Ostseite eine Schaufassade.

1804 Auf Schwensbyhof führt Jacob Iversen (41) als erster Landwirt das Mergeln ein und legt damit den Grundstein zur Steigerung der Ackererträge.

1807 Kappeln von Gut Roest an die dänische Krone verkauft.

1808 Krieg Frankreich–Schweden. Durchzug und Einquartierung französischer Truppen.

1812 Erste offizielle Postdienststelle Angelns in Kappeln.
Mörderin durch Enthauptung auf dem Richtberg bei Töstrup hingerichtet.

1813 Dänischer Staatsbankrott. Zur Sanierung der Staatsfinanzen sind alle Gebäude und Grundstücke mit 6% „Bankhaft“ zu belasten. Als Folge viele Konkurse, insbesondere bei den neuen Parzellenstellen.

1818 Erste Sparkasse in Angeln zu Glücksburg gegründet.

1829 Auf der Flensburger Förde das erste Dampfschiff mit Ausflugsfahrten nach Quellental.

1830 Seebadeanstalt an der Förde bei der

Flensburger Ballastbrücke, 1839 erste Badehäuschen in der Quellentaler Bucht.

1837 „Landwirtschaftlicher Verein an der Schlei“ in Kappeln gegründet, erste landwirtschaftliche Organisation in Angeln.

1840 Geltings Pastor Jensen (38) von der Universität Kiel zum Dr. phil. ernannt. Sein „Versuch einer kirchlichen Statistik des Herzogthums Schleswig“ erscheint bis 1842 in vier Bänden.

1842 Erste Gesangvereine in Husby, Munkbrarup und Quern gegründet.

1844 Pastor Jensens (42) Werk „Angeln“ in Flensburg gedruckt.
Zeitung „Wochenblatt“ erscheint in Kappeln.

1848 Erhebung Schleswig-Holsteins. Krieg gegen Dänemark bis 1850, Landsturm, Besatzung in Angeln.

1850 Pastor Dr. Jensen (48) am 7. Mai in Boren gestorben.
25. Juli Schlacht bei Idstedt, 26.000 Schleswig-Holsteiner verlieren gegen 37.000 Dänen, 2808 Tote.

1851 Beginn der „Dänenzeit“. Pastoren und Lehrer entlassen. Dänisch als Schulsprache im gemischten Distrikt nördlich der Linie Wellspanger Au – Oxbek verordnet. In den Kirchen dänisch und deutsch im sonntäglichen Wechsel.

1853 Ende der gutsherrlichen Gerichtsbarkeit, Güter in Ostangeln im neuen Verwaltungsbezirk Kappelerharde zusammengefaßt.

1856 Angler Rind auf der Weltaustellung in Paris mit Goldmedaillen ausgezeichnet.

1863 Seit 1858 im Thorsberger Moor bei Süderbrarup rund 2500 Fundstücke, insbesondere aus der Bronzezeit geborgen, einer der großartigsten Funde Nordeuropas.
König Friedrich VII. (55) auf Glücksburg gestorben.

1864 Preußen und Dänemark im Krieg. Gefecht bei Missunde und Oeversee, Schleiübergang der Preußen nach Arnis.

1866 Allgemeine Wehrpflicht, Auswanderung junger Männer nach Amerika.
Erste Postexpeditionen und Landzustellung in Angeln. Pontonbrücke in Kappeln über die Schlei, 1927 Drehbrücke.

1867 Herzogtümer preußische Provinz. Gemeinden und Gutsbezirke gebildet, Trennung von Verwaltung und Justiz, Reform des Steuerwesens.

1870 Anfänge der genossenschaftlichen Meiereien in Böelschuby, 1874 in Voldewraa.

1871 Kriegsende Preußen gegen Frankreich, allerorten Friedenseichen gepflanzt.

1872 Sturmflut 13. November. Habernis wie eine Insel vom Wasser eingeschlossen, Geltings Dorfstraße überflutet, Wasserstand in Schleimünde 3,21 m über NN.
Ostseebad Glücksburg gegründet, erstes „Curhaus“ in Sandwig.
Kappelner Landstraße bis 1874 zur Chaussee ausgebaut.

1874 Preußisches Personenstandsgesetz. Kirchenbücher verlieren ihre staatliche Rechtskraft, Geburten, Eheschließungen, Todesfälle müssen vor dem Standesamt beurkundet werden.

1877 Gründliche Vermessung der Landschaft Angeln durch die Preußische Landesaufnahme, erste Topographische Karten 1879 herausgegeben.
Eckernförder Landstraße zur Chaussee ausgebaut. In Kappeln erscheint die Zeitung „Schleibote“.

1879 Angelns Kirchspiele bilden bei der Neuordnung der Kirchenverwaltung die Propsteien Nordangeln und Südangeln.
Erste Freiw. Feuerwehr Angelns in Kappeln gegründet.

1881 Eisenbahn Kiel–Flensburg durch Angeln erbaut. Beim Bahnbau in Süderbrarup ein Feld mit 2000 Urnen freigelegt.

1883 Eisenbahn von Schleswig nach Süderbrarup, Strecke 1904 bis Kappeln verlängert.

1886 Eisenbahn Flensburg–Kappeln, erste Kleinbahn in Preußen. 1885 bis Glücksburg, 1886 bis zum Endbahnhof Kappeln fertiggestellt.
28 Freiw. Feuerwehren gegründet, bis 1891 in 80 Gemeinden Angelns im Dienst.

1887 Angeln ein Butterland. 14 Meiereien in einem Jahr gegründet, 1888 noch einmal so viele.

1889 Zur verwaltungsmäßigen Unterteilung der Kreise in Angeln 31 Amtsbezirke gebildet.

1898 Vielerorts Doppeleichen zum 50. Jahrestag der Erhebung gepflanzt.
Erste Elektrizitätswerke in Glücksburg und Süderbrarup.

1900 Rund 80 Meiereien in Angeln, jedes größere Dorf mit eigener Genossenschaft.
Stadtrecht für Glücksburg.

1901 Kleinbahn von Flensburg nach Satrup, 1902 Weiterführung bis Rundhof.

1903 Bei den Postanstalten in Angeln 258 Fernsprechteilnehmer.
Bismarckturm auf dem Scheersberg geweiht.

1904 Eröffnung der 5. Bahnlinie durch Angeln von Schleswig nach Satrup, Gesamtstreckennetz jetzt 195 km lang mit 80 Haltestellen.

1905 Erster Auto-Omnibus von Süderbrarup nach Arnis, Böelschuby und Ekenis.

1910 Randgemeinden Engelsby, Fruerlund, Twedt, Twedterholz in die Stadt Flensburg eingemeindet.

1912 Kirchspiel Adelby von der Propstei Nordangeln zur Propstei Flensburg ausgegliedert.

1919 Ende der geistlichen Schulaufsicht. Allgemeine elektrische Stromversorgung durch Überlandzentralen.

1920 Abstimmung in der 2. Zone. In der Stadt Glücksburg und den 13 Gemeinden in Nordangeln entscheiden sich 88% der Wähler für den Verbleib bei Deutschland.

1928 Alle 24 bestehenden Gutsbezirke in Angeln aufgelöst und den Gemeinden zugeordnet.

1929 „Vereinigung von Freunden der Landschaft Angeln“ gegründet, 1930 der „Angler Heimatverein“, 1973 unter dem Namen „Heimatverein der Landschaft Angeln“.
Zweiter Pfarrbezirk von Gelting selbständiges Kirchspiel Gundelsby.

1934 Meiereien in Angeln verarbeiten jährlich 120 Mio. Liter Milch. 64 private gewerbliche Butterversandgeschäfte.

1937 Neue Züchtung des Angler Sattelschweins als Rasse anerkannt.
Gemeinden Grimsnis, Sandbek, Sterupgaard und Stutebüll aufgelöst.

1938 Gemeinden Bockholm, Holnis, Kattrott, Lehbek, Scholderup, Wackerballig, Westerakeby aufgelöst.
Kleinbahn Flensburg–Satrup–Rundhof stellt Betrieb ein.

1945 Letzte Phase des Zweiten Weltkrieges. Hauptquartier des Oberbefehlshabers Nord in Kollerup. Kriegsende, Britische Besatzung.

1946 Flüchtlinge und Vertriebene, Einwohnerzahl von 1939 verdoppelt auf 110.000. Dänische Schulen beginnen Unterricht.

1953 Gesamtstrecke Kleinbahn Flensburg–Kappeln abgebaut.

1954 Nordstraße B 199 von Flensburg nach Kappeln fertiggestellt.

1965 Fährhafen Geltingmole eröffnet Schiffsverkehr nach Faaborg zur dänischen Insel Fünen.

1968 Seit 1963 haben 25 Dorfschulen geschlossen, bis 1974 ziehen noch einmal soviele in Dörfergemeinschaftsschulen.

1970 Größte Gebietsreform seit Gründung der preußischen Landgemeinde, 59 Gemeinden aufgelöst.
Seit 1960 rund 50 Meiereibetriebe aufgegeben, 1987 werden auch die übrigen verschwunden sein.

1971 Propsteien Nordangeln und Südangeln vereinen sich zu einer Propstei Angeln, ab 1977 Kirchenkreis Angeln.

1972 Personenverkehr der Kreisbahn Schleswig–Kappeln eingestellt.
Größter Hotelkomplex mit Hochhaus in Glücksburg eröffnet.

1974 Kreise Flensburg-Land und Schleswig zu einem Kreis Schleswig-Flensburg vereint. Nach Abschluß der Gebietsreform bestehen nur noch die Hälfte der ehemaligen preußischen Landgemeinden.

1976 Die Küstengebiete der Flensburger Förde zum Landschaftsschutzgebiet erklärt. In Angeln 21 Horstpaare des Weißstorches, vor 50 Jahren 100.

1978 Schneekatastrophe zum Jahreswechsel. Dörfer in Angeln mehrere Tage von der Umwelt abgeschnitten, ohne Strom, Verkehr auf Straße und Schiene zusammengebrochen, 1000 Soldaten mit Panzern im Einsatz.

1987 Volkszählung. In Angeln 70.500 Einwohner, 21% Kinder und Jugendliche, 21% älter als 60 Jahre. 27.500 Haushalte, 21.800 Wohngebäude.
Letzte Meierei Angelns in Glücksburg geschlossen.

1988 Neuwaldbildung auf 80 ha ehemalig landwirtschaftlich genutzter Fläche des Hofes Katharinental bei Mohrkirchen.

1993 Landschaftsmuseum Angeln in Unewatt eingeweiht, Geschäftsstelle des Heimatvereins im Hause neben der alten Buttermühle eröffnet.

LITERATURVERZEICHNIS

Angeln 1922 = Hans Nic. Andreas Jensen, Angeln. Neu bearbeitet und bis auf die Gegenwart fortgeführt von W. Martensen und J. Henningsen. Schleswig 1922.

Arnis 1838 = Chr. Scharf, Beschreibung und Geschichte der Insel und des Fleckens Arnis. Schleswig 1838.

Arnis 1977 = Walter Luth, Arnis. Kleine Stadt mit großer Vergangenheit. Arnis 1977.

Biotop 1989 = Landesamt für Naturschutz und Landschaftspflege Schleswig-Holstein, Auswertung der Biotopkartierung Kreis Schleswig-Flensburg. Kiel 1989.

Bjerrum 1986 = Anders Bjerrum, Sydslesvigs stednavne. Bd. IV Ugle Herred. København 1979–86.

Böel 1984 = Günter Möller, Die Gemeinde Böel und ihre Einwohner. Bremen 1984.

Bohljahn 1979 = Bohljahn, Harbeck, Klein, Wegner, Die Eisenbahn in Flensburg 1854–1979. Freiburg 1979

Boren 1957 = Johs. Marxen, Chronik des Kirchspiels Boren. Schleswig 1957.

Brekling 1979 = Peter Rasmussen, Die Dorfchronik von Brekling. Schleswig 1979.

Brodersby 1989 = Gemeinde Brodersby, Chronik des Kirchspiels Brodersby. Husum 1989.

Bronzezeit 1978 = Karl Kersten, Die Funde der älteren Bronzezeit. Bd. IV Südschleswig-Ost. Neumünster 1978.

Clausen 1981 = Otto Clausen, Chronik der Heide- und Moorkolonisation im Herzogtum Schleswig (1760–1765). Husum 1981.

Dammholm 1991 = Hans H. Clausen, Dammholm. Die Entstehung eines Dorfes. Husum 1991.

Danckwerth 1652 = Caspar Danckwerth, Newe Landesbeschreibung der zwey Herzogthümer Schleswich und Holstein. Husum 1652.

Danske sø- og ånavne 1968–89 = Jørgen Kousgård Sørensen, Danske sø- og ånavne Bd. I – VII. København 1968–89.

Dollrottfeld 1981 = Johs. Cordsen, Die Dorfchronik von Dollrottfeld. Dollrottfeld 1981.

Esgrus 1990 = Georg Wilh. Saß, Chronik des Kirchspiels Esgrus Bd. I. Husum 1990.

Frahm 1993 = Hans Frahm, Gedenk- und Erinnerungsstätten und bemerkenswerte Anlagen in Angeln. Bereich Ostangeln. Schleswig 1993.

Freienwill 1992 = Jes Peter Clausen, Gemeinde Freienwill. Eine Chronik. Husum 1992.

Füsing 1982 = Fritz Jensen, Dorfbuch Füsing. Schleswig 1982.

Gelting 1972 = Peter Schwennsen, Die Chronik des Kirchspiels Gelting. Gelting 1972.

Gelting 1987 = Heinz von Hobe, Chronik II des Kirchspiels Gelting. Husum 1987.

Glücksburg 1974 = Berthold Hamer, Geschichte Glücksburgs. Glücksburg 1974.

Gr. Solt 1992 = Ursula Pülschen, Gemeinde Großsolt. Eine Chronik. Husum 1992.

Grundhof 1957 = Ocke Chr. Nerong, Das Kirchspiel Grundhof, historisch und topographisch beschrieben. Neu bearbeitet von Nik. Nielsen. Terkelstoft 1957.

Grundhof 1981 = Chronik des Kirchspiels Grundhof. Weiterführung und Neubearbeitung. Husum 1981.

Gude 1778 = Joh. Chr. Gude, Bericht von

der Halbinsul Sundewitt und dem Glücksburgischen Erblande. Altona 1778.

Gundelsby 1977 = Johs. Jürgensen, Chronik des Kirchspiels Gundelsby. Schleswig 1977.

Hagemeier-Kottwitz 1982 = Anita Hagemeier-Kottwitz, Angeliter Dreiseithofanlagen. Neumünster 1982.

Hagemeier-Kottwitz 1985 = Anita Hagemeier-Kottwitz, Angeliter Fachwerkarchitektur vom 17. bis 19. Jahrhundert. Neumünster 1985.

Hald 1948–79 = Kristian Hald, Sydslesvigs stednavne. Bd. VII Nordangel. København 1948–79.

Heimat 1891ff = Die Heimat. Zeitschrift für Natur- und Landeskunde von Schleswig-Holstein und Hamburg. 1891ff.

Hist. Gem-Verz 1970 = Statistisches Landesamt, Die Bevölkerung der Gemeinden in Schleswig-Holstein 1867–1970. Historisches Gemeindeverzeichnis. Kiel 1972.

Hürup 1991 = Johs. Lorenzen, Chronik des Kirchspiels Hürup. Husum 1991.

Husby 1976 = Christoph Gondesen, Chronik des Kirchspiels Husby. Husum 1976.

Idstedt 1992 = Hans W. Brodersen, Chronik der Gemeinde Idstedt. Husum 1992.

JbAngeln 1929ff = Jahrbuch des Heimatvereins der Landschaft Angeln. Kappeln 1929ff.

Jensen Angeln 1844 = Hans Nic. Andreas Jensen, Angeln. Zunächst für die Angler historisch beschrieben. Flensburg 1844.

Jensen Stat. 1841 = Hans Nic. Andreas Jensen, Versuch einer kirchlichen Statistik des Herzogthums Schleswig. Flensburg 1841.

KDM FL 1952 = Dietrich Ellger, Die Kunstdenkmäler des Landkreises Flensburg. München 1952.

KDM SL 1957 = Dietrich Ellger u. Wolfgang Teuchert, Die Kunstdenkmäler des Landkreises Schleswig. München 1957.

KDM Stadt Flensburg 1955 = Ludwig Rohling, Die Kunstdenkmäler der Stadt Flensburg. München 1955.

Kreis-Chronik 1959ff = Kreis-Chronik für den Landkreis Flensburg, Handbuch für den Kreis Schleswig-Flensburg. Flensburg u. Schleswig 1959ff. Seit 1906 Kreiskalender.

Kuhlmann 1958 = Hans Joachim Kuhlmann, Besiedlung und Kirchspielorganisation der Landschaft Angeln im Mittelalter. Neumünster 1958.

Kunst-Topographie SH 1969 = Hartwig Beseler, Kunst-Topographie Schleswig-Holstein. Neumünster 1969.

Landkreis Flensburg 1981 = Gesellschaft für Flensburger Stadtgeschichte, Der Landkreis Flensburg 1867–1974. Teil I. Flensburg 1981.

Laur 1992 = Wolfgang Laur, Historisches Ortsnamenlexikon von Schleswig-Holstein. Neumünster 1992.

Loit 1993 = Elsbeth Sieck, Zur Geschichte des Dorfes Loit. Husum 1993.

Maasholm 1976 = Horst Franzen, Chronik Oehe-Maasholm. 2. Auflage. Maasholm 1976.

Mohrkirch 1991 = Annemarie Biesel, Dorfchronik Mohrkirch. Husum 1991.

Mohrkirchen 1983 = Johs. Callsen, Der Hof Mohrkirchen. Freienwill 1983.

Munkbrarup 1976 = Johs. Stüdtje, Die Chronik des Kirchspiels Munkbrarup Bd. I – III. Schleswig 1976.

Nübel-Berend 1981 = Peter Rasmussen,

Die Dorfchronik von Nübel und Berend. Schleswig 1981.

Obdrup 1982 = Hermann Gimm, Obdrup. Geschichte eines Dorfes. Flensburg 1982.

Oldekop 1906 = Henning Oldekop, Topographie des Herzogtums Schleswig. Kiel 1906.

Pöge 1980 = Gottfried Pöge, Die Wind- und Wassermühlen des Kreises und der Stadt Flensburg. Schleswig 1980.

Pust 1990 = Dieter Pust, Flensburgs Straßennamen. Kl. Reihe der Ges. für Flensburger Stadtgeschichte, Heft 19.

Quern 1961 = Markus Martensen, Die Chronik der Kirchspiele Quern und Neukirchen. Schleswig 1961.

Ravn 1971 = Lorenz Simonsen Ravn, Læerne under sprogreskripterne 1851–1864. Flensborg 1971.

Röschmann 1963 = Jakob Röschmann, Vorgeschichte des Kreises Flensburg-Land. Flensburg 1963.

vRohden 1989 = Jens-Uwe von Rohden, Die Gewässernamen im Einzugsgebiet der Treene. Neumünster 1989.

Rüllschau 1990 = Wilh. Sell, Rüllschau in Angeln. Husum 1990.

vRumohr 1968 = Henning von Rumohr, Schlösser und Herrenhäuser im Herzogtum Schleswig. Frankfurt 1968.

vRumohr 1979 = Henning von Rumohr, Schlösser und Herrenhäuser im Herzogtum Schleswig. 2., veränderte Auflage. Frankfurt 1979.

Satrup 1902 = Claudius J. Rickmers, Geschichte des Kirchspiels Satrup bis zum Jahre 1800. Gettorf 1902.

Schaalby 1982–89 = Gemeindechronik Schaalby Heft I – IX. Husum u. Kiel 1982–89.

Scheggerott 1989 = Hans Callsen, Scheggerott. Ein Dorf im Wandel der Zeit. Husum 1989.

vSchröder 1837 = Johs. von Schröder, Topographie des Herzogthums Schleswig. Bd. I u. II. Schleswig 1837.

vSchröder 1854 = Johs. von Schröder, Topographie des Herzogthums Schleswig. 2. Auflage. Oldenburg 1854.

Sieverstedt 1951 = Erwin Freytag, Aus der Chronik des Kirchspiels Sieverstedt. Ein Beitrag zur Geschichte der Uggelharde. Sieverstedt 1951.

Sörup 1907 = Joh. Chr. Friedrichsen, Chronik des Kirchspiels Sörup. Süderbrarup 1907.

Sörup 1964 = Klaus Lund u. Karl Willms, Ein halbes Jahrhundert Kirchspiel Sörup. Eine Weiterführung der Chronik von J. C. Friedrichsen. Flensburg 1964.

Sörup 1985 = Hermann Rehder, Chronik III des Kirchspiels Sörup. Husum 1985.

Steinberg 1986 = Bernhard Asmussen, Chronik des Kirchspiels Steinberg Bd. I. Husum 1986.

Steinfeld 1979 = Detlef Lille, Die Steinfelder Chronik. Steinfeld 1979.

Sterup 1993 = Gundula Hubrich-Messow, Chronik des Kirchspiels Sterup Bd. I. Husum 1993.

Stolz 1980 = Gerd Stolz, Kriegsgräber von 1848/51 und 1864 im Kreis Schleswig-Flensburg. Schleswig 1980.

Süderbrarup 1981 = Leonhard Möller u. Helmut Marxen, Süderbrarup. Zentraler Ort in Vergangenheit und Gegenwart. Süderbrarup 1981.

Süderfahrenstedt 1982 = Peter Rasmussen, Die Chronik der Gemeinde Süderfahrenstedt. Süderfahrenstedt 1982.

Süderschmedeby 1985 = Carsten Hansen, Dorfchronik Süderschmedeby. Sieverstedt 1985.

Taarstedt 1989 = Johs. Jessen, Dorfbuch Taarstedt. Husum 1989.

Toestrup 1982 = Anna Maria Nissen, Chronik des Kirchspiels Toestrup. Toestrup 1982.

Trap 1864 = Jens Peter Trap, Statistisk-topografisk Beskrivelse af Hertugdømmet Slesvig. København 1864.

Ulsnis 1987 = Hans Tüxen, Chronik der Gemeinde Ulsnis. Husum 1987.

Wagersrott 1993 = Gretchen Bartel, Zur Geschichte der Gemeinde Wagersrott. Husum 1993.

ERLÄUTERUNGEN

■ Besonderheiten. Das Zeichen soll auf besondere, für Angeln einmalige, seltene Ereignisse, Größen, Merkmale oder Objekte aufmerksam machen.

Denkmalbuch. Das beschriebene Objekt ist als Kulturdenkmal im Denkmalbuch des Kreises Schleswig-Flensburg eingetragen (1992).
Denkmalschutz. Kulturdenkmale von besonderer Bedeutung, deren Eintragung in das Denkmalbuch rechtskräftig ist. Hierzu gehören auch alle vor 1910 erbauten Kirchen in Angeln.

Fotos. Die Bilder geben den Zustand um 1990 wieder. Sie wurden hauptsächlich in den Jahren 1992–94 aufgenommen.

Landschaftsbereiche. Gliederung nach Kirchspiel-Gruppen: Mittel-, Nord-, Ost-, Süd- und Westangeln (s. Karte, vordere Vorsatzseiten Band I).

Literatur. Das Verzeichnis am Schluß des Artikels bezieht sich auf den gesamten Ort. Es sind alle Stellen in den Topographien genannt, auch um den Nachweis auf Nennungen des Ortes in früheren Werken zu führen.
Topographische Karte. TK Blatt Nr. (Jahr), auf welcher der Ortsname eingetragen ist.

Ortsnamen. Findet sich ein Name, mit erläuternden und unterscheidenden Zusatz, wie Groß- und Klein-, Alt- und Neu-, Nord- oder Süd- usw. nicht unter dem Anfangsbuchstaben, so ist er unter dem Stichwort des Hauptwortes zu suchen.

Register. Ein Register mit Objektkonkordanz befindet sich am Schluß des zweiten Bandes.

ABKÜRZUNGEN

altdän. = altdänisch
angeldän. = angeldänisch
Biotop = Biotopkartierung
dän. = dänisch
ders. = derselbe
DG = Deutsche Grundkarte
DGS = Dörfergemeinschaftsschule
dt. = deutsch
ehem. = ehemalig
Ewh. = Einwohner
FL = Kreis Flensburg
FN = Flurname
Gem. = Gemeinde
Gewässerkdl. Verz = Gewässerkundliches Verzeichnis
Jh. = Jahrhundert
jüt. = jütisch
Kat. = Kataster
Ksp. = Kirchspiel
KWE = König Waldemars Erdbuch
LA = Landesamt
Ldw.-Betrieb = Landwirtschaftlicher Betrieb
Lit. = Literatur
LSG = Landschaftsschutzgebiet
Mejer = Karten von Joh. Mejer. 1648 und 1649
ndt. = niederdeutsch
neudän. = neudänisch
NSG = Naturschutzgebiet
PLZ = Postleitzahl
PN = Personenname
PreußLA 1877 = Karten der ersten Preußischen Landesaufnahme
SFSt = Schriften der Gesellschaft für Flensburger Stadtgeschichte
SH = Schleswig-Holstein
sic. = lat.: wirklich so! Falsche Schreibweise
SL = Kreis Schleswig
teilw. = teilweise
TK = Topographische Karte
Wohngeb. = Wohngebäude
Wpl-Verz = Wohnplatzverzeichnis

Lexikon

A–K

ACHTERUP

Ehem. Dorf

Nordangeln. Ksp. Adelby. 1530–1670 Flurname für eine Hölzung, früher wohl ein Dorf.

Ortsname. 1551 Achterup. – Dorf = altdän. thorp, des Aggi, oder Aki = altdän. PN (Laur). Lit.: Hald 1948-79, VII 45. JbAngeln 1968, 41. Laur 1992, 114.

ACKERSMOOR

PLZ 24986. Häuser

Mittelangeln. Ksp. u. Gem. Satrup. 2 Wohngeb., früher ein Hof. Bis 1970 Gem. Rehberg.
Lage: Süd-Satrup, an der Straße nach Esmark. Naherholungsgebiet mit einem aufgeforsteten „Europawald".

Literatur. Wpl-Verz 1970, 124. TK 1323 (1987).

ACKERSMOORGRABEN

Wasserlauf

Mittelangeln, im Bereich der Bondenau, Treene. Fließstrecke 3 km, von Rüdestraße, Ackersmoor, bis zur Einmündung rechts in die Nackholzer Au bei Obdrup. Einzugsfläche 360 ha, Gem. Satrup.

Gewässername. Kat. Plankarte 1954 u. Kreisumweltamt Ackersmoorgraben. Gewässerkundl. Verz. SH Redlefsen-Graben, nach der Fleischwarenfabrik.

ADDEROI

Ehem. Hof

Nordangeln. Ksp. Husby, Gemarkung Lutzhöft. Umfaßte 1598 eine Mark Gold, was für eine geringe Größe spricht.

Ortsname. 1598 FN Adderoy Marck. – Rodung = süderjüt. roj, des Addi = altdän. PN (Hald). Lit.: Hald 1948-79, VII 171.

ADELBY

Kirchspiel

Kirchenkreis Flensburg. 2880 Gemeindeglieder (1990).

Wohnplätze. Kirchengem. Adelby: Adelby, Adelbylund, Gr. Adelbylund, Kl. Adelbylund, Angelsund, Kattloch, Kreuz, Löwenberg, Meierhof, Sünderup, Sünderuphof, Tarup, Tarupfeld, Gr. Tarup, Kl. Tarup, Tastrup, Tastrupfeld, Kl. Tastrup, Wilhelmshöhe.
Kirchengem. St. Jürgen: Ballastbrücke, Bredeberg, Harnis, Jürgensby, Jürgensgaard, Kielseng, Norderhohlweg, Pilkentafel, Püllskrug, Süderhohlweg.
Kirchengem. Mürwik: Fahrensodde, Friedheim, Klosterholz, Mürwik, Munkenholz, Osbek, Solitüde, Twedterfeld, Twedterholz, Waldeshöh.
Kirchengem. Engelsby: Blocksberg, Engelsby, Geschlossenheck teilw., Kauslund, Trögelsby, Twedt, Vogelsang, Wasserloos, Windloch.
Kirchengem. Fruerlund: Blasberg, Fruerlund, Fruerlundfeld, Fruerlundhof, Fruerlundholz.
Ehemalige Wohnplätze: Achterup, Altona, Bussesig, Elle, Gammelby, Gammerup, Kogab, Krüppelkrug, St. Just, Schiedengab.

Geschichte. Propstei Amt Flensburg, Husbyharde. 1879 Propstei Nordangeln. 1912 Propstei der Stadt Flensburg.
1895 wurde die Kirchengemeinde St. Jürgen, Flensburg, gebildet und beide Hohlwege und Jürgensby von Adelby dorthin ausgepfarrt. 1902 kamen auch noch Blasberg, Bredeberg, Jürgensgaard und Kielseng dazu. Heute bestehen in den Stadtteilen Engelsby, Mürwik und Fruerlund, die ehemals zum Kirchspiel Adelby gehörten, selbständige Kirchengemeinden.
Vom Kirchspiel Adelby ist St. Johannis-Flensburg abgelegt worden, was vermutlich erst im Laufe des 13. Jh. geschehen ist. Bei der Ortschaft Kreuz befand sich im Mittelalter eine Kapelle St. Just, deren Einkünfte 1464 der Kirche zu Adelby überwiesen wurden.
Zur Besorgnis des Armenkolleg von 1815

hatte sich unter der zahlreichen Bevölkerung in Stadtrandnähe der „Auswurf" niedergelassen. Fischer, Matrosen, Handwerker und Tagelöhner wohnten auf Adelby, der Randlage des Wohlstands, der sich nur bei einer dünnen Oberschicht einiger weniger Hufner und Schiffer zeigte.
Im 16. Jh. hatte die Kirche keinen eigenen Pastor, sondern Diakone aus Flensburg versahen das Amt. Zur Blütezeit der Schifffahrt im 18. Jh. war die Pfarrstelle eine der einträglichsten im Lande.

Literatur. Jensen Stat. 1841, 960. Jensen Angeln 1844, 318. Trap 1864, 477. Angeln 1922, 533. Kuhlmann 1958, 176.

Amt bis 1971

Kreis Flensburg. 1889 Verbund von 8 Gemeinden: Engelsby, Fruerlund, Jürgensgaard, Sünderup, Tarup, Tastrup, Twedt, Twedterholz.
1900 Ausgliederung der Gem. Jürgensgaard an die Stadt Flensburg. 1910 Ausgliederung der Gem. Engelsby, Fruerlund, Twedt, Twedterholz an die Stadt Flensburg. 1971 Vereinigung mit dem Amt Hürup.

Gemeinde bis 1980

FL Amt Hürup. Fläche 951 ha. 1766 Ewh. (1970). Gemeinde 1871 gegründet, 197 Ewh., 31 Wohngeb. 1872 Eingliederung in die Gem. Tarup. 1970 Vereinigung der Gem. Tarup und Sünderup zur Gem. Adelby und Eingliederung der Gem. Tastrup, sowie Ausgliederung von Adelbylund mit 1350 Ewh. an die Stadt Flensburg. Bis 1971 amtsfrei. Die Häusergruppe Adelby gehört seit 1974 zur Stadt Flensburg. 1980 Namensänderung in Gemeinde Tastrup.

Wohnplätze. Adelby, Adelbylund, Gr. Adelbylund, Kl. Adelbylund, Angelsund, Kattloch, Kreuz, Löwenberg, Meierhof, Sünderup, Sünderupfeld, Sünderuphof, Tarup, Tarupfeld, Gr. Tarup, Kl. Tarup, Tastrup, Tastrupfeld, Kl. Tastrup, Wilhelmshöhe.

Literatur. Oldekop 1906, V 16. Hist. Gem-Verz 1970, 56. Wpl-Verz 1970, 25.

PLZ 24943. Häusergruppe

Nordangeln. Stadt Flensburg, Kirchengem. Adelby. Kirche, Pastorat, Schulen, Steinmetz.
Lage: Ost-Flensburg, an der Kreuzung der Kappelner Straße und dem Adelbyer Kirchenweg, auf einer Anhöhe 40 m, die zu allen Seiten abfällt. Durch den Friedhof fließt die Adelbybek, die dort Zulauf von der Taerbek erhält.

Ortsname. 1423 Adelby. Mejer 1649 Adelbuy. Danckwerth 1652 Adelby. Jensen Angeln 1844 Albye, angeldän. und ndt. Form. – Mutterdorf = altdän. athalby, im Verhältnis zu den Ausbaudörfern – wie das Urdorf geheißen hat, ist unbekannt.
■ Adelby ist das einzige Dorf in Schleswig, welches in seinem Namen das alte Urdorf besonders ausdrückt (Laur). Lit: Hald 1948-79, VII 34. JbAngeln 1968, 41. Laur 1992, 115.

Geschichte. Das Urdorf, das bis auf den Kirchenbezirk verschwunden ist, hat sich in die Filialsiedlungen Adelbylund, Engelsby, Fruerlund, Sünderup, Tarup und Tastrup aufgelöst. Die totale Aussiedlung der Einwohner geschah vermutlich, weil sich die Höfezahl bei zunehmender Bevölkerung vergrößert hatte, so daß die Bewirtschaftung der Äcker wegen der großen Entfernung unrentabel wurde. Ein Umstand, der durch Gründung von Tochterdörfern behoben werden konnte (Kuhlmann). Auffällig ist eine Reihe mittelalterlicher Wüstungen um Adelby.

Kirche. St. Johannis. Lage in der Mitte des Kirchspiels, auf einem Hügel westlich der Adelbybek, ohne Dorf an der Kappelner Straße. Höhe 43 m. Die nächstgelegene Kirche, St. Johannis in Flensburg, ist nur 1,5 km von Adelby entfernt.
Romanischer Feldsteinbau des 12. Jh., vermutlich als Tochterkirche von Husby gegründet, Johannes d. Täufer geweiht. Durch Umbau zur Saalkirche seit 1780 ein sehr geräumiger Großbau.
Die Wände des Kirchenschiffes sind aus unbehauenen Feldsteinen aufgeführt und weiß übertüncht. Das Nordportal innen im

ADELBY, Kirche mit Osterpforte 1796. Foto: H. W. Langholz

Vorhaus, das Südportal ist verschwunden. 1726 Westverlängerung in Backstein.
Der alte Feldsteinchor wurde 1780 abgebrochen, neu und größer aus Ziegeln gemauert an das Schiff angebaut. Eine Priestertür in der Nordwand.
1726 wurde ein hölzernes Glockenhaus abgebrochen und mit dem Bau des steinernen Turmes begonnen, der in die Schiffs-Westwand eingebunden ist. Auf dem Turm eine offene Laterne mit Spitzhelm von 1785.
Das Vorhaus ist in spätgotischer Zeit an die Nordseite angefügt. Sein zweifach gestufter Treppengiebel mit reicher Blendenzier.
Literatur. KDM FL 1952, 88. Kunst-Topographie SH 1969, 283.

Friedhof. Eine große Fläche, von der verrohrten Adelbybek durchzogen. Nordtor von 1751, Osterpforte von 1796.
Grab 1945 Generaladmiral von Friedeburg.

Pastorat 1830/34. Taruper Hauptstr. 3. Der Pastor wohnte, bis zum ersten bei der Kirche 1650 errichteten Bau, im Dorf Sünderup. Der Neubau von 1769 diente nach dem 1830/34 erbauten, jetzigen Pfarrhaus lange Jahre als Scheune.

Schulen. Küsterschule seit 1650 bei der Kirche. 1845 mit 300 Kindern die größte Landschule der Propstei Amt Flensburg. 1851–64 Unterricht in dänischer Sprache. 1856 wurde zur Entlastung von Adelby die Schule im Norderhohlweg eingerichtet. Auch nach dem Neubau der Grundschule verblieb 1910 eine Klasse in der Küsterschule. Lit.: Ravn 1971, 157.
Grundschule 1910. Ringstr. 1-3. Altbau von 1910 und Neubau mit Sportplatz an der Kappelner Straße. 135 Schüler (1989).
Kooperative Gesamtschule (KGS) 1974/78. Richard-Wagner-Str. 41. Hauptschule, Realschule und Gymnasium. 1992 Namenszusatz „Kurt-Tucholsky-Schule".
■ Mit über 1500 Schüler (1989) die größte Schule in Angeln.

Meierei 1880–1953. Glücksburger Str. 45. Gegründet 1880. Ein neuer Großbau wurde 1954 in Flensburg-Rude in Betrieb genommen. Die zentralisierte genossenschaftliche Großmeierei firmiert immer noch mit ihrem alten Namen „Adelbyer-Meierei". Lit.: R. Stintzing, Adelbyer Nordfriesland Milch, 1993.

Sparkasse 1893. Spar- und Leihkasse für den Amtsbezirk Adelby 1893 in Adelby gegründet, später in Spar- und Leihkasse für den Amtsbezirk Adelby und Flensburg-Ost umbenannt. 1941 Übernahme durch die Kreissparkasse Flensburg, jedoch keine Weiterführung als Zweigstelle. 1954 wieder eine Sparkasse in Adelbylund.

Literatur. vSchröder 1837, I 40. Jensen Angeln 1844, 318. vSchröder 1854, 5. Oldekop 1906, V 16. Angeln 1922, 533. Kuhlmann 1958, 88. Wpl-Verz 1970, 25. TK 1222.

ADELBYBEK

Au

Nordangeln, im Bereich der Förde. Fließstrecke 8 km, von Maasbüll bis zur Einmündung in den Flensburger Hafen, unterhalb Jürgensby. Einzugsfläche 1730 ha. Grenzlauf der Gem. Maasbüll, Hürup, Tastrup und der Stadt Flensburg.
Das Quellgebiet liegt in großer Höhe 52 m, nahe der Wasserscheide zur Nordsee, im südwestlichen Straßenwinkel der Kappelner Chaussee bei Neukrug, Gem. Hürup. Der Lauf wechselt mehrfach seine Richtung und hat ein überdurchschnittliches Gefälle. Die Au ist im Abschnitt durch den Friedhof von Adelby verrohrt und wird anschließend vom Großbau der Kooperativen Gesamtschule zugedeckt.
Im Unterlauf, der Lautrupsbach genannt wird, bewegt sich die Au in einem Tal, das in den Hängen der Moränenhochflächen bereits eiszeitlich angelegt war und nacheiszeitlich weiter in die Endmoräne eingekerbt wurde. Dieser Talraum, der den Ballastberg und die Höhe von Jürgensby scheidet, ist seit 1976 Landschaftsschutzgebiet. Neben dem Lautrupsbach führten die Bahnlinien nach Kiel, Kappeln und Satrup ihre Strecken; jetzt zieht die Nordstraße hier parallel zur Au ihre Bahn.
Einmündende Gewässer: Taerbek, Tastrupau.

Gewässername. 1696 Ahlbuy Strom. 1819 Adelbybek oder Jürgensgaarder Mühlenstrohm. PreußLA 1877 Adelbybek. – Bach = ndt. Bek, nach dem Ortsnamen Adelby. Lautrupsbach, nach dem Mühlenbesitzer Lautrup. Lit.: Hald 1948-79, VII 44. JbAngeln 1968, 42.

Wassermühle. Lautrupsmühle. Seit dem Spätmittelalter eine Sägemühle, später Kornmühle, unterhalb Jürgensby. Der ehemalige Stauteich wurde 1881 teilweise und 1885 der Rest beim Bahnbau zugeschüttet.

Literatur. Jensen Angeln 1844, 25. Oldekop 1906, V 16. LA für Wasserhaushalt SH, Gütelängsschnitt Lautrupsbach 1985. TK 1222.

ADELBYLUND

PLZ 24943. Stadtteil

Nordangeln. Stadt Flensburg, Kirchengem. Adelby.
Lage: Ost-Flensburg, an der Straße nach Husby, Kappelner Straße, dem Hauptweg von Angeln in die Stadt. Höhe 45 m.

Ortsname. 1551 Adelbulunt. 1553 Albelunt. Danckwerth 1652 Albylundt. PreußLA 1877 Adelbylund. – Hölzung = dän. lund, von Adelby. Lit.: Hald 1948-79, VII 34, 35, 39. JbAngeln 1968, 39. Laur 1992, 115.

Geschichte. Gegründet als Filialsiedlung von Adelby. 1871 FL Gem. Sünderup, 100 Ewh., 10 Wohngeb. 1970 von der Gem. Adelby 1350 Ewh. vom Kreisgebiet an die Stadt Flensburg ausgegliedert.

Bank 1954. Eröffnung einer Hauptzweigstelle der Kreissparkasse Flensburg. Sparkassenneubau 1969. Überführung auf die

Stadtsparkasse Flensburg 1974, die sie als Zweigstelle weiterführt.

Angelsund

Siedlung um den Angelsunder Weg. 1837 nur eine Krugkate Krüppelkrug.
Ortsname. 1789 Angelsundt. Jensen Angeln 1844 Anglersund. 1951 Straßenname Angelsunder Weg. DG 1954 Angelsund. – Scherzname Sund = enge Wasserstraße, hier für den Hohlweg nach Angeln gebraucht. Vermutlich in Parallele zum nahen Kattloch, ursprünglich Kattegat genannt (Hald). – Das Grundwort sund in Verbindung mit einer Landstraße, ist für einen Ortsnamen in Angeln einzig. Lit.: Pust 1990, 42.

Groß Adelbylund

Werkstatt „Holländerhof" für Behinderte, Adelbyer Str. 52.
Ehem. Hof mit Meierhof und Ziegelei. 1667 als Geschenk König Friedrichs III. an Generalsuperintendent Klotz, Flensburg, aus zwei Landstellen entstanden. 1722 verkauften dessen Erben den Hof an den Pastor zu Adelby. Gutshaus Anfang des 19. Jh. erbaut. Holländerhof nach der früheren Besitzerfamilie Holländer in Grumby, benannt. Seit 1964 Beschützende Werkstätte, jetziger Name „Holländerhof" ab 1973.
Literatur. Hald 1948–79, VII 34. P. Ingwersen, General-Superintendent Klotz als Gutsherr auf Gr. Adelbylund, Heimat 1951, 293. KDM FL 1952, 96.

Klein Adelbylund

Ehem. Hof, vermutlich durch Teilung von Gr. Adelbylund entstanden. 1734 erstmals urkundlich „das Guht Klein Ahlebuelundt".

Krüppelkrug

Ehem. Krug im Angelsund. Angeblich nach zwei verkrüppelten Söhnen eines hier wohnenden Gärtners benannt. Lit.: Hald 1948–79, VII 39.

Literatur. vSchröder 1837, I 40. Jensen Angeln 1844, 322. vSchröder 1854, 5. Oldekop 1906, V 114. Angeln 1922, 535. TK 1222 (1982).

ADELBY MEIERHOF

Ehem. Hof

Nordangeln. Stadt Flensburg, Kirchengem. Adelby. Hofplatz ohne Wohngeb., ehem. Meierhof von Gr. Adelbylund.
Lage: nordöstl. von Gr. Tarup, am Weg von Kl. Tarup nach Rüllschau. Höhe 50 m.

Literatur. Oldekop 1906, V 16. Angeln 1922, 536. Wpl-Verz 1970, 25. TK 1222.

AFFEGÜNT

PLZ 24392. Häuser

Südangeln. Ksp. u. Gem. Boren u. Ulsnis. 22 Ewh. (1987), 6 Wohngeb., davon zu Boren 17 Ewh. u. 4 Häuser. 3 Ldw.-Betriebe (1991).
Lage: 2 km östl. von Steinfeld, an der Straße nach Boren, an die das Petersholz reicht. Höhe 25 m. Grenzort der Kirchspiele Boren u. Ulsnis und Grenzraum von vier Gemeinden.

Ortsname. 1643 Offergundt. Trap 1864 dän. Affergynt. PreußLA 1877 Affegünt. Ndt. Affechünd. – Jenseits = ndt. öwergünt, etwa im Sinne eines Ortes an der äußersten Grenze (Laur). Affegünt liegt im äußersten Westwinkel des Ksp. Boren, wie auch im nördlichsten Zipfel des Ksp. Ulsnis. Lit.: Laur 1992, 115.

Geschichte. Ehemals zu Gut Lindau gehörig, 1784 unter die Jurisdiktion der Schliesharde gestellt. Bis 1974 SL Gem. Lindau u. Kius.

Naturdenkmal. Eibe auf dem Platz vor dem Haus des Hofes Thießen.

Literatur. vSchröder 1837, I 42, II 19. Jensen Angeln 1844, 397, 400. vSchröder 1854, 8. Oldekop 1906, VIII 66. Angeln 1922, 641. Boren 1957, 189. Ulsnis 1987, 255. Wpl-Verz 1987, 87, 94. TK 1324.

AGTOFT

s. Aketoft

AHLBURG

Haus

Südangeln. Ksp. Rabenkirchen, Gem. Rabenkirchen-Faulück. Früher eine Kate am Weg nach Karschau, 1837 drei Landstellen. 1871 SL Gem. Faulück, lt. Wpl-Verz nur ein Wohngeb.

Ortsname. Nicht mehr gebräuchlich, nur noch als Flurname bekannt.

Literatur. vSchröder 1837, I 43. vSchröder 1854, 135.

AHNEBY

Gemeinde

Amt Steinbergkirche. Fläche 380 ha, davon nur 9 ha Wald. 210 Ewh., 56 Wohngeb. (alle Angaben 1987). 5 Ldw.-Betriebe (1993).
1871 FL Gemeinde mit 248 Ewh., 47 Wohngeb. Das Gebiet der kleinen Gemeinde besteht seitdem in unveränderten Grenzen. Bis 1970 im Amt Sterup. Ewh.-Höchstzahl 1946: 422 Menschen.

Wohnplätze. Ahneby, Ahnebygaard, Ahnebyheck, Sünnerhof.

Literatur. Oldekop 1906, V 16. Angeln 1922, 588. Hist. Gem-Verz 1970, 56. Wpl-Verz 1987, 95.

PLZ 24996. Dorf

Mittelangeln. Ksp. Sterup, Gem. Ahneby. 149 Ewh. (1987), 5 Ldw.-Betriebe (1993).
Lage: 2 km südl. von Sterup, an der Straße nach Mohrkirch. Nord- und Südende des Dorfes liegen auf gleichhohen Kuppen. Höhe 63 m.
■ Auf den nördlichen und östlichen Höhen verläuft die Wasserscheide, die hier den am weitesten nach Ost vorgeschobenen Punkt des Einzugsgebietes der Nordsee in die Landschaft Angeln begrenzt. Vom östlichen Dorfteil um die ehemalige Schule läuft das Wasser in Richtung Ostsee ab.
Ahneby ist ein langgestrecktes Straßendorf, auseinandergezogen an den geraden Land- und Dorfstraßen bebaut. Außerhalb des Dorfkerns liegt eine kleine Häusergruppe, an der Grenze zu Brunsbüll.

Ortsname. 1196 Anabu. 1441 Anebu. Mejer 1648 Anebuy. Danckwerth 1652 Aneby. Trap 1864 dän. Aneby, Anebyled. PreußLA 1877 Ahneby, Ahnebyheck. – Dorf, Siedlung = dän. by, des Ani = altdän. PN (Laur). Lit.: Hald 1948-79, VII 339. JbAngeln 1967, 115. Laur 1992, 116.

Vorgeschichte. Unter den Grabstellen ist ein bronzezeitlicher Hügel bekannt, der drei Baumsargbestattungen barg. Lit.: Röschmann 1963, 123. Bronzezeit 1978, 5.

Geschichte. Das Dorf gehörte 1196 dem Michaeliskloster zu Schleswig, nachfolgend dem Guldholmkloster. Ahneby kann mit der Besitzurkunde von 1196 auf einen für Angeln ältesten schriftlichen Beleg verweisen.
Später war das Dorf ausschließlich der Gerichtsbarkeit der Nieharde unterstellt. 1844 sind 9 Höfe, 9 Katen, Schule, Krug Ahnebyheck und Schmiede vorhanden. Freiw. Feuerwehr 1888 gegründet. Unter den Handwerkern und Händlern werden 1906 Roßschlachter, Müller, zwei Höker, Reifer und Buchbinder genannt.
Persönlichkeit. Ernst Erichsen 1899–1966. Lehrer und Heimatforscher der Landschaft Angeln, geboren in Ahneby. Geburtshaus zu Sünnerhof.

Schule 1913. In Ahneby wurde 1744 „schon seit vielen Jahren“ Unterricht erteilt. Von einem eigenen Schulhaus wird jedoch erstmals 1764 berichtet, das im Dorf auf der Koppel gegenüber dem Grünen Weg gestanden hat. 1800 vereinten sich Ahneby und Grünholz zu einer Schulgemeinde, die zwischen beiden Dörfern, auf der Grenze zu Brunsbüll, ein neues Haus erbauten. 1851-64 Unterricht in dänischer Sprache. Der Altbau wurde 1913 abgebrochen und am gleichen Platz der Neubau errichtet. Seit Auflösung der Schule nach Sterup 1964 Wohnhaus. Lit.: E. Erichsen, Streiflichter aus der Vergangenheit des Ksp. Sterup, Die Schulen und ihre Lehrer, JbAngeln 1960, 61. Ravn 1971, 169. Sterup 1993, 325.

Windmühle 1870–1929. Galerie-Holländer Kornmühle bei Ahnebyheck. Abgebrochen. Lit.: Pöge 1980, 145. Sterup 1993, 465.

Meierei 1909–1965. Genossenschaft 1908 gegründet. Gebäude von 1909 an der Dorfstraße. Lit.: Sterup 1993, 454.

Hof. Iversen (1986). Dreiseithof. Wohnhaus mit schiefergedecktem Dach und firsthoch übergiebeltem zweigeschossigem Frontispiz. Stallgebäude von 1856 in traditioneller Bauart, weißgetünchtes Backsteinmauerwerk (Denkmalbuch).

Ahnebygaard

Hof. Schübeler (1993). Urkundlich seit 1466. In königlichem, ab 1470 in adeligem Besitz. 1478 vom Kloster Mohrkirchen gekauft, 1544 zum herzoglichen Amt Mohrkirchen gehörig, nach dessen Auflösung 1777 unter der Nieharde. Ehemaliger Dreiseithof 1855 in einem Zuge erbaut. Hofplatz mit Rasenrondell. Das Wohnhaus ist ein typisches Exemplar der Bauweise Angelns. Beachtenswert die Türädikula mit ungewöhnlich schmuckreicher Formensprache. Das Reetdach ist verschwunden. Kein Ldw.-Betrieb. Lit.: Hagemeier-Kottwitz 1982, 284.

Ahnebyheck

Krug in Süd-Ahneby, an der Ecke der Straße von Sterup nach Mohrkirch bei der Abzweigung nach Sörup, sehr hoch auf einer Höhenkante gelegen, 62 m. 1612 ist eine Kate beim „Anabuyer Heck" genannt, die 1837 eine Krugwirtschaft führt. Gaststätte zur Einkehr und für Familienfeiern geöffnet (1993).

Literatur. vSchröder 1837, I 44. Jensen Angeln 1844, 362. vSchröder 1854, 9. Oldekop 1906, V 16. Angeln 1922, 588. Wpl-Verz 1987, 95. TK 1224.

AKEBY

PLZ 24392. Häusergruppe

Südangeln. Ksp. u. Gem. Boren. 28 Ewh. (1987), 8 Wohngeb., 2 Ldw.-Betriebe (1991). Lage: östl. von Boren, neben der Straße nach Lindaunis. Höhe 20 m. Durch das kleine Dorf fließt die Papenfelder Au in naturnahem Lauf mit großem Gefälle.

Ortsname. 1464 Osterakeby. 1492 Akebye. Jensen Angeln 1844 Akebye oder Boren-Akebye. Trap 1864 dän. Aageby. PreußLA 1877 Akeby. – Dorf, Siedlung = dän. by, des Aki = altdän. PN, neudän. Aage (Laur). Zur Unterscheidung von Westerakeby im Ksp. Taarstedt, auch Oster- oder Boren-Akeby genannt. Lit.: JbAngeln 1964, 61. Laur 1992, 118.

Geschichte. Akeby gehörte zum Gut Lindau, seit 1784 unter der Schliesharde. Das Dorf bestand 1844 aus 3 Höfen, einer Kate und einigen Häusern. 1871 SL Gem. Ketelsby, 47 Ewh., 9 Wohngeb. Seit 1974 Gem. Boren.

Hof. Akeby Nr. 41. Dreiseithof mit einem Wohnhaus von 1862. Die Längsseiten des Hauses sind massiv, die Giebelwände in Fachwerk, Frontispiz und Reetdach mit Knüppelfirst. Fachwerkscheune mit zwei Querdurchfahrten 1988 durch Sturm zerstört (Denkmalbuch). Lit.: KDM SL 1957, 164. Boren 1957, 138. Hagemeier-Kottwitz 1982, 303.

Literatur. vSchröder 1837, I 47. Jensen Angeln 1844, 398. vSchröder 1854, 11. Oldekop 1906, VIII 59. Angeln 1922, 639. Boren 1957, 138. Wpl-Verz 1987, 87. TK 1325.

AKEBYER HOLZ

Holz

Südangeln. Gem. Taarstedt. Fläche 25 ha. Bauernwald von 13 Besitzern in Westerakeby, Steinfeld, Kiusballig, Taarstedt, Scholderup.
Lage: nordöstl. von Westerakeby an der Grenze zur Gem. Steinfeld. Höhe 20–25 m. Im Südteil geht der Wald in den Staatsforst Kinser Gehege über, der zum Gebiet von Ulsnis gehört. Lit.: PreußLA 1877. TK 1424.

AKETOFT

Ehem. Hof

Mittelangeln. Ksp. Sterup, Gemarkung Grünholz.
Lage: vermutlich zwischen Jordanstraße und Brunsbüllund auf einer hohen Koppel, die den Flurnamen Aketoft trägt.

Ortsname. 1460 Aketoft. Mejer 1648 Agtoft. Danckwerth 1652 Meyerhoff und Mühl Agtofft. Jensen Angeln 1844 Agtoft. – Wohnplatz = dän. toft, des Aki = altdän. PN, neudän. Aage (Laur). Lit.: Hald 1948-79, VII 339. JbAngeln 1967, 116. Laur 1992, 114.

Geschichte. 1460 ein Hof zu Gut Rundhof. 1652 wird dieser als Meierhof bezeichnet und dabei eine Mühle genannt.

Literatur. Jensen Angeln 1844, 362. vSchröder 1854, 9, 192. Oldekop 1906, V 46. Angeln 1922, 589.

ALBRECHTSRUH

PLZ 24376. Haus

Ostangeln. Ksp. u. Stadt Kappeln, Flensburger Str. 26.
Lage: West-Kappeln, vor der Kreuzung der Nordstraße.

Geschichte. Haus 1799 erbaut und nach dem Vornamen des Erbauers Albrechtsruh benannt. 1871 FL Gem. Mehlby, 21 Ewh., 3 Wohngeb. 1884 in die Stadt Kappeln eingegliedert, damit zum Kreis Schleswig.

Literatur. PreußLA 1877. JbAngeln 1973, 58.

ALBROWATT

PLZ 24392. Hof

Südangeln. Ksp. u. Gem. Boren, Lindaunis Nr. 32. Kein Ldw.-Betrieb.

Ortsname. 1837 Albroewatt. Wpl-Verz 1871 Albrowatt. Boren 1957 Albrawatt. – Seichte Stelle, Furt = ndt. -watt, bei der „Erlen-Brücke“ = dän. al-bro. – Ortsname nicht mehr gebräuchlich.

Geschichte. 1784 auf einer Parzelle von Gut Lindau eine Landstelle begründet und das Haus erbaut. 1871 SL Gem. Ketelsby, 12 Ewh., 2 Wohngeb. Seit 1974 Gem. Boren.

Literatur. vSchröder 1837, I 47. Boren 1957, 143.

ALBÜLL

Ehem. Hof

Mittelangeln. Ksp. Sterup, Gemarkung Brunsbüll.
Lage: am Ostende des Dorfes Brunsbüll in einer kleinen Hölzung südl. an der Straße nach Grünholz.

Ortsname. 1441 Albul. – Siedlung = dän. bøl, dt. -büll, bei Erlen = dän. al (Laur). Lit.: Hald 1948-79, VII 339. JbAngeln 1967, 115. Laur 1992, 118.

Literatur. Jensen Angeln 1844, 206. vSchröder 1854, 12. Angeln 1922, 98.

ALLMANNSKATE
s. Sörupfeld

ALTER WALL
s. Düttebüll

ALTONA
1) Adelby 2) Esgrus 3) Husby

1) Ehem. Haus

Nordangeln. Ksp. Adelby, auf St. Jürgen. 1742 und 1798 genannt; nach Altona bei Hamburg, im Hinblick auf die Lage zu Flensburg. Lit.: Hald 1948-79, VII 35.

2) PLZ 24402. Hof

Ostangeln. Ksp. u. Gem. Esgrus. Ohne Ldw.-Betrieb (1993).

Lage: östl. von Wippendorf, Zufahrt von der Straße nach Stangheck. Höhe 33 m.

Ortsname. Nach der Stadt Altona benannt, wobei dieser Stadtname sich als ein Scherzname „allzu nahe“ = ndt. all to nah, darstellt (Laur). Lit.: Hald 1948-79, VII 373. Laur 1992, 124.

Geschichte. 1780 eine Kate zu Gut Rundhof, 1853 Kappelerharde. Bis 1970 FL Gem. Wippendorf.

Literatur. vSchröder 1837, II 438. vSchröder 1854, 582. PreußLA 1877. Oldekop 1906, V 128. Angeln 1922, 599. Wpl-Verz 1987, 95. TK 1225.

3) PLZ 24975. Haus

Nordangeln. Ksp. u. Gem. Husby, Ortsteil Husbyholz, Kappelner Str. 22.

Ortsname. 1798 Altona. – Scherzname, weil diese Wirtschaft „all to nah“ bei der bereits bestehenden Krugstelle Stalitt lag.

Geschichte. Schankwirtschaft bis 1805, dann eine Landstelle. Gebäude 1942 durch Brandstiftung vernichtet und neu gebaut. Bis 1968 FL Gem. Husbyholz, 1969 zur Gem. Markerup, seit 1970 Gem. Husby.

Literatur. vSchröder 1837, I 423. Jensen Angeln 1844, 332. vSchröder 1854, 248. Oldekop 1906, V 59. Angeln 1922, 548. Husby 1976, 611.

AMALIENFELD

Ehem. Haus

Ostangeln. Ksp. Kappeln, zwischen Sandbek und Wittkiel an der Kappelner Chaussee, nahe dem Wald Finnholz.

Geschichte. Parzellenstelle zu Gut Roest. 1928 FL Gem. Mehlby. Um 1930 von Gut Roest gekauft und niedergelegt.

Literatur. vSchröder 1837, II 196. Jensen Angeln 1844, 387. vSchröder 1854, 432. PreußLA 1877. Oldekop 1906, V 96.

AMT

Haus

Nordangeln. Ksp. u. Gem. Steinberg, Gemarkung Oestergaardholz.

Ortsname. Scherzname für die abgeschiedene Lage (Hald), wahrscheinlich aber vom letzten Besitzer dieser Kate herrührend, dem Erbherrn zu Oestergaard, der Amtmann von Flensburg war. Der Ortsname ist nicht mehr gebräuchlich.

Geschichte. 1826 eine „auf dem Amt“ belegene Kate zu Gut Oestergaard, 1837 zwei Katen in Oestergaardholz, später zusammengelegt. Seit 1904 FL Gem. Steinberg.

Literatur. vSchröder 1837, II 127. vSchröder 1854, 388. Oldekop 1906, V 89. Hald 1948-79, VII 310.

ANGELSUND
s. Adelbylund

ANNISBEK

Wasserlauf

Südangeln, im Bereich der Schlei. Fließstrecke 1 km, von Ulsnishöh bis zur Einmündung in die Schlei, östl. von Hestoft. Im Oberlauf verrohrt, vor der Mündung Klärteiche der Gemeinde Ulsnis. Im Erdbuch 1769 Grenzlauf der Gemarkungen Hestoft zu Ulsnis. Lit.: Dansk sø- og ånavne 1968-89, I 79.

APENSTORF

Ehem. Dorf

Westangeln. Ksp. Nübel, auf dem nördl. Stadtfeld von Schleswig, Flurnamen Gr. und Kl. Apenstorf. Das Dorf gehörte zur Struxdorfharde, später Stadt Schleswig.

Ortsname. 1196 Openstorp. 1580 Apenstorff. – Dorf = altdän. thorp, bei Opnaes, als einer Zusammensetzung von altdän. opæn und næs = Nase, Landvorsprung (Laur).

Lit.: Jensen Angeln 1844, 284. Laur 1992, 128.

APPELBERG

PLZ 24405. Häusergruppe

Mittelangeln. Ksp. Böel, Gem. Mohrkirch. 7 Wohngeb., keine Ldw.-Betriebe.
Lage: 2 km westl. von Mohrkirch, Appelberger Straße, die dem Lauf der Kiesperdieker Au folgt. Höhe 38 m.

Ortsname. vSchröder 1837 Appelberg. Trap 1864 dän. Abildbjerg. PreußLA 1877 Appelberg. Ndt. Appelbarch. – Nach dem FN Appelbarg = Apfelberg.

Geschichte. 1778 eine Kate aus der Parzellierung des Meierhofes Schrixdorf entstanden, Mohrkirchharde. 1871 SL Gem. Mohrkirch-Westerholz, 2 Wohngeb. 1970 Gem. Mohrkirch. Zu Appelberg zählt jetzt auch das frühere Engberg.

Wassermühle. Zu einer Färberei an der Kiesperdieker Au mit einem Stauteich am Weg nach Schrixdorf. Nach Trockenlegung des Sees Kiesperdiek im 18. Jh. abgebrochen.

Literatur. vSchröder 1837, I 59. vSchröder 1854, 19. Wpl-Verz 1970, 122. Mohrkirch 1991, 306. TK 1324.

ARENKLAU

Ehem. Hof

Nordangeln. Herzogtum Glücksburg, Ksp. Munkbrarup.
Lage: bei Bockholm, „auf einem Hügel am Wasser"; angeblich in der Nähe der Großkate Klipp, wo um 1900 Grundmauern alter Hofgebäude gefunden wurden. Der Hof Arenklau war 1778 nicht mehr vorhanden.

Ortsname. Mejer 1649 Arnklew. Danckwerth 1652 Aren-Klaw. Gude 1778 Arenklau. – Steilufer = dän. klev, der Adler = südjüt. arn (Laur). Lit.: Hald 1948-79, VII 63. Laur 1992, 129.

Literatur. Gude 1778, 104. Jensen Angeln 1844, 346. vSchröder 1854, 53. Oldekop 1906, V 21. Glücksburg 1974, 88.

ARENSEE

Ehem. See

Westangeln. Gem. Großsolt, südl. von Gr. Solt-Westerholz, im Westteil des Gr. Solter Moor. Die PreußLA 1877 zeichnete den See nur noch in Teichgröße.

Gewässername. PreußLA 1877 Aren S. – Adler = südjüt. arn (Hald). Lit.: Hald 1948-79, VII 489. vRohden 1989, 182.

ARMENHAUSKOPPEL

Ehem. Haus

Mittelangeln. Ksp. Satrup. 1771 Parzelle von Gut Satrupholm, Satrupharde. 1854 zwei Landstellen.

Literatur. vSchröder 1837, I 61. vSchröder 1854, 20. Satrup 1902, 179.

ARNIS

Schlei-Insel

Ursprünglich, wie jetzt wieder, wohl eine Halbinsel aufgrund der Ortsnamen-Endung -nis, was Landnase bedeutet. Eine Insel wäre mit -oe oder -holm bezeichnet worden. Durch einen künstlichen Durchstich oder überflutenden Wassereinbruch ist Arnis vermutlich zur Insel geworden.
Die Insel bildet ein langgestrecktes, schmales, an beiden Enden abgerundetes Rechteck, 800 m lang und 200 m breit, zu Dreiviertel von Wasser umgeben. Mit dem gegenüberliegenden Ufer von Schwansen wird die Schlei hier auf 220 m eingeengt. Die nach Kappeln gerichtete Bucht, das „Buter-Noor", ist ein geschützter Hafen. Nur die Südwesthälfte ist durch niedrig gelegenes Wiesenland, dem „Binner-Noor", zwischen zwei Dämmen mit dem Festland verbunden.
1625 war die Ostseite noch mit Eichenwald

ARNIS an der Schlei. Im Hintergrund das Grödersbyer Noor. Foto: B. Hamer

bewachsen. Mejer zeichnet 1649 auf seiner Schleikarte eine kleine bewaldete, unbewohnte Insel mit zwei Gebäuden darauf, vermutlich nur Fischerhütten.
1796 ist der erste Damm vom Kirchplatz zum Grödersbyer Ufer durch Abtragung der ehemaligen Schanze auf dem Kirchberg aufgeschüttet worden. Der auf die Mitte der Insel gerichtete Chausseedamm wurde 1866/69 erbaut. Das Gebiet zwischen beiden Dämmen wurde trockengelegt; damit war die Insel endgültig landfest.

Kirchspiel

Kirchenkreis Angeln. 278 Gemeindeglieder (1991). Kirche, Gemeindehaus. Grundbesitz 0,8 ha.
■ Arnis ist die kleinste Kirchengemeinde Angelns.

Geschichte. Mit der Ortsgründung wurde 1667 auch ein Pfarrbezirk eingerichtet, der unter dem Patronat des Domkapitels zu Schleswig stand. Einen Pastor erhielt die Gemeinde 1669, der bis zum Bau der Kirche in Arnis Gottesdienst in einem Wohnhaus auf der Insel oder in Rabenkirchen hielt. 1777 Propstei Amt Gottorf, Schliesharde. 1879 Propstei Südangeln, 1971 Propstei Angeln, seit 1977 Kirchenkreis Angeln. 1972–76 als 4. Pfarrstelle von Kappeln bedient; danach in Personalunion mit Rabenkirchen.

PLZ 24399. Stadt

Amt Kappeln-Land. Fläche 45 ha, davon nur 19 ha Festland. 364 Ewh. (1992). Auf 125 bebauten Grundstücken stehen 155 Wohngeb. (nach DG von 1991 gezählt). Kirche, Post, Krug, Fähre, Werften. Der große Bootshafen im „Buter-Noor" gehört zum Gemeindegebiet von Grödersby.
■ Stadt seit 1934, nach Einwohnerzahl und Landfläche die kleinste in Deutschland.

Wappen. Im blauen Feld ein goldenes Segelschiff, im goldenen Schildhaupt eine Netznadel zwischen zwei Lindenblättern.

Symbole der Tradition in Schiffahrt und Schiffbau, der Lindenallee des Ortes und der Fischerei. Wappen 1978 genehmigt. Seit 1991 auch eine blau-gelbe Flagge mit dem Wappen.

Ortsname. 1472 Arnytze. 1498 Ernis. Mejer 1649 Arnyß. 1667 Arnis. Trap 1864 dän. Arnæs. – Nase, Landvorsprung = dän. næs, zu dt. -nis, der Adler = altdän. ari (Laur). Im Volksmund Ernisse, im dän. Dialekt Ehrnis. Lit.: Arnis 1838, 20. JbAngeln 1964, 65. Laur 1992, 130.

Geschichte. Ortsgründung am 11. Mai 1667 von Einwohnern aus Kappeln. Ursache war der Streit der Bürger mit der Gutsherrschaft von Roest, die Kappeln in Besitz genommen hatte. Als sie zum Untertaneneid gezwungen werden sollten, beschlossen einige die Auswanderung.
Die Auswanderungswilligen baten den Herzog um Land, der ihnen Arnis, Ellenberg oder Pageroe zur Wahl stellte. Für Schiffahrt und Fischerei war die, allerdings kleinere Fläche der Insel gegenüber den anderen Orten vorteilhafter. Der neue Ort wurde als Flecken mit herzoglichen Privilegien zu freiem Handel, Handwerk und Fischerei in der Schlei ausgestattet.
Von ursprünglich 104 auswanderungswilligen Familien erschienen 64 auf der Insel. Eine Familie auf Fahrt hatte schriftlich um Aufnahme ersucht, außerdem 9, die schon herzogliche Untertanen waren – also zusammen 74 Familien.
Stadtrecht. Mit dem Städteverfassungsgesetz 1869 war auch den Flecken mit einfacher Städteordnung die Möglichkeit des Übergangs zum vollen Stadtrecht gegeben. Arnis wurde jedoch nicht in diesem Sinne anerkannt und behielt bis 1933, als letzter Ort in Schleswig-Holstein, die Bezeichnung Flecken, bis die schleswig-holsteinische Städteordnung von 1869 vom preußischen Gemeindeverfassungsgesetz abgelöst wurde und Arnis 1934 zur Stadt erhob.
Bebauung. Nach Rodung wurde die Ortsanlage planmäßig mit einer Straße, Gassen und Grundstücken festgelegt. Die Hauptstraße, 1838 noch ungepflastert, ist als Lindenallee im Frühling und Sommer die Zierde des Ortes. Ungefähr in der Mitte lag der „Polierteich“, an dem ein Schandpfahl mit Kette und Halseisen stand. Der Teich soll etwa 1790 zugeschüttet worden sein; dadurch ist die Bebauung hier zurückgesetzt und die Straße breiter.
1668 waren knapp 30 Häuser erbaut, 1750 sind es 56 und 1784 bestand der Flecken aus 86 Wohngebäuden. Die Häuser stehen dicht aneinandergebaut, ziemlich gerade in zwei Zeilen, beiderseits der Langen Straße.
Für die Handelsbeziehungen zu Dänemark brachte das Kriegsjahr 1864 dem Flecken wirtschaftliche Nachteile, für das Ortsbild hatte es ein Gutes: Arnis blieb von den Gründerbauten wilhelminischer Zeit verschont. So entspricht heute die Hauptstraße im wesentlichen dem Ortsbild „um 1860“.
Einwohner. Ihre Zahl hat erst nach 1700 allmählich zugenommen, durch Zuzug von Handwerkern aus Schleswig-Holstein und Deutschland. Dadurch finden sich unter den „Ur-Einwohnern“ neben nordischen auch Familiennamen aus Sachsen, Hessen und Franken. Von den Festlandbewohnern unterschieden sich die Arnisser nicht nur durch verschiedene Herkunft, in Sitten und Gewohnheiten, sondern lange Jahre deutlich vernehmbar auch in ihrer eigenartigen plattdeutschen Mundart.
Aus der engen Gemeinschaft der Bewohner sind früh mehrere traditionsreiche Vereine entstanden: 1735 Totenbeliebung, 1754 Schießgilde, 1775 Schiffergesellschaft und 1798 Matrosengesellschaft. Eine Freiw. Feuerwehr wurde 1886 gegründet.
1860 lebten in Arnis 1070 Menschen in 113 Häusern, eine Höchstzahl, die annähernd nur noch im Nachkriegsjahr 1946 mit 977 Einwohner erreicht wurde.
■ Seit 120 Jahren ist eine ständige Abwanderung zu verzeichnen, mit dem heute erreichten Stand der größte Einwohnerschwund einer Gemeinde in Angeln. Da der Anteil älterer Menschen – 1991 ca. 38% über 60 Jahre – sehr groß ist, eine Entwicklung, die noch weiterhin zu beobachten sein wird.
Persönlichkeit. Jacob Georg Chr. Adler 1756–1834. Generalsuperintendent, Orientalist, reformierte das Schulwesen der Herzogtümer; geboren in Arnis.

Wirtschaft. Hauptwirtschaftszweig war die Schiffahrt, verbunden mit dem Handel landwirtschaftlicher Erzeugnisse. Die Waren wurden in den benachbarten Landgebieten eingekauft und in kleinen Schiffen nach Dänemark verfrachtet. Im Ort gab es Werften, Mühle, 5 Krüge, 2 Brauereien und zahlreiche Handwerker.

Märkte. 1801 fand erstmals ein Krammarkt mitten im Flecken statt, ab 1805 war vor den Markttagen auch Pferdemarkt.

Nach dem Durchzug der Preußen kam 1864 der wirtschaftliche Niedergang, denn nun wurde die enge Verbindung im Handel mit Dänemark dem Flecken zum Verhängnis.

Durch die verlorenen nordischen Absatzmärkte fand die lebhafte Küstenschiffahrt 1864 ihr Ende. 1860 waren in Arnis 70 Fahrzeuge beheimatet, von denen viele auf den Werften am Ort gebaut worden waren. Eine Schiffbrücke bestand nicht. Die Schiffe machten an Pfählen in der Schlei fest oder ankerten im „Buter-Noor".

Arnis war Zollstation des Kappler Zolldistrikts (1844) und hatte bis 1894 eine Navigationsschule.

Segelclub 1907 gegründet. 1936 Bau eines Yachthafens, mehrmals mit zahlreichen Bootsstegen am Schleiufer und im „Buter-Noor" erweitert. Für den Wassersport, auch Bootsbau, ist Arnis ein bedeutender Ort.

Sturmfluten. 1825 und 1835, durch die der neue Damm zerstört wurde. 1836 mit dem höchsten Wasserstand. Hochwassermarke 1872 an der Giebelseite des Hauses Parkstr. 110, Metallplatte mit Inschrift Höhe 293 cm. Lit.: Frahm 1993, 21.

Krieg. Frankreich–Schweden. 1808 Einquartierung französischer Truppen unter Marschall Bernadotte, der im Rathaus wohnte. – Preußen–Dänemark. 1864 überschreiten preußische Truppen nach dem vergeblichen Angriff auf Missunde hier die Schlei auf einer Pontonbrücke.

Kirche. Lage auf einem geräumigen Hügel am Südwestende der Insel, nahe der Schlei. Barocke Fachwerk-Saalkirche 1673 vollendet, durch Geldsammlungen im ganzen Land gefördert.

Das Kirchenschiff ist 1733 bis auf die Nordwand in Ziegeln erneuert. Hohes Satteldach mit Pfannen gedeckt. Gefallenendenkmal 1920 an der Ostwand angebracht. Hölzerner Turm von 1825, schlanker Körper auf zwei Schichten großer Feldsteine gesetzt, mit Schalluken nach allen Seiten unter dem achteckigen Helm.

Kleines Vorhaus 1904 an der Südseite angebaut.

Literatur. KDM SL 1957, 108. Kunst-Topographie SH 1969, 657. Arnis 1977, 52, 64.

Friedhof. Geräumiger Platz 0,7 ha, von Feldsteinwall bzw. Hecke eingefriedet. Hölzernes Tor von 1811. Lit.: Arnis 1977, 61.

Pastorat 1802. Lange Str. 97. Altbau 1781 wegen Baufälligkeit aufgegeben. Der Neubau von 1802, ein verputzter Ziegelbau auf Granitquadersockel (Denkmalbuch). Lit.: KDM SL 1957, 117.

Rathaus 1806. Lange Str. 17. Zweigeschossiges Giebelhaus (Denkmalbuch).

■ In diesem Haus bezog der französische Feldmarschall, Carl Johann Prinz von Pontecorvo, Napoleons Marschall Bernadotte, 1808 Quartier, der 1818 König von Schweden wurde. Lit.: Arnis 1838, 52. KDM SL 1957, 120.

Schule 1860. Das Gebäude wurde bis 1963 als Schule genutzt, 1966 zu Wohnungen umgebaut. Arnis gehört jetzt zum Schulverband Mittelpunktschule, Grund- und Hauptschule in Habertwedt.

Das alte Schulhaus von 1769 wurde 1860 abgebrochen. Dabei lag das Spritzenhaus und in einem Anbau wurde 1799 das Ortsgefängnis eingerichtet. Lit.: Arnis 1838, 47, 49. Arnis 1977, 70.

Dänische Schule und Kindergarten 1946 begonnen. Seit 1981 nur noch Kindertagesstätte.

Navigationsschule bis 1894. Parkstr. 116, jetzt Wohnhaus. Eingeschossiger, gelber Backsteinbau auf hohem Kellergeschoß mit vorgelagerter Freitreppe. Drempel und schiefergedecktes Satteldach. (Denkmalbuch).

Post. 1863 Briefsammlungsstelle eröffnet, seit 1872 mit Telegraphendienst.

Fähre 1826. In den Privilegien von 1667 war bereits das Recht eingeräumt, eine Fährverbindung über die Schlei zu eröffnen, die jedoch erst 1826 mit einer Wagenfähre nach Sundsacker in Betrieb genommen wurde. Fährhaus mit Krug 1859 erbaut. Lit.: Arnis 1838, 56. Arnis 1977, 105. J. Petersen, Schleifähren Arnis–Sundsacker, JbAngeln 1986, 75.

Krug. Gaststätten und Ausflugslokale in Arnis: Fährhaus. Landhaus, Lange Str. 85. Strandhalle. Zur Schleiperle.
Schifferhaus, Lange Str. 9. Einst ein Fachwerk-Giebelhaus aus dem 18. Jh., 1970 wegen Baufälligkeit abgebrochen und durch Neubau ersetzt. 1945 war hier das Hauptquartier einer britischen Panzertruppe. Hotelbetrieb bis 1990, jetzt Wohnheim der Kappelner Werkstätten. Lit.: Arnis 1838, 67. KDM SL 1957, 120. Arnis 1977, 95.

Windmühle 1786–1966. Galerieholländer erbaut auf einem achtkantigen Ziegelunterbau, daneben ein Speicher. Seit 1945 ohne Flügel, zur Motormühle umgebaut, 1965 abgebrochen. Das Müllerhaus, Lange Str. 53, ehemals ein Fachwerkbau, seit 1938 in Backstein (Denkmalbuch). Lit.: Arnis 1838, 51. KDM SL 1957, 122.

Sparkasse 1873–1993. Gegründet als Private Spar- und Vorschußkasse. 1913 umgewandelt in eine öffentliche „Spar- und Leihkasse des Fleckens Arnis". Seit 1918 von der Kreissparkasse Schleswig als Nebenstelle fortgeführt. 1993 geschlossen.

Bürgerhäuser. Der ursprüngliche Bautypus ist das kleine eingeschossige Giebelhaus in Fachwerk, deren Giebel in manchen Fällen verbrettert sind. Charakteristisch sind die Fassaden mit Utluchten, die das Straßenbild beleben. Leider haben viele Häuser durch unpassende Modernisierung erheblich an Reiz verloren. Aus der Gründungszeit ist kein Haus erhalten, der Bestand datiert vornehmlich aus dem 18. bis 19. Jh.

Lange Straße 13. Ältestes erhaltenes Haus, bis 1898 noch reetgedeckt. – Nr. 14. Mit auffällig verschiedenen Fensterformen. – Nr. 15. Giebelfront verputzt mit vertikaler Pilastergliederung und spitzbogig umrahmten Fenstern. – Nr. 18. Die flach übergiebelte Utlucht mit vier Fenstern nimmt fast die ganze Frontseite ein. Seltener Bautyp. – Nr. 19. Zahlenanker 1764, erster Massivbau in Arnis und einziges datiertes Gebäude aus der Zeit vor 1785. Zwei ungleich große Utluchten. Spätbarocke Haustür. – Nr. 26. Von besonders ortstypischem Bauwert. Beschnitzte Haustür. – Nr. 28. Fenster im Frontgiebel mit Umrahmungen. – Nr. 31. Fenster mit fein detaillierter Stuckumrahmung. – Nr. 54. Fronteingang mit Füllungstür und Oberlicht, davor ein halbierter Mühlenstein. – Nr. 74. Mitteleingang zwischen zwei Utluchten, Seitenwände in Fachwerk. Spätestes Utluchtenhaus in Arnis. – Nr. 75. Bemerkenswert nur die einzig erhaltene, reich beschnitzte Haustür aus der Zeit um 1800. – Nr. 80. Haustür mit beschnitzten Füllungen. – Nr. 87. Dem Stadtbild angepaßtes Bauwerk in der Tradition der „Heimatschutzbewegung" mit einer runden Utlucht (alle Denkmalbuch). Lit.: KDM SL 1957, 118.

Denkmal 1898. Doppeleiche mit Gedenkstein zur Erinnerung an die Erhebung Schleswig-Holsteins 1848, Lange Straße, Ecke Fährgang. Der Baum ist eine Neupflanzung. Lit.: Frahm 1993, 19.

Literatur. vSchröder 1837, I 61. Chr. Scharf, Beschreibung und Geschichte der Insel und des Fleckens Arnis, 1838. Jensen Angeln 1844, 395. vSchröder 1854, 21. Oldekop 1906, VIII 17. Angeln 1922, 635. G. Thomsen, Aus der Geschichte der Stadt Arnis, JbAngeln 1937, 5. KDM SL 1957, 103. G. Struckhoff, Die wirtschaftliche Entwicklung der Stadt Arnis, Heimat 1962, 175. Ders., Arnis zur Zeit der Napoleonischen Kriege, Heimat 1963, 257. Kunst-Topographie SH 1969, 657. Hist. Gem-Verz 1970, 166. J. Habich, Stadtkernatlas SH 1976, 6. W. Luth, Arnis, Kleine Stadt mit großer Vergangenheit, 1977. C. P. Holz, Handel und Schiffahrt in Arnis vor 130 Jahren

ARNIS, Lange Str. 17/18. Giebelhäuser mit Utluchten. Foto: B. Hamer

nach einem Reisebericht von J. Georg Kohl, JbAngeln 1979, 178. W. Luth, Von Kunst und Künstlern im kleinen Arnis, JbAngeln 1983, 98. Wpl-Verz 1987, 87. TK 1325.

ARRILD

PLZ 24407. Dorf

Ostangeln. Ksp. Töstrup u. Norderbrarup, Gem. Oersberg. 63 Ewh. (1987), 18 Wohngeb., vier Hofplätze.
Lage: 7 km westl. von Kappeln, an der Straße von Oersberg nach Brunsholm, Kappelner Straße, und einer Abzweigung nach Norderbrarup. Im Kreis um eine Bergkuppe, Höhe 50 m. Durch den Westteil des Dorfes verläuft die Kirchspielsgrenze, wo vier Häuser zum Ksp. Norderbrarup gehören.
Das Umfeld des hochgelegenen Runddorfes hat ein bewegtes Relief mit deutlich aus der Landschaft sich erhebenden Höhen, in seinem Zentrum der größte Berg der Umgebung mit 54 m. Im Nordwesten, an der Grenze zu Brarupholz, liegt der Bauernwald Arrildholz.

Ortsname. 1460 Arelt. Mejer 1649 Arrildt. In den Kirchenbüchern bis 1749 Arlitt. PreußLA 1877 Arrild. – Anhöhe, Erhöhung = altdän. aldi, der Adler = altdän. ari (Laur). Namensgleich Arrild bei Toftlund, Südwestjütland. Lit.: JbAngeln 1963, 38. Laur 1992, 131.

Geschichte. 1663 bilden 4 Höfe und 5 Katen das Dorf, das ein Besucher im Jahre 1813 als „konfus gebaut und schmutzig" beschreibt. Die Bewohner gehörten der Struxdorfharde sowie den Gütern Dollrott und Toestorf an, diese kamen 1853 zur Kappelerharde. 1871 SL Gem. Töstrup, 71 Ewh., 10 Wohngeb. im Dorf und zu Arrildholz.
Persönlichkeit. Tilemann Müller 1768–1829. Dichter, seit 1800 Besitzer einer Landstelle, gestorben in Arrild.

Krug. 1733 an der Landstraße erbaut. 1857 Briefsammlungsstelle eröffnet. Umbau 1906 und 1962. Lit.: Toestrup 1982, 224.

Ziegelei 1833–1914. Stillgelegt und die Gebäude abgetragen. Lit.: Toestrup 1982, 228.

Hof. Arrild 1. Ansehnlicher Dreiseithof mit Zufahrtsallee und einem Teich auf dem Hofplatz. Wohnhaus von 1881, weißgestrichener Massivbau mit zweigeschossigem Zwerchhaus (Denkmalbuch). Lit.: Hagemeier-Kottwitz 1982, 347. Toestrup 1982, 220.

Arrildholz

Häuser und Bauernwald 13 ha mit 3 Wohngeb., davon ist eines die ehemalige Holzvogtkate.
Lage: nordwestl. von Arrild an einem Feld- und Waldweg. Zwischen den beiden Holzstücken liegt eine schmale Niederung mit mehreren Teichen. Höhe 40 m.

Literatur. vSchröder 1837, I 65. Jensen Angeln 1844, 391, 410. vSchröder 1854, 23. Oldekop 1906, VIII 80. Angeln 1922, 627, 661. Toestrup 1982, 201. Wpl-Verz 1987, 91. TK 1325.

ARUP

PLZ 24891. Dorf

Mittelangeln. Ksp. u. Gem. Struxdorf. 37 Ewh. (1987), 10 Wohngeb., 2 Ldw.-Betriebe (1993).
Lage: am weiten Tal der Wellspanger Au. 1,5 km südl. von Struxdorf „romantisch nahe einer kleinen fischreichen Au“ (1837), in verkehrsruhiger Randlage. Höhe 30 m.
Eine günstige Aussicht über das große Autal ist vom ehemaligen Grabhügel „Goldberg“ gegeben, der auf der nordwestlichen Höhe 47 m an der Straße nach Hollmühle liegt. Doch schweift der Blick andererseits über riesige Flächen, die von Knicks total geplündert sind.
Im Süden führt ein Waldweg in das kleine „Krähenholz“. Um 1900 fand alljährlich Anfang Mai das große Krähenfest mit Zelt-Ausschank und weithin tönenden Musikanten statt. Im Krähenholz, wo in jedem Baum bis zu 40 Horste vorhanden waren, erlegten die Jäger an die 1000 junge Saatkrähen, die in Schleswig als zarte Waldvögel verkauft wurden. Das letzte Krähenfest hat Arup 1914 erlebt. Die Krähen haben noch bis 1967 im Wald gehorstet, sich dann aber ein anderes Refugium gesucht.
Das Runddorf liegt auf einem Südhang. Fünf große Hofplätze im Kreis, der Dorfteich und einige Häuser am Rand bilden den fast unveränderten Bestand.

Ortsname. 1542 Arup. Mejer 1649 Arup. Jensen Angeln 1844 Aarup. PreußLA 1877 Arup, Arupgaard. – Dorf = altdän. thorp, an der Au, oder, da Arup abseits der Wellspanger Au liegt, eventuell auch „des Ari“ = altdän. PN (Laur). Lit.: JbAngeln 1963, 29. Laur 1992, 131.

Geschichte. Die vermischten Jurisdiktionen von Domkapitel, Johanniskloster, Graukloster und der Struxdorfharde wurden 1777 alle unter der Harde vereint. 1871 SL Gem. Struxdorf, 74 Ewh., 10 Wohngeb.

Arupgaard

Ehem. Hof des Grauklosters in Schleswig, 1807 zur Struxdorfharde. Seit 1837 sind nur noch zwei Katen verzeichnet, die 750 m nordöstlich von Arup am Weg nach Boholz lagen. Die letzte Kate ist 1890 abgebrannt und der Weg nach Arupgaard verschwunden.

Literatur. vSchröder 1837, I 69. Jensen Angeln 1844, 421. vSchröder 1854, 23. Oldekop 1906, VIII 106. Angeln 1922, 682. H. Jessen, Das Aruper Krähenschießen, JbAngeln 1987, 145. Wpl-Verz 1987, 93. TK 1323.

ASTRUP

Ehem. Dorf

Mittelangeln. Ksp. Norderbrarup, Gemarkung Wagersrott.
Lage: südöstl. von Wagersrott, an der Ost-

seite des Lunder Weg, nahe der Grenze zu Scheggerott.

Ortsname. FN Astrup. – Dorf = altdän. thorp, des Aghi = altdän. PN (Laur). Lit.: Kuhlmann 1958, 252. Laur 1992, 132.

ATZBÜLL

PLZ 24402. Dorf

Ostangeln. Ksp. u. Gem. Esgrus. 53 Ewh. (1987), 16 Wohngeb., 3 Ldw.-Betriebe (1993).
Lage: nördl. von Esgrus, neben der Straße Niesgrau–Esgrusschauby. Höhe 25 m.
■ Das kleine Runddorf liegt am Hang des Esgruser Mühlenstroms, der sich hier „durch eine sehr tiefe schauerliche Schlucht" drängt (1844). Das steil und mit einer Gefällstrecke 15 m tief in die Moräne eingeschnittene Autal, mit bebuschten Hängen und kleinem Buchenwald, ist in seiner morphologischen Ausprägung die schönste Bachschlucht des Gebietes, ein seltenes Landschaftselement in Angeln. Schöne Fußwege nach Stausmark am Presterholt vorbei und zur Kirche Esgrus.

Ortsname. 1260 Aitsboly. 1483 Attesbull. 1587 Atzbull. Mejer 1648 Atzbull. Trap 1864 dän. Adsbol. PreußLA 1877 Atzbüll. – Siedlung = dän. bøl, zu dt. -büll, des Atti = altdän. PN (Laur). Lit.: Hald 1948-79, VII 373. JbAngeln 1967, 107. Laur 1992, 132.

Geschichte. Bei der ersten urkundlichen Erwähnung wird auch eine Mühle genannt, für deren weitere Existenz aber Belege fehlen. Bis 1796 hatte der Pastor seine Wohnung im Dorf, der dann in das neue Pastorat zu Esgrus zog. Die Bewohner waren allein der Nieharde zugehörig. 1871 FL Gem. Esgrus, 100 Ewh., 18 Wohngeb.

Krug. Atzbüll 6. Seit etwa 1750 im Dorf. In den Dreißigerjahren bis zum Ende des II. Weltkrieg Arbeitsdienst- und dann Landjahrlager. Heute Ferienheim für Kinder.

Post 1929–1972. Poststelle Esgrus jetzt in Brunsholm stationiert.

Bauernhäuser. Atzbüll 16. Reetdach und flach übergiebelter Frontispiz. – Atzbüll 18. Reetgedecktes Abnahmehaus, Mitteleingang mit Halbsäulenportikus (beide Denkmalbuch).

Denkmal. Friedenseiche 1871. An der Abzweigung der Straße von Niesgrau nach Atzbüll, gleich links hinter Haus Nr. 15.

Literatur. vSchröder 1837, I 71. Jensen Angeln 1844, 371. vSchröder 1854, 25. Oldekop 1906, V 32. Angeln 1922, 597. Röschmann 1963, 163. Biotop 1987, 1224 Nr. 75. Wpl-Verz 1987, 98. Esgrus 1990, 113. TK 1224.

AUBRÜCK

PLZ 24972. Häusergruppe

Nordangeln. Ksp. Steinberg, Gem. Steinbergkirche u. Steinberg. 10 Ewh. (1987), 4 Wohngeb., ein Ldw.-Betrieb (1991), davon ein Haus zu Steinberg.
Lage: 3 km nördl. von Steinbergkirche, an der Straße nach Norgaardholz, nahe der Straßenbrücke über die Steinberger Au. Höhe 5 m.

Ortsname. 1689 Obbro. 1726 Au-Brücke. Jensen Angeln 1844 Aubrücke. PreußLA 1877 Aubrück. Ndt. Aubrüch. – Brücke über die Steinberger Au. Lit.: Hald 1948-79, VII 310. Laur 1992, 132.

Geschichte. In Norgaardholz um 1660 zwei Katen, davon eine 1952 wegen Baufälligkeit abgebrochen wurde. Die heute „Aubrücke" genannten Häuser in Gintoft sind 1801, 1846 und 1865 erbaut. Bis 1970 FL Gem. Gintoft u. Norgaardholz.

Denkmal. Hochwassermarke 1872. An der Straße ein Gedenkstein mit Inschrift – fast 2 km landeinwärts!

Literatur. vSchröder 1837, I 72, 312, II 313. Jensen Angeln 1844, 367. vSchröder 1854, 25, 176, 505. Oldekop 1906, V 39. Angeln 1922, 592. Wpl-Verz 1987, 100. TK 1224.

AUENLÜCK

PLZ 24407. Haus
Südangeln. Ksp. Rabenkirchen, Gem. Rabenkirchen-Faulück. Ldw.-Betrieb (1992). Lage: östl. von Rabenkirchen, bei Lacheby, in einer besonders reizvollen Gegend in einer Feldlücke zwischen zwei Hölzungen. Höhe 37 m.

Ortsname. PreußLA 1877 Auenlück. Angeln 1922 Hauberg. TK von 1982 Auenlück. Wpl-Verz 1987 Hauberg. Auch von den Bewohnern überwiegend Hauberg genannt. – Koppel = ndt. Lücke, zwischen den Auen, den beiden Quelläufen des Sandbeker Mühlenbach. Heuberg = ndt. Haubarch, Ort, wo man das Heu birgt.

Literatur. vSchröder 1837, I 73. vSchröder 1854, 416. Oldekop 1906, VIII 82. Angeln 1922, 633. Wpl-Verz 1987, 91. TK 1325.

AUGAARD

PLZ 24988. Häusergruppe
Westangeln. Ksp. Oeversee, Gem. Sankelmark. 38 Ewh. (1970), 10 Wohngeb., 2 Ldw.-Betriebe (1993).
Lage: 2 km östl. von Oeversee, am Weg nach Juhlschau, der hier die Treene überbrückt. Höhe 30 m.

Ortsname. 1337 Oggord. 1406 Agard. 1423 Owgarden. 1472 Agharde. 1499 Agarden. Mejer 1648 u. Danckwerth 1652 Augarde. Trap 1864 dän. Aagaard. PreußLA 1877 Augaard. Ndt. Auchard. – Hof = dän. gård, an der Au = dän. å, der Treene (Laur). Lit.: JbAngeln 1966, 19. Bjerrum 1986, 297. vRohden 1989, 184. Laur 1992, 133.

Geschichte. 1406 ein Edelhof des Heermannenadels, der jedoch nie größer als eine Hufe war. 1472 königlicher Besitz. Während der Besitzzeit des Rudeklosters 1499 und 1504 von diesem verpfändet. Zum Hof gehörte ein Aalwehr an der Treenebrücke, aus dem das Kloster zu beliefern war. Bei der Landesteilung 1582 wird Augaard nicht, wie das Rudekloster, dem Herzog von Sonderburg übereignet, sondern, vermutlich im Tausch, Eigentum des Königs.
1643 ist der Hof verwüstet und wird als Kriegsentschädigung 1648 mit Privilegien versehen zum Freibondengut erhoben. 1824 wurden diese Sonderrechte nicht mehr erneuert.
1726–50 war Augaard Sitz des Hardesvogts der Uggelharde. Durch Besitzteilung entstand 1750 neben dem Stammhof eine zweite Hufe von gleicher Größe. Der Stammhof ist 1763 nochmals geteilt worden.
1871 FL Gem. Juhlschau, 30 Ewh., 5 Wohngeb. 1962–74 Gem. Munkwolstrup.
Persönlichkeit. Friedrich-Wilhelm Lübke 1887–1954. Landwirt, Politiker, Landrat des Kreises Flensburg, Ministerpräsident von Schleswig-Holstein. Seit 1922 Hofbesitzer, gestorben in Augaard.

Burgplatz. Südlich vom Hof liegt, bogenförmig von der Treene umflossen, eine halbinselartige, in das Autal vorspringende Erhöhung von etwa 100 m Durchmesser. Dieser Platz wird im Volksmund „Burg“ genannt. Lit.: Röschmann 1963, 355.

Schule 1863–1889. Auf dem Hof war eine Landwirtschaftsschule als eine Art Volkshochschule eingerichtet, die jedoch nie mehr als 14 Schüler hatte.

Literatur. vSchröder 1837, I 73. vSchröder 1854, 26. Oldekop 1906, V 63. Angeln 1922, 617. P. Ingwersen, Augaard, JbAngeln 1951, 41 u. 1952, 104. Wpl-Verz 1970, 31. TK 1222.

AUGAARDHOLZ

PLZ 24988. Häuser
Westangeln. Ksp. Oeversee, Gem. Sankelmark. 4 Wohngeb.
Lage: südl. von Augaard am Fröruper Holz. Höhe 35 m.
In einer seitlichen Talsenke des Treßsees und der Treene, die in Richtung Süden bis zu 1000 m breit wird, ragt ein kleiner Höhenrücken gleich einer Halbinsel in das Tal. In westlicher Richtung folgt diesem

bald ein sehr steiler, kuppiger Höhenzug, der sich im Südbogen vor die Talsenke legt und diese vollständig abschließt. Hinter dem Höhenzug, der Straße von Oeversee nach Großsolt, setzt sich das Tal weiter nach Süden in seiner alten Breite fort, wird nach kurzer Entfernung abermals abgesperrt, bis auf eine schmale Talsenke. Schließlich weitet sich der Raum zur großen Senke des Ihlseestroms.

Ortsname. PreußLA 1877 Augaardholz, auch Augaardfeld. TK von 1969 Augaardfeld. Wpl-Verz 1970 u. TK von 1982 Augaardholz. Ndt. Auchardholt.

AUGUSTENBURG
s. Böklund

AUHORST
s. Loit

AUSACKER

Gemeinde

Amt Hürup. Fläche 909 ha, davon 46 ha Wald. 526 Ewh., 156 Wohngeb. (1987), 17 Ldw.-Betriebe (1993). Einzige Gemeinde in Nordangeln, die ihren Einwohnerstand von 1867 nicht mehr erreicht.

Wohnplätze. Ausacker, Ausackerholz, Ausackerwesterholz, Dammende, Hammestoft, Hüholz, Lämmerstraße, Schubytoft ehem., Südertoft, Tweetschau ehem., Winderattheck teilw.

Gemeinde bis 1970. FL Amt Husby. Fläche 532 ha. 302 Ewh. (1970). Gemeinde 1867 gegründet, 254 Ewh., 41 Wohngeb. 1907 Gebietsaustausch mit der Gem. Ausackerholz, per Saldo für Ausacker –71 ha. Ewh.-Höchstzahl 1946: 520 Menschen. 1970 Eingliederung der Gem. Ausackerholz.
Wohnplätze: Ausacker, Ausackerwesterholz, Südertoft.

Literatur. Oldekop 1906, V 17. Angeln 1922, 549. Wpl-Verz 1970, 25. Hist. Gem-Verz 1970, 56. Husby 1976, 283. Wpl-Verz 1987, 95.

PLZ 24975. Dorf

Nordangeln. Ksp. Husby, Gem. Ausacker. 274 Ewh. (1987), Krug, 8 Ldw.-Betriebe (1993).
Lage: 3 km südl. von Husby, an der Straße nach Satrup, alter Kurierweg. Durch das Dorf fließt die Kielsau. Höhe 40 m, im Norddorf bis auf 50 m ansteigend.
Ausacker ist ein Straßen- und Audorf, von Nord nach Süd, im verengten Talraum und am Hang gebaut. Eine geschlossene Bebauung zeigte ursprünglich nur das Oster- und Westerdorf. Durch Neubauten ist heute das Süderdorf der größere Ortsteil. Charakteristisch für Angeln ist die Umbiegung der Straße vor dem Dorfeingang. 1863 wurde die Dorfstraße gepflastert und dabei die Holzbrücke über die Au in Stein ersetzt. Mittelpunkt ist die alle vier Dorfstraßen verbindende Kreuzung vor der Brücke.

Ortsname. 1352 Ansiegger (lies: Auisegger). 1436 Ouxacker. Mejer 1648 Ausacker. Trap 1864 dän. Oxager. – Acker = dän. ager, und zwar in der ältesten Bedeutung von Viehtrift, wo Ochsen = dän. okse, gehalten werden (Laur). Lit.: Hald 1948-79, VII 176. JbAngeln 1968, 31. vRohden 1989, 188. Laur 1992, 134.

Vorgeschichte. An den östlichen Niederungen und entlang der Kielsau sind mehrere Siedlungsstellen festgestellt worden. Lit.: Röschmann 1963, 124.

Geschichte. Die Landstellen von Ausacker gehörten dem Rudekloster, Domkapitel Schleswig, Gut Schwensby, zur Nikolaikirche Flensburg und unter Husbyharde. Seit 1853 sind alle der Harde dingpflichtig. 1871 FL Gem. Ausacker, im Dorf 212 Ewh., 32 Wohngeb., in denen zahlreiche Handwerker wohnten. Freiw. Feuerwehr 1886 gegründet.
Persönlichkeiten. Peter IV. Jensen 1856–1941. Landwirt, Landes-Ökonomierat, gestorben in Ausacker. – Peter V. Jensen 1890-1969. Landwirt, Präsident der

AUSACKER, Hof Westerdorf 17. Wohnhaus von 1845. Foto: A. Träger

Landwirtschaftskammer Schleswig-Holstein, Kreispräsident Flensburg, geboren u. gestorben in Ausacker.

Schule 1833. Holnisser Landstr. 21. In Gemeinschaft von Ausacker und Ausackerholz 1833 zwischen beiden Dörfern auf dem „Appelberg“ erbaut. 1851–64 Unterricht in dänischer Sprache. Seit 1971 Schule in Husby. Gebäude als Wohnhaus erhalten, 1974 vom Schulverband verkauft. Lit.: Ravn 1971, 164. Husby 1976, 326.

Wassermühle 1487-1845. Kornmühle an der Kielsau im Ostteil des Dorfes auf dem Grundstück Osterdorf 5. Nach Aufhebung des Staurechts 1845 abgebrochen. Lit.: Husby 1976, 291. Pöge 1980, 70.

Windmühle 1845–1952. Westerdorf 5. Erd-Holländer Kornmühle „Zufriedenheit“. Als Nachfolgebetrieb für die Wassermühle 1845 errichtet. 1933 Windbetrieb eingestellt und als Motormühle weitergeführt. Seit 1946 war die Mühle flügellos und wurde 1979 abgebrochen. Lit.: Husby 1976, 309. Pöge 1980, 71.

Krug 1902. Ausacker-Krog mit Saalbetrieb u. Kegelbahn, Süderdorf 15. Die erste Krugkate stand 1700 im Süderdorf 4. Das neue Gasthaus mit Gemischtwarenhandel ist 1902 erbaut. Anbau 1967, Saal 1975 vergrößert. Laden 1983 geschlossen. Lit.: Husby 1976, 338, 350.

Schmiede. Süderdorf 1. Erste Erwähnung 1441. Der Betrieb wurde 1965 eingestellt. Die Schmiedekate besteht als rotes Backsteingebäude, reetgedeckt mit Knüppelfirst. Im neueren Nebengebäude die ehemalige Werkstatt (Denkmalbuch). Lit.: Husby 1976, 334.

Meierei 1885–1967. Süderdorf 2. Als Privatbetrieb 1877 eröffnet und 1885 im neuen Gebäude von der Meiereigenossenschaft fortgeführt. 1967 stillgelegt und Fusion mit

Mühlenbrück, Gebäude zu Wohnzwecken renoviert. Lit.: Husby 1976, 86, 336.

Ziegelei 1893–1964. Westerdorf 8. Im Dorf bestand schon seit Anfang des 18. Jh. eine Ziegelei. Die neue und größere Anlage von 1893 wurde von Ziegelmeistern aus Lippe betrieben. 1964 Produktion aufgegeben, Ringofen und Trockenscheunen abgebrochen, die übrigen Gebäude werden von einer Firma für Sandstrahltechnik genutzt. Lit.: Husby 1976, 310.

Höfe. Westerdorf 13. Hof in Winkelform, seit 1966 ohne Ldw.-Betrieb. Wohnhaus 1841 erbaut, reetgedeckt mit geschweiftem Giebel über dem Eingang. Lit.: Husby 1976, 314. – Westerdorf 15. Hof in Winkelform, Hofplatz durch Hecke und Lindenreihe von der Straße abgegrenzt. Wohnhaus 1840 erbaut, reetgedeckt. Zwerchhaus über dem Eingang. Lit.: Husby 1976, 317. – Westerdorf 17. Dreiseitanlage. Hofplatz mit Feldsteinpflaster. Wohnhaus von 1845. Rotes Backsteinmauerwerk auf Granitquadersockel, reetgedeckt mit übergiebeltem Frontispiz von 1906. Seit 1827 in Familienbesitz. Lit.: Husby 1976, 321. – Osterdorf 8. Hof in Winkelform, Hofplatz mit Feldsteinpflaster. Wohnhaus von 1818 mit vierachsigem firsthoch übergiebeltem Frontispiz. Lit.: Husby 1976, 299 (alle Denkmalbuch). – Osterdorf 1. Hof Jensen, seit 1753 in Familienbesitz. Wohnhaus 1886 Neubau nach Brand. Lit.: Husby 1976, 285.

Denkmäler. Zwei Friedenseichen 1871. Die Pflanzung der älteren Bauern mit Gedenkstein und Mühlstein in der Straßenkreuzung der Dorfmitte. Etwa 200 m östlich von diesem Platz die Eiche der Jungbauern ohne Stein. – Gedenkstein 1980 zur Erinnerung an die Flurbereinigung, 300 m südlich des Dorfes an der Straße nach Satrup.– Gedenkstein 1986. Zur Hundertjahrfeier der Feuerwehr beim Gerätehaus aufgestellt.

Literatur. vSchröder 1837, I 76. Jensen Angeln 1844, 333. vSchröder 1854, 28. Oldekop 1906, V 17. Angeln 1922, 549. Husby 1976, 58, 283. Wpl-Verz 1987, 95. TK 1223.

AUSACKERBRÜCK

PLZ 24986. Häusergruppe

Mittelangeln. Ksp. u. Gem. Satrup. 9 Wohngeb., 2 Ldw.-Betriebe (1993).
Lage: 2 km nördl. von Satrup, der nördlichste Wohnplatz des Kirchspiels, an der Straße nach Ausacker, Holnisser Landstraße, in der Waldkulisse der Hölzungen Jeßlund, Hasenholz und im Osten die Kleine Holzkoppel. Höhe 35 m.
■ Die Bondenau, die im Norden durch weite Wiesenflächen fließt, und die Straßenbrücke bilden den vielseitigsten Grenzpunkt in Angeln. Hier treffen sich Nieharde, Satrupharde, Uggelharde und Husbyharde. Die vier Kirchspiele Sörup, Satrup, Großsolt und Husby laufen aufeinander zu, und die Gemeinden Sörup, Satrup, Großsolt und Ausacker geraten dort aneinander, wo bis 1974 die Kreisgrenze war.

Ortsname. 1623 Owsaggerbrugge. Mejer 1648 Ausackerbrugke. PreußLA 1877 Ausackerbrück. Ndt. Ausackerbrüch. – Brücke über die Bondenau, auf der Grenze zu Ausacker. Lit.: Hald 1948-79, VII 176.

Geschichte. Parzellen des Gutes Satrupholm, 1771 Satrupharde, auf denen bis 1837 sechs Landstellen entstanden waren. 1871 SL Gem. Satrup, 73 Ewh., 9 Wohngeb.

Ausackerfeld

Katen zu Ausackerbrück. Der Ortsname ist nur 1837 und 1844 genannt.

Literatur. vSchröder 1837, I 77, II 219. Jensen Angeln 1844, 333. vSchröder 1854, 28. Oldekop 1906, VIII 85. Angeln 1922, 673. TK 1223 (1988).

AUSACKERHOLZ

Gemeinde bis 1970

FL Amt Husby. Fläche 377 ha. 286 Ewh. (1970). Gemeinde 1867 gegründet, 309 Ewh., 69 Wohngeb. 1907 Gebietsaustausch mit der Gem. Ausacker, per Saldo für Ausackerholz + 71 ha. Ewh.-Höchstzahl 1946: 619 Menschen. 1970 Eingliederung in die

Gem. Ausacker. Die Grenze zur Gem. Ausacker war durch Enklaven, Ecken und Winkel besonders verschachtelt.

Wohnplätze. Ausackerholz, Dammende, Hammestoft, Hüholz, Lämmerstraße, Schubytoft, Tweetschau, Winderattheck teilw.

Literatur. Oldekop 1906, V 17. Angeln 1922, 550. Hist. Gem-Verz 1970, 56. Husby 1976, 371.

PLZ 24975. Streusiedlung
Nordangeln. Ksp. Husby, Gem. Ausacker. 128 Ewh. (1987; Wpl-Verz 1970 zählt 288 Ewh., vermutlich einschließlich Dammende), 4 Ldw.-Betriebe (1993).
Lage: südöstl. von Ausacker, in auffallend knickreicher Landschaft mit mehreren verstreuten kleinen Hölzungen. Höhe 50 m. Ausackerholz ist ohne Dorfkern. Seine Häuser, ursprünglich Katen im Holz gelegen, verteilen sich auf die Gemarkung und an den beiden Hauptstraßen, dem Hüholzer und Seender Weg.

Ortsname. 1614 Außagger Holtz. Mejer 1648 Ausackerholt. 1837 u. 1854 auch Ausackerosterholz. PreußLA 1877 Ausackerholz. Ndt. Ausackerholt. – Wald = ndt. Holt, von Ausacker. Lit.: Hald 1948-79, VII 177. JbAngeln 1968, 31. Laur 1992, 134.

Geschichte. Die Katen gehörten zur Jurisdiktion des Gutes Schwensby, der Nikolaikirche Flensburg und der Husbyharde, 1853 alle unter der Verwaltung der Harde. 1867 Gem. Ausackerholz. Ausackerholz war der Wohnort der „kleinen Leute“ im Kirchspiel, die im Nebenerwerb hölzerne Feld-, Garten- und Hausgeräte herstellten, die sie bis an die Westküste zum Verkauf brachten. Nach der Parzellierung des Gutes Schwensby entstanden 1749 mehrere Landstellen. Freiw. Feuerwehr 1899 gegründet.

Schule. Seender Weg 4. Das Gebäude wurde 1833 abgebrochen, als sich Ausackerholz und Ausacker in Gemeinschaft eine neue Schule an der Holnisser Landstraße bauten. Lit.: Husby 1976, 326, 423.

Krug 1876. „Kater-Krug“, Holnisser Landstr. 1. Hier hielten die Torffuhrleute aus dem Westen auf dem Weg durch Angeln Einkehr. Neubau von 1876 mit Hökerei und Bäckerei. Die Krugwirtschaft wurde um 1900 aufgegeben, die Bäckerei ca. 1935 beendet und das Ladengeschäft 1983 geschlossen. Lit.: Husby 1976, 373.

Meierei 1895–1965. Seender Weg 1. Das Gebäude des ehemaligen Kleinbetriebes wird von einer Autozubehörhandlung genutzt. Lit.: Husby 1976, 420.

Schmiede. Seender Weg 10. Betrieb 1851 begonnen, 1940 Werkstattneubau nach Brand. Schmiede außer Betrieb. Lit.: Husby 1976, 432.

Sparkasse 1902. Spar- und Darlehnskasse 1902 gegründet. Bestand nach der Fusion 1968 mit Husby als Zahlstelle bis 1976.

Denkmal. Friedenseiche 1871 mit Gedenkstein, gegenüber dem Gebäude der ehemaligen Meierei.

Holm
Holz westl. von Ausackerholz, an der Straße nach Satrup, Holnisser Landstraße. 12 ha Bauernwald zu Ausacker, Ausackerholz, Dammende und Voldewraa gehörend.
Flurname. 1604 Hollmschifft, im südl. Waldteil Süderlück genannt. – Erhebung in einer Niederung = ndt. Holm. Lit.: Hald 1948-79, VII 208.

Kellingreuh
Holz zwischen Hammestoft und Dammende, von der Kreisstraße durchschnitten. Fläche 8 ha, Eigentümer sind die Kirchengem. Husby und Höfe in Ausacker und Dammende.
Flurname. 1785 Kielleng roy. – Keilförmige Wiese = dän. kil-eng, auf einer Rodung = angeldän. roj. Lit.: Hald 1948-79, VII 209.

Kielsieck
Ehem. Kate, 1709 von Gremmerup nach Ausackerholz versetzt.
Flurname. 1682 Kiehlsyck. 1715 Keelsick.

– Sumpfige Niederung = dän. sig, zu ndt. Siek, bei der Quelle = dän. kilde (Hald). Lit.: Hald 1948-79, VII 174.

Tweetschau
Hof Hüholzer Weg 12. Ldw.-Betrieb (1993).
Ortsname. 1642 FN Tretschoow. 1776 Tredtschau. Husby 1976 Tweetschau. Der Ortsname ist nicht mehr gebräuchlich. – „Streit-Wald" = jüt. Træde (Hald). Lit.: Hald 1948-79, VII 214. Husby 1976, 452.

Literatur. vSchröder 1837, I 76. Jensen Angeln 1844, 333. vSchröder 1854, 28. Oldekop 1906, V 17. Angeln 1922, 550. Röschmann 1963, 127. Husby 1976, 371. Wpl-Verz 1987, 95. TK 1223.

AUSACKERWESTERHOLZ

PLZ 24975. Streusiedlung
Nordangeln. Ksp. Husby, Gem. Ausacker. 33 Ewh. (1987; Wpl-Verz 1970 zählt 70 Ewh.), 10 Wohngeb., 2 Ldw.-Betriebe (1993).
Lage: südwestl. von Ausacker, an der Straße nach Kleinsolt, Westerholzer Straße u. Estruper Weg. Höhe 53 m.
Im Norden bildet die Kielsau die Grenze der Gemarkung.

Ortsname. 1621 Außagger Westerholtte. PreußLA 1877 Ausackerwesterholz. – Westliches Gehölz von Ausacker. Lit.: Hald 1948-79, VII 178. Laur 1992, 134.

Geschichte. 1871 FL Gem. Ausacker, 36 Ewh., 9 Wohngeb. 1976 noch fünf Ldw.-Betriebe.

Literatur. vSchröder 1837, I 76. Jensen Angeln 1844, 333. vSchröder 1854, 28. Oldekop 1906, V 17. Angeln 1922, 550. Husby 1976, 352. Wpl-Verz 1987, 95. TK 1223.

AUSSELBEK

Wald
Westangeln. Gem. Ülsby. Fläche 123 ha. Staatsforst des Landes SH, Forstamt Schleswig, Försterei Satrup; ein kleiner Anteil ist Bauernwald von Ülsby.
Lage: zwischen Ülsby und Klappholz in kuppig strukturiertem Gelände, am Südrand von der Quastrupau gesäumt. Höhe 50 m.
Laubmischwald mit Buche, Eiche, Esche und einzelne Nadelholzhorste. Ältester Baumbestand von 1820.

Flurname. 1640 Außelbeck. Trap 1864 dän. Oxelbæk. – Angeldän. Awselbaek zu aksel = Radachse, unser Wort Achsel, auf den geraden Lauf des Baches bezogen. Mehrere Parallelen in Dänemark und Südschweden (Laur).

Vorgeschichte. 1954 wurden im Westteil des Waldes im ebenen Gelände eisenzeitliche Ackersysteme entdeckt und in den folgenden Jahren untersucht. Auf ausgedehnten Flächen sind die Wälle zum Teil gut erhalten, jedoch nur als flache wallartige Erhöhungen schwach zu erkennen. Auch sind Spuren von Ansiedlungen gefunden worden. Lit.: G. Schäfer, Vorgeschichtliche Feldeinteilungen in Angeln, JbAngeln 1954, 67. H. Jankuhn, Ausgrabungen auf eisenzeitlichen Äckern im Gehege Außelbek, JbAngeln 1955, 66.

Naturdenkmal. „Brauteiche". 560 cm Umfang. Lage in der Nordwestecke, Abteilung 383.

Literatur. Oldekop 1906, VIII 100. Angeln 1922, 679. Biotop 1987, 1323 Nr. 34. TK 1323.

AUSTANGER BRÜCKE
s. Hoffnungstal, Tolk

AUWATT

Ehem. Haus
Mittelangeln. Ksp. Sörup, Gemarkung Südensee.
Lage: am Südwestufer des Südensees, auf dem Weg von Südenseehof nach Seende.

Geschichte. Ehemals eine Furt durch die Au, die bis 1710 den natürlichen Abfluß des Sees in die Bondenau bildete, der dann durch den Entwässerungsgraben „Südensee Au“ abgeleitet wurde. 1818 wird hier eine Brücke erstmals erwähnt, vermutlich ist damit aber die Brücke über die Südensee Au, auf dem Weg von Seende nach Gammelby gemeint. Eine Kate zu Auwatt wird 1837 u. 1854 genannt; in den Kirchspiel-Chroniken von Sörup ist ein Wohnplatz mit diesem Ortsnamen nicht verzeichnet.

Literatur. vSchröder 1837, II 336. vSchröder 1854, 518. Sörup 1907, 63. Hald 1948-79, VII 221. Sörup 1964, 170. vRohden 1989, 191.

AUWIESE

PLZ 24894. Haus

Südangeln. Ksp. u. Gem. Tolk. Wohnhaus und Fischzuchtanlage von 1905.
Lage: 2 km nordwestl. der Straße nach Tolkschuby. Höhe 23 m.
In einer kleinen Bachschlucht sind 22 Fischteiche terrassenförmig in den Hang zum Tal der Wellspanger Au angelegt; Laichteiche für Goldfische und Karpfen, Zuchtteiche mit Forellen und Schleie. Der Fischmeister hat auf seinem Gelände die selten gewordenen Wasserfrösche in großer Zahl angesiedelt. Lit.: TK 1423.

BADEKATHEN
s. Loithof

BADSTAVE
s. Kieholm, Schlei-Insel

BÄCKERHAUS
s. Ohrfeld

BAGGELAN

PLZ 24376. Streusiedlung

Ostangeln. Ksp. Gundelsby, Gem. Hasselberg. 11 Ewh. (1987), 4 Wohngeb., ein Ldw.-Betrieb (1993).
Lage: östl. von Schwackendorf, an der Straße von Kieholm an der Nordstraße nach Maasholm. Höhe 10 m.

Ortsname. 1674 FN Achter der Lohn. 1790 FN Baggelan. Jensen Angeln 1844 Baggelahn. PreußLA 1877 Baggelan. – Hinter = dän. bag, einem offenen Platz zwischen zwei Häusern, einem schmalen Weg = ndt. Lahn (Laur). Lit.: Hald 1948-79, VII 440. Laur 1992, 136.

Vorgeschichte. Auf den Feldern östlich des Hofes verzeichnet die archäologische Landesaufnahme sieben ehemalige Steingräber. Lit.: Röschmann 1963, 286.

Geschichte. Der Hof, bis 1937 allein an dieser Stelle, gehörte zu Gut Oehe, 1853 Kappelerharde. Er ist seit 1812 im Familienbesitz. Bis 1970 FL Gem. Gundelsby.

Literatur. vSchröder 1837, I 79. Jensen Angeln 1844, 384. vSchröder 1854, 30. Oldekop 1906, V 50. Angeln 1922, 614. Gundelsby 1977, 163. Wpl-Verz 1987, 97. TK 1225.

BALLASTBRÜCKE

PLZ 24937. Häusergruppe

Nordangeln. Stadt Flensburg, Kirchengem. St. Jürgen.
Lage: Ost-Flensburg, unterhalb des ehemals bewaldeten Ballastberges.

Ortsname. 1581 Ballast Brügge. Trap 1864 dän. Ballastbroen. – Brücke am Ballastberg. Lit.: Hald 1948-79, VII 35.

Geschichte. Die Bewohner waren Untergehörige des Hospitals Flensburg, seit 1853 der Husbyharde. 1877 Stadt Flensburg, bis 1895 im Ksp. Adelby.
In der Nähe war 1830 eine Seebadeanstalt errichtet worden. 1854 bestanden 20 Häuser, großteils von Seefahrern bewohnt, daneben Ziegelei und Krug.
Über eine Verladebrücke wurde hier Sand

als Ballast für die Segelschiffe transportiert, der sich am Steilufer und auf dem Ballastberg fand. Das Nutzungsrecht hatte das Flensburger Schiffergelag 1581 vom Heilig-Geist-Kloster erworben. 1868 war das Recht zur Ballastentnahme an die Ziegelei Harnis verkauft worden. Mit Rückgang der Flensburger Handelsflotte verringerte sich der Ballastbetrieb und ging schließlich ganz ein. Zurück blieb ein wild zerklüftetes Brachland auf der Höhe, später als Volkspark gestaltet und von Kleingärtnern genutzt. Seit 1976 Landschaftsschutzgebiet.

Pilkentafel

Krug mit Brauereigerechtigkeit, 1612 gegründet, ein beliebtes Ausflugslokal der Flensburger und Schiffer. Das Haus lag bis 1870, vor dem Bau des Hafendammes, direkt am Wasser. Der Name stammt von einer Art Billardspiel. Heute Straßenname. Lit.: Pust 1990, 250.

Literatur. vSchröder 1837, I 79, 445. Jensen Angeln 1844, 319. vSchröder 1854, 30. Trap 1864, 421. Pust 1990, 46.

BALLBEK
s. Süderschmedebyfeld

BALLIGHOLZ
s. Stenderup, Sieverstedt

BALM

PLZ 24960. Haus

Nordangeln. Ksp. u. Gem. Munkbrarup.
Lage: auf der Nordspitze von Angeln, nördl. von Munkbrarup, an der Straße nach Rüde. Höhe 20 m.
Der höchste Punkt der Straße ist der Balmberg 40 m, von dem sich in Richtung Norden die Aussicht über Glücksburg mit dem Mühlenteich, das Dorf Rüde und die Fördebucht von Bockholmwik bietet.

Ortsname. 1779 FN Balm. – Vorspringender Berg in einer Niederung = dän. balle. Lit.: Hald 1948-79, VII 63.

Bauernhaus. 1844 als Armenhaus erbaut, in absichtlich abgelegener Lage vom Kirchdorf. Vorübergehend waren hier bis zu 50 Menschen untergebracht. Seit 1903 Privatbesitz, Haus 1907 umgestaltet.

Literatur. Oldekop 1906, V 80. Angeln 1922, 564. Munkbrarup 1976, II 22. Wpl-Verz 1987, 98. TK 1123.

BARG

Gemeinde bis 1970

FL Amt Sörup. Fläche 253 ha. 129 Ewh. (1970). Gemeinde 1867 gegründet, 124 Ewh., 29 Wohngeb. Ewh.-Höchstzahl 1946: 226 Menschen. 1970 Eingliederung in die Gem. Sörup.

Wohnplätze. Barg, Bargfeld teilw., Petersburg.

Literatur. Oldekop 1906, V 18. Sörup 1907, 167. Angeln 1922, 585. Sörup 1964, 225. Hist. Gem-Verz 1970, 64.

PLZ 24966. Dorf

Mittelangeln. Ksp. u. Gem. Sörup. 56 Ewh. (1992), 24 Wohngeb., 4 Ldw.-Betriebe (1993).
Lage: 2 km nördl. von Sörup, neben der Straße von Schwensby nach Sterup, Kappelner Straße, auf dem höchsten Punkt eines Höhenzuges. Höhe 60 m.
Mit der Landstraße, die den 63 m hohen Blocksberg besteigt, verläuft die Wasserscheide. Aus dem Nordwestrand des Höhenzuges beginnt die Kielsau ihren Lauf zur Treene bis in die Nordsee und nur 1 km daneben im Nordosten die Langballigau zur Ostsee.
Den alten Dorfkern von Barg bilden die Höfe mit dem Dorfteich, der als Feuerlöschteich hergerichtet ist. Die Dorfkaten sind südlich davon erbaut. Etwas abseits haben sich Ende des 19. Jh. Handwerker und Händler an der Kappelner Chaussee niedergelassen.

Ortsname. 1466 Berge. 1477 Bergen. Mejer 1648 u. Danckwerth 1652 Bargen. 1734

Barg. Trap 1864 dän. Bjerre. – Berg = ndt. Barch. Lit.: Hald 1948-79, VII 221. JbAngeln 1967, 112. Laur 1992, 138.

Geschichte. Das Dorf in der Nieharde war 1511–1610 Sitz des Hardesvogtes. Zu Barg gehörten 6 Höfe, 6 Katen und das Wirthaus Petersburg an der Landstraße. Freiw. Feuerwehr 1886 gegründet.

Schmiede. Kappelner Str. 53. Werkstatt 1988 außer Betrieb. Lit.: Sörup 1907, 175. Sörup 1964, 230. Sörup 1985, 299.

Höfe. Barg 8. Ältester Familienbesitz im Kirchspiel seit 1499 und größter Hof im Dorf. Wohnhaus 1937 neu erbaut. Lit.: Sörup 1907, 169. Sörup 1964, 228. Sörup 1985, 263. – Ablandstr. 9. Sitz des Hardesvogts der Nieharde 1511–1610. Altes Wohnhaus und Scheune 1917 abgebrannt. Lit.: Sörup 1907, 171. Sörup 1964, 226. Sörup 1985, 260.

Naturdenkmal. Eibe auf einem Knick nahe der Straße nach Löstrup.

Literatur. vSchröder 1837, I 82. Jensen Angeln 1844, 359. vSchröder 1854, 31. Trap 1864, 494. Oldekop 1906, V 18. Sörup 1907, 167. Angeln 1922, 585. Röschmann 1963, 129. Sörup 1964, 225. Sörup 1985, 260. Wpl-Verz 1987, 99. TK 1224.

BARGFELD

PLZ 24966. Häusergruppe

Mittelangeln. Ksp. u. Gem. Sörup u. Quern. 30 Ewh. (1987), 10 Wohngeb.; davon zu Sörup 25 Ewh., 8 Wohngeb., ein Ldw.-Betrieb (1992).
Lage: westl. von Quern, an der Straße nach Barg. Höhe 52 m.

Ortsname. 1616 bei Berge. 1727 Barger-Oster-Felde. Jensen Angeln 1844 Bargerfeld. PreußLA 1877 Bargfeld. Lit.: Hald 1948-79, VII 221. Laur 1992, 139.

Vorgeschichte. Nordwestlich des Weges nach Petersburg sind 10 Grabhügel und 4 Urnenplätze aufgenommen worden. Lit.: Röschmann 1963, 130.

Geschichte. Der Ostteil der Feldmark von Barg ist erst Ende des 18. Jh. mit Katenausbauten der Dörfer Löstrup und Barg besiedelt worden. 1837 drei Katen, 1871 FL Gem. Quern 20 Ewh., 3 Wohngeb. Bis 1970 FL Gem. Barg u. Quern.

Literatur. vSchröder 1837, I 82. Jensen Angeln 1844, 354, 359. vSchröder 1854, 31. Oldekop 1906, V 18, 93. Sörup 1907, 176. Angeln 1922, 575, 585. Quern 1961, 370. Sörup 1964, 231. Sörup 1985, 263. Wpl-Verz 1987, 99. TK 1224.

BARREDAMM

PLZ 24996. Häusergruppe

Mittelangeln. Ksp. u. Gem. Sterup. 4 Wohngeb., keine Ldw.-Betriebe (1993).
Lage: 1 km südl. von Boltoft, an der Straße nach Grünholz. Höhe 40 m.
Eine große Niederung, teils Moor mit einem ehemals größeren Teich, wird rundum von kleinen Hügeln eingefaßt.

Ortsname. 1740 Barredamm. Jensen Angeln 1844 Barredam. – Teich = dän. dam, bei einem Nadelwald = altdän. barwith (Laur). Lit.: Hald 1948-79, VII 340. Laur 1992, 142.

Geschichte. 1740 erstmals eine Kate zur Nieharde genannt. Bis 1961 FL Gem. Boltoft.

Literatur. vSchröder 1837, I 336. Jensen Angeln 1844, 362. vSchröder 1854, 192. Oldekop 1906, V 21. Angeln 1922, 587. Wpl-Verz 1987, 101. TK 1224.

BASBORREHOI

Burgplatz

Ostangeln. Ksp. Gelting. Lage: nordwestl. des Gutes Gelting, nur eine flache Erhöhung in einer Niederung. 1852 waren Spuren der Gräben noch erkennbar und sollen auch Reste von Ziegelsteinmauern gefunden worden sein.

Ortsname. Der Name deutet auf einen Burghügel = südjüt. Borrehoi, vermutlich in einer Weidenhölzung = ndt. bast, oder im tiefliegenden Kratt = dän. baste (Hald).

Literatur. vSchröder 1854, 171. Hald 1948-79, VII 464. Röschmann 1963, 230.

BASROTT

PLZ 24395. Hof

Ostangeln. Ksp. u. Gem. Gelting. 2 Wohngeb., Ldw.-Betrieb (1993).
Lage: 3 km nordöstl. von Gelting, von der Straße nach Nieby abzweigend nach Nadelhöft. Höhe 3 m.

Ortsname. 1745 FN Basrath, Basrott. PreußLA 1877 Basrott. Gelting 1972 u. 1987 Bassrott. – Rodung = ndt. -rott, im Kratt an einer tiefliegenden Stelle = dän. bast (Laur). Lit.: Hald 1948-79, VII 422. JbAngeln 1967, 102. Laur 1992, 143.

Vorgeschichte. Urnenfriedhof. Westlich des Weges nach Nadelhöft liegt ein breiter Höhenrücken, die „Bergkoppel", 14 m. Seit 1900 sind an diesem Hügel Kiesgruben ausgebeutet worden. Als diese 1935 wieder eingeebnet und aufgefüllt wurden, kamen Urnengräber zum Vorschein. Die archäologischen Untersuchungen stellten einen sehr dicht besetzten Friedhof mit rund 50 Urnen der römischen Kaiserzeit fest. Lit.: Röschmann 1963, 226.

Geschichte. 1789 eine Landstelle auf einer Parzelle des Gutes Gelting begründet, 1853 Kappelerharde. Auf dem „Beckfeld" sollen Hexen verbrannt worden sein. Bis 1938 FL Gem. Kattrott, mit dieser zur Gem. Gelting.

Literatur. vSchröder 1837, I 86. Jensen Angeln 1844, 380. vSchröder 1854, 34. Oldekop 1906, V 63. Angeln 1922, 609. Gelting 1972, 506. Gelting 1987, 250. Wpl-Verz 1987, 96. TK 1225.

BAUMHOF

PLZ 24392. Hof

Südangeln. Ksp. Süderbrarup, Gem. Nottfeld. Kein Ldw.-Betrieb.
Lage: südl. von Süderbrarup, neben der Straße von Gr. Brebel nach Lindaunis, am Schukjär-Moor. Höhe 20 m.

Geschichte. Der Hof entstand 1784 auf einer Parzelle von Gut Lindau, Schliesharde. Das reetgedeckte Wohnhaus teilweise noch in Fachwerk. Seit 1973 ohne Ldw.-Betrieb.

Literatur. vSchröder 1837, I 343 u. II 20. Wpl-Verz 1970, 123. TK 1324.

BAUSTEDT

Ehem. Haus

Mittelangeln. Ksp. Havetoft, zwischen Havetoftloit u. Dammholm. Eine Kate 1837 u. 1854 verzeichnet.

Literatur. vSchröder 1837, I 368. vSchröder 1854, 214.

BAUSTRUP

PLZ 24405. Hof

Mittelangeln. Ksp. Böel, Gem. Mohrkirch. 14 Ewh. (1987), 7 Wohngeb., Ldw.-Betrieb 162 ha, größter Besitz im Kirchspiel (1993).
Lage: 2 km nördl. von Mohrkirch, von der Bahnstrecke Kiel–Flensburg durchschnitten. Von der Hauptstraße von Mohrkirch nach Sörup ein abzweigender Weg über Kälberhagen, der 1981/82 als Allee mit nordischen Ebereschen bepflanzt wurde. Höhe 40 m.
In der Nähe liegt das Gehege Baustrup, 2 km nördlich fließt die Bondenau durch die Baustruper Flur.

Ortsname. 1391 Bukstorpe. 1779 Baustrup. Trap 1864 dän. Bovstrup. PreußLA 1877 Baustrup. – Dorf = altdän. thorp u. vermutl. Hose = dän. bukse, aber unerklärlich, in welcher Bedeutung. Lit.: JbAngeln 1963, 36. Laur 1992, 144.

Geschichte. Auf den Hoffeldern von Mohrkirchen wurde der Hof 1778 angelegt, der seitdem im Familienbesitz geblieben ist. Zum Hof gehören das große Wohnhaus 1867, ein Altenteil 1862 und das neue Abnahmehaus 1928, eine Kate von 1778, ein Melkerhaus 1907 und zwei Wohnhäuser, 1861 und 1902 erbaut. Die Wirtschaftsgebäude sind Neubauten nach einem Großfeuer von 1913.

Ehem. Dorf

An der Stelle des Hofes lag ein Dorf, das im 14. Jh. eingegangen ist, Vermutungen nach durch die Pest 1349/50. Die Feldmark verkaufte der Edelhof Morker 1391 an das in diesem Jahr gegründete Antoniterkloster Mohrkirchen.

Holz

Gem. Mohrkirch. Fläche 22 ha. Staatsforst des Landes SH, Forstamt Schleswig, Försterei Satrup. 1873 Eingliederung des königlichen Geheges in die Gem. Mohrkirch-Westerholz.
Buchenbestände, auch Eiche und Esche, in weit-kuppiger Grundmoränenlandschaft. Zahlreiche Talsenken haben eine besonders üppige Bodenvegetation. Höhe 45 m. Lit.: Biotop 1987, 1324 Nr. 129.

Literatur. vSchröder 1837, I 89. Jensen Angeln 1844, 413. vSchröder 1854, 36. Trap 1864, 518. Oldekop 1906, VIII 72. Angeln 1922, 670. Wpl-Verz 1987, 91. Mohrkirch 1991, 362. TK 1324.

BEDSTEDT

PLZ 24392. Häusergruppe

Südangeln. Ksp. Rabenkirchen, Gem. Dollrottfeld. 2 Wohngeb., kein Ldw.-Betrieb. Lage: westl. von Rabenkirchen an der B 201, nahe Gut Dollrott, in einer kleinen Niederung an der Dollrotter Au. Grenzort zur Gem. Rabenkirchen-Faulück.

Ortsname. vSchröder 1854 Beetstedt. PreußLA 1877 u. DG 1974 Bedstedt. – Stelle, wo man Pferde ausspannt = dän. bedested (Laur). Nach der örtlichen Überlieferung verzehrten die Gutsangehörigen von Dollrott hier im Krug nach den Hand- und Spanndiensten ihr Brot = beed machen. Lit.: Laur 1992, 145.

Geschichte. 2 Landstellen mit Krug zu Gut Dollrott, 1853 Kappelerharde. Gegenüber dem ehem. Ldw.-Betrieb liegt ein Häuschen von 1943, das kleinste Wohngebäude in der Gemeinde.

Krug. Seit dem 18. Jh. vorhanden. 1958 Wirtschaft aufgegeben.

Literatur. vSchröder 1854, 106. Oldekop 1906, VIII 37. Angeln 1922, 633. Dollrottfeld 1981, 237. Wpl-Verz 1987, 88.

BEIERLUND
s. Lutzhöft

BEK
1) Boren 2) Gelting 3) Grundhof 4) Oeversee

1) PLZ 24392. Haus

Südangeln. Ksp. Boren, Gem. Kiesby, an der Lindau. 1837 eine Kate. Wpl-Verz 1871 Bäckhaus. Ortsname noch gebräuchlich.

Literatur. vSchröder 1837, I 93. vSchröder 1854, 38. Angeln 1922, 639. Boren 1957, 155.

2) PLZ 24395. Haus

Ostangeln. Ksp. Gelting, Gem. Rabenholz, bis 1928 im Gutsbezirk Priesholz. 1731 Kate beym Bäck.

Literatur. vSchröder 1837, II 164. Oldekop 1906, V 92. Hald 1948-79, VII 423.

3) PLZ 24989. Haus

Nordangeln. Ksp. Grundhof, Gem. Dollerup, Seeklüfter Weg 10.

Geschichte. Erste Bebauung 1801, zu

Gut Lundsgaard, 1853 Husbyharde. Bis 1969 Gem. Nordballig.

Literatur. vSchröder 1837, II 101. Jensen Angeln 1844, 340. vSchröder 1854, 372. Oldekop 1906, V 84. Grundhof 1957, 430. Grundhof 1981, 138.

4) Wasserlauf
Westangeln, im Bereich der Bondenau, Treene. Gem. Sankelmark. Fließstrecke 3 km, von Munkwolstrup bis zur Einmündung in den Treßsee. Lit.: vRohden 1989, 198.

BELGRAD

PLZ 24409. Haus
Ostangeln. Ksp. Töstrup, Gem. Stoltebüll. Ferienhaus.
Lage: nordwestl. von Schörderup, an der Straße nach Wippendorf. Höhe 35 m.
Im Norden fließt die Grimsau in einem tief ausgehobenen Graben durch hügeliges Gelände an einem kleinen Holz vorbei. Grenzort zum Ksp. Esgrus.

Geschichte. 1837 Kate zu Gut Rundhof, 1853 Kappelerharde. Wpl-Verz 1871 FL Gem. Gulde, zwei Wohngeb.; die zweite Kate gegenüber besteht nicht mehr. Seit 1970 Gem. Stoltebüll. Das Haus erhielt erst 1950 elektrischen Strom.

Literatur. vSchröder 1837, I 342. vSchröder 1854, 195. Oldekop 1906, V 49. Angeln 1922, 630. Toestrup 1982, 308. Wpl-Verz 1987, 101. TK 1225.

BELLIG

PLZ 24891. Dorf
Mittelangeln. Ksp. u. Gem. Struxdorf. 77 Ewh. (1987), 14 Wohngeb., ein Ldw.-Betrieb (1993).
Lage: 3 km südwestl. von Struxdorf, an der Straße nach Böklund. Höhe 35 m.
Von großen Bäumen beschattet und versteckt liegt das kleine Runddorf im stillen Abseits. Sein Areal ist nicht größer als die Hoffläche eines Gutes. Im Dorf ist der Bestand von 7 Häusern seit langem unverändert, jeder Hof an seiner eigenen „Dorfstraße“. Die anderen zu Bellig zählenden Wohngebäude wurden später an die Landstraße gesetzt. – Tief unterhalb des Dorfes fließt die Ülsbyer Au in einem Tal mit teilweise steilen Hangpartien, die von einer Erlen-Eschen-Galerie gesäumt werden.

Ortsname. 1457 Belghe. 1485 Bellighe. Mejer 1649 Belli. Jensen Angeln 1844 Ballig. Trap 1864 dän. Balle. PreußLA 1877 Bellig. – Erhöhung = altdän. balghe (Laur). Lit.: JbAngeln 1963, 29. Laur 1992, 148.

Geschichte. 1470 kaufte das Gut Steinberggaard in Nordangeln das königliche Dorf im Süden der Landschaft, von dem es 1483 das Domkapitel erwarb und seiner Vogtei Berend unterstellte. 1658 wieder königlich, 1777 unter der Struxdorfharde. Seit 1867 SL Gem. Struxdorf.

Bahnstation 1904–1965. Haltestelle der Kleinbahn Schleswig–Satrup, Entfernungen 19–13 km.

Literatur. vSchröder 1837, I 94. Jensen Angeln 1844, 84, 421. vSchröder 1854, 38. Trap 1864, 516. Oldekop 1906, VIII 106. Angeln 1922, 682. Wpl-Verz 1987, 93. TK 1323.

BENEDIKTSMARK

Ehem. Dorf
Ostangeln. Ksp. Kappeln, vermutlich auf dem in der Flurkarte 1797 von Roest genannten „Bendixenfeld“, zwischen Kappeln und Grauhöft an der Schlei.

Ortsname. 1357 Benedictzmark. Jensen Angeln 1844 Benedictusmark. – Rodung = dän. mark, des Benedikt (Laur). Lit.: Jensen Angeln 1844, 228. Laur 1992, 149.

Geschichte. Ursprünglich eine Schenkung an die Kirche in Kappeln, ab 1357 im Besitz von Gut Roest. Ein Teil gehörte 1844 noch zum Pastoratsland.

BENTOFT

Ehem. Hof

Mittelangeln. Ksp. Sterup. 1441 Bentofft. Wohnplatz = dän. toft, des Bent = altdän. PN (Laur). Lit.: JbAngeln 1967, 115. Laur 1992, 150.

BEREND

Vogtei 1296–1777

Teil des 1. Domkapiteldistrikts, auch Vogtei Tolk genannt. Kein geschlossenes Gebiet, sondern ein Verwaltungsbezirk mit weit verstreuten Landstellen an etwa 30 verschiedenen Orten in Südwestangeln und darüber hinaus. Nur über die Dörfer Bellig und Ekeberg führte die Domkapitelvogtei uneingeschränkt Aufsicht.

Geschichte. Die Vogtei entstand 1296 aus den Gütern des Archidiakons in der Struxdorfharde als Erbe an das Domkapitel Schleswig. 1658 königlich, 1693 zum Teil dem Herzog zu Gottorf überlassen. 1777 wurde die Vogtei aufgelöst und die Untergehörigen dem Amt Gottorf, Struxdorfharde zugeordnet.

Literatur. Jensen Angeln 1844, 168. vSchröder 1854, VII. Angeln 1922, 128.

Gemeinde bis 1973

SL Amt Tolk. Fläche 814 ha. 654 Ewh. (1970). Gemeinde 1867 gegründet, 433 Ewh., 51 Wohngeb. Ewh.-Höchstzahl 1946: 730 Menschen. Bis 1971 im Amt Nübel. 1974 Eingliederung in die Gem. Nübel.

Wohnplätze. Berend, Berendholz, Berendlund, Berendstamm, Haarholm teilw., Hinkelhöft, Kattenhund teilw., Thymiansberg, Triangel.

Literatur. Oldekop 1906, VIII 19. Angeln 1922, 695. Hist. Gem-Verz 1970, 166. Wpl-Verz 1970, 116.

PLZ 24881. Dorf

Westangeln. Ksp. u. Gem. Nübel. 460 Ewh. in Berend u. Berendlund (1987), das größte Dorf in der Gemeinde. Sägewerk, Krug, 6 Ldw.-Betriebe (1993).
Lage: 5 km nördl. der Stadt Schleswig, an der Straße nach Nübel, beiderseits des Schleswiger Mühlenbachs. Höhe 30 m.
Im Westende des Dorfes beginnen die kuppigen Endmoränen, die im markantesten Aussichtspunkt der Umgebung zu 45 m aufsteigen. Im Verlauf des hügeligen Geländes zwischen Neuberend und Nübel ist hier die einzige Stelle, wo durch das Bachtal eine Trennung erreicht wird. Niederungen erweitern im Norden und Süden von Berend das Mühlenbachtal.
Ein Neuwald „Berender Wald" ist 1991 von der Gemeinde Nübel auf einer Fläche von 10 ha angepflanzt, zur Erinnerung daran ein Gedenkstein gesetzt.
Das Runddorf ist in einem großen Kreis bebaut, nach Osten erweitert um das „Bahnhofs-Viertel". Der Westteil wird von einem Neubaugebiet eingenommen. Im Ortszentrum liegen alle großen Hofplätze nahe der Bachniederung, durch die das Gewässer die Dorfmitte unter Rohr passieren muß.

Ortsname. 1352 Byernt. 1463 Bernte. 1554 Bernde, Berendt. Mejer 1649 Beren. Trap 1864 dän. Bjerent. PreußLA 1877 Berend. – Ursprünglich wohl Birnaeth, eine Bildung mit dem seltenen Suffix -næth, -nith, das auch in Moldenit enthalten ist, der Wortstamm wohl Bär = bjørn (Laur). Lit.: JbAngeln 1963, 21. Laur 1992, 150.

Geschichte. Die Dorfbewohner waren Untergehörige des Domkapitels, Vogtei Berend und der Struxdorfharde, seit 1777 alle nur noch der Harde dingpflichtig. 1871 SL Gem. Berend, im Dorf 211 Ewh., 21 Wohngeb. Freiw. Feuerwehr 1889 gegründet. Maschinenfabrik Wamser bis 1930 im Dorf.

Bahnstation 1904–1965. Haltestelle der Kleinbahn Schleswig–Satrup, Entfernungen 6–25 km. Personenverkehr 1965 eingestellt, Streckenabschnitt nach Satrup 1975 abgebaut.

Krug. Berend 30. Saalanbau von 1898. Seit 1901 mit Hökerei und Posthilfsstelle, 1904 Bahnstation. Ldw.-Betrieb und Gaststätte wurden 1993 aufgegeben. Lit.: Nübel-Berend 1981, 131.

Sparkasse 1920–1993. Zweigstelle der Kreissparkasse Schleswig, zuletzt Sparkasse Schleswig-Flensburg. 1993 Zweigstelle geschlossen.

Berendlund

Streusiedlung in West-Berend an der Straße nach Neuberend und am südwestlichen Weg „Süderlund“, auf ehemaligem Heideland, früher Berendfeld genannt. 1871 zu Norderlund 5 und Süderlund 4 Wohngeb., zusammen 62 Ewh.; jetzt 18 Häuser.

Literatur. vSchröder 1837, I 95. Jensen Angeln 1844, 428. vSchröder 1854, 39. Oldekop 1906, VIII 19. Angeln 1922, 695. P. Rasmussen, Dorfchronik von Nübel u. Berend, 1981. Wpl-Verz 1987, 95. TK 1423.

BERENDERHEIDE

s. Neuberend

BERENDHOLZ

PLZ 24881. Hof

Westangeln. Ksp. u. Gem. Nübel. 67 Ewh. (1987). Wohnheim mit großer Hofanlage, mehrere Wohngeb. Lage: nördl. von Berend, am Schleswiger Mühlenbach. Höhe 30 m.

Literatur. vSchröder 1837, I 95. Jensen Angeln 1844, 428. vSchröder 1854, 39. Oldekop 1906, VIII 20. Angeln 1922, 696. Nübel-Berend 1981, 129. Wpl-Verz 1987, 95. TK 1423.

BERENDSTAMM

PLZ 24881. Hof

Westangeln. Ksp. u. Gem. Nübel. 73 Ewh. (1987). Anstalt für geistig Behinderte u. Ldw.-Betrieb.
Lage: östl. von Berend, an der Straße nach Triangel. Höhe 25 m.

Geschichte. Hof um 1800 erbaut. 1887 abgebrannt, Neubau. 1890 Anstalt eingerichtet. Hofanlage mehrfach erweitert.

Literatur. Oldekop 1906, VIII 20. Angeln 1922, 696. Nübel-Berend 1981, 110. Wpl-Verz 1987, 95. TK 1423.

BEVEROE

Ehem. Ostsee-Insel

Kleine Insel am Ostrand der Geltinger Bucht, 1231 in könglichen Besitz, heute noch als flache Erhebung erkennbar. Den ehemaligen Küstenverlauf zeichnen ein ca. 5 m hohes „totes“ Kliff an der Nordkante des Hofes Beveroe und der schmale Grünlandstreifen am Fuß des Steilhangs, den früheren Strandbereich. Vormals war die Insel dicht bewaldet, davon zeugen noch zahlreiche Alt-Buchen und -Eichen.
1821 wurde die Insel durch zwei Dämme landfest. Bis dahin bestand von der in das Geltinger Noor hineinragenden Halbinsel Quisnis eine Fährverbindung.
Zwischen Insel und alter Küste bildete sich durch Strandwälle ein großer Strandsee, das Beveroer oder Großes Noor. Diese ca. 260 ha umfassende Fläche wurde 1824 durch einen Deich von Goldhöftberg bis Beveroe abgeschlossen und trockengelegt.
Beveroe ist heute die Bezeichnung für das gesamte Gutsareal, das von Goldhöftberg im Westen bis nach Falshöft im Osten reicht und sich von der Birkspitze im Norden bis zum Niebyerberg im Süden erstreckt.

PLZ 24395. Hof

Ostangeln. Ksp. Gelting, Gem. Nieby. 4 Wohngeb., Stallgebäude.
Lage: im Landschaftsschutzgebiet, an der Geltinger Bucht, 4 km nördl. von Gelting. Höhe 5 m.
Zum Naturschutzgebiet Geltinger Birk gehören 6 ha Küstenwald „Großes Gehege“. Insbesondere im küstennahen Saum, dem Winde ausgesetzt, bilden alte, schurwüchsige, tief verzweigte Buchen und Eichen ein markantes Bild der Birk.
Nördlich des Hofplatzes, im Feuchtgrün-

BEVEROE, Windmühle „Charlotte“ 1826. Foto: K. D. Schmidtke

land am Fuß des Steilhangs, „Kuhtreppen“ genannt, sind Orchideen und andere seltene Grünlandarten heimisch (1987).

Ortsname. KWE 1231 Pytærø. 1494 Peroe. 1519 Beueroe. Mejer 1648 Pegerholt. Trap 1864 dän. Bæverø. PreußLA 1877 Beveroe. – Insel = dän. ø, des Petar = altdän. PN (Laur). Lit.: Hald 1948-79, VII 423, 437. JbAngeln 1967, 104. Laur 1992, 153.

Geschichte. Meierhof und Katen zu Gut Gelting, 1853 Kappelerharde. 1871 FL Gutsbezirk Gelting, 62 Ewh., 6 Wohngeb. Seit 1928 Gem. Nieby.
Von den zur Gutswirtschaft gehörenden Gebäuden sind der Schweinestall, der zum Jungviehstall umgebaut ist, und der ehemalige Melkerstand erhalten. Das 1781 erbaute Gutshaus verfiel und wurde 1970 weggeräumt. Die „Walfisch-Scheune“ mit riesigem Bohlendach brach im Orkan 1968 zusammen, als Ersatz dient ein großer Holzstall und ein Wagenschauer. Den Kuhstall hatte der Blitz 1958 verbrannt.

Windmühle 1826. Erdholländer, kombinierte Schöpf- und Kornmühle „Charlotte“, mit Reetdach und Windrose. In ihrer bunten Farbgebung bringt sie ein heiteres Element in die Landschaft der Birk. 1826 von Gut Gelting zur Noorentwässerung am Deich bei Goldhöftberg erbaut. Sie hat bis 1938 Korn gemahlen und war bis zur Errichtung eines neuen Pumpwerkes 1971 als Schöpfmühle tätig. 1979 verkauft und zur Ferienwohnung eingerichtet (Denkmalschutz). Ihren Namen soll sie nach Charlotte v. Plessen, geb. Herzogin v. Mecklenburg, gest. 1822 auf Gut Gelting, oder von Charlotte v. Bjelke, einer Enkelin des Barons zu Gelting, erhalten haben.
Eine Bockmühle wurde 1832 als zweite Schöpfmühle zusätzlich zur Noorentwässerung aufgestellt. Etwa 1920 ist sie stillgelegt worden. Die Fundamente und die alte Schleuse sind noch 300 m nördlich der Vogelhütte zu sehen.

Lit.: Kunst-Topographie SH 1969, 284. Gelting 1972, 93. Pöge 1980, 36.

Literatur. vSchröder 1837, I 98. Jensen Angeln 1844, 379. vSchröder 1854, 41. Trap 1864, 636. Oldekop 1906, V 38. Angeln 1922, 87, 608. KDM FL 1952, 96. Gelting 1972, 241, 607. Gelting 1987, 307. Biotop 1987, 1225 Nr. 10, 64. Wpl-Verz 1987, 98. TK 1225.

BICKEN

PLZ 24392. Häusergruppe

Südangeln. Ksp. Boren u. Rabenkirchen, Gem. Ekenis u. Rabenkirchen-Faulück. 15 Ewh. (1987), 6 Wohngeb., davon zu Ksp. Boren, Gem. Ekenis 11 Ewh., 4 Häuser.
Lage: nordöstl. von Ekenis, an der Straße nach Faulück. Höhe 30 m.
Im Süden drei Karpfenteiche inmitten einer in der Ackerfläche gelegenen Senke. Die Teichanlage ist umgeben von Weidengebüsch; artenreicher, gut strukturierter Biotop in allerdings isolierter Lage.

Ortsname. 1757 Bickum. Jensen Angeln 1844 Biken. Wpl-Verz 1871 Bickum. PreußLA 1877 Bicken. – Altdän. Bækkium, zu bæk = Bach, also „zu den Bächen" (Laur). Lit.: Laur 1992, 154.

Geschichte. Anfangs zwei Katen des Johannisklosters und der Domkapitelvogtei Grödersby. Die Kapitelsleute wurden 1777, die Klösterlichen 1853 der Schliesharde unterstellt.

Literatur. vSchröder 1837, I 233, 255. Jensen Angeln 1844, 394. vSchröder 1854, 121, 135. Oldekop 1906, VIII 38, 43. Angeln 1922, 634, 643. Boren 1957, 126, 130. Wpl-Verz 1987, 88, 91. TK 1325.

BIDERHEIN
s. Steinbergkirche, Pastorat

BIELIDT
s. Stalitt

BIHOLZ
s. Sörupholz

BILLBEK

Wasserlauf

Südangeln, im Bereich der Schukjärau, Oxbek, Gem. Süderbrarup. Fließstrecke 2 km, davon 1,2 km offene Gräben, von Süderbrarupholm bis Einmündung rechts in die Schukjärau an der Grenze zur Gem. Brebel.

BILLEMOS

Ehem. Haus

Mittelangeln. Ksp. Böel. 1871 SL Gem. Mohrkirch-Osterholz. Das Haus wurde 1881 abgebrochen. Jetzt Mühlenstr. 14 und 16 mit neueren Häusern.

Ortsname. Wpl-Verz 1871 Billemoes. Mohrkirch 1991 Billemos. – Moor = dän. mose, im oder am Winkel = dän. bild.

Literatur. Mohrkirch 1991, 234.

BILLMOOR

PLZ 24401. Häusergruppe

Mittelangeln. Ksp. u. Gem. Böel. 2 Wohngeb., schon 1871 vorhanden.
Lage: südl. von Böel, Zufahrt von der Straße nach Struxdorf. Höhe 18 m.
Eine 1000 m langgestreckte, tiefe Talmulde wird von 10 ha Niedermoor mit Weiden- und Erlenbruch ausgefüllt. Ein Entwässerungsgraben führt westlich zur Oxbek. Im Süden wird die Senke von Hügelkuppen umgeben, im Norden von einem Hang mit hoher Böschung begrenzt.
Im Moor wurde nach 1945 noch einmal Torf gegraben, später hat der kleine Naturraum Müll deponieren müssen.

Ortsname. Wpl-Verz 1871, PreußLA 1877 u. Angeln 1922 Billemoor. – Moor am Winkel = dän. bild. Lit.: Laur 1992, 154.

Literatur. Oldekop 1906, VIII 22. Angeln

1922, 666. Böel 1984, 184. Biotop 1987, 1324 Nr. 61.

BILLWATT

PLZ 24401. Häusergruppe

Mittelangeln. Ksp. u. Gem. Böel. 10 Ewh. (1987), 4 Wohngeb., keine Ldw.-Betriebe. Lage: im großen Autal, 2 km südwestl. von Böel, an der Straße nach Brebel. Höhe 22 m. Die Häuser liegen an der Grenze zum Ksp. Süderbrarup, Gem. Brebel, die mit dem Lauf der Oxbek markiert wird. Über die Au eine Straßenbrücke, die „Billwattbrück".

Ortsname. 1587 Bildewat. PreußLA 1877 Billwatt. – Furt = ndt. -watt, am Winkel = dän. bild (Laur). Damit ist wohl der Lauf der Oxbek gemeint, der hier einen auffälligen Winkel beschreibt. Lit.: JbAngeln 1963, 35. Laur 1992, 154.

Geschichte. 1871 SL Gem. Böel, 3 Wohngeb. 2 Neubauten 1943 u. 1949 nach Brand.

Literatur. Oldekop 1906, VIII 22. Angeln 1922, 666. Böel 1984, 185. Wpl-Verz 1987, 87. TK 1324.

BILLWATTBRÜCK

PLZ 24392. Haus

Südangeln. Ksp. Süderbrarup, Gem. Brebel. Lage: im Autal, nördl. von Brebelholz, an der Straßenbrücke über die Oxbek.

Ortsname. vSchröder 1854 Billwatterbrücke. Wpl-Verz 1871 u. PreußLA 1877 Billwattbrück. Ndt. Billwattbrüch.

Geschichte. Historischer Grenzort der Schliesharde zur Struxdorfharde. Die Straße am noch vorhandenen „Baumhaus" war mit einem Schlagbaum gesperrt, und für den Übergang mußte Brückengeld entrichtet werden. Die Brücke ging 1943 in den Besitz der Gem. Brebel und Böel.

Literatur. vSchröder 1854, 43. KDM SL 1957, 166.

BIRK

Ostsee-Halbinsel

Ostangeln. Ksp. Gelting, Gem. Nieby. Naturschutzgebiet Geltinger Birk.
Lage: Halbinsel zwischen Geltinger Bucht und der Ostsee. Eigentlich ist aber nur die Nordhälfte davon als Birk zu bezeichnen, die im Süden auf ganzer Länge von einem Entwässerungskanal begrenzt wird. Die weit in die See vorstoßende Spitze der Birk ist auf den Übergang der Förde in die freie Ostsee gerichtet.
■ In der Landschaft Angeln ist dieses Gebiet das der geringeren Niederschläge. Hier werden jährlich unter 700 mm gemessen, auf der Linie Flensburg–Satrup–Missunde um 800 mm.
■ Die Spitze der Halbinsel ist ein einmalig geprägter Naturraum mit einem vielförmigen Landschaftsbild. In diesem kleinen Dreieck wiederholen sich die Oberflächenformen von Schleswig-Holstein, Marsch, Geest und Hügelland. Die Birk besteht aus eingedeichten, versumpften Wiesen, verstreut liegenden kleinen Hölzungen und einem Sand- und Salzwiesen-Gürtel. Die Geländehöhe bleibt überwiegend unter 0,5 m, am höchsten bei Beveroe 7,6 m.
Die heutige Form der äußersten Landspitze ist im Lauf der Jahrhunderte entstanden, sie ist das Ergebnis verschiedener Strandwallbildungen. Geologisch betrachtet ist die Birk ein Höft; 70–80 % des Bodens ist Sand. Das Material, aus dem das Hakensystem von Birk-Nack sich zu Strandwällen sammelte, stammt von der Küste von Falshöft und von der Halbinsel Quisnis. Diese naturkräfte-betriebene Sandverlagerung hat schließlich die Verbindung zur Insel Beveroe bewirkt. Zwischen Sandstrand und Deich, auch dahinter, sind alte Strandwall-Fächer gut erhalten und erkennbar. Daneben bilden ausgedehnte Salzwiesen das Vorland, das sich im Südteil der Birk in weite Wattkomplexe der Geltinger Bucht verliert. Hinter dem Deich bedecken Weideland und Feuchtwiesen die Flächen, die früher in Gras-Birk und Mäh-Birk unterteilt wurden.
Vormals war die Birk ganz mit Wald bestanden. Jetzt sind nur noch ein kleiner

BIRK, Halbinsel zwischen Geltinger Bucht und Ostsee. Foto: D. Weldt

Eichenkratt, ein Kiefernwäldchen und die „Alte Plantage“, ein Gehölz aus Laub- und Nadelbäumen vorhanden. Zum Naturschutzgebiet gehört auch das durch seine Knüppelwüchsigkeit ausgezeichnete Windschur-Wäldchen „Großes Gehege“ an der Ostseeküste bei Beveroe. Die alten Buchen und Eichen zeigen, insbesondere im küstennahen Saum, mit ihrem vom Wind zerfegten Wuchs ein markantes Bild.

Ortsname. 1494 Barkoe. 1519 Berckoe. Mejer 1648/49 Byrck, Allenbogen. 1695 Birck. 1782 Birknakke. Jensen Angeln 1844 Birk, Birk-Nakke. PreußLA 1877 Birk-Nack. – „Birkeninsel“. Dieser ursprüngliche Insel- und heutige Flurname darf nicht mit der Tatsache verwechselt werden, daß das Gebiet ein Birk bildete, d.h. einen nach Birkrecht aus der Harde herausgelösten rechtlich selbständigen Bezirk (Laur). Lit.: Hald 1948-79, VII 422, 424, 437. JbAngeln 1967, 104. Laur 1992, 155, 156.

NSG Geltinger Birk

■ Größtes Naturschutzgebiet im Kreis Schleswig-Flensburg. Fläche 773 ha, der überwiegende Teil sind Wasserflächen. Eigentümer sind das Gut Gelting und die Stiftung Naturschutz SH. Betreut wird das Gebiet seit 1977 vom Bund für Vogelschutz, heute Naturschutzbund Deutschland.
Das Gebiet umfaßt binnendeichs die Moor-, Wasser- und Grünlandflächen nördlich von Beveroe, seit Erweiterung 1986 auch Teile des Ackers und des Waldes, das gesamte Außendeichs-Vorland der Halbinsel, die westlich vorgelagerten seichten Wasserflächen der Geltinger Bucht und das Geltinger Noor mit der Halbinsel Quisnis.
Der Naturschutz dient der Erhaltung einer vielgestaltigen Küstenlandschaft, die mit einem seltenen Artenreichtum ein einmaliger Lebensraum für Pflanzen und Tiere ist. 1934 wurden für den Pflanzen- und Vogelschutz 440 ha unter Schutz gestellt, 1952 der Bereich auf 482 ha erweitert. Seit 1986 umfaßt die Fläche des NSG 773 ha.

BIRK, Windschurbäume an der Küste bei Beveroe. Foto: H. Vollmer

■ Die Birk gehört zu den bedeutenden Wasservogel-Reservaten an der Ostseeküste Schleswig-Holsteins, besonders als Rast- und Nahrungsbiotop für Zugvögel verschiedener nordischer Arten, aber auch als Brutplatz zahlreicher heimischer Vögel. Im Jahresverlauf sind rund 150 Vogelarten zu beobachten. Besonderheiten sind Graugänse mit Brutplätzen in größerer Zahl, viele Stock-, Reiher-, Berg- und Eiderenten sowie Gänsesäger. Seltene Gäste sind Schwarzstorch, Kranich und Seeadler. Ab Mitte der siebziger Jahre hält sich der Kormoran seit langer Zeit wieder in den Uferzonen auf.
Bisher sind 380 Pflanzen bestimmt (1962), das ist etwa die Hälfte aller im Lande Schleswig vorkommenden Arten. Diese auffällig große Anzahl ist durch die Vielfältigkeit der Standorte möglich. Darunter sind mehrere, die in der Roten Liste als selten oder vom Aussterben bedroht bezeichnet sind. Bemerkenswert sind Eibisch, der in Angeln nur hier zu finden ist, Blutroter Storchschnabel, der auf der Birk sein umfangreichstes Vorkommen im Lande hat. Meerkohl und Stranddistel sind noch vorhanden, aber stark dezimiert.
Besucher können sich im Frühjahr und Herbst den Führungen der Vogelwärter zu hochinteressanten Vogelbeobachtungen anschließen. Die Vogelwärterhütte, ein Blockhaus am Nordwestrand vor Beveroe, ist dann auch als Informationszentrum geöffnet. Naturfreunde benutzen nur den Wanderweg auf dem Deich.

Birkkate

Ehem. Haus. Das einzige Gebäude auf der Birk, außerhalb des Hofes Beveroe, war die Wohnung des Strandvogts. Das Haus lag nahe Falshöft hinter dem Deich. In der Sturmflut 1872 zerstört, wurde an seinem Platz ein von Beveroe versetztes Gebäude aufgestellt. 1969 ist die Kate abgebrannt. Schauplatz im Roman „Stürme“ von Georg Asmussen. Lit.: P. Schwennsen, Die Birkkate, JbAngeln 1969, 199.

Birk-Nack
Nordspitze der Birk vor dem Deich. Früher mit einem Seezeichen besetzt.

Ellenbogen
Ehem. Landzunge an der Ostseite, ein breiter, hoher Strandwall, beidseitig von Wasser umgeben. Durch diese Landnase fand die Insel Birk den Anschluß an das Festland bei Falshöft.
Die nordöstlichste Ecke der Birk, nahe der ehemaligen Birkkate, wird Schusterhaken genannt.

Literatur. vSchröder 1837, I 102. Jensen Angeln 1844, 20, 379. vSchröder 1854, 44. Oldekop 1906, V 38. W. Emeis, Das NSG Gelting Birk, Heimat 1951, 161. M. Kranz, Lebensbilder aus dem NSG Geltinger Birk, JbAngeln 1955, 218. W. Christiansen, NSG Gelting Birk, Heimat 1963, 260. H. J. Tech, Als Vogelzähler, JbAngeln 1969, 165. Ders., Als Vogelfreund in der Geltinger Birk, JbAngeln 1970, 177. Ders., Mit einer DO 27 über der Geltinger Birk, JbAngeln 1971, 181. Ders., Jeden Monat einmal zur Geltinger Birk, JbAngeln 1972, 138. Gelting 1972, 232, 236, 254, 608. H. J. Tech, Von den Graugänsen, JbAngeln 1974, 133. Kranz, Schwennsen, Tech, Geltinger Birk 1975. H. J. Tech, Lebensraum für Entenvögel, Heimat 1977, 226. Ders., Schwarzstörche, JbAngeln 1977, 188. Ders., Reservat des Deutschen Bundes für Vogelschutz, Heimat 1980, 59. Ders., Von den Brandgänsen, JbAngeln 1981, 224. Ders., Kraniche, JbAngeln 1982, 202. W. Riedel, Die NSG im Kreis Schleswig-Flensburg 1986, 99. Gelting 1987, 95. H. J. Tech, Bemerkenswerte Veränderungen – Vogelzählungen 1969 u. 1989, Heimat 1991. TK 1225.

BIRRISTOFT

PLZ 24996. Häusergruppe
Mittelangeln. Ksp. u. Gem. Sterup. 29 Ewh. (1987), 8 Wohngeb., 2 Ldw.-Betriebe (1993).
Lage: Südwest-Sterup, an der Straße nach Sörupschauby. Höhe 36 m.
Ein hervorragender, kleiner in sich geschlossener Lebensraum ist die „Steruper Schweiz“, eine Bachschlucht mit tief abfallenden Steilhängen, durch die der Bach Sterupbek fließt.

Ortsname. 1487 Berystoft. Mejer 1648 u. Danckwerth 1652 Birristofft. Jensen Angeln 1844 Birrestoft. Trap 1864 dän. Berristoft. PreußLA 1877 Birristoft. – Wohnplatz = dän. toft, des Birger, oder bei einem Berg = altdän. birghi (Laur). Lit.: Hald 1948-79, VII 340. JbAngeln 1967, 116. Laur 1992, 156.

Geschichte. Zwei Höfe und eine Kate zur Nieharde. 1871 FL Gem. Sterupgaard, 46 Ewh., 7 Wohngeb. Seit 1937 Gem. Sterup.

Hof. Nr. 3. Dreiseitanlage. Wohnhaus von 1858, ein breitlagernder roter Backsteinbau mit Schieferdach. Mittelrisalit mit Verzierungen und Portal (Denkmalbuch). Lit.: Hagemeier-Kottwitz 1982, 327.

Literatur. vSchröder 1837, I 104. Jensen Angeln 1844, 361. vSchröder 1854, 45. Trap 1864, 496. Oldekop 1906, V 110. Angeln 1922, 588. Wpl-Verz 1987, 101. TK 1224.

BIRZHAFT

Gemeinde bis 1970
FL Amt Rundhof-Esgrus. Fläche 286 ha. 120 Ewh. (1970). Gemeinde 1867 gegründet, 200 Ewh., 43 Wohngeb. 1970 Eingliederung in die Gem. Esgrus.

Wohnplätze. Birzhaft, Böndergaard, Bremgaard, Dammstedt, Holzkoppel, Lüchtoft, Röhrmoos teilw., Rottberg, Trankjer, Vaskoß.

Literatur. Oldekop 1906, V 20. Angeln 1922, 599. Hist. Gem-Verz 1970, 56.

PLZ 24402. Dorf
Ostangeln. Ksp. u. Gem. Esgrus. 28 Ewh. (1987), 12 Wohngeb., ein Ldw.-Betrieb (1993).
Lage: 2 km östl. von Esgrus, an der Straße nach Rundhof. Höhe 35 m.
Schöne Wege führen nach Stausmark über

die Höhe 41 m mit markantem Aussichtspunkt, am Presterholt vorbei nach Atzbüll und nach Süden über Dammstedt.

Ortsname. 1460 Bergeshagen, Bergeshauen. 1593 Birritshafft. Mejer 1649 u. Danckwerth 1652 Birritzhaue. vSchröder 1837 Birzhaf. Jensen Angeln 1844 Birzhav. Trap 1864 dän. Berrishave. PreußLA 1877 Birzhaft. Ndt. Bitzaf. – Einhegung = altdän. haghi, des Birger, oder bei einer Erhöhung = altdän. birghi (Laur). Lit.: Hald 1948-79, VII 373. JbAngeln 1967, 106. Laur 1992, 156.

Geschichte. Erste Erwähnung 1460, als drei Höfe zu Gut Rundhof gehörten, 1853 unter der Jurisdiktion der Kappelerharde. 1871 Gem. Birzhaft, im Dorf 49 Ewh., 10 Wohngeb., darunter ein Krug, 3 Höfe, 5 Katen und ein Haus.

Windmühle. Kornmühle, 1872 von Sonderburg nach hier gebracht, nur wenige Monate in Betrieb und weiter nach Vaskoß versetzt, wo sie bis 1940 gestanden hat. Lit.: Pöge 1980, 131.

Sparkasse. 1914 Gründung der Esgruser Spar- und Leihkasse in Birzhaft. Nach der 1928 erfolgten Vereinigung mit Norderbrarup und Süderbrarup zur Angler Spar- und Leihkasse als Nebenstelle weitergeführt. 1945 Übernahme durch die Kreissparkasse Schleswig und Sitz nach Esgrus verlegt. Lit.: Esgrus 1990, 359.

Hof. Schulz/Struve (1986). Ohne Ldw.-Betrieb. 1855–60 als Dreiseitanlage erbaut. Das Wohnhaus von 1855 ein schlichter roter Backsteinbau auf Granitquadersockel, jetzt hartgedeckt und weitgehend verändert. Fachwerkscheune von 1860 mit zwei Quereinfahrten, im Verfall (Denkmalbuch). Lit.: KDM FL 1952, 122. Hagemeier-Kottwitz 1982, 273.

Literatur. vSchröder 1837, I 104. Jensen Angeln 1844, 374. vSchröder 1854, 45. Oldekop 1906, V 20. Angeln 1922, 599. Röschmann 1963, 131. Wpl-Verz 1987, 95. TK 1224.

BISGAARD

Ehem. Hof

Nordangeln. Ksp. Husby, Gemarkung Markerup. 1768 FN Birkesgaard „jetzt Birkesries, ein zum Besitz der Kirche gehörendes waldbewachsenes Landstück“, an den Wald Husbyries anstoßend. Nach der Tradition ein Hof des Bischofs, dem Flurnamen nach eher im Zusammenhang mit Birkenbewuchs (Hald).

Literatur. Jensen Angeln 1844, 164. Hald 1948-79, VII 201.

BISTOFT

Gemeinde bis 1970

FL Amt Großsolt. Fläche 525 ha. 414 Ewh. (1969). 1871 Gemeinde im Kreis Schleswig, 261 Ewh., 49 Wohngeb. 1874 Eingliederung von 7 Stellen der aufgelösten Gem. Nordscheide. 1878 Wechsel zum Kreis Flensburg. Ewh.-Höchstzahl 1946: 606 Menschen. 1970 Eingliederung in die Gem. Großsolt.

Wohnplätze. Bistoft, Bistoftfeld, Bistoftholz, Mühlenbrück teilw.

Literatur. Oldekop 1906, V 20. Angeln 1922, 530. Hist. Gem-Verz 1970, 58.

PLZ 24991. Dorf

Westangeln. Ksp. u. Gem. Großsolt. 117 Ewh. (1987; Wpl-Verz 1970 zählt 292 Ewh.), 7 Ldw.-Betriebe (1993).
Lage: östl. von Großsolt, an der Straße nach Satrup, genau auf einer etwas erhobenen Fläche plaziert. Höhe 40 m.
Ein kurzes, von Ost nach West gebautes Straßendorf, am Ein- und Ausgang mit der für Angeln typischen Straßenbiegung. Im Nordteil über die jetzt eher trennende große Straßenkreuzung hinaus mit dem Nachbarn Mühlenbrück eng zusammengewachsen.

Ortsname. KWE 1231 Byscopstoft. 1582 Bistofft. Mejer 1648 Bystofft. Danckwerth 1652 Bißtofft. – Wohnplatz = dän. toft, der dem Bischof = dän. biskop, gehört (Laur). Lit.: Hald 1948-79, VII 472. JbAngeln 1966, 17. Laur 1992, 157.

Geschichte. In König Waldemars Erdbuch 1231 ist das ganze Dorf als Krongut in der Uggelharde verzeichnet, das wohl ursprünglich, aufgrund des Ortsnamens, dem Bischof von Schleswig gehörte. In diesem Erdbuch war Bistoft der westlichste Königsbesitz in Angeln, weit abgesondert von allen übrigen Krongütern in der Landschaft. Später besitzt Gut Satrupholm das Dorf. 1695 waren in Bistoft 7 Höfe, deren Zahl 1993 unverändert ist. Freiw. Feuerwehr 1889 gegründet.

Bahnstation 1901–1938. Bistofter Str. 19. Am vorhandenen Krug, jetzt Auto-Reparaturwerkstatt, war die Haltestelle der Kleinbahn Flensburg–Satrup–Rundhof, Entfernungen 16 – 28 km.

Windmühle 1871–1990. Flensburger Straße. Galerieholländer „Erwartung“ von 1870. Mühlenkopf und Flügel wurden 1956 abgenommen. 1990 ist die Ruine zusammengefallen und abgeräumt. Lit.: Pöge 1980, 50. Gr. Solt 1992, 553.

Bistoftfeld

Häuser. 2 Wohngeb. östl. von Bistoft, am Waldrand des Obdrupholzes. 1782 Bistoffter-Feld. Kolonistenstelle von 1803. Der Ortsname ist nicht mehr gebräuchlich. Lit.: Hald 1948-79, VII 472.

Literatur. vSchröder 1837, I 105. Jensen Angeln 1844, 316. vSchröder 1854, 45. Oldekop 1906, V 20. Angeln 1922, 530. Röschmann 1963, 132. Wpl-Verz 1987, 96. Gr. Solt 1992, 122. TK 1223.

BISTOFTHOLZ

PLZ 24991. Streusiedlung

Westangeln. Ksp. u. Gem. Großsolt. 97 Ewh. (1987), 2 Ldw.-Betriebe (1993).
Lage: südl. von Bistoft. Höhe 40 m. Über das hügelige Gelände ist das Knicknetz des ehem. Kätnerlandes noch sehr eng gespannt. Durch die Feldmark rinnt die Bistoftholzer Au, im Norden liegen 2 kleine Hölzungen und im Osten begrenzt das große Obdrupholz die letzten Häuser der Siedlung.

Ortsname. 1716 Beßtofft Holtz. PreußLA 1877 Bistoftholz. Ndt. Bistoftholt. Lit.: Hald 1948-79, VII 472. Laur 1992, 157.

Geschichte. 4 Kolonistenstellen zur Satrupharde. 1871 SL Gem. Bistoft, 1878 Kreis Flensburg.

Ziegelei. Torsballiger Str. 3. Betrieb 1845–1906 erwähnt. Lit.: Gr. Solt 1992, 149.

Bauernhaus. Lindenweg 2. Typus eines sächsischen Kolonistenhauses. Zahlenanker 1760 im Giebel. Lit.: KDM FL 1952, 328. Gr. Solt 1992, 148.

Denkmal. Friedenseiche 1871 mit Stein, an der Straße von Norderholz nach Torsballig bei der Abzweigung Pappelweg.

Literatur. vSchröder 1837, I 105. vSchröder 1854, 45. Oldekop 1906, V 21. Angeln 1922, 530. Röschmann 1963, 135. Wpl-Verz 1987, 96. Gr. Solt 1992, 135. TK 1323.

BISTOFTHOLZER AU

Wasserlauf

Westangeln, im Bereich der Bollingstedter Au, Treene. Gem. Großsolt. Fließstrecke 3 km, von Bistoftholz bis zur Einmündung rechts in die Holmingau, nördl. von Hostrupfeld. Lauf zur Hälfte verrohrt. Kat. Plankarte 1954 Bistoftholzer Wasserlauf. Lit.: vRohden 1989, 211.

BLACKESDIEK

PLZ 24407. Haus

Südangeln. Ksp. Rabenkirchen, Gem. Rabenkirchen-Faulück.
Lage: nordöstl. von Rabenkirchen, Zufahrt von der Straße nach Rabenkirchenholz, in einer kleinen Senke, umgeben von Hügeln und knickreichen Feldern. Höhe 31 m.

Das Zentrum der Senke beherrscht ein großer Tümpel mit Igelkolben-Röhricht.

Ortsname. vSchröder 1837 Blackersdick. PreußLA 1877 Blackesdiek. – Vermutlich Teich = ndt. diek, in einem dunklen Kratt = dän. blaa kær.

Geschichte. Parzelle von Gut Dollrott, 1853 Schliesharde. Bis 1971 SL Gem. Rabenkirchen.

Literatur. vSchröder 1837, I 209. vSchröder 1854, 416. Oldekop 1906, VIII 82. Angeln 1922, 633. Wpl-Verz 1987, 91. TK 1325.

BLANKENBURG

Ehem. Häuser
Südangeln. Ksp. Moldenit, südwestl. nahe des Kirchdorfes.

Ortsname. Mejer 1649 Blankeborg. PreußLA 1877 Blankenburg. Nur noch als Flurname vorhanden. – Zum hellen, weißen Haus = ndt. blank und Burg als Scherzname für die Kate.

Geschichte. Eine Schmiede 1676 urkundlich, zwei Katen zu Gut Winning, 1853 in der Struxdorfharde. 1871 SL Gem. Moldenit, 2 Wohngeb., 19 Ewh. Bei der Parzellierung des Gutes Winning 1906 abgebrochen. In einer weiteren Kate, die zum Graukloster gehörte, wohnte die Hebamme. Ihr war es erlaubt, außer der Ehe geschwängerte Personen aufzunehmen und diese während der Dauer des Wochenbetts zu beherbergen, ohne daß sie gezwungen waren, ihren Namen anzugeben. 1701–1812 verzeichnen die Taufregister der Kirchenbücher von Moldenit 329 auswärtige uneheliche Kinder. 1812 wurden die heimlichen Entbindungen verboten.

Literatur. vSchröder 1837, I 107. Jensen Angeln 1844, 431. vSchröder 1854, 45, 582. Oldekop 1906, VIII 74. Angeln 1922, 704. J. Mertsch, Heimliche Geburten in den Moldeniter Kirchenbüchern, JbAngeln 1981, 100.

BLASBERG
1) Flensburg 2) Gulde 3) Steinberg 4) Steinfeld 5) Struxdorf 6) Tolk

1) PLZ 24943. Stadtteil
Nordangeln. Stadt Flensburg, Kirchengem. Fruerlund. Der Blasberg 48 m ist der höchste Punkt auf der östlichen Höhe der Stadt. Volksparkgelände 75 ha, Landschaftsschutzgebiet seit 1976.

Ortsname. 1758 Blasberg. – Allgemeine Bezeichnung für hochliegende Stellen. Straßenname seit 1921. Lit.: Hald 1948-79, VII 35. Pust 1990, 52.

Geschichte. 5 Katen zur Husbyharde und 4 Katen zum Hospital Flensburg, 1853 alle unter Husbyharde. 1871 FL Gem. Jürgensgaard, 66 Ewh., 10 Wohngeb. Seit 1900 Stadt Flensburg. Bis 1902 Ksp. Adelby, dann Kirchengem. St. Jürgen.

Literatur. vSchröder 1837, I 109. Jensen Angeln 1844, 319. vSchröder 1854, 46. Angeln 1922, 533. TK 1122.

2) Ehem. Hof
Ostangeln. Ksp. Töstrup, Gemarkung des Dorfes Gulde.
Lage: 200 m östl. von Levshöh, an der Westseite der Straße nach Drült.

Geschichte. Vormals zu Gut Rundhof. 1871 FL Gem. Gulde, 12 Ewh. 1897 Hof parzelliert und die Gebäude abgebrochen.

Literatur. vSchröder 1837, II 249. Jensen Angeln 1844, 392. vSchröder 1854, 464. PreußLA 1877. Toestrup 1982, 275.

3) s. Steinberg

4) PLZ 24888. Häuser
Südangeln. Ksp. Ulsnis, Gem. Steinfeld, Schukjärstraße. 2 Wohngeb.
Lage: 1 km nordöstl. von Steinfeld, am Weg zum Schukjärmoor und etwas abseits am

ehemaligen Bahndamm. Höhe 22 m. Der Moorweg ist ein Redder in seltener Ausprägung.

Geschichte. 1871 SL Gem. Nottfeld, 12 Ewh., 3 Wohngeb. Eine Kate nach 1910 abgebrochen.

Literatur. vSchröder 1837, I 109. vSchröder 1854, 378. KDM SL 1957, 565. Wpl-Verz 1970, 125. Steinfeld 1979, 270. Biotop 1987, 1324 Nr. 4. TK 1324.

5) s. Struxdorf

6) PLZ 24894. Häusergruppe
Südangeln. Ksp. u. Gem. Tolk. Ein Ldw.-Betrieb (1993).
Lage: nördl. von Tolk, weit verstreute Einzelstellen an verschiedenen Feldwegen. Höhe 25 m.
Aus dem kuppigen Gelände tritt die zentral gelegene Höhe Gräberg 38 m besonders hervor.

Ortsname. PreußLA 1877 Blasberg. Angeln 1922 Blaasberg. Ndt. Blaasbarch. – Allgemeine Bezeichnung für hochgelegene Stellen.

Geschichte. Zu Tolkschuby, 1853 Struxdorfharde. 1871 SL Gem. Tolk, 10 Ewh., 2 Wohngeb.

Literatur. vSchröder 1854, 540. Oldekop 1906, VIII 114. Angeln 1922, 691. Wpl-Verz 1987, 94. TK 1423.

BLASENHOLZ
s. Kl. Grödersby, Mühlenholz

BLEICHERFELD

PLZ 24395. Hof
Ostangeln. Ksp. u. Gem. Gelting. Ldw.-Betrieb.
Lage: östl. von Gelting an der Nordstraße. Höhe 12 m.

Ortsname. 1730 FN Blickerfeldt. vSchröder 1837 Blekerfeld. – Vermutlich wurde hier Flachs nach der Ernte gebleicht (Hald). Oder eine holzfreie Stelle, Wiese = ndt. Blek, Blick. Lit.: Hald 1948-79, VII 422.

Geschichte. 1789 Landstelle auf einer Parzelle des Gutes Gelting gegründet, seitdem im Familienbesitz. Bis 1938 FL Gem. Kattrott. Dreiseithof, Wohnhaus 1836 erbaut, 1882 und 1914 umgebaut.

Literatur. vSchröder 1837, I 109. Jensen Angeln 1844, 380. vSchröder 1854, 46. Oldekop 1906, V 63. Angeln 1922, 609. Gelting 1972, 524. Gelting 1987, 255. Wpl-Verz 1987, 96. TK 1225.

BLICK

PLZ 24392. Häuser
Mittelangeln. Ksp. Norderbrarup u. Esgrus, Gem. Rügge u. Esgrus. 15 Ewh. (1987), 8 Wohngeb.; davon zu Norderbrarup, Gem. Rügge 6 Häuser.
Lage: südl. von Brunsholm, an der Straße nach Saustrup, auf einer kleinen Kuppe. Höhe 50 m.
Ein idyllischer Ort in reizvoller Gegend am Wald von Brarupholz. Grenzort von Nieharde und Struxdorfharde, bis 1974 Kreisgrenze. Südlichster Wohnplatz des Ksp. Esgrus.

Ortsname. 1796 Blick. Jensen Angeln 1844 Blik. Trap 1864 dän. Bleg. PreußLA 1877 Blick. – Holzfreie Stelle, Wiese = ndt. Blek, Blick (Laur). Lit.: Hald 1948-79, VII 373. Laur 1992, 158.

Geschichte. Zur Struxdorfharde, Mohrkirchharde und zum Gut Brunsholm; die 3 Gutskaten 1853 zur Kappelerharde. 1871 SL Gem. Rügge u. FL Gem. Brunsholm, 51 Ewh., 8 Wohngeb.

Literatur. vSchröder 1837, I 109. Jensen Angeln 1844, 271. vSchröder 1854, 46, 75. Trap 1864, 502. Oldekop 1906, V 24. Angeln 1922, 598, 662. Wpl-Verz 1987, 92, 95. TK 1324.

BLIXBERG
s. Ulstrup

BLIXMOOR
s. Weesries

BLOCKSBERG
1) Barg 2) Flensburg

1) s. Barg

2) PLZ 24943. Häusergruppe

Nordangeln. Stadt Flensburg, Kirchengem. Engelsby, ehem. Ksp. Adelby. 4 Wohngeb., ein Ldw.-Betrieb.
Lage: 4 km östl. der Stadt bei Kauslund, am Weesrieser Weg und ein Hof an der Nordstraße. Höhe 54 m.
Grenzort zu Ksp. Munkbrarup, Gem. Wees.

Ortsname. 1717 Blocksberg. Seit 1961 Straßenname. – Als Bergname häufig, im Aberglauben der Hexentanzplatz, als Terrainform für einen Hügelklotz. Lit.: Hald 1948-79, VII 35.

Geschichte. Kate des Hospitals Flensburg, 1853 Husbyharde. Bis 1910 FL Gem. Twedt.

Literatur. vSchröder 1837, I 459. vSchröder 1854, 275. Oldekop 1906, V 120. Angeln 1922, 538. Munkbrarup 1976, I 250.

BOBECK

Au

Ostangeln, im Bereich der Geltinger Au, Ostsee. Fließstrecke 7 km, von Kieholm, an der Westseite der Nordstraße, bis zur Einmündung rechts in die Geltinger Au, nördl. des Dorfes Gelting. Einzugsfläche 790 ha, Gem. Hasselberg u. Gelting.
Der Oberlauf wird zwischen Gundelsby und Bobeck zu beiden Seiten reichlich von Knicks gesäumt. Ab Bobeck, Nordstraße, ist die Fließstrecke offen, am Hof Grünkoppel vorbei in einem breiten Graben. Der Hausgraben des Gutes Gelting wird von der Au ausgefüllt und bewässert. Hier war bis 1936 eine Wassermühle in Betrieb.

Gewässername. 1697 am Boobeck. Kat. Plankarte 1954 u. DG 1993 Geltinger Au. Auch Stenderuper Au. Lit.: Hald 1948-79, VII 440.

Literatur. Jensen Angeln 1844, 27. LA für Wasserhaushalt SH, Gütelängsschnitt Geltinger Au, 1987.

PLZ 24376. Dorf

Ostangeln. Ksp. Gundelsby, Gem. Hasselberg. 72 Ewh. (1970), 18 Wohngeb., Bäckerei, 2 Ldw.-Betriebe (1993).
Lage: 3 km südöstl. von Gelting, an der Nordstraße. Höhe 10 m.
Die Bobeck ist hier Grenzau zu Ksp. u. Gem. Gelting.

Ortsname. 1697 am Boobeck. 1780 Bobeck. Jensen Angeln 1844 Bobek. PreußLA 1877 Bobek. Kat. Plankarte 1954 Bobek. – Bach = ndt. Bek, an einer Bude, Scheune = dän. bod (Laur). Lit.: Hald 1948-79, VII 422. JbAngeln 1967, 101. Laur 1992, 160.

Vorgeschichte. Urnenfriedhof. Beim Abbau von Lehm wurden auf dem Ziegeleigelände seit 1900 über 200 Urnen freigegraben. Lit.: Röschmann 1963, 286.

Geschichte. Bobeck gehörte zur Gutsherrschaft Oehe, 1853 Kappelerharde. 1871 FL Gem. Gundelsby, 58 Ewh., 12 Wohngeb. 1916 Lager für russische Kriegsgefangene. Seit 1970 Gem. Hasselberg.

Windmühle 1869. Galerieholländer, nach dem Müllersohn „Johannes" benannt, Kornmühle 1869 erbaut. Windbetrieb 1950 eingestellt und nach einem Sturmschaden 1954 flügellos. Seit 1970 Wohnmühle im achteckigen gemauerten Unterbau. Turm und Kappe reetgedeckt (Denkmalbuch). Lit.: Gelting 1972, 94. Gundelsby 1977, 108. Pöge 1980, 28.

Krug. Mühlenstr. 3. Ein Krüger war seit 1775 in Bobeck. Im Lagerhaus waren 1916 russische Kriegsgefangene untergebracht. 1927 Krug mit Hökerei abgebrannt, neues Geschäftshaus ohne Wirtschaft 1928 erbaut. Heute nur noch Wohnhaus. Lit.: Gundelsby 1977, 214.

Ziegelei 1898–1940. Nach Stillegung abgebrochen. Das Betriebsgelände lag im Süddorf, Ziegeleiweg. Gedenkstein.

Denkmal 1983. Gedenkstein mit Inschrift zur Erinnerung an die Aufhebung der Leibeigenschaft im Gut Oehe 1790, an der Nordstraße aufgestellt. Lit.: Frahm 1993, 206.

Literatur. vSchröder 1837, I 110. Jensen Angeln 1844, 385. vSchröder 1854, 47. Oldekop 1906, V 49. Angeln 1922, 614. Gelting 1972, 97. Gundelsby 1977, 207. Wpl-Verz 1987, 97. TK 1225.

BOCKHOLM

Gemeinde bis 1938

FL Amt Munkbrarup. Fläche 745 ha. 257 Ewh. (1919). Gemeinde 1867 gegründet, 238 Ewh., 46 Wohngeb. 1894 Ausgliederung der Wohnplätze Schauental an den Flecken Glücksburg. 1938 Gemeinde aufgelöst: Bockholm zur Stadt Glücksburg, Bockholmwik zur Gem. Rüde.

Wohnplätze. Bockholm, Bockholmwik, Friedeholz, Hermannsberg, Iskiersand teilw., Johannesberg, Klipp, Osterziegelhof, Toulisberg, Toulisdamm, Toulisfeld, Wahrberg, Waldruh.

Literatur. Oldekop 1906, V 21. Angeln 1922, 563. Hist. Gem-Verz 1970, 58. Munkbrarup 1976, I 261.

PLZ 24960. Dorf

Nordangeln. Ksp. Munkbrarup, Stadt Glücksburg. 253 Ewh. (1970; Wpl-Verz 1987 zählt 619 Ewh., wohl mit Holnis, das dort nicht verzeichnet ist). Ferienhäuser, Golfplatz.
Lage: auf der Nordspitze von Angeln, 2 km nördl. von Glücksburg, an den Straßen von Glücksburg und Rüde nach Holnis, zwischen der Förde und dem Friedeholz. Höhe auf dem Golfplatz bis 36 m.
■ Zahlreiche steile, fast kegelförmige Einzelkuppen beleben das Relief. Die Höhe „Berglücke“ 34 m, oberhalb der Ferienhaussiedlung, ist der landschaftliche Höhepunkt der Nordspitze von Angeln mit einem Panoramablick im großen Bogen von Holnis bis zur Geltinger Bucht, über die Förde, auf das dänische Broackerland, hinaus bis auf die weite Ostsee.
■ Zwischen Bockholm und Wahrberg, unterhalb des Golfplatzes, eine 2,8 km lange Steilküste. Einziges Beispiel eines breit angelegten „aktiven“ Steilufers in dieser Art an der nördlichen Ostseeküste Schleswig-Holsteins. Der Steilhang ist mit Wald bewachsen, große Bereiche mit sehr altem Weißdorngebüsch bilden ein völlig verwildertes Dickicht. Der Strand unterhalb des Hanges ist teilweise kaum passierbar, wo zahlreiche Rinnsale die Sandbedeckung zerfurchen und sie durch herabgestürzten Geschiebemergel aufgeweicht wird.
Auf der Steilkante des 20 m hohen Fördeufers „Kluft“ führt ein Fußweg nach Bockholmwik, der dicht bewachsen ist und sich zum herrlichen Seeblick nur stellenweise öffnet.
Das langgestreckte Straßendorf ist in Nord-Süd-Richtung von Iskiersand bis Kobbellück lückenhaft bebaut. Die kurze Dorfstraße wird von einer riesigen Straßenkreuzung beherrscht, einst mit Friedenseiche der Mittelpunkt des Dorfes. Am „Haffwisch“, auf dem strandnahen Gelände des ehemaligen Oster-Ziegelhofs und der hohen „Berglück“ sind 1963/70 neue Wohnhäuser und 43 Ferienhäuser der Stadt Glücksburg erbaut worden.

Ortsname. Mejer 1649 Boeckholm. Danckwerth 1652 Bockholm. Trap 1864 dän. Bogholm. PreußLA 1877 Bockholm. Ndt. Bukholm. – Erhebung = ndt. Holm, wo Böcke waren = dän. buk (Laur). Lit.: Hald 1948-79, VII 63. JbAngeln 1968, 39. Laur 1992, 160.

Vorgeschichte. Riesenbett „Steenhy“. An der Westseite der Straße nach Rüde, gegenüber des Golfplatzes, liegt auf einer natürlichen Bodenwelle ein überpflügter Langhügel. Am Eingang zur Koppel stehen hohe Torstützen aus gespaltenen Findlingen. Hier wurde 1842 ein Ganggrab von riesigen Ausmaßen aufgedeckt. Bemühungen, die imponierende Anlage anzukaufen, um sie vor Zerstörung zu bewahren, blieben vergeblich. Lit.: JbAngeln 1954, 74. Röschmann 1963, 137.

Geschichte. 1622 Herzogtum Glücksburg, 1779 zum Amt Flensburg, Munkbrarupharde, 1867 FL Gem. Bockholm, 1938 Stadt Glücksburg.
Bei der Übergabe des Rudeklosters an den Herzog von Sonderburg 1582 sind in Bockholm keine Wohnplätze verzeichnet. Auch 1653 fehlt der Ort bei den Aufzählungen der Dörfer des Kirchspiels, obwohl „Boeckholm" in der Landesbeschreibung 1652 und der Karte von 1649 geschrieben steht. Erstmals werden im Kirchenbuch 1677 Personen genannt, die „im Holtz" wohnen. Zwischen Glücksburg und Holnis beherrschte der Wald die Flächen, bis um 1720 begonnen wurde, einige Lücken zu schlagen. Nach einigen Jahrzehnten entstand in Bockholm ein kleiner Ortskern in windgeschützter Mulde um den Krug. 1837 waren hier 13 Katen, 1871 zählte das Dorf 159 Ewh., 28 Wohngeb. Seit 1923 sind mehrere Häuser am Strand als Sommersitz Flensburger Bürger erbaut.
1787 wurde Bockholm vom „Faulfieber" heimgesucht, an dem mehrere Menschen starben. Freiw. Feuerwehr 1889 gegründet.
Krieg. Dänemark–Schleswig-Holstein. 1848 Aufmarsch von 1700 Soldaten der schleswig-holsteinischen Armee zur Gegenwehr der bei Drei gelandeten Dänen. Von Johannesberg wurde das Truppenschiff in der Förde unter Beschuß genommen, durch das erwiderte Feuer gerieten einige Häuser von Bockholm in Brand.

Schule 1838. Alter Schulweg 4. Geweißter Backsteinbau mit Reetdach, in der Front zwei Türen. Anbau von 1910 (Denkmalbuch).
Der erste Dorflehrer wurde 1745 angestellt. Erstes Schulhaus 1795 erbaut, 1910 abgebrochen. 1851–64 Unterricht in dänischer Sprache. Zum Schulbezirk Bockholm gehörten früher auch Sandwig und Schwennau. 1966 Auflösung der Schule nach Glücksburg. Lit.: J. Stüdtje, Die Geschichte der Schule zu Bockholm, JbAngeln 1968, 124. Ravn 1971, 166. Munkbrarup 1976, I 106.

Krug 1910. Im Volksmund „Waterpött", seltener auch Toulisdamm genannt. Kate um 1760 erbaut. Anfang des 19. Jh. Krugwirtschaft eingerichtet. Neubau 1910 mit neuen Wirtschaftsgebäuden. Lit.: Hald 1948-79, VII 71. Munkbrarup 1976, III 921.

Schmiede. Seit 1745 am Platz gegenüber dem Krug, mit alter Werkstatt und neuem Wohnhaus von 1889. Schmiede nicht mehr in Betrieb. Lit.: Munkbrarup 1976, III 932.

Ziegelei. 1917 stillgelegt; sie lag auf dem heutigen Golfplatz neben der ehemaligen Landstelle.

Sparkasse 1921. Spar- und Darlehnskasse 1921 gegründet. 1954 Namensänderung Bockholm-Glücksburg und 1965 Geschäftsräume nach Glücksburg verlegt. 1972 Vereinigung mit der Sparkasse Wees zur Raiffeisenbank eG. Lit.: Munkbrarup 1976, I 224.

Friedeholz

Häuser am Wald Friedeholz, ehemals 4 Katen. Lit.: Jensen Angeln 1844, 345. Munkbrarup 1976, III 891.

Hermannsberg

Häuser an der Straße „Jägersberg" nach Glücksburg. Erster Wohnplatz 1910 auf Waldgrund entstanden, früher eine Tischlerei, dann Café. Zweites Haus von 1964. Lit.: Hald 1948-79, VII 64. Munkbrarup 1976, III 939.

Johannesberg

Hotel. Bockholm 31, an der alten Dorfstraße. Kate 1829 erbaut, ehemalige Tischlerei. 1878 Wirtschaft „Johannisberg" im neuen Gebäude eingerichtet, 1901–08 Schießplatz der Friedrichsgarde Glücksburg. Von der Beschießung 1848 war eine Kanonenkugel in die Ostwand des Hauses eingemauert, die aber abhanden gekommen ist. Lit.: Munkbrarup 1976, III 974.

Klipp

Hof auf 27 m hohem Hang zur Straße nach Rüde. Angeblich auf dem Platz des ehemaligen Meierhof Arenklau. Ldw.-Betrieb 1993 aufgegeben. Lit.: Hald 1948-79, VII 65. Munkbrarup 1976, III 947.

Toulisberg

Haus Jägerberg 7, an der Straße nach Glücksburg.
Ortsname. 1776 Toulisberg. 1781 Tulesberg. 1795 Toullesberg. Ndt. Tulisbarch, Tulesbarch. – Berg des Tulle = südjüt. PN (Hald). Lit.: Hald 1948-79, VII 70.
Geschichte. 1760 wurde eine Kate auf gerodetem Land erbaut. 1796 parzelliert, wodurch die kleinen Landstellen, Toulisfeld genannt, entstanden. 1871 FL Gem. Bockholm, 26 Ewh., 6 Wohngeb.
Literatur. vSchröder 1837, I 119. Jensen Angeln 1844, 345. Munkbrarup 1976, III 970.

Oster-Ziegelhof

Ehem. Ziegelei am Strand, 1569 als Oester-Ziegelhoue urkundlich. 1654 abgebaut und das Material beim Bau des fürstlichen Hofes Krammark auf Sundewitt wieder verwand. Auf dem Ziegeleigelände verblieb eine Kate, die den Ortsnamen weiter führte. 1872 von der Sturmflut zerstört und etwas landeinwärts neu aufgebaut. 1965 neues Wohnhaus, Alter Schulweg 20. Der Wohnplatz ist seit 1585 im Familienbesitz. Lit.: Gude 1778, 104. Hald 1948-79, VII 72. Munkbrarup 1976, III 958.

Waldruh

Haus an der Straße am Friedeholz, zu Füßen der Brusmarker Hochfläche zwischen zwei Hügelkuppen. Als Landstelle 1745 gegründet. 1910 abgebrochen, Neubau des Wohnhauses „Waldruh“ zu einem Hof. Lit.: Munkbrarup 1976, III 901.

Literatur. vSchröder 1837, I 119. Jensen Angeln 1844, 346. vSchröder 1854, 52. Oldekop 1906, V 21. Angeln 1922, 563. Röschmann 1963, 135. Munkbrarup 1976, I 261, III 885. Biotop 1987, 1123 Nr. 88-91. Biotop 1989, 114. Wpl-Verz 1987, 96. TK 1123.

BOCKHOLMWIK

PLZ 24960. Streusiedlung

Nordangeln. Ksp. u. Gem. Munkbrarup. 33 Ewh. (1987), 14 Wohngeb., Schullandheim, Campingplatz, ein Ldw.-Betrieb mit Lohnunternehmen.
Lage: 3 km östl. von Rüde, an einer Bucht der Außenförde und im hügeligen Hinterland zwischen den beiden Talräumen von Iskierdammau und Königsau eingebettet. Hölzung Siegumlund.
Das Höftland von Bockholmwik ist eine Küstenlandschaft, die sich mit einer Landnase auffällig im sonst gerundeten Uferverlauf in die Förde vorschiebt. Das Höft hat sich durch angespülte Ablagerungen des Abbruchmaterials der Steilküsten von Bockholm und Hohenau gebildet. Auf dem Vorland sind Strandwälle und Strandmoore entstanden.
Landeinwärts schließen sich Steilufer, Bachschluchten, Auwaldkomplexe und Buchenwälder an. Ein sehr gut erhaltener Lebensraum, einziges vom Fremdenverkehr, intensiver Freizeitnutzung und Landwirtschaft verschontes Höftland an der Ostseeküste Schleswigs.

Ortsname. 1743 Bockholm-Wyck. vSchröder 1854 Bockholmwiek. Trap 1864 dän. Bogholmvig. PreußLA 1877 Bockholmwik. – Bucht = dän. vig, von Bockholm (Laur). Lit.: Hald 1948-79, VII 63. JbAngeln 1968, 36. Laur 1992, 160.

Geschichte. Erste Besiedlung nach 1700 mit Katen und einer Ziegelei. Herzogtum Glücksburg, 1779 Munkbrarupharde. 1871 FL Gem. Bockholm, 46 Ewh., 8 Wohngeb. 1938 zur Gem. Rüde, seit 1970 Gem. Munkbrarup.
Persönlichkeit. Hans Holtorf 1899–1984. Maler, Schauspieler, Übersetzer u. Schriftsteller, seit 1935 bis zum Tod in Bockholmwik, Haus Nr. 25 ansässig.

Ziegeleien. Ein Betrieb von 1722 bis um 1900, ein anderer von 1730 bis ca. 1860 an der Förde. Auf jenem Platz jetzt ein Wochenendhaus, bei dem die Reste der ehemaligen Verladebrücke im Wasser zu erkennen sind. Lit.: Munkbrarup 1976, II 503, 510.

Literatur. Gude 1778, 97. vSchröder 1837, I 119. Jensen Angeln 1844, 346. vSchröder 1854, 53. Trap 1864, 488. Oldekop 1906, V 21. Angeln 1922, 563. J. Bendixen, Die Küste der Flensburger Außenförde bei Bockholmwik, Heimat 1951, 133. Munkbrarup 1976, II 493. Biotop 1987, 1123 Nr. 109-119. Biotop 1989, 116. Wpl-Verz 1987, 98. TK 1123.

BODDELHOCH

PLZ 24407. Häusergruppe

Südangeln. Ksp. Rabenkirchen, Gem. Rabenkirchen-Faulück. Krug u. 2 Häuser.
Lage: östl. von Rabenkirchen, nahe der Kirche, an der Straße nach Kappeln, B 201. Höhe 42 m.

Ortsname. Jensen Angeln 1844 Boddelhoch. PreußLA 1877 Buddelhoch. Angeln 1922 Boddelhoch. Wpl-Verz 1987 u. TK Buddelhoch. – „Die Buddel, die Flasche hoch“, als Scherzname für ein Wirtshaus (Laur). Lit.: Laur 1992, 187.

Geschichte. Häuser zu Gut Dollrott, 1853 Kappelerharde. 1871 SL Gem. Rabenkirchen, 20 Ewh., 3 Wohngeb.

Literatur. vSchröder 1837, I 117. Jensen Angeln 1844, 394. vSchröder 1854, 106, 416. Oldekop 1906, VIII 82. Angeln 1922, 633. Wpl-Verz 1987, 91. TK 1325.

BODDERKUHL

PLZ 24401. Haus

Mittelangeln. Ksp. u. Gem. Böel.
Lage: 2 km nördl. von Böelschuby, westl. des Thiesholzer Weg, am Ende eines Feldweges. Höhe 38 m.

Geschichte. Landstelle um 1870 entstanden. Fachwerkhaus 1878 errichtet. Ldw.-Betrieb 1970 eingestellt.

Literatur. Böel 1984, 94, 224. Wpl-Verz 1987, 87.

BÖCKENIS

s. Gunnebyer Noor

BÖEL

Kirchspiel

Kirchenkreis Angeln. 1390 Gemeindeglieder (1991). Kirche, Gemeindehaus, Kindergarten. Grundbesitz 38 ha.

Wohnplätze. Appelberg, Baustrup, Billmoor, Billwatt, Bodderkuhl, Böel, Böelkamp, Böel-Möllmark, Böelnorderfeld, Böelschuby, Böelschubyhof, Böelschubymühle, Böelstamm, Böelulegraff, Böelwesterfeld, Bommerlund, Borrishaag, Esingholz teilw., Engdamm, Hattschau, Hoskoppel, Hye, Jordmoos, Kälberhagen, Katharinental, Kiesperdiek, Köhnholz teilw., Köhnholz-Ost, Kompagnie, Krämersteen, Langdeel, Lehmberg, Möllmoos, Mohrkirchen, Mohrkirchmühle, Mohrkirch-Osterholz, Mohrkirchteich teilw., Mohrkirch-Westerholz, Neuheim, Nieby, Niekoppel, Nordschau, Norwegen, Pattburg, Pattburgfeld, Plattenhörn, Rabenholz ehem., Rabenholzlück, Schmedeland, Schrixdorf, Schrixdorfstraße, Schweden, Spenting, Stoltoft, Thiesholz.

Geschichte. Die Kirchenhoheit wurde 1473 dem Kloster Mohrkirchen geschenkt, dessen Mönche bis 1544 den Gottesdienst in der Kirche verrichteten. Nach der Reformation Propstei Amt Gottorf, Struxdorfharde. 1879 Propstei Südangeln, 1971 Propstei Angeln, seit 1977 Kirchenkreis Angeln.

Literatur. Jensen Stat 1841, 1149. Jensen Angeln 1844, 411. Trap 1864, 518. Angeln 1922, 66, 663. Kuhlmann 1958, 170. Böel 1984, 52, 66.

Amt
s. Mohrkirch

Gemeinde
Amt Süderbrarup. Fläche 1364 ha, davon 23 ha Wald. 635 Ewh., 195 Wohngeb. (alle Angaben 1987). 22 Ldw.-Betriebe (1993).

Wohnplätze. Billmoor, Billwatt, Bodderkuhl, Böel, Böelkamp, Böelnorderfeld, Böelschuby, Böelschubyhof, Böelschubymühle, Böelstamm, Böelulegraff, Böelwesterfeld, Borrishaag, Eslingholz teilw., Hattschau, Lehmberg, Möllmoos, Nieby, Rabenholzlück, Stoltoft, Thiesholz.

Gemeinde bis 1973. SL Amt Süderbrarup. Fläche 770 ha. 493 Ewh. (1970). Gemeinde 1871 gegründet, 466 Ewh., 73 Wohngeb. Ewh.-Höchstzahl 1946: 990 Menschen. 1949 im Amt Böel, bis 1970 Amt Mohrkirch (Namensänderung). 1974 Eingliederung der Gem. Böelschuby.
Wohnplätze: Billmoor, Billwatt, Bodderkuhl, Böel, Böelkamp, Böelnorderfeld, Böelstamm, Borrishaag, Hattschau, Lehmberg, Nieby, Stoltoft.

Literatur. Oldekop 1906, VIII 21. Angeln 1922, 666. Hist. Gem-Verz 1970, 166. Wpl-Verz 1970, 116. Wpl-Verz 1987, 87.

PLZ 24401. Kirchdorf
Mittelangeln. Ksp. u. Gem. Böel. 382 Ewh. (1987; einschl. Nieby), Kirche, Pastorat, Post, Krug, Kindergarten.
Lage: 3 km nordwestl. von Süderbrarup, an der Straße nach Satrup. Höhe 25 m. Der alte Dorfkern liegt westlich der Kirche und ist mit Häusern und Hofplätzen dicht bebaut. Als Schönes Dorf ausgezeichnet.

Ortsname. KWE 1231 Bølæ. 1460 Bole. Mejer 1649 Boell. Trap 1864 dän. Bøl. – Siedlung = dän. bøl (Laur). Lit.: JbAngeln 1963, 35. Laur 1992, 161.

Geschichte. 1231 war ein Teil des Dorfes in königlichem Besitz, Struxdorfharde. Später gehörten mehrere Stellen zum Gut Flarupgaard, die 1814 der Mohrkirchharde unterstellt wurden. 1871 SL Gem. Böel, im Dorf 324 Ewh., 46 Wohngeb. und im Ortsteil Nieby 70 Ewh., 13 Wohngeb. Freiw. Feuerwehr 1886 gegründet.
Ein früheres Volksfest war die „Böeler Erleuchtung“, eine Art Fastnachtsfeier bzw. Erntefest, zu dem die Dorfstraßen mit Lampengirlanden geschmückt wurden.
Krieg. Schweden–Dänemark. 1644 und 1645 wurde das Dorf von schwedischen Soldaten überfallen, geplündert und die Kirche beraubt. Polacken, Brandenburger und Kaiserliche besetzten Böel 1658–60. – Frankreich–Schweden. 1808 Einquartierung französischer Truppen.

Kirche. St. Ursula. Lage im Südosten des Kirchspiels, nördl. des alten Ortskerns, heute am Ostrand, direkt an der Landstraße. Höhe 25 m.
Die Kirchspielsgrenze zu Norderbrarup und Süderbrarup ist kaum 1 km von der Kirche in Böel entfernt.
Spätromanischer Backsteinbau des 13. Jh. von stattlicher Größe. Vermutlich als Tochterkirche von Norderbrarup gegründet. Das Bauwerk ist aus unverputztem Backstein, mangels Ziegelmaterial jedoch teilweise auch mit Feldsteinpartien errichtet. Rundbogiges Nordportal und Südertür im Vorhaus. Seit 1868 Schieferdach. Anstelle des Schornsteins war bis 1894 ein Dachreiter gesetzt. An beiden Längswänden des Chores zwei Fenster, wo gewöhnlich nur eins vorhanden ist.
■ Die eingezogene, breite Apsis ist außer der an der Kirche von Sörup die zweite erhaltene in Angeln.
Der 35 m hohe Turm aus Backstein ist im Spätmittelalter in landesüblicher Art in Quaderform mit Dreieckgiebel und achtseitigem Zeltdach erbaut, die Westwand ankerübersät und 1750 durch rohes Quaderwerk verstärkt.
An der Südseite wurde im Spätmittelalter ein Vorhaus angefügt.
Literatur. KDM SL 1957, 28, 136. Kunst-Topographie SH 1969, 660.

Friedhof. Fläche 1,2 ha, von Wall, Böschungsmauer und Lindenreihe eingefriedet. An der Landstraße ein backsteinernes Tor von 1776. Ehrenfriedhof 1921 angelegt.

BÖEL, Kirche mit Halbrund-Apsis. Foto: H. Vollmer

Ein Ehrenmal für die Opfer beider Weltkriege 1957 in neuer Anlage aufgestellt.

Pastorat 1874. Lindenallee 3. Altbau von 1745 abgebrannt und 1874 durch einen Neubau ersetzt. Daneben das „Bonhoeffer-Haus", Gemeindehaus 1978 erbaut. Lit.: KDM SL 1957, 147. Böel 1984, 151.

Schule 1931. Norderstr. 2. Bereits 1650 hat Böel sein erstes Schulhaus erbaut. 1825 ein Neubau, Am Hütthof 4, der 1931 abbrannte. Das neue Gebäude wurde 1972 als Kindergarten eingerichtet und 1982 mit einem Anbau für die Vorschule erweitert.
1851–64 Unterricht in dänischer Sprache. Bis 1903 gehörte auch Böelschuby zum Schulbezirk. 1960 wurden die Hauptschüler nach Süderbrarup umgeschult, im Dorf verblieb bis 1971 eine Klasse. Seit 1980 Schule in Mohrkirch. Lit.: Ravn 1971, 173. Böel 1984, 78.
Dänische Schule, Mühlenstr. 43. Östlich vom Dorf, auf hohem Platz.

Windmühle 1753–1870. Auf einem Hügel gegenüber dem Grundstück Mühlenstr. 2. Sie gehörte zum Mühlenbetrieb von Rurup und mahlte zusätzlich zur dortigen Wassermühle. 1870 abgebaut und in Wagersrott wieder aufgestellt. Lit.: Böel 1984, 96.

Meierei 1887–1968. Wohnhaus Meiereistr. 10. Vor der Genossenschaftsgründung war 1874–89 auf dem Platz Hütthof 6 eine Privat-Meierei tätig. Lit.: Böel 1984, 99, 119, 183.

Post. Norderstr. 10. Seit 1891 Postagentur mit Telegraphendienst.

Krüge. „Kirchkrug", Norderstr. 1. Erbaut 1832. Wirtschaft 1968/70 geschlossen und zum Wohnhaus umgebaut. Lit.: KDM SL 1957, 147. Böel 1984, 120. – „Lindenhof", Lindenallee 1. Krugwirtschaft seit 1897, ehemals mit Bäckerei und Postagentur. 1905 Neubau nach Brand. Kriegsgefangenenlager im Ersten Weltkrieg für Russen, im Zweiten Weltkrieg von Franzosen belegt. Lit.: Böel 1984, 150.

Bauernhäuser. Schmiedestr. 19. Wohnhaus mit gußeiserner Eingangstreppe und Feierabendbänken. – Schmiedestr. 24. Wohnhaus von 1836. Beschnitzte Haustür mit Oberlicht. Über dem Sturz ein Putzstreifen mit dem gemalten Namen des Besitzers. Lit.: KDM SL 1957, 147. Hagemeier-Kottwitz 1982, 41, 80. Böel 1984, 178.

Nieby

Ortsteil West-Böel, Schmiedestraße. Jensen Angeln 1844 Nybye. – Neues Dorf = dän. nyby.

Literatur. vSchröder 1837, I 113. Jensen Angeln 1844, 412. vSchröder 1854, 48. Trap 1864, 518. Oldekop 1906, VIII 21. Angeln 1922, 666. G. Möller, Gemeinde Böel und ihre Einwohner, 1984. Wpl-Verz 1987, 87. TK 1324.

BÖELER AU

Au

Mittelangeln, im Bereich der Oxbek, Schlei, Gem. Böel. Fließstrecke 4 km, von Thiesholz, am Rande einer kleinen Hölzung, bis zur Einmündung rechts in die Kiesperdieker Au, östl. von Böelkamp.

Gewässername. 1722 Kattbek. Verband Angelner Auen 1990 Böeler Kattbek. TK 1324 Böeler Au. Auch Thiesholzer Au. Lit.: Dansk sø- og ånavne 1968-89, IV 51.

BÖELKAMP

PLZ 24401. Hof

Mittelangeln. Ksp. u. Gem. Böel. 2 Wohngeb., Ldw.-Betrieb (1993).
Lage: nördl. von Böel, am Straßendreieck nach Mohrkirch. Höhe 25 m.
Auf dem Feld östlich des Hofes fielen 1941 englische Bomben.

Literatur. Böel 1984, 138. Wpl-Verz 1987, 87. TK 1324.

BÖEL-MÖLLMARK

PLZ 24405. Hof

Mittelangeln. Ksp. Böel, Gem. Mohrkirch. 2 Wohngeb., Ldw.-Betrieb (1993).
Lage: nördl. von Mohrkirch, Zufahrt bei Spenting von der Straße nach Ahneby. Höhe 50 m, im Süden die höchste Erhebung der Bregenberg 69 m.

Ortsname. PreußLA 1877 Möllmark. – Flurname der Mühlenkoppel des Hofes Mohrkirchen.

Geschichte. 1499 im Besitz des Klosters Mohrkirchen, seit 1777 unter Mohrkirchharde. 1871 SL Gem. Mohrkirch-Osterholz. Seit 1970 Gem. Mohrkirch. Um 1860 gehörte zum Hof eine Ziegelei. Auf dem nahen Bregenberg wurde 1801 eine Signalstation errichtet.

Literatur. vSchröder 1837, II 73. vSchröder 1854, 354. Oldekop 1906, VIII 71. Angeln 1922, 669. Wpl-Verz 1987, 91. Mohrkirch 1991, 289, 498.

BÖELNORDERFELD

PLZ 24405. Streusiedlung

Mittelangeln. Ksp. u. Gem. Böel. 6 Wohngeb., ein Ldw.-Betrieb (1993).
Lage: nordwestl. von Böel, an der Straße nach Mohrkirch-Westerholz. Höhe 30 m.
1871 SL Gem. Böel, 47 Ewh., 9 Wohngeb.

Literatur. vSchröder 1837, II 102. vSchröder 1854, 372. Oldekop 1906, VIII 22. Angeln 1922, 666. Böel 1984, 139.

BÖELSCHUBY

Gemeinde bis 1973

SL Amt Süderbrarup. Fläche 596 ha. 237 Ewh. (1970). Gemeinde 1871 gegründet, 248 Ewh., 35 Wohngeb. 1894 Vereinigung mit dem Gutsbezirk Böelschuby. Ewh.-Höchstzahl 1946: 590 Menschen. Bis 1970 im Amt Böel, Mohrkirch. 1974 Eingliederung in die Gem. Böel.

Wohnplätze. Böelschuby, Böelschubyhof, Böelschubymühle, Böelulegraff, Böelwesterfeld, Eslingholz teilw., Möllmoos, Rabenholzlück, Thiesholz.

Literatur. Oldekop 1906, VIII 22. Angeln 1922, 667. Hist. Gem-Verz 1970, 166. Wpl-Verz 1970, 116.

PLZ 24401. Dorf

Mittelangeln. Ksp. u. Gem. Böel. 77 Ewh. (1987).
Lage: 3 km westl. von Böel, neben der Straße nach Struxdorf. Höhe 35 m.
Die Dorfstraße ist nur einseitig bebaut, auf der zum Gut gerichteten Seite stehen keine Häuser, auch die Dorfmitte blieb frei. Im Norden stehen einige Kleinhäuser dicht beieinander, drei größere Hofplätze im Osten.

Ortsname. 1445–50 Boleschugbu. 1467 Bole Schowby. Mejer 1649 Schowby. Trap 1864 dän. Bølskovby. – Walddorf = dän. skovby, von Böel (Laur). Lit.: JbAngeln 1963, 35. Laur 1992, 161.

Geschichte. Der Ort ist im Mittelalter als Tochtersiedlung von Böel auf gerodetem Waldland entstanden. Die Bewohner waren Untertanen des Klosters Mohrkirchen, 1778 der Mohrkirchharde, einige gehörten zum Gut Böelschuby. 1871 SL Gem. Böelschuby, im Dorf 78 Ewh., 10 Wohngeb. u. 80 Ewh., 10 Wohngeb. im Gutsbezirk. Seit 1974 Gem. Böel. Freiw. Feuerwehr 1890 gegründet. 1904 wurden bei einem Großbrand 11 Gebäude vernichtet.

Schule 1903–1967. Wohnhaus Dorfstr. 28. Vor Eröffnung einer eigenen Schule gehörte das Dorf zum Schulbezirk Böel. Lit.: Böel 1984, 82, 205.

Krug 1904. Dorfstr. 26. Neubau nach dem Großbrand im Dorf. Wohnhaus ohne Gaststätte. Lit.: Böel 1984, 205.

Meierei 1870–1950. Dorfstr. 32. Zunächst noch Büttenmeierei mit dem alten Aufrahmverfahren, ab 1890 Zentrifugen- und Dampfbetrieb. ■ Erste Meierei-Genossenschaft in Angeln. Lit.: JbAngeln 1980, 50. Böel 1984, 98.

Höfe. Thiesholzer Weg 3. Wohnhaus reetgedeckt mit zweiflügeliger beschnitzter Haustür. Hofplatz zur Straße mit einer Reihe hoher Linden und dichter Hecke geschlossen (Denkmalbuch). Lit.: Böel 1984, 222. – Dorfstr. 16. Wohnhaus und zwei baukörperlich gleiche Wirtschaftsgebäude von 1872. Lit.: Hagemeier-Kottwitz 1982, 346. Böel 1984, 202.

Naturdenkmal. Eiche in der Straßenkreuzung Böelschuby – Thiesholz, bei der Abzweigung nach Lehmberg. Der bereits vorhandene Baum wurde 1871 als Friedenseiche geweiht.

Literatur. vSchröder 1837, I 114. Jensen Angeln 1844, 412. vSchröder 1854, 49. Trap 1864, 518. Oldekop 1906, VIII 22. Angeln 1922, 667. Böel 1984, 198. Wpl-Verz 1987, 87. TK 1324.

Gutsherrschaft

Das sehr kleine Gutsgebiet wurde 1632 vom Herzogtum Gottorf erworben und zum Amt Mohrkirchen gelegt. Mit dem Sonderrecht als Kanzleigut fand es 1651 wieder Aufnahme in die ritterschaftliche Landesmatrikel. 1713 im 1. Angler Güterdistrikt. Das Gut hatte keinen eigenen Gerichtshalter, für seine Untergehörigen war das Landgericht zuständig. 1840 waren 83 Gutsleute in Böelschuby, Böelulegraff, Eslingholz, Fraulund und Schnarup ansässig. 1853 zur Struxdorfharde.

Gutsbezirk bis 1894

SL. Fläche 159 ha. 92 Ewh., 12 Wohngeb. (1871). 1894 Eingliederung in die Gem. Böelschuby. Lit.: Hist. Gem-Verz 1970, 166.

Böelschubyhof

Mittelangeln. Ksp. u. Gem. Böel, Neuböelschuby Nr. 6. Ldw.-Betrieb.
Der Hofplatz, für ein Gut ungewöhnlich nahe am Dorf gelegen, ist von breitem Wassergraben umschlossen. Gutshaus von 1864. Durch Teilung entstand 1775 oder 1784 der Meierhof Neu-Böelschuby. Sein Stammhof

wird nach der Besitztrennung 1851 auch Alt-Böelschuby genannt.

Literatur. vSchröder 1837, I 113. Jensen Angeln 1844, 236. vSchröder 1854, 49. Oldekop 1906, VIII 22. Angeln 1922, 666. KDM SL 1957, 147. Böel 1984, 198. Wpl-Verz 1987, 87. TK 1324.

BÖELSCHUBYMÜHLE

PLZ 24401. Häusergruppe
Mittelangeln. Ksp. u. Gem. Böel, bis 1973 SL Gem. Böelschuby. Café.
Lage: 2,5 km südwestl. von Böel, an der Straße nach Struxdorf. Höhe 32 m.

Windmühle 1879. Dorfstr. 4, großes Müllerhaus. Ehemaliger Galerieholländer 1879 erbaut. 1953 Flügel abgenommen und 1960 technisch modernisiert. Seit 1974 im Besitz des Bezugsvereins Süderbrarup, keine Müllerei. Wohnhaus von 1908. Der Vorgängerbau von 1872, ein Erdholländer, 1878 durch Blitzschlag vernichtet.

Literatur. Angeln 1922, 668. KDM SL 1957, 148. Böel 1984, 97, 200. Wpl-Verz 1970, 116. TK 1324.

BÖELSCHUBY, NEU-

PLZ 24401. Häusergruppe
Mittelangeln. Ksp. u. Gem. Böel. 31 Ewh. (1987), 6 Wohngeb., 2 Ldw.-Betriebe (1993).
Lage: westl. von Böel, an der Straße nach Köhnholz. Höhe 38 m.

Ehem. Hof Neuböelschuby 4. Als Meierhof von Gut Böelschubyhof 1775 oder 1784 entstanden. 1851 durch Verkauf vom Stammhof getrennt und danach Neu-Böelschuby genannt. Nach der Parzellierung 1856 nur noch eine Kate mit 7 ha Land, Struxdorfharde. 1871 SL Gem. Böelschuby, 12 Ewh., 2 Wohngeb., seit 1974 Gem. Böel.

Literatur. vSchröder 1854, 49. Oldekop 1906, VIII 22. Angeln 1922, 667. Böel 1984, 225. Wpl-Verz 1987, 87. TK 1324.

BÖELSTAMM

PLZ 24401. Hof
Mittelangeln. Ksp. u. Gem. Böel. Ldw.-Betrieb seit 1831.
Lage: Ost-Böel, von der Straße nach Süderbrarup Abzweigung Hattschau. Höhe 23 m.

Literatur. Böel 1984, 196. Wpl-Verz 1987, 87. TK 1324.

BÖELULEGRAFF

PLZ 24401. Häusergruppe
Mittelangeln. Ksp. u. Gem. Böel. 19 Ewh. (1987), 10 Wohngeb., 2 Ldw.-Betriebe (1993).
Lage: westl. von Böel in Richtung Böelschuby, ohne direkte Verbindungsstraße zum Kirchdorf, nur auf Umwegen zu erreichen. Höhe 27 m.

Ortsname. Mejer 1649 Vlgraff. Jensen Angeln 1844 Ullegrav. Trap 1864 dän. Böl-Ulegrav. PreußLA 1877 Böel-Ulegraff. Ndt. Ulechraff. – Wolfsgrube = dän. ulvgrav (Laur). Lit.: JbAngeln 1963, 35. Laur 1992, 161.

Geschichte. Katen zur Struxdorfharde und zu den Gütern Toestorf und Flarupgaard, die 1803 bzw. 1814 der Mohrkirchharde zugeordnet wurden. 1871 SL Gem. Böelschuby, 44 Ewh., 8 Wohngeb. Seit 1974 Gem. Böel.

Literatur. vSchröder 1837, II 393. Jensen Angeln 1844, 412. vSchröder 1854, 553. Trap 1864, 518. Oldekop 1906, VIII 23. Angeln 1922, 668. Böel 1984, 207. Wpl-Verz 1987, 87. TK 1324.

BÖELWESTERFELD

PLZ 24401. Streusiedlung
Mittelangeln. Ksp. u. Gem. Böel. 36 Ewh. (1987; Wpl-Verz 1970 zählt 106 Ewh.), 4 Ldw.-Betriebe (1993).
Lage: südwestl. von Böel, an der Straße nach Struxdorf. Höhe 30 m.

BÖKLUND, Kirche mit Glockenhaus. Foto: H. C. Callsen

Ortsname. vSchröder 1837 Westerfeld. Trap 1864 dän. Bøl-Vestermark. PreußLA 1877 Böel-Westerfeld.

Geschichte. 1837 zur Mohrkirchharde 6 Landstellen. 1871 SL Gem. Böelschuby, 87 Ewh., 13 Wohngeb. 1974 Gem. Böel.

Krug. „Jägersruh“, Böelwesterfeld 23. Reetgedecktes Ferienhaus, keine Gaststätte. Lit. Böel 1984, 218.

Literatur. vSchröder 1837, II 424. Jensen Angeln 1844, 412. vSchröder 1854, 576. Trap 1864, 518. Oldekop 1906, VIII 23. Angeln 1922, 667. Wpl-Verz 1970, 116. Böel 1984, 212. Wpl-Verz 1987, 87. TK 1324.

BÖGE

Burgplatz

Nordangeln. Ksp. Husby, südöstl. von Ausacker, nahe der Kielsau.

Kleine Anlage mit kreisförmiger kuppenartiger Erhöhung, die von flacher grabenartiger Niederung umgeben ist (1963).

Ortsname. 1785 FN Büche. Jensen Angeln 1844 Bygg oder Bög. Im Volksmund Böge Schloß. – Gebäude = dän. bygge, oder Buchenwald = dän. bøge (Hald). Lit.: Hald 1948-79, VII 206.

Literatur. vSchröder 1837, I 76. Jensen Angeln 1844, 329. vSchröder 1854, 28. Angeln 1922, 549. Röschmann 1963, 126.

BÖHMEN

PLZ 24407. Hof

Südangeln. Ksp. Rabenkirchen, Gem. Rabenkirchen-Faulück.
Lage: 2 km nordöstl. von Rabenkirchen, am Weg nach Wittkiel. Höhe 33 m.

Geschichte. Landstelle zu Gut Dollrott,

1853 Kappelerharde. 1871 SL Gem. Rabenkirchen.

Literatur. vSchröder 1854, 416. Oldekop 1906, VIII 82. Angeln 1922, 633. TK 1325.

BÖKLUND

Kirchspiel

Kirchenkreis Angeln. 2080 Gemeindeglieder (1991). Kirche, Gemeindehaus, Kindergarten, Sozialstation. Grundbesitz 7 ha.

Wohnplätze. Augustenburg, Baßland, Böklund, Böklundfeld, Dennholm, Elmholzmoor, Fahrenstedt, Grashof, Güldenholm Seehaus, Haaf, Habeck, Helligbek, Hörgaard ehem., Hollbüll ehem., Kattbek, Kellerbude, Krakholm, Lindeberg, Lindebergholz, Magerberg, Maiholz, Norderfahrenstedt, Norderfeld, Quellental ehem., Reesbrück, Rü, Rübbel ehem., Schwenshöh, Stolk, Stolkerfeld, Stolkerheck, Süderfahrenstedt, Süderfahrenstedtfeld, Süderfeld, Wellspang teilw., Wolkjär ehem.

Geschichte. Propstei Amt Gottorf, Struxdorfharde. 1879 Propstei Südangeln, 1971 Propstei Angeln, seit 1977 Kirchenkreis Angeln. Seit dem Spätmittelalter mit Ülsby verbunden, mit dem Böklund zusammen von einem Geistlichen betreut wird. Der ursprüngliche Name des Kirchspiels Fahrenstedt, aufgrund des Standorts der Kirche in Norderfahrenstedt, wurde 1974 in Böklund umbenannt.

Literatur. Jensen Stat. 1841, 1135. Jensen Angeln 1844, 424. Trap 1864, 513. Angeln 1922, 685.

Amt

Verbund von 7 Gemeinden: Böklund, Havetoft, Klappholz, Stolk, Struxdorf, Süderfahrenstedt, Ülsby. 1970 gebildet aus den Ämtern Fahrenstedt, Havetoft – jedoch ohne Havetoftloit und Torsballig – Struxdorf, aber ohne Schnarup und Thumby.

Gemeinde

Amt Böklund. Fläche 788 ha, davon 25 ha Wald. 1249 Ewh., 351 Wohngeb. (alle Angaben 1987). 14 Ldw.-Betriebe (1993). SL Gemeinde 1871 gegründet. Fläche 675 ha. 252 Ewh., 38 Wohngeb. 1928 Eingliederung des Gutsbezirks Fahrenstedt. Ewh.-Höchstzahl 1946: 1252 Menschen. Die Einwohnerzahl hat sich in den letzten 50 Jahren verdoppelt, allein durch das zum ländlichen Zentralort gewachsene Dorf Böklund, in dem rund 85 % der Gemeinde-Bevölkerung wohnt.

Wohnplätze. Augustenburg, Böklund, Böklundfeld teilw., Dennholm teilw., Fahrenstedt, Haaf, Kattbek, Krakholm, Lindeberg, Lindebergholz, Norderfahrenstedt, Quellental ehem., Reesbrück.

Literatur. Oldekop 1906, VIII 23. Angeln 1922, 686. Hist. Gem-Verz 1970, 166. Wpl-Verz 1987, 87.

PLZ 24860. Dorf

Westangeln. Ksp. u. Gem. Böklund. 1086 Ewh. mit den Ortsteilen Augustenburg und Norderfahrenstedt (1987). Zentralort mit Kirche, Pastorat, Schule, Amtshaus, Polizeistation, Fleischfabrik, Post, drei Banken, Ärzten, Apotheke, Tierarzt, Baumschule, Gaststätten, Seniorenheim und mehreren Handels- und verschiedenen Handwerksbetrieben.

Lage: 10 km nördl. von Schleswig, am Schnittpunkt der alten Landstraßen, die von Großsolt nach Tolk, Eckernförder Landstraße, von Satrup nach Schleswig und von Böel nach Stolk durch Böklund führen. Höhe Ortsmitte 36 m.

Das Gelände um den Ort steigt im Nordwesten kräftig, bis 65 m hinauf und fällt nach Südosten hin leicht ab; dort von der Metterhöh 46 m Ausblick über die Hügelwelt von Kattbek und hinunter in das weite Tal der Wellspanger Au. Am Hang der westlichen Höhe steht das Rüholz. Den Nordteil des Dorfes begrenzt die Kattbek.

Böklund ist ein Straßendorf mit einer gradlinigen Haupt-Verkehrsstraße, mehreren Seitenstraßen und einer geschlossenen Bebauung, die dem Ortszentrum kleinstädtischen Charakter verleihen. Als Schönes Dorf mehrmals ausgezeichnet.

Ortsname. 1445–50 Bokelund. 1542 Boekelundt. Mejer 1649 Böcklundt. Trap 1864 dän. Bøglund. PreußLA 1877 Böklund. – Buchenhain = dän. bøge-lund (Laur). Lit.: JbAngeln 1963, 25. Laur 1992, 162.

Geschichte. 1692 hat das Dorf Böklund 5 Höfe. 1853 zählen zur Struxdorfharde und zum Gut Fahrenstedt 30 Landstellen. 1871 SL, zur Gem. Böklund 106 Ewh., 15 Wohngeb., im Gutsbezirk Fahrenstedt 137 Ewh., 24 Wohngeb., mit den Ortsteilen zusammen 327 Ewh. im Dorf. Freiw. Feuerwehr 1895 gegründet. Begünstigt durch ehemals große Heideflächen, war die Bienenzucht ein besonderes Merkmal für das Dorf. Im Dorfgebiet seit etwa 1980 keine Ldw.-Betriebe.
Krieg. Dänemark–Schleswig-Holstein. 1850 Gefecht am Tage der Schlacht von Idstedt.

Kirche. Lage im Osten des Kirchspiels, auf einem flachen Hügelrücken am Ostrand des Dorfes, im Ortsteil Norderfahrenstedt. Höhe 39 m.
Romanische Feldsteinkirche des 13. Jh. Aus dieser Zeit sind nur die Längswände des Schiffes erhalten. Das schmale, aber sehr lange Gebäude birgt nach der Westverlängerung von 1623 den größten Kirchenraum in Westangeln. Angeblich soll bei der Bauerweiterung abgebrochenes Material der Kirche zu Stolk Verwendung gefunden haben. Davon könnte ein Tympanon stammen, das in die Südwestwand vermauert ist. Die alten Portale sind zugemauert und das Vorhaus an der Nordseite abgebrochen, dafür der Eingang im Westen geöffnet.
Ursprünglich war ein rechteckiger Chor angefügt, der 1787 entfernt und durch einen schiffsbreiten und -hohen Ziegelanbau erneuert wurde. Priestertür in der Nordwand.
Das Glockenhaus steht abseits der Kirche. Ein spätmittelalterlicher Holzbau, der schon 1595 vorhanden war.
Literatur. KDM SL 1957, 192. Kuhlmann 1958, 143, 165. Kunst-Topographie SH 1969, 665.

Friedhof. Fläche 1,0 ha. Erweiterungen 1832 und 1940. Friedenseiche 1871 mit Gedenkstein.
Gräber. 1850 für 60 dänische und schleswig-holsteinische Soldaten der Schlacht von Idstedt. Lit.: Stolz 1980, 30. – 1958 Maler Jan Laß.
Vorplatz. Am Nordrand des Friedhofes, an der Landstraße, der sogenannte Brautplatz.

Pastorat 1891. Schulstr. 7. In der Zeit 1606–1891 wohnte der Pastor beider Kirchen in Ülsby.

Schulen. Stolker Straße, erbaut 1974. Schulzentrum gebildet von der Grundschule mit Vorschule und der Realschule mit Hauptschulteil. Mit 580 Schülern (1989) das größte ländliche Schulzentrum in Angeln. Die zugehörigen Schulgemeinden sind Böklund, Havetoft teilw., Idstedt, Klappholz, Stolk, Struxdorf, Süderfahrenstedt, Ülsby. Die Schüler aus Schnarup-Thumby besuchen nur die Vorschule.
Die alte Hauptschule zu Norderfahrenstedt an der Schulstraße war ein zweiklassiger Bau von 1825. Abgebrochen 1976, auf dem Gelände jetzt ein Parkplatz für Kirchenbesucher. Lit.: Ravn 1971, 174.

Blindow-Schule. Schulstraße, Privatschule im Gebäude des ehem. Aufbauzuges.

Amtshaus 1972. Toft 7. Amtsverwaltung und Polizeistation seit 1972 im eigenen Gebäude.

Bahnstation 1904–1965. Bahnhofstr. 3, Wohnhaus. Haltestelle der Kleinbahn Schleswig–Satrup, Entfernungen 16 – 15 km. Personenverkehr 1965 eingestellt. Ein markanter Streckenabschnitt der Bahn war die große Steigung vom Haltepunkt Wellspang aus 15 m Tiefe bis auf 40 m Höhe zum Bahnhof in Böklund. Dieser Abschnitt ist nach dem Gleisabbau 1975 als Wanderweg erhalten.

Post. 1857 Briefsammlungsstelle eröffnet, 1895 mit Telegraphendienst. 1904 Postagentur im Bahnhof. 1984 Postamt Satruper Str. 4 a.

BÖKLUND, Amtshaus 1972 erbaut. Foto: H. Schütt

Krüge. Böklunder Hof, Schleswiger Str. 5. – „Anno 1900", früher „Bodderkrog", Schleswiger Str. 16.

Meierei 1890–1970. Satruper Str. 15, am Nordende des Dorfes. Seit 1970 Wohnhaus.

Fabrik. Plumrose-Böklunder Fleischwaren. Gegründet 1936, firmiert seit 1970 unter diesem Namen.
■ Mit 580 Beschäftigten (1993), neben Redlefsen-Satrup das größte Unternehmen in Angeln.

Banken. Raiffeisenbank Süderbrarup, Hauptzweigstelle Satruper Str. 4. Gegründet 1907 als Spar- und Darlehnskasse Böklund. – Sparkasse Schleswig-Flensburg, Filiale Schleswiger Str. 24. Eröffnet 1918 als Zweigstelle der Kreissparkasse Schleswig. – Vereins- und Westbank, Zweigstelle seit 1966, Schleswiger Str. 14.

Bauernhäuser. Satruper Str. 6. Kombiniertes Wohn- und Wirtschaftsgebäude von 1841, reetgedeckt. – Norderau 3. Ehem. Bauernhaus mit Wirtschaftsteil 1822, jetzt zum reinen Wohnhaus umgebaut. Gelber Backsteinbau auf Granitquadersockel, reetgedeckt (beide Denkmalbuch).

Denkmal. Doppeleiche 1898 mit Gedenkstein auf dem Vorplatz der ehemaligen Meierei, zur Erinnerung an die Erhebung.

Augustenburg

Ortsteil in Süd-Böklund. Neubaugebiet zwischen Schleswiger Straße und Obere Teichstraße, mit großer Teichanlage. 1871 nur 2 Häuser. Lit.: Oldekop 1906, VIII 23. Angeln 1922, 686. Wpl-Verz 1970, 116. TK 1323.

Haaf

Häuser nördl. von Böklund. Ortsname: Habicht = ndt. Haaf; nur noch teilweise gebräuchlich. Lit.: Oldekop 1906, VIII 23. Angeln 1922, 686.

Krakholm
Wohnhaus. Ehem. Armenhaus des Kirchspiels, im Ortsteil Augustenburg, wie üblich seinerzeit in abgelegener Lage zum Kirchdorf erbaut. Der Armenverband ist aufgelöst, die Ländereien verpachtet.
Ortsname. Auf der DG Krogholm, als Straßenname Krokholm. – Erhebung = dän. holm, wo Krähen sind = dän. krage. Lit.: Oldekop 1906, VIII 23. Angeln 1922, 686.

Norderfahrenstedt
Ortsteil in Ost-Böklund, Schulstraße. Kirche, Friedhof, Pastorat, Privatschule.
Ortsname. 1554 Nordtvarenstede. Mejer 1649 Vahrenstede. Trap 1864 dän. Nörre Farensted. PreußLA 1877 Norderfahrenstedt. – Stätte = ndt. stede, bei einer Übergangs- oder Überfahrtstelle = altdän. farn (Laur). Mit dem Zusatz zur Unterscheidung von Süderfahrenstedt. Lit.: JbAngeln 1963, 25. Laur 1992, 486.
Geschichte. 1871 Gem. Böklund 45 Ewh., 7 Wohngeb., Gutsbezirk Fahrenstedt 16 Ewh., 3 Wohngeb.
Literatur. vSchröder 1837, I 253. Jensen Angeln 1844, 425. vSchröder 1854, 133. Trap 1864, 513. Oldekop 1906, VIII 23, 42. Angeln 1922, 686. Wpl-Verz 1987, 87. TK 1323.

Literatur. vSchröder 1837, I 111. Jensen Angeln 1844, 425. vSchröder 1854, 48. Trap 1864, 513. Oldekop 1906, VIII 23. Angeln 1922, 686. H. Tesch, Böklund während der Schlacht bei Idstedt, JbAngeln 1958, 181. Wpl-Verz 1987, 87. TK 1323.

BÖKLUNDER AU
s. Kattbek

BÖKLUNDFELD

PLZ 24860. Häusergruppe
Westangeln. Ksp. Böklund, Gem. Böklund u. Stolk. 15 Ewh., davon zu Böklund 11 (1987), keine Ldw.-Betriebe (1993).
Lage: 2,5 km nordwestl. von Böklund, an der Straße nach Klappholz, Eckernförder Landstraße. Höhe 50 m.

Geschichte. 1871 SL Gem. Böklund 11 Ewh., 2 Wohngeb., Gutsbezirk Fahrenstedt 25 Ewh., 4 Wohngeb., seit 1928 auch diese zur Gemeinde.

Literatur. PreußLA 1877. Oldekop 1906, VIII 23. Angeln 1922, 687. Wpl-Verz 1987, 87, 93. TK 1323.

BÖKWATT

PLZ 24894. Häusergruppe
Südangeln. Ksp. u. Gem. Tolk. 62 Ewh. (1987), keine Ldw.-Betriebe.
Lage: Nordost-Tolk, an der Straße nach Tolkschuby. In der Nähe eine kleine Hölzung und nordöstl. der Grumbywald, an dem Tolk einen Anteil hat. Höhe 27 m.

Ortsname. vSchröder 1854 Bökwatt. PreußLA 1877 Bökwatt. – Furt = ndt. -watt, bei Buchen = ndt. Bök (Laur). Lit.: Laur 1992, 162.

Geschichte. Katen zur Struxdorfharde. 1871 SL Gem. Tolk, 21 Ewh., 3 Wohngeb.

Literatur. vSchröder 1854, 539. Oldekop 1906, VIII 114. Angeln 1922, 691. Wpl-Verz 1987, 94. TK 1423.

BÖNDERGAARD

PLZ 24402. Hof
Ostangeln. Ksp. u. Gem. Esgrus. 12 Ewh. (1987), ein Wohngeb., ohne Ldw.-Betrieb.
Lage: östl. von Esgrus, am Eingang zum Dorf Birzhaft. Höhe 30 m.

Ortsname. 1597 Bondergarde. 1615 Bundergardt. vSchröder 1837 Bündergaard. Ndt. Bünnerchard. – Bondenhof = dän. bondegård (Laur). Lit.: Hald 1948-79, VII 374. Laur 1992, 163.

Geschichte. Königliches Bondengut 1663 durch Tausch zu Gut Rundhof, 1853 Kappelerharde. Bis 1970 FL Gem. Birzhaft.

Literatur. vSchröder 1837, I 104. Jensen

Angeln 1844, 374. vSchröder 1854, 50. Oldekop 1906, V 20. Angeln 1922, 599. Wpl-Verz 1987, 95. TK 1224.

BÖNSTRUP

Gemeinde bis 1969

FL Amt Grundhof. Fläche 447 ha. 280 Ewh. (1969). Gemeinde 1867 gegründet, 238 Ewh., 47 Wohngeb. Ewh.-Höchstzahl 1946: 439 Menschen. 1970 Eingliederung in die Gem. Grundhof.

Wohnplätze. Bönstrup, Bückberg, Kattberg.

Literatur. Oldekop 1906, V 22. Angeln 1922, 554. Grundhof 1957, 201. Hist. Gem-Verz 1970, 58.

PLZ 24977. Dorf

Nordangeln. Ksp. u. Gem. Grundhof. 293 Ewh. (1987), Krug, Dorfmuseum.
Lage: nordwestl. von Grundhof, an den Straßen von Grundhof nach Voldewraa und von Lutzhöft nach Langballig. Höhe 48 m.
Grenzort zum Ksp. Husby; die Häuser des Nachbardorfes Voldewraa schließen sich lückenlos an Bönstrup an. Die Bauernhölzung „Norderlücken" begrenzt die Gemarkung im Norden zu Langballig. Die Knicks sind aus dem Feld und vom Wegesrand verdrängt.
Eine Vielzahl alter Bauernhäuser und mehrere große Hofplätze haben in Bönstrup den dörflichen Charakter bewahrt. Die lange Dorfstraße ist zum Teil in neuer Strecke begradigt. Im höher gelegenen Westteil, am Straßendreieck vor dem Krug, die Ortsmitte mit engerer Bebauung. Großer Dorfteich.

Ortsname. 1352 Boenstorp. 1483 Bunstorp. Mejer 1648 Bonstorp. Danckwerth 1652 Bonstrup. – Dorf = altdän. thorp, des Bøn = altdän. PN (Hald). Namensgleich ist Bönstrup bei Vamdrup, Kolding. Lit.: Hald 1948-79, VII 113. JbAngeln 1968, 26. Laur 1992, 163.

Vorgeschichte. Aus der Eisenzeit sind Fundstellen mit Urnen bekannt. Im Nordwestteil der Hölzung „Norderlücken" hat die archäologische Landesaufnahme mehrere flache Ackerwälle festgestellt. Lit.: Röschmann 1963, 139.

Geschichte. Im Dorf waren 6 verschiedene Jurisdiktionen vertreten: die Güter Lundsgaard, Unewatt, Schwensby, das Hospital Flensburg, die Domkapitelvogtei Gammelbygaard und die Husbyharde. 1853 hat die Harde die Gerichtsbarkeit aller Stellen übernommen. 1871 FL Gem. Bönstrup, im Dorf 110 Ewh., 38 Wohngeb. Freiw. Feuerwehr 1889 gegründet. Seit 1970 Gem. Grundhof.

Krug 1891. Gasthaus Bönstrup, Dorfstr. 46. Gaststätte seit 1800, bis 1972 mit Hökerei. 1891 Neubau nach Brand. Lit.: Grundhof 1957, 220. Grundhof 1981, 187.

Windmühle 1900–1962. Mühlenstr. 4. Galerieholländer, ehemals die Rote Mühle von Flensburg, 1900 hier aufgestellt. 1953 letztmals gelaufen und 1962 abgebrochen. ■ Sie war eine der größten Windmühlen in Angeln und hatte vier Mahlgänge. Lit.: KDM FL 1952, 186. Grundhof 1957, 208. Pöge 1980, 55. Grundhof 1981, 201.

Spinnerei 1867-1874. Dorfstr. 1. Flachsspinnerei AG. 1874 Konkurs, Gebäude abgebrochen. Auf dem Grundstück wurde 1875 ein neues Haus erbaut. Lit.: Grundhof 1957, 218. Grundhof 1981, 176.

Post. Poststelle 1946 aufgehoben und in Langballig stationiert.

Sparkasse. 1896 gegründet. Fusion mit Langballig, heute in Husby.

Dorfmuseum. Dorfstr. 15. 1973 in einem alten Wirtschaftgebäude eines ehemaligen Hofes eingerichtet.

Höfe und Bauernhäuser. Dorfstr. 9. Kleines Wohnhaus, roter Backstein mit Reetdach. Ehemaliges Abnahmehaus von Nr. 10 (Denkmalbuch). Lit.: Grundhof 1981, 179. – Dorfstr. 12. Hof seit 1787 im

Familienbesitz. Großes Wohnhaus von 1809, roter Backstein, Reetdach. Ehemals ein kombiniertes Wirtschaftsgebäude, jetzt Winkelanbau (Denkmalbuch). Lit.: Grundhof 1981, 181. – Dorfstr. 15. Ehem. Dreiseithof. Wohnhaus von 1854, ein breitlagernder roter Backsteinbau, reetgedeckt, breiter Frontispiz. Über der Haustür Marmortafel mit Baujahr (Denkmalbuch). Im alten Wirtschaftsgebäude das Dorfmuseum. Lit.: Grundhof 1981, 181. – Dorfstr. 24. Hof seit 1590 im Familienbesitz. An der Nordseite der Scheune sind drei Steine eingemauert, in denen die Anfangsbuchstaben sämtlicher Hofbesitzer seit 1590 mit der Jahreszahl des Antritts eingehauen sind. Lit.: Grundhof 1981, 174. – Dorfstr. 54. Wohnhaus 1862 erbaut. Roter Backstein mit Reetdach. Der Hauseingang ausmittig mit kleinem Frontispiz und Halbsäulenädikula (Denkmalbuch). Lit.: Grundhof 1981, 189. – Langballiger Str. 6. Wohnhaus 1859 erbaut, von 1898-1960 Werkstatt eines Uhrmachers. Lit.: Grundhof 1981, 195. – Langballiger Str. 9. Hof 1603 im Besitz von Las Thomsen, genannt „Turmbauer", der mehrere Kirchtürme in Angeln errichtete. Lit.: Grundhof 1981, 196.

Denkmal. Friedenseiche 1871 mit Gedenkstein, auf dem Dorfplatz an der Ecke Alte Dorfstraße und Kattberger Straße.

Literatur. vSchröder 1837, I 114. Jensen Angeln 1844, 337. vSchröder 1854, 50. Oldekop 1906, V 22. Angeln 1922, 554. Grundhof 1957, 201. Grundhof 1981, 172. Wpl-Verz 1987, 96. TK 1223.

BÖRNING
s. Grundhof

BÖRSBY

PLZ 24395. Hof

Ostangeln. Ksp. Gelting, Gem. Pommerby. 3 Wohngeb., Ldw.-Betrieb 103 ha (1993).
Lage: 2 km südl. von Pommerby, an der Straße nach Bobeck. Grenzort zur Gem. Kronsgaard. Höhe 12 m.

Ortsname. 1462 Bornsbu. 1535 Börsby. 1649 Borsbuy. PreußLA 1877 Börsby. – Dorf = dän. by, des Biur = altdän. PN (Laur). Lit.: Hald 1948-79, VII 423. JbAngeln 1967, 105. Laur 1992, 164.

Geschichte. 1699 und 1709 ist an dieser Stelle eine Holländerei erwähnt, die vermutlich zu einem Meierhof von Gut Düttebüll gehörte. Der jetzige Hof entstand 1783 nach der Parzellierung des Gutes und befindet sich seitdem im Familienbesitz. Wohnhaus von 1797, umgebaut 1949. Eine ehemalige Hofhölzung ist in den 1930er Jahren abgeholzt.

Ehem. Dorf

1535 gehörte das Dorf mit 4 Höfen zu Gut Buckhagen, 1614 an Gut Düttebüll verkauft, danach niedergelegt, vermutlich um einen Meierhof zu errichten.

Literatur. vSchröder 1837, I 116. Jensen Angeln 1844, 244, 383. vSchröder 1854, 51. Oldekop 1906, V 92. Angeln 1922, 612. Gelting 1972, 640. Gelting 1987, 322. Wpl-Verz 1987, 99. TK 1225.

BÖTTCHERTIMMER

Holz

Südangeln. Gem. Ulsnis. Fläche 10 ha, Besitzer ist ein Hof in Ulsniskirchenholz.
Lage: nordwestl. von Ulsnis, an der Westseite des Weges nach Schmedeland. Höhe 35 m.

Flurname. Gehölz, aus dem der Böttcher sein Bauholz = ndt. Timmer, holte. Lit.: Ulsnis 1989, 14.

BOHOLZ

PLZ 24891. Häusergruppe

Mittelangeln. Ksp. u. Gem. Struxdorf. 26 Ewh. (1987), 7 Wohngeb. Fischzucht, ein Ldw.-Betrieb (1993).
Lage: 2 km südöstl. von Struxdorf, an der Straße nach Boholzau, an der Dingwatter Au und hoch auf dem Hang zum Tal der

BOHOLZ, Fischteiche an der Dingwatter Au. Foto: D. Weldt

Wellspanger Au, hier Boholzer Au genannt. Höhe 22 m. Im bewaldeten Talwinkel liegen die Fischteiche. Die Anlage besteht aus 13 Becken, die über ein Schöpfwerk mit Wasser aus der Dingwatter Au gespeist werden.

Ortsname. 1460 Budeholde. 1554 Boholt. Mejer 1649 Boholt. PreußLA 1877 Boholz. Ndt. Boholt. – Buden, Hütten = dän. bod, im Wald = ndt. -holt, oder wo Holz für Buden geschlagen wird (Laur). Lit.: JbAngeln 1963, 29. Laur 1992, 165.

Geschichte. Früher nur ein Hof zum Johanniskloster, 1854 drei Höfe zur Struxdorfharde. 1871 SL Gem. Struxdorf, 47 Ewh., 4 Wohngeb. Die Fischteiche wurden 1910 angelegt; Gedenkstein.

Literatur. vSchröder 1837, I 118. Jensen Angeln 1844, 421. vSchröder 1854, 52. Oldekop 1906, VIII 106. Angeln 1922, 682. Wpl-Verz 1987, 93. TK 1323.

BOHOLZAU

PLZ 24894. Häusergruppe

Südangeln. Ksp. Tolk, Gem. Twedt. 37 Ewh. (1987), 17 Wohngeb., zwei Ldw.-Betriebe (1993).

Lage: im Großen Autal an der Wellspanger Au, 4 km nördl. von Tolk, an den Straßen nach Struxdorf über die neue Aubrücke von 1963, und nach Twedt. Die Au, hier auch Boholzer Au genannt, tritt aus einem engen Talraum heraus und wendet ihren Lauf nach Osten durch weite Flächen.
Die Häuser stehen auf der Höhe 24 m und an der Au 12 m tiefer. Grenzort zum Ksp. Struxdorf.

Ortsname. 1804 Boholtaae. PreußLA 1877 Boholzau. Lit.: Laur 1992, 165.

Geschichte. 1837 nur 3 Katen zur Struxdorfharde und zum Gut Tolkschuby, darunter eine bis 1777 zum Domkapitel, Vogtei Berend. 1871 SL Gem. Tolkschuby,

37 Ewh., 6 Wohngeb. 1942 Gem. Buschau, seit 1970 Gem. Twedt.

Krug. Boholzau 19. Wirtshaus 1854 vorhanden, 1977 Gaststätte geschlossen. Jetzt Wohnhaus.

Meierei 1907–1964. Boholzau 17. Die Meierei übernahm 1950 den Betrieb von Böelschuby und schloß sich selbst 1964 an Hollmühle an. Gebäude zu Wohnungen umgestaltet.

Windmühle. Bockmühle, in den 1890er Jahren von Fahrdorf nach hier versetzt. Vor dem Ersten Weltkrieg verschwunden; sie war die letzte ihrer Art in Angeln. Lit.: JbAngeln 1933, 84.

Literatur. vSchröder 1837, I 118. vSchröder 1854, 52, 540. Oldekop 1906, VIII 115. Angeln 1922, 691. Wpl-Verz 1987, 94. TK 1324.

BOHOLZER AU
s. Wellspanger Au

BOHOLZFELD

PLZ 24891. Häusergruppe
Mittelangeln. Ksp. u. Gem. Struxdorf. 4 Wohngeb., keine Ldw.-Betriebe (1993).
Lage: 1 km östl. von Struxdorf, an der Straße von Böklund nach Böel, nahe der Dingwatter Au. Höhe 24 m.

Literatur. Wpl-Verz 1987, 93. TK 1323.

BOJUM

PLZ 24402. Häusergruppe
Ostangeln. Ksp. Esgrus, Gem. Esgrus u. Stangheck. 19 Ewh. (1987), 5 Wohngeb., davon ein Hof mit Ldw.-Betrieb zur Gem. Stangheck, „Groß Bojum" genannt.
Lage: nördl. von Wippendorf, an der Straße nach Rundhof, am Rande eines großen Hügelgebietes. Höhe 37 m.
Der einschneidende Grenzverlauf der Gemeinde Stangheck, einer Nase gleich, reicht weit in das Gebiet der Nachbargemeinde Esgrus hinein. Auf den Feldern werden die Knicks nur noch als Grenzlinien geduldet.

Ortsname. 1798 FN Boyem. 1800 Bojem. vSchröder 1837 Boyum. Trap 1864 dän. Boiom. PreußLA 1877 Bojum. – Zu den Buden = dän. bod (Laur). Lit.: Hald 1948-79, VII 374. JbAngeln 1967, 109. Laur 1992, 166.

Geschichte. Der Wohnplatz entstand 1801 mit dem Schulbau für das Gut Rundhof, daneben eine Kate und das Armenhaus, das noch vorhanden ist. 1853 Kappelerharde. 1871 FL Gem. Wippendorf, 40 Ewh., 3 Wohngeb. Seit 1970 Gem. Esgrus.

Schule 1801–1974. Seit 1791 bestand eine Schule beim Gutshof von Rundhof, die 1801 hierher verlegt wurde. Anfangs wurden rd. 70 Kinder unterrichtet, durch die neuen Wohnstellen nach der Gutsparzellierung erhöhte sich die Zahl in der zweiklassigen Schule auf das Doppelte. Schulpatron war der Gutsherr, von dem das Kirchenvisitatorium Flensburg erst 1860 die Aufsicht übernahm. 1851–64 Unterricht in dänischer Sprache. Schulneubau 1928. Mehrzweckhalle 1961 errichtet. 1969 war zu Bojum noch eine vierklassige Grundschule, nach der Auflösung 1974 werden die Schüler zur Schule nach Sterup gefahren. Das Schulgebäude ist seit 1976 ein Kinderheim. Lit.: Ravn 1971, 160. Esgrus 1990, 245.

Literatur. vSchröder 1837, II 438. Jensen Angeln 1844, 373. vSchröder 1854, 582. Trap 1864, 502. Oldekop 1906, V 128. Angeln 1922, 599. Wpl-Verz 1987, 95. TK 1224.

BOKNIS

PLZ 24392. Häuser
Südangeln. Ksp. Boren, Gem. Boren u. Ekenis. 12 Ewh. (1987), 11 Wohngeb., davon zur Gem. Ekenis 5 Häuser. Fischerei.
Lage: an der Schlei, 1,5 km östl. von Ketels-

BOLLINGSTEDTER AU, zwischen Stenderup und Sieverstedt. Foto: H. C. Callsen

by, Zufahrt von der Straße von Lindaunis nach Grödersby.

Ortsname. Mejer 1641 Bocknis. vSchröder 1837 Bockenis. Jensen Angeln 1844 Neu-Booknis. Trap 1864 dän. Bagnæs. PreußLA 1877 Boknis. – Landnase = ndt. -nis, mit Buchen bewachsen = dän. bog (Laur). Lit.: JbAngeln 1964, 61. Laur 1992, 167.

Geschichte. Eine Kate zum Domkapitel Schleswig, 1777 Schliesharde. 1816 eine zweite Kate „Neu-Boknis" erbaut. 1871 SL Gem. Ketelsby u. Ekenis, 14 Ewh., 3 Wohngeb. Die Häuser von Ketelsby gehören seit 1974 zur Gem. Boren. Seit Mitte des 19. Jh. ist hier Wadenfischerei betrieben worden. Um die Jahrhundertwende wurden zeitweise große Heringsschwärme, bis zu 4000 Stück Fisch, in einer Nacht gefangen.

Fähre. Kahnfähre über die Schlei nach Sieseby (1837). Überfahrt und Übersetzen zu den vorbeifahrenden Schleidampfern bis ca. 1930. Dabei vormals eine Gastwirtschaft.

Naturdenkmal. Eichen. Am Schleiufer zwischen Boknis und Pageroe stehen sieben Stieleichen von unterschiedlicher Stärke und Höhe in einer Reihe, die an diesem Platz seltsam wirken. Sie sollen etwa 1870 gepflanzt worden sein. Seit 1977 unter Schutz gestellt.

Literatur. vSchröder 1837, I 110. Jensen Angeln 1844, 398. vSchröder 1854, 53. Oldekop 1906, VIII 59. Angeln 1922, 640. Boren 1957, 140. Wpl-Verz 1987, 87. TK 1325.

BOLLBRÜCK
s. Staffel

BOLLELEI
s. Boltoftheck

BOLLINGSTEDTER AU

Au

Westangeln, im Bereich der Treene, Nordsee. Fließstrecke 27,5 km, davon durch Angeln nur der Oberlauf 9 km von Loitmühle, nördl. von Havetoftloit bis Stenderupau. Von der gesamten Einzugsfläche 10.350 ha entfallen etwa $^2/_3$ auf Angeln. Die Bollingstedter Au ist der größte Nebenarm der Treene.
Der Lauf beginnt aus einer Senke unterhalb der Hügelgräber an der Straße nach Torsballig, Höhe 35 m. Aus einem Seitental von Havetoftloit mündet als erste die kurze Haalroiau ein, darauf folgen kurz aufeinander von rechts die Eskjer Au und Bunsbüller Au links. Hier ist der Talraum fast überall gleich breit und tief in die Landschaft eingeschnitten. In Hostrup überbrückt die Eckernförder Landstraße die Au. Das Kirchdorf Havetoft wird westlich umrundet und der Mühlenbach aus dem Havetofter See aufgenommen.
Das Dorf Stenderup liegt hoch über dem Tal, das von bewaldeten Hängen enger eingefaßt ist. Von der Straßenbrücke führt ein Wanderweg 1,2 km lang bis zum Stauteich von Sieverstedt direkt neben der Au – in Angeln ist es selten, daß eine Au so nah von einem langen Weg begleitet wird. Der Talraum unterhalb Sieverstedt, dessen Kirche hoch oben thront, ist mit Acker, Grünland und Sumpfbereichen vielfältig strukturiert, stellenweise auch von Erlenbruch und Waldhang gesäumt. Der Stauteich ist als Sandfangbecken mit einer großen Staustufe angelegt worden. An der Straßenbrücke über die Schleswiger Chaussee, B 76, in Stenderupau, verläßt die Au die Landschaft Angeln.
Merkwürdigerweise bildet der Lauf der Bollingstedter Au in Angeln keine historischen Grenzen zu Harden oder Kirchspielen nur zu früheren Gemeinden.
Einmündende Gewässer: Haalroiau, Eskjerau, Bunsbüller Au, Holminger Au, Havetofter Mühlenbach, Krittenburger Au, Helligbek.

Gewässername. 1638 Bollingsteter Strom. Mejer 1649 Torsbeck. PreußLA 1877 Bollingstedter Au. – Nach dem Dorf Bollingstedt. In Angeln wird die Au in Abschnitten auch Hostrupau und Stenderuper Au genannt. Auf der DG u. Kat. Plankarte erst ab Stenderup als Bollingstedter Au bezeichnet.
Obwohl einer der bedeutendsten Zuflüsse der Treene, ist der Flußname spät belegt. Der Grund dafür liegt vermutlich im Namenswechsel. Früher wurde der gesamte Lauf auch Helligbek genannt, heute nur der Zulauf. Lit.: vRohden 1989, 216, 310, 441, 456.

Literatur. vSchröder 1837, II 275. Biotop 1987, 1322 Nr. 26. TK 1323.

BOLTOFT

Gemeinde bis 1961

FL Amt Sterup. Fläche 435 ha. 189 Ewh. (1961). Gemeinde 1867 gegründet, 136 Ewh., 27 Wohngeb. Ewh.-Höchstzahl 1946: 344 Menschen. 1962 Eingliederung in die Gem. Sterup.

Wohnplätze. Barredamm, Boltoft, Boltoftheck, Borreweg, Duisberg, Kallewatt, Metz, Osterholm, Schadelund.

Literatur. Oldekop 1906, V 21. Angeln 1922, 587. Hist. Gem-Verz 1970, 66.

PLZ 24996. Häuser

Mittelangeln. Ksp. u. Gem. Sterup. 51 Ewh. (1987), 13 Wohngeb., keine Ldw.-Betriebe (1993).
Lage: knapp 1 km östl. von Sterup, an der Straße nach Esgrus. Die Häuser sind auf zwei Höhen gestellt und in einer Senke dazwischen gebaut. Die Boltofter Au fließt durch eine ausgeprägte Bachschlucht. Höhe 35 m.
Das Umfeld ist hügelig, ein hoher Nordhang fällt langsam zum Tal der Lippingau ab. Von der Hanghöhe, an der Wegkurve nach Boltoftheck, ist der weite Talraum in einem großen Rundblick zu erfassen. Im Hintergrund erhebt sich der Scheersberg.
■ Über den Hang verbindet der Hohlweg „Bergstraße“ den Weg von Boltoftheck mit

BOLTOFTER AU, Bachschlucht südlich von Boltoft. Foto: C. Bendixen

der Straße von Boltoft. Besonders charakteristisch ist seine Nordhälfte mit beiderseitigen hohen Knickwällen und dichtem Bewuchs. Einer der letzten erhaltenen Verkehrswege in Angeln aus früherer Zeit (Denkmalbuch).
Im Südbogen um Boltoft liegen mehrere kleine Hölzungen, die von einem einst größeren Waldbestand zeugen.

Ortsname. 1406 Boltofte. Mejer 1648 u. Danckwerth 1652 Boldtofft. PreußLA 1877 Boltoft. – Hofplatz = dän. bol, hier in der Bedeutung von Hof, und Wohnplatz = dän. toft (Laur). Lit.: Hald 1948-79, VII 340. JbAngeln 1967, 115. Laur 1992, 168.

Geschichte. 5 Höfe und 3 Katen zur Nieharde. 1871 FL Gem. Boltoft, im Dorf 79 Ewh., 11 Wohngeb. Seit 1962 Gem. Sterup. Freiw. Feuerwehr 1887 gegründet, 1993 mit Sterup vereinigt.

Spritzenhaus 1887. Kurz vor der Abzweigung nach Kallewatt steht das alte Gebäude der Freiw. Feuerwehr Boltoft-Osterholm. 1967 zur Privatnutzung verkauft.

Literatur. vSchröder 1837, I 121. Jensen Angeln 1844, 361. vSchröder 1854, 54. Oldekop 1906, V 21. Angeln 1922, 587. Röschmann 1963, 141. Wpl-Verz 1987, 101. TK 1224.

BOLTOFTER AU

Au

Mittelangeln, im Bereich der Lippingau, Ostsee. Fließstrecke 5 km, von Jordan und Brunsbüllund, Höhe 46 m, bis zur Einmündung rechts in die Lippingau bei Boltoftheck. Einzugsfläche 325 ha, Gem. Sterup. Der Lauf ist zur Hälfte verrohrt. Im Wäldchen „Holzkoppel“, südlich von Boltoft, hat die Au schon ein starkes Gefälle und ein System von Schluchten entwickelt, deren Prallhänge bis zu 5 m aufragen.

■ Zwischen Boltoft und Boltoftheck bildet ein ca. 400 m langes tiefes Erosionstal eine Bachschlucht, in der die Au mäandrierend ihren Lauf sucht. Die Steilhänge sind mit Laubwald bewachsen. Tief eingeschnittene Täler sind im östlichen Angeln an den Rändern der großen Talzüge nicht selten. Die Boltofter Schlucht ist durch das natürliche Vegetationsbild und die Vielzahl unterschiedlicher Kleinlebensräume das am besten erhaltene Beispiel. – Der Unterlauf ist 1993 zwischen Boltoftheck und der Lippingau verlegt und naturnah ausgebaut worden. Lit.: Biotop 1989, 129.

BOLTOFTHECK

PLZ 24996. Haus

Mittelangeln. Ksp. u. Gem. Sterup.
Lage: östl. von Sterup, am Weg nach Osterholm, am Fuß eines hohen Hangs. Die Boltofter Au wechselt hier die Fließrichtung der Lippingau zu. Höhe 24 m.

Ortsname. 1776 FN Bollelei, Bullelei. 1797 Bollerheck. Jensen Angeln 1844 Bollelej. TK von 1939 Bullerheck. – Hecktor = dän. led, von Boltoft. Vielleicht ein Hinweis auf eine ältere Schreibweise des Dorfnamens, die sich hier erhalten hat (Hald). Lit.: Hald 1948-79, VII 340.

Geschichte. Ehemals Heckkate der Nieharde. Bis 1962 Gem. Boltoft.

Literatur. vSchröder 1837, I 121. Jensen Angeln 1844, 361. vSchröder 1854, 54. Oldekop 1906, V 21. Angeln 1922, 587. Wpl-Verz 1987, 101. TK 1224.

BOMMERLUND
s. Mohrkirchosterholz

BONDEBRÜCK

PLZ 24966. Häusergruppe

Mittelangeln. Ksp. u. Gem. Satrup u. Sörup. 6 Wohngeb., davon zu Satrup 4 Häuser, seit 1993 ohne Ldw.-Betrieb.
Lage: 2 km nordöstl. von Satrup, an der Bondenaubrücke der Straße nach Sörup, die einzige Verkehrsverbindung zwischen den beiden Gemeinden.
Die Bondenau ist die Grenzau der Kirchspiele, früher auch der Satrupharde zur Nieharde, bis 1974 die Kreisgrenze.

Ortsname. Mejer 1648 Bundenbruck. Danckwerth 1652 Bundenbrugge. 1673 Bundebro. 1746 Bondebrück. Trap 1864 dän. Bondebro. Wpl-Verz 1871 Bonnebrück. PreußLA 1877 Bondebrück. Ndt. Bonnebrüch. – Brücke = dän. bro, über die Bondenau (Laur). Lit.: Hald 1948-79, VII 221. JbAngeln 1963, 34. Laur 1992, 168.

Geschichte. Die geteilte Zugehörigkeit besteht seit 1771, als sich zu der vorhandenen Kate von Gut Südensee – bis 1859 mit einer Schmiede – eine Parzellenstelle des Gutes Satrupholm in Nachbarschaft setzte. 1871 FL Gutsbezirk Südensee ein Haus u. SL Gem. Satrup 3 Wohngeb., zusammen 20 Ewh. Die Gutskate wechselte nach Auflösung des Gutsbezirks 1928 zur Gem. Südensee, 1970 Gem. Sörup.
Vor dem Chausseebau 1887/88 verlief der „Sörup–Schleswiger Weg“ parallel hinter der Landstelle.

Literatur. vSchröder 1837, I 122. vSchröder 1854, 55, 518. Satrup 1902, 181. Oldekop 1906, V 113, VIII 85. Sörup 1907, 273. Angeln 1922, 673. Sörup 1964, 320. Sörup 1985, 509. Wpl-Verz 1987, 99. TK 1223.

BONDENAU

Au

Mittel- bis Westangeln, im Bereich der Treene, Nordsee. Fließstrecke 20 km, von Langdeel bei Mohrkirchteich bis zur Einmündung in den Treßsee. Einzugsfläche 8550 ha, Gem. Mohrkirch, Sörup, Satrup, Großsolt.
■ Die Bondenau ist die längste Au in Angeln, neben der Kielsau eine der beiden Quellflüsse der Treene. Sie durchquert die

BONDENAU, Brücke vor dem Treßsee. Foto: G. Schmidt

Hälfte der Landschaft nach Westen. Durch ihren gleichmäßigen und weite Flächen durchziehenden Verlauf prägt sie ihre Umgebung nur an wenigen Punkten.
Grenzlauf der Kirchspiele Böel, Sörup, Satrup, Großsolt, und bis 1974 Kreisgrenze.
Die Quelle der Bondenau soll auf dem Flurstück „Sottelsgab“, Gemarkung Ahneby und Sörupholz zu suchen sein. Der weitere Quellraum befindet sich in der von Moränenschlingen umgebenen Senke von Mohrkirchteich, Höhe 50 m. Die Randmoränen liegen im Westen so eng nebeneinander, daß sie von der Au nördlich von Baustrup erst durchnagt werden mußten, um den Teich verlassen zu können.
Südlich von Sörupholz läuft die Au am „Großholz“ vorbei unter den Bahndamm. Nach anfänglich etwas gewundenem Lauf fließt die Bondenau nach Eslingwatt, ab Mühlenholz in einem langen Graben weiter. Bei Mooswatt beginnen die weiten Moorflächen im ehemaligen Rüder See und Satrupholmer Moor.
Der Mittellauf wechselt die Fließrichtung nach Nord. Bei Bondebrück werden die abfließenden Wasser des Südensees aufgenommen. Am Norderholz und dem Wald „Küsterwiese“ vorbei führt die Strecke auf 3,5 km durch starkmoorig-sumpfiges Gebiet. Im großen Nordbogen der Au mündet die Rückebek von Flatzby kommend ein. Ab Ausackerbrück wird wieder die Hauptrichtung West eingenommen.
■ Die Aubrücke von Ausackerbrück ist der vielseitigste Grenzpunkt in Angeln: an der ehemaligen Kreisgrenze treffen sich Uggel-, Husby-, Nie- und Satrup-Harde.
Gegenüber vom Kolleruper Holz liegt die Einmündung der Nackholzer Au, dem größten Zulauf der Bondenau. Von Kollerup bis Estrup herrscht sumpfiges Gebiet vor. Im Unterlauf wechselt die Talform, die Breite ist geringer, die Uferböschungen sind steiler und der Lauf gewundener, dem Relief der Landschaft angepaßt. Die Au folgt einem eiszeitlichen Tunneltal, durch das Dorf Mühlenbrück, am Kirchberg von

Großsolt vorbei, nach Großsoltbrück. Hier beginnt eine Talsenke, die sich trichterförmig nach Westen öffnet und schon nach wenigen 100 m eine Breite bis zu 500 m erreicht. 600 m vor dem Treßsee nimmt die Bondenau die Kielsau auf, die seit 1964 durch künstliche Verlegung ihres Mündungslaufs zugeführt wird.
Einmündende Gewässer. Die Bondenau erhält Zulauf im weiten Umkreis der Höhen und aus dem Südensee: Mühlenholzer Au, Rüder Au, Südensee mit Elkierau und Gammelbyer Moorgraben, Rückebek, Nackholzer Au. In den Treßsee münden Breide Rönn und Bek ein.

Gewässername. Mejer 1648 Suder oder Bonden Aw. Danckwerth 1652 Bunden-Aw. 1770 Bonden-Aue. Jensen Angeln 1844 Süderau oder Bondenau. Trap 1864 dän. Bondenaa. PreußLA 1877 Bonden-Au. – Au eines Bauern = dän. bonde, oder des Bondi (Laur). Süderau genannt als südlicher Quellfluß der Treene, entsprechend die Norderau, der nördliche Quellfluß Kielsau. Abschnittsnamen sind Mohrkirchteich Au, Eslingwatter Au, Taachau-Aue oder Taachkier-Aue für die Strecke beim Südensee, Satrupholmer Au, Großsolter Au. Lit.: Hald 1948-79, VII 255. vRohden 1989, 217, 266, 449, 452. Laur 1992, 168.

Vorgeschichte. Durch die archäologische Landesaufnahme sind zwischen Mühlenbrück und Obdrupholzkoppel neun Siedlungsstellen, vorwiegend am Nordufer festgestellt. Gleichviele Plätze sind am Rande der Au zwischen Bondebrück und Mühlenholz aufgefunden worden. Lit.: Röschmann 1963, 132, 264, 375, 596.

Wassermühlen. Ehemals zu Mohrkirchteich, mit einem Stauteich, in Eslingwatt, wo Reste der Mühle um 1925 beseitigt wurden, und zu Mühlenbrück bei Großsolt.

Literatur. Jensen Angeln 1844, 29, 316. vSchröder 1854, 55. Trap 1864, 470. Oldekop 1906, 46, V 113. Sörup 1964, 320. Obdrup 1982, 66. LA für Wasserhaushalt SH, Gütelängsschnitt Bondenau, 1982. TK 1222, 1223, 1323, 1324.

BONDSTAMM
s. Wagersrott

BONNERÜH
s. Ulsnis

BONSBERG

PLZ 24395. Häusergruppe

Ostangeln. Ksp. Esgrus, Gem. Niesgrau. 19 Ewh. (1987), 5 Wohngeb., Fähr-Café.
Lage: nahe der Geltinger Bucht, 2,5 km westl. von Gelting, an der Nordstraße. Höhe 4 m.

Ortsname. 1797 Bonnsberg. Ndt. Bunsbarch. – Berg des Bondi = altdän. PN (Hald). Lit.: Hald 1948-79, VII 374. Laur 1992, 169.

Geschichte. Kate zu Gut Ohrfeld, 1853 Kappelerharde. 1871 FL Gem. Koppelheck, 11 Ewh., 3 Wohngeb. Seit 1970 Gem. Niesgrau.

Literatur. vSchröder 1837, I 123, II 131. Jensen Angeln 1844, 372. vSchröder 1854, 55. Oldekop 1906, V 67. Angeln 1922, 603. Wpl-Verz 1987, 98. TK 1225.

BORDESKUHLER AU

Au

Mittelangeln, im Bereich der Lippingau, Ostsee. Fließstrecke 3,8 km, aus der Feldmark östl. von Hattlund, Höhe 42 m, bis zur Einmündung links in die Lippingau bei Kallewatt. Einzugsfläche 810 ha, Gem. Steinbergkirche u. Quern.
Die Au beginnt ihren Lauf um Hattlundmoor und weiter am Querner Holz entlang. An der Straßenbrücke von Westerholm Zusammenfluß mit der Quernau. Am Nordostufer ein schmaler bewaldeter Steilhang mit einer Gruppe von sieben Grabhügeln, von denen drei gut erkennbar sind.
Der „Borreweg“, eine Teilstrecke der Geltinger Landstraße zwischen Niesgrau und Westerholm, ging ursprünglich kurz vor

Westerholm in einer Furt durch die Au. Etwas südlicher der heutigen Straßenbrücke sind 1993 noch Fahrspuren im Bachbett entdeckt worden.
Unterhalb Westerholms wechselt die Au mit einem selten scharfen Knick die Richtung nach Osten, der Lippingau zu. Die einst verrohrten Strecken sind 1991 wieder zum offenen Bach umgestaltet.

Gewässername. 1723 Boddes Kuhl. 1782 Borres-Kuhl. PreußLA 1877 Bordeskuhler Au. – Boddi = altdän. PN (Hald). Der Name steht wohl eher im Zusammenhang mit dem Borreweg und der Furt bei Westerholm. Lit.: PreußLA 1877. Hald 1948-79, VII 298. TK 1224 (1969).

BOREN

Kirchspiel

Kirchenkreis Angeln. 1050 Gemeindeglieder (1991). Kirche, Gemeindehaus, Kindergarten, Schwesternstation. Grundbesitz 35 ha.

Wohnplätze. Affegünt teilw., Akeby, Albrowatt, Alter Wall ehem., Bekhaus, Bicken teilw., Boknis, Boren, Borenfeld, Kleinboren, Borenmoor, Bremswatt, Dickedämmung, Düttnis, Ekenis, Ekenisfeld, Ekenislund, Fahrtoft, Gaarwang, Gammelby ehem., Grabbelwatt, Güderott, Güderottfeld, Güderottstamm, Hegeholz, Hoheluft, Hürye, Kaltoft, Ketelsby, Kiesby, Kiesbyfeld, Knopperdamm, Langschiff, Lindau, Lindaufeld, Lindauhöh, Lindauhof, Lindaukamp, Lindaumühlenholz, Lindaunis, Großes Nis ehem., Kleines Nis ehem., Pageroe, Pageroefeld, Papenfeld, Petersfeld, Rehberg, Sinkental, Trobüll ehem., Tuholm ehem., Twiestraße, Uhlekuhl, Wattlück, Wrium.

Geschichte. Das Patronat lag seit der Reformation beim Gut Lindau und gelangte mit diesem 1719 an den Herzog zu Glücksburg. 1784 Propstei Amt Gottorf, Schliesharde. 1879 Propstei Südangeln, 1971 Propstei Angeln, seit 1977 Kirchenkreis Angeln.

Literatur. Jensen Stat. 1841, 1178. Jensen Angeln 1844, 396. Trap 1864, 528. Angeln 1922, 637. Kuhlmann 1958, 163.

Amt bis 1970

Kreis Schleswig. Verbund der Gem. Boren, Ekenis, Ketelsby, Kiesby, Lindau. 1970 Eingliederung in das Amt Süderbrarup.

Gemeinde

Amt Süderbrarup. Fläche 1850 ha, davon 1560 ha Festland, 290 ha Schlei, 77 ha Wald. 755 Ewh., 331 Wohngeb., 32 Ldw.-Betriebe (alle Angaben 1987). Rund ein Viertel der Häuser wird nur als Zweitwohnsitz zur Freizeit genutzt.

Wohnplätze. Affegünt teilw., Akeby, Albrowatt, Boknis teilw., Boren, Borenfeld, Kleinboren, Borenmoor, Fahrtoft, Gaarwang, Grabbelwatt, Güderott, Güderottfeld, Güderottstamm, Hegeholz, Hoheluft, Hürye, Ketelsby, Knopperdamm, Lindaufeld, Lindauhöh, Lindauhof, Lindaukamp, Lindaumühlenholz, Lindaunis, Papenfeld, Petersfeld, Rehberg, Twiestraße, Uhlekuhl, Wrium.

Gemeinde bis 1974. SL Amt Boren bis 1970. Fläche 580 ha. 291 Ewh. (1970). Gemeinde 1871 gegründet, 299 Ewh., 39 Wohngeb. 1875 Eingliederung des Wohnplatzes Uhlekuhl aus der Gem. Dollrottfeld. Ewh.-Höchstzahl 1946: 609 Menschen. 1974 Eingliederung der Gem. Ketelsby und Lindau.
Wohnplätze: Boren, Kleinboren, Fahrtoft teilw., Grabbelwatt, Güderott, Güderottfeld, Güderottstamm, Hoheluft, Hürye, Rehberg, Twiestraße, Uhlekuhl.

Literatur. Oldekop 1906, VIII 25. Angeln 1922, 637. Hist. Gem-Verz 1970, 166. Wpl-Verz 1970, 117. Wpl-Verz 1987, 87.

PLZ 24392. Häusergruppe

Südangeln. Ksp. u. Gem. Boren. 44 Ewh. (1987), Kirche, Pastorat, Schule, Polizeistation, Bank.
Lage: 4 km südöstl. von Süderbrarup an der Süderlandstraße, auf einer kleinen Landkuppe. Höhe 20 m.

BOREN, Kirche und Glockenhaus. Foto: H. Vollmer

Vom Kirchberg 25 m fällt das Gelände nach Süden in weites Wiesenland, südwestl. eine Hölzung. Im Westen fließt die Lindau.
Boren ist kein Dorf, nur Kirchort mit Schule und Küsterhaus am Vorplatz zur Kirche, einigen Häusern an der Landstraße, ohne große Hofanlagen. Ein kleines Zentrum an der Straßenkreuzung auf dem Gemeindegrund von Kiesby, eher aber mit Boren verbunden. Im Ostbogen von der Gem. Kiesby dreiseitig eng umschlossen.

Ortsname. 1352 Borner, Bornio. 1386 Bornich. 1407 Borne. Mejer 1649 Boren. Jensen Angeln 1844 Borne. Trap 1864 dän. Borne. – Erhöhung = altdän. bor (Laur). Lit.: JbAngeln 1964, 60. Laur 1992, 169.

Geschichte. Das ehem. Dorf Boren bestand aus 7 Hufen, die 1652 vom Gut Lindau niedergelegt wurden. Als Lage wird das Flurstück „Gammelby" vermutet, in der Nähe von Rehberg, allerdings 3 km vom Standort der Kirche entfernt.

Boren unterstand der Gerichtsbarkeit von Gut Lindau, nach der Parzellierung des Gutes 1784 der Schliesharde. 1871 SL Gem. Boren, 42 Ewh., 4 Wohngeb. Freiw. Feuerwehr 1890 gegründet.
Krieg. Frankreich–Schweden. 1808 fünf Wochen Einquartierung französischer Soldaten.
Persönlichkeit. Hans Nic. Andreas Jensen 1802–1850. Pastor, Historiker, seit 1845 zu Boren bis zum Tod.

Kirche. St. Marien. Lage in der Mitte des Kirchspiels, an der Süderlandstraße, auf einer geräumigen Kuppe, mit Blick auf die Schlei. Höhe 25 m.
Spätromanischer Backsteinbau des 13. Jh., vermutlich als Filiale von Norderbrarup gegründet. Die weiß getünchten Wände sind aus Klosterziegeln gemauert, an der Westwand drei Stützpfeiler. In den Seitenwänden hochsitzende Rundbogenfenster. Ein Südportal und das Nordportal im Vorhaus. Das Dach ist in Schiefer gedeckt. Der Ka-

BOREN, Küsterhaus Alte Schule 1793. Foto: U. Neitzel

stenchor mit jeweils zwei Fenstern in den Längswänden, wo gewöhnlich nur eins. Das in spätgotischer Zeit angebaute Vorhaus ist das älteste in Südangeln.

Abseits der Kirche steht das Glockenhaus, ein vierkantiger Holzbau mit Schalluken und einem schindelgedeckten Zeltdach. Seine jetzige Gestalt nach Reparatur von 1843.

Literatur. H. Jürgensen, Die Marienkirche zu Boren, JbAngeln 1953, 147. KDM SL 1957, 150. Kuhlmann 1958, 160, 163. Kunst-Topographie SH 1969, 661.

Friedhof. Fläche 0,8 ha. Einfriedung durch eine Reihe von Eichen, die 1824 gepflanzt wurden und eine Feldsteinmauer von 1839. Der Platz wurde schon früh, 1838, nach Süden erweitert.

Denkmäler. Zwei Friedenseichen von 1871 an der eisernen Eingangspforte. Denkmale 1922 und 1954 für beide Weltkriege errichtet.

■ Gräber. Auf der Südseite der Kirche zwei gußeiserne Kreuze. Pastor Fr. Hinrich Wilh. Fröhlich 1845. – Pastor und Historiker Hans Nic. Andreas Jensen 1850.

Vorplatz. Vor der Kirche ein rechteckiger Platz, der sich zur Landstraße hin öffnet. An den Seiten stehen das Küsterhaus und die Schule. In der Nordwestecke befanden sich 1797 die Pferdeställe der Kirchenbesucher. Zur Erhebungsfeier 1898 wurden auf die Mitte des Platzes eine Doppeleiche und ein Gedenkstein gesetzt.

Der Kirchenvorplatz war der Dingplatz der Schliesharde, der erstmals 1496 durch gerichtliche Handlungen bezeugt ist. 1557 wurden hier 10 Hexen zum Tode verurteilt und auf dem Platz verbrannt. Nachdem Boren unter adlige Gerichtsbarkeit von Lindau geriet, mußte der Dingplatz nach Süderbrarup verlegt werden, das 1671 und später als Gerichtsort der Harde genannt wird. Lit.: H. Claußen, Aus der Schliesharde, JbAngeln 1936, 54.

Pastorat 1789. Boren 12. Der alte Fachwerkbau wurde 1863 teilweise in Backstein neu aufgeführt und mit einem Frontispiz versehen. Seit 1953 ist das reetgedeckte Haus gänzlich mit gelben Backsteinwänden gemauert (Denkmalbuch). Lit.: KDM SL 1957, 164. Boren 1957, 96.

Küsterhaus 1793. Alte Schule am Kirchenvorplatz, ein langgestreckter Fachwerkbau, reetgedeckt. Das Haus ist 1805 um zwei Fach nach Süden erweitert worden, als die Nebenschule in Güderott aufgenommen wurde. 1874 als Lehrerwohnung eingerichtet. Die Kirchengemeinde hat das Gebäude 1980 zurückgekauft und zum Gemeindehaus „Kösterhaus" ausgebaut (Denkmalschutz). Lit.: Boren 1957, 71. KDM SL 1957, 164. Kunst-Topographie SH 1969, 662.

Schule 1874. Gegenüber dem Küsterhaus, an der Westseite des Platzes, steht der dreiklassige Schulneubau mit Lehrerwohnung. In der Grundschule werden in vier Klassen 63 Schüler (1992) aus den Dörfern Boren, Ekenis, Kiesby und Ulsnis unterrichtet. Lit.: Boren 1957, 96.

Armenhaus 1838. Boren 5. Reetgedeckter Ziegelbau. Bis 1970 Amtsbüro. Von 1806–1838 war das Armenhaus des Kirchspiels im Dorf Ketelsby. Lit.: KDM SL 1957, 164. Boren 1957, 96.

Krug 1911. Twiestraße, bei der Kirche. 1807 neu nach Brand errichtet. Früher mit Hökerei. Neubau von 1911. Clubhaus, keine Gaststätte. Lit.: Boren 1957, 97.

Bank. Volks- und Raiffeisenbank Kappeln eG, Geschäftsstelle seit 1989, Möhlenstraat 1. Die erste Borener Spar- und Leihkasse wurde 1862 gegründet, 1924 aufgelöst. 1937 Volksbank Boren als Nachfolgerin. Lit.: Boren 1957, 77.

Literatur. vSchröder 1837, I 125. Jensen Angeln 1844, 157, 397. vSchröder 1854, 57, 404. Trap 1864, 528. Oldekop 1906, VIII 25. Angeln 1922, 637. KDM SL 1957, 149. J. Marxen, Chronik des Kirchspiels Boren, 1957. Wpl-Verz 1987, 87. TK 1324.

BORENFELD

PLZ 24392. Häuser

Südangeln. Ksp. u. Gem. Boren. 2 Wohngeb.
Lage: südwestl. von Boren.

Ortsname. vSchröder 1837 Bornerfeld. Jensen Angeln 1844 Bornefeld.

Geschichte. 1784 eine Parzelle von Gut Lindau in der Schliesharde. 1871 SL Gem. Lindau, 19 Ewh., 2 Wohngeb. Seit 1974 Gem. Boren.

Literatur. vSchröder 1837, II 19. Jensen Angeln 1844, 397. vSchröder 1854, 58.

BOREN, KLEIN-

PLZ 24392. Häusergruppe

Südangeln. Ksp. u. Gem. Boren. 38 Ewh. (1987), 12 Wohngeb., ein Ldw.-Betrieb (1991).
Lage: 1 km südwestl. von Boren, an der Abzweigung nach Lindaumühlenholz von der Straße nach Steinfeld. Höhe 20 m.
Die Häuser stehen auf einem kleinen Höhenrücken und am Osthang zur Lindau. Der enge Talraum südlich der Straßenbrücke ist morphologisch stark ausgebildet mit grünen Böschungen und Weideflächen.

Geschichte. Vormals zu Gut Lindau, 1784 Schliesharde. 1871 SL Gem. Boren, 52 Ewh., 6 Wohngeb.

Post 1908. Postagentur mit Telegraphendienst eröffnet. Heute keine Poststelle.

Ziegelei. Auf einem Hof an der Süderlandstraße. Bei der PreußLA 1877 eingezeichnet, auf der TK von 1939 nicht mehr vorhanden. Lit.: Boren 1957, 97.

Literatur. vSchröder 1837, I 125. Jensen Angeln 1844, 398. vSchröder 1854, 57. Oldekop 1906, VIII 26. Angeln 1922, 639. Boren 1957, 97. Wpl-Verz 1987, 87. TK 1324.

BOSIEK, Stellmacherei. Wohnhaus und Werkstattgebäude 1831. Foto: D. Weldt

BORENMOOR

PLZ 24392. Häusergruppe

Südangeln. Ksp. u. Gem. Boren. 6 Wohngeb., ein Ldw.-Betrieb (1993).
Lage: nordwestl. von Lindaunis, durch die Ferienhaussiedlung Hegeholz, in einer Moorniederung, aus der ein Graben zur Schlei entwässert. Höhe 5 m.

Ortsname. vSchröder 1854 Moor (Borener Moor). Wpl-Verz 1871 Borenmoor. Angeln 1922 Bornemoor. DG 1974 Borenmoor. Der Hof am Nordostrand heißt Hegeholz.

Geschichte. 1817 erbaute ein armer Mann auf dem Moor eine Hütte durch erbetene Materialien (Chronik). 1854 zur Schliesharde 3 Katen. 1871 SL Gem. Ketelsby, 14 Ewh., 4 Wohngeb. Seit 1974 Gem. Boren.

Literatur. vSchröder 1854, 355. Oldekop 1906, VIII 59. Angeln 1922, 640. Wpl-Verz 1970, 120. TK 1324.

BORNEBURG

Burgplatz

Südangeln. Ksp. Boren, vermutliche Lage an der Schlei. 1357 soll die Burg bei der Belagerung, um „Geld, Proviant und Schiffe“ zu erpressen, zerstört worden sein. Eine Stelle, auf der die Anlage gestanden haben könnte, wurde 1906 am Westrand der großen Niederung von Hegeholz, Flurname „Specken“, entdeckt und untersucht: ein Rechteck 70 x 40 m, von breitem Graben umgeben, in einer inneren Ecke, nochmals mit Graben, vermutlich der Standort eines Turms. Lit.: vSchröder 1837, I 125. vSchröder 1854, 57. O. Osewald, Burgen an der Schlei, JbAngeln 1965, 53.

BORREWEG

PLZ 24996. Häusergruppe

Mittelangeln. Ksp. u. Gem. Sterup. 4 Wohngeb., ehem. Krug.

Lage: östl. von Westerholm, an der Straße nach Niesgrau, Geltinger Landstraße, hoch auf dem Hang über dem Tal der Lippingau. Höhe 33 m.

Ortsname. 1723 FN Borreweg. Jensen Angeln 1844 dän. Borrevej. TK von 1939 Borreweg. – Weg zur Stadt Flensburg, in der sich die Burg = jüt. borre, die Duburg befand (Hald). Hier die Wegstrecke der Geltinger Landstraße zwischen den beiden ehem. Gasthäusern Metz und Straßburg. Lit.: Hald 1948-79, VII 310.

Geschichte. Nieharde. Bis 1961 FL Gem. Boltoft, im Ortsteil Osterholm.

Krug. „Metz", Osterholm 8. Geweißter Backsteinbau in Winkelform mit kurzem Wirtschaftsteil und ehemaligem Ausspann an der Landstraße. Krugwirtschaft bis ca. 1970 (Denkmalbuch). Der Krugname „Metz" entstand nach 1870 in Verbindung zum Krug „Straßburg", der im Ksp. Steinberg ebenfalls an dieser Landstraße lag. Ortsname im Volksmund noch bekannt. Lit.: Hald 1948-79, VII 342. KDM FL 1952, 356. Laur 1992, 456.

Literatur. Jensen Angeln 1844, 363. Angeln 1922, 588. TK 1224 (1987).

BORRISER HOLZ
s. Hestofter Holz

BORRISHAAG

PLZ 24405. Haus

Mittelangeln. Ksp. u. Gem. Böel, Thiesholzer Weg.
Lage: 2 km südwestl. von Mohrkirch, an der Straße von Schrixdorfstraße nach Böelschuby. Grenzort zur Gem. Mohrkirch. Höhe 40 m.

Ortsname. Klette = angeldän. Burris und Einhegung = Haag.

Literatur. Angeln 1922, 666. Wpl-Verz 1970, 116. Böel 1984, 141. TK 1324.

BORRISWOHLD

Burgplatz

Südangeln. Ksp. Tolk, Gemarkung Buschau. Südlich des Zusammenflusses der Wellspanger Au und der Oxbek liegt eine etwas über dem Talgrund erhobene kleine runde Fläche, die nur von der örtlichen Überlieferung als Burgplatz bezeichnet wird. In der Nähe des Wohnplatzes Wohld liegt eine Moor- und Wiesenniederung, die den Flurnamen Borreskier trägt.

Literatur. Jensen Angeln 1844, 206. vSchröder 1854, 86. Oldekop 1906, VIII 32. Angeln 1922, 98, 692. KDM SL 1957, 527.

BORTKAYR

PLZ 24972. Häusergruppe

Nordangeln. Ksp. u. Gem. Quern. 3 Wohngeb.
Lage: nördl. von Kleinquern, die letzten Häuser am Weg zur Nordstraße, in einer Niederung an der Kleinquerner Au. Höhe 38 m.

Ortsname. 1650 FN Butkier. 1809 FN Bottkier. PreußLA 1877 Bortkayr. Quern 1961 Buttkier, auch Bortkjär. – Stumpfes = dän. but, Kratt, Bruchland = dän. kær (Laur). Bei der PreußLA 1877 verschrieben, bis heute nicht korrigiert. Lit.: Hald 1948-79, VII 294. Laur 1992, 172.

Geschichte. 1837 eine Kate erbaut, 1870 und 1871 zwei weitere Häuser auf der Moorparzelle errichtet. Bis 1970 FL Gem. Nübel. Straßenverbindung zur Nordstraße 1956 hergestellt.

Literatur. Quern 1961, 285. Wpl-Verz 1987, 99. TK 1224.

BOSIEK

PLZ 24395. Häusergruppe

Ostangeln. Ksp. u. Gem. Gelting. 15 Ewh. (1987; Wpl-Verz 1970 zählt 32 Ewh.), 7 Wohngeb., ein Ldw.-Betrieb (1993).

Lage: Süd-Gelting, langgestreckt an der Straße nach Rabenholz.

Ortsname. 1730 Busick. 1791 Bosick. Jensen Angeln 1844 Busiek. PreußLA 1877 Bosiek. – Bude, Scheune = dän. bod, bei einer sumpfigen Niederung = ndt. Siek (Laur). Lit.: Hald 1948-79, VII 423. JbAngeln 1967, 102. Laur 1992, 172.

Geschichte. 1789 Landstellen auf Parzellen von Gut Gelting erbaut, 1853 Kappelerharde. 1871 FL Gem. Lehbek, 53 Ewh., 13 Wohngeb. Seit 1938 Gem. Gelting.

Stellmacherei 1831. Bemerkenswerte Hausgruppe mit reetgedecktem Wohnhaus und Werkstattgebäude (Denkmalbuch). Immer Familienbesitz. Stellmacherei bis 1960 in Betrieb. Lit.: Gelting 1972, 425.

Literatur. vSchröder 1837, II 13. Jensen Angeln 1844, 381. vSchröder 1854, 313. Angeln 1922, 610. Gelting 1972, 425. Gelting 1987, 212. Wpl-Verz 1987, 96. TK 1225.

BOSTHOLM
s. Steinberger Au

BOYE

Holz

Mittelangeln. Gem. Satrup. Fläche 18 ha. Staatsforst Land SH, Forstamt Schleswig, Försterei Satrup.
Lage: westl. von Satrupkirchenholz. Am Ostrand des Waldes fließt die Nackholzer Au. Höhe 40 m. Laubmischwald aus Eiche, Buche und Erle. Ältester Bestand um 1910. Ehemals königliches Gehege, dann Forstgutsbezirk Schleswig. 1928 Eingliederung in die Gem. Obdrup. Seit 1970 Gem. Satrup.

Flurname. vSchröder 1837 Bude und Sylhaf. Jensen Angeln 1844 Bude. PreußLA 1877 Boyeholzung.

Literatur. vSchröder 1837, II 380. vSchröder 1854, 524. Oldekop 1906, VIII 100. TK 1323.

BOYSENFELD

PLZ 24395. Hof

Ostangeln. Ksp. Gelting, Gem. Kronsgaard. Ldw.-Betrieb (1993).
Lage: östl. von Pommerby, an der Straße nach Kronsgaard. Nördlichster Wohnplatz der Gemeinde, an der Grenze zur Gem. Pommerby. Höhe 8 m.

Ortsname. 1785 Boysenfeld. 1812 Boisenfeld. vSchröder 1837 Boisensfeld. Jensen Angeln 1844 Boysensfeld. PreußLA 1877 Boysenfeld. – Nach dem Familiennamen Boysen. Lit.: Hald 1948-79, VII 422. JbAngeln 1967, 103. Laur 1992, 174.

Geschichte. Hof 1785 auf einer Parzelle von Gut Düttebüll erbaut, 1853 Kappelerharde. Bei der Unterteilung des Kirchspiels Gelting in zwei Pfarrbezirke 1893 zu Gundelsby, 1918 wieder zu Gelting.

Literatur. vSchröder 1837, I 119. Jensen Angeln 1844, 383. vSchröder 1854, 52. Oldekop 1906, V 68. Angeln 1922, 613. Gelting 1972, 657. Gundelsby 1977, 258. Gelting 1987, 328. Wpl-Verz 1987, 98. TK 1225.

BRADE

PLZ 24972. Häusergruppe

Nordangeln. Ksp. Quern, Gem. Steinbergkirche. 2 Wohngeb., ein Ldw.-Betrieb (1991).
Lage: nordwestl. von Steinbergkirche, an der Nordstraße. Höhe 42 m.
Weiter nach Nordwest erhebt sich das Gelände bis auf 52 m. Südlich liegt eine kleine Hölzung mit dem Flurnamen Brade.

Ortsname. 1723 FN Brade. Quern 1961 Brade. Wpl-Verz 1987 Brah. Ndt. Braa. – Haufen gefällter Bäume = dän. Braade (Hald). Lit.: Hald 1948-79, VII 277.

Geschichte. 1758 eine Kate erbaut, 1840 wieder abgebrochen und durch Neubau ersetzt. Die zweite Kate 1818 errichtet. 1871 FL Gem. Hattlund. Seit 1970 Gem. Steinbergkirche.

Hof 1840. Von Gintoft nach hier umgesiedelt und als Dreiseitanlage aufgebaut. Wohnhaus aus rotem Backstein, mit Pfannendach und übergiebeltem Frontispiz. 1930 Umbau mit einer neuen Fassadengestaltung (Denkmalbuch). Lit.: Quern 1961, 157. Hagemeier-Kottwitz 1982, 409.

Literatur. Quern 1961, 155, 159. Wpl-Verz 1987, 100.

BRANNTWEINSBEK

Au

Westangeln, im Bereich der Bollingstedter Au, Treene. Fließstrecke 4 km, von Stolk, Norderfeld bis zur Einmündung links in die Helligbek bei Kellerbude.
Der Lauf beginnt in Höhe 45 m im Jordmoor mit Entwässerungsgräben. Im Oberlauf teilweise verrohrt, nach 1,5 km offen und bis zur Mündung weitgehend naturbelassen. An der Straße „Schmöhl" sind Fischteiche angelegt. Gräben entwässern das Elmholzmoor.

Gewässername. 1819 Kellerbude-Bach. 1836 Branntweinsbach. Kat. Flurkarte 1875, DG 1984 u. TK 1323 von 1987 alle Branntweinsbek. – Das Namengebungsmotiv bleibt unklar, angeblich nach der Wasserfarbe, die „so brun wer as Punschen" (Christiansen). Lit.: J. Christiansen, Kleene Lüd vun de Woterkant, 1980. vRohden 1989, 221, 327.

BRARUPBACH
s. Süderbrarup

BRARUPHOLZ

Gemeinde bis 1977

Amt Süderbrarup. Fläche 189 ha. 154 Ewh. (1970). SL Gemeinde 1871 gebildet, 353 Ewh., 48 Wohngeb. Bis 1970 im Amt Norderbrarup. 1978 Eingliederung in die Gem. Scheggerott, die letzte Gemeinde-Gebietsänderung in Angeln.

Wohnplätze. Brarupholz teilw., Diernschau.

Literatur. Oldekop 1906, VIII 27. Angeln 1922, 661. Hist. Gem-Verz 1970, 166. Wpl-Verz 1970, 117, 124.

PLZ 24392. Dorf

Mittelangeln. Ksp. Norderbrarup, Gem. Scheggerott u. Saustrup. 130 Ewh. (1987). Zu Saustrup die 3 Häuser Brarupholz Nr. 53-55. 4 Ldw.-Betriebe, Krug mit Ladengeschäft (1993).
Lage: 4 km nordöstl. von Norderbrarup, an der Straße von Rügge nach Scheggerott, auf einem kleinen Höhenzug. Höhe 50 m.
Brarupholz ist Grenzgebiet der Nieharde und Struxdorfharde, an der ehemaligen Kreisgrenze. Den Ort umschließen die Gemeinden Oersberg, Wagersrott, Scheggerott und Rügge, jede um einen Waldanteil am Brarupholz zu behaupten. Im Norden Grenzort zum Ksp. Esgrus.
Die Häuser des Straßen- und Holzdorfes liegen zwischen den Waldstücken verstreut an verschiedenen Wegen. Der winzige Mittelpunkt um den Krug in besonderer Lage am Waldrand des „Rundholz".

Ortsname. 1542 Braderschow. 1587 Brarupschow. 1631 Brarupholz. Ndt. Brarupholt. – Wald = ndt. Holt, von Norderbrarup. Lit.: JbAngeln 1963, 37. Laur 1992, 177.

Vorgeschichte. Im kleinen Rundholz stehen fünf gut erhaltene Grabhügel dicht beieinander. Auch im Osterholz sind mehrere Hügelgräber. Lit.: JbAngeln 1972, 184.

Geschichte. Ebenso vielseitig, wie die Grenzen um Brarupholz sind, waren die Jurisdiktionen. Die Güter Flarupgaard, Dollrott, Toestorf, Brunsholm hatten nur wenige Stellen in Besitz, die 1853 unter die Kappelerharde kamen. Den Hauptbestand verwaltete die Struxdorfharde. 1871 SL Gem. Brarupholz. 1978 Gem. Scheggerott.
Erste Besiedlung im 16. Jh. durch Ausbauten der umliegenden Dörfer zu deren Hölzungen, bis in den Wald hinein.
Im Katendorf waren eine Bäckerei bis 1970, eine Schmiede bis 1972, ein Malerbe-

trieb bis 1977, eine Gärtnerei bis 1980 und eine Schlachterei bis 1991 beschäftigt. Früher hatte Brarupholz außerdem eine Ziegelei und bis 1943 eine Meierei. Freiw. Feuerwehr gegründet 1949.

Krug. Gaststätte und Ladengeschäft heute noch in Betrieb.

Armenhaus. Haus Nr. 34. Für das Kirchspiel Norderbrarup 1845 erbaut.

Sparkasse. Nebenstelle der Angler Spar- und Leihkasse, bis 1986 Zweigstelle der Kreissparkasse Schleswig.

Meierei. Haus Nr. 38. Bis 1943 in Betrieb. Schornstein 1951 umgelegt.

Bauernhaus. Haus Nr. 7. Ehemaliges Wohn- und Wirtschaftsgebäude, jetzt reines Wohnhaus, aus rotem Backstein mit einem kleinen Frontispiz über der Haustür (Denkmalbuch).

Naturdenkmal. Rotbuche in der Pastorats-Hölzung, etwa 10 m westl. der Straße nach Norderbrarup. 1953 unter Schutz gestellt.

Brarupwald

Das einst große lückenlose Waldgebiet ist durch die Besiedlung in ein Dutzend kleiner Hölzungen zerstückelt worden. Norderholz, 30 ha Buchenmischwald zwischen Blick und Brarupholz mit typisch Angelner Rodungsinseln. Am Waldrand mehrere Weiher. – Osterholz, 15 ha Buchenwald im östlichen kuppigen Gelände mit mehreren Waldtümpeln. – Damm, 15 ha Bauernwald von Rügge, zwischen Blick und Hye, östlich der alten Straße. – Rundholz, ein Bauernwald in besonderer Lage im Winkel der Straßen des „Ortszentrums" von Brarupholz. Im Holz eine Gruppe von fünf Grabhügeln, in einzigartiger Nähe zu den Wohnplätzen.

Dänisch-Meierhof

Haus Brarupholz Nr. 52. Landstelle 1837 bei Brarupholz genannt. Lit.: vSchröder 1837, I 136.

Literatur. vSchröder 1837, I 136. Jensen Angeln 1844, 391, 410. vSchröder 1854, 63. Oldekop 1906, VIII 27. Angeln 1922, 661. J. Arp, Erinnerungen aus Brarupholz, JbAngeln 1981, 48. Toestrup 1982, 219. Biotop 1987, 1324 Nr. 100, 107. Wpl-Verz 1987, 92. TK 1324.

BRARUPLUND
s. Munkbrarup

BRAUSTRUP

Ehem. Dorf

Westangeln. Ksp. Kleinsolt, Gemarkung Kleinwolstrup.
Lage: etwa 400 m vom Dorf, an der Straße nach Hürup, beim Fernmeldeturm.

Ortsname. 1768 FN Braustrup. – Dorf = altdän. thorp, des Brak = altdän. PN. Im Angeldänischen ist die Lautverbindung –aks zu –aws geworden (Laur). Lit.: Hald 1948-79, VII 510. Kuhlmann 1958, 251. Laur 1992, 177.

BRAUTSEE

See

Südangeln. Stadt Schleswig, im östl. Stadtteil St. Jürgen. Fläche 9 ha. Höhe 12 m. Ein Toteisloch in der Moränen-Hochfläche, das heute vom 400 m breiten See ausgefüllt wird.

Gewässername. Mejer 1641 Brutsee. PreußLA 1877 Brautsee (Brut-). – Der Name könnte von einer Sage von einer verunglückten Braut herrühren, oder von der Fischbrut in dem Gewässer. Lit.: Laur 1992, 178.

Literatur. Angeln 1922, 706. TK 1423.

BREAU

PLZ 24392. Häuser

Südangeln. Ksp. Süderbrarup, Gem. Nott-

feld. 12 Ewh. (1987), 4 Wohngeb., 2 Ldw.-Betriebe (1993).
Lage: südl. von Süderbrarup, an der Straße von Gr. Brebel nach Lindaunis. Höhe 22 m.

Ortsname. 1781 FN Breaukoppel. vSchröder 1837 Bredaue. vSchröder 1854 Brüau. PreußLA 1877 Brüau. Angeln 1922 Brüau. Ndt. Breeau. – Breite Au = dän. Bredeå (Laur). Lit.: Laur 1992, 178.

Geschichte. Parzellen des Meierhofes Nottfeld, Gut Lindau, 1784 Schliesharde. 1871 SL Gem. Nottfeld, 29 Ewh., 5 Wohngeb., ein Haus um 1904 abgebrochen.

Bauernhaus. Ehem. Kate, direkt an der neuen Straße nach Lindaunis. Das alte Wohn- und Wirtschaftsgebäude, ein Querdielenhaus des Südangelner Typs, jetzt reines Wohnhaus. Von dem ursprünglich ganz in Fachwerk erbauten Haus sind Torgiebelwand und Hoftraufwand erhalten, sonst massiv erneuert. Reetdach, auch auf dem Fachwerk-Nebengebäude. Die Fachwerkfüllungen der Straßengiebel mit weißem Schlemmstrich (Denkmalbuch). Das Gebäude wurde 1794 als Forsthaus in Taarstedt errichtet und ist im 19. Jh. nach hier versetzt worden. Kein Ldw.-Betrieb. Lit.: KDM SL 1957, 431.

Literatur. vSchröder 1837, II 20. vSchröder 1854, 378. Oldekop 1906, VIII 77. Angeln 1922, 656. Wpl-Verz 1987, 91. TK 1324.

BREBEL

Gemeinde

Amt Süderbrarup. Fläche 695 ha, davon 11 ha Wald mit Erstaufforstung. 271 Ewh., 87 Wohngeb. (alle Angaben 1987). 10 Ldw.-Betriebe (1993).
In der Einwohnerentwicklung verzeichnet Brebel die größte Verlustrate in Südangeln, und die Bevölkerungsdichte liegt weit unter dem Landschaftsdurchschnitt. Das Gebiet wird von sieben Nachbargemeinden umgeben.
1871 SL Gemeinde, 394 Ewh., 59 Wohngeb. Ewh.-Höchstzahl 1946: 745 Menschen. Bis auf eine Abgabe von 2 ha, 1969 an die Gem. Süderbrarup, blieb das Gebiet seit Anfang unverändert.

Wohnplätze. Billwattbrück, Gr. Brebel, Brebelhof, Brebelholz, Kl. Brebel, Brebelmoor, Brebelscheide, Brebelstraße ehem., Dammkier ehem., Loitstraße, Tornschau, Winkelholm.

Literatur. Oldekop 1906, VIII 27. Angeln 1922, 656. Hist. Gem-Verz 1970, 166. Wpl-Verz 1987, 88.

BREBEL, GROSS-

PLZ 24392. Dorf

Südangeln. Ksp. Süderbrarup, Gem. Brebel. 109 Ewh. (1987), 36 Wohngeb., 2 Ldw.-Betriebe (1993).
Lage: am großen Autal der Oxbek, 2 km westl. von Süderbrarup, an den Straßen nach Loit, B 201, und von Böel nach Lindaunis. Die Oxbek, die tief unterhalb des Dorfes fließt, wird hier mit der größten Straßenquerung überfahren. Höhe 25 m, am Westende die Höhe „Wetterroy“ 30 m hoch über dem Autal.
Das Straßendorf wird von der rasanten Durchgangsstraße B 201 bestimmt, deren unfallträchtige Kurve am Ausgang Richtung Süderbrarup berüchtigt ist. Die Höfe liegen etwas zurückgesetzt, die einzelnen Häuser dagegen zumeist direkt an der Straße. Das kleine Siedlungs-Westend ist durch die große Kreuzung vom Dorf getrennt.

Ortsname. KWE 1231 Brethæbøl. 1554 Brebel. Mejer 1649 Brebell. Trap 1864 dän. Bredbøl. PreußLA 1877 Gr. Brebel. – Breite = dän. brede, Siedlung = dän. bøl (Laur). Lit.: JbAngeln 1964, 62. Laur 1992, 178.

Geschichte. 1231 war das Dorf in der Schliesharde zu einem Teil im königlichen Besitz. 1692 Sitz des Hardesvogt. 1871 SL Gem. Brebel, im Dorf 164 Ewh., 21 Wohngeb. In Gr. Brebel waren früher u. a. zwei Krüge, Schmiede und eine Wagenfabrik. Freiw. Feuerwehr 1884 gegründet.

Schule. Um 1700 hinter dem Dorfteich erbaut, wahrscheinlich abgebrannt. Nach Kl. Brebel verlegt.

Krug. Um 1963 abgebrochen.

Post. 1867–1881 im Haus Nr. 20. Seit 1878 auch mit Telegraphenstation. Bei Eröffnung der Eisenbahn Kiel–Flensburg nach Süderbrarup verlegt. Von 1931 wieder eine Poststelle im Haus Nr. 9, ab 1932 im Haus Nr. 28, seit 1935 im Haus Nr. 20 und zuletzt 1941–1968 Gr. Brebel Nr. 11.

Ehem. Oberförsterei 1785. Gr. Brebel Nr. 27. Eingeschossiger Backsteinbau. Hinter dem Haus der Rest eines Parks, der Ende des 18. Jh. von einer französischen Emigrantin angelegt worden sein soll. Von 1814 bis 1864 Sitz der Oberförsterei. Lit.: Oldekop 1906, VIII 28. Nordelbingen 1954, 141. KDM SL 1957, 165. H. Jessen, Die Oberförsterei Brebel, JbAngeln 1975, 59.

Denkmal. Friedenseiche 1871 mit Gedenkstein an der Abzweigung von der B 201 nach Steinfeld.

Brebelscheide

Haus an der Grenze zu Süderbrarup. Wpl-Verz 1970, 117. TK 1324.

Musse

Kate 1837 bei Gr. Brebel genannt, um 1860 abgebrochen.
Ortsname. Mehrzahlform von Moor = ndt. Müsse, ortsangebende Form, bei den Mooren. Als Flurname erhalten.
Literatur. vSchröder 1837, I 137. vSchröder 1854, 64.

Literatur. vSchröder 1837, I 137. Jensen Angeln 1844, 405. vSchröder 1854, 64. Trap 1864, 529. Oldekop 1906, VIII 27. Angeln 1922, 656. Wpl-Verz 1987, 88. TK 1324.

BREBELHOF

PLZ 24392. Hof

Südangeln. Ksp. Süderbrarup, Gem. Brebel. Ldw.-Betrieb (1993).
Lage: 2 km westl. von Süderbrarup, Zufahrtsallee von der Straße nach Loit, B 201. Höhe 22 m.
Die Schukjärau fließt direkt an der Gartenseite des Hofes vorbei.

Geschichte. Hof in der Schliesharde, um 1820 aus drei Bauernstellen und mehreren Katen begründet. 1871 SL Gem. Brebel, 18 Ewh. Nach der Parzellierung 1900 verblieben beim Stammhof 40 ha und die Ziegelei, die übrigen Ländereien wurden zu zwei Rentengütern gelegt und an Anlieger verkauft.

Ziegelei. 1837 bis 1906 genannt. Weitere Betriebsdaten fehlen.

Literatur. vSchröder 1837, I 137. vSchröder 1854, 64. Oldekop 1906, VIII 28. Angeln 1922, 656. KDM SL 1957, 165. Wpl-Verz 1970, 117. TK 1324.

BREBELHOLZ

1) Brebel 2) Steinfeld

1) PLZ 24392. Häuser

Südangeln. Ksp. Süderbrarup, Gem. Brebel. 63 Ewh. (1987), 20 Wohngeb., 2 Ldw.-Betriebe (1993).
Lage: 1,5 km nördl. von Loit, an der Straße nach Böelschuby. Höhe 20 m.
Viele kleine Hügel liegen verstreut in der Landschaft. Im Nordwestwinkel begrenzen Oxbek und Loiter Au die Wiesen und Felder. Am Zusammenfluß von Wellspanger Au und Oxbek, der sogenannten Kreuzau, steht ein Stauwerk, zu dem ein Wanderweg führt.
Bebauung entlang der Straße mit kleinen Häusergruppen, im Westen vereinzelnd einige Landstellen, im Norden zwei größere Hofanlagen.

Ortsname. 1804 Brebelholz. PreußLA 1877 Brebelholz. Ndt. Brebelholt. Lit.: JbAngeln 1964, 62. Laur 1992, 178.

Geschichte. Schliesharde. 1871 SL Gem. Brebel, 75 Ewh., 12 Wohngeb. Die Landstellen wurden teilweise vom Hof Winkelholm abgelegt.

Friedhof 1928. Private Anlage mit 7 Grabsteinen aus der Zeit 1900–1990 der Familie Angelbeck, die auf dem Hof am Weg nach Billwatt seßhaft war. Der älteste Stein wurde aus Westfalen mitgebracht und in der 1928 gestalteten Gedenkstätte aufgestellt.
■ Größter Privatfriedhof in Angeln.

Bauernhaus. Brebelholz 5. Massiver Ziegelbau mit Reetdach, 1793 erbaut. Der Hof wurde 1908 geteilt, jetzt Ldw.-Betrieb (1993). Lit.: KDM SL 1957, 166. Hagemeier-Kottwitz 1982, 223.

Literatur. vSchröder 1837, I 137. Jensen Angeln 1844, 406. vSchröder 1854, 64. Oldekop 1906, VIII 28. Angeln 1922, 657. Wpl-Verz 1987, 88. TK 1324.

2) PLZ 24888. Häusergruppe

Südangeln. Ksp. Ulsnis, Gem. Steinfeld. 22 Ewh. (1987), 9 Wohngeb., keine Ldw.-Betriebe (1993).
Lage: 2 km nördl. von Steinfeld, an der Straße nach Kl. Brebel, in kahler, knickloser Landschaft. Höhe 25 m.
Im Osten Schukjärau und Schukjärmoor. Brebelholz ist Nordpunkt des Kirchspiels und Grenzort zum Ksp. Süderbrarup. Zum 3 km entfernten gleichnamigen Ort in der Gem. Brebel besteht keine Verbindung.

Geschichte. Vormals zum Domkapitel Schleswig gehörig, 1777 Schliesharde. 1871 SL Gem. Steinfeld, 50 Ewh., 12 Wohngeb. 1943 Absturz eines US-Bombers.

Bauernhaus. Wohnhaus mit Fachwerkresten und Reetdach. Gegenüber eine reetgedeckte Fachwerkscheune mit Querdiele, im Verfall (Denkmalbuch). Lit.: Hagemeier-Kottwitz 1985, 98.

Schukjär

Haus. Im Wpl-Verz 1871 waren noch 4 Häuser verzeichnet. Der Ortsname ist nicht mehr gebräuchlich.

Literatur. vSchröder 1837, I 448. Jensen Angeln 1844, 401. vSchröder 1854, 65. Oldekop 1906, VIII 104. Angeln 1922, 646. Steinfeld 1979, 319. Wpl-Verz 1987, 93. TK 1324.

BREBEL, KLEIN-

PLZ 24392. Dorf

Südangeln. Ksp. Süderbrarup, Gem. Brebel. 68 Ewh. (1987), 22 Wohngeb., 2 Ldw.-Betriebe (1993).
Lage: 3 km südwestl. von Süderbrarup, an der Straße nach Loit, B 201 und Steinfeld. Durch das Dörfchen fließt die Schukjärau. Höhe 20 m.
Eine Gruppe von Kleinhäusern hat sich zu einem winzigen Zentrum im Dreieck an der B 201 zusammengefunden. Die alte steinerne „Bastewatter Brücke“, 1853 als Ersatz für eine Holzbrücke erbaut, wurde 1976 beim Straßenausbau abgebrochen. Seitdem fließt die Au im Rohr unter der Straße.

Geschichte. Von 13 Katen gehörten 11 zum weit entfernten Gut Toestorf, die 1805 der Schliesharde zugeordnet wurden. 1871 SL Gem. Brebel, 67 Ewh., 15 Häuser.

Schule 1799. Brebelholz 2. Ziegelbau mit Reetdach, jetzt Wohnhaus. Von Gr. Brebel an den Weg nach Winkelholm verlegt. Lit.: Angeln 1922, 657. KDM SL 1957, 165.

Meierei 1908–1969. Haus Nr. 2, an der Landstraße neben der Schukjärau.

Hof und Bauernhaus. Nr. 10. Dreiseithof. Wohnhaus von 1869 mit klassizistischer Türädikula. Zweigeschossige Stallscheune 1914 erbaut und mit dem typischen Dekor der Zeit ausstaffiert. Lit.: Hagemeier-Kottwitz 1982, 357. – Nr. 12. Ldw.-Betrieb (1993) mit der ehem. Jägerkate von Gut Toestorf, teils Fachwerk, das älteste Haus am Ort. Lit.: KDM SL 1957, 165.

Brebelstraße

Häusergruppe südl. von Kl. Brebel an der Straße nach Steinfeld. Ortsname nicht mehr gebräuchlich. Lit.: vSchröder 1854,

65. PreußLA 1877. Oldekop 1906, VIII 28.

Mühlentwedt
Haus bei Kl. Brebel 1854 genannt, schon 1943 nicht mehr bebaut. Lit.: vSchröder 1854, 64.

Literatur. vSchröder 1837, I 137. Jensen Angeln 1844, 406. vSchröder 1854, 64. Oldekop 1906, VIII 28. Angeln 1922, 657. Wpl-Verz 1987, 88. TK 1324.

BREBELMOOR

PLZ 24888. Haus
Südangeln. Ksp. Süderbrarup, Gem. Brebel. Ehem. Kate.
Lage: im Brebelmoor, an der Gemeindegrenze zu Loit. Moorfläche 4 ha, durch einen Graben vom Loitmoor getrennt.

Bauernhaus. Reetgedecktes Wochenendhaus, zum Teil noch in Fachwerk (Denkmalbuch).

Literatur. Oldekop 1906, VIII 28. Wpl-Verz 1970, 117. TK 1324.

BREBELSCHEIDE
s. Brebel, Groß-

BREBELSTRASSE
s. Brebel, Klein-

BREDEBERG

PLZ 24943. Häuser
Nordangeln. Stadt Flensburg, Kirchengem. St. Jürgen. Auf der Höhe der Glücksburger Straße.

Ortsname. 1746 Bredeberg. 1798 Bredeberg oder Friedrichsberg. – Breiter = dän. brede, Berg. Lit.: Hald 1948-79, VII 35, 39.

Geschichte. Erste Kate 1735 erbaut. Später 9 Katen des Hospitals zu Flensburg, 1853 unter Husbyharde. 1871 FL Gem. Hohlwege, 76 Ewh., 6 Häuser. 1875 Eingliederung in die Stadt Flensburg. Bis 1912 Ksp. Adelby.

Krug. „Püllskrug“, Glücksburger Straße. Schon 1837 genannt. Krugname von Wurst = dän. pølse.

Literatur. vSchröder 1837, I 394. Jensen Angeln 1844, 319. vSchröder 1854, 229. Angeln 1922, 533. Pust 1990, 64.

BREDEGATT
s. Steinbergkirche

BREEDE

PLZ 24395. Häusergruppe
Ostangeln. Ksp. Gelting, Gem. Kronsgaard. 3 Wohngeb., ein Ldw.-Betrieb (1993).
Lage: 1,5 km südl. von Pommerby, an der Straße nach Bobeck, rundum von der Gem. Pommerby eingegrenzt. Höhe 11 m.

Ortsname. vSchröder 1837 auf der Brede. Jensen Angeln 1844 Brede. PreußLA 1877 Breede. Ndt. Bree. – Breite = dän. brede. Bezeichnung für Ackerstücke, die mehr breit als lang sind, oder für einen Komplex von Äckern von ansehnlicher Breite (Mensing).

Geschichte. Hof 1785 auf einer Parzelle von Gut Düttebüll entstanden, 1853 Kappelerharde. 1871 FL Gem. Kronsgaard, 11 Ewh., 2 Wohngeb.

Literatur. vSchröder 1837, I 139. Jensen Angeln 1844, 383. vSchröder 1854, 65. Oldekop 1906, V 68. Angeln 1922, 613. Gelting 1972, 642. Gundelsby 1977, 257. Gelting 1987, 323. Wpl-Verz 1987, 98. TK 1225.

BREEMOOS
s. Mühlenholz, Sörup

BREGENBERG
s. Böel-Möllmark

BREGENGAARD

PLZ 24991. Hof

Westangeln. Ksp. u. Gem. Großsolt. Ldw.-Betrieb (1993).
Lage: nördl. von Großsolt, Zufahrt von der Straße nach Freienwill, am Hang zur Bondenau. Höhe 30 m.

Ortsname. 1587 Bregen Garde. Mejer 1648 u. Danckwerth 1652 Bregengarde. Trap 1864 dän. Bregnegaard. PreußLA 1877 Bregengaard. – Hof = dän. gård, beim Farnkraut = dän. bregne (Laur). Lit.: Hald 1948-79, VII 472. JbAngeln 1966, 18. Laur 1992, 179.

Geschichte. Einst im Besitz von Gut Rundhof, dann in der Uggelharde. 1871 FL Gem. Großsoltbrück, 2 Wohngeb. Seit 1970 Gem. Großsolt. Von den ehemaligen Burggräben sind Reste an der Ost- und Südseite als Hofteich erhalten, die Nordwesthälfte wurde 1914 zugeschüttet.

Literatur. vSchröder 1837, II 294. Jensen Angeln 1844, 316. vSchröder 1854, 492. Röschmann 1963, 273. Wpl-Verz 1987, 96. Gr. Solt 1992, 53. TK 1223.

BREGENTWEDT

Ehem. Hof

Mittelangeln. Ksp. Satrup, Gemarkung Rehberg. 1771 eine Parzelle von Gut Satrupholm, Satrupharde.

Ortsname. Rodung = dän. tved, mit Farnkraut = dän. bregne.

Literatur. vSchröder 1837, I 142. vSchröder 1854, 68. Satrup 1902, 179.

BREIDE RÖNN

Wasserlauf

Westangeln, im Bereich der Bondenau, Treene. Fließstrecke 4 km, von der Höhe östl. von Munkwolstrup bis zur Einmündung in den Treßsee, am Nordufer. Im Oberlauf verrohrt, in fast gradlinigem Lauf an Freudenhof vorbei. Grenzlauf zwischen Juhlschau und Kleinsolt.

Gewässername. Kat. Flurkarte 1873 Breide Rönn. Verband Obere Treene 1967 Scheidebek. – „Breite Rinne“ als Unterscheidung zur kleineren parallel laufenden Bek. Auch Juhlschauer Graben, Schellrönne (vRohden). Lit.: vRohden 1989, 223, 320, 409, 411.

BREITBACHGRABEN

s. Schleswiger Mühlenbach

BREKENRÜHDAMM

Holz

Mittelangeln. Gem. Satrup. Fläche 5 ha. Staatsforst Land SH, Forstamt Schleswig, Försterei Satrup. Nördl. von Obdrup, nahe der Bondenau, ein kleines Wald-Oval mit Buche, Erle und Esche. Durch Aufforstung sind die Hölzungen Brekenrühdamm und Obdrupholzkoppel seit 1992 verbunden. Früher ein Gehege im Forstgutsbezirk Schleswig, 1928 Gem. Obdrup, seit 1970 Gem. Satrup.

Flurname. 1765 Breckenrüher Damm. Forstamt 1991 Breckenriehdamm. – Teich = dän. dam, in einem Farnkraut-Kratt = dän. bregne-ryde.

Literatur. Oldekop 1906, VIII 100.

BREKENRÜHE

PLZ 24864. Häusergruppe

Südangeln. Ksp. u. Gem. Brodersby. 17 Ewh. (1987), 2 Wohngeb., 2 Ldw.-Betriebe (1993).
Lage: 1 km nördl. von Brodersby, an der Straße nach Scholderup, Eckernförder Landstraße. Höhe 20 m.
Das Terrain fällt nach Osten zur Brodersbyer Bek steil ab, wo sich die Au durch einen Engpaß zwängen muß. Zwischen der Landstraße und dem Autal bedecken die

kleinen Hölzungen Dammhahl und Altesholz den Hang.

Ortsname. 1558 Brekenrue. Mejer 1649 Brekenruy. Jensen Angeln 1844 Brekenrüde. Trap 1864 dän. Brekenrude. PreußLA 1877 Brekenrühe. Angeldän. Bregenrüh. – Bruch, Kratt = angeldän. ry, mit Farnkraut = dän. bregne (Laur). Lit.: JbAngeln 1963, 23. Laur 1992, 180.

Geschichte. Ursprünglich bischöflicher Besitz, Vogtei Füsing, 1702 Füsingharde. 1871 SL Gem. Geel, 23 Ewh., 2 Wohngeb. Seit 1974 Gem. Brodersby. Beide Höfe liegen dicht nebeneinander. Die Wohnhäuser um 1840 bzw. das Haus des Nachbarn 1887 erbaut.

Literatur. vSchröder 1837, I 143. Jensen Angeln 1844, 402. vSchröder 1854, 69. Oldekop 1906, VIII 45. Angeln 1922, 648. Wpl-Verz 1987, 88. Brodersby 1989, 485. TK 1424.

BREKLING

Gemeinde bis 1970

SL Amt Nübel. Fläche 730 ha. 354 Ewh. (1970). Gemeinde 1867 gegründet, 292 Ewh., 38 Wohngeb. Ewh.-Höchstzahl 1946: 615 Menschen. 1971 Vereinigung mit der Gem. Nübel zur Gem. Brekling-Nübel, 1974 Namensänderung in Nübel.

Wohnplätze. Brekling, Breklingfeld, Breklingmoor, Fünfzehn, Güldenholm Holzhaus, Waldlust, Wang, Wittenhof.

Literatur. Oldekop 1906, VIII 28. Angeln 1922, 695. Wpl-Verz 1970, 117. Hist. Gem-Verz 1970, 166.

PLZ 24881. Dorf

Westangeln. Ksp. u. Gem. Nübel. 245 Ewh. (1987), Krug, Bank, 4 Ldw.-Betriebe (1993). Lage: 1 km nördl. von Nübel, etwas abseits der Straße von Schleswig nach Böklund, am Schleswiger Mühlenbach. Höhe 30 m.
Im Norden ist der Langsee nur 300 m entfernt, jedoch ohne Zugang. Entlang des hohen Seeufers steht der auf schmale Streifen dezimierte Bauernwald des Dorfes, die größere Fläche Osterholz nordöstl. am See. Die „Flurbereinigung“ hat viele Knicks ausgeräumt.
Im Vermessungsregister 1773 sind Heide-Flurnamen verzeichnet. Die Westerheide von Brekling wurde 1855 an Hufner und Kätner aufgeteilt und danach zu Ackerland kultiviert.
Das Straßendorf ist von Nord nach Süd geschlossen bebaut. Ein Hang umschließt im Halbbogen eine Niederung, den ehemals 17 ha großen Dorfsee, dessen Fläche um 1800 in Wiesenkultur genommen wurde.

Ortsname. 1196 Breethnunge. 1462 Brekelingh. Mejer 1649 Breckelling. – Ort wo Farnkraut wächst = dän. bregne (Laur). Der sehr alte Ortsname ist namensverwandt mit Breklum in Nordfriesland, das 1450 Brekeling heißt, und außerdem mehrmals in Dänemark anzutreffen. Lit.: JbAngeln 1963, 21. Laur 1992, 180.

Geschichte. Brekling wird in einer der ältesten Urkunden Angelns bereits 1196 schriftlich erwähnt, in der das Kloster Guldholm, vormals Michaeliskloster zu Schleswig, als Besitzer des Dorfes angegeben ist. Später der Struxdorfharde und dem Johanniskloster zugehörig.
1871 SL Gem. Brekling, im Dorf 288 Ewh., 37 Wohngeb. Seit 1971 Gem. Nübel. Erste Freiw. Feuerwehr im Kirchspiel 1885 gegründet.
Krieg. Zweiter Weltkrieg 1945. Nach Kriegsende war auf dem Hof Brekling Nr. 56, am Ende des Dorfes, die Entlassungsstelle der Britischen Besatzung. Von hieraus wurden Tausende deutscher Soldaten aus dem Militärdienst entlassen.

Bahnstation 1904–1965. Am Krug die Haltestelle der Kleinbahn Schleswig–Satrup, Entfernungen 9 – 22 km.

Krug 1904. Becks Gasthof. Ein Dorfkrug ist seit 1785 vorhanden. Das bestehende Haus ist 1904 als Bahnhofswirtschaft erbaut. Der alte Krug wurde zum Abbruch verkauft. Lit.: Brekling 1979, 52.

Meierei 1893-1937. Wohngebäude Brekling Nr. 15. Lit.: Brekling 1979, 72, 96.

Banken. Kreissparkasse Schleswig, Zweigstelle seit 1920. – Sparkasse Brekling gegründet 1924. Seit Fusion mit der Sparkasse Tolk 1968 nach dort verlegt. 1991 wieder als Zweigstelle der Volksbank eG Schleswig in Brekling eröffnet. Lit.: Brekling 1979, 120.

Literatur. vSchröder 1837, I 138. Jensen Angeln 1844, 428. vSchröder 1854, 69. Oldekop 1906, VIII 28. Angeln 1922, 695. P. Rasmussen, Dorfchronik von Brekling, 1979. Nübel 1981, 77. Ders., Brekling im Wandel der Jahrhunderte, JbAngeln 1984, 83. Wpl-Verz 1987, 95. TK 1423.

BREKLINGFELD

PLZ 24881. Streusiedlung

Westangeln. Ksp. u. Gem. Nübel. 54 Ewh. (1987), 9 Wohngeb., 2 Ldw.-Betriebe (1993).
Lage: 2,5 km westl. von Brekling, vor dem militärischen Gelände. Höhe 30 m.

Geschichte. Erste Parzellenstelle nach 1850 angesiedelt. Bis 1971 SL Gem. Brekling.

Literatur. vSchröder 1854, 69. Oldekop 1906, VIII 29. Angeln 1922, 695. Brekling 1979, 38. Wpl-Verz 1987, 95. TK 1423.

BREKLINGMOOR

PLZ 24881. Häusergruppe

Westangeln. Ksp. u. Gem. Nübel. 3 Wohngeb.
Lage: 1 km östl. von Brekling, abseits der Straße nach Böklund. Höhe 30 m.
Die Straße überfährt eine Kuppe 45 m, die höchste Erhebung der Umgebung.
■ Im „Blocklandmoor“ befinden sich fünf Weiher unterschiedlicher Größe, teilweise mit üppigen Seerosenbeständen und Röhricht, die in dieser Form einmalig sind. Der alte Moorweg und der alte Bahndamm sind besonders reizvolle Wanderwege. Das Moor wurde 1939 durch den Reichsarbeitsdienst entwässert und als Grünland nutzbar gemacht. In der Nachkriegszeit ist im Dorfmoor von Brekling zuletzt 1945 Torf gepreßt worden.

Literatur. Biotop 1987, 1423 Nr. 138. Wpl-Verz 1987, 95. TK 1423.

BREMGAARD

PLZ 24402. Hof

Ostangeln. Ksp. u. Gem. Esgrus. Wohngeb., kein Ldw.-Betrieb.
Lage: 2 km östl. von Esgrus, neben der Straße nach Birzhaft zwischen zwei Hügeln. Höhe 36 m.

Ortsname. 1592 Bremgarde. Ndt. Bremchård. – Hof = dän. gård, bei einem Dornengestrüpp = dän. breme, oder auch am Rande, an der Kante = dän. bræmme (Laur). Lit.: Hald 1948-79, VII 374. Laur 1992, 180.

Geschichte. Den königlichen Hof erwirbt Gut Rundhof 1663 durch Tausch, 1853 Kappelerharde. Bis 1970 FL Gem. Birzhaft.

Literatur. vSchröder 1837, I 104. Jensen Angeln 1844, 374. vSchröder 1854, 70. Oldekop 1906, V 20. Angeln 1922, 599. Wpl-Verz 1987, 95. TK 1224.

BREMHOLM

PLZ 24996. Häusergruppe

Mittelangeln. Ksp. u. Gem. Sterup. 36 Ewh. (1987). Kinderheim.
Lage: westl. von Sterup, neben der Straße nach Sörup, in einem kleinen länglichen Talraum. Höhe 45 m.
Im Norden und Süden große Erhebungen. Um die südliche Höhe 63 m hat sich ein selten feines Knicknetz erhalten. Östlich der Häuser liegt eine Bachschlucht in einem schmalen 10 m tiefen Kerbtal, dessen Hänge bewaldet sind, am Rande mit alten Buchen. Das steinige Bachbett mit viel Geröll, im unteren Teil mit reicher Krautvegeta-

tion. Eine Besonderheit sind die vielen Pilzarten.

Ortsname. 1542 Bremholm. 1780 Kl. u. Gr. Bremholm. PreußLA 1877 Bremholm. – Erhebung in einer Niederung = dän. holm, mit Dornengestrüpp = dän. breme, oder auch am Rande, an der Kante = dän. bræmme (Laur). Lit.: Hald 1948-79, VII 340. Laur 1992, 181.

Geschichte. 1837 zwei Höfe zur Nieharde. 1871 FL Gem. Sterup, 38 Ewh., 6 Wohngeb. Handweberei 1891–1970.

Literatur. vSchröder 1837, I 144. Jensen Angeln 1844, 361. vSchröder 1854, 70. Oldekop 1906, V 110. Angeln 1922, 587. Biotop 1987, 1224 Nr. 62. Wpl-Verz 1987, 101. Sterup 1993, 423. TK 1224.

BREMSBERG
s. Glücksburg

BREMSDIEK

PLZ 24897. Häusergruppe
Südangeln. Ksp. u. Gem. Ulsnis. 11 Ewh. (1987), Hof mit Ldw.-Betrieb (1993) u. 3 Häuser.
Lage: 3 km nordöstl. von Kius, an der Straße von Gunneby über Knappersfeld nach Affegünt. Höhe 22 m. Grenzort zum Ksp. Boren.

Ortsname. vSchröder 1837 u. Jensen Angeln 1844 Brensdiek. Trap 1864 dän. Brendsdige. PreußLA 1877 Bremsdiek. – Wohl ein Teich = ndt. Diek am Brand, im Sinne von „Brandrodung".

Geschichte. 1784 entstanden zwei Landstellen auf Parzellen von Gut Lindau, Schliesharde. 1871 SL Gem. Kius, 20 Ewh., 2 Häuser. Seit 1974 Gem. Ulsnis.

Literatur. vSchröder 1837, II 19. Jensen Angeln 1844, 400. Trap 1864, 527. Oldekop 1906, VIII 60. Ulsnis 1987, 255. Wpl-Verz 1987, 94. TK 1424.

BREMSWATT

PLZ 24392. Häusergruppe
Südangeln. Ksp. Boren, Gem. Kiesby. 27 Ewh. (1987), 13 Wohngeb., kein Ldw.-Betrieb (1993).
Lage: eng verbunden mit dem Westend des Dorfes Ekenis, an der Straße nach Kiesby, Süderlandstraße. Die Ortsmitte quert die Papenfelder Au. Höhe 25 m.
Bis auf ein neueres Haus ist die Straße nur einseitig an der Nordseite mit einer Häuserzeile bebaut. Daher kommt die Redensart, „in Bremswatt ward de Pannkooken man op een Siet backt". Das „Hinterland" der Häuser und die gegenüberliegende Straßenseite sind durch die einengenden Grenzen der Gem. Ekenis bereits „Ausland".

Ortsname. 1804 Bremsvad. vSchröder 1837 Brunswatt. vSchröder 1854 Bremswatt. PreußLA 1877 Bremswatt. – Furt = ndt. -watt, wo Bremsen sind (Laur). Lit.: Laur 1992, 181.

Geschichte. 1871 SL Gem. Kiesby, 26 Ewh., 4 Wohngeb.

Krug. Ehem. Wirtshaus auf der Südseite der Straße, dem gegenüber das Brauhaus, in den 1880er Jahren abgebrochen. Lit.: Boren 1957, 128.

Jagdstein 1760. An der Straße von Ekenis nach Boren. Granitpfeiler mit Inschrift und Krone. Grenzstein der Gottorfer Amts-Wildbahn, 1760 zur Regierungszeit König Friedrichs V. gesetzt. Lit.: KDM SL 1957, 567.

Literatur. vSchröder 1837, I 161. vSchröder 1854, 70. Oldekop 1906, VIII 59. Angeln 1922, 639. Boren 1957, 167. Wpl-Verz 1987, 90. TK 1325.

BRENING

PLZ 24395. Haus
Ostangeln. Ksp. Esgrus, Gem. Niesgrau.
Lage: nordöstl. von Niesgrau, an der Straße nach Ohrfeldhaff. Höhe 6 m.

Ortsname. 1811 Bredeng. vSchröder 1854 auch Brüning. Jensen Angeln 1844 Brening. Angeln 1922 Breening. – Breite Stelle in einer Wiese = dän. eng (Hald). Lit.: Hald 1948-79, VII 374.

Geschichte. Zwei Katen zur Nieharde. Ein Gebäude nach Brand 1942 nicht wieder aufgebaut. Bis 1970 FL Gem. Koppelheck. In der Nähe stand das vor einigen Jahren niedergeschlagene Kirchenholz (1844).

Literatur. vSchröder 1837, II 245. Jensen Angeln 1844, 372. vSchröder 1854, 462. Oldekop 1906, V 67. Angeln 1922, 603. TK 1224.

BRENSTUF

Ehem. Haus

Ostangeln. Ksp. Gelting. 1844 eine Kate bei Lehbek, zu Gut Gelting.

Ortsname. 1737 FN Brennstubben. Jensen Angeln 1844 Brennstuff. – Verbrannte Baumstubben, vermutlich Rodung mit Hilfe von Feuer (Hald). Lit.: Hald 1948-79, VII 423.

Literatur. Jensen Angeln 1844, 381. vSchröder 1854, 313.

BRETTENBURG
s. Hürup

BROBERG
s. Ruhetal, Kahleby

BRODERSBY

Kirchspiel

Kirchenkreis Angeln. 596 Gemeindeglieder (1991). Kirche, Gemeindehaus. Grundbesitz 22 ha zusammen mit Taarstedt.

Wohnplätze. Brekenrühe, Gr. Brodersby, Kl. Brodersby, Burg, Erikshuus ehem., Fährstraße, Geel, Geelbek, Geelbyholz teilw., Goltoft, Hellör, Knös, Missunde, Norderfeld, Nordschau, Riesboer, Royum, Royumholz, Schleihof, Westerfeld.

Geschichte. Im Mittelalter wird wohl Goltoft aus seinem aufgelösten eigenen Kirchspiel zu Brodersby eingepfarrt worden sein. Bis auf eine kurze Unterbrechung im 16. Jh. ist die Kirchengemeinde Brodersby immer mit Taarstedt verbunden gewesen und hat sich einen Pastor im Amt geteilt. Die Gottesdienste fanden bis 1969 in beiden Kirchen nacheinander statt, seitdem wechselt der Pastor 14tägig die Kirche, nur an besonderen Festtagen hält er seine Predigt in beiden. Propstei Amt Gottorf, Schliesharde. 1879 Propstei Südangeln, 1971 Propstei Angeln, seit 1977 Kirchenkreis Angeln.

Literatur. Jensen Stat. 1841, 1194. Jensen Angeln 1844, 401. Trap 1864, 524. Angeln 1922, 646. W. Wolke, Beschreibung des Kirchspiels Brodersby um 1760, JbAngeln 1963, 47. Gem. Brodersby, Chronik des Kirchspiels Brodersby, 1989.

Gemeinde

Amt Tolk. Fläche 1037 ha, davon 840 ha Festland, 197 ha Schlei, 21 ha Wald. 516 Ewh., 305 Wohngeb. (alle Angaben 1987). 12 Ldw.-Betriebe (1993). Mehr als ein Drittel der Häuser wird nur als Zweitwohnsitz zur Freizeit genutzt.

Wohnplätze. Brekenrühe, Gr. Brodersby, Kl. Brodersby, Burg, Fährstraße, Geel, Geelbek, Geelbyholz, Knös, Missunde, Riesboer, Royum, Royumholz, Westerfeld.

Gemeinde bis 1974. SL Amt Moldenit bis 1970. Fläche 515 ha. 289 Ewh. (1970). Gemeinde 1871 gebildet, 282 Ewh., 42 Wohngeb. Ewh.-Höchstzahl 1946: 550 Menschen. 1974 Eingliederung der Gem. Geel. Wohnplätze: Gr. Brodersby, Kl. Brodersby, Burg, Fährstraße, Knös, Missunde, Westerfeld.

Literatur. Oldekop 1906, VIII 30. Angeln 1922, 648. Hist. Gem-Verz 1970, 166. Wpl-Verz 1987, 88. Brodersby 1989, 152.

BRODERSBY, GROSS-

PLZ 24864. Dorf

Südangeln. Ksp. u. Gem. Brodersby. 74 Ewh. (1987), 26 Wohngeb., 2 Ldw.-Betriebe (1993). Inzwischen ist das „große" Dorf kleiner als Kl. Brodersby.
Lage: an der Schlei, 4 km südwestl. von Ulsnis, in unmittelbarer Nachbarschaft mit Kl. Brodersby, aber still für sich, abseits der neuen Schleidörferstraße, auf einem von West nach Ost ansteigenden Hang. Dorfmitte Höhe 18 m, am Ostende der höchste Punkt der näheren Umgebung 23 m. Schöner Wanderweg mit Blick über Noor und Schlei.
Die Häuser des Dorfes liegen an der alten Landstraße, die gradlinig den Hang hinaufzieht. Am Ostende, wo sich die Wege trennen, bildet eine kleine Katensiedlung des Ortes dörflichstes Idyll. Vier größere Hofanlagen liegen eng an der Dorfstraße. Für Neubauten gab Gr. Brodersby keinen Platz. Mit der neuen Umgehung der Schleidörferstraße ist das Dorf seit 1979 vom lästigen Durchgangsverkehr befreit.

Geschichte. 10 Stellen waren dem Domkapitel, Vogtei Ulsnis, abgabepflichtig, seit 1658 königlicher Besitz und 1777 der Schliesharde zugeordnet. Außerdem drei Häuser des Johanniskloster. 1871 SL Gem. Brodersby, im Dorf 127 Ewh., 9 Höfe, 10 Katen. Freiw. Feuerwehr 1890 gegründet. Ein Großbrand vernichtete 1967 zwei Wohnhäuser und ein Wirtschaftsgebäude.
Krieg. Zweiter Weltkrieg. 1942 stürzte ein feindlicher Bomber mit 10 Mann Besatzung am Noor ab.

Krug 1831. Gr. Brodersbyer Weg 9. Das letzte Haus an der alten Landstraße, 1831 erbaut, war der Dorfkrug, seit 1931 Malerbetrieb. Eine andere Wirtschaft brannte 1868 ab. Lit.: Brodersby 1989, 330.

Wassermühle. Sie soll westlich unterhalb des Dorfes an der Bek gelegen haben. Lit.: vSchröder 1854, 72.

Bauernhäuser. Dreiseithof 1843 am Dorfteich erbaut. Massives Wohnhaus. Die Fachwerkscheune ist nach einem Sturmschaden 1967 nur noch in Teilen erhalten. Ldw.-Betrieb seit 1763 im Familienbesitz. Lit.: KDM SL 1957, 173. Hagemeier-Kottwitz 1982, 250. Brodersby 1989, 318. – Kate Gr. Brodersbyer Weg 3. Versteckt hinter einer Dornenhecke ein Fachwerkbau von 1775. Uhrmacherwerkstatt 1878–1938. Lit.: KDM SL 1957, 173. Brodersby 1989, 305, 331.

Denkmal. Ehem. Gedenkstätte „Kreuzort". Zur Erinnerung an die Auffindung der Leiche des 1250 ermordeten König Erich aus der Schlei war an der Stelle ein Holzkreuz aufgestellt. Der Platz soll sich beim „Erikshuus" auf der Priestertoft in der Nähe des Hauses Missunder Fährstr. 25 befunden haben. Lit.: vSchröder 1837, II 66. Angeln 1922, 73, 113, 647.

Literatur. vSchröder 1837, I 146. Jensen Angeln 1844, 402. vSchröder 1854, 71. Oldekop 1906, VIII 30. Angeln 1922, 648. Wpl-Verz 1987, 88. Brodersby 1989, 318. TK 1424.

BRODERSBY, KLEIN-

PLZ 24864. Kirchdorf

Südangeln. Ksp. u. Gem. Brodersby. 121 Ewh. (1987), Kirche, Pastorat, Post, Bank, Dorfmuseum, nur noch ein Ldw.-Betrieb im Dorf (1993). Inzwischen größer und zentraler als Gr. Brodersby.
Lage: nahe der Schlei, 5 km südwestl. von Ulsnis, am Straßenkreuz der Eckernförder Landstraße und der Schleidörferstraße. Höhe 13 m.
Die Hauptstraße des Straßendorfes verläuft in Nord-Süd-Richtung von der Schule bis zur Kirche. Am Schnittpunkt der Landstraßen hat sich ein dörfliches Zentrum gebildet. Durch das Autal der kleinen Bek wird der Ort im Osten begrenzt.

Ortsname. 1363 Brodersbuy. 1386 Brodersby. Mejer 1649 Brodersbuy. – Dorf = dän. by, des Brothir = altdän. PN (Laur). Namensgleich ist Brodersby auf Schwansen. Lit.: JbAngeln 1963, 22. Laur 1992, 182.

Geschichte. Bis zur Mitte des 19. Jh. bestand das Dorf neben Kirche, Pastorat, Schule, Krug und Armenhaus nur aus 5 Bauernhäusern. Sie unterstanden der Schliesharde, vormals dem Domkapitel, Vogtei Ulsnis und dem Nordangelner Gut Unewatt. 1871 SL Gem. Brodersby, 146 Ewh. und mit 22 Häusern schon größer als Gr. Brodersby.
Krieg. Preußen–Dänemark. Bei den nahen Kämpfen um Missunde geriet 1864 auch das Kirchdorf unter Beschuß.

Kirche. Lage im Süden des Kirchspiels, am südlichen Dorfrand auf einem kleinen Höhenzug, dicht an der Eckernförder Landstraße. Das Pastorat auf dem gleichen Platz, mit Blick auf Noor und Schlei. Höhe 12 m.
Romanischer Feldsteinbau aus der Mitte des 12. Jh. Baugeschichtlich als Filialkirche von Ulsnis vorstellbar, wie dort die auffallend dicken Wände und ein Portal von gleichem Typus.
Das Kirchlein ist mit seinem winzigen Raum die kleinste Kirche in Südangeln. Der fast unveränderte Bau aus weißverputzten Wänden, mit einem roten Pfannendach. Das Nordportal im backsteinernen Vorhaus von 1842, das Südportal ist vermauert. Der Chor mit drei kleinen Fenstern zu allen Seiten.
Auf einem Findlingssockel ist ein hölzerner Turm an die Westseite angefügt, dessen Schindeldach etwas niedriger als der First über dem Kirchenschiff.
Literatur. KDM SL 1957, 26, 166. Kunst-Topographie SH 1969, 662. Brodersby 1989, 70.

Friedhof. Einer der schönsten Plätze in Angeln mit herrlichem Ausblick auf das Noor und die Schlei. Fläche 0,6 ha, 1857 unter Benutzung des Brautplatzes nach West und nochmals 1938 nach Nord erweitert. 1860 von Steinwall, Kastanien und Linden eingefriedet.
Denkmäler. Friedenseiche 1871. Denkmal für die Weltkriege von 1920 mit Erweiterung von 1951.
Gräber. 28 dänische und 3 schleswig-holsteinische Soldaten gefallen im Gefecht von Missunde 1850. Abermals wegen Missunde ums Leben gekommen sind 9 Preußen und 3 Dänen 1864 begraben. Eine lange Grabstelle mit gußeisernen Kreuzen, die Toten alle in Richtung der aufgehenden Sonne gebettet. Lit.: KDM SL 1957, 173. Stolz 1980, 33, 43. Brodersby 1989, 112.
Naturdenkmal. Eine 250jährige Buche an der Ostseite des Friedhofs. 1978 unter Schutz.

Pastorat 1827. Missunder Fährstr. 17. Standort 1765 von Goltoft nach hier auf den Kirchplatz verlegt. Neuer Backsteinbau mit Reetdach von 1827. Besuch König Christians IX. 1864 zur Besichtigung der Schanzen von Missunde (Denkmalbuch). Die Pastoratsscheune wurde 1967 nach einem Sturmschaden abgerissen und an der Stelle eine Ruhehalle errichtet. Nördlich des Pastorats ist 1981 das Gemeindehaus erbaut worden. Lit.: Brodersby 1989, 103.

Schule 1894. Alte Landstr. 1-3. Nach einem 50jährigen Streit um die Verlegung von Goltoft wurde Kl. Brodersby 1807 Standort der Kirchspiels-Schule. Ein zweiklassiger Neubau von 1830 brannte 1894 durch Blitzschlag aus. In der neuen Schule wurde bis 1968 unterrichtet, jetzt in der DGS Tolk. Das Gebäude von 1894, als Privathaus genutzt, hat durch Fassadenveränderung seinen ursprünglichen Charakter verloren. Lit.: A. Reiche, Ein Schulstreit in Südangeln vor 200 Jahren, JbAngeln 1957, 104. Brodersby 1989, 228.

Armenhaus. Die ehemalige Gemeinschafts-Unterkunft der Kirchengem. Brodersby-Taarstedt wurde 1952 Mietshaus der Gemeinde, seit 1972 Privatbesitz. Das Haus steht am Weg nach Brekenrühe, an der Abzweigung nach Royum. Lit.: Brodersby 1989, 162.

Krug. Missunder Fährstr. 14. Lag an der Landstraße gegenüber dem Friedhof. Nach längerer Betriebslosigkeit 1966 abgebrannt. Lit.: Brodersby 1989, 109.

Post. Alte Landstr. 5. Poststelle 1929 eröffnet. Lit.: Brodersby 1989, 517.

Meierei 1891–1964. Schleidörferstraße. Genossenschaft 1887 gegründet, Meierei 1891 in Betrieb genommen. Das Gebäude an der großen Straßenkreuzung ist jetzt Privathaus mit Friseursalon. Lit.: Brodersby 1989, 212, 422.

Schmiede. 1908 Neubau im Dorf. 1971 außerhalb von Kl. Brodersby an die Schleidörferstraße, Ecke Westerfelderstraße verlegt und dort eine Werkstatthalle für Ldw.-Maschinen erbaut. In der Dorfschmiede hat seit 1971 die Raiffeisenbank ihren Sitz. Lit.: Brodersby 1989, 215, 217, 501.

Bank. Spar- und Darlehnskasse 1903 gegründet. 1974 von der Landkreditbank Schleswig-Holstein übernommen. 1983 Filiale der Raiffeisenbank Südangeln eG, Tolk. Seit 1991 Zweigstelle der Volksbank eG Schleswig. Lit.: Brodersby 1989, 522.

Dorfmuseum. Missunder Fährstr. 6. Hinter dem Wohnhaus im Werkstattbau einer ehemaligen Tischlerei 1988 eingerichtet. Erweiterungsbau von 1993. Lit.: Brodersby 1989, 209.

Hof. Ehem. Adeliges Freigut. An der Missunder Fährstraße, bei der Abzweigung nach Burg. Bemerkenswerte ältere Hofanlage mit mehreren Gebäuden in unregelmäßiger Zuordnung. Das Wohnhaus ist etwa 1670 aus Fachwerk gebaut, nur die Straßenfront massiv. Daneben ein großes Altenteilerhaus von 1840 und eine Fachwerkscheune mit mehreren Toren. Alle Gebäude reetgedeckt. An der Straße gegenüber steht das ehem. Wasch- und Backhaus, das als Ferienwohnung äußerlich unverändert stilvoll erhalten ist. Der Hof wurde 1696 dem Gut Unewatt rein formal unterstellt, um seine Privilegien als Freigut zu bewahren (Denkmalbuch). Lit.: A. Reiche, Ein adliges Frei-Gütchen zu Brodersby, JbAngeln 1977, 157. Brodersby 1989, 199.

Literatur. vSchröder 1837, I 146. Jensen Angeln 1844, 402. vSchröder 1854, 72. Oldekop 1906, VIII 31. Angeln 1922, 647. Wpl-Verz 1987, 88. Brodersby 1989, 194. TK 1424.

BRODERSBYER BEK

Au

Südangeln, im Bereich der Schlei. Fließstrecke 3,5 km, nördl. von Düneberg, Höhe 25 m, bis zur Einmündung in das Brodersbyer Noor. Einzugsfläche 390 ha, Gem. Brodersby.
Die Strecke bis Brekenrühe ist verrohrt. Der Lauf richtet sich in einem schmalen Talraum gradlinig nach Süden. Am Waldrand bei Brekenrühe passiert die Au einen besonders engen Durchlaß und wird anschließend von Steilhängen begleitet. In Kl. Brodersby eine Brücke der Schleidörferstraße, wo eine Wassermühle gestanden haben soll. 1994 entrohrt und naturnah bis zum Noor ausgebaut. Im Mündungsgebiet am Noor wird das Weidengrünland von mehreren Gräben durchzogen.

Gewässername. Verband Füsing-Geel 1990 Koopmans Bek. Wohl nach dem an der Au in Kl. Brodersby gelegenen Kaufhaus. In Brodersby selbst ist dieser Name unbekannt, dort nur Bek genannt.

BRODERSBYER NOOR

Schlei-Bucht

Südangeln. Gem. Brodersby, am Nordausgang der Missunder Enge. Die formschöne Schleibucht erstreckt sich rund 500 m ins Land hinein. Die Öffnung zur Schlei ist nur 200 m breit. Am ehemals bewaldeten Ostufer ist der steil zum Wasser abfallende Hang „Knös“ mit zahlreichen Ferienhäusern dicht bebaut.
Das Nordufer ist ein von mehreren Gräben und quelligen Bereichen durchzogenes Weide- und Wiesengelände mit größeren brachliegenden Flächen, die einzig an einem Noor der Schlei in Angeln sind.
Das Noor ist Lebensraum zahlreicher gefährdeter Tier- und Pflanzenarten, eine der schönsten Schleibuchten und daher als Naturschutzgebiet vorgeschlagen worden.

Literatur. Jensen Angeln 1844, 22. Biotop 1987, 1424 Nr. 106, 107, 137. Brodersby 1989, 17, 43. Biotop 1989, 152.

BROHOLM, Brücke über die Loiter Au. Foto: B. Hamer

BRODLOS

PLZ 24407. Haus

Südangeln. Ksp. Rabenkirchen, Gem. Rabenkirchen-Faulück. 17 Ewh. (1987).
Lage: 1,5 km nordöstl. von Faulück, am Weg nach Neuwerk, nahe des ehemaligen Bahndammes. Höhe 33 m.
Grenzort zur Gem. Grödersby. Im Süden beginnt die Grödersbyer Au ihren Lauf aus einer Bachschlucht. Schöne Wanderwege in alle Himmelsrichtungen.

Ortsname. 1804 Brodlohs. – Brotlos = auf den geringen Ertrag des Bodens bezogen, in Flurnamen öfters vorkommend (Laur). Lit.: Laur 1992, 182.

Geschichte. 1837 Kate zur Schliesharde. 1871 SL Gem. Faulück zwei Wohngeb.

Literatur. vSchröder 1837, I 255. vSchröder 1854, 135. Wpl-Verz 1970, 118. TK 1325.

BROHOLM

Wald

Südangeln. Gem. Schaalby u. Taarstedt. Fläche 96 ha. Staatsforst Land SH, Forstamt Schleswig, Försterei Tiergarten.
Lage: südl. von Taarstedt an der Loiter Au, die am Nordhang des Waldes entlang drängt. Höhe 10 m.
Im morphologisch stark gegliederten Waldgebiet stehen überwiegend Buchen, daneben auch Eichen, Eschen, in einigen Senken Erlenbrüche. Der älteste Baumbestand stammt von 1870. Hier ist Damwild heimisch und der Kolkrabe zu hören. Ein schöner Wanderweg führt aus dem Wald mit einer neuen Holzbrücke über die Au durch Wiesen und Felder nach Scholderup.
Früher fürstlicher Forst und teilweise Bauernwald von Füsing und Taarstedt, im Süderholz genannten Teil. 1965–80 hat das Land Schleswig-Holstein alle bäuerlichen Anteile gekauft.

Flurname. Erhebung in einer Niederung = dän. holm, bei einer Brücke = dän. bro.

Literatur. vSchröder 1837, I 291. vSchröder 1854, 161. Oldekop 1906, VIII 44. Angeln 1922, 701. Füsing 1982, 254. Biotop 1987, 1424 Nr. 80. TK 1424.

BROHOLMER MOOR
s. Füsinger Moor

BRONSBEK
s. Esgruser Mühlenstrom

BRUMOHR
s. Ülsbyfeld

BRUNLÜCK
s. Rothenhaus

BRUNSBÜLL

Gemeinde bis 1895

FL Amt Sterup. Fläche 180 ha. 130 Ewh., 27 Wohngeb. (1871) zu Brunsbüll u. Brunsbüllund. 1895 Eingliederung in die Gem. Grünholz. Lit.: Hist. Gem-Verz 1970, 58.

PLZ 24996. Dorf

Mittelangeln. Ksp. u. Gem. Sterup. 75 Ewh. (1987), 2 Ldw.-Betriebe (1993).
Lage: 3 km südöstl. von Sterup an der Straße zwischen Ahneby und Grünholz, am Nordhang der Höhen von Rügge, 55 m.

Ortsname. 1397 Brunesbül. 1477 Brunsbul. Mejer 1648 Bronsbuttell. Danckwerth 1652 Brenßbüttel. PreußLA 1877 Brunsbüll. – Siedlung = dän. bøl, dt. -büll, des Brun = altdän. PN (Laur). Lit.: Hald 1948-79, VII 341. JbAngeln 1967, 116. Laur 1992, 185.

Geschichte. Landstellen zur Nieharde, zu den Gütern Brunsholm und Rundhof, ein Hof bis 1777 im Besitz des Domkapitels Schleswig. 1853 Nieharde und Kappelerharde. 1871 FL Gem. Brunsbüll, im Dorf 64 Ewh., 11 Wohngeb., Krug. 1895 Gem. Grünholz, seit 1974 Gem. Sterup.
Am Ostende des Dorfes hat wahrscheinlich das alte Albüll gelegen. Deutliche Spuren des einst vorhandenen Burggrabens sind noch zu erkennen (1922).

Literatur. vSchröder 1837, I 151. Jensen Angeln 1844, 363. vSchröder 1854, 75. Oldekop 1906, V 47. Angeln 1922, 589. Wpl-Verz 1987, 101. TK 1224.

BRUNSBÜLLUND

PLZ 24996. Dorf

Mittelangeln. Ksp. u. Gem. Sterup. 49 Ewh. (1987), 16 Wohngeb., 2 Ldw.-Betriebe (1993).
Lage: 2 km südöstl. von Sterup, an der Straße nach Brunsbüll, auf einem schmalen Höhenrücken. Höhe 50 m.
Im Ortsbild des kleinen Straßendorfes fällt der plötzliche rechtwinklige Knick in der Mitte der einzigen Straße auf. Die Häuser verteilen sich in Abständen, ohne dörfliches Zentrum. Mehrere kleine Hölzungen sind um die Siedlung verstreut.

Ortsname. 1612 Brunßbull lundt. 1665 in der Lund. PreußLA 1877 Brunsbüllund. – Gehölz = dän. lund, von Brunsbüll (Laur). Lit.: Hald 1948-79, VII 341. JbAngeln 1967, 116. Laur 1992, 185.

Geschichte. 1837 sind 3 Höfe und 8 Katen zu Brunsbüllund vorhanden, außer einer Stelle des Gutes Freienwillen alle unter Nieharde. 1871 FL Gem. Brunsbüll, 66 Ewh., 16 Wohngeb.; seitdem blieb der Baubestand unverändert. 1895 Gem. Grünholz, seit 1974 Gem. Sterup.
Persönlichkeit. Heinrich Andresen 1875–1958, Schriftsteller, geboren in Brunsbüllund.

Literatur. vSchröder 1837, I 151. Jensen Angeln 1844, 361. vSchröder 1854, 75. Oldekop 1906, V 47. Angeln 1922, 590. Wpl-Verz 1987, 101. TK 1224.

BRUNSHOLM, Gutshaus 1768 und Altenteilerbau 1820. Foto: B. Hamer

BRUNSHOLM

Gutsherrschaft

Das Herrschaftsgebiet lag im Grenzraum von Nieharde und Struxdorfharde mit einem engeren Bereich im Süden des Ksp. Esgrus, um den Gutshof als Mittelpunkt. 1713 zum 1. Angler Güterdistrikt.
Seit 1692 hatte Brunsholm eigene Gerichtsbarkeit, die vordem von der Nieharde ausgeübt wurde. 1805 ist ein Jurist als Gerichtshalter verpflichtet worden, der auch für andere benachbarte Güter das Amt versah. 1853 unter der Kappelerharde.
Brunsholm war das einzige Gut in Ostangeln ohne Leibeigenschaft. 1840 zählten 376 Untergehörige zum Gut, die von Esgrus bis Brarupholz und zwischen Ulegraff und Fraulund wohnten. Hauptort war das herrschaftliche Dorf Brunsholm. Vor der Parzellierung 1816 umfaßte der Grundbesitz rund 300 ha, der auf den Stammhof, die Meierhöfe Frauenhof und Helenental und 33 zumeist kleine Stellen aufgeteilt wurde.

Gutsbezirk bis 1928

FL Amt Rundhof-Esgrus. Fläche 67 ha. 30 Ewh., 4 Wohngeb. (1871). 1928 Eingliederung in die Gem. Brunsholm.

PLZ 24402. Brunsholmhof

Ostangeln. Ksp. u. Gem. Esgrus. 22 Ewh. (1987), Ldw.-Betrieb 64 ha (1993).
Lage: im Süden des Dorfes Brunsholm, an der Straße nach Norderbrarup, auf einem schmalen langgestreckten Höhenzug.
■ Höhe 51 m, das höchstgelegene Gut in der Landschaft Angeln.

Ortsname. 1446 Brunsholm. Mejer 1648 Bronsholm. PreußLA 1877 Brunsholm. – Erhebung in einer Niederung = dän. holm, des Brun = altdän. PN (Laur). Lit.: Hald 1948-79, VII 374. JbAngeln 1967, 106. Laur 1992, 185.

Gutshof. Ein langer Hofplatz mit Teich und Rasenrondell, Reste des ovalen Hausgrabens, dabei eine kleine Hölzung. Wohnhaus von 1768 schlichter verputzter Ziegelbau (Denkmalschutz). Verwalterhaus 1820 als Altenteilerhaus erbaut. Roter Backstein auf hohem Sockel mit Freitreppe, Schieferdach und befensterter Drempel (Denkmalbuch). Speicher und Kornscheune 1825, Pferdestall 1826, Kuhstall 1836 (Denkmalbuch).

Geschichte. Der erste Gutsherr wird 1292 genannt, ihm folgen in ständigem Wechsel viele Namen. Seit 1817 bis heute im Familienbesitz. Zum Hof gehörten Ziegelei, Mühle, Armenhaus und ein großer Obstgarten.
Persönlichkeiten. Julius Thomsen 1815–1896. Arzt in Kappeln Schriftsteller medizinischer Fachliteratur, geboren auf Brunsholm. – Jürgen Brix 1830–1916. Landwirt, Journalist, Schriftleiter der Itzehoer Nachrichten, geboren in Brunsholm.

Windmühlen 1820–1953. „Glaube-Liebe-Hoffnung". Die erste Mühle von 1820 war Zwangsmühle für alle Gutsuntergehörigen. 1860 wurde neben der Mühle auch eine Brauerei und Brennerei betrieben. Durch Heißlaufen brannte sie 1863 ab. Der Neubau, ein Galerie-Holländer von 1863, ist 1892 durch Blitzschlag vernichtet worden. In gleicher Bauweise stand die letzte Windmühle seit 1893 in Brunsholm. Sie lief 1946 letztmals vor Wind, war als Motormühle umgerüstet und wurde 1953 abgebrochen. Müllerhaus heute Kinderheim „Brunsholm Mühle". Lit.: Pöge 1980, 131.

Literatur. vSchröder 1837, I 151. Jensen Angeln 1844, 268. vSchröder 1854, 75. Oldekop 1906, V 23. Angeln 1922, 598. KDM FL 1952, 97. Röschmann 1963, 149. Kunst-Topographie SH 1969, 234. Hagemeier-Kottwitz 1982, 189. Wpl-Verz 1987, 95. Esgrus 1990, 138. TK 1324.

Gemeinde bis 1970

FL Amt Rundhof-Esgrus. Fläche 351 ha. 195 Ewh. (1970). Gemeinde 1871 gegründet, 255 Ewh., 47 Wohngeb. 1928 Vereinigung mit dem Gutsbezirk Brunsholm. Ewh.-Höchstzahl 1946: 489 Menschen. 1970 Eingliederung in die Gem. Esgrus.

Wohnplätze. Blick teilw., Brunsholm teilw., Brunsholmhof, Frauenhof, Haveholz, Helenental, Jürgensfeld, Moosgaard, Moosgaardtoft, Pieselholz, Schrepperie teilw., Tischlerholz, Ulegraff teilw.

Literatur. Oldekop 1906, V 24. Angeln 1922, 598. Hist. Gem-Verz 1970, 56.

PLZ 24402. Dorf

Ostangeln. Ksp. u. Gem. Esgrus. 93 Ewh. (1987). Wirtschaftliches Zentrum der Gemeinde mit Ärzten, Bank, Bäckerei, Post, Seniorenheim und dem letzten Gemischtwarenladen von Esgrus.
Lage: 3 km südl. von Esgrus, am Straßenkreuz Sterup – Kappeln, Kappelner Chaussee und Niesgrau – Norderbrarup, auf dem Nordrand eines Höhenrücken. Höhe 50 m. Zahlreiche Kuppen und Becken, die regellos in der Landschaft zerstreut sind, verleihen dem Relief um Brunsholm ein besonders unruhiges Aussehen.

Geschichte. 1692 unter der Gerichtsbarkeit von Gut Brunsholm, 1853 Kappelerharde. 1871 FL Gem. Brunsholm. 1906 im Dorf 12 Wohngeb. mit Hökerladen, versch. Handwerker. 1970 Gem. Esgrus.

Burgplatz. In der moorigen Niederung nordwestlich des Gutshofes stellte die archäologische Landesaufnahme 1963 eine kräftige, aus sandigem Erdreich aufgeschüttete Erhöhung fest. Auf dem Burghügel lagen viele große Steine und Ziegelbrocken. Von den Wall- und Grabenanlagen sind auch 1993 noch Reste zu erkennen. Lit.: Röschmann 1963, 149.

Bahnstation 1902–1938. Brunsholm 28. Haltestelle der Kleinbahn Flensburg–Satrup–Rundhof.

Post. 1937 eröffnet. Seit 1972 ist hier die Poststelle Esgrus, die bis dahin in Atzbüll stationiert war. Lit.: Esgrus 1990, 414.

Bank. Sparkasse 1903 gegründet. 1970 Fusion mit der Raiffeisenbank Sterup, seit 1989 Geschäftsstelle der Raiffeisenbank Süderbrarup. Lit.: Esgrus 1990, 365.

Literatur. Oldekop 1906, V 24. Angeln 1922, 598. Röschmann 1963, 147. Wpl-Verz 1987, 95.

BRUSMARK

Hochfläche

Nordangeln. Stadt Glücksburg, östliche Höhe. Ein Plateau in den Umrissen von der Form eines Rhombus, ca. 1500 m lang und etwa 700 m breit. Höhe bis 41 m.

■ In der Hügellandschaft der Nordspitze Angelns, mit ihrem wirren System von Kuppen und Senken, ist die Brusmarker Hochfläche ein Fremdling, die sich mit allseitigen starken Böschungen um etwa 15 m aus der näheren Umgebung heraushebt.

Die Gletscher der Eiszeit haben die auffallend ebene Oberfläche nicht berührt. Wie eine Insel ist das Hochgebiet nur von ihnen umflossen worden. Der konkave Verlauf seiner Kanten und der steile Abfall der Hänge sind ein Werk der Schleifung des herumfließenden Eises. An der Höhe der Steilhänge läßt sich die Mächtigkeit des Eises ermessen.

■ Die ehemals bewaldete Hochfläche gibt den Eindruck einer alten Angelner Knicklandschaft in besonderen Maße wieder. Die Knickdichte erreicht mit einem einmalig intakten Netz auf und um Brusmark Spitzenwerte.

Ein hervorragend erhaltener Doppelknick „Redder", quert mit seinem Weg nach Rüdeheck einen Talraum. Ein Rundweg führt von Glücksburg-Bremsberg um die Hochfläche mit Blick bis weit ins Landesinnere der Knicklandschaft und über die Förde in ihrer ganzen Breite.

Flurname. 1733 Brood-marck. TK von 1939 Brusmark. – Rodungsfeld = dän. mark, des Brothir = altdän. PN (Hald). Lit.: Hald 1948-79, VII 107.

PLZ 24960. Hof

Nordangeln. Ksp. u. Stadt Glücksburg. Ldw.-Betrieb am Feldweg auf der Ostseite der Hochfläche. Höhe 38 m.

Die Hofstelle ist auf der PreußLA 1877 noch unbebaut. Auf Brusmark bestand 1733–1783 das Glücksburger Vorwerk Ladegaard.

Literatur. Oldekop 1906, V 41. Angeln 1922, 565. Glücksburg 1974, 113. Wpl-Verz 1987, 96. TK 1123.

BUCHHOLZ

Holz

Westangeln. Gem. Sieverstedt. Fläche 4 ha Buche und Eiche, älterer Baumbestand noch von 1840. Besitzer Hof Jensen, Stenderup.

Lage: nahe Poppholz, am Weg nach Stenderup. Höhe 30 m.

Flurname. 1790 Buchholt „jetzt mit Buchen und Eichen bewachsen, ehemals Wiese". PreußLA 1877 u. TK fälschlicherweise als „Poppholz" bezeichnet. TK von 1987 Buchholz. Lit.: Bjerrum 1986, 334.

BUCKHAGEN

Gutsherrschaft

Das Gut umfaßte in Ostangeln eine Landfläche von ca. 1000 ha in einem geschlossenen Gebiet, ohne Fremdherrschaft, in den späteren Gemeindegrenzen von Rabel und Schwackendorf. Der Herrensitz Gut Buckhagen am äußersten Ostrand des Bereichs. 1713 im 1. Angler Güterdistrikt.

Das Gut ist 1339 entstanden, als ein offenbar nicht wieder eingelöstes Pfand, der sechste Teil des Geltinger Waldes, der Ritterschaft zufiel.

Ursprünglich gehörte auch die Insel Oehe dazu, und im Norden reichte das Gebiet bis Kronsgaard. Oehe ist 1583 mit den Dörfern Gundelsby, Hasselberg, Wormshöft als selbständiges Gut abgetrennt worden. Den nördlichen Teil mit Kronsgaard und Börsby hat das Gut Düttebüll 1614 gekauft.

Buckhagen hatte seit 1524 eigene Rechtsprechung über seine Untertanen, die bis 1799 Leibeigene der Gutsherrschaft waren. Ein Jurist als Gerichtshalter wurde erst 1805 eingesetzt. Die gutsherrliche Gerichtsbarkeit hat 1853 die Kappelerharde abgelöst.

BUCKHAGEN, Herrenhaus 1865. Foto: H. W. Langholz

1840 zählten 520 Untergehörige zum Gut, die von Schwackendorf bis Buckhagen und Hauheck bis Haarmark wohnten.
Spät hat Buckhagen eine Parzellierung durchgeführt, mit Roest und Rundhof das letzte der Güter in Angeln, das seinen Untertanen 1800 die selbständige Landwirtschaft ermöglichte. Von den 47 ausgelegten Stellen und Parzellen hatten die meisten nicht mehr als 15 ha Land, für das die Parzellisten bis 1875 den Grundzins an das Gut entrichteten. Beim Hof verblieb eine Fläche von 620 ha, nach Rundhof und Gelting das drittgrößte Gut in Angeln.

Amt bis 1970

Kreis Flensburg. 1889 mit dem Gutsbezirk Buckhagen und der Gem. Rabel gebildet. Nach Vereinigung mit dem Amt Oehe bestehend aus den Gem. Gundelsby, Hasselberg, Maasholm, Rabel. 1946 Eingliederung der Gem. Schwackendorf aus dem Amt Gelting. 1970 aufgelöst und alle Gemeinden dem Amt Gelting zugeordnet.

Gutsbezirk bis 1928

FL Amt Buckhagen. Fläche 796 ha, einschließlich der Wasserfläche des Wormshöfter Noor. 1871 mit 89 Ewh., 12 Wohngeb. 1928 Eingliederung in die Gem. Rabel.
Wohnplätze: Buckhagen, Haarmark, Hauheck, Rabelsund, Ruhkrog, Schauheck.

PLZ 24376. Gut

Ostangeln. Ksp. Kappeln, Gem. Rabel. Fläche 449 ha, davon 355 ha Acker- u. Grünland, 68 ha Wald und die Insel Flintholm im Wormshöfter Noor. 9 Wohngeb. (alle Angaben 1993).
Lage: am Wormshöfter Noor, Schlei. 5 km nordöstl. von Kappeln, Zufahrt von der Nordstraße durch Rabel 1,2 km. Höhe 5 m.
■ Kein Gut in Angeln liegt so verkehrsfern der Landstraße.
Der Hofplatz liegt in einer Niederung. Im Norden steigt das Gelände leicht an. Im Osten geht der Blick über das Wormshöfter Noor. Neben Lindau und Oehe ist Buckhagen eines der wenigen Güter in Angeln, die

so dicht am Wasser gebaut sind. Von der Tiergartenwiese geht der Park, mit uraltem Baumbestand, in einen Hochwald über. Das Gut ist von einem Kranz Wälder umgeben. Auf den Feldern sind die Knicks der technisierten Landwirtschaft geopfert.

Ortsname. 1339 Bukhauen. 1466 Buckhaven. 1529 Buckehagen. Mejer 1648 u. Danckwerth 1652 Buckhagen. Trap 1864 dän. Bukhavn. – Einhegung = altdän. haghi, neudän. have, ins Niederdeutsche als -hagen übertragen, für Böcke = dän. buk (Laur). Lit.: JbAngeln 1967, 101. Laur 1992, 187.

Gutshof. Ein großer langgestreckter Platz mit breitem wasserführendem Haus- und Hofgraben, der nur in der Südhälfte und zwischen Herrenhaus und Hof, mit zwei Brücken, erhalten ist.
Das Herrenhaus wurde 1865 weitgehend umgebaut. Gelber Backsteinbau mit Schieferdach, bekrönt von einem Türmchen.
Die Wirtschaftsgebäude des landwirtschaftlichen Großbetriebes sind unterschiedlicher Bauart, teilweise Fachwerk oder gelber Backstein, sämtliche 1883–1888 nach einem Brand neu erbaut (Gesamtanlage Denkmalschutz). KDM FL 1952, 98. Kunst-Topographie SH 1969, 284.

Geschichte. Als Buckhagen 1339 erstmals urkundlich erwähnt wird, besteht der Ort aus einigen Katen und einer Wassermühle. Von den zahlreichen Heringszäunen in der Schlei hatte das Gut sieben Zäune in seinem Besitz, von denen 1906 nur noch einer vorhanden war. Der Meierhof Ruhkrog, nördlich von Rabel, ist in der Bodenreform 1950 mit 163 ha und zwei Bauernstellen verkauft worden.
Die Gutsherren haben sich wechselnd zur Kirche Gelting oder Kappeln gehalten. Die dauernde Zugehörigkeit zum Ksp. Kappeln ist erst nach 1700 eingetreten. Erste Besitzer waren sechs Generationen der Ritter Sehestedt. Ihnen folgten über die Jahrhunderte die adligen Familien von der Wisch, Pogwisch, Ahlefeld, Rumohr und von Motz. 1812 gehörte Buckhagen zum Güterkomplex des Landgrafen Carl von Hessen, dessen Erbe Herzog Carl zu Glücksburg war. Seit 1863 die Familie des Hamburger Kaufmanns von Schiller. In bürgerlichem Besitz ist das Gut zu keiner Zeit gewesen.

Vorgeschichte. Durch die archäologische Landesaufnahme sind um Buckhagen mehrere Grab- und Fundplätze festgestellt worden. Im östlichen Wald „Pferdekoppel“ liegen acht flache Rundhügel hart östlich des Försterhauses. An der Strandböschung des Noores zwei Grabhügel, wenige Meter davon zahlreiche Findlinge, die einzigen am Ostrand der Halbinsel. Auf verschiedenen Koppeln gegenüber der kleinen Insel Flintholm wurden viele Flintgeräte gefunden. In der Weggabel und weiter östlich des Weges nach Hauheck waren mehrere Grabstellen ehemaliger Steingräber zu verzeichnen. Lit.: Röschmann 1963, 500, 513.

Bystedt

Turmhügel. Aufgrund des Ortsnamens könnte eine Dorfwüstung vermutet werden, heute Flurname einer Gutshölzung. Rund 150 m südlich des Hofes ist ein kleiner Platz von Graben und Wall umgeben. Vermutlich war diese „Burg“ zur Bewachung des Seeweges, der unmittelbar an Buckhagen vorbei durch das Wormshöfter Noor zur alten Schleimündung führte, errichtet worden. Auf den Gutskarten vom Ende des 18. Jh. ist an dieser Stelle noch ein Wachturm gezeichnet. Lit.: vSchröder 1837, I 163. Jensen Angeln 1844, 210. vSchröder 1854, 77. Oldekop 1906, V 26. KDM FL 1952, 98. Röschmann 1963, 500. Kunst-Topographie SH 1969, 284.

Wassermühle. An der Au beim Hof. 1339 genannt, 1837 nicht mehr vorhanden. Das kleine Holz parallel zum Hausgraben trägt den Namen „Mühlenteich“, wo im Ostteil eine kleine Senke vermutlich den ehemaligen Stauteich bezeichnet. Lit.: Pöge 1980, 29.

Gutskate 1877. Am Weg zur Feldscheune ein gelber Backsteinbau mit gotisierenden Fensterformen (Denkmalbuch).

Feldscheune 1877. Vor dem Hof eine

BUCKHAGEN, Feldscheune 1877. Foto: D. Weldt

große, langgestreckte Scheune mit verbretterten Außenwänden und Durchfahrtstoren. Seltener Bautyp, bemerkenswerter freitragender Ingenieur-Holzbau seiner Zeit (Denkmalbuch).

Literatur. vSchröder 1837, I 162. Jensen Angeln 1844, 210, 385. vSchröder 1854, 76. Trap 1864, 640. Oldekop 1906, V 25. Angeln 1922, 623. vRumohr 1979, 80. Wpl-Verz 1987, 99. TK 1325.

BUCKHAGENER AU

Wasserlauf

Ostangeln, im Bereich der Schlei. Fließstrecke 3 km, von Schwackendorf an der Nordstraße bis zur Einmündung in das Wormshöfter Noor. Einzugsfläche 420 ha, Gem. Rabel.

Der Lauf geht durch Moor- und Wiesengelände, ist teils und im Wald vollständig verrohrt.

BUCKHAGENER WALD

Gutswald

Ostangeln. Gem. Rabel. Fläche 63 ha zu Gut Buckhagen, westl. am Gutshof und östl. am Wormshöfter Noor. Relikte der „Silva Geltinga", die im Mittelalter Ostangeln von der Birk bis Roest bedeckte. Überwiegend Buchenwald, mit teilweise sehr altem Baumbestand. Ehem. Försterei im „Pferdekoppelholz". Die Wälder stehen zum Teil unter Schutz und sind gesperrt.

■ Der Buckhagener Wald ist das erste Einstandsgebiet des Sikawildes in Angeln. 1928 hielt der Gutsbesitzer einige Tiere in einem Gatter am Herrenhaus. Nach 20 Jahren hatten sich die „Japaner" stark vermehrt, daß sie in die freie Wildbahn entlassen werden konnten.

■ Im „Reiherholz", einem Teil des „Lückholz", haben 60 Graureiher ihre größte Kolonie in Angeln (1993).

Bystedt. Südwald am Weg nach Rabel-

sund. Fläche 19 ha Fichte, Erle, Pappel, auf ca. 4 ha Buchen und Eichen um 1830 gepflanzt. Kolkrabe, Sika- und Damwild.
Mühlenteich. Schmaler Holzstreifen von 3 ha gegenüber dem Hausgraben. Einzelne Eichen um 1750.
Tiergarten. Westwald, um die Tiergartenwiese und weiter nordwestl. zum Lückholz. Flächenanteil zum Gut 22 ha. Buche und Eiche mit altem Bestand um 1840. Sika- und Damwild, Dachs. Geschützter Wald gesperrt.
Lückenholz. Nordwald, östl. von Ruhkrog, an Tiergarten angrenzend. Fläche 9 ha, größtenteils Buche. Graureiherkolonie, Kolkrabe. Geschützter Wald gesperrt.
Pferdekoppel. Ostwald, direkt am Wormshöfter Noor, die schönste Lage aller Wälder von Buckhagen. Fläche 9 ha, überwiegend Nadelhölzer Fichte und Japan-Lärche. Wanderweg durch den Wald zum Noor.
Hundsknuppen. Im Süden abseits mit Feuchtwiesen an der Schlei. Fläche 0,4 ha Neugründung 1983.

Naturdenkmäler. Bei der Aubrücke eine „Drehbuche" mit geflochtenem Stamm. – In der Tiergartenwiese eine Baumgruppe mit Eiche, Esche und 8 Buchen. – Eibe im Holz „Bystedt". – Bei der Försterei zwei Ilex-Bäume 15 m Höhe. – Buche im Pferdekoppelholz 35 m Höhe.

Literatur. M. Kranz, Pilze in den Wäldern um Buckhagen, JbAngeln 1951, 177. Ders., Flora des Buckhagener Waldes, JbAngeln 1967, 175. P. v. Schiller, Der Stein im Tiergarten, JbAngeln 1991, 246.

BUDDELHOCH
s. Boddelhoch

BUDEHOLDE

Ehem. Hof

1460 in einem Kaufbrief zu Rundhof genannt. Nicht lokalisierbar. Das Institut für Ortsnamenforschung, Kopenhagen, vermutet eine Identität mit Boholz.

Literatur. vSchröder 1837, II 209. Jensen Angeln 1844, 240. vSchröder 1854, 441.

BÜCHE

PLZ 24897. Häusergruppe

Südangeln. Ksp. u. Gem. Ulsnis. 4 Wohngeb.
Lage: nördl. von Hestoft, an der Straße nach Ulsnis. Höhe 20 m.

Ortsname. vSchröder 1854 Büche. WplVerz 1871 Büch. PreußLA 1877 Büch-Schmiede. – Buche = angeldän. büch.

Schmiede. Alte Kate Hestoft Nr. 7. Ehem. Dorfschmiede. 1871 SL Gem. Ulsnis 10 Ewh., 2 Wohngeb. Schmiedebetrieb 1908 stillgelegt.

Literatur. vSchröder 1854, 219. Ulsnis 1987, 164.

BÜCHEROTT

PLZ 24395. Höfe

Ostangeln. Ksp. u. Gem. Gelting. 12 Ewh., 3 Wohngeb., ein Ldw.-Betrieb (1993).
Lage: 2 km südöstl. von Gelting, eine lange Zufahrt von der Straße nach Stenderup. Höhe 8 m.
Im Süden das kleine Wäldchen Sillekjerer Holz 3 ha mit urtümlichem Bild und ausgedehnten Orchideenbeständen. Im Osten fließt die Geltinger Au vorbei.

Ortsname. 1683 FN Bugerodt. 1759 FN Bügerott. vSchröder 1837 u. Jensen Angeln 1844 Bügerott. Trap 1864 dän. Bøgeroj. PreußLA 1877 Bucheroll. TK von 1939 Bücherott. – Buchenrodung = dän. bøge, angeldän. bych, und ndt. -rott (Laur). Lit.: Hald 1948-79, VII 423. Laur 1992, 188.

Geschichte. Parzellenstelle von Gut Gelting, 1853 Kappelerharde. 1871 FL Gem. Suterballig, 2 Wohngeb. Seit 1928 Gem. Gelting.

Literatur. vSchröder 1837, II 342. Jensen

Angeln 1844, 380. vSchröder 1854, 522. Oldekop 1906, V 115. Angeln 1922, 609. Gelting 1972, 370. Gelting 1987, 155. Biotop 1987, 1225 Nr. 99. Wpl-Verz 1987, 96. TK 1225.

BÜCKBERG

PLZ 24977. Häusergruppe
Nordangeln. Ksp. u. Gem. Grundhof. 3 Wohngeb.
Lage: nördl. von Grundhof, an der Straße nach Langballig. Höhe 44 m.

Ortsname. 1807 Bügberg. 1821 Büchberg. Trap 1864 dän. Bygbjerg. PreußLA 1877 Bückberg. Ndt. Bügbarch. – Gerstenberg = dän. byg (Laur). Lit.: Hald 1948-79, VII 113. Laur 1992, 188.

Geschichte. Bückberg 1. Ehem. Kate zu Gut Lundsgaard, erbaut 1798. An der Haustür ein Stein mit Gründungsinschrift. – Bückberg 2. Ehem. Kate von Gut Schwensby, um 1810 gegründet. 1871 FL Gem. Bönstrup, 25 Ewh., 4 Häuser. Seit 1970 Gem. Grundhof.
Persönlichkeit. Claus Brix 1821–1890. Heimatdichter, wohnte 1854–75 im Haus Bückberg 2.

Literatur. vSchröder 1837, I 115. vSchröder 1854, 50. Trap 1864, 483. Oldekop 1906, V 22. Angeln 1922, 555. Grundhof 1957, 210, 212. Grundhof 1981, 66, 173. Wpl-Verz 1987, 96. TK 1223.

BÜLLEMOOS

PLZ 24999. Häusergruppe
Nordangeln. Ksp. Munkbrarup, Gem. Wees. 4 Wohngeb., 2 Ldw.-Betriebe (1993).
Lage: Nord-Wees, an der Straße nach Glücksburg, auf der hohen Kante des Weeser Berg. Höhe 43 m.

Ortsname. 1685 Büllmos. vSchröder 1837 Böllemose. – Moor = dän. mose, mit Trunkelbeeren = dän. bølle (Hald). Lit.: Hald 1948-79, VII 63.

Geschichte. Ehemals Torfmoor des Dorfes Wees. Hof und 2 Katen im Herzogtum Glücksburg, 1779 Munkbrarupharde. 1871 FL Gem. Wees.

Bauernhäuser. Norderstr. 19. Büllemoosheck, früher auch Lauesley. Eine der ältesten Katen von Wees. Ursprüngliche Lage etwas nördlicher im Straßenkreuz. Lit.: Munkbrarup 1976, II 532. – Norderstr. 20. Ursprünglich Wohn- und Wirtschaftsgebäude des 19. Jh., zum reinen Wohnhaus umgebaut. Gelber Backstein auf hohem Granitquadersockel, übergiebelter Frontispiz, Reetdach (Denkmalbuch). Lit.: Munkbrarup 1976, II 524.

Denkmal. Friedenseiche 1871 mit Gedenkstein. In der Weggabel der Straße zum Dorf Wees.

Literatur. vSchröder 1837, II 417. vSchröder 1854, 572. Oldekop 1906, V 125. Munkbrarup 1976, I 249, II 524. Wpl-Verz 1987, 101. TK 1123.

BÜNDERIES

PLZ 24392. Häuser
Mittelangeln. Ksp. Norderbrarup, Gem. Saustrup. 25 Ewh. (1987), 7 Wohngeb., 3 Ldw.-Betriebe (1993).
Lage: nördl. von Norderbrarup, abseits der Straße nach Flarup. Höhe 30 m.

Ortsname. 1478 Bunderryes. 1599 Bunderis. Mejer 1649 Bunderys. PreußLA 1877 Bünderies. Ndt. Bünneries. – Busch, Kratt = dän. ris, der Hufner (Laur). Das Grundwort -ries ist in den Ortsnamen Angelns selten, nur noch bei Husbyries und Weesries anzutreffen, jedoch sind diese jünger.

Geschichte. 1844 zwei Höfe und zwei Katen. 1871 SL Gem. Saustrup, 32 Ewh., 4 Wohngeb.

Literatur. vSchröder 1837, I 169. Jensen Angeln 1844, 408. vSchröder 1854, 79. Oldekop 1906, VIII 85. Angeln 1922, 662. Wpl-Verz 1987, 92. TK 1324.

BUHS

PLZ 24376. Haus

Ostangeln. Ksp. u. Stadt Kappeln.
Lage: westl. von Stutebüll, an der Straße nach Gr. Vogelsang, an der Grimsau. Höhe 12 m.
Grenzort zu Ksp. Gelting, Gem. Rabenholz, früher die Gutsgrenze von Priesholz zu Roest, bis 1974 Kreisgrenze.

Ortsname. 1800 Buhs. PreußLA 1877 Buhs. – Sumpf (Jensen). Lit.: Hald 1948-79, VII 423.

Geschichte. 1837 zwei Katen zu Priesholz und Roest, 1853 Kappelerharde. 1871 FL Gem. Stutebüll, 2 Häuser. 1937 Gem. Mehlby, seit 1974 Stadt Kappeln.

Brücke. In der modernen Straßenbrücke der Straße Sandbek–Rabenholz über die Grimsau ist die um 1890 erbaute Granitquaderbrücke vollständig erhalten. Seltener Bautyp. 1931 Verbreiterung als Stahlträgerbrücke (Denkmalbuch). Lit.: Frahm 1993, 364.

Literatur. vSchröder 1837, II 164, 334. Jensen Angeln 1844, 381. vSchröder 1854, 412, 517. Oldekop 1906, V 112. Wpl-Verz 1987, 89. TK 1325.

BUHSKOPPEL

PLZ 24395. Häusergruppe

Ostangeln. Ksp. Gelting, Gem. Rabenholz. 27 Ewh. (1987), 8 Wohngeb.
Lage: 2,5 km südl. von Rabenholz, an der Straße nach Sandbek, an der die Häuser in Abständen auf einer Länge von 1 km gebaut sind. Höhe 18 m.
Die Grimsau fließt in westlicher Nähe parallel zur Straße, die markanteste Laufstrecke der Au mit vielen Windungen.
Buhskoppel ist der südlichste Wohnplatz des Kirchspiels mit dem längsten Kirchenweg nach Gelting, 7 km.

Ortsname. 1794 Buskoppel. 1802 Buhskoppel. PreußLA 1877 Buhskoppel. – Koppel mit verwelktem Gras = angeldän. bus (Laur). Lit.: Hald 1948-79, VII 423. Laur 1992, 191.

Geschichte. 1837 stehen hier 5 Stellen auf Parzellen von Gut Priesholz, von denen die ersten 1796 gebaut wurden. 1853 Kappelerharde. 1871 FL Gem. Rabenholz, 44 Ewh., 7 Wohngeb.

Literatur. vSchröder 1837, II 164. Jensen Angeln 1844, 382. vSchröder 1854, 412. Oldekop 1906, V 94. Angeln 1922, 610. Gelting 1972, 661, 675. Gelting 1987, 333, 338. Wpl-Verz 1987, 99. TK 1325.

BULLEKJERGRABEN

Wasserlauf

Südangeln, im Bereich der Loiter Au, Schlei. Fließstrecke 4,5 km, nur 1200 m offen, von Steinfeld bis zur Einmündung links in die Loiter Au in Loit. Einzugsfläche 475 ha, Gem. Steinfeld u. Loit.
Der verrohrte Lauf beginnt südlich von Steinfeld, zwischen Krock und Schmedeland. An Loithof vorbei, durch das Dorf Loit mit Brücken über die Dorf- und Landstraße.
Einmündendes Gewässer: Möllkjärgraben bei Friedenstal, auf gesamter Länge verrohrt. Lit.: Loit 1993, 25, 31.

BULLERHECK
s. Boltoftheck

BUNDESLUND

PLZ 24977. Hof

Nordangeln. Ksp. u. Gem. Grundhof. Ldw.-Betrieb (1993).
Lage: südöstl. von Grundhof, am Rande des Wäldchens „Bundeslund“. Höhe 42 m.

Ortsname. 1634 Bundeßlundt. Jensen Angeln 1844 Bondeslund. PreußLA 1877 Bundeslund. – Gehölz = dän. lund, des Bondi = altdän. PN (Laur). Lit.: Hald 1948-79, VII 113. JbAngeln 1967, 79. Laur 1992, 192.

Geschichte. Hofbesitzer 1650-1930 Familie Lund. Der Hof wurde bis 1867 zu Dollerup gerechnet.

Literatur. Jensen Angeln 1844, 336. vSchröder 1854, 194. Oldekop 1906, V 48. Angeln 1922, 554. Grundhof 1981, 209. Wpl-Verz 1987, 96. TK 1223.

BUNSBÜLL

Ehem. Dorf

Westangeln. Ksp. Havetoft. Lage vermutlich zwischen Neubrück und Bunsbüllstraße, oder an der Stelle des Hofes Wester-Bunsbüll. Das Dorf gehörte dem Domkapitel, Vogtei Berend. 1580 war es nur noch von 3 Kätnern bewohnt.

Ortsname. 1352 Bundesbul. 1554 Bunsbul. – Siedlung = dän. bøl, dt. -büll, des Bondi = altdän. PN (Laur). Lit.: JbAngeln 1963, 31. Laur 1992, 193.

Ehem. Hof

Seit Anfang des 17. Jh. wird Bunsbüll als Gut oder -gaard bezeichnet, das im Besitz verschiedener Hofbeamter Gottorfs war. 1663 von Gut Satrupholm gekauft und als Meierhof bewirtschaftet. Nach der Parzellierung 1771 verblieb Wester-Bunsbüll als Stammhof.

Literatur. vSchröder 1837, I 174. Jensen Angeln 1844, 418. vSchröder 1854, 82. Satrup 1902, 97. Angeln 1922, 678. J. Thomsen, Meierhof Bunsbüll, JbAngeln 1956, 80. Dammholm 1991, 265.

BUNSBÜLLER AU

Au

Westangeln, im Bereich der Bollingstedter Au, Treene. Fließstrecke 3 km, aus einer Senke von Hüholz bei Dammholm bis zur Einmündung links in die Bollingstedter Au bei Neubrück. Einzugsfläche 1030 ha, Gem. Havetoft, Havetoftloit und Klappholz. Der Lauf ist teilweise verrohrt und markiert auf ganzer Strecke die Grenze der Gemeinden.

Gewässername. Kat. Flurkarte 1874 Bunsbüller Aue, Westerfelder Wasserlauf. Kat. Flurkarte 1875 Neubrücker Aue. TK 1323 von 1987 Bunsbüller Au. Lit.: vRohden 1989, 227, 364, 477.

BUNSBÜLL, OSTER-

PLZ 24875. Hof

Westangeln. Ksp. Havetoft, Gem. Havetoftloit. Ldw.-Betrieb 91 ha (1993).
Lage: 1,5 km östl. von Havetoftloit, von der Straße nach Loitosterfeld. Höhe 45 m.
Die Allee, die nach 1893 als neue Hofzufahrt angelegt und mit Ulmen bepflanzt wurde, muß in den nächsten Jahren durch Linden ersetzt werden, da die alten Bäume von der Ulmenkrankheit befallen sind.

Geschichte. Aus der Parzellierung des Satrupholmer Meierhofs Bunsbüll 1771 als Hof gegründet, Satrupharde. 1871 SL Gem. Dammholm, seit 1970 Gem. Havetoftloit. Neues Wohnhaus 1852 erbaut. 1852 Ziegelei vom Hof Wester-Bunsbüll gekauft.

Literatur. vSchröder 1837, I 174. Jensen Angeln 1844, 419. vSchröder 1854, 82. PreußLA 1877. Angeln 1922, 679. J. Thomsen, Oster-Bunsbüll, JbAngeln 1958, 113. Wpl-Verz 1970, 120. Dammholm 1991, 289. TK 1323.

BUNSBÜLLSTRASSE

PLZ 24875. Häusergruppe

Westangeln. Ksp. Havetoft, Gem. Havetoftloit. 37 Ewh. (1987), 9 Wohngeb., keine Ldw.-Betriebe (1993).
Lage: südwestl. von Havetoftloit, an der Straße von der Kirche in Havetoft bis Wester-Bunsbüll, die Bunsbüllstraße. Die Bunsbüller Au ist die Gemeindegrenze zu Havetoft. Grenzort zur Struxdorfharde.

Ortsname. vSchröder 1837 u. Jensen Angeln 1844 Solbergkjär. Trap 1864 dän. Bondsbølgade. PreußLA 1877 Bunsbüllstrasse. – Solbergkjär. Kratt, Bruch = dän. kær, bei einem von der Sonne beschiene-

OSTER-BUNSBÜLL, Wohnhaus 1852. Foto: A. Ruhe

nen Berg = dän. sol (Laur). Lit.: Laur 1992, 607.

Geschichte. 1771 eine Landstelle auf einer Parzelle des Satrupholmer Meierhof Bunsbüll errichtet, Satrupharde. 1871 SL Gem. Dammholm u. Havetoftloit. Seit 1970 Gem. Havetoftloit.

Literatur. vSchröder 1837, I 174. Jensen Angeln 1844, 419. vSchröder 1854, 82. Angeln 1922, 679. Wpl-Verz 1987, 89. Dammholm 1991, 285. TK 1323.

BUNSBÜLL, WESTER-

PLZ 24875. Hof Westangeln. Ksp. Havetoft, Gem. Havetoftloit. 3 Wohngeb., Ldw.-Betrieb 43 ha (1993). Lage: südl. von Havetoftloit, an der Straße von Loitschule zur Kirche in Havetoft, Bunsbüllstraße, direkt an Hof und Teich vorbei. Höhe 40 m.

Geschichte. 1771 bei der Parzellierung des Gutes Satrupholm die Stammparzelle des Meierhofs Bunsbüll, Satrupharde. 1871 SL Gem. Dammholm bis 1970. Auf dem weiträumigen Hofplatz standen mächtige Fachwerkscheunen, die von Gut Satrupholm stammten, und zwei große Wirtschaftsgebäude von 1895. Das alte Wohnhaus von 1782 und alle Hofgebäude brannten 1986 total nieder. Das Wohnhaus ist nach dem Brand 1987 auf altem Feldsteinfundament neu erbaut. Abnahmehaus von 1883. Alte Schmiede.

Ziegelei 1811–1852. Zwischen Hechtmoor und Schwennholz. 1852 an den Hof Oster-Bunsbüll verkauft.

Literatur. vSchröder 1837, I 174. Jensen Angeln 1844, 419. vSchröder 1854, 82. Angeln 1922, 679. KDM SL 1957, 565. Kunst-Topographie SH 1969, 741. Wpl-Verz 1970, 120. Hagemeier-Kottwitz 1982, 210. Dammholm 1991, 279. TK 1323.

BURG
1) Brodersby 2) Satrup

1) PLZ 24864. Siedlung

Südangeln. Ksp. u. Gem. Brodersby. 79 Ewh. (1987). Sportbootshafen.
Lage: an der Schlei, 1,5 km südl. von Brodersby, Burger Weg, auf einer Hochfläche 10 m.
■ Die schleibeengende Halbinsel bildet auf ihrem Südende ein geräumiges Plateau, die „Burg". Das einzigartige Terrain mit einer ebenen, maximal 16 m hohen Fläche im Viereck von etwa 35 ha ist gleichmäßig von Knicks durchzogen. An der Ostseite fällt das Steilufer, das höchste der Schlei, 14 m ab. Am Westende der Missunder Enge beginnt die Einfahrt in die Große Breite. Im Norden liegt eine Grünlandbucht mit Salzwiesen, das ehemalige „Sillemoor". Der Strandweg am Westufer bietet ebenso wie der Burger Weg auf der Höhe ein beeindruckendes Bild der Schlei. Burg und die Strandkolonie „Klein Westerland" sind mit Wochenendhäusern dicht bebaut; es sind die südlichsten Wohnplätze von Angeln. In einer alten Kiesgrube ist seit 1972 ein Sportbootshafen angelegt. Auf dem Plateau wohnen die „Ober-Burger", am Hang und Strand die „Unter-Burger". Die „Neu-Burger" haben 1956 ihr „Parlament", einen eigengebildeten Gemeinderat, gegründet.

Ortsname. Mejer 1641 Alte Burg u. 1651 Borg. vSchröder 1837 Burg. Trap 1864 dän. Lyttenborg. Lit.: Laur 1992, 195.

Geschichte. Um 1120 soll eine „Burg" auf der Hochfläche angelegt worden sein, die durch Wall und Graben nur nach Norden gesichert zu werden brauchte. 1831 ist die erste Kate auf Burg erbaut. 1907 begannen die ersten „Neu-Burger" aus Schleswig ihre Wochenendhäuser einzurichten.
Krieg. Schleswig-Holstein–Dänemark. 1848 und 1850 Artilleriestellung. – Preußen–Dänemark. 1861 Schanzen errichtet, nach dem Krieg 1864 geschleift.

Krug. Strandweg 3. Um 1900 als Abnahmehaus erbaut, 1930 als Sommerwirtschaft eingerichtet. Seit 1956 das „Kurhaus der Neu-Burger". Lit.: Brodersby 1989, 186.

Literatur. vSchröder 1837, I 146. vSchröder 1854, 72. Trap 1864, 524. Oldekop 1906, VIII 30. Angeln 1922, 647. KDM SL 1957, 166. A. Reiche, Burg an der Schlei, JbAngeln 1962, 45 u. 1963, 65. Biotop 1987, 1424 Nr. 131. Wpl-Verz 1987, 88. Brodersby 1989, 166, 585. TK 1424.

2) PLZ 24986. Haus

Mittelangeln. Ksp. u. Gem. Satrup, südl. von Esmark, 200 m östl. der Straße nach Ülsby. Im Volksmund auch „Höhnerkorf" genannt.

BUROTT

PLZ 24989. Hof

Nordangeln. Ksp. Grundhof, Gem. Dollerup, Fintzenstr. 1. Kein Ldw.-Betrieb (1993).
Lage: 2 km südl. von Dollerup, das einzige Haus am Weg nach Wolfsbrück. Höhe 47 m.

Ortsname. 1737 FN Buhray. vSchröder 1837 Burott. Jensen Angeln 1844 Burroth. – Kleines Haus = altdän. bur, bei der Rodung = ndt. -rott (Hald). Lit.: Hald 1948-79, VII 113.

Literatur. vSchröder 1837, I 208. Jensen Angeln 1844, 339. vSchröder 1854, 105. Oldekop 1906, V 27. Angeln 1922, 560. Grundhof 1981, 77.

BUSCH
s. Düttebüll

BUSCHAU

Gemeinde bis 1970

SL Amt Tolk. Fläche 695 ha. 192 Ewh. (1970). Gemeinde 1871 gegründet. Fläche 353 ha. 198 Ewh., 28 Wohngeb. 1898 Gebietsaustausch mit der Gem. Grumby, an die der Hof Lammershagen abgegeben wurde. 1942 Eingliederung eines Teils der aufgelösten Gem. Tolkschuby, wonach Alt- und Neu-Tolkschuby, Boholzau, Pokier zu Buschau kamen. Ewh.-Höchstzahl 1946: 522 Menschen. 1970 Vereinigung mit der Gem. Grumby zur neuen Gem. Twedt.

Wohnplätze. Buschau, Buschauholz, Dornhöh, Neu-Dornhöh, Eichtal, Haveholz, Hoffnungstal teilw., Loiterau, Löwengrube, Lücke, Wohld.

Literatur. Oldekop 1906, VIII 32. Angeln 1922, 691. Hist. Gem-Verz 1970, 166. Wpl-Verz 1970, 117.

PLZ 24894. Streusiedlung

Südangeln. Ksp. Tolk, Gem. Twedt. 65 Ewh. (1987), 19 Wohngeb., 2 Ldw.-Betriebe (1993).
Lage: nördl. von Twedt, an der Straße nach Boholzau. Höhe 20 m. Im Norden eine große Niederung „Borreskier" im Tal der Wellspanger Au.

Ortsname. 1601 Bugeschow. vSchröder 1837 Buschaue. PreußLA 1877 Buschau. – Bogenförmiger Wald, oder Wald in bogenförmigen Terrain = dän. bue und skov, dt. -schau (Laur). JbAngeln 1964, 57. Laur 1992, 195.

Geschichte. Struxdorfharde. 1871 SL Gem. Buschau, zur Siedlung 148 Ewh., 22 Wohngeb. Seit 1970 Gem. Twedt.

Buschauholz

Ost-Buschau. 1854 und 1906 zwei Katen genannt. Ortsname heute nicht mehr bekannt.

Literatur. vSchröder 1837, I 179. vSchröder 1854, 86. Oldekop 1906, VIII 32. Angeln 1922, 691. Wpl-Verz 1987, 94. TK 1324.

BUSCHHOLM

PLZ 24966. Hof

Mittelangeln. Ksp. u. Gem. Sörup, Geltinger Landstr. 9. Ohne Ldw.-Betrieb.
Lage: 4 km nördl. von Sörup, neben der Geltinger Landstraße. Höhe 45 m.

Ortsname. 1766 Buschholm. PreußLA 1877 Buschholm. – Erhöhung in einer Niederung = dän. holm, mit Busch bewachsen. Lit.: Hald 1948-79, VII 222.

Geschichte. Landstelle 1749 bei der Parzellierung von Gut Schwensby entstanden, Nieharde. 1871 FL Gutsbezirk Schwensby. 1928 Gem. Schwensby, seit 1970 Gem. Sörup.

Elektrizitätswerk 1971. Gegenüber der Hofzufahrt an der Landstraße. 1971 ein Umspannwerk mit Schaltstation erbaut. Die automatische, ferngesteuerte Anlage regelt die Energieversorgung für das Gebiet zwischen Glücksburg und Esgrus.

Literatur. vSchröder 1837, II 258. Oldekop 1906, V 103. Sörup 1907, 161. Angeln 1922, 585. Sörup 1964, 299. Sörup 1985, 335, 337. Wpl-Verz 1987, 99. TK 1224.

BUSCHKOPPEL

PLZ 24966. Haus

Mittelangeln. Ksp. u. Gem. Sörup, Geltinger Landstr. 7.
Lage: 4 km nördl. von Sörup, zwischen Hollehitt und Wolfsbrück, an der Abzweigung von der Geltinger Landstraße nach Dollerup. Höhe 42 m.

Ortsname. 1677 FN Buschkoppel. PreußLA 1877 Buschkoppel. – Koppel mit Busch bewachsen. Lit.: Hald 1948-79, VII 222.

Geschichte. 1706 Hofkate von Gut Schwensby, 1853 Nieharde. 1867 FL Gutsbezirk Schwensby. 1928 Gem. Schwensby bis 1970.

Kierkoppel

Sehr wahrscheinlich wurde Buschkoppel auch Kierkoppel genannt, so zuletzt 1864 in einem Kaufkontrakt. Dieselbe Kate wurde 1905 als „Buschkoppel" weiterverkauft. Da hier eine zweite Kate nicht bestand, wohl eine Doppelbenennung.
Ortsname. 1756 FN Kjer-Wisch-Koppel.

vSchröder 1837 Kjerkoppel. 1864 Kjærkoppel. – Kratt = ndt. Kier. Lit.: Hald 1948-79, VII 225.

Literatur. vSchröder 1837, II 258. Jensen Angeln 1844, 359. vSchröder 1854, 469. Oldekop 1906, V 103. Sörup 1907, 160. Angeln 1922, 585. Sörup 1964, 299. Wpl-Verz 1970, 33. Sörup 1985, 334. TK 1224.

BUSSESIG

Ehem. Haus

Nordangeln. Ksp. Adelby, Gem. Fruerlund, seit 1910 Stadt Flensburg. Lage am Weg vom Bahnhof Fruerlund zur Kirche Adelby.

Ortsname. 1768 FN Puße Sig. – Sumpf = dän. sig, mit zottigen, behaarten Büscheln = südjüt. busse, für bestimmte Pflanzenstauden (Hald). Lit.: Angeln 1922, 537. Hald 1948-79, VII 35.

BUTTERMAAS
s. Hermannshöh

BUTTKIER
s. Bortkayr

BYSTEDT
s. Buckhagen

CARLSHÖHE
s. Kappeln

CAROLINENLUND
s. Glücksburg, Schloß

CHARLOTTENHEIDE

Ehem. Kolonie

Westangeln. Uggelharde. Ksp. Sieverstedt, auf Stenderuper Feld. 1761 zwei Kolonistenhöfe, Eilers Hof und Friesenhof, angesiedelt. Lit.: Clausen 1981, 842.

CHOLERABERGE
s. Ekeberge

CHRISTELHOE

PLZ 24986. Hof

Mittelangeln. Ksp. u. Gem. Satrup. Ein Wohngeb., Ldw.-Betrieb (1993).
Lage: Nord-Satrup, westl. der Straße nach Ausacker. Höhe 37 m.

Ortsname. vSchröder 1837 Krüselhuy, Kistelhoe. Wpl-Verz 1871 Christelhoi. PreußLA 1877 Kistelhoe. Angeln 1922 Christelhöh. Kat. Plankarte 1954 Kistelhoe. – Sehr fraglich, ob ein Hügel = angeldän. hy, mit einem Sarg, Grab = angeldän. kiste, gemeint ist (Laur). Vorhanden ist ein Platz eines großen überpflügten Grabhügels, nach den Ausmaßen vermutlich eine Anlage mit Ganggrab oder Steinkammer.

Geschichte. 1771 zwei Parzellen von Gut Satrupholm, Satrupharde. 1871 SL Gem. Satrup.

Literatur. vSchröder 1837, I 503. vSchröder 1854, 282, 302. Satrup 1902, 185. Oldekop 1906, VIII 85. Angeln 1922, 673. Wpl-Verz 1970, 124. TK 1223.

CHRISTIANSFELD

PLZ 24395. Häusergruppe

Ostangeln. Ksp. u. Gem. Gelting. 2 Wohngeb.
Lage: westl. von Stenderup, am Ende eines Feldweges. Höhe 10 m.

Geschichte. 1843 nach dem Vornamen des Besitzers der ehemaligen Halbhufe benannt. 1844 zwei Katen zu Gut Gelting, 1853 Kappelerharde. 1871 FL Gem. Stenderup. Seit 1970 Gem. Gelting.

Literatur. Jensen Angeln 1844, 381. vSchröder 1854, 508. Oldekop 1906, V 108. Gelting 1972, 563. Gelting 1987, 270. Wpl-Verz 1987, 96. TK 1225.

CHRISTIANSLÜCKE
s. Rundhofer Wald

CHRISTIANSLUST

PLZ 24392. Haus

Südangeln. Ksp. Süderbrarup, Gem. Nottfeld.
Lage: 2 km südl. von Süderbrarup, an der Straße von Nottfeld nach Güderott, im Kuhholz. Höhe 35 m.

Ortsname. 1787 Christianslust, vormals Kuhholz. PreußLA 1877 F. H. Christianslust. – Nach König Christian VII. Lit.: Laur 1992, 198.

Geschichte. Ehem. Hegereiterhaus von 1787, ein breiter Backsteinbau, 1843 teilweise erneuert. 1929 Privatbesitz, seit 1952 dänisches Erholungsheim (Denkmalbuch).

Literatur. vSchröder 1837, II 111. Jensen Angeln 1844, 406. vSchröder 1854, 378. Oldekop 1906, VIII 77. Angeln 1922, 656. KDM SL 1957, 431. Kunst-Topographie SH 1969, 686. Wpl-Verz 1970, 123. H. Jessen, Christianslust, JbAngeln 1975, 50. TK 1324.

COMPANIE

PLZ 24860. Haus

Westangeln. Ksp. u. Gem. Ülsby. Lage 2 km westl. des Dorfes, am Ende des Waldweges zum Gehege Außelbek.

Geschichte. Im 19. Jh. von mehreren Ülsbyer Bauern gemeinsam „in Companie“ als Weide genutzt, später aufgeteilt. Heute Alte- und Neue-Companie.

DÄNISCHESTRASSE
s. Kronsgaard

DÄNISCH-MEIERHOF
s. Brarupholz

DALLACKER

PLZ 24897. Häusergruppe

Südangeln. Ksp. u. Gem. Ulsnis. 4 Wohngeb., Reiterhof.
Lage: am Schleiufer, südl. von Lindau, am Weg nach Gunneby. Höhe 5 m.
Östlichster Wohnplatz des Kirchspiels und Grenzort zum Ksp. Boren.

Ortsname. vSchröder 1837 Dallacker. Trap 1864 dän. Dalager. PreußLA 1877 Dallacker. – Tiefliegender Acker, Tal = ndt. Dal (Laur). Lit.: Laur 1992, 202.

Geschichte. 1784 eine Parzellenstelle von Gut Lindau, Schliesharde. 1871 SL Gem. Kius, 2 Wohngeb. Seit 1974 Gem. Ulsnis. 1920 eine Villa als „Gutshaus“ erbaut, 1971 abgebrannt. Stallungen zu Ferienwohnungen eines Reiterhofes umgebaut.

Literatur. vSchröder 1837, I 196, II 19. Jensen Angeln 1844, 400. vSchröder 1854, 97. Trap 1864, 527. Oldekop 1906, VIII 60. Angeln 1922, 645. Ulsnis 1987, 239, 257. Wpl-Verz 1987, 94. TK 1424.

DAMM
1) Norderbrarup 2) Oeversee 3) Sörup

1) s. Brarupholz

2) PLZ 24988. Haus

Westangeln. Ksp. u. Gem. Oeversee.
Lage: 2 km südöstl. von Oeversee, Abzweigung von der Straße nach Großsolt, am Fröruper Holz. Höhe 25 m.
Im Norden und Süden liegen in paralleler Anordnung Stauchmoränen, die das alte Treenetal abschließen.

Ortsname. 1805 u. PreußLA 1877 Damm. – Erdwall = ndt. Damm, oder Teich = dän. dam. Lit.: vRohden 1989, 230. TK 1322.

3) s. Mühlenholz, Sörup

DAMMENDE

PLZ 24975. Ortsteil

Nordangeln. Ksp. Husby, Gem. Ausacker. 76 Ewh. (1987), Krug, 3 Ldw.-Betriebe (1993).
Lage: 1 km südl. von Ausacker, an der Straße nach Satrup. Höhe 45 m.
Die Siedlung liegt am Ende eines langgestreckten Wiesentals, das durch den Dammender Wasserlauf mit der Kielsau verbunden ist.

Ortsname. 1633 Dam Ende. 1768 Damm Ende. PreußLA 1877 Dammende. Ndt. Dammenn. – Am Ende von Ausackerdiek = dän. dam, im Bezug auf den Winderatter See, der vor der künstlichen Senkung des Wasserspiegels mit einer Bucht bis nach Dammende herangereicht haben soll. Lit.: Hald 1948-79, VII 171. JbAngeln 1968, 31. vRohden 1989, 237. Laur 1992, 203.

Geschichte. Die älteren Höfe und Katen sind als Ausbauten des Dorfes Ausacker und nach der Parzellierung von Gut Schwensby 1749 entstanden. FL Gem. Ausackerholz, seit 1970 Gem. Ausacker.

Krug 1909. „Landgasthaus Dammende", Holnisser Landstr. 24. Neubau mit Saal von 1909. Der alte Krug lag Lämmerstr. 5. Der Pastor berichtete um 1845: „keinen guten Einfluß auf die Dorfschaft Ausackerholz hat ein vor etwa 8 Jahren errichteter Krug, der an gar keiner Landstraße liegt, mithin meistens nur zum Sitz für faulenzende und trunkliebende Leute dient". Lit.: Husby 1976, 402, 406.

Lämmerstraße

Häusergruppe mit 12 Wohngeb. am Nebenweg zur Landstraße, an der früher die Lämmer grasten. Lit.: Husby 1976, 403. Gr. Solt 1992, 221. TK 1223 (1988).

Schubytoft

Höfe Lämmerstr. 7 und 13. Ehem. Katen, durch Landzukauf vergrößert.
Ortsname. 1768 Schaubitoft. 1785 Schobitofft. – Hausplatz = dän. toft von Schauby, Walddorf = dän. skovby. Nach den Kirchenbüchern ist der Ortsname Schauby 1690–1750 gebräuchlich gewesen, der auf ein früheres Dorf hinweist (Hald). Lit.: Hald 1948-79, VII 212. JbAngeln 1968, 31. Laur 1992, 570.
Literatur. Husby 1976, 390, 409.

Literatur. vSchröder 1837, I 77. Jensen Angeln 1844, 333. vSchröder 1854, 28. Oldekop 1906, V 17. Angeln 1922, 550. Husby 1976, 379. Wpl-Verz 1987, 76. TK 1223.

DAMMENDER WASSERLAUF

Wasserlauf

Nordangeln, im Bereich der Kielsau, Treene. Fließstrecke 2,3 km, von Hammestoft, Höhe 43 m, bis zur Einmündung links in die Kielsau, östl. von Ausacker. Einzugsfläche 200 ha, Gem. Ausacker.
Das deutlich aus dem Umfeld ausgebuchtete Wiesengelände war zu Zeiten des Husbyer Botanikers Lars Hansen Sumpf und Moor, in dem er seltene Pflanzen entdeckte. Durch die Beseitigung des Staus für die Wassermühle in Ausacker fiel die Bucht des Winderatter Sees trocken.

Gewässername. Kat. Flurkarte 1875 Holmbrückau. Kat. Plankarte 1954 Hollnbrückau sic., Dammender Graben. – Holmbrückau nach der Brücke über den Weg nach Hüholz beim Flurstück Holm. Lit.: vRohden 1989, 238, 307.

DAMMHALL

PLZ 24395. Hof

Ostangeln. Ksp. u. Gem. Gelting, Holmkjer Nr. 2. Resthof ohne Ldw.-Betrieb.
Lage: Süd-Lehbek, am Weg nach Holmkjer, an der Lehbek, die hier in einem naturbelassenen Bachbett fließt. Höhe 10 m.

Ortsname. vSchröder 1837 u. Jensen Angeln 1844 Damhael. PreußLA 1877 Domhael. Angeln 1922 Domhal. TK von 1939 Dammhahl. Kat. Plankarte 1954 Damhal. Gelting 1972 Dammhahl. – Schwanz = dän. hale, bezeichnet ein länglich schmales

Flurstück, an einem Teich = dän. dam, oder im tiefliegenden Land (Hald). Lit.: Hald 1948-79, VII 423.

Geschichte. Landstelle 1789 auf einer Parzelle von Gut Gelting gegründet, 1853 Kappelerharde. FL Gem. Lehbek bis 1938.

Literatur. vSchröder 1837, II 13. Jensen Angeln 1844, 381. vSchröder 1854, 313. Angeln 1922, 610. Gelting 1972, 448. Gelting 1987, 219. Wpl-Verz 1987, 96. TK 1225.

DAMMHOLM

Gemeinde bis 1970

SL Amt Havetoft. Fläche 469 ha. 281 Ewh. (1970). Gemeinde 1871 gegründet, 282 Ewh., 41 Wohngeb. Ewh.-Höchstzahl 1946: 589 Menschen. 1970 Eingliederung in die Gem. Havetoftloit.

Wohnplätze. Oster-Bunsbüll, Bunsbüllstraße teilw., Wester-Bunsbüll, Dammholm, Droitmaas, Hüholz, Schwienholm, Waldhorn.

Literatur. Oldekop 1906, VIII 33. Angeln 1922, 678. Hist. Gem-Verz 1970, 170. Dammholm 1991, 103.

PLZ 24875. Dorf

Westangeln. Ksp. Havetoft, Gem. Havetoftloit. 161 Ewh. (1987), Krug, Dorfmuseum, 6 Ldw.-Betriebe (1993).
Lage: 3 km südl. von Havetoftloit, an der Straße nach Havetoft.
Mit seinen vielen Einzelstellen hat das „Dorf" Dammholm eher den Charakter einer Streusiedlung. Nur beim ehemaligen Bahnhof und um den Krug stehen die Häuser enger beieinander. Das Umfeld ist sehr bewegt mit einem kuppigen und knickreichen Gelände. Höchste Erhebung 56,4 m.
Grenzgebiet zum Ksp. Ülsby, früher von Satrupharde und Struxdorfharde.

Ortsname. 1641 Damhollm. 1750 Dammholm. PreußLA 1877 Dammholm. – Erhebung = dän. holm, zwischen Teichen = dän. dam (Laur). Lit.: JbAngeln 1963, 31. Laur 1992, 204.

Geschichte. Die Kätner zu Dammholm waren Untergehörige von Gut Satrupholm, 1771 der Satrupharde. 1871 SL Gem. Dammholm, zum Dorf 188 Ewh., 34 Wohngeb. Freiw. Feuerwehr 1954 gegründet, die jüngste in Angeln. Seit 1970 Gem. Havetoftloit.
Persönlichkeit. Jacob Asmussen 1794–1850. Theologe, Kirchenhistoriker, geboren in Dammholm, Geburtshaus Heidelücker Weg 8.

Dänische Schule. Hüholzerstr. 1. Unterricht 1945 in einer Baracke begonnen. Heute Versammlungshaus. Lit.: Dammholm 1991, 147.

Bahnstation 1904–1965. Heidelücker Weg 1. Haltestelle der Kleinbahn Schleswig–Satrup, Entfernungen 25–7 km. Bahnhofswirtschaft bis 1963, Personenverkehr 1965 eingestellt, für den Güterverkehr wurde die Strecke bis 1975 genutzt und dann abgebaut. Dammholm war die auf 50 m höchstgelegene Station zwischen Schleswig und Satrup. Lit.: Dammholm 1991, 176.

Krug 1898. „Zur Eiche", Ülsbyer Str. 21. Gasthaus mit Hökerei 1898 erbaut und dabei eine Doppeleiche zur Erinnerung an die Erhebung Schleswig-Holsteins gepflanzt. Ladengeschäft 1964 aufgegeben. Lit.: Dammholm 1991, 221.

Ziegelei 1852–1924. Hüholzerstr. 6. Abgebrochen. Lit.: Dammholm 1991, 169.

Dorfmuseum. Heidelücker Weg 4. Altes Wohn- und Wirtschaftsgebäude, geweißter Backstein mit Reetdach (Denkmalbuch). Lit.: Dammholm 1991, 188.

Naturdenkmal. Eiche beim Dorfmuseum, ca. 300 Jahre alt. 1979 unter Schutz.

Denkmal. Doppeleiche 1898 beim Krug „Zur Eiche" zur Erinnerung an die Erhebung Schleswig-Holsteins 1848.

Droitmaas
Haus, Schmiedestr. 23. Die Stelle wurde erstmals 1805 bebaut. Neues Haus nach 1860 errichtet. Lit.: Dammholm 1991, 244.

Literatur. vSchröder 1837, I 197. Jensen Angeln 1844, 419. vSchröder 1854, 97. Oldekop 1906, VIII 33. Angeln 1922, 678. Wpl-Verz 1987, 89. H. Clausen, Dammholm. Die Entwicklung eines Dorfes, 1991. TK 1323.

DAMMKIER

Ehem. Haus
Südangeln. Ksp. Süderbrarup, Gem. Brebel, im Feld von Kl. Brebel. Etwa 1938 abgebrochen. Lit.: Angeln 1922, 657.

DAMMSCHIFTEN

PLZ 24893. Häuser
Südangeln. Ksp. u. Gem. Taarstedt, Dammschiftenweg. 2 Wohngeb., kein Ldw.-Betrieb.
Lage: 1,5 km östl. von Westerakeby, zu Westerakebyholz, am Rande einer moorigen Niederung. Höhe 23 m.

Geschichte. Ehem. Torfmoor in Streifen zu mehreren „Schiften" aufgeteilt. Von den früheren Katen ist eine 1924 abgebrochen. Lit.: JbAngeln 1991, 225.

DAMMSTEDT
1) Esgrus 2) Ülsby

1) PLZ 24402. Haus
Ostangeln. Ksp. u. Gem. Esgrus.
Lage: südl. von Birzhaft, an einem langen Feldweg, der zu einer von Hügeln umgebenen Senke führt. Höhe 38 m.

Ortsname. 1727 FN Damstäde. 1798 FN Dammstedt. vSchröder 1854 Dammstelle. TK von 1939 Damstedt. – Stätte, Platz = ndt. Ste, am Teich = dän. dam (Hald). Lit.: Hald 1948-79, VII 374.

Geschichte. Landstelle mit Böttcherei zu Gut Rundhof, 1853 Kappelerharde. Bis 1970 FL Gem. Birzhaft.

Literatur. vSchröder 1854, 98. Oldekop 1906, V 20. Angeln 1922, 599. Wpl-Verz 1987, 95. TK 1224.

2) PLZ 24860. Häusergruppe
Westangeln. Ksp. u. Gem. Ülsby. 5 Wohngeb., kein Ldw.-Betrieb (1993).
Lage: nordöstl. von Ülsby zu Ülsbyholz, am Holz. Höhe 40 m.

DAMMSTEDTBEK
s. Dingwatter Au, Sieverstedt

DAMMSTEDTFELD

PLZ 24409. Häusergruppe
Ostangeln. Ksp. Töstrup, Gem. Stoltebüll. 14 Ewh. (1987), 3 Wohngeb., kein Ldw.-Betrieb (1993).
Lage: nordwestl. von Stoltebüll, an der Straße nach Stangheck, am Rand einer großen Wiesenniederung. Höhe 30 m.
Im Norden und Süden liegen zwei Senken, früher Teiche.

Vorgeschichte. 1951 und schon früher an vier Stellen Urnen durchpflügt.

Geschichte. 1837 gehörten 2 Parzellenstellen zu Gut Rundhof, 1853 Kappelerharde. 1871 FL Gem. Stoltebüll, 18 Ewh., 4 Wohngeb. Bei einem Hof waren bis 1874 eine Schankwirtschaft und bis 1913 eine Motormühle vorhanden. Alle Gebäude 1913 abgebrannt, Neubauten ohne Mühle.

Literatur. vSchröder 1837, II 325. vSchröder 1854, 513. PreußLA 1877. Oldekop 1906, V 111. Angeln 1922, 630. Röschmann 1963, 596. Toestrup 1982, 313, 339. Wpl-Verz 1987, 101. TK 1225.

DAMMWATT
s. Mohrkirchteich

DECKERKATE

PLZ 24409. Haus

Ostangeln. Ksp. Töstrup, Gem. Stoltebüll. Lage: 3 km südöstl. von Stoltebüll, an der Straße nach Stutebüll, bei der Brücke über die Grimsau. Höhe 14 m. – Als östlichster Punkt des Kirchspiels ist die Kate Grenzort zum Ksp. Kappeln und Ksp. Gelting, Gem. Rabenholz, bis 1974 Kreisgrenze.

Ortsname. vSchröder 1854 Tekerhuus. PreußLA 1877 Deckerkathe. – Vermutlich nach dem Wohnsitz eines Dachdeckers.

Geschichte. Kate zu Gut Rundhof, 1853 Kappelerharde. Bis 1970 FL Gem. Vogelsang.

Literatur. vSchröder 1837, II 402. vSchröder 1854, 564. Oldekop 1906, V 122. Angeln 1922, 630. Toestrup 1982, 383. Wpl-Verz 1987, 101. TK 1325.

DENNHOLM

PLZ 24860. Höfe

Westangeln. Ksp. u. Gem. Böklund und ein Wohngeb. Ksp. Havetoft, Gem. Klappholz, das jedoch abgesondert von den anderen Häusern liegt.
Lage: östl. von Klappholz, abseits der Straße nach Böklund, Eckernförder Landstraße, nahe des Südrandes des Geheges Außelbek. Höhe 50 m.

Ortsname. vSchröder 1854 Dänholm. Wpl-Verz 1871 Denholm. – Flurnamen mit Dän-, Den- begegnen öfters. Allgemein stellt man sie zum Volksnamen Dänen, sonst ist aber die Etymologie ungewiß (Laur). Lit.: Laur 1992, 209.

Geschichte. 1837 Kate zu Gut Fahrenstedt, 1853 Struxdorfharde. 1871 SL Gem. Böklund.

Literatur. vSchröder 1837, II 22. vSchröder 1854, 319. Oldekop 1906, VIII 23. Angeln 1922, 687. Wpl-Verz 1987, 87, 90. TK 1323.

DEUMERDEEL

Höhe

Mittelangeln. Ksp. u. Gem. Sörup, bei Hoheluft. Höhe 63,3 m. Panoramablick auf Sörup.
Flurname 1723 Doymerdeel. Oldekop 1906 Deumerdill. Lit.: Oldekop 1906, V 73. Hald 1948-79, VII 243.

DICKEDÄMMUNG

PLZ 24392. Hof

Südangeln. Ksp. Süderbrarup, Gem. Nottfeld. 2 Wohngeb., seit 1973 ohne Ldw.-Betrieb.
Lage: 2,5 km südl. von Süderbrarup, an der Straße nach Lindaunis, in einer Waldschneise zwischen Kuhholz und Petersholz. Höhe 20 m.

Ortsname. 1784 Decke Demming. vSchröder 1837 Deckedammung. PreußLA 1877 Dickedämmung. – Wohl zu dän. dige = Grube, Graben (Laur).

Geschichte. Parzelle von Gut Lindau, 1784 Schliesharde. 1871 SL Gem. Nottfeld, 26 Ewh., 4 Wohngeb., eine Kate wurde 1900 und die „Pülskate" 1902 abgebrochen.

Literatur. vSchröder 1837, II 20. vSchröder 1854, 102. Oldekop 1906, VIII 77. Angeln 1922, 656. Wpl-Verz 1970, 123. TK 1324.

DIERNSCHAU

PLZ 24392. Hof

Mittelangeln. Ksp. Norderbrarup, Gem. Scheggerott, Brarupholz Nr. 33. Ohne Ldw.-Betrieb (1993). Bis 1978 SL Gem. Brarupholz.
Lage: 2 km nördl. von Wagersrott, in hügeligem Gelände und von Holz umgeben. Höhe 45 m.

Ortsname. Vielleicht altdän. digher = groß, und Wald = dän. skov, zu dt. -schau; wie Diernis, Nordschleswig (Laur).

Literatur. Oldekop 1906, VIII 27. Wpl-Verz 1970, 117. TK 1324.

DINGHOLZ
s. Quern-, Sörup- und Sterup-Dingholz

Holz

Mittelangeln. Gem. Quern u. Sörup. Fläche ca. 25 ha. Bauernwald von Löstrup u. Quern.
Die versprengten Hölzungen, die südlich von Quern, beiderseits der Kappelner Chaussee liegen, sind spärliche Reste eines vormals größeren Waldgebietes. In dessen Mitte treffen die drei Kirchspiele Quern, Sörup und Sterup mit ihren Grenzen aufeinander. An dieser Stelle war bis 1723 die Dingstätte der Nieharde. Die Wasserscheide, die ungefähr mit der Landstraße verläuft, teilt die Waldfläche in Richttung Ost-West. Lit.: Biotop 1987, 1224 Nr. 100.

DINGWATT

PLZ 24891. Häusergruppe

Mittelangeln. Ksp. Thumby, Gem. Schnarup-Thumby. 3 Wohngeb.
Lage: 1 km östl. von Struxdorf, an der Straße nach Böel. Höhe 20 m.
Die Dingwatter Au, die mit einem tiefen Einschnitt die Landstraße durchquert, bildet nördlich der Straße große Grünlandflächen, die Dingwatter Wiesen, die sich weit nach Ost erstrecken.
Dingwatt liegt im Grenzdreieck der Ksp. Thumby, Struxdorf und Böel. Der eigene Kirchenweg nach Thumby ist viel weiter als zur Nachbarkirche in Struxdorf.

Ortsname. vSchröder 1837 Dingwatt. PreußLA 1877 Dingwatt. – Furt = ndt. Watt, bei der Dingstätte der Struxdorfharde (Laur). Lit.: JbAngeln 1963, 28. Laur 1992, 212.

Geschichte. 1837 zwei Katen und eine Schmiede zur Struxdorfharde. 1871 SL Gem. Schnarup, 3 Wohngeb. Die Kate an der Au wird „Schinderkate" genannt, weil hier der Abdecker des Kirchspiels wohnte.

Jagdstein 1787. An der Straße von Böklund nach Böel, nahe der Abzweigung nach Boholz. Ein Granitpfeiler mit Inschrift und Krone. Grenzstein der Wildbahn, 1787 zur Regierungszeit König Christians VII. gesetzt. Lit.: JbAngeln 1952, 103. KDM SL 1957, 567.

Literatur. vSchröder 1837, I 206. Jensen Angeln 1844, 81. vSchröder 1854, 104. Oldekop 1906, VIII 101. Wpl-Verz 1987, 92. TK 1323.

DINGWATTER AU
1) Treene 2) Wellspanger Au

1) Au

Westangeln, im Bereich der Treene, Nordsee. Fließstrecke 4,5 km, aus der Gegend östl. von Krittenburg, Höhe 38 m, bis zur Einmündung links in den Ihlseestrom, nahe dem Fröruper Holz. Einzugsfläche 600 ha, Gem. Sieverstedt.
Westlich des Hofes Sorgenfrei, auf Süderschmedebyfeld, durchläuft die Au eine eingekesselte Wiesenniederung.

Gewässername. 1793 Dingwatter Strohm. 1804 Dammstedtbeck. 1819 Dingwatt-Aue. TK Dingwatter Au. – Nach der Bachstelle, die von den Anwohnern durchwatet werden mußte, um zum Dingplatz der Uggelharde in Oeversee zu gelangen (vRohden). Lit.: vRohden 1989, 250, 255.

2) Au

Mittelangeln, im Bereich der Wellspanger Au, Schlei. Fließstrecke 7 km, von Neuböelschuby, bis zur Einmündung links in die Wellspanger Au, östl. von Boholzau. Einzugsfläche 1570 ha, Gem. Böel, Mohrkirch, Schnarup-Thumby u. Struxdorf. Gewässer der Fischerei-Wirtschaftsgenossenschaft Loiterau.
Das Quellgebiet befindet sich in der moorigen Niederung „Lömus", Höhe 30 m. Bei Eslingholz, am Schnaruper Holz vorbei, wird der Lauf von zwei Hügeln durch eine Enge gezwängt. Mit einem scharfen Knick wech-

selt die Fließrichtung genau entgegengesetzt nach Süden. Von Fresenburg bis unterhalb der Kirche von Thumby verengt sich das Bachbett noch einmal und öffnet sich dann weiter südlich zu einer breiten Wiesenniederung, die sich vor Dingwatt in einem Seitenarm weit und breit nach Osten ausdehnt. An den Fischteichen von Boholz entlang, die von der Au über ein Schöpfwerk bewässert werden, ist der Lauf unterhalb der steilen bewaldeten Böschung verlegt worden.

■ Durch mehrfachen Richtungswechsel beschreibt der Lauf der Dingwatter Au, der fast das dreifache der Luftlinie mißt, den größten Bogen eines Fließgewässers in Angeln. Durch den Ausbau der Strecke besteht oft ein Wechsel von geringem zu starkem Gefälle.

Gewässername. Abschnittsname im Oberlauf Lömus-Au, im Mittellauf Fresenburger Au, erst der Unterlauf ab Dingwatt heißt Dingwatter Au.

Literatur. H. K. Sacht, Die Dingwatter Au, JbAngeln 1987, 101.

DOLLERUP

Gemeinde

Amt Langballig. Fläche 1313 ha, davon 54 ha Wald. 892 Ewh., 266 Wohngeb., 39 Ldw.-Betriebe (alle Angaben 1987).

Wohnplätze. Bek, Burott, Dollerup, Dollerupmoor, Ellgaard, Geschlossenheck, Graff, Hörreberg teilw., Krimm, Mürpoll, Nordballig, Norderfeld, Ostenberg, Rabenholz, Streichmühle, Süderballig, Terkelstoft, Tiefengruft teilw., Tösmoos, Unewattmühle, Weigab teilw.

Gemeinde bis 1969. FL Amt Grundhof. Fläche 683 ha. 455 Ewh. (1969). Gemeinde 1867 gegründet, 343 Ewh., 60 Wohngeb. Ewh.-Höchstzahl 1946: 755 Menschen. 1970 Eingliederung der Gem. Nordballig u. Terkelstoft.

Literatur. Oldekop 1906, V 26. Angeln 1922, 559. Hist. Gem-Verz 1970, 56. Grundhof 1981, 71. Wpl-Verz 1987, 95.

PLZ 24989. Dorf

Nordangeln. Ksp. Grundhof, Gem. Dollerup. 465 Ewh. (1987), größtes Dorf im Kirchspiel mit Post, Bank, Kaufhaus, Bäckerei, Schuhgeschäft u. 8 Ldw.-Betrieben (1993).

Lage: östl. von Grundhof, zu beiden Seiten der Nordstraße. Höhe 35 m.

Durch die Nordstraße ist Dollerup in zwei Dorfteile getrennt. Im älteren Südteil reihen sich große Hofplätze aneinander. Früher war um den Dorfteich an der Meierei ein lebendiges Geschäftsviertel. Im Norden die jüngere Siedlung mit vielen neuen Häusern, die 1966 an der Neuen Straße und 1979 im Ostertoft erbaut wurden.

Ortsname. 1334 Dalderup. 1352 Dolrup. 1406 Doldorp. Mejer 1649 u. Danckwerth 1652 Dolderup. – Dorf = altdän. thorp, im, hier wohl eher am Tal = dän. dal (Laur). Namensgleich sind mehrere Orte in Jütland. Lit.: Hald 1948-79, VII 114. JbAngeln 1968, 26. Laur 1992, 214.

Geschichte. Im 18. Jh. war Dollerup rechtspolitisch ein „buntes“ Dorf mit 9 verschiedenen Jurisdiktionen. Auch 1853 ist die Verwaltung immer noch dreifach auf Husbyharde, Munkbrarupharde und Nieharde verteilt. 1871 FL Gem. Dollerup, im Dorf 292 Ewh., 51 Wohngeb. Freiw. Feuerwehr 1886 gegründet.

Nach dem Domkapitelregister waren die Bewohner der beiden Häuser, die seit 1406 der Domkirche Schleswig gehörten, verpflichtet, die Jäger bei den Wolfsjagden in den Wäldern von Dollerup zu versorgen.

Schule 1885. Schulstr. 7. Schulneubau 1885 mit einem Anbau von 1955, heute Privathaus. Erste Schule 1768 als Nebenschule von Grundhof begonnen. 1851–64 Unterricht in dänischer Sprache. 1970 Ende der Schule und Anschluß an die DGS Munkbrarup. Lit.: Grundhof 1957, 84, 90, 241. Ravn 1971, 163. Grundhof 1981, 19, 114. H. Jürgensen, Schule Dollerup, JbAngeln 1982, 40.

Bahnstation 1886–1952. Haltestelle der Kleinbahn Flensburg–Kappeln, Entfernungen 21–28 km. Zum Bau der gesamten Strecke befand sich in Dollerup ein Kieslager, dessen abgegrabene Kanten neben der Nordstraße sichtbar sind. Das Bahngleis war parallel zur Dorfstraße angelegt und führte mit scharfen Kurven zum Bahnhof. Eine Bahnhofswirtschaft ist 1888 gebaut worden, in der von 1895 bis 1900 auch die Postagentur stationiert war. Das Gebäude hat die Gemeinde 1972 gekauft und abbrechen lassen. Lit.: Grundhof 1957, 270. Grundhof 1981, 90.

Krug. Hauptstr. 12. Ehem. Allmannskate der Dorfgemeinschaft 1759 Krughaus genannt. 1886–88 Bahnhaltestelle. Heute keine Gaststätte. Lit.: Grundhof 1981, 87.

Post. Sandwatt 4. Seit 1956 in diesem, 1932 erbauten Hause. 1895 Postagentur im Bahnhof eröffnet, 1897 mit Telegraphendienst. Ab 1900 im Haus Hauptstr. 20 und von 1936–56 Hauptstr. 21. Lit.: Grundhof 1981, 92, 105.

Meierei 1889–1971. Hauptstr. 16. Genossenschaft 1889 gegründet. Die Fusion mit Dollerupholz war 1950 die erste Meiereivereinigung in Angeln. Durch Um- und Neubau wurde 1951 einer der größten und modernsten Betriebe geschaffen, der aber nur 20 Jahre bestehen konnte. 1971 übernahm die Zentralmeierei Kappeln die Milch in Transportwagen. Das Gebäude wurde als Fleischwarenfabrik eingerichtet und ab 1975 von einem Feinkostbetrieb genutzt. Der 22 m hohe Schornstein mußte 1988 gesprengt werden. 1993 Umbau zu Wohnungen. Im Garagenteil Feuerwehrstation mit Versammlungsraum. Lit.: Grundhof 1981, 89.

Bank. Raiffeisenbank eG Dollerup, Schulstr. 14. Geschäftsstelle der Raiffeisenbank eG Flensburg. Vordem in der Hauptstr. 29. Spar- und Darlehnskasse Dollerup 1902 gegründet. 1970 Anschluß an Husby. Lit.: Grundhof 1981, 95.

Schmiede. Schulstr. 9. Altes Nordangler Bauernhaus. Ehem. Kate des Gutes Freienwillllen, mit der seit etwa 1750 die Dorfschmiede verbunden war. Lit.: KDM FL 1952, 186. Grundhof 1981, 115.

Bauernhäuser. Grabstr. 1. Wohnhaus von 1806. Lit.: KDM FL 1952, 186. Grundhof 1981, 79. – Hauptstr. 21. Wohnhaus von 1809. Lit.: KDM FL 1952, 186. Grundhof 1981, 92. – Hauptstr. 28. Klempnerei. Wohnhaus von 1756. Lit.: Grundhof 1981, 94. – Süderende 6. Reste einer Bohlscheune (Denkmalschutz).

Denkmal. Friedenseiche 1871 mit Gedenkstein im Vorgarten des Hauses Hauptstr. 22.

Naturdenkmal. Eiche auf dem ehem. Bahnhofsplatz. 1936 unter Schutz.

Graff

Häusergruppe mit 6 Wohngeb. an der Grabstraße. Erste Bebauung 1749 auf einer Parzelle von Gut Schwensby, mit einer Kate an der Brücke über die Kl. Querner Au.
Ortsname. 1749 Grafft. 1820 Graffkathe. Jensen Angeln 1844 Graft. Grundhof 1895 Grabkate. TK von 1939 Grab. – Graben, Grube = altdän. graf (Hald). Lit.: Hald 1948-79, VII 115.
Literatur. Jensen Angeln 1844, 263. Grundhof 1895, 94. Grundhof 1981, 79.

Krimm

Haus Krimstr. 5. Ehem. Landstelle 1862 erbaut. Scherzname für abgelegene Wohnplätze. Lit.: Hald 1948-79, VII 116. Grundhof 1981, 98.

Süderballig

Ortsteil. 1871 FL Gem. Dollerup, 48 Ewh., 7 Wohngeb.
Ortsname. 1671 Dollrup Südert. 1740 Süderballie. Trap 1864 dän. Sønderballe. – Südlicher Ortsteil = dän. balle (Laur). Lit.: Hald 1948-79, VII 118. JbAngeln 1968, 27. Laur 1992, 630.

Literatur. vSchröder 1837, I 207. Jensen Angeln 1844, 339. vSchröder 1854, 105. Oldekop 1906, V 26. Angeln 1922, 559. Grundhof 1957, 228. Grundhof 1981, 71. Wpl-Verz 1987, 95. TK 1224.

DOLLERUPHOLZ

Gemeinde bis 1969

FL Amt Grundhof. Fläche 751 ha, davon 288 ha Festland, 463 ha Förde. 244 Ewh. (1969). Gemeinde 1867 gegründet, 239 Ewh., 51 Wohngeb. 1888 Eingliederung der bis dahin kommunalfreien Wasserflächen der Förde. Ewh.-Höchstzahl 1946: 423 Menschen. 1970 Eingliederung in die Gem. Westerholz.

Wohnplätze. Dollerupholz, Hörreberg teilw., Kiekut, Poseby, Seeklüft, Sponbrück.

Literatur. Oldekop 1906, V 27. Angeln 1922, 559. Grundhof 1957, 271. Hist. Gem-Verz 1970, 66.

PLZ 24977. Streusiedlung

Nordangeln. Ksp. Grundhof, Gem. Westerholz. 114 Ewh. (1987), 5 Ldw.-Betriebe (1993).
Lage: 3 km südöstl. von Westerholz, an der Fördestraße nach Neukirchen. Höhe 35 m.
Die Häuser liegen verstreut im Bereich einer großen Kuppe, die mit 43 m höchste Erhebung in Nähe der Außenförde, von der die Aussicht weit über die Fördelandschaft reicht.
■ Die längste Steilküste Angelns erstreckt sich 4 km lang am Fördeufer von Dollerupholz, an der kahle Hänge mit baumbestandenen Wandkulissen wechseln.
Im Osten liegt die kleine Siedlung „Hafflücke" mit 20 Häusern, überwiegend Neubauten, die am Hang und auf dem Steilufer stehen. Auf der Ostseite wird das Gelände von einem kleinen kurzen Kerbtal und einer 300 m langen Bachschlucht begrenzt. Die tief abfallenden Hänge werden von Buchen beschattet, und auf dem Grund hat ein schnellfließendes Bächlein zwischen feuchten Staudenfluren sein Bett gebaut. Auf der hohen Kante begleitet ein schöner Wanderweg die Schlucht bis zum Strand.
Im Südteil von Dollerupholz sind mehrere Hölzungen in langen Streifen vom ehemals größeren Waldbestand übriggeblieben.
Nach der Birk und neben der Halbinsel Holnis bietet in besonderem Maße Dollerupholz ziehenden Vögeln regelmäßig Rastplätze und Nahrung.

Ortsname. 1612 Dollerupholtz. 1652 Dolderupholtz. PreußLA 1877 Dollerupholz. Ndt. Dollrupholt. – Wald = ndt. Holt, von Dollerup. Lit.: Hald 1948-79, VII 114. JbAngeln 1968, 27. Laur 1992, 214.

Vorgeschichte. Im Wald und auf den gerodeten Flächen sind durch zahlreiche Einzelfunde mehrere Siedlungsstellen gekennzeichnet. Die reichen Fundplätze der Steinzeit setzen sich bis zur Steilküste fort. In keiner anderen Fördennähe ist eine so große Werktätigkeit nachzuweisen. Dagegen fehlen hier Grabhügel, und Steingräber sind nur vereinzelt vorhanden gewesen. Lit.: Röschmann 1963, 151.

Geschichte. In Dollerupholz waren verschiedene Guts- und Hardes-Jurisdiktionen bunt gemischt, die 1853 größtenteils in die Husbyharde aufgenommen wurden. 1871 FL Gem. Dollerupholz, zur Siedlung 190 Ewh., 45 Wohngeb. Seit 1970 Gem. Westerholz. Freiw. Feuerwehr Dollerupholz-Nordballig 1940 gegründet.
Persönlichkeit. Lars Hansen 1788–1876. Lehrer, Botaniker, geboren in Dollerupholz, Kiekuter Weg 1.

Schule 1847. Schulstr. 1. Altes Schulhaus von 1847, später erweitert und umgebaut. Daneben das Lehrerhaus von 1928. Seit Schulende 1970 Privathäuser. Heute werden die Kinder von Dollerupholz zur DGS Munkbrarup gefahren.
Um 1750 stand die erste Schule zu Dollerupholz neben dem Grundstück Fördestr. 18. Sie wurde 1801 nach Osterholz verlegt, hat aber den Namen „Dollerupholz" beibehalten. Als die Schulstube für 80 Kinder aus Dollerupholz, Unewattholz und Westerholz zu klein geworden war, errichtete die Gemeinde 1847 das Gebäude Schulstr. 1 zu Westerholz. 1851–64 Unterricht in dänischer Sprache. Lit.: Grundhof 1957, 84, 94,

529. Ravn 1971, 163. Grundhof 1981, 19, 443.

Meierei 1894–1950. Fördestr. 9. Nach Betriebsstillegung ein Gemischtwarenladen, 1962 zur Gastwirtschaft eingerichtet. Heute eine Tiefbaufirma und Zementwarenfabrikation. Lit.: Grundhof 1981, 388.

Bauernhäuser. Seeklüfter Weg 13. Kleinbauernstelle mit einem Wohnhaus von 1820, das bis auf die Straßenfront in Fachwerk erbaut ist (Denkmalbuch). Lit.: Grundhof 1981, 412. – Fördestr. 22. Haus 1776 erbaut. Lit.: Grundhof 1981, 394.

Naturdenkmäler. „Fünen-Stein". Findling am Strand bei Seeklüft, 200 m vom Ufer entfernt im Wasser. Denkmalschutz 1936. Lit.: Angeln 1922, 559. – Hülse. An der Westseite der Meiereistraße steht ein Ilexbaum vollkommen frei in der Landschaft. 1978 unter Schutz gestellt.

Literatur. vSchröder 1837, I 208. Jensen Angeln 1844, 339. vSchröder 1854, 105. Oldekop 1906, V 27. Angeln 1922, 559. Grundhof 1957, 271. Grundhof 1981, 386. Wpl-Verz 1987, 102. TK 1124.

DOLLERUPKJÄR
s. Dollerupmoor

DOLLERUPMOOR

PLZ 24989. Haus

Nordangeln. Ksp. Grundhof, Gem. Dollerup, Dollerupmoor Nr. 2.
Lage: nordöstl. von Streichmühle, am Südrand der moorigen Sponsau-Niederung. Höhe 13 m.

Ortsname. 1757 FN Dolrup Keer, bey Lanke-Beck. Jensen Angeln 1844 Dollerupkjär. – Bruch, Kratt = dän. kær. Lit.: Hald 1948-79, VII 128.

Geschichte. Ehem. Kate zu Gut Nübel. 1954 erhielten die Bewohner von Dollerupmoor elektrisches Licht, und 1975 erreichte die öffentliche Wasserversorgung endlich auch ihr Haus.

Literatur. Jensen Angeln 1844, 340. Grundhof 1981, 75. Wpl-Verz 1987, 95. TK 1224.

DOLLROTT

Gutsherrschaft

Der Gutsbereich umfaßte vor der Parzellierung eine Fläche von 720 ha. Die Landstellen lagen in Südostangeln zu beiden Seiten des Oberlaufs der Oxbek und auf einem geschlossenen Areal in den späteren Gemeindegrenzen von Dollrottfeld.
Seit 1629 oder 1631 stand die herzogliche Domäne unter der Verwaltung des Amtes Mohrkirchen. 1698 wurde Dollrott ein selbständiges Gut, das 1713 zum 1. Angler Güterdistrikt zählte.
Zur Rechtsprechung hat das Gut erstmals 1805 einen Juristen als Gerichtshalter bestellt. Dieser wurde bei der Neuordnung des Justizwesens 1853 vom Hardesvogt der Kappelerharde abgelöst. Verwaltung, Polizei und Steuerkasse verblieben aber beim Gutsinspektorat.
Die Untertanen von Dollrott waren keine Leibeigenen der Gutsherrschaft. 1840 wohnten von Flarupholz bis Rabenkirchen und von Arrild bis Güderott 810 Menschen, der Jurisdiktion des Gutes verpflichtet.
Ein erster Versuch zur Parzellierung blieb 1769 ohne Erfolg und konnte erst 1789 durchgeführt werden. Dabei sind 570 ha Land verkauft oder verpachtet worden.

Gutsbezirk bis 1928

SL Amt Rabenkirchen. Fläche 152 ha. Einziger Wohnplatz war der Gutshof. 1928 Eingliederung in die Gem. Dollrottfeld. Lit.: Hist. Gem-Verz 1970, 168.

PLZ 24392. Gut

Südangeln. Ksp. Rabenkirchen, Gem. Dollrottfeld. Fläche 150 ha, davon 20 ha Wald. Ldw.-Betrieb seit 1989 verpachtet.
Lage: westl. von Rabenkirchen, direkt an der Straße von Süderbrarup nach Kappeln,

B 201; die unmittelbare Lage an der Landstraße ist für ein Gut selten. Höhe 20 m.

Ortsname. KWE 1231 Dolruth. 1494 Dolrade. 1631 Dollroth. Mejer 1649 Dalroth. Trap 1864 dän. Dollerød. – Rodung = altdän. ruth, ndt. -rott, im Tal = dän. dal (Laur). Lit.: JbAngeln 1964, 63. Laur 1992, 215.

Gutshof. Der Hofplatz liegt in der Niederung der Dollrotter Au. Er ist zu Zweidrittel vom Hausgraben umgeben. Das Herrenhaus ist ein einfacher Breitbau, der laut Inschrifttafel 1609 als „Pforthaus" zu einem größeren Bauvorhaben errichtet wurde. Vermutlich Ende des 18. Jh. aufgestockt und als Wohnhaus eingerichtet. Lit.: KDM SL 1957, 174. Kunst-Topographie SH 1969, 663.

Geschichte. Die Gutswirtschaft begann Ende des 16. Jh. durch die Landübernahme des ehemaligen Dorfes Dollrott. 1618 wurde das Hoffeld nach einer weiteren Dorfauflösung von Pleystrup vergrößert. Als Dänemark gegen Schweden Krieg führte, hatte das Gut 1644 über sechs Monate Einquartierung. Bis zur Selbständigkeit als Gut 1698 war die herzogliche Domäne verpachtet. Seit 1910 im Besitz der Familie Westermann-Lammers.

Ehem. Dorf

In König Waldemars Erdbuch von 1231 wird ein Dorf Dolruth genannt, aus dem ein Anteil zu den Krongütern gehörte. 1494 waren in diesem Dorf noch 3 Höfe im Besitz des Gutes Gelting, später zu Gut Satrupholm. Zwischen 1573 und 1590 wurde das Dorf aufgelöst und das Land vom Gut Dollrott bewirtschaftet. Der alte Dorfplatz trägt den Flurnamen Gammelby, da das Gut den Dorfnamen weiterführt.

Literatur. vSchröder 1837, I 208. Jensen Angeln 1844, 224. vSchröder 1854, 105. Trap 1864, 532. Oldekop 1906, VIII 36. Angeln 1922, 633. A. Petersen, Die Entstehung und Geschichte des Gutes Dollrott, JbAngeln 1949, 10. vRumohr 1968, 129. Dollrottfeld 1981, 31, 232. Wpl-Verz 1987, 88. TK 1324.

DOLLROTTER AU

Wasserlauf

Südangeln, im Bereich der Oxbek, Schlei. Fließstrecke 2,5 km, von Faulücklund, durch Dollrottwatt, am Gut Dollrott vorbei mit einem Ablauf aus dem Hausgraben, bis zur Einmündung links in die Oxbek in der Hofhölzung.

DOLLROTTFELD

Gemeinde

Amt Süderbrarup. Fläche 498 ha, davon 11 ha Wald. 258 Ewh., 81 Wohngeb. (alle Angaben 1987), 6 Ldw.-Betriebe (1993).
SL Gemeinde 1871 gegründet. Fläche 346 ha. 458 Ewh., 71 Wohngeb. 1875 Wohnplatz Uhlekuhl an die Gem. Boren ausgegliedert. 1928 Eingliederung des Gutsbezirks Dollrott. Ewh.-Höchstzahl 1946: 580 Menschen. Bis 1967 im Amt Rabenkirchen.

Wohnplätze. Bedstedt, Dollrott, Dollrottfeld, Dollrottholz, Dollrottroy, Dollrottwatt, Gaarwang ehem., Justrup teilw., Oberland, Süderfeld.

Literatur. Oldekop 1906, VIII 37. Angeln 1922, 633, 657. Hist. Gem-Verz 1970, 168. Wpl-Verz 1987, 88.

PLZ 24392. Dorf

Südangeln. Ksp. Rabenkirchen u. Süderbrarup, Gem. Dollrottfeld. 76 Ewh. (1987), 3 Ldw.-Betriebe (1993).
Lage: 2 km östl. von Süderbrarup, an der Straße nach Kappeln, B 201, in hügeligem Gelände und an verschiedenen Niederungsläufen im Oxbektal. Höhe 25 m.Von der südwestlichen Höhe Hügum 40 m Aussicht auf Dollrottfeld und über das Autal.
Zur Karpfenzucht und zum Angelsport werden mehrere Fischteiche genutzt. Der 2,5 ha große Teich „Syverkjer" entstand Mitte des 19. Jh. beim Torfgraben und wird seit 1872 als Fischgewässer unterhalten, heute Angelsport.
Das Straßendorf besteht aus kleinen, an der Landstraße aufgereihten Häusergruppen, ohne Mittelpunkt. Die gekrümmte

Dorfstraße ist auch nach dem Ausbau zur B 201 kurvenreich geblieben.

Ortsname. vSchröder 1837 Dollrottfeld. Trap 1864 dän. Dollerødmark. PreußLA 1877 Dollrottfeld.

Geschichte. Das vergangene Dorf Dollrott gehörte zum Ksp. Süderbrarup, dabei ist der Westteil der Gemeinde geblieben. Das östliche Drittel, mit Bedstedt, Dollrottwatt, Gaarwang und Oberland, folgte dem Gut nach Rabenkirchen. Ebenso waren die schulischen Verhältnisse geordnet.
Durch die Gutsparzellierung wurden die Gutsuntertanen 1789 Eigentümer oder Pächter kleiner Landstellen, die seit 1853 der Kappelerharde angehören. 1871 SL Gem. Dollrottfeld, im Dorf 221 Ewh., 31 Wohngeb. 1871–78 Chausseebau der Landstraße, 1976 erneuert. Freiw. Feuerwehr 1906 gegründet.

Schule 1896. Haus Nr. 14. Heute Privathaus. Hier wurden nur die Kinder des zu Süderbrarup eingepfarrten Teils unterrichtet. 1965 aufgelöst nach Süderbrarup. Lit.: Dollrottfeld 1981, 133, 215.

Meierei 1908–1940. Haus Nr. 24. Nach Schließung des Betriebes bis 1973 eine Schmiedewerkstatt, dann zu Wohnungen umgebaut. Lit.: Dollrottfeld 1981, 130, 228.

Literatur. vSchröder 1837, I 210. Jensen Angeln 1844, 394, 406. vSchröder 1854, 106. Oldekop 1906, VIII 37. Angeln 1922, 633, 657. J. Cordsen, Dorfchronik von Dollrottfeld, 1981. Wpl-Verz 1987, 88. TK 1324.

DOLLROTTHOLZ

PLZ 24392. Dorf

Südangeln. Ksp. Süderbrarup, Gem. Dollrottfeld. 86 Ewh. (1987), ein Ldw.-Betrieb (1993).
Lage: im Autal nördl. von Dollrottfeld, an der Straße von der B 201 nach Scheggerott mit der Brücke über die Oxbek. Höhe 20 m. Im engen Tal der Au sind die Häuser dichter zusammengestellt als in Dollrottfeld. Durch die windgeschützte Hanglage und wegen der guten Wiesen ist das Katendorf auch früher entstanden als die Nachbarsiedlung an der Landstraße.

Ortsname. 1804 Dolrathskov. vSchröder 1837 Dollrottholz. Trap 1864 dän. Dollerødskov. PreußLA 1877 Dollrottholz. Ndt. Dollrottholt. Lit.: Laur 1992, 215.

Geschichte. 1837 gehörten zum Gut Dollrott 18 Katen, in denen Böttcher, Goldschmied, zwei Krüger und Handwerker wohnten. 1853 untersteht das Dorf der Kappelerharde. 1871 SL Gem. Dollrottfeld, 139 Ewh., 23 Wohngeb.
Persönlichkeit. Heinrich Traulsen 1843–1914. Schriftsteller, geboren im Krug zu Dollrottholz.

Krug 1904. „Doppeleiche“, Haus Nr. 2 an der B 201. Neubau 1904 nach einem Brand, mit Landwirtschaft und Pferdehandel. Schankbetrieb 1963 eingestellt, Saal zu Wohnungen umgebaut und aufgestockt. 1971 Ldw.-Betrieb aufgegeben. Der alte Krug, eine Freikate von Gut Dollrott, war das Geburtshaus des Schriftstellers Heinrich Traulsen. Lit.: Dollrottfeld 1981, 180.

Literatur. vSchröder 1837, I 210. Jensen Angeln 1844, 406. vSchröder 1854, 106. Oldekop 1906, VIII 37. Angeln 1922, 657. Dollrottfeld 1981, 180. Wpl-Verz 1987, 88. TK 1324.

DOLLROTTROY

PLZ 24392. Häuser

Südangeln. Ksp. Süderbrarup, Gem. Dollrottfeld. Haus u. ein Hof mit Ldw.-Betrieb (1993).
Lage: im Süderfeld von Dollrottfeld.

Geschichte. 1854 zwei Katen zur Kappelerharde. 1871 SL Gem. Dollrottfeld, 3 Wohngeb. „Roy“. Ortsname nicht mehr gebräuchlich.

Literatur. vSchröder 1854, 437. Dollrottfeld 1981, 268.

DOLLROTTWATT

PLZ 24392. Häusergruppe

Südangeln. Ksp. Rabenkirchen, Gem. Dollrottfeld. 22 Ewh. (1987), 7 Wohngeb., keine Ldw.-Betriebe.
Lage: südwestl. von Rabenkirchen, am Straßendreieck der B 201 mit der Abzweigung nach Ekenis. Höhe 25 m.
Die Dollrotter Au fließt unter der Landstraße. Grenzort zu Ksp. Boren, Gem. Ekenis.

Ortsname. 1804 Dolrottervat. PreußLA 1877 Dollrottwatt. – Furt = ndt. Watt. Lit.: Laur 1992, 215.

Geschichte. Katensiedlung zu Gut Dollrott, 1853 Kappelerharde. 1871 SL Gem. Dollrottfeld, 38 Ewh., 6 Wohngeb. mit Armenhaus u. Schmiede bis 1881. Nebenstelle des Postamtes Süderbrarup 1929–1967.

Literatur. vSchröder 1837, I 210. vSchröder 1854, 106. Oldekop 1906, VIII 37. Angeln 1922, 633. Dollrottfeld 1981, 239. Wpl-Verz 1987, 88. TK 1325.

DOMSTAG

PLZ 24395. Haus

Ostangeln. Ksp. Gundelsby, Gem. Kronsgaard. Ehem. Hof, heute Keramikfabrik.
Lage: nördl. von Kronsgaard, am Weg nach Bobeck. Höhe 7 m.

Ortsname. 1583 FN Damedow. 1785 Dohmstag. PreußLA 1877 Domstag. Ndt. Domstach. – Gerichtstag, Jüngstes Gericht = dän. dommedag. In übertragener Bedeutung gebraucht, entweder auf eine abgelegene Lokalität bezogen, etwa im Sinne „so weit wie bis zum Jüngsten Tage“, oder auch in Bezug auf eine schwere Arbeit (Laur). Lit.: Hald 1948-79, VII 423. Laur 1992, 215.

Geschichte. 1785 Parzelle von Gut Düttebüll bebaut, 1853 Kappelerharde. 1871 FL Gem. Kronsgaard.

Literatur. vSchröder 1837, I 210. Jensen Angeln 1844, 383. vSchröder 1854, 106. Oldekop 1906, V 68. Angeln 1922, 613. Gundelsby 1977, 234. Wpl-Verz 1987, 98. TK 1225.

DORNHÖH

PLZ 24894. Höfe

Südangeln. Ksp. Tolk, Gem. Twedt. 5 Wohngeb., ein Ldw.-Betrieb 83 ha (1993).
Lage: nördl. von Twedt, an der Straße nach Buschau. Höhe 25 m.

Geschichte. Der erste Hof ist 1863 erbaut, von dem der südlich gelegene Hof „Neu-Dornhöh“ später abgetrennt wurde. 1871 SL Gem. Buschau, seit 1970 Gem. Twedt.

Literatur. Oldekop 1906, VIII 32. Angeln 1922, 692. Wpl-Verz 1987, 94. TK 1324.

DOTHMARK

PLZ 24376. Stadtteil

Ostangeln. Ksp. u. Stadt Kappeln, südl. der Altstadt, von dieser durch ein Bachtal mit einem kurzen, ganz kleinen Wasserlauf getrennt.

Ortsname. 1498 Dodtmarck. Mejer 1649 Todtmarck. PreußLA 1877 Dothmark. – Rodungsfeld = dän. mark, des Doti = altdän. PN (Laur). Lit.: JbAngeln 1964, 65. Laur 1992, 217.

Geschichte. 1871 FL Gutsbezirk Roest. 1915 war auf den Ländereien des Meierhofes Dothmark ein neuer Stadtteil entstanden, der teilweise nach Kappeln, Kreis Schleswig umgemeindet wurde, endgültig 1928 nach Auflösung des Gutsbezirks Roest zur Stadt kam.
Krieg. Erster Weltkrieg. 1917 sind am Hang zur Schlei Geschützunterstände zum Küstenschutz errichtet worden.

Wilhelmshöh

Namentlich im Stadtteil Dothmark nur auf der TK von 1939 verzeichnet, sonst ohne

Beleg und auch dem Stadtarchiv Kappeln unbekannt.

Ehem. Dorf

Ob auf der Koppel „Gammel Dothmark“ ein Dorf gelegen hat, ist ungewiß, denn beim Verkauf von Gut Roest 1498 wird kein Dorf, sondern „dat gudt tho Dodtmarck“ genannt.

Ehem. Hof

Seit 1498 als Meierhof zu Gut Roest urkundlich. Die Meierei wurde seit 1800 an Holländer verpachtet, die Landwirtschaft aber vom Gut betrieben. 1813 hatte der Hof eine Größe von 134 ha. 1860 wurde die Fläche in 75 Parzellen aufgeteilt und zumeist an Bürger Kappelns in Zeitpacht vergeben. Bei der Hofstelle verblieben danach noch 40 ha. 1922 erwarb die Stadt Kappeln aus dem Verkauf des gesamten Areals 45 ha. Von den Hofgebäuden verbrannten die Scheunen 1868, und 1907 vernichtete ein Feuer auch das Wohnhaus mit den restlichen Nebengebäuden.

Literatur. vSchröder 1837, I 210. Jensen Angeln 1844, 388. vSchröder 1854, 107. Oldekop 1906, V 96. Angeln 1922, 622. R. Albert, Der Meierhof Dothmark. Ein Kapitel aus der Roester Gutsgeschichte, JbAngeln 1965, 58. Wpl-Verz 1987, 89.

DRECHT

PLZ 24376. Häuser

Ostangeln. Ksp. Gundelsby, Gem. Hasselberg. 13 Ewh. (1987), 7 Wohngeb., ein Ldw.-Betrieb, Gaststätte auf dem Deich, Campingplatz (1993).
Lage: Ost-Hasselberg, am Weg zum Strand. Höhe 4 m.
Der „Drecht“ ist das sandige Vorland, das etwas höher als das dahinterliegende Land die Ostseeküste von Kronsgaard bis Oehe säumt. Diese vorgewachsene Nehrung hat die frühere Noormündung der Schlei abgeschlossen und die Festlandsanbindung der Insel Oehe hergestellt. Bis zum Dammbau von Wormshöft war es der einzige Weg nach Oehe.

Ortsname. 1656 FN die Drecht. 1834 Oeher Drecht. vSchröder 1837 auf dem Drecht. Jensen Angeln 1844 das Drecht. – Wall am Strand = ndt. Drecht (Laur). Lit.: Hald 1948-79, VII 423. JbAngeln 1967, 101. Laur 1992, 218.

Geschichte. Fischerkaten zu Gut Oehe, 1853 Kappelerharde. 1871 FL Gem. Hasselberg, 3 Wohngeb. 1835 brach ein Hochwasser durch den Drecht und überflutete das Oeher Noor.

Literatur. vSchröder 1837, I 212, II 225. Jensen Angeln 1844, 385. vSchröder 1854, 108, 450. Oldekop 1906, V 54. Angeln 1922, 613. Gundelsby 1977, 315. Wpl-Verz 1987, 97. TK 1225.

DREI

1) Förde 2) Schlei

1) PLZ 24960. Häusergruppe

Nordangeln. Ksp. Munkbrarup, Stadt Glücksburg. 19 Ewh. (1987), 10 Wohngeb., Ferienhäuser, Gaststätte, Campingplatz, Zeltlager.
Lage: nördl. von Bockholm, an der Förde, am alten Weg nach Holnis. Höhe 3 m.
Die Niederung, in der sich Parkplatz und Campingplatz ausbreiten, war ursprünglich ein Meeresarm des Holnis Noor. Durch Abtragungen von den Steilufern an der Ostflanke von Holnis entstand bei Drei eine schmale Angliederungsnehrung. Vermutlich ist die Insel Holnis erst dadurch richtig landfest geworden. Die Steilufer haben danach noch weiter gewirkt und mit ihren Sandtransporten an der seichten Bucht einen 3 km langen Strand wachsen lassen. Allerdings ist die ganze Breite erst durch künstliche Aufspülungen 1970 entstanden.

Ortsname. 1668 auffm Dreye. 1681 auff der Drey. Jensen Angeln 1844 Holnisser Drey. Trap 1864 dän. Draget. PreußLA 1877 Drei. – Schmale Landzunge = dän. drej (Laur). Lit.: Hald 1948-79, VII 63. JbAngeln 1968, 39. Laur 1992, 219.

Geschichte. Zwei Katen im Herzogtum Glücksburg, 1779 Munkbrarupharde. 1871 FL Gem. Holnis, 44 Ewh., 10 Wohngeb. zusammen mit Dreifeld. Seit 1938 Stadt Glücksburg. 1965 begann das Ostseebad mit der Anlage eines Campingplatzes und dem Bau von Ferienhäusern seine Fremdenverkehrs-Aktivitäten an der Außenförde zu verstärken.
Krieg. Schleswig-Holstein–Dänemark. 1848 wurde die Dreienge von Dänen besetzt und der Weg nach Holnis mit Schanzen versperrt.

Hof. Kleiner Dreiseithof, der Platz von vier Linden abgeschlossen. Wohnhaus 1858 aus Backstein gebaut, der Mitteleingang durch breiten Zwerchgiebel betont. Reetdach mit Knüppelfirst (Denkmalbuch). Lit.: Munkbrarup 1976, III 1156.

Naturdenkmal. Wildbrombeerhecken. An der alten Straße von Kobbellück nach Drei, an drei Stellen auf insgesamt 600 Knickmetern. Seit 1977 unter Naturschutz.

Dreishöh

Haus 1920 erbaut. Lit.: Munkbrarup 1976, III 1155. TK 1123 (1985).

Literatur. vSchröder 1837, I 212. Jensen Angeln 1844, 345. vSchröder 1854, 109. Oldekop 1906, V 57. Angeln 1922, 564. Munkbrarup 1976, I 267, III 1154. Wpl-Verz 1987, 96. TK 1123.

2) s. Gunnebyer Noor

DREIANGEL
s. Faulück

DREIFELD

PLZ 24960. Häusergruppe

Nordangeln. Ksp. Munkbrarup, Stadt Glücksburg. 6 Wohngeb., ein Ldw.-Betrieb (1993).
Lage: auf der Mitte der Halbinsel Holnis, nördl. von Bockholm. Höhe 5 m.

Geschichte. Anfangs nur 3 Katen, die erste schon 1685 im Erdbuch verzeichnet. Bis 1938 FL Gem. Holnis.

Literatur. PreußLA 1877. Wpl-Verz 1970, 26. Munkbrarup 1976, III 1145. TK 1123 (1985).

DREILINGSECK

PLZ 24882. Häusergruppe

Südangeln. Ksp. Kahleby, Gem. Schaalby. 9 Wochenendhäuser.
Lage: 1,5 km südwestl. von Füsing, am Ende der Winningmaystraße, an der Schlei. Höhe 1 m.
Vom Strand an der Bucht der Kleinen Breite geht der Blick über die weite Wasserfläche der Schlei. 250 m nördlich endet die Loiter Au mit einer Mündungsschleife ihren Lauf. Wanderwege führen zur Winningfähre an der Au und auf die Halbinsel Reesholm.

Geschichte. Am Strand entstand eine Wochenendsiedlung der Gem. Füsing, seit 1974 Gem. Schaalby, für die der Ortsname 1963 offiziell wurde.

Literatur. Füsing 1982, 296. Wpl-Verz 1987, 92.

DREILINGSFÄHRE
s. Winningerfähre

DREIMÄNNER
s. Ulsnis

DREISACKER
s. Kobbellück

DREISHÖH
s. Drei

DROITMAAS
s. Dammholm

DRÜLT

Gutsbezirk bis 1928

FL Amt Töstorf. Fläche 329 ha. Als Gutsbezirk erst 1872 gebildet. 1928 Eingliederung in die Gem. Wittkiel. Lit.: Hist. Gem-Verz 1970, 66.

PLZ 24409. Gut

Ostangeln. Ksp. Töstrup, Gem. Stoltebüll. 14 Ewh. (1987), Ldw.-Betrieb 270 ha, davon 130 ha Wald „Drülter Holz".
Lage: 2 km südl. von Stoltebüll, Zufahrtsallee von der Straße zwischen Wittkiel und Schörderup. Höhe 40 m.

Ortsname. 1397 Trölegharde. 1460 Drülte. Mejer 1649 Drolt. Trap 1864 dän. Drølt. PreußLA 1877 Drült. Lit.: JbAngeln 1967, 106. Laur 1992, 221.

Gutshof. Im Prinzip ein Dreiseithof aus den Jahren 1801 bis 1810 mit querliegendem Gutshaus im Westen, großer Kornscheune im Norden und identisch ausgelegtem Kuhhaus mit Pferdestall im Süden. Der Anlage eines Gutes entsprechend wurde im Osten der Verwalterhauskomplex errichtet; er enthielt die Meierei, Geflügelstallungen und einen in sich geschlossenen Schweinehof. Bis auf das 1978 abgebrochene Kuhhaus und den Schweinehof sind die Gebäude im wesentlichen unverändert vorhanden. Die gesamte Hofanlage wirkt auch heute noch außergewöhnlich harmonisch und geschlossen (Denkmalschutz).
Herrenhaus 1806/07. Auf der höchsten Stelle des Hofplatzes 45 m erbaut, im Stil des reifen Klassizismus mit typischen geometrischen Formen. Gelber Backsteinbau mit hohem Schieferdach, ursprünglich flacheres Doppeldach mit roten Pfannen; je ein Giebel in den Himmelsrichtungen. Über dem hohen Kellergeschoß erhebt sich der eingeschossige Bau, nur auf der Hoffront teilweise weiß verputzt. Der hofseitige Giebel ist zu einem ausladenden Portikus als Durchfahrt für Pferdegespanne konzipiert; vier dorische Säulen tragen einen aus dem Dach vorspringenden Raum mit drei kleinen Fenstern und flachem Satteldach (Denkmalschutz).
Hofgebäude. Verwalterhaus 1810. Als kleine Vierflügelanlage mit angrenzendem wiederum in sich geschlossenem Schweinehof errichtet. – Große Kornscheune 1801. Breitlagernder roter Backsteinbau mit Reetdach, längserschlossen mit Einfahrtstoren in den Giebeln sowie einer Quereinfahrt in der Mitte. Die ursprünglichen Einfahrten alle vergrößert. – Kutschpferdestall 1854. Roter Backsteinbau mit Reetdach. Alte Wagenremisen noch vorhanden. – Schmiedehaus 1872. Roter Backsteinbau mit Pfannendach. – Gärtnerhaus 1907. Weiß verputztes Einfamilienhaus mit dunkelblauen Dachpfannen (alle Hofgebäude Denkmalbuch).
Literatur. KDM FL 1952, 98. Kunst-Topographie SH 1969, 285.

Park 1820–30. Zwischen Hofanlage und der nach Südwest belegenen „Kuhhau", einer alten Viehtrift, wurde ein kleiner Park im Stil des englischen Landschaftsgartens angelegt. Einige Bäume aus der Zeit noch vorhanden.

Naturdenkmal. Lindenallee der Hofzufahrt von der Kreisstraße aus. Als Baumreihe weit in der Landschaft sichtbar. 1936 eingetragenes Naturdenkmal.

Geschichte. Neben dem ehem. Dorf bestand schon ein Hof „Trölegaard", der 1397 vom Gut Rundhof erworben wurde und durch aufgegebene Hufen seine Landflächen erweiterte.
Bei der Erbteilung 1798 verblieb Drült zunächst voll im Rundhofer Gutsbezirk integriert. Dies änderte sich durch die Blitzschlag-Einäscherung von 1800, als die Notwendigkeit entstand, den Hof völlig neu aufzubauen. In diesem Zuge erhielt der alte Meierhof Drült den Status eines selbständigen „Gutes", jedoch ohne die theoretisch bis 1804 noch möglichen Privilegien eines althergebrachten adligen Gutes. Daher der Verbleib unter der Rundhofer Gerichtsbarkeit, 1853 Kappelerharde.
Die zugehörigen vormaligen Rundhofer Dörfer Gulde, Schörderup, Vogelsang und Wittkiel blieben nur vier Jahre, bis zur Aufhebung der Leibeigenschaft, unter

DRÜLT, Herrenhaus 1806/07 und große Kornscheune 1801. Foto: D. Weldt

Drült. 1804 sind die nahegelegenen Höfe Levshöh, Habergaarwang und Stenneshöh aus dem Hoffeld des Gutes in eigene Bewirtschaftung übergeben worden.
Drült ist parallel mit Rundhof seit 1584 im Besitz derselben Linie von Rumohr. 1798 erfolgte die Aufteilung in die drei heute bestehenden Linien.
Persönlichkeit. Henning von Rumohr 1904–1984. Dr. jur., Historiker, Gutsbesitzer von Drült 1948 bis zum Tod.

Ehem. Dorf
Lage vermutlich auf der Koppel „Gammelby", nördl. vom Gutshof. Das Dorf bestand aus 7 Hufen, von denen die letzten 1624 niedergelegt wurden, deren Felder Rundhof seinem Meierhof Drült zulegte.

Literatur. vSchröder 1837, I 214. Jensen Angeln 1844, 392. vSchröder 1854, 109. Oldekop 1906, V 28. Angeln 1922, 628. vRumohr 1979, 110. Toestrup 1982, 428. Wpl-Verz 1987, 101. TK 1325.

DRÜLTER HOLZ

Gutswald
Ostangeln. Gem. Stoltebüll. Fläche 130 ha zu Gut Drült, größtes Waldgebiet der weiten Umgebung.
Lage: östl. von Drült, bis an die Grenze der Gemeinde zum Gebiet der Stadt Kappeln. Höhe 20–45 m.
Im Wald steht zum Großteil Buche, auch Esche und Erle, am Ostrand eine Reihe sehr alter Eichen. Seit den 1950er Jahren hat das aus Buckhagen stammende Sikawild im Drülter Holz eines seiner Einstandsgebiete in Ostangeln.

Vorgeschichte. Zu beiden Seiten eines Baches mehrere Ackerwälle. Lit.: Röschmann 1963, 420.

Naturdenkmal. Linde in der „Kuhhau", die sich in 2 m Höhe in zwei Arme teilt. 1936 unter Naturschutz.

Literatur. Jensen Angeln 1844, 392. Biotop 1987, 1325 Nr. 25. TK 1325.

DRÜLTHECK

PLZ 24409. Haus
Ostangeln. Ksp. Töstrup, Gem. Stoltebüll. 1837 Stoltebüllheck, auch Drültheck, mit 5 Katen genannt. 1927 Forsthaus von Gut Drült erbaut. 1971 Privathaus.

Literatur. vSchröder 1837, II 325. Toestrup 1982, 350, 448.

DRÜLT, KLEIN-

PLZ 24409. Häusergruppe
Ostangeln. Ksp. Töstrup, Gem. Stoltebüll. 3 Wohngeb.
Lage: nördl. von Wittkiel, an der Straße nach Schörderup. Höhe 40 m, östl. der Straße erhebt sich die Kraghöh 60 m.

Geschichte. 1844 zu Drült 3 Katen, 1853 Kappelerharde. Bis 1970 FL Gem. Wittkiel.

Literatur. vSchröder 1837, I 214. Jensen Angeln 1844, 392. vSchröder 1854, 109. PreußLA 1877. Oldekop 1906, V 129. Angeln 1922, 628. Toestrup 1982, 447. Wpl-Verz 1987, 101. TK 1325.

DÜNEBERG

PLZ 24893. Häusergruppe
Südangeln. Ksp. u. Gem. Taarstedt. 4 Wohngeb., ein Ldw.-Betrieb (1993).
Lage: 2 km südöstl. von Taarstedt, an der Straße nach Brodersby, Eckernförder Landstraße. Höhe 25 m.
Grenzort zum Ksp. Boren. Im Osten fließt die kleine Brodersbyer Bek.

Ortsname. Angeln 1922 Düneberg. TK von 1982 Düneborg. Wpl-Verz 1987 Düneberg. Taarstedt 1989 Düneberg.

Geschichte. In Düneberg, auf halben Wege zwischen den Kirchen Brodersby und Taarstedt, war seit 1895 der Leichenwagen der Kirchengemeinden stationiert, für den das Recht zur Einstellung durch grundbuchlichen Eintrag gesichert war.

1953 letzter Trauerzug mit Pferdegespann.

Literatur. Oldekop 1906, VIII 110. Angeln 1922, 650. Wpl-Verz 1987, 93. Taarstedt 1989, 164. Brodersby 1989, 144. TK 1424.

DÜPPEL

s. Reesholm

DÜSTHOLZ

PLZ 24395. Häusergruppe

Ostangeln. Ksp. u. Gem. Gelting. 2 Wohngeb.
Lage: Nord-Rabenholz, an der Straße nach Gelting. Höhe 25 m.
Die Grenze zur Gem. Rabenholz verläuft am Gartenzaun der Häuser.

Ortsname. 1730 FN Düstholt. 1780 Dystholt. PreußLA 1877 Düstholz. Ndt. Düsholt. – Staubiges Gehölz = dän. dyst (Laur). Lit.: Hald 1948-79, VII 424. Laur 1992, 223.

Geschichte. 1789 ein Hof auf einer Parzelle von Gut Gelting errichtet, 1853 Kappelerharde. Wohnhaus von 1846, umgebaut 1965. Bis 1938 FL Gem. Lehbek.

Literatur. vSchröder 1837, II 13. Jensen Angeln 1844, 381. vSchröder 1854, 313. Oldekop 1906, V 71. Angeln 1922, 610. Gelting 1972, 423. Gelting 1987, 212. Wpl-Verz 1987, 96. TK 1225.

DÜSTNISHY

PLZ 24395. Streusiedlung

Ostangeln. Ksp. u. Gem. Gelting. 5 Wohngeb., ein Ldw.-Betrieb (1993).
Lage: nördl. von Gelting, abseits der Straße nach Wackerballig und zwei Häuser am Waldrand von Nordschau. Höhe 8 m.

Ortsname. 1730 FN Düstenhuy. 1788 FN Düstnishy. Jensen Angeln 1844 Dysnishye. PreußLA 1877 Düstnishy. – Hügel, Grabhügel = angeldän. hy, auf einer staubigen Landnase = dän. dyst-næs (Laur). Lit.: Hald 1948-79, VII 464. JbAngeln 1967, 102. Laur 1992, 223.

Geschichte. 1789 entstanden einige kleine Landstellen auf Parzellen von Gut Gelting, 1853 Kappelerharde. 1871 FL Gem. Wackerballig, 45 Ewh., 10 Wohngeb. Seit 1938 Gem. Gelting.

Ziegelei. Der Betrieb soll um 1830 eingegangen sein, wird aber 1844 und 1854 noch genannt.

Literatur. vSchröder 1837, I 221. Jensen Angeln 1844, 380. vSchröder 1854, 113. Oldekop 1906, V 122. Angeln 1922, 609. Gelting 1972, 96, 485. Gelting 1987, 240. Wpl-Verz 1987, 96. TK 1225.

DÜTTEBÜLL

Gutsherrschaft

Gebiet in Ostangeln an der Ostseeküste mit einer Fläche von 1370 ha. Ein großer, geschlossener Bereich ohne Fremdherrschaft in einem rund 10 km langen schmalen Streifen von Nieby bis Kronsgaard. Bei der Bildung des Amtsbezirks Düttebüll wurden 1889 die alten Gutsgrenzen nachgezeichnet, die heute noch von den Gem. Kronsgaard, Pommerby und Nieby, ohne die Birk, eingehalten werden.
Hauptdörfer waren Pommerby im Norden und Kronsgaard im Süden des Gebietes, dazwischen der Herrensitz in zentraler Lage. Das Land an der Ostküste war seit 1391 ein Teil von Gut Rundhof. Durch Erbteilung wurde Düttebüll 1593 selbständig. Dem Gut sind dabei auch noch die nördlichen Außenländereien „Udmark“ von Rundhof zugelegt worden, eine Enklave an der Geltinger Bucht, ohne räumliche Anbindung zum Hauptgebiet von Düttebüll. Mit diesem Westteil hat sich 1615 das Gut Ohrfeld selbständig gemacht. 1614 kaufte Düttebüll den Meierhof Kronsgaard von Buckhagen. Außerdem waren Meierhöfe zu Börsby und Pommerby.
1783 und 1785 ist der gesamte Grundbesitz parzelliert worden, wodurch viele neue

DÜTTEBÜLL, Herrenhaus nach Umbauten um 1785. Foto: U. Neitzel

Höfe in Einzellage entstanden. Bei der Landverteilung sind zahlreiche vorgeschichtliche Stätten im Bereich von Düttebüll, in dem einst die größte Grabhügeldichte des Kirchspiels Gelting zu verzeichnen gewesen sein soll, abgetragen und eingeebnet worden.
1840 zählten 770 Untergehörige zum Gut, die bis 1783 Leibeigene der Gutsherrschaft waren.
Seit 1713 gehörte Düttebüll zum 1. Angler Güterdistrikt, 1853 zur Kappelerharde, von der die Gutsgerichtsbarkeit nach 260 Jahren abgelöst wurde.

Amt bis 1948

Kreis Flensburg. 1889 aus dem Gutsbezirk Düttebüll und den Gem. Kronsgaard, Nieby u. Pommerby gebildet. In Flächengröße und Grenzumfang deckte der Amtsbezirk genau das ehemalige Herrschaftsgebiet von Gut Düttebüll. 1948 wurde das Amt aufgelöst und die drei Gemeinden dem Amt Gelting zugeordnet.

Gutsbezirk bis 1928

FL Amt Düttebüll. Fläche 236 ha. 92 Ewh., 13 Wohngeb. (1871). Aufgelöst 1928 und Eingliederung in die Gem. Kronsgaard. Lit.: Hist. Gem-Verz 1970, 60.

PLZ 24395. Gut

Ostangeln. Ksp. Gundelsby, Gem. Kronsgaard. 18 Ewh. (1987), 5 Wohngeb., Ldw.-Betrieb 235 ha (1993).
Lage: 2 km nördl. von Kronsgaard, an der Straße nach Pommerby, 1 km nahe der Ostsee. Höhe 5 m.

Ortsname. 1438 Duttebull. 1460 Duttebul. Mejer 1649 u. Danckwerth 1652 Duttebull. Trap 1864 dän. Dyttebøl. PreußLA 1877 Düttebüll. – Siedlung = dän. bøl, dt. -büll, des Dytti = altdän. PN (Laur). Lit.: Hald 1948-79, VII 424. JbAngeln 1967, 104. Laur 1992, 223.

Gutshof. Der Hofplatz ist vollständig von einem breiten Graben umgeben, der teil-

weise noch Wasser führt, weitgehend aber verlandet oder verschlammt. Vom Graben erhebt sich beidseitig ein hoher Wall, auf dem alte Bäume stehen. In den Südecken sind Reste einer Wallbefestigung erhalten. Einzige Hofzufahrt über eine Brücke aus Granitquadern (Denkmalschutz).
Das Herrenhaus, eine eingeschossige Dreiflügelanlage, ist ein schlichter, verputzter Ziegelbau. Das erste Gutshaus, um 1554 erbaut, stand anstelle des Westflügels. Mitte des 17. Jh. wurde es um den Mittelbau erweitert und nach 1700 der rechte Flügel angefügt. Nach Umbauten um 1785 präsentiert sich das Haus in seiner heutigen Gestalt (Denkmalschutz).
Neue Wirtschaftsgebäude von 1903 wurden bereits 1913 wieder vom Feuer vernichtet. Ein seltener Bautyp ist das rote Backsteingebäude, das auf der Dachmitte über dem Querbau eine kleine Laterne mit Uhr und Glocke trägt (Denkmalbuch).
Literatur. KDM FL 1952, 100. Kunst-Topographie SH 1969, 285.

Naturdenkmal. Blutbuche im Gutspark, die sich durch tief herabhängende Zweige und einen sehr gleichmäßigen Wuchs auszeichnet. 1936 unter Naturschutz.

Geschichte. Mitte des 16. Jh. ist Düttebüll als Hof mit den Ländereien des alten Dorfes gebildet worden. Bis zum Ende des 18. Jh. war ein Gestüt auf dem Gut. Der 21 ha große Wald „Schwienkoppelholz“ wurde Ende des 19. Jh. abgeholzt. Nach der Parzellierung 1785 verblieben beim Gutshof 230 ha, eine Fläche, die sich bis heute kaum veränderte.
Von der Hofgründung bis 1727 war Düttebüll sieben Generationen im Besitz von Rumohr. Seit 1902 Familienbesitz von Hobe.

Ehem. Dorf

Das Dorf soll nordwestlich vom Gutshof gelegen haben. Es gehörte seit 1391 zu Rundhof. 1460 sind hier 8 Höfe und eine Mühle genannt. Mitte des 16. Jh. wechselten die Ländereien zur Gutswirtschaft.

DÜTTEBÜLL, Hofgebäude mit Uhrtürmchen. Foto: D. Weldt

Alte Meierei

Kate 1854 genannt, sonst ohne Beleg. Lit.: vSchröder 1854, 112.

Busch

Kate 1854 beim Gutshof. Weitere Angaben nicht bekannt. Lit.: vSchröder 1854, 86.

Literatur. vSchröder 1837, I 217. Jensen Angeln 1844, 243, 382. vSchröder 1854, 111. Trap 1864, 638. Oldekop 1906, V 28. Angeln 1922, 611. Gundelsby 1977, 102, 222. vRumohr 1979, 72. Wpl-Verz 1987, 98. TK 1225.

DÜTTEBÜLLER AU

Wasserlauf

Ostangeln, im Bereich der Ostsee. Fließstrecke 3,5 km, aus dem Park von Düttebüll, mit einer Verbindung zum Hausgraben, bis zur Einmündung in die Ostsee beim Schöpfwerk Pottloch. Im Oberlauf verrohrt. Gem. Kronsgaard.

DÜTTEBÜLLMÜHLE

Ehem. Mühlen

Ostangeln. Ksp. Gelting, Gem. Pommerby, zwischen Mühlenbrück und Mühlendamm und bei Niedamm.

Ortsname. 1696 Düttebüller Mühl. Wpl-Verz 1871 Düttebüllmühle. Lit.: Hald 1948-79, VII 424.

Wassermühle. Bei Mühlendamm auf der Flur „Krimm“. 1460 zusammen mit dem ehem. Dorf Düttebüll genannt. 1785 nicht mehr erwähnt.

Windmühle. Bockmühle 1652 erstmals verzeichnet. Zwangsmühle für die Gutsuntergehörigen. 1805 abgebrochen und als Ersatz einen Galerieholländer „Fortuna“ auf einem Hügel bei Niedamm errichtet. Der Windbetrieb wurde 1930 eingestellt und die Mühle 1934 abgebaut. Das Müllerhaus „Concordia“ blieb noch bis 1974 am Platz. Lit.: Pöge 1980, 32.

Literatur. Jensen Angeln 1844, 383. vSchröder 1854, 112. Oldekop 1906, V 92. Angeln 1922, 612. Gelting 1972, 94, 630. Gelting 1987, 320.

DÜTTEBÜLLSCHMIEDE

PLZ 24395. Haus

Ostangeln. Ksp. Gundelsby, Gem. Kronsgaard. Wohnhaus 1903 erbaut.
Lage: südl. von Düttebüll, an der Straße nach Kronsgaard. Höhe 6 m.

Literatur. Wpl-Verz 1970. Gundelsby 1977, 227. Wpl-Verz 1987, 98. TK 1225.

DÜTTNIS

PLZ 24897. Hof

Südangeln. Ksp. Boren, Gem. Ulsnis. 2 Wohngeb., kein Ldw.-Betrieb (1993).
Lage: 500 m westl. von Lindaumühlenholz, an der Straße nach Ulsnis. Höhe 15 m.
Grenzort zu Ksp. Ulsnis u. Gem. Boren.

Ortsname. 1464 Duttenisse. 1492 Duttenysse. Mejer 1649 Duttenyß. Jensen Angeln 1844 Düttenis. Trap 1864 dän. Dyttnæs. PreußLA 1877 Düttniss. – Landnase = dän. næs, dt. -nis, des Dytti = altdän. PN (Laur). Das Grundwort -nis ist in Angeln in Ortsnamen üblich für Wohnplätze direkt am Wasser. Düttnis lag und liegt jedoch landeinwärts. Lit.: JbAngeln 1964, 59. Laur 1992, 223.

Geschichte. Auf seinem alten Hofplatz hat vermutlich das ehem. Dorf Tyarsnaes gelegen, aus dem die letzte Hufe 1652 verschwand. 1784 entstand wieder ein Hof auf einer Parzelle von Gut Lindau, Schliesharde. 1871 SL Gem. Lindau. Als die Gebäude 1904 an den jetzigen Standort an die Straße verlegt wurden, geriet der Hof auf Gemeindegrund von Kius und damit zum Ksp. Ulsnis. Seit 1974 Gem. Ulsnis.
Neues Wohnhaus 1905, die zugehörige Abnahme 1938 erbaut.

Literatur. vSchröder 1837, I 219, II 19.

Jensen Angeln 1844, 397. vSchröder 1854, 112. Angeln 1922, 641. Boren 1957, 191. H. Jessen, Mittelalterliche Wohnplätze im Ksp. Boren, JbAngeln 1985, 19. Ulsnis 1987, 257. Wpl-Verz 1987, 94. TK 1424.

DUISBERG

PLZ 24996. Höfe

Mittelangeln. Ksp. u. Gem. Sterup. 2 Wohngeb., ein Ldw.-Betrieb (1993).
Lage: 2 km östl. von Sterup, einerseits an der Straße nach Esgrus, andererseits etwas abgelegen von der Straße nach Grünholz. Im hügeligen Gelände sind mehrere kleine Holzstücke verstreut. Höhe 40 m.

Ortsname. 1754 Düisberg. 1797 Düstberg. vSchröder 1837 Dysberg. Jensen Angeln 1844 Duysberg. Trap 1864 dän. Dysebjerg. PreußLA 1877 Dysberg. Ndt. Düsbarch. – Berg mit einem Steinhaufen = dän. dysse (Laur). Lit.: Hald 1948-79, VII 341. Laur 1992, 223.

Geschichte. Hof und Kate zur Nieharde. Bis 1961 FL Gem. Boltoft.

Literatur. vSchröder 1837, I 121. Jensen Angeln 1844, 361. vSchröder 1854, 54. Trap 1864, 497. Oldekop 1906, V 22. Angeln 1922, 587. Wpl-Verz 1987, 101. TK 1224.

ECKEBERG
s. Ekeberg

ECKENHÖH

PLZ 24376. Hof

Ostangeln. Ksp. Gundelsby, Gem. Hasselberg. Ldw.-Betrieb (1993).
Lage: östl. von Schwackendorf, an der Straße nach Kieholm, gegenüber der Schule. Höhe 14 m.

Ortsname. 1817 Klein-Kieholm. vSchröder 1854 Gr. Ekeberg. Oldekop 1906 Gr. Eckeberg. TK Eckenhöh. – Eichenhöhe = ndt. Eek. Lit.: Hald 1948-79, VII 429, 440.

Geschichte. 1817 eine Kate zu Gut Oehe, Klein-Kieholm genannt, weil von Kieholmhof ausgebaut. 1853 Kappelerharde. 1871 FL Gem. Gundelsby. Seit 1970 Gem. Hasselberg.

Naturdenkmal. Eiche an der Hofeinfahrt. Eine zweite Eiche auf der anderen Seite ist 1983 umgebrochen, nachdem gerade ein vollbesetzter Schulbus die Stelle passiert hatte.

Literatur. vSchröder 1854, 120, 279. Oldekop 1906, V 50. Wpl-Verz 1970, 28. Gundelsby 1977, 169. TK 1225.

EICHTAL

PLZ 24894. Hof

Südangeln. Ksp. Tolk, Gem. Twedt, bis 1970 SL Gem. Buschau. Hof 1860 erbaut. Heute ohne Ldw.-Betrieb.
Lage: 1 km nördl. von Twedt, an der Straße nach Buschau. Höhe 20 m.
Am Hof der „Eichtaler Wald", 6 ha Buchenwald. 250 m östlich die Loiter Au.

Literatur. Oldekop 1906, VIII 32. Angeln 1922, 692. Wpl-Verz 1987, 94. TK 1324.

EISKELLER

Holz

Ostangeln. Stadt Kappeln. Fläche 3 ha. Herzogl. Holstein-Glücksburgische Forstverwaltung.
Lage: vor dem Gut Roest an der Straße nach Mehlby. Höhe 35 m.
Kleiner Buchenmischwald in dichten Beständen. In einem kleinen Tal fließt der Sandbeker Mühlenbach durch das Holz. Direkt am Bachlauf wächst Brunnenkresse. Lit.: Oldekop 1906, V 96.

Eiskeller. Runder Schacht mit Wandungen aus grob behauenen Granitblöcken in die Kuppe eines Hügels eingetieft. Seltener Bau (Denkmalbuch). Hier wurden im Winter von den Teichen Eisschollen zur Kühlung des Meiereibetriebes eingelagert.

Die ursprüngliche Strohbedachung ist nicht mehr vorhanden. Lit.: Frahm 1993, 384.

EKEBERG

1) Gundelsby 2) Kahleby 3) Struxdorf

1) PLZ 24376. Häusergruppe
Ostangeln. Ksp. Gundelsby, Gem. Hasselberg. 20 Ewh. (1987), 3 Wohngeb., darunter das Pflegeheim „Schäferhaus“ u. ein Ldw.-Betrieb (1993).
Lage: 1 km östl. von Gundelsby, an der Straße nach Hasselberg. Höhe 10 m.

Ortsname. 1834 Eckeberg. vSchröder 1837 Kl. Ekeberg. Jensen Angeln 1844 Ekeberg. PreußLA 1877 Eckeberg. Ndt. Ekebarch. – Eichenberg = ndt. Eek. Lit.: Hald 1948-79, VII 424. Laur 1992, 232.

Geschichte. Landstelle aus der Parzellierung der Hofländereien des Meierhofes Hasselberg, Gut Oehe. 1853 Kappelerharde. 1871 FL Gem. Hasselberg, 20 Ewh., 5 Wohngeb.

Literatur. vSchröder 1837, I 362. Jensen Angeln 1844, 385. vSchröder 1854, 210. Oldekop 1906, V 53. Angeln 1922, 614. Gundelsby 1977, 195. Wpl-Verz 1987, 97. TK 1225.

2) PLZ 24882. Häusergruppe
Südangeln. Ksp. Kahleby, Gem. Schaalby. 2 Häuser, kein Ldw.-Betrieb.
Lage: östl. von Füsing, an der Straße von Kahleby zur Schleidörferstraße, auf und am Südrand eines leicht aus dem Tal der Geelbek aufsteigenden Hügels. Höhe 15 m. Der „Ekeberg“ 20 m ist der höchste Punkt in der näheren Umgebung.

Geschichte. Zwei Katen 1830 und 1833 erbaut. Die alten Häuser brannten 1941 und 1942 ab und wurden durch Neubauten ersetzt. Bis 1973 SL Gem. Füsing.

Literatur. Oldekop 1906, VIII 45. Angeln 1922, 701. Wpl-Verz 1970, 119. Füsing 1982, 90, 110. TK 1424.

3) PLZ 24891. Streusiedlung
Mittelangeln. Ksp. u. Gem. Struxdorf. 30 Ewh. (1987), 13 Wohngeb., von ehemals fünf noch ein Ldw.-Betrieb (1993).
Lage: westl. von Thumby, am Nordrand eines kleinen Plateaus, in knickloser Gegend. Höhe 40 m.

Ortsname. 1352 Ygeberg. 1445 Ekberge. 1595 Ekeberchgahrde. Mejer 1649 Eckenbarg. PreußLA 1877 Ekeberg. Ndt. Ekebarch. – Eichenberg = ndt. Eek. Lit.: JbAngeln 1963, 29. Laur 1992, 232.

Geschichte. Herzoglicher Besitz 1455 durch Tausch gegen Klappholz zum Domkapitel, Vogtei Berend, gekommen, 1777 Struxdorfharde. 1871 SL Gem. Struxdorf, 133 Ewh., 20 Wohngeb., vermutlich mit Ekebergkrug zusammengezählt. Freiw. Feuerwehr 1886 gegründet.

Bahnstation 1904–1965. „Ekeberg-Dorf“ Haltestelle der Kleinbahn Schleswig–Satrup, Entfernungen 22–9 km. Der Bahndamm ist bis Ekebergkrug als Wanderweg erhalten geblieben, mit artenreicher Gehölzpflanzung in der sonst ausgeräumten Ackerlandschaft.

Literatur. vSchröder 1837, I 232. Jensen Angeln 1844, 422. vSchröder 1854, 120. Oldekop 1906, VIII 106. Angeln 1922, 683. Wpl-Verz 1987, 93. TK 1323.

EKEBERGE

Ehem. Hügelgruppe
Ostangeln. Gem. Maasholm. Eiszeitlicher Hügelrest an einer der alten Schleimündungen, zwischen verlandeten Toteissenken gelegen. Ehemaliger Begräbnisplatz.

Flurname. Mejer 1649 Ekenbärg. Auch „Hegeberge“ und seit dem Epidemiejahr 1853 „Choleraberge“.

Geschichte. Auf den Schleikarten von 1649 ist westlich der Maas, dem alten Fischerdorf von Maasholm, eine Reihe von fünf Hügeln gezeichnet.
Als 1853 in Maasholm 13 Menschen an der Cholera starben und diese nicht auf dem Friedhof in Kappeln bestattet werden durften, wurden die Toten auf dem nordöstlichen der beiden größeren Hügel, bezogen auf den verbliebenen heutigen „Hegeberg“, begraben. Seitdem wird die Stätte auch „Choleraberge“ genannt. 1953 sind die Gräber beim Sandabbau für die Schleideiche beseitigt worden. Freigelegte Gebeine haben bis 1972 in der Maasholmer Schule gelagert. Lit.: Maasholm 1976, 91.

Denkmal. Granitstele mit Kennzeichnung des 10. Längengrades (Meridians). 1991 am Schleiwanderweg, 1800 m östl. von Maasholm aufgestellt. Lit.: Frahm 1993, 264.

EKEBERGER AU
s. Ülsbyer Au

EKEBERGKRUG

PLZ 24891. Häusergruppe
Mittelangeln. Ksp. u. Gem. Struxdorf u. Ülsby. 58 Ewh. (1987), 18 Wohngeb., davon zu Struxdorf 15 Häuser u. ein Ldw.-Betrieb (1993).
Lage: östl. von Ülsby, an der Straße nach Thumby, auf der Mitte eines hohen ovalen Plateaus. Höhe 40 m.
■ Ekebergkrug hat zum Hauptgebiet seiner Gemeinde keine territoriale Bindung, da die angrenzenden Gem. Schnarup-Thumby und Ülsby den Wohnplatz ohne Durchlaß umschließen.

Ortsname. Oldekop 1906 Ekebergkrug. Ndt. Ekebarchkrooch.

Bahnstation 1904–1965. Haltestelle der Kleinbahn Schleswig–Satrup am Krug, Entfernungen 21–10 km. Der Bahndamm ist als Wanderweg nach Ekeberg erhalten.

Ziegelei. Am ehem. Bahndamm südlich der Bahnstation. 1837 als bedeutende Ziegelei genannt. 1914 Betrieb eingestellt, Gebäude abgebrochen.

Denkmal. Friedenseiche 1871 mit Gedenkstein, in der Straße vor dem Krug.

Literatur. Oldekop 1906, VIII 106. Angeln 1922, 683. Wpl-Verz 1987, 93, 94. TK 1323.

EKEBERGSEE

PLZ 24891. Häusergruppe
Mittelangeln. Ksp. u. Gem. Struxdorf. 3 Wohngeb., 2 Ldw.-Betriebe (1993).
Lage: nordöstl. von Ekeberg, am Weg nach Treholz, am verlandeten See. Höhe 35 m.

Ehem. See
Mittelangeln, im Bereich der Ülsbyer Au, Gem. Struxdorf. Fläche 17 ha.
Nördlich von Ekeberg markiert eine Niederung den Bereich des verlandeten Sees, die von zahlreichen Gräben und nassen Senken mit schwingendem Moorboden durchzogen ist. Hauptgraben zur Entwässerung ist der „Ekeberger Moorgraben“. Der See wurde 1879 bei der Regulierung der Ülsbyer Au trockengelegt.

Gewässername. 1804 Egebierg Söe. PreußLA 1877 Ekeberger See. Kat. Plankarte 1954 Ekeberger Moorgraben. Lit.: Laur 1992, 232.

Literatur. vSchröder 1837, I 232. Jensen Angeln 1844, 24. vSchröder 1854, 120. Oldekop 1906, VIII 106. Biotop 1987, 1323 Nr. 66. Wpl-Verz 1987, 93. TK 1323.

EKENIS

Gemeinde
Amt Süderbrarup. Fläche 800 ha, davon 680 ha Festland, 120 ha Schlei, 33 ha Wald. 250 Ewh., 88 Wohngeb. (alle Angaben 1987), 9 Ldw.-Betriebe (1993). SL Gemeinde 1871 gegründet, 402 Ewh., 41 Wohngeb.

Ewh.-Höchstzahl 1946: 667 Menschen. Bis 1970 im Amt Boren. Gemeindegebiet seit der Gründung unverändert.

Wohnplätze. Bicken teilw., Boknis teilw., Ekenis, Ekenisfeld, Ekenislund, Hoheluft, Karschau teilw., Pageroe, Pageroefeld, Sinkental, Tuholm ehem., Wattlück.

Literatur. Oldekop 1906, VIII 38. Angeln 1922, 641. Boren 1957, 109. Hist. Gem-Verz 1970, 168. Wpl-Verz 1987, 88.

PLZ 24392. Dorf

Südangeln. Ksp. Boren, Gem. Ekenis. 151 Ewh. (1987), Kindergarten, Krug, Kaufmann, Elektriker, 6 Ldw.-Betriebe (1993).
Lage: 7 km südwestl. von Kappeln, an der Straße nach Lindaunis. Höhe 25 m.
Landschaftliche Blickpunkte im Umfeld von Ekenis sind das Lunderholz im Norden, nordwestlich der Ekenisberg 40 m. Im Südosten liegt ein kleines Moor, und westlich fließt die Papenfelder Au vorbei.
Ekenis zeigt das typische Ortsbild eines Runddorfes mit enger Bebauung im Zentrum und großen Hofplätzen in einem äußeren Ring. Obwohl im Dorfinnern Bauplatz vorhanden gewesen wäre, sind die Kleinhäuser auf Ekenisberg und in Bremswatt an den Dorfrand verwiesen. Die kurze gewundene Dorfstraße mit der üblichen Westendbiegung. In der Ortsmitte der große „Schulteich" mit Wiese. Ekenis ist als Schönes Dorf ausgezeichnet. Ekenis ist ein Dorf der Teiche, die als Lösch-, Hof- oder Ententeich genutzt werden.

Ortsname. 1352 Ecknes. 1406 Ekenes. 1492 Ekenis. Mejer 1649 Ekenis. Trap 1864 dän. Egenæs. PreußLA 1877 Ekenis. Ndt. Egenis, Egnis. – Landnase = dän. næs, dt. -nis, mit Eichen = altdän. ek (Laur). Das Grundwort -nis ist in Angeln in Ortsnamen für Wohnplätze üblich, die direkt am Wasser liegen, hier jedoch auch landeinwärts gebraucht. Lit.: JbAngeln 1964, 61. Laur 1992, 232.

Vorgeschichte. Südlich des Dorfes, beiderseits der Straße nach Boknis, zeigt sich eine Gruppe von 6 abgetragenen und überpflügten Grabhügeln, die deutlich als große, flache Erhebungen hervortreten. Anhand der Funde wahrscheinlich aus der Bronzezeit. Lit.: Bronzezeit 1978, 113.
1789 wurde bei Ekenis ein Grabhügel von größerem Ausmaß abgetragen und die Steine zu Sockelquadern der neuen Kirche in Kappeln bearbeitet.

Geschichte. An Ekenis hatten das Domkapitel Schleswig, verwaltet von den Vogteien Ulsnis und Grödersby, das Johanniskloster und die Güter Dollrott und Lindau Anteil. Die Domkapitelsleute sind 1777, die übrigen Stellen 1853 der Schliesharde dingpflichtig geworden. 1871 SL Gem. Ekenis, im Dorf 273 Ewh., 28 Wohngeb.
Technischer Fortschritt erreichte das Dorf 1905, als der erste Autobus auf der regelmäßigen Fahrt nach Süderbrarup in Ekenis Station machte und ab 1923 elektrisches Licht Haus und Stall erleuchteten. Freiw. Feuerwehr 1907 gegründet.
Krieg. Schweden–Dänemark. In den Jahren 1644/45 leiden die Dorfbewohner unter der „Invasion" der Schweden.

Schule 1949. Eine neue Schule hat das Dorf 1835 eingeweiht, der Altbau wurde nach Süderbrarup „geflüttet", wo das Gebäude als Abnahme Verwendung fand. 1949 dreiklassiger Neubau nach Brand des alten Schulhauses. Seit 1968 Grundschule in Boren und Hauptschule in Süderbrarup. In das Schulhaus sind der Kindergarten und die Schwesternstation der Kirche eingezogen. Lit.: Boren 1957, 75.

Krug 1903. Ehemals eine Kate von Gut Dollrott. Neubau von 1903, teilweise 1947 abgebrannt. Lit.: Boren 1957, 122.

Windmühle 1770–1953. Eine Bockmühle stand um 1770 auf einem Grabhügel südlich des Dorfes. Sie gehörte dem Gut Lindau, wo sie um 1784 zu Lindaumühlenholz aufgestellt wurde und bis 1836 in Betrieb war. Eine Holländerwindmühle wurde 1848 nördlich des Dorfes, am Weg nach Dollrott erbaut. Bei Inbetriebnahme lief sie als Borkmühle, nach Aufhebung des Mühlenzwangs auch als Kornmühle. 1953 abgebrochen. Lit.: Boren 1957, 112. KDM SL 1957, 164.

Bauernhaus. Toft 6. Stattlicher Fachwerkbau mit Reetdach. Hofplatz mit Feldsteinen gepflastert (Denkmalschutz). Lit.: Boren 1957, 120. Kunst-Topographie SH 1969, 664.

Denkmal. Friedenseiche 1871 mit Gedenkstein, vor dem Kindergarten.

Literatur. vSchröder 1837, I 232. Jensen Angeln 1844, 399. vSchröder 1854, 121. Trap 1864, 528. Oldekop 1906, VIII 38. Angeln 1922, 641. Boren 1957, 109. Wpl-Verz 1987, 88. TK 1325.

EKENISFELD

PLZ 24392. Häuser

Südangeln. Ksp. Boren, Gem. Ekenis. 30 Ewh. (1987), 8 Wohngeb., ein Ldw.-Betrieb (1993).
Lage: 2 km südl. von Ekenis, an der Straße von Lindaunis nach Grödersby und der Abzweigung nach Ekenis. Höhe 20 m.

Literatur. PreußLA 1877. Angeln 1922, 641. Boren 1957, 126. Wpl-Verz 1987, 88. TK 1325.

EKENISLUND

PLZ 24392. Häusergruppe

Südangeln. Ksp. Boren, Gem. Ekenis. 2 Häuser, ein altes Fachwerkhaus u. ein Wohnhaus von 1876.
Lage: nördl. von Ekenis, am Waldrand des Lunderholz. Höhe 30 m.

Ortsname. 16. Jh. Ekenißlundt. vSchröder 1837 Ekenislund. PreußLA 1877 Ekenislund. – Gehölz = dän. lund, von Ekenis. Lit.: Laur 1992, 232.

Literatur. vSchröder 1837, I 233. vSchröder 1854, 121. Oldekop 1906, VIII 38. Angeln 1922, 642. Boren 1957, 124, 129. Wpl-Verz 1970, 116. TK 1325.

ELCKERGAARD
s. Südenseehof

ELKIER
1) Quern 2) Tolk

1) PLZ 24972. Häusergruppe

Nordangeln. Ksp. u. Gem. Quern. 12 Ewh. (1987), 6 Wohngeb., keine Ldw.-Betriebe. Ehem. Katen 1822 bis 1877 erbaut.
Lage: 1,5 km östl. von Quern, abseits des Weges nach Steinbergkirche, auf flachem, knickbefreitem Feld. Höhe 40 m.

Ortsname. 1661 FN Elkier. – Bruch, Kratt = dän. kær, angeldän. kjär, mit Erlen = dän. elle (Laur). Lit.: Hald 1948-79, VII 270. Laur 1992, 233.

Literatur. Quern 1961, 316. Wpl-Verz 1987, 99. TK 1224.

2) PLZ 24894. Häusergruppe

Südangeln. Ksp. Tolk, Gem. Twedt. 19 Ewh. (1987), 5 Wohngeb., kein Ldw.-Betrieb (1993).
Lage: Südwest-Twedt, an der Straße nach Grumby, B 201. Höhe 16 m.
Ein kleiner Wasserlauf zur Loiter Au ist auf ganzer Strecke verrohrt.

Ortsname. 1804 Elkier. PreußLA 1877 Ellkjer. – Erlenbruch = dän. elle.

Geschichte. 2 Katen zum Domkapitel, Vogtei Berend, 1777 Struxdorfharde. 1871 SL Gem. Grumby, 18 Ewh., 3 Wohngeb. Seit 1970 Gem. Twedt.

Literatur. vSchröder 1837, I 234. vSchröder 1854, 123. Oldekop 1906, VIII 49. Angeln 1922, 692. Wpl-Verz 1987, 94. TK 1424.

ELKIERAU

Au

Mittelangeln, im Bereich der Bondenau, Treene. Fließstrecke 6 km, von Sörup-Ding-

holz bis zur Einmündung in den Südensee, an seinem Ostende. Einzugsfläche 870 ha, Gem. Sörup.
Die Au hat ihren Anfang in Höhe 50 m nahe der Wasserscheide, biegt dann nach Süden ein und wendet sich ab Strenge nach Westen. Am Unterlauf der regulierten Au sind häufig Überschwemmungen zu beobachten, die von Regenfällen oder dem Rückstau aus dem Südensee verursacht werden.
■ Die Elkierau beschreibt den größten Bogen im Verlauf einer Au in Angeln: von der Quelle bis zur Mündung das 3,4fache der Luftlinie.
Einmündende Gewässer: Sörupholzer Au.

Gewässername. 1687 Ellkierdam. 1723 Win Beck. 1819 Winsbeck. Kat. Flurkarte Ellkierdamlauf. Sörup 1964 Elkierdammer Au. Gewässerkdl. Verz. SH Löstrupau. TK Au. – Winbek, aufgrund des sehr gewundenen krummen Bachlaufs = dän. vind (vRohden). Lit.: Hald 1948-79, VII 244, 265. vRohden 1989, 265, 343, 353, 478.

Literatur. Sörup 1964, 172. LA für Wasserhaushalt SH, Gütelängsschnitt Löstrupau, 1986. TK 1224.

ELLE
1) Adelby 2) Grundhof

1) Ehem. Hof
Nordangeln. Ksp. Adelby. 1680 als „wüst“ bezeichnet.

Ortsname. 17. Jh. in der Elle. 1680 Ellmarckfeld. – Erlenhölzung = dän. elle (Laur). Lit.: Hald 1948-79, VII 36. JbAngeln 1968, 41. Laur 1992, 234.

2) Ehem. Hof
Nordangeln. Ksp. Grundhof. Vielleicht gleichbedeutend mit Ellgaard.

Ortsname. 1632 Ell. 1639 Elle. – Erlengehölz = dän. elle. Lit.: Hald 1948-79, VII 114.

ELLENBOGEN
s. Birk

ELLERMOOS
s. Wittkiel

ELLGAARD
1) Esgrus 2) Grundhof

1) PLZ 24402. Hof
Ostangeln. Ksp. u. Gem. Esgrus. 2 Wohngeb., kein Ldw.-Betrieb.
Lage: östl. von Esgrus, neben der Straße nach Niesgrau. Höhe 36 m.

Ortsname. PreußLA 1877 Ellgaard. Ndt. Ellchård. – Erlenhof = dän. el. In der Literatur häufig verwechselt mit Ellgaard, Ksp. Grundhof. Lit.: Hald 1948-79, VII 374. JbAngeln 1967, 107. Laur 1992, 234.

Geschichte. 1837 Hof und Kate zur Nieharde. 1871 FL Gem. Esgrus, 16 Ewh., 2 Wohngeb. 1848 war auf dem Ellgaardberg, der Westseite der Straße, eine Wachstation gegen die Dänen.

Literatur. vSchröder 1837, I 72. Jensen Angeln 1844, 371. vSchröder 1854, 25. Oldekop 1906, V 32. Angeln 1922, 597. Wpl-Verz 1987, 95. TK 1224.

2) PLZ 24989. Hof
Nordangeln. Ksp. Grundhof, Gem. Dollerup. 3 Wohngeb., Ldw.-Betrieb (1993).
Lage: nördl. von Dollerup, an der Straße von Streichmühle nach Nordballig, Neukirchener Weg, mit einem langen Zufahrtsweg. Höhe 26 m.
Hofplatz mit Natursteinpflaster. Wohnhaus schiefergedeckt, mit schöner Haustür. Traufgesims aus Gelbstein abgesetzt, mit Sägezahnfries (Denkmalbuch).

Ortsname. 1557 Elgarten. 1596 Ellgaardt. Mejer 1649 Ellgard. Ndt. Ellchård. – Erlenhof = dän. el (Laur). Hald 1948-79, VII 114. JbAngeln 1968, 29. Laur 1992, 234.

Geschichte. Hof zu Gut Nübel, 1619 vom Herzog zu Sonderburg gekauft. Meierhof von Gut Unewatt. 1622 Herzogtum Glücksburg, 1639 parzelliert. 1779 unter der Verwaltung von Gut Unewatt, 1853 Munkbrarupharde. Bis 1969 FL Gem. Nordballig.

Literatur. vSchröder 1837, I 235. Jensen Angeln 1844, 256. vSchröder 1854, 123. Oldekop 1906, V 84. Angeln 1922, 461, 559. Röschmann 1963, 460. Grundhof 1981, 124. Wpl-Verz 1987, 95. TK 1224.

ELMHOLZ
1) Klappholz 2) Sieverstedt

1) PLZ 24860. Höfe

Westangeln. Ksp. Havetoft, Gem. Klappholz. 20 Ewh. (1987).
Lage: südwestl. von Klappholz, an der Helligbek, vom Wald Elmholz abgelegen.

Bauernhaus. Elmholz 7. Querdielenhaus mit Reetdach. Baumbestandene Zufahrt (Denkmalbuch).

Literatur. Wpl-Verz 1987, 20. TK 1323.

2) Wald

Westangeln. Gem. Sieverstedt, südl. von Stenderup. Fläche 79 ha. Staatsforst Land SH, Forstamt Schleswig, Försterei Idstedtwege.
Mischwald mit Buche, Eiche, Fichte und Lärche, einige Altbäume von 1910. Damwild- und Rehwild-Vorkommen. Europäischer Fernwanderweg. Ehem. Forstgutsbezirk Stenderup. 1928 Gem. Stenderup. Seit 1971 Gem. Sieverstedt.

Flurname. 1779 Elmholt. PreußLA 1877 Kgl. Gehege Elmholz. Ndt. Elmholt. – Ulmenwald = dän. elm (Laur). Lit.: Bjerrum 1986, 344. Laur 1992, 235.

Vorgeschichte. Zahlreiche kleine Steinhügel von flacher Form, meistens mit dichtem Moos bewachsen, teilweise abgetragen. Im Westteil waren Ackerwälle zu erkennen (1963). Lit.: Röschmann 1963, 586, 589.

Jagdstein 1801. Im Wald-Südrand, östl. des Hofes Kellerbude. Granitpfeiler mit Krone und Inschrift. Grenzstein der Wildbahn, 1801 zur Regierungszeit König Christians VII. gesetzt.

Literatur. vSchröder 1837, II 317. Angeln 1922, 679.

ELMHOLZBEK
s. Helligbek

ELMHOLZMOOR

PLZ 24890. Häuser

Westangeln. Ksp. Böklund, Gem. Stolk, vormals zur Struxdorfharde.
Lage: südwestl. von Klappholz, an der Helligbek. Höhe 30 m.

Ortsname. vSchröder 1854 Elerholzmoor. PreußLA 1877 Elmholzmoor. Lit.: vSchröder 1854, 122. TK 1323.

ELSTOHL

PLZ 24395. Häusergruppe

Ostangeln. Ksp. Gelting, Gem. Nieby. 3 Wohngeb., ehem. Katen mit Tischlerei, ein Ldw.-Betrieb (1993).
Lage: südl. von Nieby, auf freiem Feld. Höhe 12 m.

Ortsname. 1805 FN Ellstuhl. vSchröder 1837 u. Jensen Angeln 1844 Ellstohl. PreußLA 1877 Ellstahl. – Kratt = altdän. storth, mit Erlen = dän. el (Hald). Lit.: Hald 1948-79, VII 424.

Geschichte. 1837 zwei Häuser zu Gut Düttebüll, 1853 Kappelerharde. 1871 FL Gem. Nieby, 3 Wohngeb.

Literatur. vSchröder 1837, II 91. Jensen Angeln 1844, 382. vSchröder 1854, 365. Gelting 1972, 588. Gelting 1987, 294. Wpl-Verz 1987, 98. TK 1225.

EMERHAUS

PLZ 24972. Haus

Nordangeln. Ksp. u. Gem. Steinberg. Vormals ein Ldw.-Betrieb.
Lage: nördl. von Steinberg, an der Straße nach Steinbergholz, am Rand der Wiesen zur Steinberger Au. Höhe 5 m.

Ortsname. 1823 Emmaus. 1826 Emahuus. Um 1860 dän. Elmose. TK von 1939 Emerhuus. Kat. Plankarte 1955 Emerhuus. Deutsche Grundkarte 1992 Emernhaus sic. – Wie das biblische Emmaus im alten Judäa, so lag auch Emahus lange Jahre einsam an „des Küsters Straße" in Stürsholz. Lit.: Hald 1948-79, VII 310.

Geschichte. 1823 eine Kate zu Gut Oestergaard. Zwei Nachbarhäuser sind später davon abgelegt.

Literatur. Wpl-Verz 1987, 100. Steinberg 1986, 15. TK 1224.

ENGBERG

PLZ 24376. Häusergruppe

Ostangeln. Ksp. Gundelsby, Gem. Hasselberg. 2 Wohngeb.
Lage: südl. von Hasselberg, an der Straße nach Wormshöft. Höhe 4 m.

Ortsname. 1790 Engberg. PreußLA 1877 Engberg. Ndt. Engbarch. – Wiesenberg = dän. eng (Laur). Lit.: Hald 1948-79, VII 424. Laur 1992, 237.

Geschichte. 1790 zwei Katen erbaut auf einer Parzelle des Meierhofes Hasselberg, Gut Oehe, 1853 Kappelerharde. 1871 FL Gem. Hasselberg, 10 Ewh., 2 Wohngeb. Ein Haus Neubau von 1918 nach Brand durch Blitzschlag, das andere wurde 1927 erbaut. Bis 1929 Ksp. Gelting.

Literatur. vSchröder 1837, I 362. Jensen Angeln 1844, 385. vSchröder 1854, 210. Oldekop 1906, V 53. Angeln 1922, 614. Gundelsby 1977, 320. Wpl-Verz 1987, 97. TK 1225.

ENGDAMM

Ehem. Haus

Mittelangeln. Ksp. Böel, Gem. Mohrkirch.
Lage: westl. von Mohrkirch, an der Straße „Appelberg", an der Kiesperdieker Au. Höhe 37 m.

Ortsname. PreußLA 1877 Engdamm. – Damm oder Teich = dän. dam, in einer Wiese = dän. eng. Ortsname nicht mehr gebräuchlich, jetzt unter Appelberg.

Geschichte. 1778 eine Kate erbaut auf einer Parzelle des Meierhofes Schrixdorf, Mohrkirchharde. 1871 SL Gem. Mohrkirch-Westerholz, 3 Wohngeb. Das Haus wurde nach 1968 abgebrochen.

Literatur. Wpl-Verz 1970, 122. Mohrkirchen 1983, 84. TK 1324.

ENGELSBY

Gemeinde bis 1910

FL Amt Adelby. Fläche 127 ha. 458 Ewh. (1905). Gemeinde 1871 mit 265 Ewh., 42 Wohngeb. 1910 Eingliederung in die Stadt Flensburg.

Wohnplätze. Engelsby, Engelsbyfeld, Windloch.

Literatur. Oldekop 1906, V 31. Hist. Gem-Verz 1970, 26.

PLZ 24943. Stadtteil

Nordangeln. Stadt Flensburg, Kirchengem. Engelsby, früher Adelby. 5500 Ewh. (1987).

Ortsname. 1445 Engelsbu. Mejer 1648 Engelsbuy. PreußLA 1877 Engelsby. – Dorf = dän. by, des Engel, wohl die Kurzform zu einem Rufnamen wie Engelbrecht (Laur). Lit.: Hald 1948-79, VII 36. JbAngeln 1968, 40. Laur 1992, 238.

Geschichte. Das Dorf ist im Mittelalter als Filialsiedlung von Adelby entstanden. 1837 hatte es 5 Höfe und 12 Katen, die zur Marienkirche oder dem Hospital in Flens-

burg und der Husbyharde gehörten, 1853 alle unter Hardesgericht. 1871 FL Gem. Engelsby, im Dorf 109 Ewh., 18 Wohngeb. Seit 1910 Stadt Flensburg.
Um die Jahrhundertwende entstanden zahlreiche Neubauten, die dem Dorf bald vorstädtisches Gepräge verliehen. Die Engelsbyer Straße konnte zunächst nur einseitig bebaut werden, da auf der gegenüberliegenden Seite die Kleinbahn ihre Strecke neben die Straße gelegt hatte.

Bahnstation 1885–1953. Haltestelle der Kleinbahn Flensburg–Kappeln, Entfernungen 2–47 km. Auf dem Abschnitt Fruerlund–Kauslund befuhr die Bahn die Straßenseite. 1909 wurde das Gleis verschoben und die Station nach Windloch verlegt.
■ Die hier erreichte Maximalsteigung der Gesamtstrecke war vom Flensburger Kreisbahnhof im Tal der Adelbybek nach Engelsby herauf 1:40.

Windmühle 1846–1856. Erdholländerölmühle des Hospitals zu Flensburg. Abgebrochen. Lit.: Pöge 1980, 191.

Literatur. vSchröder 1837, I 242. Jensen Angeln 1844, 321. vSchröder 1854, 127. Oldekop 1906, V 31. Angeln 1922, 537. WplVerz 1987, 15. Pust 1990, 92. TK 1222.

ENGELSBYFELD

Ehem. Hof

Nordangeln. Stadt Flensburg, Ksp. Adelby. Lage: Nord-Engelsby mit schöner Aussicht auf die Förde, nahe Mürwik. Bis 1910 FL Gem. Engelsby. Lit.: Oldekop 1906, V 31.

ENTENHOLM

s. Mühlenholz, Sörup

ERDBEERENBLOCK

PLZ 24986. Häusergruppe

Mittelangeln. Ksp. u. Gem. Satrup. 4 Wohngeb.
Lage: 2,5 km südöstl. von Satrup, an der Straße nach Stiesholz, nahe Alt-Rehberg. Höhe 37 m.

Ortsname. 1768 FN Erdverenblock. TK von 1939 u. 1967 Erdbeerenblock. – Block ist ein kürzerer Queracker vor anderen, längeren Äckern. Der Ortsname ist vergessen; die Häuser werden heute unter Rehberg oder Stiesholz genannt.

Geschichte. 1771 eine Kate erbaut auf einer Parzelle des Satrupholmer Meierhofes Rehberg, Satrupharde. 1871 SL Gem. Rehberg, ein Haus. Seit 1970 Gem. Satrup.

Hof. Nissen (1993). Dreiseithof ohne Ldw.-Betrieb. Wohnhaus mit massiv errichteten Längswänden, auf beiden Giebelseiten aus Fachwerk. Bemerkenswert die westliche Seite, deren Giebelschwelle von beschnitzten Konsolen unterstützt wird. Lit.: Hagemeier-Kottwitz 1982, 225.

Literatur. Satrup 1902, 189. Oldekop 1906, VIII 82.

ERHOLUNG

PLZ 24991. Hof

Westangeln. Ksp. u. Gem. Großsolt, Neue Straße. Ohne Ldw.-Betrieb (1993).
Lage: 2,5 km südwestl. von Großsolt, an der Straße nach Süderschmedeby.

Ortsname. Zur Zeit der schleswig-holsteinischen Erhebung wurde das Haus „Schleswig“ genannt, in Bezug zum benachbarten „Holstein“. Späterer Krugname „Erholung“.

Geschichte. Kate bei der PreußLA 1877 als Krug bezeichnet, FL Gem. Gr. Soltwesterholz. Seit 1914 ohne Krugwirtschaft, nur noch eine Landstelle. Lit.: Gr. Solt 1992, 74.

ERIKSHUUS

s. Missunde

ERNSTHOF

PLZ 24991. Hof

Westangeln. Ksp. u. Gem. Großsolt, Schleswiger Str. 27. Ldw.-Betrieb (1993).
Lage: in Gr. Soltholz, an der Eckernförder Landstraße.
Ernsthof ist eine der drei Stellen der Kolonie Friedrichshöhe, die 1762 erstmals von Einwanderern aus Durlach in Baden besiedelt wurde.

Literatur. Clausen 1981, 841. Gr. Solt 1992, 85, 272.

ESGRUS

Kirchspiel

Kirchenkreis Angeln. 1370 Gemeindeglieder (1991). Kirche, Gemeindehaus, Kindergarten, Schwesternstation. Grundbesitz 61 ha.

Wohnplätze. Altona, Atzbüll, Bäckerhaus ehem., Birzhaft, Blick teilw., Böndergaard, Bojum, Bonsberg, Bremgaard, Brening, Brunsholm, Brunsholmhof, Dammstedt, Ellgaard, Esgrus, Esgrusschauby, Frauenhof, Geltingmole, Gräverdiek, Griesgaard, Großkoppel, Grube ehem., Grünestraße, Grünholz teilw., Haveholz, Helenental, Holt ehem., Holzkoppel, Hoppegaard ehem., Hunhoi, Jürgensfeld, Kaltenkirchen, Kispelheck, Koppelheck, Lipping, Lüchtoft, Mariannenhof, Mörderkoppel ehem., Moosgaard, Moosgaardtoft, Mühlenkoppel, Niesgrau, Niesgraugaard, Nygaard ehem., Ochsenkoppel, Ohrfeld, Ohrfeldhaff, Pattburg teilw., Pattburgredder, Pieselholz, Quiekoppel, Regelsrott, Röhrmoos, Rottberg, Rundhof, Sagerfeld, Schnogholm, Schorrehy, Schrepperie teilw., Schwonburg, Sick, Sieverland, Stangheck teilw., Stausmark, Steinacker, Stobdrup, Strandkoppel ehem., Tischlerholz, Tollgaard, Tollschlag, Tranbüll, Trankjer ehem., Uhlenstraße, Ulegraff, Vaskoß, Winnery, Wippendorf, Wippendorferknochenmühle.

Geschichte. Ursprünglich lag die Kirche mitten in ihrem Kirchspiel, bis die nachbarliche Filiale Sterup mit einem eigenen Bezirk abgetrennt wurde, dessen Grenze das alte Gebiet in der Mitte, 300 m vor der Kirche von Esgrus, teilt. Propstei Amt Flensburg, Nieharde. 1879 Propstei Nordangeln, 1971 Propstei Angeln, seit 1977 Kirchenkreis Angeln.

Literatur. Jensen Stat. 1841, 1032. Jensen Angeln 1844, 368. Trap 1864, 501. Angeln 1922, 595. Kuhlmann 1958, 177.

Gemeinde

Amt Steinbergkirche. Fläche 1806 ha, davon 57 ha Wald. 872 Ewh., 283 Wohngeb., 41 Ldw.-Betriebe (alle Angaben 1987).

Wohnplätze. Altona, Atzbüll, Birzhaft, Blick teilw., Böndergaard, Bojum, Bremgaard, Brunsholm, Brunsholmhof, Dammstedt, Ellgaard, Esgrus, Esgrusschauby, Frauenhof, Griesgaard, Grünestraße, Grünholz teilw., Haveholz, Helenental, Holzkoppel, Jürgensfeld, Kaltenkirchen, Kispelheck, Lüchtoft, Moosgaard, Moosgaardtoft, Pieselholz, Röhrmoos teilw., Rottberg, Schorrehy, Schrepperie teilw., Schwonburg, Tischlerholz, Tollschlag, Ulegraff, Vaskoß, Wippendorf, Wippendorferknochenmühle.

Gemeinde bis 1970. FL Amt Rundhof-Esgrus. Fläche 251 ha. 105 Ewh. (1970). Gemeinde 1867 gegründet, 175 Ewh., 28 Wohngeb. Ewh.-Höchstzahl 1946: 298 Menschen. 1970 Eingliederung der Gem. Birzhaft, Brunsholm, Esgrusschauby u. Wippendorf; der größte Zusammenschluß in Ostangeln.
Wohnplätze: Atzbüll, Ellgaard, Esgrus.

Literatur. Oldekop 1906, V 31. Angeln 1922, 597. Hist. Gem-Verz 1970, 56. Wpl-Verz 1987, 95.

PLZ 24402. Kirchdorf

Ostangeln. Ksp. u. Gem. Esgrus. 36 Ewh. (1987), Kirche, Pastorat, Bäckerei, 11 Wohngeb.
Lage: 3 km östl. von Sterup, an der Straße nach Gelting. Höhe 30 m.

ESGRUS, Kirche. Der Turm ist mit 38 m Höhe der größte in Ostangeln.
Foto: D. Weldt

Ein Dörflein klein, mit beschaulichem Ortsidyll. Vom Dreiecksplatz vor der Osterpforte zum Friedhof zieht die „Dorfstraße“ an der Südseite des Kirchhügels den Weg hinauf, eine hohle Gasse mit einer kurzen Reihe von 5 Häusern mit ehemaligem Krug und Bäckerei. Das Pastorat hat die Nordseite ganz für sich allein.
Der Esgruser Mühlenstrom streift den Ort im Osten. Im Norden begrenzt der Schadelunder Wald die Blickkulisse. Vom Kirchberg führt ein schöner Wanderweg gen Norden nach Schadelund oder Atzbüll.

Ortsname. 1352 Esgrus. Mejer 1648 u. Danckwerth 1652 Esgruß. Trap 1864 dän. Eskriis. Ndt. Eschrus. – Steinhaufe = dän. röse, möglicherweise in der Bedeutung Grabhügel, wo Eschen wachsen = altdän. æski (Laur). Lit.: Hald 1948-79, VII 374. JbAngeln 1967, 107. Laur 1992, 240.

Vorgeschichte. Um Esgrus sind mehrere Grabstellen festgestellt worden, besonders vor Schadelund, wo die Sicht weit in die Umgebung reicht. Darunter ein einzelner überpflügter Hügel, der als große Erhebung im Acker deutlich hervortritt. In ihm sind zwei Männergräber der Bronzezeit gefunden worden. Lit.: vSchröder 1854, 130. Röschmann 1963, 162. Bronzezeit 1978, 6.

Geschichte. 1844 stehen bei der Kirche nur 5 Häuser; Pastorat, Krug, Mühle, Armenhaus und eine Kate, die zu Gut Brunsholm und der Nieharde gehörten. 1871 FL Gem. Esgrus, 46 Ewh., 8 Wohngeb. Freiw. Feuerwehr 1891 gegründet.

Kirche. St. Marien. Lage am äußersten Westrand des Kirchspiels, auf der höchsten Stelle eines Hügels, Höhe 33 m. Weithin sichtbar der markanteste Kirchplatz in Ostangeln.
Romanischer Feldsteinbau, wohl gegen 1200 in stattlicher Größe erbaut.
Am Kirchenschiff vier Fenster in der Südwand, in spätmittelalterlicher Zeit entstanden, nach 1865 in der heutigen Gestalt. Das Nordportal im Vorhaus, im Südportal eine Vortür mit aufwendigem Holzrahmen verdeckt. 1871 Bleideckung durch Schiefer ausgetauscht. Feldsteinwände um 1895 mit Zement verputzt.
Der Chor seltenerweise mit zwei Fensterachsen. In spätgotischer Zeit Anbau einer Apsis aus Feldsteinen und Backstein. Der dreiseitige Polygonschluß mit Strebepfeilern ist etwas unordentlich geraten.
■ Chor und Apsis sind in dieser Art in Angeln nur noch in Hürup angelegt worden; im Innern ist es der größte mittelalterliche Chorraum einer Angelner Kirche.
■ Der Turm ist das Prachtstück des Kirchenbaus, mit 38 m der höchste in Ostangeln. Anfang des 16. Jh. aus Backstein erbaut und unverputzt geblieben. Viele Schalluken. Die vier Dreiecksgiebel sind mit reicher Blendenzier geweißter Felder dekoriert. Die Westtür führt zur 1797 eingerichteten Gruft von Gut Rundhof. 1967 stürzte ein Orkan das Turmdach.
An die Nordseite ist im 16. Jh. ein Vorhaus aus Backstein angebaut.
Literatur. KDM FL 1952, 110. J. Christophersen, Bericht über die Renovierungsarbeiten an der Esgruser Kirche 1964-67, JbAngeln 1968, 133. Kunst-Topographie SH 1969, 286.

Friedhof. Fläche knapp 1 ha. 1872 und 1948 nach Westen erweitert. Alte Holzpforten 1872 durch eiserne ersetzt.

Naturdenkmal. Eine Baumgruppe von dreizehn Eichen. Der älteste Baum an der Osterpforte soll 650 Jahre alt sein. 1936 unter Denkmalschutz. Lit.: Esgrus 1990, 232.

Pastorat 1962. Ursprünglich in Atzbüll, 1796 nach Esgrus verlegt. 1962 wegen Baufälligkeit abgebrochen und ein Neubau errichtet. Lit.: Esgrus 1990, 233.

Armenhaus 1817. Haus Nr. 4. Von Gut Brunsholm bei der Kirche erbaut. Als Wohnhaus erhalten.

Krug. Vormals mit Brauerei, Hökerladen und Bäckerei. Heute ohne Gastwirtschaft.

Wassermühle 1631–1898. Kleine Kornmühle am Esgruser Mühlenstrom, der zu einem Teich aufgestaut war. Urkundlich seit 1631. Ein Neubau von 1718 wurde 1894 wegen Wassermangels stillgelegt und 1898 abgebrochen. Lit.: Pöge 1980, 132. Esgrus 1990, 317.

Windmühle 1872–1974. Haus Nr. 1. Landhandel. Ehemaliger Galerieholländer „Glaube, Liebe, Hoffnung" auf einer Anhöhe nahe der Wassermühle 1872 erbaut. 1948 Flügel entfernt und Betrieb elektrifiziert. 1974 abgebrochen. Lit.: Pöge 1980, 132. Esgrus 1990, 317.

Sparkasse 1946–1976. Zweigstelle der Kreissparkasse Schleswig-Flensburg. Gegründet 1914 in Birzhaft als Esgruser Spar- und Leihkasse. 1928 Vereinigung mit Norderbrarup und Süderbrarup zur Angler Spar- und Leihkasse. 1945 Kreissparkasse Schleswig, 1952 auf Grund einer freien Vereinbarung auf die Kreissparkasse Flensburg überführt. 1976 geschlossen. Lit.: Esgrus 1990, 359.

Denkmal 1898. Auf dem Platz vor der Ostertreppe zum Kirchberg steht neben einer Eiche ein Windschliff-Findling als Gedenkstein mit Inschrifttafel und nur noch einer Kanonenkugel darauf – die zweite wurde gestohlen. 1898 zur Erinnerung an die Erhebung 1848 gesetzt (Denkmalbuch). Lit.: Esgrus 1990, 113.

Literatur. vSchröder 1837, I 247. Jensen Angeln 1844, 369. vSchröder 1854, 130. Trap 1864, 502. Oldekop 1906, V 31. Angeln 1922, 597. Wpl-Verz 1987, 95. G. Sass, Chronik des Ksp. Esgrus, 1990. TK 1224.

ESGRUSER MÜHLENSTROM

Au

Ostangeln, im Bereich der Lippingau, Ostsee. Fließstrecke 6,5 km, von Gut Brunsholm, Höhe 50 m, bis zur Einmündung rechts in die Lippingau unterhalb Stobdrup. Einzugsfläche 1440 ha, Gem. Esgrus u. Niesgrau. Grenzlauf der Ksp. Esgrus u. Sterup. – Der Lauf zeigt gerade in Richtung Nord. Im Oberlauf bis Grünholz verrohrt. 1965 stark begradigt, so daß der Altlauf nur noch auf den Karten durch die Gemeindegrenzen nachvollziehbar ist. Alte Straßenbrücke bei Stobdrup.

■ In einem kleinen Buchenwald bei Atzbüll bildet die Au eine der schönsten und morphologisch ausgeprägtesten Bachschluchten des Gebietes. Aus dem tief in die Moräne eingeschnittenen Grund steigen steile Prallhänge 5 m auf. Den Boden bedecken eine üppige Krautvegetation und bachbegleitende Staudenfluren. Die seltene Wald-Hainsimse hat hier einen Standort (1987). Eine charakteristische Pflanze der Au war die Schaftlose Primel, die in der Schlucht mit weitleuchtenden Kolonien auftrat (1931; Biotop 1987 nicht verzeichnet); heute nur noch wenige Exemplare erhalten. Einmündendes Gewässer: Lumbeck.

Gewässername. Mejer 1648 Bronsbeck (weil von Brunsholm kommend). Jensen Angeln 1844 Esgrusser Mühlenstrom. Kat. Plankarte 1954 Mühlenbach. Gewässerkdl. Verz. SH Esgrusau (Mühlenbach). TK von 1987 Mühlenbach. Lit.: Hald 1948-79, VII 395.

Wassermühle. Esgrus, mit einem ehem. Stauteich. Wegen Wassermangels 1894 aufgegeben.

Literatur. Jensen Angeln 1844, 26. Angeln 1922, 512. E. Schnack, Die Lippingau und ihr Gebiet, JbAngeln 1931, 71. Biotop 1987, 1224 Nr. 75. TK 1224.

ESGRUSSCHAUBY

Gemeinde bis 1970

FL Amt Rundhof-Esgrus. Fläche 526 ha. 359 Ewh. (1970). Gemeinde 1871 mit 233 Ewh., 44 Wohngeb. Ewh.-Höchstzahl 1946: 690 Menschen. 1970 Eingliederung in die Gem. Esgrus.

Wohnplätze. Brunsholm teilw., Esgrusschauby, Grünholz teilw., Kispelheck, Schwonburg, Tollschlag, Ulegraff teilw.

Literatur. Oldekop 1906, V 32. Angeln 1922, 597. Hist. Gem-Verz 1970, 56.

ESGRUSSCHAUBY, Hof Nr. 4 Wohnhaus von 1840. Foto: D. Weldt

PLZ 24402. Dorf
Ostangeln. Ksp. u. Gem. Esgrus. 143 Ewh. (1987), Kindergarten, Schmiede, 7 Ldw.-Betriebe (1993).
Lage: südöstl. von Esgrus, an der Straße von Niesgrau nach Brunsholm, in einem sehr hügeligen Umfeld. Höhe 40 m.
Östlich des Straßendorfes stehen 17 ha Restwald des mittelalterlichen Walddorfes. Das „Kösterholt" umfaßt den 10 ha großen Südteil. Durch das Holz ist der Wasserlauf der Lumbeck unter Rohr versteckt.

Ortsname. 1397 Schouby. 1450 Esgrusschoubu. 1478 Eschriis Schubu. Mejer 1648 u. Danckwerth 1652 Schouby. Trap 1864 dän. Eskriis-Skovby. PreußLA 1877 Esgrusschauby. Ndt. Eschrusschauby. – Walddorf = dän. skovby, von Esgrus. Bei einer Urkunde von 1196 handelt es sich wohl kaum um Esgrusschauby, sondern um Schuby bei Schleswig (Laur). Lit.: Hald 1948-79, VII 375. JbAngeln 1967, 107. Laur 1992, 241.

Geschichte. Wahrscheinlich sind die Bewohner des verschwundenen Kirchdorfes im Mittelalter auf die gerodeten Waldflächen umgesiedelt. 1854 gehörte das Dorf mit 23 Stellen zur Nieharde. 1871 FL Gem. Esgrusschauby, im Dorf 135 Ewh., 29 Wohngeb. Seit 1970 Gem. Esgrus.

Schule. Älteste Schule im Kirchspiel, vermutlich seit 1663 im Dorf. 1845 zweiklassig mit 130 Kindern. 1851–64 Unterricht in dänischer Sprache. Neues Schulhaus 1870 erbaut und 1912 modernisiert. Umbauten und Erweiterungsbau 1953. Die Oberklassen gingen 1967 nach Sterup, die verbliebenen Klassen wurden 1969 auf die Schulen in Bojum und Koppelheck verteilt. 1971 als Kindergarten eingerichtet. Lit.: Ravn 1971, 160. Esgrus 1990, 240.

Meierei 1887–1971. Nach Aufgabe des Betriebes Milchtransporte nach Kappeln. Gebäude wird als landtechnische Schmiede genutzt. Lit.: Esgrus 1990, 341.

Krug. Haus Nr. 24. Gastwirtschaft von 1858 bis ca. 1915, dann eine Tischlerei bis 1979, seitdem Wohnhaus. Großes reetgedecktes Haus, die Traufenfront aus rotem Backstein, die Giebelwände in Fachwerk, zweigeschossiger Mittelrisalit flach übergiebelt (Denkmalbuch).

Höfe und Bauernhäuser. Nr. 4. Dreiseithof mit großem Wohnhaus von 1840, roter Backstein mit Reetdach. Nachträglich eingefügt ein hoch übergiebelter Frontispiz mit Schieferdach. – Nr. 15. Dreiseithof mit langer Allee. Wohnhaus von 1845 aus rotem Backstein, reetgedeckt und mit einer bemerkenswerten zweiflügeligen Haustür. Großer zweigeschossiger Scheunenanbau von 1933. Lit.: Hagemeier-Kottwitz 1982, 272. – Nr. 35. Haus in rotem Backstein erbaut, mit Reetdach und einer besonderen Haustür. – Nr. 40. Großes Fachwerkwohnhaus mit Reetdach, die Traufenwände mit roten Backsteinfeldern und beschnitzten Knaggen. Vor dem Hauseingang ein laubenartiger Vorbau (alle Denkmalbuch).

Literatur. vSchröder 1837, II 222. Jensen Angeln 1844, 370. vSchröder 1854, 484. Trap 1864, 502. Oldekop 1906, V 32. Angeln 1922, 597. Röschmann 1963, 164. Wpl-Verz 1987, 95. TK 1224.

ESKJERAU

Au

Westangeln, im Bereich der Bollingstedter Au, Treene. Fließstrecke 3 km, aus dem nördlichen Umfeld von Torsballig, Höhe 33 m, bis zur Einmündung rechts in die Bollingstedter Au, gegenüber von Neubrück. Einzugsfläche 340 ha, Gem. Havetoft u. Havetoftloit.
Der Oberlauf ist bis zur Straßenbrücke Hostrupholz-Norderholz verrohrt. Im unteren Abschnitt Grenzlauf der Gemeinden.

Gewässername. 1837 Spangaue. Kat. Flurkarte 1874 Eskjer-Aue. Kat. Plankarte 1954 u. TK von 1987 Esler Au sic. Gewässerkdl. Verz. SH Eskjerau. – Au bei einem Eschenbruch = angeldän. esk und kjär. Lit.: vRohden 1989, 266, 435.

ESLINGHOLZ

PLZ 24891. Häusergruppe

Mittelangeln. Ksp. Böel u. Thumby, Gem. Böel u. Schnarup-Thumby. 34 Ewh. (1987), 10 Wohngeb., darunter ein Wohngeb. mit Ldw.-Betrieb zu Böel (1993). Das Areal der Gem. Schnarup-Thumby ist eine Exklave in der Gem. Mohrkirch.
Lage: 3 km südwestl. von Mohrkirch, Zufahrt von der Straße von Köhnholz nach Schrixdorfstraße.
Eslingholz ist ein idyllischer Ort in reizvoller Gegend, abseits von seinen Kirchdörfern gelegen. Seine Häuser stehen am östlichen Waldrand des Eslingholzes. Das Gelände erhebt sich im Norden auf 33 m. Im Süden geht ein Wanderweg vom Hofplatz über die Dingwatter Au durch den Bauernwald Schnarupholz nach Schnarup.

Ortsname. 1804 Eslingskov. vSchröder 1837 Eslingholz. Trap 1864 dän. Islingskov. PreußLA 1877 Eslingholz. Ndt. Eslingholt. – Zu Eslingwatt im Ksp. Sörup 3 km entfernt und ohne feststellbare Beziehung. Lit.: Laur 1992, 241.

Geschichte. Nach der Parzellierung des Meierhofes Schrixdorf entstanden 1778 vier Katen, die merkwürdigerweise aber zu Thumby eingepfarrt wurden. Vor 1854 verzeichnen die Topographen unter dem Ortsnamen nur eine Kate zu Böelschuby, Mohrkirchharde. 1871 SL Gem. Schnarup, 5 Wohngeb., Gem. Böelschuby ein Haus u. Gem. Mohrkirch-Westerholz ein Haus, zusammen 50 Ewh. Weberei 1861–1935 und vor 1900 ein Schieferdeckerbetrieb.

Holz

Gem. Mohrkirch. Fläche 19 ha. Staatsforst Land SH, Forstamt Schleswig, Försterei Satrup.
Vormals königliches Gehege, 1873 Eingliederung in die Gem. Mohrkirch-Westerholz. Grenzwald der Ksp. Böel und Thumby. Neben den Häusern von Eslingholz steht auf

Höhe 40 m der Wald mit Esche, Buche und Eiche; Altholz von 1830.

Literatur. vSchröder 1837, I 114. Jensen Angeln 1844, 412. vSchröder 1854, 49. Trap 1864, 515. Oldekop 1906, VIII 23, 72, 101. Angeln 1922, 667, 681. Böel 1984, 229. Wpl-Verz 1987, 87, 91, 92. TK 1323 u. 1324.

ESLINGWATT

PLZ 24405. Häusergruppe

Mittelangeln. Ksp. Sörup u. Böel, Gem. Sörup u. Mohrkirch. 15 Ewh. (1987), 4 Wohngeb., davon ein Haus zu Sörup. Kein Ldw.-Betrieb.
Lage: 3 km südl. von Sörup an der Straße nach Mohrkirch, am Hang zur Bondenau. Höhe 43 bis 35 m.
Das Gelände zeigt ein besonderes Beispiel kleinräumiger Kuppen- und Senkenstrukturen. Die Bondenau, die in einer Nordschleife unter der Straße durchläuft, bildet hier die Grenzen zwischen den Kirchspielen Böel und Sörup, der Nieharde und Mohrkirchharde, bis 1974 die Kreisgrenze. Die Straße ist von den Hölzungen Südenseeholz und Eschriswatt eingefaßt.

Ortsname. Mejer 1648 Eschelsway. 1780 Eskilds Vad. 1802 Eslings-Watt. vSchröder 1837 Eslingswatt. Trap 1864 dän. Eskildvad. PreußLA 1877 Eslingwatt. Im Volksmund noch die alte Form mit -s Eslingswatt. – Furt = ndt. Watt, durch die Bondenau, bei oder über Eskilde, einem Flur- oder Gewässernamen als Zusammensetzung entweder von esk = Esche, oder dem PN Eskil und kilde = Quelle (vRohden). Zum namensverwandten, 3 km entfernten Eslingholz keine Beziehung. Lit.: Hald 1948-79, VII 222. vRohden 1989, 267. Laur 1992, 241.

Vorgeschichte. Urnenfriedhof. Durch die erste Untersuchung 1944/45 wurden auf dem Flurstück „Schwienwraa“, Ecke Mühlenholzer Weg und Eslingwatter Straße, 55 Urnenbestattungen festgestellt und dabei viele Eisen- und Bronzebeigaben geborgen. Unweit davon konnten 1975 durch Grabung auf der 42 m hohen Kuppe „Bregenberg“, zwischen der Hölzung Eschriswatt und der Bachschleife der Bondenau, nochmals fast 250 Urnen erfaßt werden. Lit.: Röschmann 1963, 599.

Geschichte. Eine Kate zu Südensee, 1853 Nieharde. 1871 FL Gem. Südensee u. SL Gem. Mohrkirch-Westerholz, 3 Wohngeb. Seit 1970 Gem. Sörup u. Mohrkirch.

Wassermühle. Um 1925 Reste einer Mühle beseitigt. Lit.: Sörup 1964, 146.

Ziegelei. Etwa 1780–1860 im Nordteil der Hölzung Eschriswatt bestanden. Lit.: Sörup 1964, 147.

Eschriswatt

Holz. Gem. Sörup. Fläche 8 ha Buchen- und Eichenwald, zu einem Hof in Südensee. Von der östlichen Straßenseite bis zur Bondenau mit einem ehemaligen, daher sehr unebenen Ziegeleigelände und sumpfiger Waldwiese.

Literatur. vSchröder 1837, II 81. vSchröder 1854, 359. Trap 1864, 518. Oldekop 1906, VIII 72. Sörup 1907, 291. Sörup 1964, 333. Sörup 1985, 92, 493. Wpl-Verz 1987, 91, 100. Mohrkirch 1991, 374. TK 1324.

ESLINGWATTER AU

s. Bondenau

ESMARK

Gemeinde bis 1970

SL Amt Satrup. Fläche 452 ha. 349 Ewh. (1970). Gemeinde 1871 gegründet, 328 Ewh., 57 Wohngeb. Ewh.-Höchstzahl 1946: 619 Menschen. 1970 Eingliederung in die Gem. Satrup.

Wohnplätze. Esmark, Esmarkfeld, Esmarkholm, Esmarksüderfeld, Esmarkwesterfeld, Heineberg, Satrupkirchenholz.

Literatur. Oldekop 1906, VIII 40. Angeln 1922, 674. Hist. Gem-Verz 1970, 174.

PLZ 24986. Dorf
Mittelangeln. Ksp. u. Gem. Satrup. 183 Ewh. (1970), 48 Wohngeb., 4 Ldw.-Betriebe im Dorf (1993).
Lage: südl. von Satrup, an der Straße nach Böklund. Höhe 42 m.
In seiner ursprünglichen Anlage ein Runddorf. Der ältere Teil des Dorfes mit größeren Hofplätzen liegt westlich der Landstraße, die erst spät mit einer Häuserreihe bebaut wurde und Esmark allmählich mit Satrup zusammenwachsen ließ.

Ortsname. 1352 Eschilsmarck. 1434 Esmarke. Mejer 1648 Esmarck. PreußLA 1877 Esmark. – Rodungsfeld = dän. mark, des Eskil = altdän. PN. Der gleiche Name wie Eschelsmark auf Schwansen (Laur). Lit.: JbAngeln 1963, 33. Laur 1992, 241.

Geschichte. 1599 bestand das Dorf aus 7 Höfen und 8 Katen, zur Struxdorfharde. 1657 im Besitz des Gutes Satrupholm, 1777 Satrupharde. 1871 SL Gem. Esmark, 100 Ewh., 11 Wohngeb. Seit 1970 Gem. Satrup. Freiw. Feuerwehr Esmark-Rehberg 1925 gegründet.

Bahnstation 1904–1965. Am Krug die Haltestelle der Kleinbahn Schleswig–Satrup, Entfernungen 30–1 km. Personenverkehr 1965 eingestellt. Bahndamm als Wanderweg erhalten.

Krug. 1837 vorhanden. 1904–1965 der Bahnhof von Esmark. Seit ca. 1960 ohne Gaststätte.

Meierei 1892–1966. Umbau zum Wohnhaus.

Bauernhaus. Toftweg 4. Ehemals ein kombiniertes Wohn- und Wirtschaftsgebäude vom Typ des Südangelner Hallenhauses. Langgestreckter, geweißter Backsteinbau mit Reetdach. Zum reinen Wohnhaus umgebaut (Denkmalbuch).

Literatur. vSchröder 1837, I 248. Jensen Angeln 1844, 415. vSchröder 1854, 130. Oldekop 1906, VIII 40. Angeln 1922, 674. Wpl-Verz 1970, 124. TK 1323.

ESMARKFELD

PLZ 24986. Haus
Mittelangeln. Ksp. u. Gem. Satrup. Lage: 2 km südwestl. von Satrup, am Weg von Esmark nach Satrupkirchenholz. Höhe 44 m.

Ortsname. Nicht mehr gebräuchlich, heute im Volksmund „Mohuul“ genannt. Lit.: PreußLA 1877. TK 1323.

ESMARKHOLM

PLZ 24986. Häusergruppe
Mittelangeln. Ksp. u. Gem. Satrup. 34 Ewh. (1970), 8 Wohngeb., kein Ldw.-Betrieb (1993).
Lage: 2,5 km südwestl. von Satrup, Zufahrt von der Straße nach Havetoftloit, auf einem Holm in den Wiesen des Herrenger Wasserlaufs und im Süden auf dem Hang zum Hechtmoor. Höhe 40 m.
In der Nähe liegen die Hölzungen Esmark-Westerkoppel und westlich das Rönholz.

Geschichte. 1837 Satrupharde 2 Höfe und 3 Katen. 1871 SL Gem. Esmark, 62 Ewh., 10 Wohngeb. Seit 1970 Gem. Satrup.

Literatur. vSchröder 1837, I 248. vSchröder 1854, 130. PreußLA 1877. Oldekop 1906, VIII 40. Angeln 1922, 674. Wpl-Verz 1970, 124. TK 1323.

ESMARKSÜDERFELD

PLZ 24986. Häusergruppe
Mittelangeln. Ksp. u. Gem. Satrup. 16 Ewh. (1970), 6 Wohngeb., kein Ldw.-Betrieb (1993).
Lage: 3 km südl. von Satrup, an der Straße nach Uelsby, bis an den Waldrand des Rehbergholzes. Höhe 40 m.
Etwa mit der Landstraße gleich verläuft die Wasserscheide. Wanderwege erschließen dem Naturfreund das Hechtmoor und den Wald Rehbergholz.

Vorgeschichte. Urnenfriedhof. Am Ostrand des Hechtmoors und am Waldrand des

Rehbergholzes sind zwei Urnenfelder aus dem 3. Jh. n. Chr. untersucht worden.
■ Die dabei aufgefundenen zahlreichen Herdstellen, Tongefäßscherben, Schmelzöfen und Eisenschlacken deuten auf eine größere Siedlung, die eine der bedeutendsten archäologischen Dorfanlagen der Eisenzeit in Angeln darstellt. Lit.: J. Röschmann, Ein germanisches Dorf der römischen Kaiserzeit, JbAngeln 1954, 91.

Geschichte. 1837 drei Katen, Satrupharde. 1871 SL Gem. Esmark, 22 Ewh., 5 Häuser. Seit 1970 Gem. Satrup.

Literatur. vSchröder 1837, II 337. vSchröder 1854, 519. PreußLA 1877. Oldekop 1906, VIII 40. Angeln 1922, 674. Wpl-Verz 1970, 124. TK 1323.

ESMARKWESTERFELD

PLZ 24986. Häusergruppe
Mittelangeln. Ksp. u. Gem. Satrup. 17 Ewh. (1970), 2 Wohngeb.
Lage: 2,5 km südwestl. von Satrup, an der Straße von Esmark nach Satrupkirchenholz. Höhe 40 m.

Geschichte. Um 1850 noch unbebaut. 1871 SL Gem. Esmark, 14 Ewh., 3 Wohngeb. Seit 1970 Gem. Satrup.

Literatur. PreußLA 1877. Oldekop 1906, VIII 40. Angeln 1922, 674. Wpl-Verz 1970, 124. TK 1323.

ESMARKWESTERKOPPEL

Holz
Mittelangeln. Gem. Satrup. Fläche 16 ha. Staatsforst Land SH, Forstamt Schleswig, Försterei Satrup.
Lage: westl. von Esmark, an der Straße nach Havetoftloit.
Bestockung aus Eiche, Buche, auch Lärche u.a. Südlich der Straße bis Esmarkholm ist 1989 eine Neuanpflanzung auf 10 ha begonnen worden. Westlich fließt die Nackholzer Au vorbei.

ESTRUP

Gemeinde bis 1970
FL Amt Großsolt. Fläche 276 ha. 167 Ewh. (1970). Gemeinde 1871 gegründet, 168 Ewh., 33 Wohngeb. Ewh.-Höchstzahl 1946: 364 Menschen. 1970 Eingliederung in die Gem. Großsolt.

Wohnplätze. Estrup, Estrupfeld, Estruphof, Estrupstamm, Kloster ehem., Mühlenbrück teilw.

Literatur. Oldekop 1906, V 33. Angeln 1922, 530. Hist. Gem-Verz 1970, 58.

PLZ 24991. Dorf
Westangeln. Ksp. u. Gem. Großsolt. 136 Ewh. (1987), 26 Wohngeb., 3 Ldw.-Betriebe (1993).
Lage: 3 km nordöstl. von Großsolt, an der Straße nach Ausacker. Höhe 40 m.

Ortsname. 1472 Eßdorppe. 1483 Esdorp. Mejer 1648 Eystrup. Danckwerth 1652 Eisterup. Jensen Angeln 1844 Eestrup. PreußLA 1877 Estrup. Ndt. Eestrup. – Dorf = altdän. thorp, des Æsi = altdän. PN (Laur). Namensgleich sind einige Orte in Dänemark. Jensen Angeln 1844 gibt mit seiner Schreibweise auch die richtige Sprachweise wieder. Lit.: Hald 1948-79, VII 472. JbAngeln 1966, 18. Laur 1992, 241.

Vorgeschichte. Auf den Koppeln nahe der Bondenau sind viele Steinwerkzeuge gefunden worden, die auf frühe Siedlungsstellen deuten. Der höchste Grabhügel lag am Südrand einer ehemaligen Kiesgrube am Weg nach Ausackerwesterholz, Knooper Weg; nur noch ein überpflügter Hügelrest. Lit.: Röschmann 1963, 166.

Geschichte. 1837 zur Uggelharde 16 Häuser. 1871 FL Gem. Estrup. Freiw. Feuerwehr Estrup-Kollerup 1890 gegründet.
Um 1900 siedelten sich im Süddorf an der Straße nach Kollerup verschiedene Handwerksbetriebe an. Dieses kleine Geschäftsviertel mit Krug nannten die Estruper „Südermarkt“.

ESTRUP, Schneiderstr. 5 Querdielenhaus. Foto: D. Weldt

Schule 1837/51 und 1927. Altes Schulhaus, Alte Landstr. 1. Es ist 1851 erbaut, wobei vermutlich ein kleiner Vorgängerbau von 1837 einbezogen wurde. Dem gegenüber der Neubau von 1927, heute Kfz-Handel mit Werkstatt, Alte Landstr. 2.
Die erste eigene Schule für die Dörfer Estrup und Kollerup wurde 1748 erbaut, die damals auch die Kinder aus Bistoft besuchten. 1851-64 Unterricht in dänischer Sprache. Während des II. Weltkrieges war die alte Schulklasse ein Lager für kriegsgefangene Russen und Polen. Seit 1965 Schule in Großsolt. Lit.: Ravn 1971, 170. U. Pülschen, Schule Estrup-Kollerup, JbAngeln 1983, 72. Gr. Solt 1992, 202, 336.

Krug. Schmiedestr. 4. Heute ohne Wirtschaft. Lit.: Gr. Solt 1992, 184.

Bauernhaus. Schneiderstr. 5. Querdielenhaus mit großem Altenteil. Bemerkenswerte Haustür. Querangebaute Stallerweiterung mit Holzdrempel. Gepflasterter Hofplatz mit Pumpe. Haus und Hof einer Kleinbauernstelle sind, wie hier, selten so gut erhalten. (Denkmalbuch). Lit.: Gr. Solt 1992, 201.

Estruphof

Hof in Nord-Estrup. Ldw.-Betrieb 106 ha. 1829–46 Sitz des Hardesvogts der Uggelharde. Am Wohnhaus ein Mauerstein mit Datum 1751. Lit.: Oldekop 1906, V 33. Angeln 1922, 530. Wpl-Verz 1987, 96. Gr. Solt 1992, 179, 191. TK 1223.

Kloster

Eine kleine Häusergruppe bei Estruphof, später an die Dorfstraße nach Kollerup versetzt, wird erstmals 1780 „Klosteret“ genannt. Häufig wurde ein Wohnplatz mit dem Namen „Kloster“ bezeichnet, wenn seine Häuser wie ein Büschel, Klumpen = ndt. Kluuster, besonders dicht zusammengebaut waren. Lit.: vSchröder 1837, I 249. Oldekop 1906, V 33. Angeln 1922, 530. Hald 1948-79, VII 473. Gr. Solt 1992, 192.

Literatur. vSchröder 1837, I 249. Jensen Angeln 1844, 315. vSchröder 1854, 131. Oldekop 1906, V 33. Angeln 1922, 530. Wpl-Verz 1987, 96. Gr. Solt 1992, 179. TK 1223.

ESTRUPFELD

PLZ 24991. Häusergruppe

Westangeln. Ksp. u. Gem. Großsolt. 47 Ewh. (1987), 8 Wohngeb., ein Ldw.-Betrieb (1993).
Lage: einerseits der etwas höher gelegene Nordteil des Dorfes Estrup, am Weg nach Ausackerwesterholz, Knooper Weg, westseits auch das Haus am Weg nach Mühlenbrück, Estruper Weg, das auf der TK und Kat. Plankarte allein für den Ortsnamen steht. Von West-Estrupfeld führt ein Wanderweg zum Nachbardorf Kleinsolt. In Nord-Estrupfeld ist ein kleines Knicknetz bewahrt. Das Nordfeld ist Grenzort zum Ksp. Husby, Gem. Ausacker.

Ortsname. PreußLA 1877 Estrupfeld. Gewöhnlich auch „Knub" = Erhöhung (Hald). Ortsname nicht mehr gebräuchlich, dafür heute der Straßenname Knooper Weg. Lit.: Hald 1948-79, VII 473.

Estrupstamm

Haus Estruper Weg 13. Vermutlich der Stammhof des ehemaligen Hof Kollemosegaard, der bis Anfang 19. Jh. am Weg nach Dammende, Knooper Weg, lag.
Ortsname. Erstmals auf der TK von 1966 verzeichnet. Bei der PreußLA 1877, den nachfolgenden TK-Ausgaben und der Kat. Plankarte 1954 wird für den Wohnplatz Estrupfeld angegeben. Lit.: Wpl-Verz 1956. Gr. Solt 1992, 182.

Literatur. Oldekop 1906, V 33. Angeln 1922, 530. Wpl-Verz 1987, 96. Gr. Solt 1992, 193. TK 1223.

EWERSHOLZ

PLZ 24376. Hof

Ostangeln. Ksp. Gundelsby, Gem. Hasselberg. Ohne Ldw.-Betrieb (1993).
Lage: 1 km östl. von Gundelsby, an der Straße nach Hasselberg, an einer kleinen Au. Höhe 6 m.

Ortsname. 1583 FN Ebbeßholt. 1790 FN Ewersholt. Jensen Angeln 1844 Eversholz. PreußLA 1877 Ewersholz. – Gehölz = ndt. Holt, des Ebbe = dän. PN (Hald). Lit.: Hald 1948-79, VII 424.

Geschichte. Hof 1790 auf einer Parzelle des Meierhofes Hasselberg, Gut Oehe, begründet. 1853 Kappelerharde. 1871 FL Gem. Hasselberg, 2 Wohngeb.

Literatur. vSchröder 1837, I 362. Jensen Angeln 1844, 385. vSchröder 1854, 210. Oldekop 1906, V 54. Angeln 1922, 614. Gundelsby 1977, 305. Wpl-Verz 1987, 97. TK 1225.

EXHÖFT

PLZ 24404. Häusergruppe

Ostangeln. Ksp. Gundelsby, Gem. Maasholm. 37 Ewh. (1987), 14 Wohngeb., Nerzfarm, Sportbootshafen.
Lage: am Wormshöfter Noor, nördl. von Maasholm, auf einem kleinen Höft, das teilweise zum Dammbau 1952 abgetragen wurde. Höhe 1 m.

Ortsname. Mejer 1649 Ostereck. vSchröder 1837 Eckshöved. Jensen Angeln 1844 Eckshövd. – Eckiger Vorsprung = ndt. Höft. Lit.: Hald 1948-79, VII 424.

Literatur. vSchröder 1837, II 122. Jensen Angeln 1844, 384. vSchröder 1854, 386. Wpl-Verz 1987, 98. TK 1325.

FÄHRSTRASSE

PLZ 24864. Häusergruppe

Südangeln. Ksp. u. Gem. Brodersby. 7 Wohnhäuser.
Lage: südl. von Brodersby an der Schlei, die Straße zum Fährhaus Missunde ist das Südende der Eckernförder Landstraße in Angeln. Höhe 5 m.

Am Schleiufer eine kleine Hölzung Sonnschau, auch Krähenholt genannt.

Literatur. Wpl-Verz 1987, 88. Brodersby 1989, 194. TK 1424.

FAHRENSODDE

PLZ 24944. Häusergruppe

Nordangeln. Stadt Flensburg, Kirchengem. Mürwik. Maschinenbaubetrieb, Sportbootshafen.
Lage: nördl. von Twedterholz, an der Förde. Steilufer bis 20 m Höhe.

Ortsname. 1593 Farrensodde. 1795 Fahrensoede. Heute Straßenname. – Halbinsel = dän. odde, mit einer Überfahrtsstelle = altdän. far. Vielleicht handelt es sich bei -odde um einen späteren verdeutlichenden Zusatz (Laur). Angeblich aufgrund einer Fährstelle nach Kollund. Das Grundwort -odde ist in Ortsnamen Angelns einzig. Lit.: Hald 1948-79, VII 36. JbAngeln 1968, 42. Pust 1990, 97. Laur 1992, 243.

Geschichte. 5 Katen zum Hospital Flensburg, 1853 Husbyharde, Ksp. Adelby. Bis 1910 FL Gem. Twedterholz. 1917 Gelände am Strand von der Kaiserlichen Marine für eine Seefliegerstation aufgeschüttet.

Literatur. vSchröder 1837, II 386. Jensen Angeln 1844, 321. vSchröder 1854, 550. Oldekop 1906, V 120.

FAHRENSTEDT

Kirchspiel s. Böklund

Gutsherrschaft

Kleines Gebiet in Südwestangeln um Böklund mit einer Fläche von ca. 400 ha. Die Gem. Böklund befolgt weitgehend die ehemaligen Gutsgrenzen und korrigiert dabei selbst die unförmige „Nase“ nach Kattbek nicht. Der Herrensitz in unmittelbarer Nachbarschaft zum Dorf Böklund.
Fahrenstedt war als Kanzleigut privilegiert und ist erst 1764 als Adliges Gut in den 1. Angler Güterdistrikt aufgenommen worden. Die dadurch erworbene Gerichtsbarkeit hat das Gut 1853 wieder an die Struxdorfharde abgetreten, die Verwaltung über seine Wohnplätze aber beibehalten.
1840 lebten 390 Menschen unter der Herrschaft des Gutes, die alle im Ksp. Fahrenstedt wohnten.

Amt bis 1970

Kreis Schleswig. Zusammenschluß des Gutsbezirks Fahrenstedt und der Gem. Böklund, Stolk u. Süderfahrenstedt. 1970 Eingliederung in das neue Amt Böklund.

Gutsbezirk bis 1928

SL Amt Fahrenstedt. Fläche 113 ha. 1928 Eingliederung in die Gem. Böklund. Lit.: Hist. Gem-Verz 1970, 166.

PLZ 24860. Gut

Westangeln. Ksp. u. Gem. Böklund. 1992 verkaufte das Gut seinen gesamten Landbesitz von 115 ha mit 25 ha Wald an das Land SH zur Neuwaldgründung. Es war das einzige Gut in Westangeln.
Lage: Ost-Böklund, nicht weit von der Kirche, was für eine Gutslage in Angeln selten ist. Höhe 32 m.
Im Norden steht ein sehr schöner Buchenwald 16 ha mit feuchten Senken und zahlreichen Gräben. Am Südrand des Holzes ist der ehem. Bahndamm der Kleinbahn Schleswig–Satrup zu sehen. Um die alte Hölzung entsteht auf den Gutsäckern durch Anpflanzungen ein neuer Staatsforst von ca. 110 ha Fläche. Dabei wird der Lauf der Kattbek wieder aus seiner Verrohrung befreit.

Gutshof. Herrenhaus Anfang des 18. Jh. erbaut. Eingeschossiger verputzter Backsteinbau, fünfachsiger Frontispiz mit hohem Dreiecksgiebel (Denkmalschutz).
Dem Herrenhaus gegenüber das dem Abbruch preisgegebene zweigeschossige Torhaus aus dem 18. Jh.
Lindenallee als Zufahrt erhalten, Park und Obstgarten sind verschwunden.
Literatur. KDM SL 1957, 200. Kunst-Topographie SH 1969, 666.

FAHRTOFT, Bahnstation Kiel–Flensburg 1905–1976. Foto: D. Weldt

Ortsname. 1550 Farenstede. 1554 Vahrenstede. Mejer 1648 Vahrenstede. PreußLA 1877 Fahrenstedt. Ndt. Fåhrnsted. – Stätte = altdän. stæth, ndt. Stede, bei der Übergangs- oder Überfahrtsstelle = altdän. farn (Laur). Lit.: JbAngeln 1963, 26. Laur 1992, 244.

Geschichte. Vom 15. bis ins 17. Jh. war das Gut Sitz des Hardesvogts der Struxdorfharde. 1780 Parzellierung.

Literatur. vSchröder 1837, I 252. Jensen Angeln 1844, 9, 271. vSchröder 1854, 132. Oldekop 1906, VIII 42. Angeln 1922, 687. Süderfahrenstedt 1982, 71. Biotop 1987, 1323 Nr. 14. Wpl-Verz 1987, 87. TK 1323.

FAHRTOFT

PLZ 24392. Häusergruppe

Südangeln. Ksp. u. Gem. Boren. 31 Ewh. (1987), 9 Wohngeb., 2 Ldw.-Betriebe (1991). Lage: 2 km westl. von Boren, an der Straße nach Steinfeld, im kahlen Feld. Höhe 20 m.

Ortsname. 1531 Fartofft. Mejer 1649 Vahrtofft. Jensen Angeln 1844 Faartoft. vSchröder 1854 Fahretoft. Trap 1864 dän. Faartoft. PreußLA 1877 Fahrtoft. – Siedlungsplatz = dän. toft, bei der Übergangsstelle = altdän. far (Laur). Lit.: JbAngeln 1964, 60. Laur 1992, 244.

Geschichte. Schliesharde. 1871 SL Gem. Boren, 4 Wohngeb. u. Gem. Lindau ein Haus, zusammen 52 Ewh.

Bahnstation 1905–1976. Haltestelle der Bahnlinie Kiel–Flensburg, 1976 aufgehoben. Ehem. Bahnhofsgebäude von 1905. Ein Häuschen aus rotem Backstein, auf der Bahnsteigseite ein mittiger Ausbau unter einem Steilgiebel, in dem die Schrankenwärterstation eingerichtet war. Warteraum und Güterlager befanden sich in den Gebäudeflügeln. Bahnsteig abgebaut (Denkmalbuch).

Literatur. Jensen Angeln 1844, 398. vSchröder 1854, 134, 318. Trap 1864, 528. Oldekop 1906, VIII 26. Angeln 1922, 639. Boren 1957, 100. Wpl-Verz 1987, 87. TK 1324.

FALLSICK

PLZ 24891. Hof

Südangeln. Ksp. Thumby, Gem. Schnarup-Thumby.
Lage: 1,5 km nördl. von Thumby, an der Straße nach Köhnholz. Höhe 42 m. TK 1323.

Ortsname. Umzäunter Raum, Pferch = ndt. Fall, bei einer sumpfigen Niederung = dän. sig.

FALSHÖFT

PLZ 24395. Dorf

Ostangeln. Ksp. Gelting, Gem. Nieby u. Pommerby. 99 Ewh. (1987), 31 Wohngeb., Leuchtturm, Campingplatz. Die Ortschaft schließt die Häusergruppe Sibbeskjär mit 7 Wohngeb. am Strandweg ein, die in der Gem. Pommerby liegen.
Lage: östl. von Nieby am Strand der Ostsee. Höhe 3 m.

Ortsname. KWE 1231 Fughælsnæs. 1543 Vogels Hoye. vSchröder 1837 u. Jensen Angeln 1844 Falshövd, Falshöved. PreußLA 1877 Falshöved. TK von 1939 Falshöft. – Entweder Vorsprung = dän. hoved und Vogel-Landnase = altdän. foghlnæs, oder Fughl = altdän. PN (Laur). Lit.: Hald 1948–79, VII 424. JbAngeln 1967, 104. Laur 1992, 245.

Geschichte. 1231 königl. Besitz. Später zu Gut Düttebüll, 1853 Kappelerharde. 1871 FL Gem. Nieby u. Pommerby, 90 Ewh., 20 Wohngeb.; das Wpl-Verz 1871 führt zusätzlich zwei Häuser „Falshöft" in der Gem. Kattrott auf – offenbar falsch zugeordnet. 1837 hat das kleine Fischerdorf 6 Häuser und eine Lotsenstation. 1854 und 1906 wird erwähnt, daß ein Passagierdampfschiff auf der Route von Kiel nach Flensburg auch in Falshöft anlegte. Um 1900 erster Fremdenverkehr. Im II. Weltkrieg eine Flugwache.
Sturmflut 1872. Das flachliegende Falshöft wurde vollkommen überflutet und von allen Landverbindungen abgeschnitten.

Lotsenstation. Die Lotsen waren für den Dienst auf der Förde zwischen Flensburg-Reede und Flensburg-Hafen zuständig. Wenn es in Flensburg keine Gelegenheit gab, mit einem seewärtsgehenden Schiff wieder heimwärts zu gelangen, mußten die Lotsen den Rückweg zu Fuß zurücklegen. Nach dem Bau der Kleinbahn 1886 konnten sie wenigstens bis Gelting fahren.
Eine zweite Lotsenstation der Förde lag auf Kekenis, Alsen. Der Konkurrenzkampf der Lotsen war von Falshöft nur zu gewinnen, wenn das aufkommende Fahrzeug rechtzeitig gesichtet und besetzt wurde. Dazu war neben jedem Lotsenhaus eine hochsitzähnliche Stellage gebaut, von der ein Wachhabender bei Tag und Nacht Ausguck hielt.
1898 waren auf der Station „Birk" in Falshöft 3 Mann im Einsatz. 1906 sind es 6 Lotsen, die nebenberuflich Fischerei betrieben. Ab 1931 hat das Feuerschiff vor Kalkgrund den Lotsen gestellt. Lit.: E. Lorenzen, Vom Lotsenwesen an der Flensburger Förde, Schiffahrt u. Häfen, 1971, 147. Gelting 1972, 247.

Leuchtfeuer 1908. Gem. Pommerby. Rotweißer Turm mit einem Mantel aus miteinander verschraubten Stahlplatten. Zwei Galerien, Turmhöhe 28 m. Erbaut 1908, Inbetriebnahme 1910. Seit 1970 Fernsteuerung durch die Schaltstelle Kappeln (Denkmalbuch). Lit.: Gelting 1972, 652.

Zollhaus 1923. Sibbeskjär 4. Lit.: Gelting 1972, 650. Gelting 1987, 326.

Krug 1895. Falshöft 11. Im Haus von 1895 wurde 1897 mit einem Erweiterungsbau eine Gastwirtschaft eröffnet, die bis 1977 in Betrieb war. Das Gebäude hat der Kreis seit

1985 als Sammelunterkunft für Asylbewerber gemietet. Lit.: Gelting 1972, 600. Gelting 1987, 301.

Post 1929–1981. Poststelle 1981 wieder aufgelöst.

Sibbeskjär

Häusergruppe. Gem. Pommerby, Straßenname in der Ortschaft Falshöft. 1837 Lotsenstation u. Kate. 1871 FL Gem. Pommerby, 21 Ewh., 5 Wohngeb. Heute 7 Häuser, darunter Nr. 4 das ehemalige Zollhaus, erbaut 1923.
Ortsname. 1780 Sibskier. 1805 Sibbeskier. Angeln 1922 Sibbeskjer. Kat. Plankarte 1951 Sibberskier. Gelting 1972 Sibberskier. Gelting 1987 u. DG 1992 Sibbeskjär. – Bruch, Kratt = angeldän. kjär, des Sibbi = altdän. PN (Laur). Lit.: Hald 1948-79, VII 433. Laur 1992, 600.
Literatur. vSchröder 1837, I 297. Jensen Angeln 1844, 382. vSchröder 1854, 477. Oldekop 1906, V 92. Angeln 1922, 613. Gelting 1972, 650. Gelting 1987, 326.

Literatur. vSchröder 1837, I 255, II 91. Jensen Angeln 1844, 382. vSchröder 1854, 134. Oldekop 1906, V 82. Angeln 1922, 613. Gelting 1972, 569, 592. Gelting 1987, 297. Wpl-Verz 1987, 98, 99.

FAULÜCK

Gemeinde bis 1971

SL Amt Kappeln-Land. Fläche 836 ha. 443 Ewh. (1970). Gemeinde 1871 gebildet, 458 Ewh., 59 Wohngeb. Ewh.-Höchstzahl 1946: 738 Menschen. 1971 Vereinigung mit Rabenkirchen zur Gem. Rabenkirchen-Faulück.

Wohnplätze. Ahlburg, Bicken teilw., Brodlos, Dreiangel, Faulück, Faulückfeld, Faulücklund, Karschau teilw., Kiekinsdorf, Lacheby, Löwenstein, Neuwerk teilw., Prahlhoch, Spinkery.

Literatur. Oldekop 1906, VIII 43. Angeln 1922, 634. Hist. Gem-Verz 1970, 168. Wpl-Verz 1970, 118.

PLZ 24407. Dorf

Südangeln. Ksp. Rabenkirchen, Gem. Rabenkirchen-Faulück. 256 Ewh. im Dorf, zu Dreiangel u. Kiekinsdorf (1987).
Lage: 5 km südwestl. von Kappeln, neben der B 201 nach Süderbrarup und an der Straße nach Boren, Schleidörferstraße. Höhe 35 m.
Das Gelände steigt von Süden nach Norden stetig an und erreicht bei Dreiangel an der B 201 eine für diese Gegend beträchtliche Höhe von 49 m. Knicks sind aus dem Bild der Landschaft verschwunden. Schöne Wanderwege führen Richtung Norden nach Spinkery und Morgenstern, gen Osten nach Brodlos.
Im Runddorf verteilen sich die Höfe weitläufig, so daß Platz zur Errichtung großer Anlagen vorhanden war. Nach Eröffnung der Bahnlinie hat sich das Dorf Anfang des 20. Jh. die Straße hinaufgebaut, um sich mit dem Bahnhof auch baulich zu verbinden – erreicht hat es ihn jedoch nicht.
Vom Süddorf Ausblick auf die reizvolle Küstenlandschaft und die Schlei. Faulück ist als Schönes Dorf ausgezeichnet.

Ortsname. KWE 1231 Fughælwich. 1554 Fauvelck. Mejer 1641 Fagelluick, 1649 Foulich. vSchröder 1837 u. Jensen Angeln 1844 Faulük. Trap 1864 dän. Fovlløk. PreußLA 1877 Faulück. – Vogelbucht = altdän. foghl und wik, zu angeldän. lyk = Koppel umgedeutet. Der Ort liegt nicht direkt an der Schlei, er trägt aber seinen Namen wohl nach einer Schleibucht (Laur). Lit.: JbAngeln 1964, 64. Laur 1992, 246.

Geschichte. 1231 war das Dorf teilweise in königlichem Besitz, gehörte später zum Domkapitel, Vogtei Grödersby, mit der es 1658 herzoglich wurde. 1777 Schliesharde. 1871 SL Gem. Faulück, im Dorf 170 Ewh., 16 Wohngeb. Freiw. Feuerwehr 1889 gegründet.

Schule 1858. Gebäude seit 1967 Privathaus am Dreiangel, 1987 renoviert und unter Denkmalschutz gestellt. Die Schule wurde 1859 eingeweiht. Das Klassenzimmer befand sich im östlichen Ende, davor stand ein inzwischen entfernter Eingangsvorbau. In der Mitte lag die Lehrerwohnung und am Westende der Kuhstall. Das Nebengebäude ist 1952 als zusätzlicher Klassenraum erbaut, als zeitweilig bis 100 Schüler unterichtet wurden. Die erste Schule wird 1634 an einem anderen Platz erwähnt. Seit 1963 Unterricht in der Schule Habertwedt.

Krug. 1837 genannt. Wirtschaft 1901 geschlossen, danach nur noch Hökerei bis 1976 betrieben.

Bahnstation 1904–1972. Haltestelle der Kleinbahn Schleswig–Kappeln, Entfernungen 31 – 4 km. Der höchstgelegene Bahnhof der Strecke ist 1904 in Spinkery, 1 km von der Dorfmitte entfernt, auf der Höhe 45 m erbaut worden. Personenverkehr 1972 eingestellt. Das Gebäude nutzt der Schützenverein Rabenkirchen als Schützenheim. Im Sommer wird die Strecke Kappeln–Süderbrarup von der Angelner Dampfeisenbahn befahren.

Höfe. Schmidt, Westerstr. 9. Seit 1587 im Familienbesitz. Wohnhaus von 1839, massiv aus roten Ziegeln auf Granitsteinsockel gebaut, mit Reetdach und Frontispiz mit einem geschweift rundbogigen Abschluß. Über der Eingangstür ein halbrundes Fenster. Um 1900 wurde neben dem Wohnhaus ein selbständiges Abnahmehaus errichtet. Große Lagerhalle 1991 nach Brand der alten Scheune erbaut. Lit.: KDM SL 1957, 452. Hagemeier-Kottwitz 1982, 248. Frahm 1993, 125. – Möller/Dreyer, Arnisser Straße. Gut erhaltene Dreiseitanlage mit Hecke und hohen Bäumen zur Straße. Breitlagerndes Wohnhaus mit Pfannendach und firsthoch übergiebeltem Frontispiz. Hoffront verputzt und geweißt. Lit.: Hagemeier-Kottwitz 1982, 388. – Middelschulte, Arnisser Straße. Große Hofanlage. Als Wohn- und Wirtschaftsgebäude 1780 erbaut, später zum Wohnhaus umgebaut. Langgestreckter geweißter Backsteinbau mit Reetdach. Lit.: KDM SL 1957, 452. – Lingen/Jessen, Arnisser Straße. Hofplatz mit Kastanienallee und zum Teil mit alter Granitsteinmauer. Wohnhaus verputzter Backstein, reetgedeckt. Ostgiebel in Fachwerk (alle Denkmalbuch).

Denkmäler. Gedenkstein 1797. Ekenisser Straße. Granitfindling mit Inschrift, zur Erinnerung an die Einkoppelung von Bauer Asmus Leu gesetzt. – Friedenseiche 1871 mit Gedenkstein und Inschrift von 1968. An der Straßengabel Arnisser Straße. – Eiche 1898. An der Arnisser Straße bei der Abzweigung Osterstraße. Zum 50. Jahrestag der Erhebung eine Doppeleiche gepflanzt und einen Gedenkstein mit Inschrifttafel gesetzt (alle Denkmalbuch). – Gedenkstein 1932 mit Inschrift. Zur Erinnerung an den Freiwilligen Arbeitsdienst, der hier eine Hügelkuppe zur besseren Straßenübersicht abtrug. Beim Bahnübergang an der B 201. Lit.: Frahm 1993, 120, 128, 134, 137.

Dreiangel

Häusergruppe. Auf der Nordhöhe des Dorfes, am Straßendreieck zur B 201. Höhe 42 m.
Anlaß zur ersten Bebauung Anfang des 20. Jh. war die Bahnstation, die außerhalb des Dorfes plaziert wurde. In jüngster Zeit ist eine kleine Reihenhaussiedlung „Bäckerstraße“ entstanden. Der Ortsname hat den Flurnamen Dreeangel übernommen, womit das Stückchen Land im Straßendreieck bezeichnet war.

Kiekinsdorf

Haus am nördl. Dorfrand mit Blick „ins Dorf“.
Ortsname. vSchröder 1837 Kiekinsdorf. TK von 1982 Kiekinsdorf. Wpl-Verz 1987 Kieckinsdorf.

Literatur. vSchröder 1837, I 255. Jensen Angeln 1844, 394. vSchröder 1854, 135. Trap 1864, 532. Oldekop 1906, VIII 43. Angeln 1922, 634. O. Osewald, Faulück, das schöne Dorf vor 100 Jahren, JbAngeln 1963, 85. H. Frahm, Rabenkirchen und Faulück, ein Kapitel aus der Siedlungsgeschichte Angelns, JbAngeln 1968, 44. Ders., Rund um die Doppeleiche zu Faulück, JbAngeln 1982, 168 u. 1983, 188. Wpl-Verz 1987, 91. TK 1325.

FAULÜCK, Alte Schule 1858. – Hof Westerstr. 9 Wohnhaus von 1839. Foto: D. Weldt

FAULÜCKER AU

Wasserlauf

Südangeln, im Bereich der Schlei. Fließstrecke 3,5 km, aus Richtung Faulückfeld Höhe 35 m, bis zur Einmündung rechts in die Grödersbyer Au bei Kl. Grödersby, unterhalb des Hofes Moos. Bis auf 500 m verrohrt. Einzugsfläche 360 ha, Gem. Rabenkirchen-Faulück.

FAULÜCKFELD

PLZ 24407. Häusergruppe

Südangeln. Ksp. Rabenkirchen, Gem. Rabenkirchen-Faulück. 37 Ewh. (1987).
Lage: 3 km östl. von Rabenkirchen, an der Straße nach Kappeln, B 201, von mehreren kleinen Waldstücken umgeben. Höhe 40 m.

Geschichte. 1854 zur Schliesharde 5 Katen. 1871 SL Gem. Faulück, 50 Ewh., 10 Wohngeb.

Literatur. vSchröder 1854, 135. PreußLA 1877. Oldekop 1906, VIII 43. Angeln 1922, 634. Wpl-Verz 1987, 91. TK 1325.

FAULÜCKLUND

PLZ 24407. Häusergruppe

Südangeln. Ksp. Rabenkirchen, Gem. Rabenkirchen-Faulück. 2 Wohngeb.
Lage: nordwestl. von Faulück, von der Westerstraße über einen Feldweg zu erreichen. Höhe 30 m.
Der ruhige Ort ist in einer kleinen Senke zwischen dem Lunderholz und der großen Höhe 49 m im Norden eingebettet. Der Fußweg zur Kirche über den Berg von Boddelhoch ist nicht mehr vorhanden.

Geschichte. 2 Katen gehörten dem Domkapitel, Vogtei Grödersby. 1777 unter Schliesharde. Bis 1971 SL Gem. Faulück.

Literatur. vSchröder 1837, I 255. Jensen Angeln 1844, 394. vSchröder 1854, 135. PreußLA 1877. Oldekop 1906, VIII 43. Angeln 1922, 634. Wpl-Verz 1987, 91. TK 1325.

FEGETASCH

PLZ 24376. Häusergruppe

Südangeln. Ksp. Kappeln u. Rabenkirchen, Stadt Kappeln u. Gem. Grödersby. 11 Ewh. (1987), 3 Wohngeb. Zu Kappeln gehört Fegetasch-Hof und eine Kate, zu Grödersby das Wohnhaus mit Landmaschinenwerkstatt.
Lage: westl. von Kappeln, an der Straße nach Rabenkirchen B 201. Höhe 30 m.

Ortsname. 1804 Fegetasch. – Krugname, der auf die Fähigkeit anspielt, in die Tasche zu fegen (Laur). Lit.: Laur 1992, 247.

Geschichte. Hof und Kate. Der Hof zu Gut Roest, 1872 FL Gem. Mehlby, seit 1974 Stadt Kappeln.
Die Kate, später mit Krug und Schmiede (1906), war im Besitz des Domkapitels, 1777 unter der Schliesharde. Seit 1871 SL Gem. Grödersby.

Literatur. vSchröder 1837, I 257, II 196. Jensen Angeln 1844, 387. vSchröder 1854, 136, 432. Oldekop 1906, V 78, VIII 47. Angeln 1922, 622, 635. Wpl-Verz 1987, 88, 89. TK 1325.

FEHRENHOLZ

PLZ 24376. Häusergruppe

Ostangeln. Ksp. Gundelsby, Gem. Hasselberg. 2 Wohngeb.
Lage: östl. von Gundelsby, am westl. Waldrand des Fehrenholzes, am Ende des Weges von Eckeberg. Höhe 7 m.
Auf der TK von 1989 ist der Name am falschen Ort bei Schellrott eingesetzt. Auf der DG von 1993 ist Fehrenholz an richtiger Stelle verzeichnet.

Ortsname. 1834 Fähresholz. vSchröder 1837 Fahresholz. Jensen Angeln 1844 Fähresholz. PreußLA 1877 Fehrenholz. Gundelsby 1977 Fehrensholz. Ndt. Fehrensholt. – Gehölz = ndt. Holt, von Færnæs auf der Landnase bei einer Überfahrtsstelle = altdän. far (Laur). Lit.: Hald 1948-79, VII 425. Laur 1992, 247.

Geschichte. Haus zu Gut Oehe 1848 im Wald erbaut, 1853 Kappelerharde. 1871 FL Gem. Hasselberg, 2 Wohngeb. und als Exklave der Gem. Maasholm ein Haus im Wald, das abgebrannt ist.

Holz

Exklave der Gem. Maasholm. Fläche 19 ha zu Gut Oehe. Ein „bunter" Bauernwald aus sehr gut erhaltenem Niederwaldbereich, reich gegliedert mit unterschiedlichsten Waldtypen. Viele Altbäume von auffallend bizzarem Wuchs. Wanderwege.

Literatur. vSchröder 1837, I 254. Jensen Angeln 1844, 384, 385. vSchröder 1854, 133. Oldekop 1906, V 54. Angeln 1922, 614. Gundelsby 1977, 307. Biotop 1987, 1225 Nr. 51. Wpl-Verz 1987, 97. Biotop 1989, 138. TK 1225.

FELLEBY
s. Ringsberg

FELLESCHAU

Ehem. Hof

Ostangeln. Ksp. Gelting, Gem. Rabenholz.

Ortsname. 1795 FN Fedderschau. 1822 Felleschau. – Gefällter = dän. fælle, Wald = dän. skov, dt. -schau (Hald). Lit.: Hald 1948-79, VII 425.

Geschichte. 1796 eine Parzelle von Gut Priesholz, 1853 Kappelerharde.

Literatur. vSchröder 1837, II 164. Jensen Angeln 1844, 382. vSchröder 1854, 412. Oldekop 1906, V 92.

FENNE

PLZ 24860. Häusergruppe

Westangeln. Ksp. Havetoft, Gem. Klappholz.
Lage: nördl. von Klappholz, neben der Straße nach Havetoft, an einem Wäldchen. Höhe 45 m.

Ortsname. Niedriges Weideland mit moorigem Untergrund = ndt. Fenn.

Literatur. Wpl-Verz 1987, 90. TK 1323.

FINNHOLZ

Holz

Ostangeln. Stadt Kappeln. Fläche 29 ha. Herzogl. Holstein-Glücksburgische Forstverwaltung, vormals Gut Roest.
Lage: westl. von Mehlby, auf welligem Gelände mit feuchten Senken, im Norden fast eben. Höhe 25–40 m.
Den größten Anteil bildet ein urwüchsiger Erlen-Eschen-Niederwald. Im Süden ein kleiner Teil mit alten, hohen 150jährigen Buchen und ein Gebiet als Fichtenforst angelegt. Die Florenliste des Waldes zählt 260 Pflanzenarten (1968).

Flurname. Jensen Angeln 1844 Finn. PreußLA 1877 Finnholz. – Wohl das gleiche Wort wie Fenne, hier aber in der ursprünglichen Bedeutung von „feuchtes, sumpfiges Gelände" (Laur).

Literatur. Jensen Angeln 1844, 387. Oldekop 1906, V 96. M. Kranz, Flora der Wälder um Mehlby, JbAngeln 1968, 143.

FISCHENGRABEN

Wasserlauf

Westangeln, im Bereich der Wellspanger Au, Schlei. Gem. Böklund. Fließstrecke 1,5 km, von der Höhe 42 m aus der Südwestecke des Quastruper Holzes, bis zur Einmündung links in die Kattbek in Nord-Böklund. Oberlauf verrohrt, sonst naturnah belassen, mit raschem Gefälle.

FISCHERHOF

Gemeinde bis 1875

Kreis Flensburg. Fläche 3 ha. 820 Ewh. (1867). Das winzige, aber volkreiche Gemeindegebiet lag zwischen dem Kleinen Mühlenteich und dem Wasserhohlweg, spä-

ter Heinrichstraße. Sie wurde vom Stadtgebiet Flensburg eingeschlossen und gehörte als Exklave auf Amtsgrund zur Husbyharde. 1854 standen hier 57 Häuser, darunter das Amtshaus und die Hausvogtei, in dem später Landratsamt und Kreisverwaltung ihren Sitz hatten. 1875 Eingliederung in die Stadt Flensburg.
Der Gemeindename stammt vom Hof des königl. Fischmeisters, der die Fischerei im Kleinen Mühlenteich betrieb.

Literatur. vSchröder 1837, I 261. Jensen Angeln 1844, 2. vSchröder 1854, 139. Trap 1864, 486. KDM Stadt Flensburg 1955, 293. Hist. Gem-Verz 1970, 26.

FISCHERHOLZ

Holz

Nordangeln. Gem. Steinberg. Fläche 23 ha im Besitz von Gut Oestergaard.
Lage: östl. von Oestergaard, an der Küste der Geltinger Bucht.
Feuchter Buchenmischwald mit Waldtümpeln. Parkplatz am Weg zum Strand.
Im Holz liegt das Haus „Quickborn". Dem gegenüber lag ein Zollhaus, zugleich Ausflugslokal, das „Alte Forsthaus" genannt. Nach dem Abbruch wurde die Gaststätte im neuen Forsthaus „Waldlust" eröffnet, das am nördlichen Waldrand noch als Wohnhaus besteht.

Flurname. 1780 Fischholz. Auch Grooteholt. Lit.: Hald 1948-79, VII 335.

Literatur. Oldekop 1906, V 88. Steinberg 1986, 16. Biotop 1987, 1224 Nr. 91.

FISCHERKOPPEL
1) Gelting 2) Grundhof

1) Ehem. Haus

Ostangeln. Ksp. Gelting, Gut Düttebüll. „Voriges Jahr neu erbauete große Fischerhaus so in der Fischer-Koppel stehet, vor dem Fischerkoppel-Heck belegene Kathenstelle" (1785). Lit.: Hald 1948-79, VII 425.

2) Ehem. Haus

Nordangeln. Ksp. Grundhof, eine Kate bei Langballigholz, zu der das Gut Freienwillen 1753 aus seiner Fischerkoppel Land ablegte.

Ortsname. 1676 FN Fischerkoppel. Lit.: Hald 1948-79, VII 141. Grundhof 1957, 368.

FISCHEROTT

PLZ 24392. Häusergruppe

Mittelangeln. Ksp. u. Gem. Norderbrarup. 6 Wohngeb., davon aber eigentlich nur ein Haus unter dem Ortsnamen.
Lage: 1 km nördl. von Norderbrarup, an der Straße nach Saustrup. Höhe 35 m.

Geschichte. Eine Kate zu Gut Flarupgaard, 1814 der Struxdorfharde unterstellt. 1871 SL Gem. Norderbrarup, ein Haus. 1890–1918 Fabrikation von Zementwaren.

Literatur. vSchröder 1837, I 134. Jensen Angeln 1844, 409. vSchröder 1854, 62. PreußLA 1877. Angeln 1922, 660.

FISCHERSIEG

PLZ 24405. Haus

Mittelangeln. Ksp. Norderbrarup, Gem. Rügge.
Lage: 1 km östl. von Rügge, an der Straße nach Brarupholz. Höhe 42 m.
Im Süden entspringt ein Quellarm der Flaruper Au.

Ortsname. vSchröder 1837 Fischersieg. Wpl-Verz 1871 Fischersieg. PreußLA 1877 Fischersieg. TK Fischersteg. – Sumpfige Niederung mit einem Wasserlauf, feuchtes Land = dän. sig.

Geschichte. 1809 Kate von einem Hof in Rügge abgelegt, 1837 der Mohrkirchharde zugehörig. 1871 SL Gem. Rügge.

Literatur. vSchröder 1837, I 109. vSchröder 1854, 46. Wpl-Verz 1970, 124. TK 1324.

FLARUP

PLZ 24392. Häuser

Mittelangeln. Ksp. Norderbrarup, Gem. Saustrup. 59 Ewh. (1987), 20 Wohngeb., 5 Ldw.-Betriebe (1993).
Lage: westl. von Norderbrarup, an der Straße nach Mohrkirch. Höhe 25 m.
Durch die Gemarkung fließt auf langer Strecke die Flaruper Au.

Ortsname. 1349 Flatorp. 1526 Flarop. 1542 Flarup. Mejer 1648 Flarup. PreußLA 1877 Flarup. – Dorf = altdän. thorp, des Flati = altdän. PN (Laur). Namensgleich sind Orte bei Thisted und auf Lolland, Dänemark. Lit.: JbAngeln 1963, 39. Laur 1992, 251.

Geschichte. Die Landstellen gehörten zum Gut Flarupgaard, seit 1814 wieder der Struxdorfharde dingpflichtig. 1837 wohnten im Dorf 3 Bauern, 6 Kätner und ein Uhrmacher. 1871 SL Gem. Saustrup, 88 Ewh., 11 Wohngeb.

Literatur. vSchröder 1837, I 262. Jensen Angeln 1844, 408. vSchröder 1854, 140. Oldekop 1906, VIII 85. Angeln 1922, 662. Wpl-Verz 1987, 92. TK 1324.

FLARUPER AU

Au

Mittelangeln, im Bereich der Oxbek, Schlei. Fließstrecke 10,5 km, von Brarupholz bis zur Einmündung rechts in die Oxbek, unterhalb Rurup. Auf 2,5 km verrohrt. Einzugsfläche 3250 ha, Gem. Rügge, Saustrup u. Norderbrarup. Grenzlauf der Ksp. Böel u. Norderbrarup. Die Flaruper Au ist, an Länge und Einzugsfläche gemessen, der größte Zulauf der Oxbek.
Die Quellarme kommen aus den Teichen am Wald nordöstlich von Brarupholz, Höhe 46 m, und aus einer Senke bei Fischersieg. Mit vielen Windungen durchzieht die Au die hügelige Ackerlandschaft in südlicher Richtung. Nach 2 km beginnt die Talbildung bei Schwanholm mit einer 7 m tiefen Schlucht. In Saustrup läuft sie dreimal überbrückt durch das Dorf und weiter westlich im engen Tal mit geböschten Ufern. Am Flarupholz geht der Lauf am südlichen Waldrand vorbei.
Nach der Unterführung des Bahndammes wird das Gut Flarupgaard erreicht. Bei der Hofanlage wurde das Gewässer als trennender Graben zwischen Wirtschaftshof und Wohnhausplatz einbezogen.
Vor der Mündung in die Oxbek durchbricht das Tal den hohen Kiesrücken von Rurup.
Einmündende Gewässer: Timmerholmer Graben, Flarupholzer Au, Mohrkircher Au.

Gewässername. DG 1974 u. TK 1324 Saustrup-Flaruper Au. Gewässerkdl. Verz. SH Flarup-Au. Verband Angelner Auen Flaruper Au.

Wassermühle. Rurupmühle. Kurz vor der Mündung, wurde die Au zum Mühlenteich aufgestaut. Die Mühle hat bis 1952 gemahlen und steht seit 1962 im Freilichtmuseum Kiel-Molfsee.

FLARUPFELD

PLZ 24392. Haus

Mittelangeln. Ksp. Norderbrarup, Gem. Saustrup, Ruruper Str. 50.
Wpl-Verz 1871 SL Gem. Saustrup, ein Haus. Lit.: Wpl-Verz 1987, 92.

FLARUPGAARD

Gutsbezirk bis 1895

Kreis Schleswig. Fläche 43 ha. 15 Ewh. (1890). Bereits 1895 wieder aufgelöst und Eingliederung in die Gem. Saustrup u. Norderbrarup. Lit.: Hist. Gem-Verz 1970, 174.

PLZ 24392. Gut

Mittelangeln. Ksp. Norderbrarup, Gem. Saustrup. Ldw.-Betrieb 54 ha (1993).
Lage: westl. von Norderbrarup, Zufahrt von der Straße nach Mohrkirch, inselartig auf einer kleinen Anhöhe im Tal der Flaruper Au. Höhe 24 m.

Gutshof. Die Au fließt durch den Hofplatz

FLARUPGAARD, Gutshaus 1848. Foto: D. Weldt

und weiter um den Park herum. Auf dem Wirtschaftshof stehen das Torhaus von 1878, ein zweigeschossiger roter Backsteinbau mit Dachreiter und zwei Stallscheunen aus rotem Backstein mit Bretterdrempel (Hofanlage Denkmalbuch).
Das Herrenhaus ist ein spätklassizistischer Neubau von 1848 in Gestalt eines großen Gartenpavillons. Über dem hohen Kellergeschoß der eingeschossige Putzbau mit flachem Pfannendach, schmalen hohen Fenstern und einem flachgiebligen Mittelrisalit. Es ist der einzige Herrenhausbau des 19. Jh. in Südangeln (Denkmalschutz).
Pächterhaus. Einstöckiges Backsteinhaus des 18. Jh., das in das Steilufer der Au hineingebaut ist (Denkmalschutz).
Literatur. KDM SL 1957, 202. Kunst-Topographie SH 1969, 666.

Geschichte. Aufgrund der Gegebenheiten des Geländes ist es vorstellbar, daß an diesem Ort schon vor dem Gut ein befestigter Hof als kleiner Adelssitz eines Heermannen gestanden haben mag. Das Gut „Fladorpp Garden" gehörte 1460 zu Gut Rundhof, kam durch Erbteilung 1593 zu Gut Roest, das den Besitz 1694 als selbständiges Gut verkaufte. Seit 1713 im 1. Angler Güterdistrikt.
Ein größeres, arrondiertes Gutsgebiet hat Flarupgaard nicht verwaltet. Verstreut in den Kirchspielen Böel und Norderbrarup waren nur Dorfanteile und Einzelstellen in seinem Besitz.
1778 wurde das Gutsareal von rund 360 ha vollständig aufgeteilt. Beim Gut verblieben als Hoffeld nur 43 ha. So bedeutungslos geworden, nahm das Amt Gottorf 1814 die Gutsgerichtsbarkeit zurück und ordnete die Stellen der Mohrkirchharde bzw. der Struxdorfharde zu, in dessen Bereich sie lagen, den Gutshof selbst zur Struxdorfharde.

Literatur. vSchröder 1837, I 261. Jensen Angeln 1844, 235. vSchröder 1854, 139. Oldekop 1906, VIII 85. Angeln 1922, 663. WplVerz 1970, 124. TK 1324.

FLARUPHOLZ

PLZ 24392. Haus

Mittelangeln. Ksp. Norderbrarup, Gem. Saustrup, ein Wohngeb., früher zwei Katen.
Lage: Nord-Flarup, an der Straße nach Mohrkirch. Grenzort zu Ksp. Böel, Gem. Mohrkirch. Höhe 27 m.

Ortsname. 1804 Flarupskov. PreußLA 1877 Flarupholz. Ndt. Flarupholt. Lit.: Laur 1992, 251.

Literatur. vSchröder 1837, I 262. vSchröder 1854, 140. Wpl-Verz 1970, 122. TK 1324.

Holz

Fläche 27 ha, davon zu Gut Flarupgaard 10 ha. Buchenmischwald in kräftig-kuppiger Landschaft. Altbäume um 1850. Seltene Pflanzen und artenreiche Vogelwelt. Lit.: Biotop 1987, 1324 Nr. 121.

FLARUPHOLZER AU

Au

Mittelangeln, im Bereich der Flaruper Au, Schlei. Gem. Saustrup. Fließstrecke 4,5 km, teilweise verrohrt, von Spenting bis zur Einmündung rechts in die Flaruper Au, oberhalb Flarup.
Der Lauf beginnt in einer der höchsten Quellagen in Höhe 60 m, östlich von Spenting. Westlich von Fraulund wird eine Talniederung von dichten Randgebüschen, Knicks und Wald begrenzt. Im Mittellauf säumen Erlen und Eschen das Bachbett. Vor der Einmündung durchläuft die Au den Südteil der Hölzung Flarupholz. Grenzlauf der Gem. Rügge und Mohrkirch. Lit.: Biotop 1987, 1324 Nr. 113.

FLATZBY

Gemeinde bis 1970

FL Amt Sörup. Fläche 376 ha. 295 Ewh. (1970). Gemeinde 1871 mit 224 Ewh., 38 Wohngeb. Ewh.-Höchstzahl 1946: 424 Menschen. 1970 Eingliederung in die Gem. Sörup.

Wohnplätze. Flatzby, Flatzbyholz, Petershof, Sörupmühle teilw.

Literatur. Oldekop 1906, V 33. Angeln 1922, 582. Sörup 1964, 233. Hist. Gem-Verz 1970, 64.

PLZ 24966. Dorf

Mittelangeln. Ksp. u. Gem. Sörup. 150 Ewh. (1992), 3 Ldw.-Betriebe (1993).
Lage: 2 km nordwestl. von Sörup, an den Straßen von Sörup nach Ausackerholz und von Winderatt nach Gammelby.
Um das Straßendorf sind weite Flächen vom Knick radikal entblößt. Der Wasserlauf der Rückebek tritt im Norden nur noch stellenweise zutage.

Ortsname. 1418 Vlasbu. 1462 Flasbu. 1587 Flatzbuj. Mejer 1649 u. Danckwerth 1652 Flatzby. Angeldän. Flasby. Trap 1864 dän. Fladsby. PreußLA 1877 Flatzby. – Dorf = dän. by, des Flat = altdän. PN (Laur). Lit.: Hald 1948-79, VII 222. JbAngeln 1967, 112. Laur 1992, 251.

Geschichte. Das alte Dorf in der Nieharde bestand 1837 aus 6 Höfen, 4 Katen, Schule und Krug. 1871 FL Gem. Flatzby, im Dorf 139 Ewh., 19 Wohngeb. Seit 1970 Gem. Sörup. Freiw. Feuerwehr Flatzby-Gammelby-Winderatt 1890 gegründet.

Schule 1887. Flatzbyer Str. 6. Im ersten Gebäude waren 3 Fach für die Schulstube und 2 Fach für den Leichenwagen unter einem Dach. Der Neubau von 1887 ist zum privaten Wohnhaus umgebaut. 1845 war die Schule einklassig mit 80 Kindern, die 1851–64 in dänischer Sprache Unterricht erhielten. 1958 nur noch 27 Schüler, die 1965 in die DGS Sörup umzogen. Lehrerhaus Flatzbyer Str. 8. Neubau von 1926. Lit.: Sörup 1907, 110. Sörup 1964, 91, 238. Ravn 1971, 172. Sörup 1985, 273.

Krug. Flatzbyer Str. 10 und 12. Die Gastwirtschaft, die 1837 schon vorhanden war, ist seit 1968 geschlossen. Der Hökerladen wurde 1973 aufgegeben. Lit.: Sörup 1907, 231. Sörup 1964, 239. Sörup 1985, 273.

Meierei 1885–1929. Lag an der Straße nach Gammelby, wo heute der „Große Gemeindeweg“ die Straße kreuzt. Eine Gründung der Dörfer Flatzby und Gammelby, die ab 1929 die Milch nach Sörup lieferten. Gebäude abgebrochen. Lit.: Sörup 1964, 152, 236.

Schmiede 1810. Schmiedestr. 6. Schmiede 1810 erbaut. Seit 1962 außer Betrieb. Lit.: Sörup 1907, 225. Sörup 1964, 235. Sörup 1985, 281.

Beton-Werk 1981. Flatzbyer Str. 2. Herstellung von Transportbeton und Betonfertigteilen. Daneben Raiffeisen-Landtechnik mit Landmaschinenverkauf und -reparatur. Seit 1986 hier auch die Ortsunterkunft des Technischen Hilfswerks Sörup. Lit.: Sörup 1985, 272.

Denkmal. Friedenseiche 1871 ohne Stein. Am Ostende des Dorfes, Schmiedestraße.

Petershof

Hof Flatzbyer Str. 7. Größter Ldw.-Betrieb des Dorfes 155 ha (1985). Familienbesitz seit 1694. Der sogenannte Meierhof Flatzbyer Str. 19 wurde 1926 erworben und wird vom Haupthof bewirtschaftet. Seit 1969 keine Milchviehhaltung.
Im Gedenken an den 1916 gefallenen Hoferben erhielt Petershof 1938 offiziell seinen Namen. Lit.: Sörup 1907, 228, 232. Sörup 1964, 237, 239. Sörup 1985, 269. Wpl-Verz 1987, 100. TK 1223.

Literatur. vSchröder 1837, I 262. Jensen Angeln 1844, 359. vSchröder 1854, 140. Oldekop 1906, V 33. Sörup 1907, 223. Angeln 1922, 582. Röschmann 1963, 168. Sörup 1964, 233. Sörup 1985, 266. Wpl-Verz 1987, 100. TK 1223.

FLATZBYHOLZ

PLZ 24966. Streusiedlung

Mittelangeln. Ksp. u. Gem. Sörup, Flatzbyer Straße u. Holzstraße. 70 Ewh. (1992), 20 Wohngeb., 2 Ldw.-Betriebe (1993).
Lage: westl. von Flatzby, an der Straße nach Ausackerholz. Höhe 35 m.
Die Häuser am Ende der Holzstraße liegen versteckt hinter dem kleinen Waldstück an einem beschaulichen Platz.

Ortsname. 1669 im Holtz. 1676 Flatzbyholtz. Trap 1864 dän. Fladsbyskov. PreußLA 1877 Flatzbyholz. Ndt. Flatzbyholt. Lit.: Hald 1948-79, VII 222. Laur 1992, 251.

Geschichte. 1669 wird eine Kate „im Holtz“ genannt, vermutlich das einzige Haus. Im 19. Jh. ist das ehemalige Waldgebiet mit einigen Stellen besiedelt, die von den Höfen im Dorf abgelegt wurden. 1837 zur Nieharde 4 Katen. 1871 FL Gem. Flatzby, 66 Ewh., 15 Wohngeb. Seit 1970 Gem. Sörup.

Windmühle 1855–1916. Flatzbyer Str. 40. Holländerkorn- und -sägemühle. 1855 als Sägemühle zu einer Holzhandlung, die schon seit 1790 bestand, und das Wohnhaus erbaut. 1873 auch als Kornmühle eingerichtet. 1916 abgebrannt. Lit.: Sörup 1907, 235. Sörup 1964, 243. Pöge 1980, 139. Sörup 1985, 277.

Holz

Bauernwald. Besitzer ist u.a. Hof Petershof in Flatzby. Verschiedene versprengte Parzellen im hügeligen Gelände mit feuchten Senken. Buche und Eiche, Altbäume bis 120 Jahre. Die Kahlschläge der Nachkriegsplünderungen wurden aufgeforstet.

Vogelsang

Ehem. Kate 1837 erstmals genannt. Lage und Ortsname nicht mehr bekannt. Lit.: vSchröder 1837, I 262. vSchröder 1854, 140.

Literatur. vSchröder 1837, I 262. Jensen Angeln 1844, 359. vSchröder 1854, 140. Oldekop 1906, V 33. Sörup 1907, 236. Angeln 1922, 582. Sörup 1964, 243. Sörup 1985, 277. Wpl-Verz 1987, 100. TK 1223.

FLENSBURGER FÖRDE

Ostsee

■ Die größte Ostseeförde, der nördlichste Abschnitt der deutschen Ostseeküste, begrenzt die Landschaft Angeln im Norden. Durch die Halbinsel Holnis wird der Meeresarm in Außen- und Innenförde geteilt.

Außenförde. Verläuft Südost bis Nordwest von Habernis-Huk bis Holnis. Der Seeweg ist etwa 15 km lang, die Küste 21 km. Auf der Linie Habernis-Broackerland mißt die größte Breite 5 km, zwischen Holnis und Brunsnis nähern sich die Ufer auf 2 km.

Innenförde. Erstreckt sich von Nordost bis Südwest, von Holnis bis in den Flensburger Hafen. Der Seeweg hat eine Länge von 15 km, die Uferstrecke ca. 18 km. Die Innen-Förde ist um 3 km breit, nur zwischen Holnis-Kliff und Sandacker verengt sie sich auf 1,5 km. Ab Mürwik laufen die Ufer in den Flensburger Hafen spitz zusammen.

Fläche. Die Wasserfläche teilen sich die Bundesrepublik Deutschland und das Königreich Dänemark. Von den angrenzenden Gemeinden hat die Stadt Glücksburg mit 2050 ha den größten Anteil an der Fördefläche. Zum Gemeindegebiet von Westerholz gehören 830 ha, zu Langballig 430 ha, zu Munkbrarup 390 ha, zu Steinberg 320 ha und zu Quern 310 ha.

Gewässername. 1416 Vlensborger vord. 1585 Flensborger Wyck. Mejer 1648 Flensborger Foerd. Lit.: Hald 1948-79, VII 1. JbAngeln 1967, 117. Laur 1992, 252.

Gemeinden mit ihren Küstenorten.
Gem. Steinberg, Habernis. Gem. Quern, Nieby, Neukirchen, Mühlendamm. Gem. Westerholz, Seeklüft, Dollerupholz, Osterholz, Westerholz. Gem. Langballig, Langballigau. Gem. Munkbrarup, Bockholmwik. Stadt Glücksburg, Bockholm, Drei, Holnis, Holnishof, Schausende, Schiedenhohlweg, Moos, Schwennau, Sandwig, Quellental, Meierwik. Stadt Flensburg, Solitüde, Fahrensodde, Mürwik, Kielseng, Harnis, Ballastbrücke, Jürgensby.

Steilküsten. Die Küsten der Förde gehören seit 1967 zum Landschaftsschutzgebiet. Sie werden von einigen kleinen Buchten, schmalen Stränden und besonders durch die Steilküsten geprägt.
Ein Eckpfeiler der Förde zur Geltinger Bucht ist die Huk von Habernis. Das Steilufer wird hier durch die Mündungsniederung der Steinberger Au kurz unterbrochen und setzt sich bei Nieby fort.

■ Zwischen Dollerupholz und Westerholz erstreckt sich auf 4 km die längste und höchste Steilküste. Bei Langballigau, unterhalb Hohenau, ist der Hang bis zum Strand bewaldet, von Wahrberg bis Bockholm mit dichtem Gestrüpp bewachsen. Die Spitze der Halbinsel Holnis hat auf allen drei Seiten hohe Ufer, die steil abfallen.

■ Das Naturdenkmal „Holnis-Kliff" ist mit seiner 22 m hohen Sandwand der landschaftlich markanteste Blickpunkt der Förde. Von Sandwig, über den Forst Wille und Meierwik bis Fahrensodde sind die Steilhänge zumeist baumbestanden.

Aussichtspunkte. Fördeeingang und Übergang zur Ostsee lassen sich vom „Storhoi" in Habernis in einem großen Rundblick erfassen. Etwas landeinwärts, auf der Fördestraße von Dollerupholz, bietet die größte und höchste Bergkuppe in Fördenähe eine herrliche Aussicht. Die Fördestraße, die von Westerholz über Neukirchen nach Habernis führt und teils als Küstenhochstraße verläuft, ist die schönste Fahrstrecke mit Wasserblick. Landschaftlicher Höhepunkt ist das Panorama von der „Berglück" oder dem Golfplatz in Bockholm über die weite Außen-Förde bis hinaus zur Ostsee.

Buchten. Die Fördeküste wird nur durch kleine Buchten bei Langballigau, Bockholmwik, Quellental und Meierwik geformt.
Das ehemalige Holnis-Noor, das bis an die Landenge von Drei reichte, ist abgedeicht und trockengelegt. Auch der See Westerwerk bei Quellental war ursprünglich ein

mit der Förde verbundenes Noor, das durch Damm und Schleuse abgetrennt wurde.

Strände. Es sind meist nur schmale Sandstreifen mit Strandwällen, wie bei Habernis, Langballigau und Quellental.

■ Der längste Fördestrand erstreckt sich auf 3 km von Drei bis Holnis und ist durch Sandaufspülung künstlich verbreitert worden. Auch die Strandbuchten von Sandwig und Solitüde sind erst durch Sandtransporte aus dem Meeresgrund gewachsen.

Höft. Ein besonderes Gebilde im Küstenvorland der Förde sind die durch angespültes Abbruchmaterial der Steilküsten entstandenen Höfte. In Langballigau und Bockholmwik haben sich zwei „Nasen“ aus dem sonst gerundeten Küstenverlauf auffällig vorgeschoben. Auf ähnliche Weise sind auch die Nehrungshaken entstanden, die der Spitze von Holnis wie zwei Hörner aufsitzen.

Einmündende Gewässer. Die der Außenförde zufließenden Auen kommen vom Scheersberg und von der Höhe von Barg. Den längsten Lauf haben Langballig Au, Steinberger Au und Querner Mühlenbach. Aus der Nähe der Wasserscheide zur Nordsee, von den Hüruper Höhen und um Husby, laufen der Innenförde Munkbrarup Au, Adelbybek und Scherrebek zu.

Häfen. An der Südküste der Förde sind nur in Flensburg, Mürwik und Langballigau Hafenanlagen erbaut worden. Der kleine Schutzhafen von Meierwik, der 1938 mit dem Bau der Kasernen angelegt wurde, ist 1993 abgebrochen worden.

■ Die Flensburger Förde ist das schönste Segelrevier Deutschlands. Mittelpunkt des Segelsports sind die Hanseatische Yachtschule in Glücksburg und der Flensburger Segelclub, die die Bucht von Quellental zum größten Bootsliegeplatz ausgebaut haben. Daneben sind Sportboote in Fahrensodde und Schausende beheimatet, an der Außen-Förde in Langballigau.

Leuchtfeuer. In Schausende steht der Leuchtturm „Holnis“. Das Leitfeuer weist der Schiffahrt den Weg von See auf Holnis zu und von dort zum Hafen Flensburg.
An der Einfahrt zur Förde ist bei Nieby ein kleines Leuchtfeuer positioniert. Beide werden von Kappeln aus fernbefeuert.

Fähren. Von Holnis, dem Brückenkopf des Kurierweges Schleswig–Kopenhagen, ist vermutlich im 13. Jh. durch das Rudekloster eine Fährverbindung aufgenommen worden. Die Personenfahrt nach Brunsnis auf Sundewitt bestand bis 1875.
Von Nieby bei Neukirchen war im 17. Jh. ein Boot in der weiten Überfahrt nach Kekenis auf Alsen eingesetzt.
An der Küste von Schiedenhohlweg wird ein Fährplatz „Ulniß“ genannt, von dem aus die gegenüberliegende klösterliche Munkmühle befahren wurde.

Personenschiffahrt. Schiffslinien überqueren die Förde von Nieby und Langballigau nach Sonderburg und von Glücksburg nach Gravenstein. Im Sommer wird auch die Route Flensburg–Glücksburg befahren.
Die Fördeschiffahrt hat bewegtere Zeiten erlebt. In zollfreien Tagen waren die „Butterfahrten“ auf schwimmenden Supermärkten die Touristenattraktion, und vor 1920 sind alle größeren Küstenorte Schiffsstationen gewesen.
Das erste Dampfschiff auf der Förde war der Raddampfer „Dania“, der 1829 Ausflugsfahrten von Flensburg nach Quellental veranstaltete.
Die eigentliche Geschichte der Fördeschiffe begann 1866 mit den Fahrten von Flensburg nach Sandwig. Die ersten Dampfboote waren nach dem Vorbild der Hamburger Alsterschiffe erbaut. Später hat eine große Flotte von Passagierdampfer mit unverkennbar eigenem Schiffsbild die Förde kreuz und quer befahren. Nach der Abtretung Nordschleswigs an Dänemark verlor die Fördeschiffahrt 1920 alle Stationen des Nordufers.
1945 glich die innere Förde einem großen Marinehafen. Zwischen Sandwig und Mürwik lagen 50 U-Boote und 30 andere Kriegsschiffe, die nach ihrer letzten Fahrt, teils als Flüchtlingstransporter, hier vor Anker gingen.

Ziegeleien. Bis zu Anfang des 20. Jh. war die Küste der Förde eine Ziegeleilandschaft. Kurz vor 1900 haben noch 12 Betriebe am Südufer existiert, insgesamt sind 20 Ziegeleien an der Innen- und Außen-Förde Angelns nachweisbar.
Einige Werke haben über mehrere Jahrhunderte produziert. Die frühesten bekannten Standorte sind Holnis, Meierwik, Bockholm, Langballigau und Seeklüft. Allein in der ersten Hälfte des 18. Jh. sind 7 neue Betriebsstätten errichtet worden. Das größte Ziegeleigelände befand sich in Westerholz.– Vor dem I. Weltkrieg wurden viele Unternehmen aufgegeben. Am längsten hat die Ziegelei Holnis bis 1964 bestanden. Außer den genannten Orten waren Ziegeleien an der Förde in Habernis, Nieby, Bockholmwik, Schausende, Moos, Schwennau, Mürwik, Kielseng.

Fremdenverkehr. Das erste „Sommerlokal" mit kleinem Vergnügungspark wurde 1817 zu Quellental an der Förde eröffnet. Die erste Seebadeanstalt haben Flensburger 1830 vor der Ballastbrücke angelegt, und wohl angeregt durch diese Einrichtung stellte der Quellentalwirt 1839 die ersten Badehäuschen in seiner Bucht auf. 1844 war auch Langballigau schon ein vielbesuchter „Naherholungsort" der Flensburger. Durch die Personenschiffahrt wurden einige Fördeorte angeregt, sich ganz dem Fremdenverkehr zu widmen, allen voraus Glücksburg, das 1872 sein Ostseebad in Sandwig gründete.
Campingplätze. Der neueren Art des Tourismus bietet das Fördenland von Habernis bis Solitüde über 1000 Campingstellplätze. Solitüde, Schwennau, Drei, Bockholmwik, Langballigau, Westerholz, Habernis.

Literatur. Jensen Angeln 1844, 17. Oldekop 1906, 30. Angeln 1922, 504. J. Bendixen, Küstenformen an der Flensburger Förde, JbAngeln 1951, 156. R. Köster, Die Küsten der Flensburger Förde. Schriften des Naturwissenschaftlichen Vereins, 1958, 5. G. Moltsen, Fahrgastschiffahrt an Angelns Nordküsten, JbAngeln 1978, 112.

FLINTHOLM
1) Schlei 2) Steinberg

1) Schlei-Insel

Im Wormshöfter Noor, Gem. Rabel, zu Gut Buckhagen.
Auf der Insel sind mehrere Fundstücke aus der Steinzeit gesammelt worden. Sie soll früher so groß gewesen sein, daß Schafe genug Weide fanden. Durch Abspülung hat sich die Fläche verringert und taucht nur noch bei Niedrigwasser als Sandbank auf.

Flurname. Mejer 1649 Flintholm. TK von 1939 Kl. Flintholm. – Erhebung = dän. holm, mit Flintsteinen.

Literatur. Jensen Angeln 1844, 22. vSchröder 1854, 77. Oldekop 1906, V 25. Röschmann 1963, 500. TK 1325.

2) PLZ 24972. Häusergruppe

Nordangeln. Ksp. u. Gem. Steinberg. 15 Ewh. (1987), 8 Wohngeb., Kläranlage.
Lage: nordöstl. von Steinberg, an der Straße nach Steinbergholz, am Hang zur Niederung der Steinberger Au. Höhe 10 m.

Ortsname. 1825 Flintholm. – Erhebung = dän. holm, mit Flintsteinen. Lit.: Hald 1948-79, VII 311.

Geschichte. Der Wohnplatz entstand 1825, als 3 Katen des Gutes Oestergaard von Blasberg bei Steinberg hierher verlegt wurden. 1853 Kappelerharde. 1871 FL Gutsbezirk Oestergaard, 1928–1970 Gem. Steinberghaff.

Literatur. vSchröder 1837, II 127. Jensen Angeln 1844, 367. vSchröder 1854, 388. Oldekop 1906, V 89. Angeln 1922, 595. Wpl-Verz 1987, 100. TK 1224.

FLÜBEK

Au

Westangeln, im Bereich der Wellspanger Au, Schlei. Fließstrecke 3,5 km, von Stolk,

FRAUENHOF, Torhausscheune 1752. Foto: D. Weldt

Höhe 42 m, bis zur Einmündung in den Langsee am Nordufer bei Güldenholm. Einzugsfläche 370 ha, Gem. Stolk.
Die Au entwässert das große Lüngmoor und ist zu diesem Zweck begradigt und ausgebaut. Als Grenzlauf der Gemarkungen Idstedt und Süderfahrenstedt ist die Au 1312 aus einem Grenzstreit zwischen den beiden Dörfern schriftlich belegt.

Gewässername. 1312 Flebek. 1749 Flöbeck Mohr. 1752 Flübeck. 1815 Flobeck. – Wasserstelle, Teich = altdän. flø. Lit.: Dansk Sø- og Ånavne 1968-89, II 126.

FORNÆS

Ehem. Dorf

Vermutlich ein Ort nahe der Schleimündung. Urkundlich 1231 in König Waldemars Erdbuch. Dort ist der Ort unter dem verzeichnet, was zum Krongut Gelting gehörte. Später nicht mehr erwähnt.

Ortsname. KWE 1231 Fornæs. – Alter Vorsprung, Landzunge = dän. forn-næs (Laur). Lit.: Laur 1992, 254.

FRAUENHOF

PLZ 24402. Hof

Ostangeln. Ksp. u. Gem. Esgrus. Kein Ldw.-Betrieb auf dem Hof (1993).
Lage: 5 km südöstl. von Esgrus, an der Straße von Brunsholm nach Oersberg, Kappelner Chaussee, auf einer Bergkuppe. Höhe 58 m.

Hofplatz. Zufahrtsallee von 1876 mit ihren hochgewachsenen Linden weithin in der Landschaft sichtbar (Naturdenkmal). Ursprünglich setzte sich die Allee bis vor das Gutshaus fort. Ein halbkreisförmiger Teich an der Nordseite ist vielleicht der Rest eines Hausgrabens.
Gutshaus 1757. Eingeschossiger, verputzter Ziegelbau mit Reetdach. In der Front-

mitte ein korbbogiger Frontispiz (Denkmalschutz).
■ Torhaus 1752 mit Reetdach. Über der Durchfahrt beiderseits ein frontispizartiger Dachausbau. Eines der letzten noch in Fachwerk erhaltenen Torhäuser im Lande (Denkmalschutz).
Literatur. KDM FL 1952, 123. Röschmann 1963, 149. Kunst-Topographie SH 1969, 287. Hagemeier-Kottwitz 1982, 197.

Ortsname. 1497 Nwgarde. 1564 Nuegarde. Mejer 1648 Nygarde. Danckwerth 1652 Newgarde Meyerhof. 1697 Niegarde. 1729 Frauenhoff. PreußLA 1877 Frauenhof. – Neuer Hof = dän. ny (Laur). Im Kirchenbuch Frauenhof genannt, nachdem „die Frau Obristleutenantin v. Reventlau habe einen Meierhof erbaut“. Lit.: Hald 1948-79, VII 376, 379. Laur 1992, 481.

Geschichte. Vorgänger war vermutlich der Hof Niegaarde oder Nygaard, von dem 1697 bekundet ist, daß es ein „vor Jahren nieder- und in die Brunsholmische Hoff-Felder verlegtes Bohl“ war, von Gut Brunsholm als Meierhof bewirtschaftet und Mitte des 18. Jh. verkauft. 1853 Kappelerharde. Bis 1970 FL Gem. Brunsholm.

Literatur. vSchröder 1837, I 272. Jensen Angeln 1844, 178, 270. vSchröder 1854, 150. Oldekop 1906, V 24. Angeln 1922, 598. Wpl-Verz 1987, 95. TK 1324.

FRAULUND

PLZ 24405. Häusergruppe

Mittelangeln. Ksp. Norderbrarup, Gem. Rügge u. Saustrup. 68 Ewh. (1987), 19 Wohngeb., davon zur Gem. Saustrup nur ein Haus.
Lage: östl. von Mohrkirch an einer Nebenstraße nach Rügge, im Auf und Ab von Hang und kleinen Mulden. Höhe 50 m.
Richtung Nordost beginnt der „Aufstieg“ zum Dorf Rügge. Im Westen umfließt die kleine eilige Flarupholzer Au den Waldort.
Die waldgesäumte Lage beschert Fraulund das Bild einer anmutigen Gegend. Wenige Häuser reihen sich an einer kurzen Straße.
Etwas weiter findet sich eine kleine Häusergruppe zu einem idyllischen Plätzchen am Waldeingang zusammen. In der Zahl hat sich der Gebäudebestand seit Anfang des 19. Jh. nicht verändert.

Ortsname. 1478 Vroerlund. 1579 Frurlund. 1599 Frowerlundt. Mejer 1649 Fruerlundt. Trap 1864 dän. Fruelund. PreußLA 1877 Fraulund. Ndt. Frulund. – Frauenhölzung = dän. fruelund, wohl in einer poetischen Bedeutung. Lit.: JbAngeln 1963, 39. Laur 1992, 255.

Geschichte. 1837 zählt Fraulund 19 Stellen, die sich nach 6 verschiedenen Hardes- oder Guts-Jurisdiktionen richten müssen. 1871 SL Gem. Rügge, 197 Ewh.

Fraulundholz

13 ha Bauernwald zu Fraulund u. Rügge. Der Wald bedeckt das spitze Ende eines Höhenrückens und seinen steilen Südhang, mit dem das Höhengebiet von Rügge an seiner Südseite ausläuft. Höhe 33–56 m.
Auf der Hochfläche des Waldes dominieren Buche und Eiche, hangabwärts stehen Erlen- und Eschenbestände auf Niedermoorböden. Ein Fußweg durch das Holz. Lit.: Biotop 1987, 1324 Nr. 115.

Literatur. vSchröder 1837, I 272. Jensen Angeln 1844, 408. vSchröder 1854, 150. Oldekop 1906, VIII 83. Angeln 1922, 662. Wpl-Verz 1987, 92. TK 1324.

FREIENWILL

Gemeinde

Amt Hürup. Fläche 1530 ha, davon 54 ha Holz. 1186 Ewh., 333 Wohngeb. (alle Angaben 1987), 16 Ldw.-Betriebe (1993). Die neue Gemeinde Freienwill entstand 1974 durch Vereinigung der Gem. Kleinsolt u. Kleinwolstrup.

Wappen 1989. In ein blaues und ein goldenes Feld geteilt mit den Symbolen zweier Getreideähren für die beiden Gemeindedörfer und einer Brücke für die alte Kielsau-Brücke.

Wohnplätze. Freienwill, Freudenhof, Hirschholm, Hollmark, Kleinsolt, Kleinsoltfeld, Kleinsoltholz, Kleinwolstrup, Krimm, Kysweek, Prinzenhof, Schmiedekrug, Walkenhof, Wielenberg.

PLZ 24991. Dorf

Westangeln. Ksp. Kleinsolt, Gem. Freienwill. 448 Ewh. (1987), Kirche, Post, Polizeistation, Bank, Bäckerei, keine Ldw.-Betriebe (1993).
Lage: 10 km südl. von Flensburg, an der Straße nach Großsolt, Eckernförder Landstraße, am Fuß der Wolstruper Höhen. Höhe 45 m.

Ortsname. vSchröder 1837 Freienwillen. Jensen Angeln 1844 Freienwill. PreußLA 1877 Freienwill. Ndt. Frienwill. – „Zum freien Willen", hinsichtlich der freien Verfügung des Besitzers. Lit.: Hald 1948-79, VII 507. Laur 1992, 256.

Geschichte. Die Kirche von Kleinsolt war das einzige Gebäude, bis der Krug 1827 erbaut wurde, der auch noch 1871 im Wpl-Verz der Gem. Kleinwolstrup in Freienwill allein steht. Erst um die Jahrhundertwende erhielten Kirche und Krug Nachbarschaft. Mit dem Bau der Bahn Flensburg–Satrup hat sich der Ort zu einem kleinen Geschäftszentrum entwickelt.

Krug 1827–1988. An der Landstraße gegenüber der Kirche erbaut. 1901 Bahnstation und Post. 1905 abgebrannt, 1907 Neubau, 1988 Abbruch. Lit.: Freienwill 1992, 138.

Bahnstation 1901–1938. Beim Krug die Haltestelle der Kleinbahn Flensburg–Satrup–Rundhof, Entfernungen 12–32 km. Statt auf gerader Linienführung zog die Strecke im Zickzackkurs durch die Höhen über Hürup nach Freienwill. Diesen Umweg nannte der Volksmund „de Frienwiller Näs".

Post. 1904 Postagentur mit Telegraphendienst im Bahnhofskrug. 1927 auch Fernsprechamt. Seit 1953 im Hause Eckernförder Landstr. 38. Lit.: Freienwill 1992, 120.

Bank. Raiffeisenbank eG Freienwill, Kirchlücke 1. Spar- und Darlehnskasse Kleinwolstrup 1901 gegründet. 1985 Fusion mit der Raiffeisenbank eG Husby, heute Geschäftsstelle der Raiffeisenbank eG Flensburg.

Literatur. vSchröder 1837, II 445. Jensen Angeln 1844, 318. vSchröder 1854, 586. Oldekop 1906, V 65. Angeln 1922, 532. Wpl-Verz 1987, 102. J. Clausen, Gemeinde Freienwill, 1992. TK 1222.

FREIENWILLEN
1) Grundhof 2) Gelting

1) Gutsbezirk bis 1928

FL Amt Grundhof. Fläche 216 ha. 35 Ewh. (1925), Gut u. Häusergruppe. 1928 Eingliederung in die Gem. Langballig. Lit.: Hist. Gem-Verz 1970, 60.

PLZ 24977. Gut

Nordangeln. Ksp. Grundhof, Gem. Langballig. Ldw.-Betrieb 98 ha, davon 16 ha Wald.
Lage: nördlichstes Gut in Angeln, nur 1 km zur Förde, bei Langballig. Abzweigung zur Zufahrtsallee von der Straße nach Langballigau. Der Hofplatz liegt auf dem hohen Rand vor einer breiten Senke. Höhe 30 m. Im Westen erreicht das hügelige Gelände in der Spitze 43 m. Rundum knickloses Feld.

Gutshof. Zum Hof geht der Weg durch eine schöne Allee, die nicht gerade auf den Platz zuläuft, sondern seitlich heranführt und erst kurz vor der Einfahrt einbiegt.
Den inneren Hofplatz mit Gutshaus und alten Nebengebäuden umgibt ringförmig eine 10 m breite wasserführende Grabenanlage, die im Süden teichartig ausgeweitet ist. Einziger Zugang über eine Steinbrücke. Hausgraben in Art und Zustand selten.
Gutshaus 1774. Eingeschossiger schlichter, weiß geschlämmter Backsteinbau mit Pfannendach und übergiebeltem Frontispiz. Breite Freitreppe mit laubenartigem Überbau auf dem Podest (Denkmalbuch). Ältestes erhaltenes Gutshaus in Nord-

FREIENWILLEN, Gutshaus 1774. Foto: D. Weldt

angeln. Der Vorgänger 1772 abgebrannt. Lit.: KDM FL 1952, 123. Kunst-Topographie SH 1969, 288.

Ortsname. 1433 Langhbalggaard. 1540 Vrien willenn. Mejer 1649 u. Danckwerth 1652 Freyenwillen. Jensen Angeln 1844 Freienwill. Ndt. Frienwill. – 1433 erhielt der Hof Langballiggaard adlige Freiheiten. Lit.: Hald 1948-79, VII 114. JbAngeln 1968, 28. Laur 1992, 257, 420.

Geschichte. 1433 schenkte der Herzog von Gottorf seinem Kammerdiener Lange Nissen den Hof Langhbalggaard, dem er das Privileg „thom vrien Willenn“ zuerkannte. Seit 1713 gehörte das Gut dem 1. Angler Güterdistrikt an.
Die abgabepflichtigen Stellen des Gutes lagen einerseits in Reichweite des Herrensitzes, zum Teil aber bis zu 15 km entfernt, verstreut um Sörup. Die Bewohner wurden 1805 zu den Harden dingpflichtig, da das Gut keinen Juristen als Gerichtshalter bestellt hatte. 1867 FL Gutsbezirk, 53 Ewh., 8 Wohngeb. Seit 1928 Gem. Langballig.
1646 kam das Gut in den Besitz des Herzogs zu Glücksburg. Dieser überließ es 1676 seinem Kammerschreiber Lüders, dessen Nachkommen bis 1808 auf Freienwillen ansässig blieben.
Persönlichkeit. Philipp Ernst Lüders 1702–1786. Propst, Agrarreformer in Glücksburg, geboren auf Freienwillen.
Krieg. Dänemark–Schleswig-Holstein. Während des Waffenstillstands war Nordangeln besetztes Gebiet. Auf dem Gut hatten 1850 vier schwedische Soldaten die Besatzungsmacht zu wahren, von der sich ein 500köpfiger Volksaufstand „befreite“. Den Widerstand büßte am nächsten Tag das Kirchspiel mit verstärkter Besetzung.

Langballigkaten

Häusergruppe Freienwillen u. Langballigkaten. 71 Ewh. (1987), 12 Wohngeb.
Ortsname. 1650 Newen Kahtt. 1760 Langballigkaat. Jensen Angeln 1844 Freienwill.

PreußLA 1877 Langballigkathen. Wpl-Verz 1987 Heuberg-Langballigkaten. Lit.: Hald 1948-79, VII 117.
Geschichte. 1837 zum Gut Freienwillen in der Husbyharde 7 Katen. Bis 1928 Gutsbezirk Freienwillen.

Krug. Freienwillen 5. Bis 1878 mit einer Schmiede verbunden, die an anderer Stelle neu erbaut wurde. Hökerei 1957 aufgegeben, Gaststätte 1975 geschlossen. Lit.: Grundhof 1981, 273.

Windmühle 1833–1876. Galerieholländer-Oelmühle vom Gut erbaut. 1876 durch Blitzschlag abgebrannt. Lit.: Pöge 1980, 33.

Naturdenkmal. Roßkastanie mit einer weit nach allen Seiten ausladenden Krone. Im Garten des ehem. Krug. 1951 unter Schutz gestellt.

Literatur. Gude 1778, 133. vSchröder 1837, I 273, 275. Jensen Angeln 1844, 257, 336. vSchröder 1854, 151. Oldekop 1906, V 34. Angeln 1922, 557. Grundhof 1957, 340. Grundhof 1981, 271, 276. Wpl-Verz 1987, 98. TK 1123.

2) PLZ 24395. Häusergruppe
Ostangeln. Ksp. u. Gem. Gelting. 20 Ewh. (1987), 7 Wohngeb., ein Ldw.-Betrieb (1993).
Lage: südöstl. von Gelting, an der Straße nach Stenderup, bei der Brücke über die Geltinger Au. Höhe 5 m.

Ortsname. 1577 Freienwillen. Jensen Angeln 1844 Freienwill. PreußLA 1877 Freienwill. Ndt. Frienwill. – „Zum freien Willen", hinsichtlich der freien Verfügung des Besitzers. Lit.: Hald 1948-79, VII 425. JbAngeln 1967, 102. Laur 1992, 256.

Geschichte. Landstelle zu Gut Gelting, 1853 Kappelerharde. Bis 1928 FL Gem. Suterballig.

Bauernhaus. Freienwillen 10. Kleines reetgedecktes Wohnhaus von 1865. Frontseite geweißt, geschweifter Frontispiz. Kleines Nebengebäude mit Reetdach und roten Backsteinwänden (Denkmalbuch). Lit.: Gelting 1972, 368. Gelting 1987, 154.

Brücke. Über die Geltinger Au. Altes Tonnengewölbe aus Ziegeln (Denkmalbuch).

Saland
Haus. Freienwillen 2. 1588 FN Sulandt. PreußLA 1877 Saland. Lit.: Hald 1948-79, VII 433. Gelting 1972, 370.

Literatur. vSchröder 1837, II 342. Jensen Angeln 1844, 380. vSchröder 1854, 522. Oldekop 1906, V 115. Angeln 1922, 609. Gelting 1972, 367. Gelting 1987, 153. Wpl-Verz 1987, 96. TK 1225.

FREIHEIT

PLZ 24837. Stadtteil
Südangeln. Stadt Schleswig, Domgem. Ost. An der Schlei. Bundeswehr-Kasernen, militärisches Gelände.
SL Gem. Klosterhof, Johanniskloster. 1900 ein Hof, 1936 zur Stadt Schleswig.

Literatur. PreußLA 1877. Oldekop 1906, VIII 62. Angeln 1922, 706.

FREIKOPPEL

PLZ 24986. Hof
Mittelangeln. Ksp. u. Gem. Satrup. Ldw.-Betrieb (1993).
Lage: 3 km südöstl. von Satrup, im Südostzipfel des Kirchspiels. Von der Straße von Rehberg nach Köhnholz eine lange Hofzufahrt. Höhe 35 m.
Der Freikoppelgraben ist die Grenze zum Ksp. Struxdorf.

Geschichte. 1837 Parzellenstelle in der Satrupharde. 1871 SL Gem. Rehberg. Seit 1970 Gem. Satrup.

Literatur. vSchröder 1837, II 219. vSchröder 1854, 152. PreußLA 1877. Angeln 1922, 675. Wpl-Verz 1970, 124. TK 1323.

FRESENBURG
s. Thumby

FRESENBURGER AU
s. Dingwatter Au

FREUDENHOF

PLZ 24991. Hof

Westangeln. Ksp. Kleinsolt, Gem. Freienwill. 2 Wohngeb., Ldw.-Betrieb (1993).
Lage: 2 km südl. von Freienwill, am Weg nach Juhlschau, auf flacher Ebene neben dem Wasserlauf Breide Rönn. Höhe 38 m.

Geschichte. Uggelharde. Hof der Kolonie Friedrichstal 1763 besiedelt. Bis 1974 FL Gem. Kleinsolt.

Literatur. PreußLA 1877. Hald 1948-79, VII 507. Clausen 1981, 841. Wpl-Verz 1987, 102. Freienwill 1992, 37. TK 1222.

FREUDENLUND

PLZ 24376. Häusergruppe

Ostangeln. Ksp. u. Stadt Kappeln. 5 Wohngeb.
Lage: nördl. von Kappeln, an der Straße Wassermühlenholz, die von der Nordstraße abzweigt, im östl. Waldrand des Wassermühlenholz. Höhe 10 m.

Ortsname. 1804 Frydenlund. vSchröder 1837 Freudenlund (auch Mehlbyediek). PreußLA 1877 Freudenlund. – Freudenhain, poetischer Name (Laur). Lit.: Laur 1992, 258.

Geschichte. 1799 wurden 3 Katen aus der Leibeigenschaft von Gut Roest entlassen. 1853 Kappelerharde. 1871 FL Gem. Mehlby, 22 Ewh., 4 Wohngeb. Seit 1974 Stadt Kappeln.

Ehem. Katen. Freudenlund 1. Fachwerkhaus mit Ausfachung aus Ziegeln, massiv erneuerte Traufenfront und Pfannendach. Firsthoch übergiebeltes Fachwerk-Zwerchhaus in Frontmitte. – Freudenlund 3. Roter Backsteinbau mit Fachwerk und Reetdach. – Freudenlund 7. Reetgedecktes Fachwerkhaus mit gelbgetünchten Backsteinausfachungen (alle Denkmalbuch).

Literatur. vSchröder 1837, I 277, II 63. Jensen Angeln 1844, 387. vSchröder 1854, 153, 347. Oldekop 1906, V 78. Wpl-Verz 1987, 89. TK 1325.

FRIEDEHOLZ
1) Glücksburg 2) Bockholm

1) Wald

Nordangeln. Stadt Glücksburg. Fläche 265 ha. Staatsforst Land SH, Forstamt Flensburg, Försterei Glücksburg.
■ Größtes zusammenhängendes Waldgebiet der Landschaft Angeln. Naturschutzgebiet auf ca. 100 ha, die übrigen Flächen im Landschaftsschutzgebiet, teilweise Erholungswald. Vorranggebiet für den Waldnaturschutz. Waldlehrpfad, Archäologischer Wanderweg, Schwarzwildgehege.
Lage: auf der Nordspitze von Angeln. Der vielfältige Laubwald erstreckt sich von der Linie Schausende–Bockholm von Nord nach Süd bis dicht an die Häuser der Stadt Glücksburg. Höhe 0–35 m, von der fast auf NN liegenden Niederung der Pugumer Seen bis zu den Kuppen im Westen nahe der Förde. Das Relief wird durch zahlreiche, fast kegelförmige, steile Hügel und viele Toteislöcher belebt. Der „Windelberg“ in der Abteilung 61 ist mit 39,5 m die höchste Erhebung im Friedeholz. In der „Elfenwiese“ zahlreiche Bruchpartien mit Erlen-Niederwald.
Im Gesamtbereich des Forstes sind unterschiedliche Waldtypen anzutreffen, vom Buchenhochwald bis zum Erlen-Eschenwald mit nassen Zonen. Unter den Hölzern herrschen Rotbuche, Stieleiche und Roterle vor. Die ältesten Eichen stehen seit etwa 200 Jahren im Friedeholz. Nadelbäume gehen zurück.
■ Das Friedeholz ist das ergiebigste Fundgebiet für Bärlapp. Der Kletternde Lerchensporn ist reichhaltig vorhanden.

Heimisch sind Graureiher, Habicht, Baumfalke, Hohltaube, Eisvogel, Kolkrabe, Rohrweihe und Rohrdommel. Im NSG „Pugumer See" sind zahlreiche Wasservögel und seit 1992 auch wieder Kormorane in einer Kolonie versammelt. Im Wald haben Damwild, Sika- und Rehwild ihre Einstände.

Flurname. 1745 Frede-Holtz. 1779 Friede Holtz. Jensen Angeln 1844 Fredeholz. PreußLA 1877 Friedeholz. – Eingefriedigter Wald. Lit.: Hald 1948-79, VII 63, 73. Laur 1992, 258.

Vorgeschichte. Durch die fürstliche Privat-Jagdnutzung und die Fiskalisierung zum königl. Gehege 1779 wurden die vorzeitlichen Grabanlagen im eingefriedeten Friedeholz bewahrt. Im gesamten Wald sind ca. 30 Steingräber, Riesenbetten und Grabhügel nachzuweisen.
Das Steingrab auf der „Elfenwiese", von dem die Tragsteine einer kleinen Grabkammer zu sehen sind, ist trotz der Zerstörung das besterhaltene der Gräber aus der Zeit um 2000 v. Chr.
Im Westgelände der Abteilungen 66–68 sind an den Abhängen zum Teil recht hohe Terrassenkanten mit Ackerwällen erhalten. Ein Archäologischer Wanderweg führt zu 10 Grabanlagen. Lit.: Röschmann 1963, 240, 247.

Häuser

Revierförsterei u. ehem. Holzvogtstelle, am Hauptzugang zum Friedeholz. 1837 Holzvogtstelle, Ksp. Munkbrarup, Munkbrarupharde. 1871 FL Gem. Schausende „Vogelseehaus". 1889 Ksp. u. Flecken Glücksburg.

Literatur. vSchröder 1837, I 277. vSchröder 1854, 151. Oldekop 1906, V 43. Glücksburg 1974, 15. Biotop 1987, 1123 Nr. 43. TK 1123.

2) Häusergruppe

Stadt Glücksburg, Ksp. Munkbrarup, am Wald Friedeholz zu Bockholm. Ehemals 4 Katen. Lit.: Jensen Angeln 1844, 345. Munkbrarup 1976, III 891.

FRIEDENSHÖH

PLZ 24376. Häusergruppe

Südangeln. Ksp. Rabenkirchen, Gem. Grödersby. 4 Wohngeb., darunter eine ehem. Landstelle 1878 erbaut.
Lage: Süd-Grödersby, an der Straße nach Arnis, Friedenshöher Straße. Höhe 8 m.

Literatur. PreußLA 1877. Wpl-Verz 1956.

FRIEDENSTAL

PLZ 24888. Haus

Südangeln. Ksp. u. Gem. Loit. Ehem. Landstelle 1891 erbaut.
Lage: 2 km östl. von Loit, an der Straße nach Steinfeld. Höhe 24 m.
Grenzort zu Ksp. Ulsnis, Gem. Steinfeld.

Literatur. Angeln 1922, 651. Wpl-Verz 1970, 122. Steinfeld 1979, 389. Loit 1993, 239. TK 1324.

FRIEDRICHSBERG

s. Bredeberg

FRIEDRICHSHÖHE

Ehem. Kolonie

Westangeln. Ksp. u. Gem. Großsolt. 3 Kolonistenhöfe.
Lage: an der Eckernförder Landstraße in Großsoltholz.

Ortsname. 1761 Friedrichs Höhe. 1783 Friedrichs-Höfe. – Nach König Friedrich V. Der Ortsname ist nicht gebräuchlich, wohl aber die Einzelnamen der Höfe. Lit.: Hald 1948-79, VII 473.

Geschichte. Von 13 geplanten Höfen entstanden 1761 nur drei: Ernsthof, Louisenhof und Wilhelminenhof. Die Kätner von Großsolt waren in der Begegnung mit den fremden Siedlern sehr reserviert. Ihre Gärten und Felder nahmen sie aber „nieschierig" in Augenschein, um den Anbau der unbekannten Kartoffel, des Hauptnahrungs-

FRIEDRICHSHOF, Wohnhaus mit neuer Fassade von 1893. Foto: D. Weldt

mittels der Kolonisten, zu beobachten und dann selbst zu probieren.

Literatur. G. Senkel, Die Kolonisierung der schleswigschen Heiden unter besonderer Berücksichtigung der Kolonie Friedrichshöh, JbAngeln 1967, 144. Clausen 1981, 841. Gr. Solt 1992, 272.

FRIEDRICHSHOF

PLZ 24966. Hof

Mittelangeln. Ksp. u. Gem. Sörup, Schwensbyer Weg 9. Ldw.-Betrieb 72 ha mit Samenhandlung (1993).
Lage: 2,5 km nördl. von Sörup, an der Straße nach Schwensby. Höhe 45 m.
Freies, knickgeräumtes Feld. Die Kielsau ist verrohrt, aber mehrere Tümpel markieren den Verlauf von den Höhen von Barg.

Hof. Eine vierseitig umschlossene Anlage, die von der öffentlichen Straße durchquert wird. Das Wohnhaus von 1825 ist ein breitlagernder, eingeschossiger Putzbau mit Schieferdach. 1893 erhielt die Hoffront des Hauses eine neue Fassade mit Pilastergliederung und stuckierten Fensterumrahmungen. Über der Haustür ein Erker auf ionischen Säulen mit Zeltdach und einer Uhr. Seltener Bautyp nach städtischen Vorstellungen (Denkmalbuch). Ställe und Scheunen nach 1884 neu erbaut.

Ortsname. 1938 nach seinem Besitzer Friedrichsen eingeführt.

Geschichte. Aus der Parzellierung des Gutes Schwensby 1750 als erster Nebenhof gegründet. Seit 1925 Samenhandlung, früher in Hattlundmoor. Bis 1970 FL Gem. Schwensby.

Literatur. Sörup 1907, 164. Angeln 1922, 584. Sörup 1964, 164, 296. Hagemeier-Kottwitz 1982, 120. Sörup 1985, 343. Wpl-Verz 1987, 100. TK 1223.

FRIEDRICHSMOOR

Ehem. Kolonie

Westangeln. Uggelharde, auf Munkwolstruper Feld 1761 vier Höfe angesiedelt: Julianenhof, Königshof, Prinzenhof und Sophienhof. Lit.: Clausen 1981, 838.

FRIEDRICHSTAL
1) Quern 2) Kleinsolt

1) PLZ 24972. Dorf

Nordangeln. Ksp. u. Gem. Quern. 59 Ewh. (1987), 12 Wohngeb., 2 Ldw.-Betriebe (1993).
Lage: 4 km nördl. von Quern, an der Straße nach Neukirchen, im Talraum des Mühlenbaches und eines Seitenarms. Höhe 20 m im Tal.
Der Querner Mühlenbach kreuzt den Talraum und fließt nach Osten zur Steinberger Au. Den kürzeren Weg durch das kleine Seitental, das sich am Waldrand der Horstkoppel entlang bis zur Mündung in die Förde fortsetzt, findet der Bach nicht.

Ortsname. 1628 Sophienhoff. Mejer 1648 u. Danckwerth 1652 Sophienhoff. 1750 Fridrichstal. 1767 Friedrichsdahl. PreußLA 1877 Friedrichsthal. Kat. Plankarte 1955 Friedrichsthal. – 1628 nach Herzogin Sophia Hedwig benannt. Nach dem Neubau des Gutshauses 1750 von Herzog Friedrich zu Glücksburg umbenannt. Lit.: Hald 1948-79, VII 270, 274. Laur 1992, 260.

Vorgeschichte. Aus dem Hofgraben wurde 1911 ein gut erhaltener Einbaum geborgen. Lit.: Röschmann 1963, 526.

Geschichte. An der Stelle des ehem. Dorfes Kastrup hat das Gut Nübel 1628 seinen Meierhof errichtet, den die Herzöge zu Glücksburg zur Jagd im dazugehörigen, nahen Gehege Horstkoppel bewohnten. 1789 wurde die Landfläche von 100 ha parzelliert.
1779 gehören neben dem Hof auch einige Katen zu Gut Nübel, 1853 Munkbrarupharde. 1871 FL Gem. Roikier, 107 Ewh., 23 Wohngeb. Seit 1970 Gem. Quern. Freiw. Feuerwehr Roikier-Friedrichstal 1947 gegründet.

Hof. Friedrichstal Nr. 7. Ldw.-Betrieb 52 ha (1993). Ehem. Meierhof von Gut Nübel. Gutshaus von 1750, im 19. Jh. zweigeschossig umgebaut (Denkmalbuch).
An der Hofnordseite ist im Bachbett des Mühlenbaches ein halbkreisförmiger, wassergefüllter Graben erhalten. Die anschließenden Gräben sind wahrscheinlich 1899 beim Bau neuer Wirtschaftsgebäude zugeschüttet worden. Aus dem Hausgraben stürzt der Bach über einen Wasserfall fast drei Meter tief. Lit.: Gude 1778, 120. KDM FL 1952, 124. Quern 1961, 416, 461. Kunst-Topographie SH 1969, 288.

Wassermühle 1628–1850. Kornmühle an der Ostseite des Straßendammes am Gutshof. 1628 zusammen mit dem Meierhof erbaut. Zwangsmühle der Untergehörigen des Gutes Nübel. Bis 1850 in Betrieb, dann abgebrochen. Lit.: Quern 1961, 463. Pöge 1980, 119.

Windmühle 1804–1961. Kornbockmühle erbaut 1804 an der Mühlenstraße, Richtung Roikier. Mühle 1866 abgebrochen und Neubau eines Galerieholländers. 1947 verlor sie ihre Flügel und verkam zum Wrack. 1961 abgebrochen. Erhalten ist das Müllerhaus, Friedrichstal Nr. 5. Lit.: Quern 1961, 464. Pöge 1980, 119.

Ziegelei 1898–1914. Auf der „Bergkoppel“, am nördl. Waldrand des Geheges Horstkoppel, ca. 150 m westl. der Straße von Friedrichstal nach Mühlendamm. Lit.: Quern 1961, 472. H. Duggen, Die Ziegelei Friedrichsthal, JbAngeln 1991, 171.

Bauernhäuser. Nr. 14. Wohnhaus von 1836, zugehörig die 1820 erbaute Abnahme Nr. 13. Lit.: KDM FL 1952, 281. Quern 1961, 475.

Müllerlück

Ehem. Parzellenstelle des Hofes Friedrichstal, 1789 entstanden.
Ortsname. 1783 FN Müllerlücke. vSchrö-

der 1854 Meierlück. Oldekop 1906 Möllslück. Angeln 1922 Meierlücke. Lit.: Hald 1948-79, VII 273. Quern 1961, 472.

Westerholz

Ehem. Häuser westl. von Friedrichstal bei Fuchsgraben. 1837 zwei Katen, wohl 1789 auf Parzellen des Hofes Friedrichstal erbaut. 1895 und 1898 abgebrochen. 1784 FN Westerhold. Lit.: Hald 1948-79, VII 275. Quern 1961, 457, 458.

Literatur. vSchröder 1837, I 288. Jensen Angeln 1844, 254, 352. vSchröder 1854, 159. Oldekop 1906, V 97. Angeln 1922, 577. Quern 1961, 416, 460. Wpl-Verz 1987, 99. TK 1224.

2) Ehem. Kolonie

Westangeln. Uggelharde, Ksp. Kleinsolt. 2 Kolonistenhöfe, Freudenhof u. Walkenhof, 1761 auf Kleinsolter Feld angesiedelt. Lit.: Clausen 1981, 841.

FRIEDRICHSWILLE
s. Großsolt

FRIESBEK

Au

Nordangeln, im Bereich der Förde. Fließstrecke 2 km, vom Standort-Übungsplatz, östl. Twedterfeld, Höhe 50 m, bis zur Einmündung in die Förde bei Meierwik. Einzugsfläche 360 ha, Stadt Glücksburg.

■ Die Friesbek hat das größte Gefälle einer Au in der Landschaft Angeln und ein hervorragend erhaltenes Bachökosystem.

Die Au fließt in einem geröllreichen Bachbett, das von einem Auwald mit urwüchsigen Erlen und Eschen begleitet wird. Im weiteren Verlauf durch den Westteil des Süderholzes wird das Bachbett der Friesbek von einer tief eingeschnittenen Schlucht mit sehr steilen Hängen geleitet. Parallel dazu durchläuft eine zweite Au, die von Geschlossenheck kommt, ebenfalls eine Schlucht. Am Nordwaldrand stoßen beide zusammen und fließen im naturnah erhaltenen Bach durch sumpfiges Gelände. Am Ende ist die Au zum Mühlenteich der ehemaligen Wassermühle Meierwik angestaut.

Das verzweigte Bachsystem ist von einem Waldweg auf dem Kamm der Hügelwelle zwischen beiden Bächen bis zum Zusammenfluß am Ende der Schluchten zu verfolgen. Lit.: Biotop 1987, 1123 Nr. 16.

Gewässername. 1797 Friesbek. Lit.: Hald 1948-79, VII 55.

Wassermühle. Von der Anlage in Meierwik ist der erlengesäumte Stauteich an der Uferstraße erhalten. Die Müllerei wurde bis 1912 betrieben, die Gebäude sind abgebrochen.

FRIESENHOF

PLZ 24885. Hof

Westangeln. Ksp. u. Gem. Sieverstedt. Ldw.-Betrieb (1991).
Lage: südöstl. von Stenderup, neben dem Weg nach Klappholz. Höhe 45 m.

Geschichte. 1761 Hof der Kolonie Charlottenheide in der Uggelharde auf Stenderuper Feld gegründet. Erster Siedler war ein Schuster aus Durlach in Baden. Bis 1971 FL Gem. Stenderup.

Literatur. Wpl-Verz 1970, 34. Clausen 1981, 843. TK 1323 (1982).

FRIESHECK
s. Großsoltbrück

FRÖRUPER HOLZ

Holz

Westangeln. Gem. Oeversee u. Großsolt. Fläche 266 ha, Anteil der Gemarkung Großsolt 43 ha. Eigentümer Kreis Schleswig-Flensburg.
Lage: südwestl. von Großsolt, am Rande der Landschaft Angeln. Höhe 25–50 m.
Die „Fröruper Berge“ sind eine klassische

FRÖRUPER HOLZ, „Butschimoor". Foto: H. Frahm

Endmoränenlandschaft, in der sich Wald, Heide und Moore abwechseln. Am Rande Angelns ist dieses Gelände das einzige Dokument des Eisvorstoßes, da andere Endmoränen im Umkreis fast vollständig zur Kiesgewinnung abgeräumt sind. 1927 wurde zum Bau des Hindenburg-Damms zur Insel Sylt auch im Fröruper Holz viel Sand abgebaut.
Der Wald wird von Fichte und Lärche bestockt, auch Buchen- und Eichenbestände sind vorhanden, Altbäume um 100 Jahre. Bemerkenswert häufig ist die Traubeneiche und ein verbreitetes Vorkommen der Heidelbeere.

NSG Fröruper Berge

Fläche 90 ha im Fröruper Holz, vom LSG „Treenetal" umschlossen. Seit 1936 unter Schutz gestellt.
Das Gebiet in der sehr abwechslungsreichen Endmoränenlandschaft ist zum größten Teil bewaldet. In den Senken sind kleine Torfmoore aufzufinden.

Butschimoor. 12 ha Hochmoor inmitten des Holzes. Höhe 39,2 m. Das Butschimoor ist landschaftlich eines der schönsten Moore. Auf den aufgestauten Wasserflächen hat sich eine Schwingrasendecke wiedergebildet. In der Mitte ein größerer Heidebereich.

Literatur. W. Riedel, Die NSG im Kreis Schleswig-Flensburg, 1986, 76. Biotop 1987, 1322 Nr. 71, 72.

FRUERLUND

Gemeinde bis 1910

FL Amt Adelby. Fläche 139 ha. 1068 Ewh. (1905). Gemeinde 1871 mit 172 Ewh., 30 Wohngeb. 1910 Eingliederung in die Stadt Flensburg.

Wohnplätze. Bussesig, Fruerlund, Fruerlundfeld, Fruerlundhof, Fruerlundholz, Klosterholz, Mürwik.

Literatur. Oldekop 1906, V 36. Hist. Gem-Verz 1970, 26.

PLZ 24943. Stadtteil

Nordangeln. Stadt Flensburg, Kirchengem. Fruerlund. 6240 Ewh. (1987).
Lage: Ostteil der Stadt, zwischen Mürwiker Straße u. Nordstraße.

Ortsname. 1468 Fruerlunt. Mejer 1648 u. Danckwerth 1652 Fruerlundt. 1720 Fruerlundter-Holtz. PreußLA 1877 Fruerlund, Fruerlundholz. Ndt. Fruulund. – Frauenholz = poetischer Waldname (Hald). Lit.: Hald 1948-79, VII 36. JbAngeln 1968, 40. Laur 1992, 261.

Geschichte. Husbyharde, Ksp. Adelby. 1871 FL Gem. Fruerlund, 144 Ewh., 24 Wohngeb. zu Fruerlund, Fruerlundfeld, Fruerlundhof u. Fruerlundholz. Seit 1910 Stadt Flensburg.

Armenhaus. 1837 „in dem 78 Personen, worunter 33 Kinder sind, beschäftigt und unterhalten". Wpl-Verz 1871 FL Gem. Twedt „Pflegehaus Adelby" 41 Ewh. 1898 Neubau eines großen Hauses. In den letzten Jahren wurde das Haus höchstens von 8 Alumen bewohnt, von denen die meisten von anderen Armenverbänden, Glücksburg, Munkbrarup, Rüllschau, übernommen waren (1922). Lit.: Angeln 1922, 538.

Bahnstation 1901–1938. Haltestelle der Kleinbahn Flensburg–Satrup–Rundhof.

Windmühle. Am Weg zur Glücksburger Straße, Straßenname Fruerlundmühle. Galerieholländer-Kornmühle, die schon vor 1800 zu Fruerlundhof bestand. 1866 durch Blitz verbrannt. Neubau 1912 durch Heißlaufen niedergebrannt. Lit.: Pöge 1980, 189. Pust 1990, 115.

Fruerlundhof

Häusergruppe mit 5 Wohngeb. am alten Hofplatz, den die Straße Alt-Fruerlundhof durchquert. Der idyllische Platz mit Hofteich und alten Bäumen ist in einer städtischen Siedlung ein überraschender Anblick. „Alt-Fruerlund" ist seit 1742 im Familienbesitz. Wohnhaus von 1832. Handweberei. Lit.: Pust 1990, 18, 113.

Fruerlundholz

Nord-Fruerlund. 1837 Ziegelei und 14 Katen nahe dem früheren Klosterholz, Wirtshaus „Sommerlust". Im Bestand blieb die Fischersiedlung bis zum Baubeginn der Marineschule Mürwik unverändert.

Literatur. vSchröder 1837, I 291. Jensen Angeln 1844, 321. vSchröder 1854, 161. Oldekop 1906, V 36. Angeln 1922, 536. Wpl-Verz 1987, 15. TK 1222.

FUCHSGRABEN

PLZ 24972. Häusergruppe

Nordangeln. Ksp. u. Gem. Quern, Neukirchener Weg. 3 Wohngeb.
Lage: östl. von Nordballig, abseits der Straße nach Friedrichstal. Höhe 30 und 35 m.
Direkt an der Grenze zum Ksp. Grundhof, Gem. Dollerup, liegen zwei Häuser am tief eingeschnittenen Tal des naturnahen Mühlenbachs. Ein kleiner Schluchtwald bedeckt den Hang zur Au. Das sehr bewegte Gelände erhebt sich im Süden bis zur Höhe „Stießberg" 45 m.

Ortsname. 1784 FN Rau-Gru. Wpl-Verz 1871 Fuchsgraben. Lit.: Hald 1948-79, VII 274. Laur 1992, 261.

Geschichte. 1846 wurden zwei Häuser gebaut. 1871 FL Gem. Roikier. Seit 1970 Gem. Quern.

Literatur. Oldekop 1906, V 97. Angeln 1922, 577. Quern 1961, 458. Wpl-Verz 1987, 99. TK 1224.

FUCHSKUHLE

Ehem. Haus

Mittelangeln. Ksp. Satrup. 1837 eine Kate auf einer Parzelle von Gut Satrupholm, Satrupharde. Lit.: vSchröder 1837, II 219.

FÜNFZEHN

PLZ 24881. Häusergruppe
Westangeln. Ksp. u. Gem. Nübel. 35 Ewh. (1987), 9 Wohngeb., keine Ldw.-Betriebe (1993).
Lage: Süd-Brekling, an der Straße von Schleswig nach Böklund. Höhe 30 m.

Ortsname. Ndt. Föftein. – Nach einer Kate, die im Brandkassenregister mit der Nummer 15 verzeichnet war.

Geschichte. 1831 und 1840 wurden die ersten Katen von Brekling hier in das Feld verlegt. Bis 1971 SL Gem. Brekling.

Literatur. Oldekop 1906, VIII 29. Brekling 1979, 10. Wpl-Verz 1987, 95. TK 1423.

FÜRBERG
s. Vörbarg

FÜSEHOLM

PLZ 24882. Hof
Südangeln. Ksp. Kahleby, Gem. Schaalby, Kahlebyer Weg. Ldw.-Betrieb (1992).
Lage: 1 km südl. von Schaalby, abseits der Straße nach Kahleby, auf einem kleinen Holm im Wiesengelände an der Schaalbyer Mühlenau. Höhe 7 m.
Der Hof ist durch die Flurbereinigung 1964 als Neusiedlung entstanden.

Literatur. Schaalby 1982-89, III 23. Wpl-Verz 1987, 92.

FÜSING

Vogtei
Südangeln. Ein kleiner Bezirk am Unterlauf der Loiter Au, im Dreieck der Dörfer Taarstedt, Füsing, Geel, mit Streubesitz in der Schliesharde und weit entfernt in Nordangeln zu Markerup und Seegaard.

Geschichte. 1187 erhielt der Bischof von Schleswig das Dorf Füsing vom König als Geschenk, das dem Amt Schwabstedt angeschlossen wurde. Das bischöfliche Amt haben König und Herzog 1658 unter sich aufgeteilt, wobei die Vogtei Füsing dem Herzog zufiel.

Harde
1702 wurde aus der Vogtei, ohne den Streubesitz, eine Harde des Amtes Gottorf gebildet, deren Verwaltung der Hardesvogt der Schliesharde zusätzlich übernahm. Die Füsingharde ist im eigentlichen Sinn keine Harde gewesen.

Wappen. Zwei gekreuzte Schlüssel auf einem von Rot und Silber gespaltenen Feld. Symbol dem Bischofssiegel entnommen.

Literatur. Jensen Angeln 1844, 102, 279. vSchröder 1854, VI, 161. Oldekop 1906, VIII 44. Angeln 1922, 101. Füsing 1982, 149.

Gemeinde bis 1973
SL Amt Tolk. Fläche 1078 ha. 278 Ewh. (1970). Gemeinde 1871 mit 285 Ewh., 37 Wohngeb. Ewh.-Höchstzahl 1946: 574 Menschen. Seit 1970 im Amt Moldenit. 1974 Eingliederung in die Gem. Schaalby.

Wohnplätze. Dreilingseck, Ekeberg, Füsing, Füsingfeld, Füsingmoor, Füsing-Ziegelei, Gammeltoft, Kahlebybrücke, Krimm, Reesholm, Ruhetal (Broberg), Sparrhöh, Winningmaystraße.

Literatur. Oldekop 1906, VIII 44. Angeln 1922, 700. Hist. Gem-Verz 1970, 168. Wpl-Verz 1970, 119. Füsing 1982, 155.

PLZ 24882. Dorf
Südangeln. Ksp. Kahleby, Gem. Schaalby. 267 Ewh. (1987), Krug, 7 Ldw.-Betriebe (1992).
Lage: 6 km östl. von Schleswig, an der Straße nach Brodersby, Schleidörferstraße, auf dem sich zur Schlei hin neigenden Gelände. Höhe 15 m. Von der östlichen Höhe 26 m ist das Umfeld weit zu überblicken. Zu Füßen des Dorfes beschreibt die Loiter Au eine große Schleife. Der eingedeichte Lauf hat hier eine Breite von 8–10 m.

FÜSING, Loiter Au. Foto: B. Hamer

Das alte Runddorf hat sein Ortsbild wesentlich verändert, nachdem die lange, von West nach Ost den Hang hinaufziehende Dorfstraße 1964 zur Durchgangsstraße ausgebaut ist. Trotzdem wurde Füsing mehrmals als Schönes Dorf ausgezeichnet.

Ortsname. 1462 Fusingh. 1489 Füsyngh. Mejer 1649 Fusing. Trap 1864 dän. Fysing. PreußLA 1877 Füsing. Ndt. Füssing. – Eifrig, eilig = altdän. fus. Entweder als alter ursprünglicher Name der Loiter Au (Füsinger Au), oder als Ortsnamenbildung zu einem zu erschließenden Flußnamen „Fusa". Ortsname sowohl in Süddeutschland als auch in Dänemark und Schweden (Laur). Lit.: JbAngeln 1963, 23. Laur 1992, 261.

Geschichte. Füsing gehörte ursprünglich zur Schliesharde. 1187 wurde das königliche Dorf an den Bischof von Schleswig verschenkt, der es zusammen mit umliegendem Besitz als Vogtei Füsing seinem Amt Schwabstedt angliederte. 1658 herzoglich, 1702 in der Füsingharde. 1871 SL Gem. Füsing, im Dorf 195 Ewh., 24 Wohngeb. Seit 1974 Gem. Schaalby.
Die Zahl der 16 Hufen ist seit 1463 unverändert, nur durch Katen und Parzellenstellen hat sich das Dorf in seinem Bestand vergrößert. Unter den Handwerkern ist 1837 ein Orgelbauer. Bereits 1911 wurden die Häuser durch ein privates Elektrizitätswerk mit Strom versorgt. Freiw. Feuerwehr 1929 gegründet.

Schule 1709–1822. Nebenschule von Kahleby im Dorf. Nach Auflösung wieder im Kirchort. Lit.: Füsing 1982, 202.

Krug 1866. Früher eine Krugkate mit Hökerei, heute nur Gaststätte. Wohnhaus 1866 erbaut, Saalanbau von 1948. Lit.: Füsing 1982, 86. Schaalby 1982-89, VI 23.

Meierei 1895–1964. Gegründet mit einer Müllereigenossenschaft. Müllerei 1953 aufgegeben und dafür Wäscherei und Tiefkühlhaus eingerichtet. Betriebsgebäude in der Meiereistraße 1971 als Wohnhaus genutzt. Lit.: Füsing 1982, 227.

Post. 1908 Telegraphenhilfsstelle. 1929 Poststelle, seit 1974 zur Poststelle Schaalby gehörig. Lit.: Schaalby 1982-89, IX 145.

Fabrik 1888–1963. Ehem. Möbelfabrik. 1912 das Elektrizitätswerk des Dorfes. Das Werkstattgebäude wurde 1963 abgebrochen. Lit.: Füsing 1982, 126.

Bauernhäuser. Schleidörferstr. 22. Wohnhaus von 1845 mit geschwungener Granittreppe. Lit.: Füsing 1982, 39. – Schleidörferstr. 24. Das kleine Wohnhaus von 1761 ist das älteste datierte Südangelner Fachhallenhaus in Massivbauweise. Gelber Backstein auf hohem Granitquadersockel, Torgiebel mit Dielentor und zwei Mistgangtüren (Denkmalschutz). Im Hause wurde 1875 die Schmiede eingerichtet, die 1962 ihren Betrieb aufgab. Seit 1982 Galerie und Atelier. Lit.: Kunst-Topographie SH 1969, 673. Füsing 1982, 83, 140. Schaalby 1982-89, V 62. – Schleidörferstr. 26. „Haus Nanningsen". Seltener Bautyp eines großen Südangelner Fachhallenhauses von 1784. Fachwerk mit gelber Backsteinausfachung, Reetdach mit Knüppelfirst. Wirtschaftsteil mit der Querdiele nach Westen, 1877 umgebaut. Nach Teileinsturz 1979 wieder hergestellt und Gieheltor rekonstruiert (Denkmalschutz). Lit.: KDM SL 1957, 328. Kunst-Topographie SH 1969, 673. Füsing 1982, 73. Hagemeier-Kottwitz 1985, 77. – Schleidörferstr. 39. Südangelner Haus von 1816, teilweise Fachwerk. Lit.: KDM SL 1957, 328. Füsing 1982, 23. – Schleidörferstr. 45. Dreiseithof 1836 in einem Zuge erbaut. Wohnhaus reetgedeckter Ziegelbau mit zwei Eingängen, davon einer zur Abnahme. Lit.: KDM SL 1957, 328. Füsing 1982, 33. Hagemeier-Kottwitz 1982, 247.

Denkmal. Friedenseiche 1871 ohne Stein. Gegenüber dem Feuerwehrhaus.

Große Eiche

Hof. 1976 Aussiedlung bei der Flurbereinigung an die Ziegeleistraße, südl. vom Dorf. Lit.: Schaalby 1982-89, III 49.

Literatur. vSchröder 1837, I 291. Jensen Angeln 1844, 429. vSchröder 1854, 161. Trap 1864, 522. Oldekop 1906, VIII 44. Angeln 1922, 700. F. Jessen, Dorfbuch Füsing, 1982. Wpl-Verz 1987, 92. TK 1423.

FÜSINGER AU
s. Loiter Au

FÜSINGFELD

PLZ 24882. Hof

Südangeln. Ksp. Kahleby, Gem. Schaalby. Ldw.-Betrieb bis 1983.
Lage: nordöstl. von Füsing, von der Schleidörferstraße bei Kahlebybrücke am Feldweg nach Gammeltoft, in den Wiesen der Loiter Au. Höhe 7 m.

Geschichte. Ehem. Salarienhufe des Hardesvogts im Dorf, parzelliert und den Stamm 1867 an dieser Stelle angesiedelt. Das alte Fachwerkwohnhaus wird als Wirtschaftsgebäude genutzt.

Literatur. PreußLA 1877. KDM SL 1957, 328. Füsing 1982, 17, 294. Wpl-Verz 1987, 92. TK 1424.

FÜSINGMOOR

Ehem. Haus

Südangeln. Ksp. Kahleby, Gem. Schaalby.
Lage: 1,5 km nördl. von Geel. Großes Moor von 1 km Länge. Der Wasserlauf der Geelbek teilt die Fläche in die Füsinger Hälfte und das Royumer Moor, in gleicher Größe auf der Ostseite. Zahlreiche Gräben, mehrere Teiche. Im Norden geht das Moor in den Wald Broholm über.

Ortsname. Füsing 1982 Broholmer Moor. TK von 1982 Füsingermoor. Wpl-Verz 1987 Füsingmoor.

Geschichte. Die Moorkate von 1885 ist

1969 verbrannt, seitdem ohne Gebäude. Lit.: Füsing 1982, 112.

FÜSING ZIEGELEI

PLZ 24882. Hof

Südangeln. Ksp. Kahleby, Gem. Schaalby. Dreiseithof, ohne Ldw.-Betrieb (1992).
Lage: südöstl. von Füsing, am Ende des 2 km langen Ziegeleiwegs, in herrlicher Lage an der Schlei. Höhe 5 m.

Geschichte. Füsingharde. 1792 siedelte sich neben der bereits bestehenden Ziegelei ein Hof an. 1836 folgte eine Kate. 1871 SL Gem. Füsing, 23 Ewh. 1870 wurde ein Hof aus dem Dorf hierher verlegt. Neues Wohnhaus 1911 erbaut.

Ziegelei 1750–1851. Betrieb bereits 1847 beendet.

Literatur. vSchröder 1854, 161. Oldekop 1906, VIII 45. Angeln 1922, 701. Füsing 1982, 44, 97, 99. Wpl-Verz 1987, 92. TK 1423.

GAARWANG
1) Boren 2) Gelting 3) Kappeln 4) Rabenkirchen 5) Töstrup

1) PLZ 24392. Häusergruppe

Südangeln. Ksp. u. Gem. Boren. 5 Wohngeb., kein Ldw.-Betrieb (1993).
Lage: Ostteil von Lindaumühlenholz, am Weg zum Hegeholz und weiter nach Lindaunis. Höhe 15 m.

Ortsname. vSchröder 1837 u. Jensen Angeln 1844 Gaardwang. PreußLA 1877 Gaarwang. Angeln 1922 Lindau-Gaardwang. DG von 1974 Gaardwang. TK von 1982 Gaarwang. – Das zum Hof = dän. gård, Gut Lindau gehörende Feld = dän. vang.

Geschichte. Parzelle von Gut Lindau, 1784 Schliesharde. 1871 SL Gem. Lindau, zwei Häuser. Seit 1974 Gem. Boren.

Literatur. vSchröder 1837, II 19. Jensen Angeln 1844, 397. vSchröder 1854, 162. Oldekop 1906, VIII 66. Angeln 1922, 641. Boren 1957, 182. Wpl-Verz 1970, 121. TK 1424.

2) PLZ 24395. Hof

Ostangeln. Ksp. u. Gem. Gelting. Ldw.-Betrieb (1993).
Lage: West-Gelting, an der Südseite der Nordstraße, direkt an der Gaarwang-Au. Höhe 5 m.

Ortsname. 1593 FN Gardewangk. 1730 FN Garwang. Jensen Angeln 1844 Gaardwang. Trap 1864 dän. Gaardvang. PreußLA 1877 Gaarwang. Ndt. Charwang. – Eine Zusammensetzung von dän. gård = Hof, älter „Einhegung", und vang = dän. Feld, Acker, als Bezeichnung für das dauernde Ackerland in der Nähe des Dorfes. Der Flurname ist anscheinend nur in Angeln verbreitet (Laur). Lit.: Hald 1948-79, VII 425. Laur 1992, 263.

Geschichte. Hof 1789 auf einer Parzelle von Gut Gelting entstanden. 1854 zwei Landstellen, Kappelerharde. 1871 FL Gem. Wackerballig, 3 Wohngeb. Seit 1938 Gem. Gelting.

Literatur. vSchröder 1837, I 294. Jensen Angeln 1844, 379. vSchröder 1854, 162. Oldekop 1906, V 123. Angeln 1922, 609. Gelting 1972, 416. Gelting 1987, 191. Wpl-Verz 1987, 96. TK 1225.

3) Holz

Ostangeln. Stadt Kappeln. Fläche 22 ha. Herzogl. Holstein-Glücksburgische Forstverwaltung.
Lage: westl. von Gut Roest, am Hang einer sehr hohen Moränenkuppe, die letzte große Erhebung im Osten der Landschaft vor der Schlei. Höhe 35–55 m. Buchenwald mit alten Beständen und junge Neuanpflanzungen. Der gesamte Wald ist von Bächen durchzogen, die in Richtung Südwest der Oxbek zulaufen. Ehemals zum Gutsbezirk Roest. Früher Tarupfeld-Holz genannt, das an ein vergangenes Dorf Tarup erinnert.

Literatur. Jensen Angeln 1844, 387. Oldekop 1906, V 96. TK 1325.

4) Ehem. Haus

Südangeln. Ksp. Rabenkirchen, Gem. Dollrottfeld, heute nur Flurname.
Lage: westl. von Rabenkirchen, in einer Niederung.

Krieg. II. Weltkrieg. Das Haus wurde 1943 durch Flugzeugabsturz eines US-Bombers zerstört.

Literatur. vSchröder 1837, I 294. vSchröder 1854, 162, 416. PreußLA 1877. Oldekop 1906, VIII 37. Angeln 1922, 633. Dollrottfeld 1981, 236.

5) PLZ 24407. Haus

Ostangeln. Ksp. Töstrup, Gem. Oersberg. Kate 1782 bei der Parzellierung von Gut Toestorf entstanden. 1871 FL Gem. Toestorf. Lit.: Toestrup 1982, 369.

GAARWANGAU

Wasserlauf

Ostangeln, im Bereich der Lehbek, Ostsee. Fließstrecke 3,5 km, von Westerfeld, Höhe 25 m und aus dem Holz Holmkjer, bis zur Einmündung rechts in die Lehbek, 600 m vor der Mündung in die Geltinger Bucht. Im Mittellauf verrohrt. Einzugsfläche 260 ha, Gem. Gelting.

Gewässername. Kat. Plankarte 1954 Gaardwangau. Gewässerkdl. Verz. SH 1987 Gaarwangau. – Nach dem Hof Gaarwang.

GAARWANG, KLEIN-

PLZ 24395. Haus

Ostangeln. Ksp. u. Gem. Gelting.
Lage: Süd-Gelting, von der Klaus-Groth-Straße abzweigend.

Ortsname. FN Gardewange. PreußLA 1877 Gaarwang. – Klein- zur Unterscheidung des größeren Hofes Gaarwang westl. von Gelting. Lit.: Hald 1948-79, VII 461.

Geschichte. 1789 Parzellenstelle von Gut Gelting, 1853 Kappelerharde. 1871 FL Gem. Suterballig, 2 Wohngeb. Seit 1928 Gem. Gelting. Ldw.-Betrieb bis 1970.

Literatur. vSchröder 1837, II 342. Jensen Angeln 1844, 381. vSchröder 1854, 522. Oldekop 1906, V 115. Wpl-Verz 1956. Gelting 1972, 418. Gelting 1987, 191. TK 1225.

GALGENHECK
s. Schwensby

GALLBERG
s. Ulsnis

GAMMELBY
1) Adelby 2) Boren 3) Großsolt 4) Havetoft 5) Sörup 6) Tastrup

1) Ehem. Dorf

Nordangeln. Ksp. Adelby, zwischen Adelby Kirche und Twedt. 1705 FN Nord Gammelbuy, Gemarkung Engelsby. Parallel dazu ein Gammelby in der Gemarkung Tastrup. Lit.: Hald 1948-79, VII 43. Kuhlmann 1958, 255.

2) Ehem. Dorf

Südangeln. Ksp. Boren, südl. von Fahrtoft. Gegenüber von Rehberg liegt am Hang zum Tal der Lindau, im Norden von einer kleinen Hölzung begrenzt, ein Plateau, das den Flurnamen Gammelby trägt. Das Areal ist von der Bahnlinie geteilt. Dieses soll der Platz des verschwundenen Dorfes Boren sein, dessen 7 Hufen 1652 vom Gut Lindau niedergelegt wurden. Der Standort ist 3 km von dem der Kirche Boren entfernt.

Literatur. Kuhlmann 1958, 256. H. Jessen, Mittelalterliche Wohnplätze im Ksp. Boren, JbAngeln 1985, 20.

3) Ehem. Dorf
Westangeln. Ksp. Großsolt, nahe Mühlenbrück. An der Grenze zum Kirchdorf ist ein FN 1693 Gammelbuy belegt. Lit.: Hald 1948-79, VII 503. Kuhlmann 1958, 255.

4) Ehem. Dorf
Westangeln. Ksp. Havetoft. Flurname Gammelby. Lit.: Kuhlmann 1958, 256.

5) Gemeinde bis 1970
FL Amt Sörup. Fläche 392 ha. 159 Ewh. (1970). Gemeinde 1871 mit 158 Ewh., 22 Wohngeb. Ewh.-Höchstzahl 1946: 318 Menschen. 1970 Eingliederung in die Gem. Sörup.

Wohnplätze. Gammelby, Gammelbygaard, Gammelbyholz, Jürgenshagen, Lindenhof, Seende teilw.

Literatur. Oldekop 1906, V 36. Sörup 1907, 235. Angeln 1922, 582. Sörup 1964, 246. Hist. Gem-Verz 1970, 64.

PLZ 24966. Dorf
Mittelangeln. Ksp. u. Gem. Sörup. 29 Ewh. (1987), 13 Wohngeb., 4 Ldw.-Betriebe (1993).
Lage: 3 km westl. von Sörup, an der Straße von Flatzby nach Seende, auf einem vorgeschobenen Landdreieck. Höhe 42 m.

Ortsname. 1350 Ghammelbu. Mejer 1649 Gammelbuy. Danckwerth 1652 Gammelby. PreußLA 1877 Gammelby. – Altes Dorf = dän. gammel – by (Laur). Vermutlich wurde von Gammelby aus eine Tochtersiedlung – Flatzby oder Sörup – gegründet, die den alten Ortsnamen übernahm, während das Mutterdorf zur Unterscheidung „Gammelby“ genannt wurde. Hier handelt es sich also nicht, wie bei anderen als „Altes Dorf“ bezeichneten Orten, um eine mittelalterliche Wüstung, sondern um einen Ausbauvorgang (Kuhlmann). Lit.: Hald 1948-79, VII 222. Kuhlmann 1958, 89. JbAngeln 1967, 112. Laur 1992, 264.

Vorgeschichte. Die Dorfstraße wurde früher „Hystraße“ genannt, weil sie von Grabhügeln gesäumt wurde, die zum Teil noch zu erkennen sind. Im Gammelbyer Moor, westlich des Dorfes, wurden beim Torfgraben Geräte der Steinzeit gefunden, die auf eine Siedlungsstelle deuten. Lit.: Röschmann 1963, 214. Sörup 1964, 247.

Geschichte. Im Dorf sind seit altersher 5 Höfe, die zum Domkapitel, Vogtei Gammelbygaard und der Nieharde gehörten, 1777 alle unter Hardesding. 1871 FL Gem. Gammelby, im Dorf 63 Ewh., 7 Wohngeb. Seit 1970 Gem. Sörup. Freiw. Feuerwehr Flatzby-Gammelby-Winderatt 1890 gegründet.

Denkmal. Friedenseiche 1871 mit Gedenkstein, im Wegedreieck am Ostende des Dorfes.

Literatur. vSchröder 1837, I 296. Jensen Angeln 1844, 358. vSchröder 1854, 164. Oldekop 1906, V 36. Sörup 1907, 235. Angeln 1922, 582. Sörup 1964, 246. Sörup 1985, 284. Wpl-Verz 1987, 100. TK 1223.

6) Ehem. Dorf
Nordangeln. Ksp. Adelby, im Norden der Gemarkung von Tastrup. 1697 FN Gammelby, der den Ort des „Alten Dorfes“ Tastrup bezeichnen könnte. Lit.: Hald 1948-79, VII 51. Kuhlmann 1958, 255.

GAMMELBYER AU

Wasserlauf
Mittelangeln, im Bereich der Bondenau, Treene. Fließstrecke 2 km, von Gammelbymoor bis zur Einmündung in den Südensee. Grenzlauf der Gemarkung Gammelby zu Sörup.

GAMMELBYER MOORGRABEN

Wasserlauf
Mittelangeln, im Bereich der Bondenau, Treene. Fließstrecke 1 km Graben, von der Kläranlage südl. von Gammelby bis zur

Einmündung in die Bondenau. Lit.: Sörup 1985, 153.

GAMMELBYGAARD

Vogtei

Verwaltungsbezirk des 2. Domkapiteldistrikts, unter dem der Streubesitz des Domkapitels Schleswig in Nordangeln zusammengefaßt war. 1658 herzogliche Domkapitelvogtei, 1777 aufgelöst unter Husbyharde, Nieharde und Uggelharde. Der Vogt wohnte auf dem Hof Gammelbygaard, vor 1635 zu Winderatt, daher derzeit auch Vogtei „Winderatt" genannt.

Literatur. Jensen Angeln 1844, 171. vSchröder 1854, VII. Sörup 1907, 124, 238. Angeln 1922, 129, 582. Sörup 1964, 339.

PLZ 24966. Hof

Mittelangeln. Ksp. u. Gem. Sörup. Ehem. Ldw.-Betrieb mit 97 ha Land und Anteil an der Wasserfläche des Südensees.
Lage: 2 km westl. von Sörup, am Nordufer des Südensees, Zufahrtsallee vom Weg Seeende-Gammelby. Höhe 33 m.
Im Norden erhebt sich das Gelände in einem Hügel der „Norderkoppel" auf 45 m. Der Wanderweg von Sörup um den See führt am Hof vorbei.
Dreiseithof mit einem Wohnhaus von 1864. Große Kornscheune 1949 durch Brandstiftung vernichtet.

Ortsname. 1418 Gammelbugarden. 1435 Gammelbyhave. Mejer 1648 Gammelgard. PreußLA 1877 Gammelbygaard. Ndt. Chammelbychår. Lit.: Hald 1948-79, VII 223. JbAngeln 1967, 113. Laur 1992, 264.

Geschichte. 1450 bischöflicher Besitz, 1477 an das Domkapitel übergegangen. Seit 1635 Vogthof der Domkapitelvogtei Gammelbygaard, die 1658 unter herzogliche Verwaltung kam und 1777 zur Nieharde gelegt wurde. 1871 FL Gem. Gammelby, 27 Ewh., 2 Wohngeb. Seit 1970 Gem. Sörup. Familienbesitz seit 1541. Auf dem Hof wurde die Landwirtschaft 1978 eingestellt und das Land verpachtet.

Literatur. vSchröder 1837, I 296. Jensen Angeln 1844, 173, 358. vSchröder 1854, 164. Oldekop 1906, V 37. Sörup 1907, 238. Angeln 1922, 582. Sörup 1964, 247. Hagemeier-Kottwitz 1982, 340. Sörup 1985, 286. Wpl-Verz 1987, 100. TK 1223.

GAMMELBYHOLZ

PLZ 24966. Häusergruppe

Mittelangeln. Ksp. u. Gem. Sörup. 20 Ewh. (1992), 9 Wohngeb., ein Ldw.-Betrieb (1993).
Lage: 4 km westl. von Sörup, an der Straße nach Großsolt. Höhe 35 m.
Die Häuser liegen versteckt zwischen zwei kleinen Hölzungen. Im Osten läuft die Rückebek, die weiter südlich in die Bondenau einmündet.

Ortsname. 1630 Gammelbuheholtz. PreußLA 1877 Gammelbyholz. Ndt. Chammelbyholt. Lit.: Hald 1948-79, VII 223. Laur 1992, 264.

Geschichte. Die erste Besiedlung in der noch vollständig bewaldeten Flur am Westrand der Nieharde wagte erstmals im 17. Jh. ein Kätner aus dem Dorf. Nach 1800 folgen auch andere Kleinbauern. 1837 besteht die Holzsiedlung aus 5 Katen. 1871 FL Gem. Gammelby, 58 Ewh., 11 Wohngeb. Seit 1970 Gem. Sörup.
Persönlichkeit. Claus Manicus 1795–1877. Dr. med. und Redakteur in Kopenhagen, geboren in Gammelbyholz, Haus Nr. 2.

Literatur. vSchröder 1837, I 296. Jensen Angeln 1844, 359. vSchröder 1854, 164. Oldekop 1906, V 37. Sörup 1907, 244. Angeln 1922, 582. Sörup 1964, 252. Sörup 1985, 286. Wpl-Verz 1987, 100. TK 1223.

GAMMELBYMOOR

PLZ 24966. Häusergruppe

Mittelangeln. Ksp. u. Gem. Sörup. 47 Ewh. (1987), 12 Wohngeb., kein Ldw.-Betrieb (1993).
Lage: West-Sörup, am Weg nach Gammel-

by, an der Gammelbyer Au, die 700 m weiter südlich in den Südensee einmündet. Höhe 35 m.

Ortsname. 1734 Gammelby Mohr. Trap 1864 dän. Gammelbymose. PreußLA 1877 Gammelbymoor. – Der Ortsname ist irreführend, denn der Wohnplatz hat nie zum Dorf Gammelby gehört, und von einem Moor ist in der Gemarkung nichts bezeugt. Lit.: Hald 1948-79, VII 223. Laur 1992, 264.

Geschichte. 1854 Hof und 3 Katen zur Nieharde. 1871 FL Gem. Sörup, 44 Ewh., 6 Wohngeb.

Schmiede 1912–1958. Gammelbymoor Nr. 4. Haus 1847 erbaut. Lit.: Sörup 1907, 267. Sörup 1964, 353. Sörup 1985, 402.

Ziegeleien 1860–1914. Gammelbymoor Nr. 8. Von 1860 bis 1910 in Betrieb. Das Ziegeleigelände befand sich auf Flatzbyer Grund, heute eine Koppel am Großen Gemeindeweg. Lit.: Sörup 1907, 267. Sörup 1964, 353. – Die zweite Ziegelei stand 1885–1914 auf Gammelbymoor Nr. 13. Lit.: Sörup 1907, 267. Sörup 1964, 352.

Literatur. vSchröder 1837, I 297. Jensen Angeln 1844, 357. vSchröder 1854, 164. Oldekop 1906, V 106. Sörup 1907, 266. Angeln 1922, 579. Sörup 1964, 351. Sörup 1985, 400. Wpl-Verz 1987, 100. TK 1223.

GAMMELDAMM

PLZ 24395. Häusergruppe

Ostangeln. Ksp. Gelting, Gem. Pommerby. 13 Ewh. (1987), 5 Wohngeb., ein Ldw.-Betrieb (1987). Campingplatz am Strand.
Lage: nordöstl. von Pommerby, am Weg zur Ostseeküste und am Strand. Der Hof auf Höhe 6 m.

Ortsname. 1814 und 1877 Gammeldamm. – Alter Teich = zu dän. gammel und dam (Laur). Lit.: Hald 1948-79, VII 425. JbAngeln 1967, 105. Laur 1992, 265.

Geschichte. Auf einer Parzelle von Gut Düttebüll 1783 Hof gegründet, 1853 Kappelerharde. 1871 FL Gem. Pommerby, 2 Häuser. Großes zweigeschossiges Wirtschaftsgebäude mit Doppelgiebeln 1903 erbaut.

Literatur. vSchröder 1837, I 297. Jensen Angeln 1844, 382. vSchröder 1854, 164. Oldekop 1906, V 92. Angeln 1922, 612. Gelting 1972, 646. Hagemeier-Kottwitz 1982, 389. Gelting 1987, 324.

GAMMELGAARD
s. Kl. Grödersby, Grödersbyhof

GAMMELLÜCK
1) Gelting 2) Kappeln

1) PLZ 24395. Häusergruppe

Ostangeln. Ksp. u. Gem. Gelting. Kein Ldw.-Betrieb (1993).
Lage: an der Geltinger Bucht, nordwestl. von Gelting, im Ortsteil Wackerballig.

Ortsname. 1731 FN Gammel-Lück. 1788 Gammellück. Jensen Angeln 1844 Gammellük. PreußLA 1877 Gammellück. – Alte Koppel = dän. gammel und løkke, angeldän. lyk = Koppel (Laur). Lit.: Hald 1948-79, VII 425. JbAngeln 1967, 102. Laur 1992, 265.

Geschichte. Ein Hof, mehrere Katen und Fischerhäuser mit einem Ladeplatz am Strand, zu Gut Gelting, 1853 Kappelerharde. 1871 FL Gem. Wackerballig, 53 Ewh., 11 Wohngeb. 1938 zur Gem. Gelting.

Kabbernack

Ehem. Haus an der Geltinger Bucht. Der Küstenstreifen von der Mündung der Lehbek bis Wackerballig wird noch Kabbernack genannt. 1745 FN Kaber Nack. Lit.: Hald 1948-79, VII 429.

Literatur. vSchröder 1837, I 298. Jensen Angeln 1844, 379, 380. vSchröder 1854, 165. Oldekop 1906, V 122. Angeln 1922, 609. Gelting 1972, 474, 484. Gelting 1987, 240. Wpl-Verz 1987, 96. TK 1225.

2) PLZ 24376. Häusergruppe
Ostangeln. Ksp. u. Stadt Kappeln. 4 Wohngeb., ein Ldw.-Betrieb (1993).
Lage: nördl. von Stutebüll, am Ende einer Stichstraße. Höhe 16 m.

Geschichte. 1837 drei Katen zu Gut Roest, 1853 Kappelerharde. 1871 FL Gem. Stutebüll, 22 Ewh., 4 Wohngeb. 1937 Gem. Mehlby, seit 1974 Stadt Kappeln.

Literatur. vSchröder 1837, II 334. vSchröder 1854, 517. PreußLA 1877. Oldekop 1906, V 112. Angeln 1922, 623. Wpl-Verz 1987, 89. TK 1325.

GAMMELRYE

Ehem. Haus
Ostangeln. Ksp. u. Gem. Töstrup, am Weg nach Neu-Oersberg.

Ortsname. vSchröder 1837 Gammelrye. Wpl-Verz 1871 u. PreußLA 1877 Gammelry. – Alter = dän. gammel, Kratt = dän. ryde, angeldän. ry.

Geschichte. 1837 eine Kate, Schliesharde. 1871 SL Gem. Töstrup, 1876 in Oersberg umbenannt, Haus mit 12 Ewh.

Literatur. vSchröder 1837, II 124. vSchröder 1854, 387.

GAMMELTOFT

PLZ 24882. Häusergruppe
Südangeln. Ksp. Kahleby, Gem. Schaalby. 3 Wohngeb., ohne Ldw.-Betrieb (1992).
Lage: nordöstl. von Füsing, von der Schleidörferstraße bei Kahlebybrücke eine Abzweigung zum Wald Broholm. Höhe 10 m.
Die Häuser stehen auf einer Kuppe, am steilen Südhang zur Loiter Au und am Waldrand.

Geschichte. 1867 zwei Landstellen gegründet, 1878 das dritte Haus am Waldrand erbaut. 1871 SL Gem. Füsing, 25 Ewh., 5 Wohngeb. Seit 1974 Gem. Schaalby.

Literatur. Oldekop 1906, VIII 45. Angeln 1922, 701. Füsing 1982, 117. Wpl-Verz 1987, 92. TK 1424.

GAMMERUP

Ehem. Dorf
Nordangeln. Ksp. Adelby. 1770 FN Gamerup, Gammerob Lücke. – Dorf = altdän. thorp, des Gammi = altdän. PN (Laur). Lit.: Hald 1948-79, VII 48. JbAngeln 1968, 39. Laur 1992, 265.

GANGERSCHILD

PLZ 24392. Dorf
Mittelangeln. Ksp. Norderbrarup, Gem. Wagersrott. 105 Ewh. (1987), 17 Wohngeb., 4 Ldw.-Betriebe, Tierheim (1993).
Lage: östl. von Norderbrarup, an der Straße nach Wagersrott. Höhe 35 m.
Nach Süden fällt das hügelige Gelände zur Oxbek ab. Vor der Au breitet sich eine Niederung mit Teichen und Gräben aus.
Die fünf alten Höfe des Reihendorfes stehen in auffällig gleichmäßiger Entfernung voneinander, was auf eine planmäßige Ansiedlung schließen lassen könnte. Planlos scheint das Gleis der ehemaligen Kleinbahn quer durch das Dorf und über die Straße geführt worden zu sein.

Ortsname. 1542 Gongerschilt. 1554 Gangerschildt. Mejer 1649 Gangerschildt. Trap 1864 dän. Gangeskjel. PreußLA 1877 Gangerschild. Ndt. Chanerschilt. – Anscheinend älter dän. gangere = Reitpferd, Paßgänger, und entweder dän. skjold = dt. Schild als Terrainbezeichnung, vielleicht „schildförmiges Land“, oder eher, wofür die dänische Form spricht, dän. skel = Grenzscheide (Laur). Lit.: JbAngeln 1963, 39. Laur 1992, 265.

Geschichte. 1663 Struxdorfharde 5 Höfe. 1871 SL Gem. Wagersrott.

Krug. Gangerschilddorf 4. Um 1846 mit Hökerei eröffnet. Gastwirtschaft 1956 geschlossen. Lit.: Wagersrott 1993, 450.

Meierei 1887–1970. Gangerschildstraße 8. Betrieb 1958 umgebaut. Seit Stillegung wird das Gebäude als Wohnhaus genutzt. Lit.: Wagersrott 1993, 159, 426.

Armenhaus 1865. Gangerschildstraße 4. Bis 1954 Hebammenhaus. Lit.: Wagersrott 1993, 439.

Bauernhäuser. Gangerschildstraße 6. Ehem. Dreiseithof 1811 angelegt. Wohnhaus von 1813 aus geweißten Wänden auf hohem Sockel mit Freitreppe und kleinem Frontispiz. Zweigeschossige Stallscheune von 1903 (Denkmalbuch). Lit.: KDM SL 1957, 427. Kunst-Topographie SH 1969, 741. Hagemeier-Kottwitz 1982, 231. Wagersrott 1993, 430. – Gangerschilddorf 2. Haus in den 1860er Jahren erbaut. Fachwerk mit rotem Backstein und in der Front massiv, kleiner Frontispiz und Reetdach (Denkmalbuch). Lit.: Wagersrott 1993, 444.

Denkmal. Friedenseiche 1871 und Gedenkstein mit Inschrift. An der Straßenkreuzung, gegenüber der Abzweigung nach Saustrup.

Literatur. vSchröder 1837, I 299. Jensen Angeln 1844, 409. vSchröder 1854, 166. Trap 1864, 526. Oldekop 1906, VIII 118. Angeln 1922, 660. Wpl-Verz 1987, 94. Wagersrott 1993, 426. TK 1324.

GANGERSCHILDMOOR

PLZ 24392. Haus

Mittelangeln. Ksp. Norderbrarup, Gem. Wagersrott. – Lage: 1 km südl. vom Dorf Gangerschild, am Weg nach Justrup, nahe der Oxbek. Die Moorkuhlen-Teiche, die nach Torfstich entstanden, sind mit Fischen besetzt und an Angler verpachtet.

Geschichte. Das Wohnhaus ist ein Neubau von 1929, das erst 1956 elektrischen Strom erhielt. Seit 1962 ohne Ldw.-Betrieb. Die ehemaligen Moorflächen von 43 ha sind zu Acker und Wiesen kultiviert.

Literatur. Wagersrott 1993, 178, 468.

GARDINENHOF

PLZ 24873. Hof

Westangeln. Ksp. u. Gem. Havetoft. Lage: nördl. von Hostrup, an der Eckernförder Landstraße. Höhe 30 m.

Geschichte. 1871 FL Gem. Holming. 1878 Wechsel zum Kreis Schleswig. Seit 1974 Gem. Havetoft.

Literatur. PreußLA 1877. Oldekop 1906, VIII 53. Wpl-Verz 1987, 89. TK 1323.

GARKELS

s. Ulsnis, Schmiede

GATH

s. Oehe

GEEL

Gemeinde bis 1974

SL Amt Tolk. Fläche 522 ha. 132 Ewh. (1970). Gemeinde 1871 mit 186 Ewh., 18 Wohngeb. Ewh.-Höchstzahl 1946: 301 Menschen. Bis 1970 im Amt Moldenit. 1974 Eingliederung in die Gem. Brodersby.

Wohnplätze. Brekenrühe, Geel, Geelbek, Geelbyholz, Riesbör, Royum, Royumholz.

Literatur. Oldekop 1906, VIII 45. Angeln 1922, 648. Hist. Gem-Verz 1970, 168. Wpl-Verz 1970, 119.

PLZ 24864. Dorf

Südangeln. Ksp. u. Gem. Brodersby. 48 Ewh. (1987), 37 Wohngeb., zumeist Ferienhäuser als Zweitwohnsitz, Krug, 3 Ldw.-Betriebe (1993).
Lage: 1 km westl. von Brodersby, neben der Schleidörferstraße, von der die Dorfzufahrt abzweigt. Höhe 12 m.
Am Westrand des ebenen, knick-vertriebenen Geländes fließt die Geelbek. Im Süden die Schlei mit einem schmalen Badestrand.
■ Der alte Kirchenweg durch die Felder über Westerfeld nach Brodersby ist erhal-

ten geblieben, was in Angeln selten ist. Das kleine Runddorf liegt abseits der Landstraße und allein für sich inmitten seiner Felder. Am Westrand das kleine „Geeler Holz", davor Wochenendhäuser. Sonst ist das Dorf über seine ursprünglichen Grenzen nicht hinausgetreten. In der Dorfmitte ein großer freier Platz. Geel ist wiederholt als Schönes Dorf ausgezeichnet worden.

Ortsname. 1383 Ghelde. Mejer 1649 Geell. PreußLA 1877 Geel. Ndt. Cheel. – Ursprünglicher Gewässername der Geelbek, altdän. Gælda zu gæld = unfruchtbar, auf Fischarmut bezogen (Laur). Lit.: JbAngeln 1963, 23. Laur 1992, 267.

Geschichte. Nach der Urkunde von 1383 gehören dem Johanniskloster drei Höfe und eine Kate. 1871 SL Gem. Geel, im Dorf 73 Ewh., 5 Wohngeb. Seit 1974 Gem. Brodersby. Das Dorfereignis des Jahres 1930 war der erste Umgang mit elektrischer Energie.
Krieg. Zweiter Weltkrieg. 1943 Flugzeug bei Westerfeld abgestürzt. Scheune durch Tiefflieger in Brand geschossen, der große Neubau ist ein seltener Bautyp.

Krug. „Geeler Krog". Lit.: Brodersby 1989, 457.

Jagdstein 1760. An der Schleidörferstraße, der Dorfzufahrt gegenüber, ein Granitpfeiler mit Inschrift und Krone. Grenzstein der Gottorfer Amts-Wildbahn, gesetzt 1760 zur Regierungszeit König Friedrichs V.

Gelkeby

Ehem. Dorf. Kat. Flurbuch 1875 Gelkeby. – Da die so benannten zwei Koppeln nach Geel zu liegen, ist zu vermuten, daß in Gelkeby, Dorf = dän. by, der Ortsname Geel enthalten ist; vielleicht geht Gelke- auf ein ursprüngliches Gelkær = dän. Kratt, von Geel zurück (Laur). Lit.: Laur 1992, 268.

Literatur. vSchröder 1837, I 302. Jensen Angeln 1844, 402. vSchröder 1854, 169. Oldekop 1906, VIII 45. Angeln 1922, 648. Wpl-Verz 1987, 88. Brodersby 1989, 450, 477. TK 1424.

GEELBEK

Au

Südangeln, im Bereich der Schlei. Fließstrecke 4 km, vom Ostrand des Waldes Broholm, Höhe 15 m, bis zur Einmündung in die Schlei, südwestl. von Geel. Einzugsfläche 550 ha, Gem. Brodersby u. Schaalby. Die Au bildet auf ihrer gesamten Strecke die Grenze der Kirchspiele Brodersby und Kahleby.
Der Lauf ist durch das Füsinger Moor und Royumer Moor bis zur Brücke der Schleidörferstraße begradigt und ausgebaut. Im weiteren Verlauf geht die Au in einer Schleife am einzelnen Haus Geelbek vorbei, von der Brücke an im naturnahen Lauf, und streift dann westlich von Geel in einem verengten erlengesäumten Tal das „Geeler Holz". Vor der Mündung liegt eine ausgeprägte Grünlandniederung, die von zahlreichen Gräben durchzogen wird.

Gewässername. DG 1974 Geeler Bach u. Geeler Bek. Gewässerkdl. Verz. SH Geelbek. TK von 1987 Geeler B. – Altdän. Gælda zu gæld = unfruchtbar, auf Fischarmut bezogen (Laur). Lit.: Laur 1992, 267.

Literatur. Biotop 1987, 1424 Nr. 93, 94. TK 1424 (1987).

PLZ 24882. Haus

Südangeln. Ksp. u. Gem. Brodersby. Lage: 2 km westl. von Brodersby, am Weg von der Schleidörferstraße nach Kahleby, an der Aubrücke. Höhe 7 m.
Die Geelbek umfließt das Haus. Jenseits der Au gehört das Land zum Ksp. Kahleby, Gem. Schaalby.

Geschichte. Haus 1885 erbaut, ehemals mit einer kleinen Landwirtschaft. Bis 1974 Gem. Geel. Lit:. Wpl-Verz 1987, 88. Brodersby 1989, 483. TK 1424.

GEELBYHOLZ

PLZ 24864. Häusergruppe

Südangeln. Ksp. Brodersby u. Taarstedt, Gem. Brodersby. 17 Ewh. (1987), 13 Wohn-

geb., 2 Ldw.-Betriebe, Schlachterei (1993). Nur ein Haus, die ehem. Weberkate zum Ksp. Taarstedt.
Lage: 2 km nördl. von Brodersby, an der Straße nach Scholderup, Eckernförder Landstraße. Höhe 24 m.
Grenzort zum Ksp. Taarstedt. Vom namensverwandten Dorf Geel an der Schlei ist Geelbyholz 3 km entfernt und ohne direkte Verbindung.
Im Nordteil der kleinen Straßensiedlung zwängt sich die Landstraße mit einem jähen Knick durch die eng beieinander stehenden Häuser. Im Südteil gruppieren sich drei Wohnplätze oberhalb eines kleinen Wiesengrundes.

Ortsname. 1462 Gherebumark. Mejer 1649 Gerebyholt. 1733 Gehlbuyholtz. PreußLA 1877 Geelbyholz. Ndt. Cheelbyholt. – Feld = dän. mark, später Gehölz = ndt. Holt, von Gereby, zu einem vergangenen Dorf, später nach Geel umgedeutet (Laur). Lit.: JbAngeln 1963, 23. Laur 1992, 267.

Geschichte. 1837 zum Johanniskloster, Gut Unewatt und der Schliesharde 8 Katen. 1871 SL Gem. Geel, 57 Ewh., 8 Wohngeb. Seit 1974 Gem. Brodersby.

Krug. 1837 vorhanden. Gastwirtschaft 1951 beendet. Das Gebäude hat 1989 eine Versandschlachterei übernommen. Lit.: Brodersby 1989, 457.

Windmühle 1871–1942. Die Mühle von Schaalby wurde 1871 nach Geelbyholz versetzt. 1922 hat sie der Blitz getroffen und verbrannt. Als Ersatz wurde der 1802 erbaute Erdholländer von Gelting aufgestellt. 1942 abgebrochen. Lit.: KDM SL 1957, 173. Brodersby 1989, 458.

Bauernhaus. Alte Landstr. 15. Ehem. Weberkate, 1974 Ferienwohnung. Südangelner Fachhallenhaus 1766 in Fachwerk erbaut. Lit.: KDM SL 1957, 173. Hagemeier-Kottwitz 1985, 84. Brodersby 1989, 470. Taarstedt 1989, 166.

Jagdstein 1760. An der Landstraße von Düneberg vor Geelbyholz. Granitpfeiler mit Krone und Inschrift. Grenzstein der Gottorfer Amts-Wild-Bahn, 1760 zur Regierungszeit König Friedrichs V. gesetzt.

Literatur. vSchröder 1837, I 303. Jensen Angeln 1844, 402. vSchröder 1854, 169. Oldekop 1906, VIII 45. Angeln 1922, 648. Wpl-Verz 1987, 88. Brodersby 1989, 456, 466. Taarstedt 1989, 166. TK 1424.

GEIL

PLZ 24960. Streusiedlung

Nordangeln. Ksp. u. Gem. Munkbrarup. 33 Ewh. (1987), 2 Ldw.-Betriebe (1993).
Lage: östl. von Rüde, an der Straße nach Bockholmwik, in hügeligem Gelände.
In der nördlichen Ackerlandschaft sind Spuren alter Tongruben der Ziegelei Bockholmwik bemerkbar, dazwischen ein naturnah fließender Bach.

Ortsname. Ursprünglich nur mit dem Hinweis „im Holtz" bezeichnet. Der Ortsname Geil ist erst nach 1715 in den Kirchenbüchern gebräuchlich. PreußLA 1877 Geil. – Ginster = dän. gyvel, „hiesigen Ortes benannte Kraut, Geil oder Pfriemenkraut, nebst der Heyde fast den mehresten Boden bedecket" (Gude). Lit.: Gude 1778, 107. Hald 1948-79, VII 64. JbAngeln 1968, 36. Laur 1992, 268.

Geschichte. Die ersten Katen sind nach 1700 erbaut worden und gehörten zum Herzogtum Glücksburg, 1779 Munkbrarupharde. 1871 FL Gem. Rüde, 38 Ewh., 9 Wohngeb.. Seit 1970 Gem. Munkbrarup.

Weenmoos

Kate schon vor 1685 vorhanden. Ortsname etwa bis 1740 gebräuchlich, dann unter Geil genannt. Lit.: Hald 1948-79, VII 71. Munkbrarup 1976, II 487.

Literatur. vSchröder 1837, I 303. Jensen Angeln 1844, 346. vSchröder 1854, 170. Oldekop 1906, V 98. Angeln 1922, 563. Munkbrarup 1976, I 247, II 469. Wpl-Verz 1987, 98. TK 1123.

GEILBERG

PLZ 24376. Häusergruppe

Ostangeln. Ksp. Gundelsby, Gem. Hasselberg. 3 Wohngeb., kein Ldw.-Betrieb (1993). Lage: 1 km westl. von Hasselberg, südl. der Straße nach Kieholm. Höhe 9 m.

Ortsname. 1791 Geilberg. PreußLA 1877 Geilberg. – Ginsterberg = dän. gyvel. Lit.: Hald 1948-79, VII 425.

Geschichte. 1837 zwei Katen zu Gut Oehe, 1853 Kappelerharde. 1871 FL Gem. Hasselberg, 3 Wohngeb.

Literatur. vSchröder 1837, I 304. Jensen Angeln 1844, 385. vSchröder 1854, 170. Oldekop 1906, V 54. Gundelsby 1977, 163, 165. Wpl-Verz 1987, 97. TK 1225.

GEILKOPPEL

Ehem. Hof

Nordangeln. Ksp. Munkbrarup, Gem. Oxbüll. Lage: etwa 400 m westl. vom Straßenkreuz in Rosgaard, an der Südseite des Weges nach Weesries.

Ortsname. 1756 FN Geil Koppel. – Ginster-Koppel. Lit.: Hald 1948-79, VII 89.

Geschichte. Landstelle 1756 nach der Parzellierung von Philippshof entstanden, Herzogtum Glücksburg, 1779 Munkbrarupharde. 1871 FL Gem. Oxbüll. 1901 durch Brandstiftung vernichtet. Neubau im Dorf Rosgaard. Lit.: Munkbrarup 1976, III 782.

GELKEBY
s. Geel

GELTING

Kirchspiel

Kirchenkreis Angeln. 2230 Gemeindeglieder (1991). Kirche, Gemeindehaus, Kindergarten, Schwesternstation. Grundbesitz 33 ha.

Wohnplätze. Basrott, Beveroe, Birkkate ehem., Bleicherfeld, Börsby, Bosiek, Boysenfeld, Brennstuf ehem., Breede, Bücherott, Buhskoppel, Busch ehem., Christiansfeld, Dammhall, Düstholz, Düstnishy, Düttebüllmühle, Elstohl, Falshöft, Felleschau ehem., Fischerkoppel ehem., Freienwillen, Gaarwang, Kl. Gaarwang, Gammeldamm, Gammellück, Gelting, Goldhöft, Goldhöftberg, Golsmaas, Grahlenstein, Grüftheck, Grüftlingsfeld, Grünkoppel, Güholz, Hebrohy, Hellert, Hellertbusch, Hellertfeld, Hermannshöh, Holmkjer, Holmknopp, Holmslade ehem., Hüsfeld, Jakobstoft ehem., Kabbernack ehem., Kattrott, Kemphy, Knefferbek, Knorr, Langfeld, Lehbek, Lehbekwiese, Lück, Mühlenbrück, Mühlendamm, Mühlenfeld, Nadelhöft, Kl. Nadelhöft, Nieby, Niebymaas, Niebywesterfeld, Niedamm, Norburg ehem., Norderballig, Nordschau, Oberkoppel, Osterfeld, Pattburg teilw., Pelsrade, Pielstoft, Pinkyberg, Pommerby, Pommerbyheck, Pommerbyhof, Priesholz, Priesholzmühle, Quisnis, Rabenholz, Rittenburg ehem., Saland, Schmidtsberg, Seehof, Sibbeskjär, Sillekjer, Soberg ehem., Solby ehem., Steensiek, Stenderup, Stenderupfeld, Süderfeld, Südergarten, Suterballig, Trollberg ehem., Tückedamm, Twiestraße, Voßberg, Voßbergmühle, Wackerballig, Wattsfeld, Westerfeld, Woy, Ziegelwiese ehem.

Geschichte. Im 15. Jh. lag das Patronat beim Rudekloster. Nach der Reformation war die Kirche dem Generalsuperintendenten unterstellt. 1857 Propstei Amt Flensburg, Kappelerharde. 1879 Propstei Nordangeln, 1971 Propstei Angeln, seit 1977 Kirchenkreis Angeln.

1893 wurde das Kirchspiel in die Pfarrbezirke Gelting und Gundelsby geteilt und 1929 Gundelsby als selbständige Kirchengemeinde abgetrennt.

■ Bis dahin war Gelting flächenmäßig das größte Kirchspiel in Angeln und nach Adelby auch die volkreichste Gemeinde.

Die Wohnplätze Breede und Boysenfeld haben sich 1918 von Gundelsby wieder nach Gelting zurückbegeben.

An der Kirche zu Gelting waren seit 1583 zwei Geistliche im Amt, von denen der

Kompastor ab 1909 den Dienst in der Filialkirche Gundelsby versah.

Literatur. Jensen Stat. 1841, 1421. Jensen Angeln 1844, 374. Trap 1864, 635. Angeln 1922, 604. Kuhlmann 1958, 172, 196.

Amt

Vereint seit 1970 in Ostangeln 10 Gemeinden: Gelting, Hasselberg, Kronsgaard, Maasholm, Nieby, Pommerby, Rabel, Rabenholz, Stangheck, Stoltebüll.

Amt bis 1970. Kreis Flensburg, 1889 gebildet mit den Gem. Kattrott, Lehbek, Rabenholz, Schwackendorf, Stenderup, Suterballig, Wackerballig und den Gutsbezirken Gelting und Priesholz.
1946 wechselte die Gem. Schwackendorf zum Amt Buckhagen-Oehe. 1948 Eingliederung des Amtes Düttebüll. 1970 Eingliederung des Amtes Buckhagen-Oehe und der Gem. Stangheck aus dem Amt Rundhof-Esgrus.

Gemeinde

Amt Gelting. Fläche 1992 ha, davon 110 ha Wald. 1895 Ewh., 572 Wohngeb., 54 Ldw.-Betriebe (alle Angaben 1987).

Wappen. Ein Pflug mit einer Sonne, als Symbole der Landwirtschaft. Flagge 1975 in den Farben Blau-Gelb-Blau.
■ Gelting war die erste Landgemeinde in Angeln, der 1937 ein Wappen verliehen wurde. Lit.: Gelting 1972, 318.

Wohnplätze. Basrott, Bleicherfeld, Bosiek, Bücherott, Christiansfeld, Dammhall, Düstholz, Düstnishy, Freienwillen, Gaarwang, Kl. Gaarwang, Gammellück, Gelting, Gut Gelting, Geltingmühle, Goldhöft, Grahlenstein, Grüftheck, Grüftlingsfeld, Grünkoppel, Güholz, Hebrohy, Hellert, Hellertbusch, Hellertfeld, Holmkjer, Kattrott, Kemphy, Knorr, Lehbek, Lehbekwiese, Nadelhöft, Kl. Nadelhöft, Norburg ehem., Nordschau, Oberkoppel, Pattburg teilw., Pelsrade, Pinkyberg, Pommerbyheck, Saland, Schmidtsberg, Stenderup, Stenderupfeld, Südergarten, Suterballig, Tückedamm, Twiestraße, Voßberg, Voßmühle, Wackerballig, Westerfeld, Woy.

Gemeinde bis 1970. Die Gem. Suterballig und Teile des Gutsbezirks Gelting, u.a. Gut und Dorf, vereinigten sich 1928 zur neuen Gem. Gelting. Fläche 506 ha. 700 Ewh. (1933).
Eingliederung der Gem. Kattrott, Lehbek u. Wackerballig 1938. Ewh.-Höchstzahl 1946: 2540 Menschen. 1970 Eingliederung der Gem. Stenderup.

Literatur. Hist. Gem-Verz 1970, 56. Gelting 1972, 316. Gelting 1987, 122. Wpl-Verz 1987, 96.

PLZ 24395. Kirchdorf

Ostangeln. Ksp. u. Gem. Gelting. 1288 Ewh. (1987). Ländlicher Zentralort, Luft- u. Kneippkurort. Kirche, Pastorat, Schule, Amtsverwaltung, Polizeistation, Post, Ärzte, Apotheke, Gaststätten, Banken, Geschäfte, Handwerksbetriebe, Tankstelle. Keine Ldw.-Betriebe im Dorf (1993).
Lage: 12 km nördl. von Kappeln, an der Nordstraße und der Straße von Nieby nach Rabenholz, in der Niederung der Geltinger Au. Höhe 2 m.
Die beiden Hauptstraßen, der vielgeschäftige Norderholm und der langgestreckte Süderholm werden seit 1953 von der Nordstraße gekreuzt, die den Ort in seiner ganzen Breite erfaßt. Im Ostteil ist an der Nordstraße ein Gewerbegebiet entstanden. In den Jahren 1972–86 sind in Gelting 60 Häuser erbaut worden. Eine ehemals große moorige Wiese wurde 1975 zum Bürgerpark gestaltet mit Kneippanlage, Karpfenteich, Freilichtbühne und Holzbrücken über einen kleinen Bach. Gelting ist als Schönes Dorf ausgezeichnet.
■ Seit 1986 Luftkurort und 1990 als erster Kneippkurort an der Ostsee anerkannt.

Ortsname. KWE 1231 Gyælting, Geltyng. 1285 Gælting. 1339 Geltingh. Mejer 1648 Geltingen. Danckwerth 1652 Geltinge. Trap 1864 dän. Gjelting. Ndt. Chelding. – Eber = dän. galt, und zwar nicht vom Tiernamen sondern in übertragener Bedeutung als Terrainbezeichnung, vielleicht nach

Danckwerth auf die rüsselförmig vorspringende Halbinsel bezogen oder nach Hald auf das Geltinger Noor, und zwar auf den heute trockengelegten schmalen Teil, der sich bis nach Gelting erstreckte. Gelting wurde im Mittelalter sowohl als Orts- als auch als Landschaftsname gebraucht (Laur). Namensgleich sind in Bayern zwei Dörfer im Kreis Tölz-Wolfratshausen und im Kreis Erding. Lit.: Hald 1948-79, VII 426. JbAngeln 1967, 102. Laur 1992, 268.

Geschichte. Kirchort im Gut Gelting, 1853 Kappelerharde. 1871 FL Gem. Suterballig, 56 Ewh., 9 Wohngeb. und zum Gutsbezirk Gelting 3 Wohngeb. Seit 1928 Gem. Gelting.
Ursprünglich war Gelting nur ein Kirchplatz neben dem Gut, „kein eigentliches Dorf, ist an und für sich unbedeutend, hat nur 60 Einwohner, aber ist lebhaft und gilt für etwas in Angeln" (1844). Gelting bestand 1854 aus 13 Häusern, darunter das Kompastorat, die Schule, 5 kleine Landstellen, Krug, Höker und Schmiede. 1906 mit 90 Ewh. und 15 Häusern noch nicht viel größer. Freiw. Feuerwehr 1886 gegründet.
Das eigentliche Dorf war das südliche Suterballig, das nur durch eine schmale Wiesenniederung von Gelting getrennt wurde. Nach dem Bau der Kleinbahn sind beide Orte zusammengewachsen.
Während der Schneekatastrophe 1978 war das Dorf vier Tage von der Außenwelt abgeschnitten.
Einwohner 1842. Nach Aufhebung der Leibeigenschaft sammelte sich um Gelting eine „buntscheckige" Bevölkerung, ohne kirchliches Interesse und auf Gebräuche wenig Wert legend. Rangstreitigkeiten zwischen Hufnern und Kätnern fanden hier nicht statt. In Kleidung, Benehmen und Lebensweise hatten sich die Einwohner städtische Moden angeeignet, und trotz hoher Verarmung wurden Lustbarkeiten häufig besucht. In bäuerlichen Kreisen las man viel und gerne. Unter den „Anglern" hatte der Geltinger ein freimütigeres, keckeres Auftreten, der es mit der Wahrheit nicht so genau nahm und krumme Wege vorzog. Daß aus Gelting immer einige im Glückstädter Zuchthaus saßen, darin sah die Öffentlichkeit schon nichts Ungewöhnliches. – Bericht Pastor Jensen. Lit.: JbAngeln 1956, 138.
Persönlichkeit. Hans Nicolai Andreas Jensen 1802–1850. Pastor, Historiker der Landschaft Angeln, 1831–45 in Gelting.
Markt. 1730 letztmals, angeblich wegen eines Todschlags eingestellt. Der Marktplatz befand sich nördlich der Kirche, mit dem später der Friedhof erweitert wurde.
Sturmflut 1872. Hochwassermarken. Norderholm 21, ein Metallschild mit der exakt zu den amtl. Werten eingemessenen Höhe von 312 cm. Lit.: Frahm 1993, 154. – Norderholm 22/24, Holzschild mit Inschrift in Höhe 307 cm. Lit.: Frahm 1993, 180.

Kirche. St. Katharinen. Lage am Nordwestrand des Kirchspiels, im Nordende des Dorfes, ursprünglich allein mit dem Pastorat. Die Kirche ist auf einer Anschüttung erbaut, unmittelbar neben der Geltinger Au. Höhe 2 m, mit Arnis der niedrigste Standort einer Kirche in Angeln.
Spätgotischer Backsteinbau. Aufgrund der späten Besiedlung des Ostens der Landschaft im 14. Jh. eine der letzten vorreformatorischen Kirchengründungen Angelns. Am sehr breiten und langen Großbau regiert der Backstein aus gotischer Zeit, der bis auf die Westwand unverputzt blieb. An der Westwand zeugen Zahlenanker und auf dem Giebel eine Wetterfahne mit Datum 1640 von späteren Reparaturen. An der Südwand ist ein Vorhaus aus gotischer Zeit angefügt.
Beim Umbau zur Saalkirche 1793 wurden das Nordportal und die meisten gotischen Fensteröffnungen vermauert und durch große Rundbogenfenster ersetzt. Der Chor mußte abgebrochen werden, um das Schiff in ganzer Breite nach Osten auf 37 m verlängern zu können.
■ Die der Dorfstraße zugewandte Schauseite erhielt 1793 ein Mittelportal, darüber eine Inschrifttafel, und wurde unter Einbeziehung der beiden Flügelanbauten repräsentativ ausgebildet. Durch diese aufwendige Erweiterung ist Gelting unter den Kirchen der Landschaft eine ungewöhnliche, fremdartige Erscheinung.
Als Dachreiter ist 1884 eine offene Laterne

mit Spitzhelm auf den Ostgiebel gesetzt. An der Nordwand der Kirche ist eine Gruft für Gut Düttebüll 1674 angebaut und vor der Mitte, nur flach über den Boden ragend, das Begräbnis für Gut Gelting eingelassen. Das Glockenhaus auf dem Friedhof ist ein stattlicher Holzbau von 1729, allseits mit breiten Schalluken geöffnet und mit einem achteckigen Zeltdach gedeckt. Obwohl der größte Teil der Geltinger Gemeindeglieder im Süden der Kirche wohnt, läuten die Glocken aus dem nordwestlich aufgestellten Turm.
Literatur. KDM FL 1952, 124. Kuhlmann 1958, 173. Kunst-Topographie SH 1969, 288.

Friedhof. Fläche 1,2 ha. 1730 nach Norden auf dem früheren Marktplatz und 1839 im Westteil erweitert, auf dem bei der Einweihung eine Bergulme gepflanzt wurde, heute der prachtvollste Baum im Kirchdorf Gelting.

Ehrenmale. 1949 für die Gefallenen beider Weltkriege, die erste Denkmalsweihe nach 1945 in Schleswig-Holstein. – Kriegsgefangenenmahnmal 1953 auf dem zugeschütteten Dorfteich vor der Kirche. Lit.: Gelting 1972, 150, 229. JbAngeln 1988, 198. Frahm 1993, 160.

Katholische Kirche. „Herz Jesu". 1925 Kapelle im Ostflügel von Schloß Gelting eingerichtet. Gemeinsame Pfarrstelle mit Kappeln. Lit.: Gelting 1972, 37.

Altes Pastorat 1733. Bemerkenswerter Fachwerkbau mit breiten Zargenfenstern und Reetdach. Ab 1823 als Wirtschaftsgebäude genutzt. Später teilweise eingestürzt, nach der Instandsetzung 1926 als Konfirmandensaal eingerichtet. 1980 Umbau zum Gemeindehaus (Denkmalschutz). Lit.: KDM FL 1952, 135. Kunst-Topographie SH 1969, 289. Gelting 1972, 124.

Neues Pastorat 1822. Norderholm 3. Neben dem Altbau ein schiefergedeckter Backsteinbau, die Frontseite mit übergiebeltem Mittelrisalit. Im Park eine große Blutbuche (Denkmalbuch). Lit.: KDM FL 1952, 135. Gelting 1972, 124, 354. Gelting 1987, 166.

Ehem. Kompastorat. Schmiedestr. 4. Nördl. der Kirche ein schlichter Bau des 18. Jh. Seit 1909 Arztpraxis. Lit.: KDM FL 1952, 135. Gelting 1972, 124, 413. Gelting 1987, 187.

Schule. Grund- u. Hauptschule, Norderholm 36. In 14 Klassen werden im Altbau von 1911 und den 1965/69 errichteten Gebäuden 270 Schüler (1992) unterrichtet. Schulgemeinden sind Gelting, Kronsgaard, Nieby, Pommerby und Rabenholz, seit 1967 auch Stangheck und Stoltebüll. Das erste Schulhaus, das gegenüber der Kirche lag, brannte 1838 ab. Auf dem jetzigen Schulhof wurde 1839 ein zweiklassiger Neubau für 220 Kinder errichtet. 1856–64 Unterricht in dänischer Sprache. Das Schulpatronat übergab der Gutsherr 1857 an das Kirchenvisitatorium des Amtes Flensburg. 1962 Gründung einer Dörfergemeinschaftsschule, die einzige Schule im Kirchspiel. Lit.: P. Schwennsen, Die Entwicklung des Schulwesens im Amte Gelting, JbAngeln 1970, 97. Ravn 1971, 160. Gelting 1972, 182, 394. Gelting 1987, 23, 172.

Dänische Schule. Wilhelmstr. 8. Unterricht 1946–70 in einem Holzhaus, heute Versammlungsstätte. Lit.: Gelting 1972, 225. Gelting 1987, 162.

Bürgerhaus „Peter-Schwennsen-Haus". Norderholm 30. Ehem. Kreisberufsschule 1959 erbaut. Nach Auflösung 1975 von der Gemeinde erworben und als Bürgerzentrum eingerichtet. Benannt nach dem Rektor und Chronisten des Kirchspiels. Lit.: Gelting 1972, 393. Gelting 1987, 42, 172.

Turnhalle 1927. Das Gebäude ist im gleichen Stil und Jahr wie die Bauten zu Glücksburg, Munkbrarup, Husby und Sörup errichtet worden. Im Hause befindet sich das Dorfarchiv. Außerdem hat Gelting eine moderne Turnhalle 1969 erhalten.

Küsterhaus 1681. Norderholm 21. Verputzter Ziegelbau. Zahlenanker 1681 im Giebel. Hochwassermarke von 1872 am Haus. Ein selten frühes Beispiel eines ländlichen Wohnhauses in Backstein-Massivbauweise (Denkmalschutz). Lit.: Gelting 1972, 387. Gelting 1987, 168.

Krüge. „Landkrog Gelting“, Süderholm 16. Altes Gebäude um 1800 entstanden. Von 1873–90 mit Poststelle. Lit.: Gelting 1972, 343. Gelting 1987, 139. – „Gasthof Gelting“, Norderholm 28. Erster Krug 1841 erbaut. 1898 zum zweigeschossigen Putzbau aufgestockt mit reichgegliederter, neoklassizistischer Fassade, über dem Mittelrisalit ein flacher Giebel mit Vasenbekrönung. 1914 Saalanbau, 1917 nach Brand erneuert. Zugehörig ein ehemaliger Ausspann (Denkmalbuch). Neben dem Saal bestand vormals eine Bäckerei, und an der westlichen Seite hatte der Dorfbarbier seine Stube, der sich auch als „Tän-Dokter“ betätigte. Lit.: Gelting 1972, 392. Gelting 1987, 171.

Bahnstation 1886–1952. Norderholm 2–4. Haltestelle der Kleinbahn Flensburg–Kappeln, Entfernungen 38–11 km. Bahnhofsgebäude mit Gaststätte und Hökerei 1886 privat erbaut. 1974 Umbau zum Supermarkt.
Da das Dorf nicht auf der Geraden Rundhof–Kappeln liegt, mußte die Bahnstrecke in einem weiten Nordbogen geführt werden, um die Station Gelting zu erreichen. Lit.: Gelting 1972, 388. Gelting 1987, 169.

Post. Nordstr. 9. Neubau von 1972. Das Postwesen begann in Gelting 1863 mit der Eröffnung einer Briefsammlungsstelle, die 1865 zur Postexpedition und 1871 zur Postagentur erhoben wurde. Seit 1894 selbständiges Postamt, das im Hause Norderholm 1 zur Miete untergebracht war. Das 1901 eingerichtete Fernsprechamt wurde 1933 nach Kappeln verlegt. Altes Postgebäude 1975 abgebrochen. Lit.: Gelting 1972, 226, 380. Gelting 1987, 38, 163.

Amtshaus 1982. Süderholm 18. Vordem waren die Verwaltungsräume seit 1953 im Hause Süderholm 12. Lit.: Gelting 1972, 342. Gelting 1987, 27, 140.

Windmühle. Müllerhaus von 1851 der ehem. „Geltingmühle“, Süderholm 92. Anstelle einer alten Bockmühle wurde 1802 an der Straße nach Rabenholz eine Holländer-Kornmühle errichtet. 1923 abgebaut und in Geelbyholz wieder aufgestellt. Lit.: Gelting 1972, 93, 360. Põge 1980, 33.

Meierei 1899–1965. Süderholm 13. Gebäude seit Betriebsende Tischlerei. Lit.: Gelting 1972, 102, 325. Gelting 1987, 132.

Sägewerk 1962–1979. An der Nordstraße von Gut Gelting erbaut, in dem die Hölzer aus den Gutswäldern bearbeitet wurden. 1979 abgebrannt. Lit.: Gelting 1987, 163.

Banken. Sparkasse Schleswig-Flensburg, Filiale Norderholm 1. Spar- und Leihkasse 1849 als Verein gegründet. 1900 Umwandlung in eine GmbH, die 1928 in die Kreissparkasse Flensburg eingegliedert und als erste Hauptzweigstelle weitergeführt wurde. 1954 im sparkasseneigenen Gebäude, Neubau 1976. Lit.: Gelting 1972, 311, 384. H. Thomsen, Geltinger Spar- und Leihkasse, Landkreis Flensburg, 1981, 196. Gelting 1987, 77, 166. – Volks- und Raiffeisenbank eG Kappeln, Zweigstelle Raiffeisenstr. 9. Gegründet 1905 als Kreditbank Gelting. 1974 Umfirmierung in Raiffeisenbank. 1986 Fusion mit Kappeln. Lit.: Gelting 1972, 308, 383. Gelting 1987, 78, 165. – Vereins- und Westbank, Nordstr. 16. Seit 1931 Zweigstelle der Schleibank Kappeln, 1943 von der Westbank übernommen. Seit 1974 unter neuem Namen. Lit.: Gelting 1972, 311, 339. Gelting 1987, 79, 138.

Apotheke. „Birk-Apotheke“, Raiffeisenstr. 11. Von 1950 bis 1970 im Hause Süderholm 60. Lit.: Gelting 1972, 383. Gelting 1987, 165.

Bauernhaus. Süderholm 72. Kleines Haus von 1848, roter Backstein mit Reetdach. Hauseingang mit historischer Holztür, darüber geschweifter Frontispiz mit Bodenluke (Denkmalbuch). Lit.: Gelting 1972, 356.

Bürgerhaus. Schmiedestr. 8. Kleines Wohnhaus von 1926 in roten Ziegeln. Bemerkenswerte Mauerwerksgestaltung mit reichhaltigen Detailformen expressionistischer Bauart (Denkmalbuch). Lit.: Gelting 1972, 413.

Denkmal 1889. Gedenkstein vor der Kirche. Inschrift zur Erinnerung an die Aufhebung der Leibeigenschaft im Gut Gelting 1789. Lit.: Frahm 1993, 175.

Mühlenfeld

Häusergruppe um die ehem. Mühle, an der Straße nach Rabenholz. 1871 FL Gem. Suterballig, 41 Ewh., 9 Wohngeb. Ortsname 1683 FN Mühlenfeldt. PreußLA 1877 Mühlenfeld. Ortsname nicht mehr gebräuchlich. Lit.: Hald 1948-79, VII 463.

Schmidtsberg

Ortsteil. Gewerbegebiet an der Nordstraße. Früher ein Hof zu Gut Gelting. 1871 FL Gem. Suterballig. Hofneubau 1892 nach Brand. Nach Abbruch des Hofes wurde das Gelände 1978 zum Gewerbegebiet erschlossen und von verschiedenen Betrieben mit Geschäftshäusern bebaut.
Ortsname. 1745 FN Schmidtberg. Gelting 1987 u. Straßenname Schmidsberg. Lit.: Hald 1948-79, VII 433.
Literatur. vSchröder 1837, II 342. Jensen Angeln 1844, 381. vSchröder 1854, 522. Oldekop 1906, V 115. Gelting 1972, 381. Gelting 1987, 208.

Suterballig

Ortsteil. Süd-Gelting, an der langen Straße Süderholm.
Ortsname. 1494 Süderbarch. 1519 Suderbalge. 1693 Sutterbalg. Trap 1864 dän. Sønderballe. PreußLA 1877 Suterballig. Ndt. Suderballich. – Südlicher Ortsteil = ndt. Suder, zu Suter- umgedeutet, und Ballig = altdän. balgh (Laur). Lit.: Hald 1948-79, VII 435. JbAngeln 1967, 103. Laur 1992, 636.
Geschichte. 1519 ein Dorf mit 9 Höfen zu Gut Gelting, 1853 Kappelerharde. 1871 FL Gem. Suterballig, im Dorf 133 Ewh., 23 Wohngeb. 1928 zur Gem. Gelting.
Literatur. vSchröder 1837, II 342. Jensen Angeln 1844, 380. vSchröder 1854, 522. Oldekop 1906, V 115. Angeln 1922, 608. Gelting 1972, 322. Gelting 1987, 131.

Tückedamm

Haus am Ostrand von Gelting, Stenderuper Str. 21. Wpl-Verz 1871 FL Gem. Suterballig.
Ortsname. 1683 FN Tuckedam. Jensen Angeln 1844 Tükjärdamm. PreußLA 1877 Tückedamm. – Vermutlich „stark" = dän. tyk, bewachsener Teich = dän. dam (Hald). Der Ortsname ist nicht mehr gebräuchlich. Lit.: Hald 1948-79, VII 435.
Literatur. Jensen Angeln 1844, 380. vSchröder 1854, 522. Oldekop 1906, V 115. Angeln 1922, 609. Gelting 1972, 363. Gelting 1987, 150.

Twiestraße

Ehem. Hof und Armenhaus in West-Gelting, Straßenname für die Verlängerung der Schmiedestraße. 1871 FL Gem. Suterballig, 29 Ewh., 2 Wohngeb. Die alten Gebäude sind nicht mehr vorhanden.
Ortsname. 1746 Twiegard. PreußLA 1877 Twiesstrasse. – Lage im Winkel zwischen zwei = südjüt. tvi, Wegen – ursprünglich -gaard = dän. Hof (Hald). Lit.: Hald 1948-79, VII 435.
Literatur. vSchröder 1837, II 342. Jensen Angeln 1844, 380. vSchröder 1854, 522. Oldekop 1906, V 115. Gelting 1972, 412.

Literatur. vSchröder 1837, I 307. Jensen Angeln 1844, 377. vSchröder 1854, 170. Trap 1864, 635. Oldekop 1906, V 37, 115. Angeln 1922, 608. Röschmann 1963, 216. P. Schwennsen, Chronik des Ksp. Gelting, 1972. H. v. Hobe, Chronik II des Ksp. Gelting, 1987. Wpl-Verz 1987, 96. TK 1225.

GELTING GUT

Gutsherrschaft

Das Gut umfaßte in Ostangeln, auf der Birk, an der Bucht und im Wohld von Gelting eine Fläche von rund 2400 ha, nach Rundhof die größte Gutsherrschaft in Angeln. Das geschlossene Gebiet lag in den Grenzen, die für die Gem. Gelting seit 1970 bestehen. Der Gutsbereich war ein Teil der „Silva Gelting", eine riesige Waldfläche, die sich von der Birk bis an die Schlei erstreckte und zu den Krongütern gehörte. 1339

GELTING, Gut. Herrenhaus, von Wassergräben umgeben.
Hinter dem Herrenhaus der Park von 1789. Foto: D. Weldt

erwarb die Ritterschaft einen Teil des Gelting Wohld, in dem auch zwei Bohl zu Gelting vorhanden waren, mit denen die Gutswirtschaft begann. Zur Vergrößerung des Hoffeldes und Errichtung von Meierhöfen wurden die Dörfer Wackerballig, Priesholz und Nadelhöft niedergelegt.

Das adlige Gut war seit 1524 mit eigener Gerichtsbarkeit privilegiert. Einen Juristen hat das Gut erstmals 1805 als Gerichtshalter bestellt. 1853 wurde die gutsherrliche Rechtsprechung von der Kappelerharde abgelöst.

Die Gutsuntergehörigen waren bis 1789 Leibeigene. Im Geltinger Bezirk lebten 1840 etwa 1270 Menschen in den Dörfern Lehbek, Stenderup, Suterballig und den verstreuten Kleinsiedlungen.

Durch die Parzellierung wurden rund 1500 ha, etwa Zweidrittel des gesamten Areals, von der Gutswirtschaft ausgenommen. Vorrangig die aus der Leibeigenschaft entlassenen Untertanen konnten 50 Landstellen in Pacht nehmen. Zusätzlich verkaufte das Gut Parzellen zur Errichtung von 52 neuen Höfen und Katen. Dadurch sind 1789 die um Gelting zahlreichen Einzelhöfe entstanden.

Gutsbezirk bis 1928

FL Amt Gelting. Fläche 3990 ha. 186 Ewh., 28 Wohngeb. zu den Wohnplätzen Hof und Dorf Gelting, Südergarten, Nordschau, Gammellück, Goldhöftberg und Meierhof Beveroe (1871). Der Gutsbezirk wurde 1928 aufgelöst und die Fläche auf die Gemeinden Gelting, Lehbek, Nieby und Wackerballig verteilt. Lit.: Hist. Gem-Verz 1970, 242.

PLZ 24395. Gut

Ostangeln. Ksp. u. Gem. Gelting. Fläche 750 ha, davon 140 ha Wald (1993). Ldw.-Betrieb, seit Brand des Kuhstalls 1979 ohne Viehhaltung.

■ Gelting ist das an Grundbesitz größte Gut in Angeln.

Lage: am Nordostrand des Dorfes, an der Straße nach Pommerby, der Kirche am nächsten gelegenes Gut in Ostangeln.

Gutshof. Mächtige Erdwälle mit Eckbastionen, von Bäumen und Strauchwerk bewachsen, fassen den großen Platz ein. Auf den Bastionen waren einst Geschütze aufgestellt, 1864 von den Preußen requiriert. Vor den Wällen ist die Anlage vollständig von einem breiten Wassergraben umzogen, der von der Bobek ausgefüllt wird. Das südwestliche Viertel ist als Herrenhausplatz nochmals durch einen Zwischengraben vom Wirtschaftshof getrennt.

■ Die Gesamtanlage ist mit einer Fläche von 200 x 230 m nach Rundhof der größte Hofplatz in Angeln. Mit seinen Gräben und Brücken eine seltene und gut erhaltene Anlage (Denkmalschutz).

■ Das zweigeschossige Herrenhaus in Gestalt einer Dreiflügelanlage. Der Ostflügel mit rundem Eckturm ist der Rest eines Baus um 1470. Westflügel von 1680, der Mittelbau von 1772 mit großen holländischen Schiebefenstern (Denkmalschutz).

Von den alten Wirtschaftsgebäuden steht nur noch ein langgestreckter gelber Backsteinbau von 1753, an den Giebelseiten mit je zwei Toreinfahrten, zum Teil reetgedeckt (Denkmalschutz). Das Kuhhaus brannte 1979 nieder. Ein Fachwerkpferdestall von 1660 wurde 1988 abgebaut. Die Balken sind bei der Restaurierung des „Marxen-Hauses" in Unewatt verwandt worden, das zu 60 % aus Geltinger Bauholz von 1660 besteht.

Der Zugang zum Hof führt über eine Granitquaderbrücke durch das Torhaus von 1754. Auf dem Dach des kleinen Baus steht ein barockes Türmchen mit Uhr und Glocke, das laut Inschrift der Wetterfahne 1793 aufgesetzt wurde. Seltener Bautyp (Denkmalschutz).

Park. Nach der Karte von 1783 war hier noch eine Koppel, auf der nach umfangreichen Geländebewegungen der heutige Park 1789 angelegt ist. Hierbei wurde der westliche Teil im französischen Stil, der östliche Teil bereits als englischer Garten gestaltet. Dieser ist im 19. Jh. in einen englischen Park umgestaltet worden. Zum Park führt eine 1991 erneuerte Zugbrücke (Park Denkmalschutz).

Literatur. KDM FL 1952, 136. Röschmann 1963, 230. Kunst-Topographie SH 1969, 289.

GELTING, Gut. Herrenhaus 1772 mit Seitenflügeln. Foto: H. Vollmer

Forsthaus. Am Schloßgraben 12. Außerhalb des Hofes ein altes Gebäude, die Wohnung des Forstaufsehers. Zur Zeit des ersten Barons von Geltingen 1758–86 „Theaterhaus“, später wesentlich verkleinert. Lit.: Gelting 1972, 398.

Wassermühle. Am Schloßgraben 10, am Hofgraben vor dem Gut. Das Wohnhaus ist ein Fachwerkbau auf massiv gemauertem Untergeschoß. Auffällig sind die Rundbogenblendnischen und die Ausfachung mit Zierverbänden (Denkmalbuch). Die ehemalige Kornwassermühle wird 1643 erstmals beim Gut genannt. 1928 abgebrannt und Neubau als Sägemühle eingerichtet. Sägebetrieb 1963 eingestellt. Lit.: Gelting 1972, 396. Pöge 1980, 33. Gelting 1987, 174.

Geschichte. Das Gut entstand 1339. Nach der Parzellierung 1789 verblieb beim Hof eine Fläche von 780 ha, die durch Trockenlegung eines Teils des Geltinger Noors erweitert wurde. 1713 Gut im 1. Angler Güterdistrikt, 1853 Kappelerharde. 1871 FL Gutsbezirk Gelting, zum Hof 75 Ewh., 11 Wohngeb. Seit 1928 Gem. Gelting.
In der älteren Besitzerfolge dominiert das Geschlecht von Ahlefeldt ununterbrochen 1494–1724. Seit 1758 im Familienbesitz, zuerst Baron von Geltingen, ab 1820 Baron von Hobe-Gelting.
Persönlichkeit. Claus von Ahlefeldt 1614–1674, dän. Feldmarschall, geboren auf Gut Gelting. – Detlev von Ahlefeldt 1617–1686, Diplomat, Schriftsteller, geboren auf Gut Gelting.

Südergarten

Ehem. Gärtnerhaus, östl. des Gutshofes an der Straße nach Pommerby. 1967 abgerissen. Lit.: Wpl-Verz 1871 u. 1956.

Literatur. vSchröder 1837, I 304. Jensen Angeln 1844, 219, 377. Oldekop 1906, V 37. Angeln 1922, 606. Gelting 1972, 28, 396. vRumohr 1979, 55.

GELTINGER AU

Au

Ostangeln, im Bereich der Ostsee. Fließstrecke 8,5 km, von Priesholz bis zur Einmündung in das Geltinger Noor bei Grahlenstein. Einzugsfläche 1860 ha, Gem. Gelting, Grenzlauf der Gem. Rabenholz, Hasselberg u. Gelting.
Der Lauf beginnt in Höhe 20 m am Waldrand östlich von Priesholz und ist bis Bücherott als Grenzlauf der Gemeinden naturbelassen. In Gelting zieht die Au unter der Nordstraße durch, parallel zur Dorfstraße Norderholm und an der Kirche vorbei durch den Friedhof. Bis zum Anfang des 18. Jh. soll die Au bis zur Kirche in Gelting mit Booten befahrbar gewesen sein.
In der Niederung vor der Mündung staute sich die Au zu einem kleinen 500 m breiten See, der bei Rückstau aus dem Noor weite Flächen unter Wasser setzte. Durch Deichbau, Aubegradigung und ein neues Pumpwerk ist der Wasserlauf seit 1957 reguliert.
Einmündendes Gewässer: Bobek, einziger offener Zulauf.

Gewässername. LA für Wasserhaushalt SH 1987 Knorrau. – Dem Mündungslauf gab der Volksmund den Namen „Suez-Kanal“, da die Regulierungsarbeiten in diesem Abschnitt während der Suez-Krise 1956 durchgeführt wurden.

Literatur. Jensen Angeln 1844, 27, 378. Gelting 1972, 282. LA für Wasserhaushalt SH, Gütelängsschnitt Geltinger Au, 1987.

GELTINGER BIRK
s. Birk

GELTINGER BUCHT

Ostsee-Bucht

Nord- u. Ostangeln. Küstengemeinden sind Steinberg, Niesgrau, Gelting u. Nieby.
Die Bucht beschreibt einen großen Bogen von Habernis bis Ohrfeldhaff und zur Birk. Die offene Breite zur Ostsee zwischen Habernis-Huk und Birk-Nack beträgt 7 km. Der innere Winkel, das Ohrfeld-Haff, ist 3 km lang. Der Seeweg vom Haff bis Kalkgrund beträgt 5 km. Mit Ausnahme des Geltinger Noors ist die Küste ungegliedert. Die küstennahe Wasserfläche der Nordostseite ist ist Teil des NSG Geltinger Birk.
Der bekannteste Strandort an der Geltinger Bucht ist Steinberghaff. Fähr- und Yachthafen Geltingmole und Wackerballig.
Einmündende Gewässer: Lippingau, Hunau, Lehbek, Geltinger Au.

Gewässername. Mejer 1649 Geltinger Noer u. Geltinger Foerd. Lit.: Hald 1948-79, VII 217. JbAngeln 1967, 117. Laur 1992, 269.

Gelting Reede. 1975 wurde die Geltinger Bucht Schiffspark für 13 Supertanker, die aufgrund mangelnder Aufträge in der Rohölfahrt vor Anker gehen mußten. Das außergewöhnliche Kapitel der Seefahrt ging 1979 zu Ende, als der letzte Tanker die Reede wieder verließ.

Krieg. II. Weltkrieg. 1945 versenkten sich 51 U-Boote, ein Zerstörer und ein Schnellboot-Begleitschiff der deutschen Kriegsmarine. Alle Boote wurden später gehoben.

Literatur. Jensen Angeln 1844, 19. W. Schöppe, Kriegsende in der Geltinger Bucht, JbAngeln 1988, 181. TK 1225.

GELTINGER NOOR

Ostsee-Bucht

Ostangeln, im Bereich der Geltinger Bucht. Teil des NSG Geltinger Birk.
Nordsüdlänge 1200 m bis in die Bucht vor Grahlenstein und 800 m breit zwischen der Halbinsel Quisnis und Goldhöftberg.
In der Öffnung zur Geltinger Bucht haben sich von beiden Seiten Sandhaken gebildet, die das Noor halb verschliessen. Salz- und Süßwasser vermischen sich im Noor zu Brackwasser. Am Südufer liegt der Wald Nordschau.
Einmündendes Gewässer: Geltinger Au.

Gewässername. 1540 Nor tho Geltingk.

GELTINGER NOOR, Blick von Quisnis zur Mühle „Charlotte“. Foto: H. C. Callsen

Danckwerth 1652 Geltinger Noer. 1828 das Große Noor. PreußLA 1877 Geltinger Noor. Lit.: Hald 1948-79, VII 465. JbAngeln 1967, 117. Laur 1992, 269.

Geschichte. Das Noor kaufte Gut Gelting 1756 von der Krone. Damals bedeckte das Wasser landeinwärts eine weit größere Fläche; mit einem breiten Ostarm verzweigte sich das Noor in Richtung Nieby bis vor Falshöft. 1821–24 wurde dieser Teil durch einen Damm, südlich von Beveroe bis vor Goldhöft, eingedeicht und trockengelegt. Aus diesem Projekt stammt die Entwässerungsmühle „Charlotte“, die seit 1826 auf dem Deich steht. Eine zweite Mühle stand unweit der Vogelhütte.
Ein erster Versuch zur Abdämmung gegen die Ostsee ist 1581 mit einem Steindamm zwischen den Sandhaken am Ausgang des Noores geschehen, der aber vom Wasser zerstört wurde. Soweit bekannt, war es der erste Deichbau an der schleswig-holsteinischen Ostseeküste.

Literatur. vSchröder 1837, I 307. Jensen Angeln 1844, 19. vSchröder 1854, 173. Oldekop 1906, V 39. Angeln 1922, 505, 608. Biotop 1987, 1225 Nr. 7, 111. TK 1225.

GELTINGER WOHLD

Ehem. Wald

Ostangeln, von der Birk und der Geltinger Bucht bis an die Schlei um Kappeln und Roest.
Das Gebiet gehörte als Konungslef zu den Krongütern Dänemarks. Nach König Waldemars Erdbuch von 1231 waren in diesem 12 km langen Landschaftsteil nur acht Orte bekannt: Falshöft, Wackerballig, Gelting, Kronsgaard, Schwackendorf, Grimsnis, Mynäsby an der Schleimündung und Roest.
1339 ist urkundlich, daß die Waldausdehnung noch von Gelting bis Buckhagen reichte. Größere Rodungen begannen im 14. Jh., schoben sich aber nur langsam in

GELTINGMOLE, Fährhafen. Schiffsverkehr nach Dänemark. Foto: B. Hamer

die riesigen Waldflächen vor. Ende des 18. Jh. war besonders um Rabenholz und Gundelsby noch viel Holz stehengeblieben. Die zahlreichen auf Holz- oder Rodungsbegriffe endenden Ortsnamen bestätigen die Ausdehnung des Geltinger Wohlds. Vorhanden sind nur noch die größeren Waldflächen von Roest, der Buckhagener Wald, das Drülter Holz und die Wälder Holmkier bei Rabenholz und Nordschau am Geltinger Noor. Lit.: Kuhlmann 1958, 83, 110.

Waldname. KWE 1231 Silva Gelting. 1285 FN Brotæ. 1339 silua Gelting. 1391 Wolde tho Gheltynghe. – Der FN Brotæ, altdän. broti = Haufe gefällter Bäume, oder Rodung, hier wohl als Name für eine Rodung im Geltinger Wohld, die diesen in zwei Teile teilte (Laur). Der „Geltinger Wohld" ist im Sprachgebrauch um 1400 vermutlich nicht mehr eine Waldbezeichnung gewesen, sondern ein Landschaftsname (Kuhlmann). Lit.: Hald 1948-79, VII 426. JbAngeln 1967, 117. Laur 1992, 184, 269.

GELTINGMOLE

PLZ 24395. Fährhafen

Ostangeln. Ksp. Esgrus, Gem. Niesgrau. Fährhafen u. Sportbootshafen mit 440 Liegeplätzen, Zollstelle.
Lage: an der Geltinger Bucht, westl. von Gelting, an der Nordstraße.
Seit 1965 Schiffsverkehr für Personen und Autos nach Faaborg auf Fünen, Dänemark. Geltingmole ist der einzige deutsche Roll-on/Roll-off Hafen nördlich von Kiel. Der Sportbootshafen entstand 1978/79.

Literatur. Gelting 1987, 71. Esgrus 1990, 409. TK 1225.

GELTINGMÜHLE
s. Gelting, Windmühle

GEREBY
s. Geelbyholz

GESCHLOSSENHECK
1) Grundhof 2) Munkbrarup

1) PLZ 24989. Häusergruppe
Nordangeln. Ksp. Grundhof, Gem. Dollerup. 3 Wohngeb., kein Ldw.-Betrieb (1993).
Lage: südöstl. von Dollerup, neben der Nordstraße. Höhe 40 m.

Ortsname. 1685 beim Schloßhecke. 1689 Laaß-Leye. 1756 Geschloßen-Heck. – Dän. Låsled = geschlossenes Heck. Lit.: Hald 1948-79, VII 116.

Geschichte. Heckkate zu Gut Nübel an der Grenze zum Ksp. Quern. Zweite Kate 1844 erbaut. 1853 Munkbrarupharde.

Literatur. vSchröder 1837, I 208. Jensen Angeln 1844, 340. vSchröder 1854, 105. Oldekop 1906, V 27. Angeln 1922, 560. Grundhof 1981, 78. TK 1224.

2) PLZ 24999. Höfe
Nordangeln. Ksp. Munkbrarup u. Kirchengem. Engelsby, Gem. Wees u. Stadt Flensburg. 2 Wohngeb., ohne Ldw.-Betrieb (1993).
Lage: westl. von Wees, neben der Nordstraße und der Straße nach Glücksburg. Höhe 50 m.
Seit 1910 Grenzort der Gem. Wees zur Stadt Flensburg.

Ortsname. 1725 Geschloßen-Heck. 1782 Lohsley. PreußLA 1877 Geschlossenheck. Ndt. Slåtenheck. – Angeldän. Låslej = geschlossenes Heck, ins Hochdeutsche übersetzt (Laur). Lit.: Hald 1948-79, VII 66. JbAngeln 1968, 37. Laur 1992, 270.

Geschichte. Heckkate des Herzogtum Glücksburg an der Grenze zur Husbyharde, 1779 in der Munkbrarupharde. 1871 FL Gem. Wees u. Twedt, 2 Katen, Ksp. Munkbrarup u. Adelby, letztere seit 1910 zur Stadt Flensburg.

Literatur. vSchröder 1837, II 417. Jensen Angeln 1844, 344. vSchröder 1854, 572. Oldekop 1906, V 125. Angeln 1922, 538, 562. Munkbrarup 1976, II 540. Wpl-Verz 1987, 101. Pust 1990, 121. TK 1123.

GINTOFT

Gemeinde bis 1970
FL Amt Quern-Steinberg. Fläche 536 ha. 235 Ewh. (1970). Zur Gemeinde gehörte auch die Ortschaft Steinbergkirche, die 1871 an die Gem. Bredegatt abgegeben wurde; danach 224 Ewh., 43 Wohngeb. Ewh.-Höchstzahl 1946: 500 Menschen. Bis 1949 im Amt Steinberg. 1970 Eingliederung in die Gem. Steinbergkirche.

Wohnplätze. Aubrück, Gintoft, Gintoftholm, Gintoftmoor, Norgaard, Predigtstuhl, Rieksbank, Ulsdamm, Wolsroi.

Literatur. Oldekop 1906, V 39. Angeln 1922, 591. Hist. Gem-Verz 1970, 64. Steinberg 1986, 20.

PLZ 24972. Dorf
Nordangeln. Ksp. Steinberg, Gem. Steinbergkirche. 111 Ewh. (1987), 34 Wohngeb., Krug, 5 Ldw.-Betriebe (1991).
Lage: nördl. von Steinbergkirche, an der Straße nach Norgaardholz. Höhe 30 m.
■ Der Boden um Gintoft liefert die besten Ackererträge in Angeln. Ab der Mitte der 1980er Jahre erbrachte Weizen bei 200 kg Aussaat das 45fache in der Ernte. Trotzdem sind auch hier landwirtschaftliche Flächen stillgelegt worden.
Gintoft ist ein Runddorf mit mehreren Nebenwegen und Querverbindungen. Die Ortsmitte ist dicht bebaut, sonst ist zwischen den Häusern meist freier Platz, der im 18./19. Jh. durch einige Aussiedlungen entstand. Der südliche Dorfteil liegt etwas höher als der Nordteil in den Auwiesen. Der Lauf der Gintofter Au ist durch Rohrstrecken unterbrochen. Knicks sind aus dem Umfeld verdrängt.

Ortsname. 1478 Ghyntoft. 1483 Gyntoft. 1538 Gingtoft. Mejer 1648 u. Danckwerth 1652 Gingtofft. Trap 1864 dän. Gingtoft. PreußLA 1877 Gintoft. Ndt. Chintoff. –

Wohnplatz = dän. toft, des Ginni = altdän. PN (Laur). Lit.: Hald 1948-79, VII 311. JbAngeln 1967, 109. Laur 1992, 271.

Geschichte. 1837 gehörten 14 Häuser zur Nieharde, 19 Landstellen zu Gut Norgaard, die 1853 der Munkbrarupharde zugeordnet wurden. 1871 FL Gem. Gintoft, im Dorf 153 Ewh., 30 Wohngeb. 1970 Gem. Steinbergkirche. Freiw. Feuerwehr 1886 von Gintoft gegründet.
Im 18. und 19. Jh. sind einige Höfe und Katen aus Gintoft verschwunden, die ihre Existenz aufgaben oder nach Roikier, Hattlund oder Gintoftholm verlegt wurden. 1783 wechselte auch der Pastor zu Steinberg seine Wohnung aus dem Dorf in die Nähe der Kirche.

Schule. Im Hause Gintoft 3 wurde 1904 eine Privatschule eröffnet, die Knaben für die oberen Klassen der Oberschule vorbereitete. Schule 1905 nach Bredegatt umgezogen. Außerdem bestand 1921–28 eine Privatschule im Melkerhaus von Hof Norgaard, Gintoft 20. Diese Schule war von einigen Bauern eingerichtet, um deren Kinder den langen Weg zur Schule in Bredegatt zu ersparen. Lit.: Steinberg 1986, 197, 208.

Meierei 1887–1960. Gebäude nach Betriebsaufgabe zu Wohnungen umgebaut. Lit.: Steinberg 1986, 410.

Krug. Besteht mindestens seit Ende des 17. Jh. 1911–24 mit Posthilfsstelle.

Spritzenhaus 1882. Gut erhaltener Ziegelbau mit Schieferdach, an der nördl. Dorfstraße.

Höfe und Bauernhäuser. Gintoft 5. Dreiseithof um 1800 in einem Zuge erbaut, eine der ersten Anlagen der Art in Angeln, der Gebäudebestand ist jedoch nicht mehr ursprünglich. Das bemerkenswerte Wohnhaus, ein verputzter Massivbau mit firsthoch übergiebeltem Frontispiz und Schieferdach. Der Eingang mit Ädikula und barockisierender Oberlichttür. Lit.: Hagemeier-Kottwitz 1982, 25, 122. – Gintoft 12. Dreiseithof. Wohnhaus breitlagernder Massivbau mit verputzter Fassade, Frontispiz und Schieferdach. – Gintoft 22. Großer Dreiseithof. Wohnhaus mit Putzfassade in barockisierender Dekoration. Firsthoch übergiebelter Mittelrisalit, Schieferdach. 1935 durch Ausbau des Obergeschosses zweigeschossig. Ein Wirtschaftsgebäude aus rotem Backstein mit hohem Drempelgeschoß. Lit.: Hagemeier-Kottwitz 1982, 377. – Gintoft 30. Großes Wohnhaus von 1826, geweißtes Mauerwerk auf Granitquadersockel. Frontispiz mit geschweiften Wangen, Reetdach (alle Denkmalbuch).

Hungerburg

Ehem. Haus am Ellkierweg in Gintoft, auf der Koppel „Hungerburg". Die Kate gehörte zu Gut Norgaard. Bald nach 1750 abgebrochen.
Ortsname. 1780 FN Hungerbarg. – Spottname in Anspielung auf die Armseligkeit und Dürftigkeit der Stelle, die in den Verkaufsakten belegt ist. Lit.: Hald 1948-79, VII 311.

Jungfernkate

Ehem. Kate in Gintoft, an der Grenze zu Hattlund, ursprünglich im Ksp. Quern. Die Kate gehörte zu Gut Norgaard und wurde nach 1803 abgebrochen.
Ortsname. 1686 zu Gündtofft belegene so genandte Jungffern Kaate. Lit.: Hald 1948-79, VII 311.

Rieksbank

Hof Gintoft 39. An der Straße nach Norgaardholz, zwischen Dorf und Aubrück, auf „Norgaardswiese".
Der Hofname entstand im Volksmund, nachdem der Besitzer überlistet wurde, statt in alten Talern in geringwertigen Reichsbanktalern zu verkaufen. Auch Riesbank. Lit.: Hald 1948-79, VII 312.

Sachsdorf

Ehem. Kate in Gintoft. Bereits 1669 erwähnt, 1857 nach Gintoftholm verlegt; daraus entstand der Hof Predigtstuhl.
Ortsname. Nach einem Schuster aus Sachsen, der 1775 auf Wanderschaft kam und hier seßhaft wurde. Lit.: Hald 1948-79, VII 319. Steinberg 1986, 20.

Literatur. vSchröder 1837, I 311. Jensen Angeln 1844, 367. vSchröder 1854, 176. Trap 1864, 498. Oldekop 1906, V 39. Angeln 1922, 591. Röschmann 1963, 231. Steinberg 1986, 20. Wpl-Verz 1987, 100. TK 1224.

GINTOFTER AU

Wasserlauf

Nordangeln, im Bereich der Steinberger Au, Förde. Fließstrecke 3,3 km größtenteils verrohrt. Beginnt westl. von Gintoft, Höhe 35 m und fließt durch das Dorf. Einmündung links in die Steinberger Au bei Aubrück. Einzugsfläche 285 ha, Gem. Steinbergkirche.

GINTOFTGAARD

Ehem. Hof

Nordangeln. Ksp. Steinberg, im Dorf Gintoft, nordwestl. des Hofes Gintoft 5. Dieser ehemalige Adelshof ist nicht identisch mit Gut Norgaard, wie fälschlich in der Literatur stets angegeben wird.

Geschichte. 1520 wurde der Hof Gintoftgaard durch Heirat mit Gut Norgaard verbunden.
1952 sind auf dem alten Hofplatz Fundamente und Steinsetzungen aus Findlingen beobachtet worden. Von einem zugeschütteten Graben waren nur noch schwache Spuren zu erkennen.

Literatur. Jensen Angeln 1844, 251. Röschmann 1963, 236. Steinberg 1986, 449.

GINTOFTHOLM

PLZ 24972. Häusergruppe

Nordangeln. Ksp. Steinberg, Gem. Steinbergkirche. 21 Ewh. (1987), 7 Wohngeb., ein Ldw.-Betrieb, Schäferei (1990).
Lage: 3 km nördl. von Steinbergkirche, an der Straße von Roikier nach Habernis. Höhe 20 m.
Grenzort zum Ksp. Quern. Im Osten fließt die Steinberger Au durch ein Niederungsgebiet mit Bruch- und Auwaldbereichen. In einem Quellmoor mit alten, urwüchsigen Erlen haben viele seltene Pflanzen ein Refugium gefunden.

Ortsname. 1717 FN Holm. 1820 Gintofftholm. PreußLA 1877 Gintoftholm. – Erhebung in einer Niederung = dän. holm. Lit.: Hald 1948-79, VII 311. Laur 1992, 271.

Geschichte. 1837 eine Kate zur Nieharde. 1871 FL Gem. Gintoft, 41 Ewh., 8 Wohngeb. 1970 Gem. Steinbergkirche.

Bauernhaus. Gintoftholm 3. Dreiseithof. Wohnhaus aus rotem Backstein mit Frontispiz und Reetdach (Denkmalbuch).

Predigtstuhl

Haus östl. von Gintoftholm, am Wanderweg zur Steinberger Au und nach Habernis. Bis 1968 Ldw.-Betrieb, jetzt Ferienhaus. Die einst zu Gut Norgaard gehörende Kate wurde von einem Viehhüter bewohnt. Sie entstand aus der Kate Sachsdorf, die 1857 von Gintoft verlegt wurde.
Ortsname. 1797 FN Predigstuhl. Lit.: Hald 1948-79, VII 311.

Literatur. vSchröder 1837, I 312. Jensen Angeln 1844, 367. vSchröder 1854, 176. Oldekop 1906, V 39. Angeln 1922, 592. Röschmann 1963, 231. Biotop 1987, 1224 Nr. 1, 4. Wpl-Verz 1987, 100. TK 1224.

GINTOFTHOLZ
1) Steinberg 2) Steinbergkirche

1) PLZ 24972. Höfe

Nordangeln. Ksp. u. Gem. Steinberg. 2 Ldw.-Betriebe (1990).
Lage: nördl. von Norgaardholz, abseits der Straße von Gintoft nach Habernis, am West- und Ostrand der Hölzung Gintoftholz. Höhe 12 m.

Ortsname. 1665 Gintofftholtz. PreußLA 1877 Gintoftholz. – Die ehem. königlichen Stellen wurden zur Unterscheidung von den Norgaarder Gutsparzellen Gintoftholz genannt. Der Ortsname wird von seinen Bewohnern selbst wenig gebraucht. Lit.: Hald 1948-79, VII 311.

Geschichte. 1844 zwei Landstellen zur Nieharde. 1871 FL Gem. Norgaardholz, 3 Wohngeb. Seit 1970 Gem. Steinberg.

Bauernhaus. Nordstern 8. Roter Backsteinbau mit Reetdach. Über dem Hauseingang halbrundes Fenster (Denkmalbuch).

Literatur. vSchröder 1837, II 313. Jensen Angeln 1844, 367. vSchröder 1854, 505. Oldekop 1906, V 86. Angeln 1922, 593. TK 1224 (1987).

2) PLZ 24972. Haus

Nordangeln. Ksp. Steinberg, Gem. Steinbergkirche, Gintofter Str. 20.

Geschichte. 1803 „einzelnes Haus bei Gintoft", zu Gut Norgaard. Die Stelle gehörte trotz der Nähe zur Steinberger Kirche bis etwa 1805 zum Ksp. Quern. 1902 Gem. Bredegatt.

Gintoftholz

Holz. Gem. Steinbergkirche. Fläche 7 ha Bauernwald von Gintoft. Buche, Esche, Erle, Eiche, alte Bäume um 1800. Durch den „Mittweg" nach Habernis ist das Holz in einen östlichen und westlichen Teil getrennt. Wanderweg rund um den Predigtstuhl.

Literatur. vSchröder 1837, II 313. Oldekop 1906, V 86. Biotop 1987, 1224 Nr. 20.

GINTOFTMOOR
s. Wolsroi

GLASHOLZ

PLZ 24860. Häusergruppe

Westangeln. Ksp. Havetoft, Gem. Klappholz. 15 Ewh. (1987).
Lage: westl. von Klappholz, am Weg nach Stenderup. Höhe 45 m.

Ortsname. Gehölz = ndt. Holt. Im 16./17. Jh. soll hier eine Glashütte gewesen sein.

Vorgeschichte. An den Wegen von Stenderup nach Havetoft, nördlich des Elmholzes, sind Ackerwälle zu erkennen, die am besten dort beobachtet werden, wo sie die Knicks unterschneiden. Bisher die einzige Fundstelle von Ackerwällen außerhalb eines Gehölzes.

Literatur. Wpl-Verz 1987, 90. TK 1323.

GLATRY
s. Kius

GLÜCKSBURG

Naturraum

Nordspitze von Angeln. Durch den bogenförmig verlaufenden Höhenzug von Twedterholz bis Ringsberg wird die große Halbinsel zwischen Innen- und Außenförde vom übrigen Angeln getrennt. Mit seinem isolierten Charakter stellt Glücksburg einen eigenartigen Landschaftstyp dar.
Erdgeschichtlich ist die Nordspitze von Angeln eines der merkwürdigsten Gebiete Schleswig-Holsteins. Auf kleinem Raum herrscht um Glücksburg ein Durcheinander verschiedener Oberflächenformen, drängen sich mehrere Höhenzüge zusammen, die neben vielen steilen Einzelkuppen und abflußlosen Senken das Relief beleben. Aus diesem morphologischen Gewirr erhebt sich die Brusmarker Hochfläche wie ein Fremdling in der Landschaft.
Parallel zum großen Südhöhenzug läuft von Schwennau durch das Friedeholz bis Bockholm ein zweiter Erdrücken von Förde zu Förde, an dem sich die Halbinsel Holnis als letzte kleine Landschaft angliedert.
■ Das Fördeufer, ausgedehnte Wälder und mehrere Seen gestalten den Nordzipfel Angelns zu einem der schönsten Naturräume des Landes und 1864 auch „til en af de skjønneste i Danmark" (Trap).

Herzogtum bis 1779

Teilgebiet in Nordangeln, Glücksburger

Lehn oder Amt Glücksburg genannt, mit der Exklave Neukirchen. Jenseits der Förde gehörte der Sundewitter Distrikt zum Herzogtum. Von 1636–1749 war auch die Insel Ærø glücksburgisch. Residenz und Verwaltung in Glücksburg.
Das Glücksburger Lehn war ein in sich geschlossenes Gebiet, in dem auch nicht eine Kate unter fremder Oberhoheit stand. Gegenüber den buntgemischten Besitz- und Verwaltungsverhältnissen in Angeln verkörperte das Glücksburger Land den größten einheitlichen Herrschaftsbereich in der Landschaft.
Die historischen Grenzen des Herzogtums decken sich mit denen der Stadt Glücksburg und des Kirchspiels Munkbrarup, ausgenommen Ruhnmark im Ksp. Rüllschau, das auch zu Glücksburg gehörte.
Außerhalb der Glücksburger Erblande standen in Nordangeln die dazugekauften Güter Nübel, Norgaard und Unewatt, zeitweise auch Schwensby und Freienwillen unter herzoglich glücksburgischer Verwaltung. In Südangeln gehörte seit 1719 Lindau zur Gütermasse.
Ursprung des Herzogtums ist das Gebiet des Rudeklosters, das durch die Landesteilung von 1582 an das Herzogtum Sonderburg fiel. Aus dem Sonderburger Erbteil ist 1622 das neue Kleinfürstentum Glücksburg hervorgegangen, das 157 Jahre durch fünf Fürstengenerationen bis 1779 bestand.
■ Das Herzogtum Glücksburg war das letzte Gebilde der Kleinstaaterei in Schleswig-Holstein.

Propstei bis 1786

Die Propstei des Herzogtums Glücksburg umfaßte in Angeln die Kirchspiele Glücksburg, Munkbrarup und Neukirchen. Der Sprengel überdauerte das Herzogtum um einige Jahre, bis zum Tode Propst Lüders 1786, nach dem die glücksburgischen Kirchen in Angeln der Propstei Amt Flensburg zugeordnet wurden.

Kirchspiel

Kirchenkreis Angeln. 3900 Gemeindeglieder (1991). Kirche, zwei Pfarrstellen, Gemeindehaus, Kindergarten, Sozialstation. Grundbesitz 13 ha.

Wohnplätze. Bremsberg, Brusmark, Friedeholz, Glücksburg, Ladegaard ehem., Meierhof, Meierwik teilw., Mittkoppel, Moos, Neufeld, Nygaard ehem., Quellental, Ruhetal, Sandwig, Schauental, Schiedenhohlweg, Schwennau, Sorgenfrei, Tremmerup ehem., Ulnis ehem., Ulstrupfeld teilw.

Geschichte. 1623 gegründet durch Ausgliederung der Residenz-Ortschaft aus dem Ksp. Munkbrarup. Der Hofprediger war gleichzeitig Gemeindepastor. Die Gottesdienste fanden bis 1965 in der Schloßkapelle statt. Die Toten sind bis 1712 in Munkbrarup, dann auf eigenem Friedhof im Ort begraben worden. Bis 1786 gehörte das Kirchspiel zur Propstei des Herzogtums Glücksburg, das dann in die Propstei Amt Flensburg einbezogen wurde. 1879 Propstei Nordangeln, 1971 Propstei Angeln, seit 1977 Kirchenkreis Angeln.
1889 Eingliederung der Wohnplätze Sandwig, Schiedenhohlweg, Schwennau vom Ksp. Munkbrarup, zu dem die „Stadtteile" Bockholm, Schausende und Holnis nach wie vor eingepfarrt sind.

Literatur. Jensen Stat. 1841, 992. Jensen Angeln 1844, 347. Angeln 1922, 565. Glücksburg 1974, 79.

PLZ 24960. Stadt

Die nördlichste Ostseestadt Deutschlands hat eine Fläche von 3968 ha. Glücksburg besteht aus 1912 ha Festland und zu 50 % aus Wasser.
■ Glücksburg ist die wasserreichste Gemeinde in Angeln. Ihr Stadtgebiet wird auf drei Seiten von der Förde umgeben. Ein Drittel des Landes ist mit 614 ha Wald bedeckt – die größte zusammenhängende Waldfläche in der Landschaft. Fünf Seen und ein Dutzend Teiche ergeben etwa 100 ha. 15 Ldw.-Betriebe bewirtschaften eine Nutzfläche von 786 ha.
Die Stadt zählt 6506 Ewh., dazu kommen 937 Bewohner mit Zweitwohnsitz. Die Einwohnerzahl des gesamten Stadtgebietes hat sich in 120 Jahren vervierfacht. Die Gebäudestatistik verzeichnet 1447 Wohngeb.; seit 1871 sind in der Stadt und ihren umliegenden Ortsteilen 1200 Häuser auf neuen

Plätzen hinzugebaut worden. Die Landfläche Glücksburgs ist nur zu 20 % bebaut (alle Angaben Stadtverwaltung 1993).
Im topographischen Sinne ist Glücksburg keine Stadt, sondern ein kommunales Gebilde mit städtischem Status, das sich aus dem historischen Flecken und fünf angehängten, sehr verschieden strukturierten Ortsteilen zusammensetzt. Nach Eingliederung aller drei Gemeinden auf der Halbinsel Holnis hat Glücksburg nur noch drei direkte kommunale Nachbarn im Süden: die Stadt Flensburg und die Gemeinden Munkbrarup und Wees. Eine entfernte Nachbarschaft ergibt sich durch die Stadt- und zugleich Staatsgrenze in der Förde zum Königreich Dänemark.

Wappen. Goldener (gelber) Schild mit daraufstehendem roten Rost mit 16 quadratischen Feldern. Attribut des Heiligen Laurentius. Siegel der Munkbrarupharde. 1878 von Glücksburg als Gemeindewappen angenommen.

Wohnplätze. Bockholm, Bremsberg, Brusmark, Drei, Dreisacker, Dreifeld, Dreishöh, Friedeholz, Glücksburg, Haak ehem., Hermannsberg, Holnis, Holnishof, Iskiersand teilw., Johannesberg, Klipp, Kobbellück, Meierwik, Mittkoppel, Moos, Neufeld, Osterziegelhof, Quellental, Rüdeheck, Ruhetal, Sandwig, Schauental, Schausende, Schiedenhohlweg, Schwennau, Sorgenfrei, Toulisberg, Toulisdamm, Toulisfeld, Tremmerup, Ulstrupfeld teilw., Vogelsee ehem., Wahrberg, Waldruh.

Geschichte. Herzogtum Glücksburg, 1779 in der Munkbrarupharde, jedoch mit eigenem Gericht. 1840 lebten 736 Ewh. am Ort, dem 1842 die Fleckensgerechtigkeit erteilt wurde. 1871 FL Flecken, 836 Ewh., mit 140 Wohngeb. zu den Wohnplätzen Flecken, Schloß, Ruhetal, Mittkoppel und ein Haus bei Rüdeheck.
Nach der Ostseebadgründung 1872 begannen mehrere Gebietsveränderungen. 1885 beantragte der Hotelier des Strandhotels in Sandwig die Eingliederung in den Flecken, dem 1887 die Abtretung des Forstgutsbezirks Sandwig an die Kommune folgte. 1889 gab die Gem. Schausende ihre Wohnplätze Sandwig, Schwennau und Schiedenhohlweg ab, 1893 schloß sich der Rest der Gemeinde an. 1894 trennten sich vier Häuser zu Schauental von der Gem. Bockholm und aus der Gem. Ulstrup wurden Ulstrupfeld teilweise und der Hof Neufeld aufgenommen.
Als Glücksburg 1900 die Stadtrechte verliehen bekam, war sein Gebiet auf 1393 ha angewachsen und von 1390 Bürgern bewohnt. 1928 Eingliederung des Gutsbezirks Schloß Glücksburg und des Forstgutsbezirks, jedoch ohne die Gehege Horstkoppel bei Roikier und Weesries.
Die größte Gebietsveränderung wurde 1938 vollzogen. Seitdem gehören die Gem. Holnis, das Dorf Bockholm aus der Gem. Bockholm, Rüdeheck aus der Gem. Rüde und aus der Gem. Wees der Wohnplatz Meierwik zur Stadt. Vor dem II. Weltkrieg lebten zu Glücksburg 2190 Ewh. (1939), im Nachkriegsjahr 1946 waren es 5170 Menschen.
Die letzte größere Stadteingliederung hat 1951 noch einmal die Gem. Ulstrup betroffen, von der die Marinesiedlung Ulstrupfeld mit 200 Ewh. abgetrennt wurde. 1993 hat sich ein Haus in Ulstrupfeld von der Gem. Wees nach Glücksburg abgemeldet.

Literatur. Oldekop 1906, V 40. Angeln 1922, 568. Hist. Gem-Verz 1970, 58. Wpl-Verz 1987, 96.

Stadtkern

Ksp. u. Stadt Glücksburg. 671 Ewh. (1987). Geschäfts- u. Verkehrszentrum. Kirchen, Pastorat, Schulen, Bücherei, Post, Banken, Polizeistation, Apotheken, Ärzte, Alten- u. Pflegeheime, Gärtnerei, Steinmetz, Forstverwaltung, Supermärkte, Gaststätten, Tankstelle, verschiedene Gewerbebetriebe. Einen einheitlichen städtebaulichen Charakter hat Glücksburg nicht. Das Ortsbild ist landschaftlich geprägt durch Wald- und Wasserflächen, die direkt an die Straßen der Stadt stoßen. Ihrer baulichen Ausdehnung sind durch diese Naturflächen Grenzen gesetzt.

Straßen. Hauptstraße ist die Große

GLÜCKSBURG, Schloßinsel im Schloßteich.
Ehem. Wassermühle und Wirtshaus an der Großen Straße. Foto: D. Weldt

Straße–Rathausstraße, durch die der Verkehr nach Holnis zieht, zu sommerlichen „Stoßzeiten" eine innerörtliche Belastung. 1733 wurde die Fleckenshauptstraße mit einer Kastanienallee bepflanzt. Sie war in herzoglicher Zeit die von Hofbeamten bevorzugte Wohngegend. Seit 1842 wurde in der Allee der jährliche Markt abgehalten. Die 1855 neugepflanzten Bäume fielen ein Jahrhundert später der Straßenerweiterung zum Opfer. Bis heute blieb sie bis zur Wassermühle nur einseitig bebaut. Parallel zur Straße führte die Kleinbahn Flensburg–Kappeln 1885 ihr Gleis durch den Ort. Vor dem alten Bahnhof in der Großen Straße war diese Fahrweg und Bahnsteig zugleich. Gebäude an der Großen Straße: Nr. 6 Hotel Skandinavien, vormals Bahnhofshotel mit Bahnhof. – Nr. 22 Forstamt. – Nr. 34 Tankstelle. – Nr. 44 Ehem. Carolinen-Stift. – Nr. 54 Dänisches Kinderheim. – Nr. 58 Ehem. Wirtshaus. – Nr. 62 Müllerhaus der Wassermühle.
Die Verlängerung der Großen Straße ist die beidseitig dicht bebaute Rathausstraße. Der Straßenname wurde 1902 mit dem Bau des ersten Rathauses eingeführt.
Gebäude an der Rathausstraße: Nr. 1 Hotel Brodersen's, vormals Stadt Hamburg. – Nr. 2 Rathaus von 1971. – Nr. 3 Ostsee-Apotheke. – Nr. 8 Restaurant und Supermarkt, bis 1971 Rathaus. – Nr. 10 Kronen-Apotheke. – Nr. 12 Pastorat. – Nr. 13 Bäckerei, ehem. Rathaus von 1902. – Nr. 20 Supermarkt.
Zu den älteren Straßen Glücksburgs zählt die Collenburger Straße, benannt nach einer dort ansässig gewesenen Familie. Sie erstreckt sich unterhalb des Kegelbergs vom Hindenburgplatz bis zur Ecke Paulinenallee und Petersenallee.
Gebäude an der Collenburger Straße: Nr. 1 Central-Cafe. – Nr. 33 Polizeistation.
Die vierte vom Postplatz ausgehende Straße ist die Bahnhofstraße. Auf der Südseite des einst unbebauten Weges nach Rüde lag der fürstliche Hopfengarten, der 1779 der Herzoginwitwe als Gemüsegarten überlassen wurde. Der neue Bahnhof der Kleinbahn ist 1912 erbaut.
Gebäude an der Bahnhofstraße: Nr. 2 Schloß-Apotheke. – Nr. 4 Postamt. – Nr. 5 Gemeinschaftspraxis. – Nr. 6 Bücherei im ehem. Bahnhof. – Nr. 9 noch ein Supermarkt. – Nr. 10 DRK-Altenheim. – Nr. 11 Steinmetzwerkstatt. – Kirche mit Friedhof. – Feuerwehrstation von 1978.

Plätze. Mittelpunkt der Stadt sind der Postplatz und der Marktplatz „Schinderdam".
Der Postplatz, mit dem einzigen Straßenkreuz im Ortszentrum, ist rundum bebaut, eine Postplatzhausnummer hat aber nur das ehem. Postgebäude. Bis zur Mitte des 20. Jh. führte über den Platz der Zugang zum Hof des letzten landwirtschaftlichen Betriebes in Glücksburg, zu dem allabendlich die Kühe durch die Bahnhofstraße und über den Platz getrieben wurden.
Hinter dem Rathaus ist 1993 der Marktplatz auf dem früheren Hofplatz und dem zugeschütteten Teich „Schinderdam" entstanden. Das ehemalige Wirtschaftsgebäude mit Scheune, Kuh- und Schweinestall ist zum Einkaufszentrum umgebaut.

Kegelberg

Schulberg von Glücksburg im Landschaftsschutzgebiet. Ein kleiner schmaler Höhenzug, 400 m lang, den Waldstraße, Petersenallee und Collenburger Straße umziehen. Höhe 20–28 m.
Eigentum der Stadt und des Landes, Forstamt Flensburg 1,8 ha. Nur noch zur Hälfte bewaldet mit Rotbuche, Eiche, Fichte und Douglasie, einzelne Buchen bis 150 Jahre alt. Der Kegelberg war früher der fürstliche Vogelschießplatz und ist seit 1895 der Schulberg Glücksburgs.

Schinderdamm

Ehem. Teich am Fuß des Alten Friedhofs, dem „Dammberg". Bei der Verpachtung der herzoglichen Fischgewässer 1724 und 1791 aufgeführt. Um 1900 war der Teich noch mit Wasser gefüllt und mit Booten befahrbar, 1923 aber rettungslos verschlammt und zu einem übelriechenden Ärgernis angewachsen. Auf dem trockengelegten Grund steht heute das Rathaus.
Gewässername. Ndt. Schinnerdamm. – Teich des Abdeckers = ndt. Schinder. Lit.: Gude 1778, 111. Hald 1948-79, VII 109. Glücksburg 1974, 132.

Mühlenteich

Größter Stauteich in Angeln. Fläche 38 ha. Länge 1,8 km, größte Breite 450 m in der Bucht mit der Insel, bei Rüdeheck nur 80 m zwischen den Ufern. Tiefe bis zu 12 m. Eigentümer ist das Land Schleswig-Holstein, das den Mühlenteich als Fischgewässer verpachtet hat.

Der vielgestaltige See wird durch mehrere Buchten abwechslungsreich gegliedert, an einigen Stellen mit Steilufern, teilweise baumbestanden. In ruhigen Buchten haben sich Seerosenteppiche ausgebreitet.

Der Mühlenteich ist das Werk der Zisterziensermönche des Rudeklosters, die das Tal der Munkbrarupau nach 1210 durch Aufschüttung eines Dammes bei Ruhetal abteilten und die Au stauten. Zur klösterlichen Wassermühle wurde eine Kanalverbindung gegraben, durch die das Wasser dem Bachlauf wieder zugeleitet werden konnte. Der Niveauunterschied zum später angelegten Schloßteich beträgt 190 cm.

Stauwehr. Über eine zweite Stauanlage bei Ruhetal wird die Munkbrarupau auf einem anderen Weg umgeleitet. Das historische Stauwehr im Damm des Teiches ist aus Granitquaderblöcken errichtet, dahinter eine gepflasterte Wasserrinne mit abgetrepptem Gefälle (Denkmalbuch).

Insel. Auf der sogenannten „Schokoladen-Insel" oder „Carolinen-Insel, die der Herzogin zu einem Lustplätzchen gedient hat", soll zur Residenzzeit König Friedrichs VII. in Glücksburg ein Pavillon gestanden haben, wo der leidenschaftliche Angler bei einer Tasse Schokolade verweilte.

Gewässername. Gude 1778 Mühlenteich. Jensen Angeln 1844 Rüder See. PreußLA 1877 Mühlen-Teich.

Literatur. Gude 1778, 92. Jensen Angeln 1844, 24. Hald 1948-79, VII 109. Glücksburg 1974, 27. Biotop 1987, 1123 Nr. 72. TK 1123.

Bremsberg

Stadtteil. 1258 Ewh. (1987). Reines Wohngebiet mit 524 Haushalten, ohne Geschäfte. Bebauung 1963 begonnen. Kindergarten 1971 erbaut.

Lage: Westteil der Brusmarker Hochfläche. Höhe 40 m.

Artefact-Zentrum. Bremsbergallee 35. Zentrum für angepaßte Technik in Industrie- und Entwicklungsländern seit 1986 aufgebaut vom Verein Artefact und mit den Flensburger Hochschulen.

Stadtrand und Ortsteile

s.d. Wohnplätze der Stadt.

Ortsname. 1597 Lucksborg. 1643 Glucksburg. Mejer 1649 Luxborg. Danckwerth 1652 Lücksburg. Trap 1864 dän. Lyksborg. – Die Benennung geht nach allgemeiner Ansicht auf den Wahlspruch des Schloßbauherrn „Gott Gebe Glück Mit Frieden" zurück (Laur). Ursprünglich vielleicht eine Zusammensetzung mit Lücke = ndt. Koppel, eingehegtes Land (Hald). Lit.: Hald 1948-79, VII 105. JbAngeln 1968, 37. Laur 1992, 273.

Geschichte. 1582 Herzogtum Sonderburg, 1622 Herzogtum Glücksburg, 1779 Amt Flensburg, Munkbrarupharde. 1842 Flecken, seit 1900 Stadt Glücksburg.

Der Ort Glücksburg ist Ende des 16. Jh. nach dem Bau des Schlosses entstanden. Siedlungsvorgänger war das kleine Dorf Schauby neben dem Rudekloster, das bis 1582 aus 2 Höfen und 4 Katen bestand, die zu einem Vorwerk des Schlosses zusammengelegt wurden. Eine größere Einwohnerzahl wird wohl erst ab 1623 zu verzeichnen sein, als Glücksburg Residenz mit ständiger Hofhaltung und selbständiger Verwaltung wurde. Von diesen allein war die Entwicklung des Ortes und die wirtschaftliche Lage seiner Bewohner abhängig.

Ärmliche Zeiten begannen für Glücksburg 1779, als der „Arbeitgeber Schloß" nur noch den spärlichen Haushalt der Herzoginwitwe beherbergte. Zur Aufbesserung der wirtschaftlichen Versorgung erhielt jeder Hausbesitzer 1783 bei der Aufteilung des Meierhofes Neufeld ein Stück Land zur Haltung einer Kuh. Die beabsichtigte Wohltat qualifizierte sich aber eher zur Belastung. Für die finanziellen Verhältnisse der Bürger war der Kanon zu hoch, Stallraum mußte erbaut und die Kuh gekauft werden, was viele Glücksburger nur durch eine Anleihe bezahlen konnten.

Für 100 Haushalte, in denen 50 Witwen allein lebten, wollten viel zu viele Handwerker tätig sein. 1854 waren es etwa 60 gegenüber 750 Einwohnern – die gleiche Zahl wie im Kirchspiel Munkbrarup, jedoch bei mehr als 2000 Einwohnern.

Flecken 1842. Seit 1822 ersuchten die Älterleute mehrmals um die Erteilung der Fleckensgerechtigkeit nach, denn der Ort hatte damals schon die Lasten eines Fleckens zu tragen.

Märkte. Mit der Verleihung der Fleckensgerechtigkeit 1842 war das Privileg verbunden, Markt zu halten, der zweimal jährlich, im Frühjahr und Herbst, als Kram- und Viehmarkt veranstaltet wurde.

Stadtrecht 1900. Durch die Städteverordnung der Provinz Schleswig-Holstein von 1869 wurde Glücksburg ein Flecken mit Stadtrecht. Die offizielle Bezeichnung Stadt wurde erst bei der Neubearbeitung des Ortsstatuts 1900 erteilt.

Freiw. Feuerwehr 1881 gegründet, die erste in Nordangeln. 1971 Jugendfeuerwehr, erste Gründung im Kreis Schleswig-Flensburg.

Fremdenverkehr. Mit der Entwicklung des Badeortes besserten sich die wirtschaftlichen Verhältnisse. Seit Gründung des Ostseebades Glücksburg 1872 ist der Fremdenverkehr wirtschaftliche Grundlage von Handel und Gewerbe. Vom Komforthotel bis zum privaten Vermieter zählt Glücksburg rund 300 Urlaubsadressen. Abseits des Stadtkerns hat sich im Ortsteil Sandwig ein Kurzentrum entwickelt, in dem in den Jahren 1971–78 die größten Hotelbauten und Badeanlagen an der Förde entstanden.

Krieg. England-Dänemark 1801. Nach der Seeschlacht vor Kopenhagen befürchteten die Küstenbewohner der Ostsee in den Herzogtümern das Vorrücken der Briten in ihre Gewässer. An verschiedenen Orten wurden Bürgerwehren aufgestellt, so auch in Glücksburg. Nachdem sich die Mobilmachung als Fehlalarm erwiesen hatte, gründeten die Männer der Bürgerwehr die Schützengilde „Glücksburgische Friedrichsgarde von 1801". Am 3. Sonntag im August findet das jährliche Schützenfest der Garde mit dem Königsschießen statt, die traditionsreichste Veranstaltung der Stadt. – II. Weltkrieg 1945. Vom Krieg blieb Glücksburg verschont, bekam aber den letzten Rest besonders zu spüren. Ein Flüchtlingsstrom verdreifachte die Seelenzahl der Stadt. Über ein Drittel der Wälder fiel dem Holzschlag zum Opfer, nicht nur für die notleidende Bevölkerung, sondern u.a. auch als Grubenholz nach England verfrachtet.

Persönlichkeiten. Philipp Ernst Lüders 1702–1786. Theologe, Agrarreformer, Gründer der Dänischen Ackerakademie 1762. Seit 1730 als Hofprediger, 1755 Propst, bis zu seinem Tod in Glücksburg. – Kai-Uwe von Hassel *1913. Bürgermeister 1947–50 und Bürgervorsteher Glücksburgs 1950–63. Ministerpräsident, Bundesminister, Bundestagspräsident. Ehrenbürger der Stadt.

Kirchen. Evang. „Auferstehungs-Kirche". Bahnhofstraße, auf dem neuen Friedhof. Am Himmelfahrtstag 1965 eingeweiht. Seit 1623 war die Kirchengemeinde in der Schloßkapelle zu den Gottesdiensten zu Gast.

Dänische Kirche. Paulinen-Allee. 1954 erbaut.

Neuapostolische Kirche. Holnisstr. 2.

Friedhof. Neuer Friedhof 1870. Bahnhofstraße, an der Kirche, um einen kleinen Höhenzug. Von der Stadt nach Osten erweitert mit Ehrenmal. Neugotische Kapelle von 1894 für den Bau der Kirche 1965 abgebrochen. 1860–65 war auf dem Gelände das Lager der Leibgarde König Friedrichs VII. während seines Aufenthalts auf Glücksburg. Lit.: Glücksburg 1974, 167.

Gräber. 1883 Herzog Carl und 1891 Herzogin Wilhelmine zu Glücksburg. – 1945 Friedrich Franz IV. Großherzog von Mecklenburg-Schwerin. – 1949 Maler Otto H. Engel. – 1989 Friedrich Ferdinand Prinz zu Glücksburg.

Alter Friedhof 1712. Auf dem abgeflachten Hügel „Dammberg" zwischen Rathaus und der Straße Am Schloßpark, oberhalb des Marktplatzes „Schinderdam". Die ehemalige Dingstätte, auf der das Gericht

letztmals 1726 unter freiem Himmel tagte, wurde 1712 als Friedhof „Zum Heiligen Kreuz“ geweiht. Vordem bestattete Glücksburg seine Toten in Munkbrarup. Ein hölzerner Glockenturm von 1922 ist nach dem Bau der Kirche abgebrochen. Lit.: Glücksburg 1974, 105, 107.
Gräber. 1824 Herzogin Anna Carolina. Klassizistische Stele aus rotem Sandstein in der Mitte des Friedhofs unter mächtigen Linden. – Soldatengräber. 1850/51 für 9 dänische Soldaten. 1864 für 25 dänische und 14 deutsche Soldaten, die im Schloßlazarett starben (Gesamtanlage Denkmalbuch). Lit.: Stolz 1980, 32, 52.

Pastorat. Rathausstr. 12. Neubau von 1905. Gemeindehaus Waldstr. 11. Das 2. Pfarramt in Sandwig, Lindenweg 13.

Rathaus 1971. Rathausstr. 2 am Postplatz. Gebäude mit Kreissparkasse. Das erste Glücksburger Rathaus wurde 1902 von der Spar- und Leihkasse erbaut, Rathausstr. 13. Als die Sparkasse die Räume allein beanspruchte, zog die Stadtverwaltung in das große Arzthaus, Rathausstr. 8. Lit.: Glücksburg 1974, 216.

Schulen. Grund- u. Hauptschule „Schule am Kegelberg“, Schulweg 1. Neubau von 1963 für 230 Schüler (1992).
Den ersten Unterricht erteilte 1674 der Dingschreiber in seinem Haus am Postplatz, seit 1711 im eigenen Schulgebäude. In einer 1794 angegliederten „Arbeits- und Industrieschule“ wurde den Kindern Stricken und Nähen beigebracht. Der Neubau von 1813 diente auch der Fleckensverwaltung als Lokal ihrer Sitzungen und zu öffentlichen Versammlungen. 1851–64 Unterricht in dänischer Sprache. 1895 Abbruch des alten Hauses am Postplatz und Einzug in die neue „Bürgerschule“, die bis 1977 hoch über der Stadt auf dem Kegelberg thronte. Lit.: Ravn 1971, 173. Glücksburg 1974, 134, 214.
Dänische Schule. Grund- u. Hauptschule „Lyksborg-Skolen“, Paulinen-Allee und Gorch-Fock-Straße. Mit rund 100 Schülern (1993) ist sie die größte dänische Schule in Angeln.

Ehem. Landfrauen-Schule 1909. Holnisstr. 20. Haushaltungsschule von der Landwirtschaftskammer Schleswig-Holstein erbaut. 1946 Lazarett. Schule 1972 aufgelöst. Seit 1974 Mädchenheim des Jugendaufbauwerks des Kreises. Lit.: Heimat 1951, 181.

Mädchen-Pensionate. Zu den besonderen schulischen Einrichtungen gehörten in Glücksburg Privatschulen für „Höhere Töchter“. Sehr angesehen war das 1884 gegründete „Pensionat Sonderburg“, das 1888 ein großzügiges Gebäude bezog, ehemals Paulinen-Allee 2, abgebrochen. 1906 verzog die Privatschule nach Genf, wo 1893 eine Filiale von Glücksburg eröffnet worden war. Lit.: Glücksburg 1974, 215.

Post 1990. Neubau Bahnhofstr. 4. Das Postwesen beginnt in Glücksburg 1853 mit der Einrichtung einer Briefsammlungsstelle. 1868 Postexpedition im neuen Haus des Kaufmanns Kruse am Postplatz, 1966 abgebrochen. Erste allgemeine Fernsprechverbindung 1875. Postamt 1897 am Postplatz von der Stadt erbaut, 1966 Umbau und seit 1990 Textilgeschäft. Lit.: Glücksburg 1974, 212.

Bahnstation 1885–1953. Haltestelle der Kleinbahn Flensburg–Kappeln, Entfernungen 10–40 km. Erste Station vor dem Bahnhofshotel Große Str. 6, wo die Straße auch als Bahnsteig benutzt wurde.
Neues Bahnhofsgebäude 1913 Bahnhofstr. 6. Großer asymmetrischer, roter Backsteinbau mit malerischer Baumassenverteilung, Mansarddach mit mittiger Giebelausbildung und zwei runden Ecktürmchen. Die schönste Bahnhofsarchitektur der gesamten Strecke (Denkmalbuch).
1925–34 auch Endstation der Flensburger Straßenbahn, die auf den Kleinbahngleisen mitfuhr. 1953 Abbau und Abbruch der Nebengebäude, Güterschuppen, später auch die Lokomotivhalle. Das Bahnhofsgebäude wurde seitdem vom Arbeitsamt, einer Polsterfabrik und wird heute durch die Stadtbücherei genutzt.
In höchst verkehrsgefährdender Weise überquerte das Monstrum Bahn fünfmal

die Straßen der Stadt. Richtung Rüde verlief die Strecke ursprünglich neben der Landstraße, die später auf eine eigene Trasse daneben verlegt wurde. Der Bahndamm ist vom Ausgang der Bahnhofstraße bis Rüde als Fahrradweg erhalten. Lit.: Glücksburg 1974, 203. Bohljahn 1979, 79, 95, 98.

Wassermühlen. Hausmühle 1210–1960. Am Kanal zwischen Mühlenteich und Schloßteich. Früher ein Holzbau, 1893 in Stein erneuert. 1960 Betrieb eingestellt und zu Wohnungen umgebaut. Neues Müllerwohnhaus erbaut 1929 neben der Mühle, Große Str. 7.
Altes Müllerwohnhaus gegenüber der Mühle, Große Str. 62. Backsteinbau mit hohem Halbwalmdach, an der Ostseite eine Aufzugsluke. Früher mit Bäckerei, später Kohlenhandlung (Denkmalbuch).
Pulvermühle. Am Schloßteich, Wilhelminenstraße, vor dem Weg zum Wasserwerk, wo der Abfluß zum Wasserrad als Steinfassung mit Geländer noch vorhanden ist. Die Mühle wird wohl nach Anlage des Schloßteichs erbaut worden sein. Auf der Karte von Mejer 1648 ist sie als „Pulfer Möll" eingezeichnet. Sie war gemeinsam mit der Hausmühle in Erbpacht vergeben und zur Feinmehlbereitung eingerichtet. Als eine der ersten Mühlen erhielt sie später eine Dampfmaschine. 1894 abgebrannt, die Ruine wurde 1919 abgebrochen. Lit.: J. Stüdtje, Mühlen der ehem. Munkbrarupharde. Die Glücksburger Wassermühlen, JbAngeln 1962, 171. Glücksburg 1974, 108, 110. Pöge 1980, 38.

Meierei 1891–1987. Rathausstr. 13. Privatmeierei 1891–98, mit Badeanstalt für warme Wannenbäder. Gebäude abgebrochen.
■ Die letzte Meierei in Angeln war der Betrieb in Glücksburg, Waldstr. 7. Meierei-Genossenschaft 1898 gegründet. 1987 Fusion mit der Adelbyer Meierei. Gebäude 1991 abgebrochen. Lit.: Glücksburg 1974, 216.

Banken. Sparkasse Schleswig-Flensburg, Rathausstr. 4. Seit 1971 im neuen Rathaus. 1972–1988 eine Zweigstelle der Bank in Sandwig.
■ Nachfolgerin der Glücksburger Spar- und Leihkasse von 1818, einer Stiftung der Herzoginwitwe. Erste Sparkasse in Angeln. 1862 Sparbuch eingeführt. Geschäftsstelle 1898 in der ehemaligen Privatmeierei Rathausstr. 13. Ab 1902 an gleicher Stelle im neuen Rathaus. 1933 umbenannt in Stadtsparkasse Glücksburg. 1945 überführt in die Kreissparkasse Flensburg. Lit.: Glücksburg 1974, 136. H. Thomsen, Stadtsparkasse Glücksburg, Der Landkreis Flensburg, 1981, 194. G. Vaagt, Glücksburg und seine Sparkasse, 1993. – Creditbank Glücksburg 1902 von Bürgern der Stadt gegründet. 1923 aufgelöst. – Vereins- und Westbank, Am Schloßpark 2. Filiale 1919 eröffnet. – Raiffeisenbank eG Glücksburg, Rathausstr. 7. Spar- und Darlehnskasse Bockholm gegründet 1921. Namensänderung 1954 und Geschäftssitz nach Glücksburg verlegt. Seit 1972 mit Wees vereinigt. Lit.: Munkbrarup 1976, I 224.

Elektrizitätswerk 1897–1989. Bahnhofstr. 4. Von einer Privatfirma erbaut. 1926 Übernahme durch die Stadtwerke Flensburg. Gebäude abgebrochen, auf dem Grundstück seit 1990 das neue Postamt. Lit.: Glücksburg 1974, 216.

Apotheken. „Kronen-Apotheke", Rathausstr. 10. Eingeschossiger Backsteinbau, Mitte des 18. Jh. erbaut. Über der Tür ein Herzogshut, darüber schmales Zwerghaus mit spitzem Dreieckgiebel (Denkmalschutz). Ehemals Sitz der Hardesvogtei Glücksburg der Munkbrarupharde. 1877 nach Flensburg verlegt und in Hardesvogteibezirk Flensburg II umbenannt. Seit 1892 Apotheke, die 1877 als Filiale der Stadt- und Rats-Apotheke Flensburg im vormaligen Hause Große Str. 2 als erste Apotheke am Ort eröffnet wurde. Seit 1913 unter dem Namen „Kronen-Apotheke". Lit.: KDM FL 1952, 146. Glücksburg 1974, 170.
„Ostsee-Apotheke", Rathausstr. 3. „Schloßapotheke", Bahnhofstr. 2, eröffnet 1993.

Armenhaus. Große Str. 44. „Carolinen-Stift", 1823 als Stiftung der Herzoginwitwe

GLÜCKSBURG, Apotheke, vormals Hardesvogtei. Foto: D. Weldt

erbaut. Abbruch zu Anfang der 1970er Jahre. Lit.: Glücksburg 1974, 138.

Hotels. „Brodersen's", Rathausstr. 1, vormals Hotel „Stadt Hamburg". Zur Straßenseite 1875 mit einer Holzveranda und Linden, abgebrochen und gefällt. Im Saalanbau von 1872 später Kino, Supermarkt, heute Ladengeschäfte. – Hotel „Skandinavien", Große Str. 6, vormals Bahnhofshotel. Erbaut 1885 zur Eröffnung der Bahnstation.
Ehemalige Hotels in Glücksburg: „Glücksburger Hof", Wohnhaus Große Str. 58. Erste Erwähnung 1582 als „Krug beim Closter". Das Wirtshaus wurde an fürstliche Gastgeber verpachtet, 1702 verkauft. Die Braugerechtigkeit ist 1784 an das Gasthaus Ruhetal übergegangen. Bis 1914 Hotel, dann zeitweise Kaserne, später Mietshaus im Besitz der Stadt. – „Matthiesen's Hotel", Große Str. 36. Dreistöckiger hoher Gebäudekasten oberhalb der Tankstelle, abgebrochen. – Hotel „Bürgerverein", Waldstr. 1. Mit Saal und Garten am Schinderdamm. Heute Wohn- und Geschäftshaus.

Bürgerhäuser. Flensburger Str. 1. Propst Lüders Anwesen, ehemals „Prinzen-Palais". Großer Park 1735 angelegt. Als einzige Zeugen der Gartenbaukunst des Propsten sind drei hohe Schwarzpappeln erhalten. 1762 Sitz der Dänischen Acker-Akademie und einer Pflanzschule. Eingeschossiger Neubau von 1801 am Ende des 19. Jh. zum zweigeschossigen Wohnhaus für Prinz Julius von Glücksburg umgebaut. – Wilhelminenstr. 18, Villa „Wiesenburg". Asymmetrischer Backsteinbau in neugotischen Formen mit gelb-roten Zierverbänden und interessanten Holzdetails. – Große Str. 24. Backsteinbau mit tiefem Vorgarten. Eines der letzten typischen Bediensteten-häuser aus herzoglicher Zeit. – Rathausstr. 24. Schlichter Backsteinbau mit bemerkenswerter Haustür. – Am Schloßpark, ehem. Schloßgärtnerei. Zwei Ziegelbauten von 1833 (alle Denkmalbuch).

Denkmäler. Friedenseiche 1871. Große Straße, am Fuße des Wirtshausberges. Gedenkstein mit Inschrift von 1989. – Doppeleiche 1898 auf dem Hindenburgplatz. Davor ein Findling, bekrönt von einer Eisenkugel, umgeben von Eisengittern zwischen Granitpfeilern. Zur 50. Jahrfeier der Erhebung angelegt (Denkmalbuch).

Naturdenkmäler. Auf dem alten Friedhof eine Baumgruppe von vier Linden um das Grab der Herzogin Anna Carolina von 1824. – Eiche an der Ecke Waldstraße-Petersenallee.

■ Zwei Eiben am Ende der Rathausstraße zur Holnisstraße. Die Bäume gehören zu den stärksten und ältesten Eiben im Land, die größte dendrologische Sehenswürdigkeit in Glücksburg. – Alle Bäume 1936 unter Schutz.

Literatur. Gude 1778, 111. vSchröder 1837, I 312. Jensen Angeln 1844, 347. vSchröder 1854, 177. Trap 1864, 490. Oldekop 1906, V 40. Angeln 1922, 568. W. Rust, Die Geschichte des Handwerks im Flecken Glücksburg, JbAngeln 1959, 156. H. Torp, Glücksburg in der Kriegs- u. Nachkriegszeit, JbAngeln 1961, 37. M. Kranz, Botanische Wanderungen um Glücksburg, JbAngeln 1962, 195. Röschmann 1963, 237. M. Kranz, Waldflora von Glücksburg, JbAngeln 1966, 150. B. Hamer, Geschichte Glücksburgs, 1974. Ders., Die Gründung der Glücksburgischen Friedrichsgarde 1801, JbAngeln 1975, 127. Ders., Annoncen aus Glücksburg, JbAngeln 1987, 64. W. Riedel, Glücksburg – Natur u. Umwelt, JbAngeln 1987, 167. Wpl-Verz 1987, 96. R. Glawischnig, Glücksburg 1918/19 zwischen Kaiserreich u. demokratischer Republik, JbAngeln 1992, 60. TK 1123.

GLÜCKSBURG SCHLOSS

Der Schloßbezirk besteht aus Schloß, Hofplatz, Schloßteich, Park und einem kleinen Waldstreifen „Carolinenlund“, zusammen 24 ha. Eigentümer ist die Herzogl. Holstein-Glücksburgische Familienstiftung. Das Schloß ist als Museum, zu Konzerten und Andachten in der Schloßkapelle geöffnet. Gesamtanlage unter Denkmalschutz.

■ Schloß. Schloß Glücksburg ist ein Hauptwerk der Renaissance im Lande. Seine burgähnliche Anlage ist noch dem Geist des Mittelalters verbunden. Der charaktervolle Bau ist das Idealbild eines Schlosses, ein geschlossener Baukörper, der in völliger Schlichtheit, streng und von nordischer Herbheit, vollendet ausgewogene Harmonie ausstrahlt. Sein Äußeres ist so gut wie unverändert geblieben.

Der fast quadratische Baublock besteht aus drei nebeneinanderstehenden Giebelhäusern, ganz im Wasser des Schloßteiches gelegen. Das kühle Weiß des verputzten Backsteins läßt Linien und Flächen des Baus sprechen. Alles ruht auf hohem Granitsockelfundament.

An den Ecken sind vier mächtige achteckige Türme in gedrungener Form mit Zeltdach angefügt. Von den Abtrittpfeilern, die in unregelmäßiger Anordnung an Türmen und Mittelachsen befestigt wurden, sind nur die Spitzen als Erker belassen. Die Fenster steigen symmetrisch bis zum dritten Geschoß auf. Aus den äußeren Satteldächern sind zwei Zwerchhäuser gebaut, und auf dem Mitteldach ist ein barocker Dachreiter 1768 für ein abgebranntes Türmchen gesetzt.

Der einzige erhaltene zeitgemäße Schmuck der Außenfront ist die Wappentafel von 1588 über dem Portal. Daneben sind zwei Löwen aufgestellt, die vermutlich ursprünglich den Eingang des Schloßgartens flankierten.

Der Zugang vom Hofplatz zum Schloß führt über einen breiten Damm, der sich vor dem Portal zum Vorplatz erweitert. Bis 1812 waren Schloß und Hof durch eine fünfbogige Steinbrücke verbunden.

Schloßhof. Der rechteckige Hofplatz am Ostrand des Schloßteiches ist aus den Erdmassen der umschließenden Gräben aufgeschüttet. Der Hof ist dreiseitig umbaut, die Südseite wird von einer doppelten Baumreihe geschlossen.

Größtes Hofgebäude ist das sogenannte „Kavalierhaus“, ein zweigeschossiger Bau

GLÜCKSBURG, Schloß. Foto: D. Weldt

von 1786. Seit 1920 Wohnung für den Bruder des Herzogs, zuletzt 1989 von einem Familienmitglied des herzoglichen Hauses bewohnt.
Das Pforthaus ist nach einem Brand 1786 erneuert. Der Zugang auf den Platz geht durch das Torhaus über eine Steinbrücke von 1859, ehemals eine Zugbrücke.
Beiderseits des Dammes zum Schloß und vor der Tordurchfahrt stehen je zwei seltene schmiedeeiserne Standlaternen auf Marmorsäulen. Sie stammen von Schloß Amalienborg in Kopenhagen und wurden 1854 in Glücksburg aufgestellt.

Schloßpark. Neben der Schloßinsel liegt der 3 ha große englische Garten. Die Hauptwege stammen von der älteren Anlage, die 1733 als französischer „Lustgarten" auf dem Gelände des Vorwerks gestaltet wurde. An der Schloßzufahrt stehen einige fremdländische Bäume: Trompetenbaum, Flügelnuß, japanischer Pagodenbaum.
Der Schloßpark ist seit 1989 der Öffentlichkeit allgemein zugänglich. Auf dem anschließenden Gelände der ehemaligen Schloßgärtnerei befindet sich heute das Rosarium.
Orangerie 1827. Klassizistischer Neubau, der Vorgänger mit Gewächshäusern 1809 abgebrochen. Der Breitbau mit Säulenportikus ist neben der Orangerie von Seedorf, Kreis Segeberg, der einzige erhaltene Bau der Art in Schleswig-Holstein. Zur Zeit König Friedrichs VII. 1854–63 als Ballhaus genutzt. 1878–83 Mausoleum für Herzog Carl.

Baugeschichte. Gleich nach der Übereignung des Rudeklosters an den Herzog von Sonderburg ließ dieser die gesamte Klosteranlage 1582 abbrechen und 1583 mit dem Bau seines Schlosses beginnen. Es war der erste große Bau Herzog Johanns des Jüngeren und der einzige, der aus seiner regen Bautätigkeit erhalten geblieben ist. Mit den Wirtschaftsgebäuden auf dem Hof wurde der Bau 1587 vollendet.

Die Giebel der Zwerchhäuser und der Satteldächer waren ursprünglich geschweift, die Dachgiebel auch mit Obeliskenansätzen und Kugelbekrönung dekoriert. Dieser Schmuck mußte wegen Baufälligkeit entfernt werden. Die Zwerchhäuser wurden 1906 wieder in einfacher Form angebracht. Die Türme sind zur Erbauungszeit ohne Dächer geblieben, ihre Turmhelme wurden erst in späterer Zeit aufgesetzt.
Der Schloßhof hat in seiner Bebauung mehrere Veränderungen erfahren. 1685 wurde für die Bediensteten das „Neuhaus" gebaut, später „Kavalierhaus" genannt. Brauerei und Bäckerei, die auf der Hofsüdseite lagen, brannten 1717 ab. 1786 sind das „Neuhaus" und sämtliche Nebengebäude nach einem Brand neu errichtet worden.

Ortsname. 1592 Glücksburg. 1594 Lucksborg. Mejer 1649 Luxborg. Trap 1864 dän. Glücksborg. – Nach dem Wahlspruch des Schloßerbauers, Herzog Hans d. Jüngere, „Gott Gebe Glück Mit Frieden".

Geschichte. Der Bauherr Herzog Johann von Sonderburg, der das Schloß nur zeitweise neben seiner Hauptresidenz bewohnte, ist 1622 auf Glücksburg gestorben. Aus einem Teil seines Erbes entstand das Herzogtum Glücksburg, dessen Herzöge durch fünf Generationen von 1622–1779 auf dem Schloß residierten.
Nachdem der letzte Herzog unbeerbt gestorben war, fiel das Schloß an die Krone Dänemarks, das die Herzoginwitwe bis zu ihrem Tode 1824 bewohnen durfte. König Friedrich VI. überließ das Schloß 1825 seinem Schwager, Herzog von Holstein-Beck, gleichzeitig mit der Verleihung des Titels eines Herzogs zu Glücksburg. Dadurch wurde die jüngere Linie des Hauses gegründet. Die neue Herzogsfamilie hat das Schloß nicht bewohnt, erst die Witwe zog 1836 nach Glücksburg. Von 1848 bis 1854 blieb das Haus unbewohnt.
■ König Friedrich VII. wählte 1854 Glücksburg als ständige Sommerresidenz. Er verweilte jährlich einige Monate bis in den Herbst und starb hier 1863. Mit dem Nachfolger, König Christian IX., gelangte das Haus Glücksburg auf den dänischen Thron, der als „Schwiegervater Europas" die Verwandtschaft Glücksburgs zu mehreren europäischen Fürstenhäusern begründete.
Nach dem Krieg Preußen–Dänemark wurde das Schloß preußische Staatsdomäne. 1869 überließ der König von Preußen das Schloß Herzog Carl zu Glücksburg als Wohnung, der 1871 in Glücksburg einzog. Von 1867–1928 bildete das Schloß einen eigenständig verwalteten Gutsbezirk.
■ Durch die Verwandtschaft des Herzogs von Schleswig-Holstein-Glücksburg mit dem deutschen Kaiserhaus erlebte Glücksburg den Besuch Kaiser Wilhelm II. in den Jahren 1890, 1893 und 1905. Kaiserin Auguste Victoria war häufiger Gast bei ihrer Schwester auf Glücksburg.
1905 wurde das herzogliche Haus wieder eigentümlicher und erbberechtigter Besitzer des Schlosses, das einer Familienstiftung übereignet ist. Die Herzöge von Glücksburg wohnen seit 1920 auf ihren Gütern auf Schwansen und öffneten das Schloß dem Publikum als Museum.
Krieg. Schleswig-Holstein–Dänemark. 1848 verwüsteten dänische Truppen die Räume des unbewohnten Schlosses. –Preußen–Dänemark. 1864 zeitweise Hauptquartier des Oberbefehlshabers der preußisch-österreichischen Armee und teilweise als Feldlazarett bezogen. – 1945 zu Ende des II. Weltkriegs war Schloß Glücksburg für einige Tage Sitz des Reichsrüstungsministers. Zwei Monate lang wurden hier etwa 200 Stabsoffiziere gefangengehalten.

Schloßteich

Stausee mit einer Fläche von 16 ha. Tiefe bis zu 6 m. Zufluß aus dem etwa 2 m höhergelegenen Mühlenteich über den Verbindungskanal zur ehem. Hausmühle. Abfluß am Westufer des Sees über eine Schleuse, vormals etwas weiter bei der „Pulvermühle" zur Munkbrarupau-Schwennau. Fischgewässer für Sportangler.
■ Der Schloßteich ist der einzige See in der Landschaft Angeln, der auf einem schönen Wanderweg direkt am Ufer entlang zu umrunden ist.
Der Teich wurde 1587 nach dem Schloßbau durch einen Damm von der Hausmühle bis zum kleinen Waldhügel an der Wilhel-

minenstraße abgetrennt und vom Mühlenbach aufgestaut. Der Weg auf dem Damm, die „Wasserallee“ genannt, war in herzoglicher Zeit Privatweg des Schloßherrn. Die Bevölkerung durfte nur den Fußweg unterhalb des Südhangs, den sogenannten „Halunkengang“, auch „Kanaillenweg“, benutzen. Anfang des 19. Jh. war der gemeine Weg die Schießbahn „Carolinenlund“ der Friedrichsgarde.

Gewässername. 1667 Burg-See. 1781 Schloss-Teich. Lit.: Hald 1948-79, VII 110. TK 1123.

Naturdenkmal. „Königs-Eiche“, am Nordende des Schloßteiches, einst Lieblingsplatz König Friedrichs VII. von Dänemark.

Carolinenlund

Holz zwischen Schloßteich und Wilhelminenstraße. Um 1770 durch Herzogin Anna Carolina bepflanzt und eingefriedigt. Flurname 1826 Carolinenlund, nach der Herzogin benannt. Auch als „Geestgaard“ bezeichnet. Lit.: Hald 1948-79, VII 108.
Denkmal 1897. Auf dem Hügel des kleinen „Geestgaard“ gegenüber dem Schloß von Glücksburger Bürgern in Erinnerung an das Herzogspaar Carl und Wilhelmine aufgestellt. Ein schwarzer Marmorobelisk mit Doppelportrait als Bronzerelief und Inschrift. Umgeben von einem schmiedeeisernen Gitter (Denkmalschutz).

Literatur. Gude 1778, 108, 111. vSchröder 1837, I 312. Jensen Angeln 1844, 347. Oldekop 1906, V 40. Angeln 1922, 565. KDM FL 1952, 146. Kunst-Topographie SH 1969, 291. Hist. Gem-Verz 1970, 58. B. Hamer, Geschichte Glücksburgs, 1974. Ders., Der Hofstaat der Fürstenresidenz Glücksburg, JbAngeln 1979, 94. C. H. Seebach, Schloß Glücksburg, 1979. vRumohr 1979, 11. C. A. von Rumohr, Zur Baugeschichte des Schlosses Glücksburg, JbAngeln 1987, 21.

Forstgutsbezirk bis 1928

Kreis Flensburg. Fläche 1019 ha. 18 Ewh. (1925), 4 Wohngeb., die Forsthäuser Tremmerup, Weesries, Horstkoppel u. Waldarbeiterhaus Friedeholz.
Gehege. Friedeholz mit Jungfernberg u. Kegelberg, Tremmerup mit Carolinenlund, Süderholz, Wille, Weesries und Horstkoppel mit Friedrichstal.
Ehem. Herzogtum Glücksburg, 1779 königliches Gehege. 1928 Forstgutsbezirk aufgelöst: Friedeholz und Tremmerup zur Stadt Glücksburg, Weesries zur Gem. Wees und Horstkoppel zur Gem. Roikier.
Literatur. Oldekop 1906, V 42. Hist. Gem-Verz 1970, 58.

GLÜCKSBURGFELD

s. Ulstrupfeld

GLÜCKSBURG VORWERK

s. Ladegaard

GOHKIER

s. Winderattheck

GOLDHÖFT

PLZ 24395. Häusergruppe

Ostangeln. Ksp. u. Gem. Gelting. 59 Ewh. (1987), 18 Wohngeb., 3 Ldw.-Betriebe (1993).
Lage: nördl. von Gelting, an der Straße nach Nieby. Höhe 5 m.

Ortsname. 1788 Goldhöft. vSchröder 1837 u. Jensen Angeln 1844 Goldhövd. PreußLA 1877 Goldhöved. Ndt. Choldhöft. – Vielleicht ein ursprüngliches dän. Galthoved in der Bedeutung von Eberhaupt zu dän. galt = Eber, im Deutschen zu Gold umgedeutet (Hald). Lit.: Hald 1948-79, VII 427. JbAngeln 1967, 103. Laur 1992, 277.

Geschichte. 1789 entstanden 3 Landstellen auf Parzellen des Gutes Gelting, 1853 Kappelerharde. 1871 FL Gem. Wackerballig, 35 Ewh., 6 Wohngeb. Seit 1938 Gem. Gelting.

Literatur. vSchröder 1837, I 87, 316. Jensen Angeln 1844, 380. vSchröder 1854, 179. Oldekop 1906, V 123. Angeln 1922, 609.

Gelting 1972, 493. Gelting 1987, 243. Wpl-Verz 1987, 96. TK 1225.

GOLDHÖFTBERG

PLZ 24395. Häusergruppe

Ostangeln. Ksp. Gelting, Gem. Nieby. 2 Wohngeb., Windmühle u. Pumpwerk.
Lage: 2 km nördl. von Gelting, am Ostufer des Geltinger Noors, auf dem Damm nach Beveroe – kein „Berg“ zu sehen. Höhe 3 m.

Geschichte. 1871 FL Gutsbezirk Gelting, 18 Ewh., 3 Wohngeb. PreußLA 1877 Goldhövedberg. Seit 1928 Gem. Nieby.

Windmühle 1826. Erdholländer ehem. Schöpf- und Kornmühle „Charlotte“. 1826 von Gut Gelting zur Noorentwässerung erbaut. Sie hat bis 1890 Korn gemahlen und wurde bis 1960 als Entwässerungsmühle betrieben (Denkmalschutz). Lit.: Kunst-Topographie SH 1969, 284. Gelting 1972, 93. Pöge 1980, 36.

Literatur. Oldekop 1906, V 39. Angeln 1922, 608. Wpl-Verz 1987, 98. TK 1225.

GOLSMAAS

PLZ 24395. Hof

Ostangeln. Ksp. Gelting, Gem. Pommerby. 3 Wohngeb., Ldw.-Betrieb u. Feriendorf mit 53 Häusern auf Gemeindegrund von Kronsgaard.
Lage: 3 km südöstl. von Pommerby, an der Ostseeküste. Höhe 5 m.
Breiter und hoher Vorstrand zur Ostsee mit niedrigem, 2 km langem Steilufer. Am Hof ein kleines Holz, früher hat auch weiter nordöstlich eine Hölzung gestanden. Grenzort zur Gem. Kronsgaard. Golsmaas ist der östlichste Wohnplatz im Kirchspiel.

Ortsname. 1785 Golsmaas. Trap 1864 dän. Goldmaas. PreußLA 1877 Golsmaas. Ndt. Cholsmaas. – Moor, moorige Wiese = ndt. Maas, des Galt, Golt = altdän. PN (Laur). Lit.: Hald 1948-79, VII 427. JbAngeln 1967, 105. Laur 1992, 277.

Geschichte. 1783 Hof auf einer Parzelle von Gut Düttebüll gegründet, 1853 Kappelerharde. 1871 FL Gem. Pommerby, Hof mit 14 Ewh. 1965 Feriendorf vom Deutschen Erholungswerk eingerichtet und 1975 erweitert.

Literatur. vSchröder 1837, I 316. Jensen Angeln 1844, 383. vSchröder 1854, 179. Oldekop 1906, V 92. Angeln 1922, 612. Röschmann 1963, 479. Gelting 1972, 635. Gundelsby 1977, 18. Wpl-Verz 1987, 99. TK 1225.

GOLTOFT

Ehem. Kirchspiel

Schliesharde. Wohl 1463 aufgelöst, weil die Kirchengemeinde zu klein geworden war. Goltoft selbst wandte sich zur Kirche nach Brodersby und Hestoft wurde zu Ulsnis eingepfarrt. Lit.: Jensen Angeln 1844, 402. Angeln 1922, 67. Kuhlmann 1958, 145.

Gemeinde

Amt Tolk. Fläche 309 ha, davon 280 ha Festland, ca. 30 ha Schlei, 6 ha Wald. 178 Ewh., 63 Wohngeb. (alle Angaben 1987). Zwei Ldw.-Betriebe (1993). Das Gemeindegebiet ist in seinen engen Ausmaßen ohnegleichen und faßt in der Breite gerade den Raum des Dorfes. An Einwohnern ist Goltoft die kleinste Schleigemeinde Angelns.
1871 SL Gemeinde mit 217 Ewh., 30 Wohngeb. Ewh.-Höchstzahl 1946: 400 Menschen. Bis 1970 im Amt Moldenit. Eingemeindungs-Bestrebungen seitens Brodersbys hat sich Goltoft 1974 widersetzt.

Wohnplätze. Goltoft, Hellör, Norderfeld, Nordschau, Schleihof.

Literatur. Oldekop 1906, VIII 46. Angeln 1922, 648. Hist. Gem-Verz 1970, 168. Wpl-Verz 1987, 97. Brodersby 1989, 346.

PLZ 24864. Dorf

Südangeln. Ksp. Brodersby, Gem. Goltoft. 158 Ewh., größtes Dorf im Kirchspiel (1987). Krug, Schmiede, Gärtnerei, 2 Ldw.-Betriebe (1993).

Lage: 1 km nordöstl. von Brodersby, an der Straße nach Ulsnis, Schleidörferstraße. Höhe 18 m.
Geschlossen bebautes Haufendorf, in seinen alten Grenzen, mit mehreren Dorfstraßen. Als Schönes Dorf ausgezeichnet.

Ortsname. 1386 Gyltoft. 1462 Goltoft. Mejer 1649 Goldtofft. PreußLA 1877 Goltoft. Ndt. Choltoff. – Siedlungsplatz = dän. toft, in unfruchtbarem Gelände = dän. gold (Laur). Lit.: JbAngeln 1963, 24. Laur 1992, 277.

Geschichte. Bis 1463 Kirchdorf. 1837 zur Schliesharde u. Johanniskloster 11 Höfe, 12 Katen mit 6 Schustern. 1871 SL Gem. Goltoft. 1917 vernichtete ein Großfeuer einen Hof und 3 Häuser. Freiw. Feuerwehr 1930 gegründet.

Ehem. Kirche. Das Gebäude soll nordöstlich des Dorfes auf dem „Karkberg“ gestanden haben. 1463 wurde kein Gottesdienst mehr gehalten. Angeblich ist von dem Abbruchmaterial einiges an der Kirche zu Böklund wieder verwandt worden. Lit.: KDM SL 1957, 276. Kuhlmann 1958, 144. Brodersby 1989, 48.

Pastorat. 1765 nach Kl. Brodersby verlegt. Offenbar hatten Brodersby und Goltoft einen gemeinsamen Pastor, der hier wohnen blieb, als die Kirche zu Goltoft aufgegeben wurde.

Schule. Kirchspielsschule von Brodersby, jedoch ohne das Dorf Geel, dessen Kinder den kürzeren Weg nach Füsing gingen. 50 Jahre lagen die Dörfer im Streit um einen zentralen Standort im Kirchdorf, den sie 1807 mit der Verlegung der Schule von Goltoft nach Brodersby beendeten. Lit.: A. Reiche, Ein Schulstreit in Südangeln vor 200 Jahren, JbAngeln 1957, 104.

Krug. „Zur Doppeleiche“, Schleidörferstr. 7. Alter Kirchkrug 1907 abgebrannt. Neubau 1908, umgebaut 1965. Lit.: Brodersby 1989, 350.

Motormühle. 1910 erbaut, 1976 aufgegeben. Mühlengebäude heute Tischlerei. Lit.: Brodersby 1989, 349.

Schmiede 1844. Aus dem Betrieb, der 1989 noch in der gleichen Familie ist, ging eine vielköpfige Schmiededynastie hervor, die über Generationen in Südangeln verbreitet war. Lit.: Brodersby 1989, 362, 496.

Bauernhäuser. Schleidörferstr. 11. Dreiseithof. Das Wohnhaus ist ein Backsteinbreitbau von 1918, der nach Brand des Altbaus von 1846 auf erhaltenen Außenmauern neu errichtet wurde. Über dem Eingang ein Rundbogen-Frontispiz, barockisierende Haustür. Scheunenneubau 1918 mit befahrbarer Hochtenne. Seit 1985 ohne Ldw.-Betrieb (Denkmalschutz). Lit.: Hagemeier-Kottwitz 1982, 264. Brodersby 1989, 353. – Zur Braaskate 6. Ehem. Priesterlanstenkate. Kleines kombiniertes Fachwerkwohn- und Wirtschaftsgebäude mit Reetdach, großteils noch aus dem Baujahr 1692 erhalten (Denkmalbuch). Lit.: Brodersby 1989, 387. – Alter Ziegeleiweg 1. Reetgedeckte Kate um 1790 in Fachwerk erbaut. Seit 1959 Gärtnerei. Lit.: Brodersby 1989, 378, 512.

Jagdstein 1760. Im Knick an der Straße nach Hestoft, auf der Gemeindegrenze. Granitpfeiler mit Krone und Inschrift. Grenzstein der Gottorfer Amtswildbahn, 1760 zur Regierungszeit König Friedrichs V. gesetzt.

Literatur. vSchröder 1837, I 316. Jensen Angeln 1844, 402. vSchröder 1854, 179. Oldekop 1906, VIII 46. Angeln 1922, 648. WplVerz 1987, 88. Brodersby 1989, 346. TK 1424.

GOSEWATT

PLZ 24975. Häusergruppe

Nordangeln. Ksp. u. Gem. Husby. 3 Wohngeb.
Lage: 2 km südöstl. von Husby, an der Straße nach Husbyholz, Kappelner Chaussee, am Waldrand von Husbyries, bei der Abzweigung nach Markerup. Höhe 45 m.

Ortsname. 1758 FN Goß-Wadt. PreußLA 1877 Gosewatt. Ndt. Chooswatt. – Gans = ndt. Goos und Furt = ndt. Watt, durch die nahe Moorau. Lit.: Hald 1948-79, VII 172. Laur 1992, 278.

Geschichte. 1796 eine Kate zu Gut Lundsgaard erbaut. 1871 FL Gem. Husbyholz, 2 Wohngeb. 1969 Gem. Markerup, seit 1970 Gem. Husby.

Literatur. vSchröder 1837, I 423. vSchröder 1854, 248. Angeln 1922, 549. Husby 1976, 585. Wpl-Verz 1987, 97. TK 1223.

GOSHOLZ

s. Tolkschuby, Alt-

GRABBELWATT

PLZ 24392. Häusergruppe

Südangeln. Ksp. u. Gem. Boren. 3 Wohngeb., kein Ldw.-Betrieb (1993).
Lage: südl. von Güderott, an der Straße nach Fahrtoft, neben der Güderotter Au. Höhe 15 m.

Ortsname. vSchröder 1837 Grabbelwatt. Trap 1864 dän. Grabølvad. PreußLA 1877 Grabbelwatt. – Furt = ndt. –watt, von Graböl, einem sonst nicht überlieferten Ortsnamen in der Bedeutung Siedlung = dän. bøl, in grauer Umgebung zu dän. grå, wohl auf die Bewachsung bezogen (Laur). Lit.: Laur 1992, 280.

Geschichte. 1837 zwei Katen, Schliesharde. 1871 SL Gem. Boren, 3 Wohngeb.

Jagdstein 1760. Südlich von Grabbelwatt am Weg von Güderott nach Fahrtoft. Granitpfeiler mit Krone und Inschrift. Grenzstein der Gottorfer Amtswildbahn, 1760 zur Regierungszeit König Friedrichs V. gesetzt. Lit.: KDM SL 1957, 567.

Literatur. vSchröder 1837, I 319. vSchröder 1854, 182. Oldekop 1906, VIII 26. Angeln 1922, 639. Wpl-Verz 1970, 117. TK 1324.

GRÄBERG

PLZ 24894. Häusergruppe

Südangeln. Ksp. u. Gem. Tolk. 3 Wohngeb., Schäferei bis 1993.
Lage: 1 km nördl. von Tolk, von der Straße nach Tolkschuby, Abzweigung „Gräberg“, Höhe 38 m.

GRÄFSHOLZ

PLZ 24972. Höfe

Nordangeln. Ksp. u. Gem. Quern. 17 Ewh. (1987), 5 Wohngeb., ein Ldw.-Betrieb.
Lage: westl. von Nübelfeld, neben der Nordstraße nach Dollerup. Höhe 40 m.

Ortsname. 1599 FN Graßolt Dam. 1616 FN Greues Holtze. 1852 Gräfsholz. PreußLA 1877 Gräfsholz. Ndt. Chrefsholt. – Gehölz = ndt. Holt, in der Form der Innenseite einer Hand zu dän. greb, oder des Grep = altdän. PN (Laur). Lit.: Hald 1948-79, VII 271. Laur 1992, 280.

Geschichte. Die Landstellen entstanden 1746 nach der Parzellierung von Gut Nübel, 1853 Munkbrarupharde. 1871 FL Gem. Nübel, 33 Ewh., 6 Wohngeb. Seit 1970 Gem. Quern.

Literatur. vSchröder 1837, I 319, II 113. Jensen Angeln 1844, 352. vSchröder 1854, 182. Oldekop 1906, V 86. Angeln 1922, 576. Quern 1961, 279. Wpl-Verz 1987, 99. TK 1224.

GRÄVERDIEK

PLZ 24395. Haus

Ostangeln. Ksp. Esgrus, Gem. Niesgrau.
Lage: nördl. von Koppelheck. Von der kleinen Steilküste reizvoller Blick über die Geltinger Bucht.

Ortsname. Angeln 1922 Gräberteich. Esgrus 1990 u. Wegweiser Gräverdiek. – An einem Teich mit Graben, der laut Hausbesitzer zugeschüttet wurde. Lit.: Hald 1948-79, VII 376.

Naturdenkmal. Feldbuche, 100 m nördlich vom Haus.

Literatur. Angeln 1922, 603. Wpl-Verz 1987, 98.

GRAFF
s. Dollerup

GRAHLENSTEIN

PLZ 24395. Haus

Ostangeln. Ksp. u. Gem. Gelting.
Lage: nördl. von Gelting, im Holz Nordschau am Geltinger Noor. Höhe 3 m.
Das Noor bildet hier eine längliche Bucht, an deren Südende die Geltinger Au einmündet. Von der Aubrücke am Pumpwerk Blick über das Noor bis zur Birk. Waldwege nach Düstnishy und Nordschau.

Ortsname. 1852 Grahlenstein. PreußLA 1877 Grahlenstein. – Nach dem Besitzer de Grahl, davor Nordschau genannt. Lit.: Hald 1948-79, VII 427. JbAngeln 1967, 102. Laur 1992, 281.

Geschichte. Der Hof entstand 1789 aus der Parzellierung von Gut Gelting, 1853 Kappelerharde. 1871 FL Gem. Wackerballig, seit 1938 Gem. Gelting. Die Landstelle wurde wegen der schönen Gartenanlage oft gerühmt. Das Wohnhaus brannte 1981 durch Blitzschlag ab. Neubau.
Persönlichkeiten. Claus Jaspersen 1777–1847. Jurist, Politiker. Hofbesitzer seit 1829, gestorben auf Grahlenstein. – Hermann Bendix Todsen 1864–1946. Dr. jur., Oberbürgermeister von Flensburg, geboren auf Grahlenstein.

Naturdenkmal. Der Baumbestand des Parks mit Linde, Eiche, Blutbuche, zwei Wildkirschen und der Wall mit 16 Ulmen wurden 1978 unter Schutz gestellt.

Literatur. vSchröder 1854, 182. Oldekop 1906, V 122. Angeln 1922, 609. KDM FL 1952, 135. Gelting 1972, 230, 491. Gelting 1987, 243. Wpl-Verz 1987, 96. TK 1225.

GRASKJAER
s. Westerholmfeld

GRAUBURG

Burgplatz

Mittelangeln. Ksp. Sörup, nördl. von Winderatt in einem kleinen Holz am Südufer des Winderatter Sees. Der Weg „Zur Grauburg“ endet schon vor dem Burgplatz im Feld.
Etwa 20–30 m südlich des Seeufers erhebt sich aus der Wiesenniederung eine bewaldete Kuppe, die durch einen 100 m langen, 3–4 m tiefen Graben in zwei Hälften geteilt wurde. Die Kanten sind künstlich geböscht, teilweise besonders steil bis zu 3 m Höhe.
Ein Bach umfließt bogenförmig die Kuppe, versickert nach Westen in einer sumpfigen Niederung und mündet andererseits in die Nordostecke des Sees. Die Gesamtanlage ist in ihren Ausmaßen von 150 x 250 m vergleichbar mit der Hoffläche des Gutes Buckhagen.
1844 sollen die „Burggräben“ noch erkennbar gewesen sein. Geschichtliches ist von der Sagenburg nichts überliefert.

Flurname. Mejer 1648 Gravitboem. 1787 Holzkoppel Gravboy. Jensen Angeln 1844 Gravbye. – Vermutlich Bude, Hütte, Scheune = dän. bod, am Graben = jüt. grav (Hald). Oder, auf den Grabenverlauf bezogen, Krümmung = jüt. bøje. Grundwort zu -burg umgedeutet (vRohden). Lit.: Hald 1948-79, VII 266. vRohden 1989, 282.

Literatur. Jensen Angeln 1844, 206. Oldekop 1906, V 127. Angeln 1922, 583. Röschmann 1963, 652. Husby 1976, 619.

GRAUHÖFT

PLZ 24376. Stadtteil

Ostangeln. Ksp. u. Stadt Kappeln. 255 Ewh. in Neukappeln/Grauhöft (1987). Heim für Behinderte in der ehem. Jugendherberge, Ruderclubhaus, Bootswerft u. Bootshafen.
Lage: Nord-Kappeln, an der Schlei und der Einmündung der Grimsau.

Ortsname. Mejer 1641 Growhoy. vSchröder 1837 Grouehövt. Jensen Angeln 1844 Grauhövd. PreußLA 1877 Grauhöft. – Vorsprung = dän. hoved, ndt. Höft, von Grovæ, alter Name für Grummark (Jensen). Lit.: Laur 1992, 282.

Geschichte. 1799 eine Kate zu Gut Roest, 1853 Kappelerharde. 1872 FL Gem. Mehlby, Werft. 1884 SL Stadt Kappeln.

Ziegelei. Etwa 1848 gegründet. 1970 wegen Lehmmangels aufgegeben. Auf dem Gelände am Ziegeleiweg heute Lagerplatz für Sportboote und Wohnwagen.

Literatur. vSchröder 1837, I 339, II 63. Jensen Angeln 1844, 387. vSchröder 1854, 347. Oldekop 1906, VIII 58. Angeln 1922, 620. Wpl-Verz 1987, 90. TK 1325.

GRAVENSTEIN

PLZ 24975. Hof

Nordangeln. Ksp. u. Gem. Husby. Ldw.-Betrieb 1969 aus dem Dorf Gremmerup ausgesiedelt.
Lage: 1,5 km nordwestl. von Gremmerup, Abzweigung „Gravensteiner Straße“ von der Straße nach Munkbrarup, auf einem Höhenrand zum Tal der westl. fließenden Munkbrarupau. Höhe 50 m.

Ortsname. 1756 FN Grue Stein. – Grauer Stein, Umwandlung ins Deutsche, analog zu Gravenstein in Nordschleswig. Lit.: Hald 1948-79, VII 179. Husby 1976, 510.

GREMMERUP

Gemeinde bis 1970

FL Amt Husby. Fläche 424 ha. 190 Ewh. (1970). Gemeinde 1869 gegründet, 166 Ewh., 29 Wohngeb. Ewh.-Höchstzahl 1946: 408 Menschen. 1970 Eingliederung in die Gem. Husby.

Wohnplätze. Gravenstein, Gremmerup, Husbymühle teilw., Nedderby, Süderholz teilw.

Literatur. Oldekop 1906, V 43. Angeln 1922, 547. Hist. Gem-Verz 1970, 60. Husby 1976, 467.

PLZ 24975. Dorf

Nordangeln. Ksp. u. Gem. Husby. 199 Ewh. (1987), ca. 50 Wohngeb., 7 Ldw.-Betriebe, Krug (1993).
Lage: 2 km nördl. von Husby, am Kreuz der Straßen von Husby nach Munkbrarup und von Rüllschau nach Bönstrup, auf einem langgestreckten Höhenzug. Höhe 50 m.
■ Nördlich des Dorfes erhebt sich die in die Landschaft am weitesten nach Norden vorgelagerte 60-m-Höhe, die von einem neuen Hof bebaut ist. Der verrohrte Holmrieser Wasserlauf umgeht das Dorf am Ostrand und neben der Beekstraße durch das Unterdorf. Unter dem Namen Stuskjaer-Wasserlauf geht die Au, größtenteils unsichtbar, weiter westlich auf die Munkbrarupau zu. Von den Knicks hat die Flurbereinigung nur Einzellinien im Feld stehengelassen. Gremmerup ist ein Straßendorf mit einer gradlinigen Dorfstraße. Im nördlichen Oberdorf liegen die älteren Bauernhäuser, wegen ihrer schmalen, länglichen Hofplätze mit der Giebelseite zur Dorfstraße. Das etwas tiefer gelegene Unterdorf Nedderby besteht aus kleinen Häusern und Neubauten.

Ortsname. 1450 Grymmedorp. 1538 Grimmerup. Mejer 1648 u. Danckwerth 1652 Grimmerup. Trap 1864 dän. Grimmerup. Ndt. Chremmerup. – Dorf = altdän. thorp, des Grimi = altdän. PN (Laur). Lit.: Hald 1948-79, VII 172. JbAngeln 1968, 31. Laur 1992, 282.

Vorgeschichte. 1739 wurden in Gremmerup 314 Silbermünzen geborgen, die in der Wikingerzeit zwischen 940–980 in Haithabu geprägt wurden.
■ Der bedeutendste Münzfund Angelns wird im königlichen Münzkabinett Kopenhagen aufbewahrt. Lit.: Röschmann 1963, 257. Husby 1976, 16.

Geschichte. Im Mittelalter besaß das Rudekloster vier Höfe zu Gremmerup. Neben der Husbyharde waren auch die Nikolaikirche zu Flensburg und das Gut Lundsgaard mit Landstellen im Dorf vertreten. 1837 bestand Gremmerup aus 14 Höfen, 6 Katen, Krug, Ziegelei und Schmiede. 1853 alle unter Husbyharde. Bis 1970 Gem. Gremmerup. 1886 gründeten Husby und Gremmerup eine gemeinsame Feuerwehr, 1905 selbständige Dorfwehren.

Krug. Gasthaus Gremmerup, Nedderbyer Str. 1. Die alte Schmiedekate erhielt 1741 Kruggerechtsame. Das Krughaus von 1829 brannte 1986 ab. Neubau. Lit.: Husby 1976, 516.

Bauernhäuser. Dorfstr. 27. Hof 1841 errichtet. Wohnhaus von 1849, Zahlenanker im Ostgiebel. Roter Backsteinbau auf Granitquadersockel, teilweise Reetdach. Besondere beschnitzte Haustüren in der Hoffront unter Rundbogen-Frontispiz und am Ostgiebel zur Abnahmewohnung (Denkmalbuch). Lit.: Kunst-Topographie SH 1969, 292. Husby 1976, 492. – Dorfstr. 32. Roter Backsteinbau mit Reetdach. Querdielentor vermauert (Denkmalbuch). Lit.: Husby 1976, 504.

Wasserturm 1909. Am Weg nach Ruhnmark. Bis 1979 für die Wasserversorgung des Dorfes in Betrieb, danach nur noch zur Viehtränke gebraucht.

Denkmäler. Gedenkstein 1757/1964. Am Ortsausgang nach Hodderup, zur Erinnerung an die Einkoppelung 1757 und die Flurbereinigung 1964. – Friedenseiche 1871. Eiche mit drei Trauereschen und Gedenkstein.

Langroi

Hof, Langroi 1. Nordwestl. von Gremmerup, auf der großen Höhe 60 m. 1992/93 entstand hier ein neuer Ldw.-Betrieb mit zwei Wohngebäuden und zwei Wirtschaftsgebäuden.
Ortsname. 1683 FN Langroy. – Jetzt Straßenname. Lit.: Hald 1948-79, VII 180.

Literatur. vSchröder 1837, I 325. Jensen Angeln 1844, 331. vSchröder 1854, 186. Trap 1864, 481. Oldekop 1906, V 43. Angeln 1922, 547. Röschmann 1963, 256. Husby 1976, 467. Wpl-Verz 1987, 97. TK 1223.

GRIESBEK

Au

Nordangeln, im Bereich der Langballigau, Förde. Fließstrecke 4 km, von der Höhe 56 m nördl. von Mariengaard bis zur Einmündung links in die Langballigau in Unewatt. Einzugsfläche 340 ha, Gem. Grundhof u. Langballig.

Gewässername. 1792 Griesbeck. – Schweine-Au = dän. gris. Lit.: Hald 1948-79, VII 121.

GRIESGAARD

PLZ 24402. Häusergruppe

Ostangeln. Ksp. u. Gem. Esgrus. 5 Wohngeb., kein Ldw.-Betrieb (1993).
Lage: 1 km südwestl. von Wippendorf, an der Straße von Grünholz nach Arrild, Kappelner Chaussee. Höhe 45 m.

Ortsname. 1397 Grysegharde. Mejer 1648 u. Danckwerth 1652 Griesgarde. PreußLA 1877 Griesgaard. Ndt. Chrieschard. – Einhegung, Hof = dän. gård, für junge Schweine = dän. gris, oder Hof des Gris = altdän. PN (Laur). Lit.: Hald 1948-79, VII 376. JbAngeln 1967, 109. Laur 1992, 284.

Vorgeschichte. 1848 wurden in einem kleinen Moor im Nordosten, östlich der Straße nach Wippendorf, vier Bronzeschwerter gefunden. Lit.: Röschmann 1963, 653, 655. Bronzezeit 1978, 6.

Geschichte. 1397 zu Gut Rundhof, 1460 zwei Höfe, 1853 Kappelerharde. 1871 FL Gem. Wippendorf, 36 Ewh., 8 Wohngeb. Seit 1970 Gem. Esgrus.

Literatur. vSchröder 1837, I 104. Jensen Angeln 1844, 374. vSchröder 1854, 186. Oldekop 1906, V 128. Angeln 1922, 599. Wpl-Verz 1987, 95. TK 1224.

GRIMBEK

Au

Nordangeln, im Bereich der Langballigau, Förde. Fließstrecke 9,5 km, aus dem Wald von Husbyries, Höhe 50 m, bis zur Einmündung links in die Langballigau, nördl. von Unewatt, unterhalb des Höhenrückens Knös. Einzugsfläche 1270 ha, Gem. Husby u. Langballig.

Zwischen Spang und Kattberg bildet der Lauf die Grenze der Kirchspiele Husby und Grundhof. In einem tief eingeschnittenen Bachbett geht die Grimbek im großen Westbogen an Voldewraa vorbei. Vor Langballig unterläuft sie die Nordstraße, streift das Dorf am Westrand und durchquert den Nordteil bei der Schule. In Langballig wird die Au fünfmal überbrückt. Der Unterlauf im Naturschutzgebiet „Tal der Langballigau" ist eine Bachschlucht mit natürlichem Charakter, beiderseits von schönen Auwaldkomplexen gesäumt. Kurz vor der Einmündung in die Langballigau sind vier Klärteiche in Terrassen angelegt.

Gewässername. Mejer 1648 Grimbeck. Jensen Angeln 1844 Grimbek. – Wohl fehlerhaft für Grumbek, nach dem Ortsnamen Grundhof (Hald). Abschnittsname Voldewraa-Au bis zur Nordstraße und in Langballig auch Schulau genannt. Lit.: Hald 1948-79, VII 143. JbAngeln 1968, 42.

Literatur. Jensen Angeln 1844, 25. Grundhof 1957, 15. Biotop 1987, 1123 Nr. 135.

GRIMSAU

Au

Ostangeln, im Bereich der Schlei. Fließstrecke 13 km, von Ulegraff, Gem. Esgrus, bis zur Einmündung in die Schlei, bei Grauhöft. Einzugsfläche 3390 ha, Gem. Esgrus, Stoltebüll, Rabenholz u. Stadt Kappeln.

■ Längstes Fließgewässer und größte Fläche im Einzugsgebiet der unteren Schlei. Auf langer Strecke einer der windungsreichsten Bäche in Angeln. Die Grimsau reicht weit ins Landesinnere hinein. Ihr Quellgebiet liegt südlich von Ulegraff, Höhe 50 m. Durch das Gelände der Wippendorfer Knochenmühle bildet sie eine kurze, tiefe Bachschlucht, die teilweise zu einem Teich aufgestaut und mit einigen schönen Altbäumen bewaldet ist. Nördlich von Belgrad fließt die Au am kleinen Wäldchen „Schump" in einem tief ausgehobenen Graben.

Aus einer großen Entwässerungsfläche, den Wiesen „Graukarr", mündet der Oersberger Graben in die Grimsau. Nach Stoltebüll erreicht sie westlich vor Vogelsang einen Talraum, der an beiden Seiten von 5–10 m hohen, bewaldeten oder bebuschten Steilkanten eingefaßt ist.

■ Kurz nach Vogelsang wechselt die Au ihre Richtung nach Süden. Hier beginnt eine der ausgeprägtesten Bachführungen in Mäandern.

Bei der Deckerkate mündet ein Wasserlauf aus dem Drülter Holz ein. Zwischen Sandbek und Stutebüll hat der Bachlauf ein sandiges Bett und wird durch Mäander und Prallhänge noch einmal besonders geformt. Durch Rückstau der Schlei in den Mündungslauf der Au reichen die Überschwemmungen zeitweise bis nach Grummark.

Brücken führen in Stoltebüll, Vogelsang, Schörderup, Buhskoppel-Deckerkate, zwischen Sandbek und Stutebüll und Grummark-Grimsnis, an der vormals ein Lachswehr angelegt war, über die Au. Vor der Mündung eine Brücke der Nordstraße.

Einmündende Gewässer: Oersberger Graben und als längster Zulauf der Sandbeker Mühlenbach.

■ Nach der Loiter Au hat die Grimsau das ausgeweitetste Gewässersystem in der Landschaft, das von Stangheck bis Faulückfeld und von Wippendorf bis nach Grimsnis reicht.

Gewässername. Auch Grimsnisau. Abschnittsname Lachswehraue zwischen Stutebüll und Grummark.

Vorgeschichte. Im Abschnitt „Lachswehraue" sind auf den begleitenden Höhen, auf breiter Strecke bis Grummark, zahlreiche, dicht beieinanderliegende Grabstellen festgestellt worden. Mehrere Funde steinzeitlicher Geräte zeugen von Siedlungsplätzen in der Nähe der Grimsau. Lit.: Röschmann 1963, 413.

Wassermühle. Wippendorfer Knochenmühle 1869 erbaut.

Literatur. Jensen Angeln 1844, 27. Toestrup 1982, 67. Biotop 1987, 1224 Nr. 81, 1225 Nr. 4, 74, 1325 Nr. 55. LA für Wasserhaushalt SH, Gütelängsschnitt Grimsau 1989.

GRIMSBERG
s. Grimsnis

GRIMSNIS

Gemeinde bis 1937

FL Amt Roest. Fläche 218 ha. 213 Ewh. (1933). Gemeinde 1871 mit 215 Ewh., 48 Wohngeb. 1937 Eingliederung in die Gem. Mehlby.

Wohnplätze. Grimsnis, Grimsberg, Grimsnisfeld, Grummark, Grummarkfeld, Neu-Grummark, Kl. Sandbek.

Literatur. Oldekop 1906, V 43. Angeln 1922, 623. Hist. Gem-Verz 1970, 172.

PLZ 24376. Dorf

Ostangeln. Ksp. u. Stadt Kappeln. 35 Ewh. (1987 Dorf u. Grimsberg), 13 Wohngeb., 4 Ldw.-Betriebe (1993).
Lage: nördl. von Kappeln, an der Nordstraße Richtung Rabel, auf einem kleinen Höhenausläufer hoch über dem Tal der Grimsau. Höhe 12 m.

Ortsname. 1448 Grimsenisse. Mejer 1649 u. Danckwerth 1652 Grimnis. Trap 1864 dän. Grimsnæs. PreußLA 1877 Grimsnis. – Vorsprung = ndt. -nis, des Grim = altdän. PN (Laur). Lit.: JbAngeln 1967, 100. Laur 1992, 284.

Geschichte. 1629 zählte das Dorf 6 Höfe und 5 Katen, deren Bewohner Untertanen von Gut Roest waren. 1748 sind nur noch 4 Höfe vorhanden, zwei wurden den Gutsländereien zugeordnet. 1853 zählen 10 Landstellen zur Kappelerharde. 1871 FL Gem. Grimsnis, im Dorf 87 Ewh., 16 Wohngeb. Lachswehr an der Au. 1937 bis 1974 Gem. Mehlby.
Krieg. Frankreich–Schweden. 1808 Einquartierung französischer Truppen.

Bahnstation 1886–1952. Haltestelle der Kleinbahn Flensburg–Kappeln, Entfernungen 48 – 2 km. Bahnhofsgebäude abgebrochen. Die Station lag hoch über dem Autal an der heutigen Nordstraße. Auf der Grimsau-Brücke erreichte die Bahn einen der am tiefsten gelegenen Punkte auf ihrer Gesamtstrecke. Die weitere Streckenführung ging entlang der Schlei zum Hafen von Kappeln.

Denkmale. Friedenseiche 1871 an der Nordstraße. – Daneben Gedenkstein 1899 mit Inschrift zur Erinnerung an die Aufhebung der Leibeigenschaft von Gut Roest 1799. Lit.: Frahm 1993, 374, 396.

Grimsberg

Hof mit Ldw.-Betrieb (1993). Bei der PreußLA 1877 Ziegelei verzeichnet.
Lage: an der Nordstraße auf einem Berg an der Grimsaumündung. Höhe 8 m.

Literatur. vSchröder 1837, I 325. Jensen Angeln 1844, 387. vSchröder 1854, 186. Oldekop 1906, V 43. Angeln 1922, 623. Wpl-Verz 1987, 89. TK 1325.

GRIMSNISFELD

PLZ 24376. Häusergruppe

Ostangeln. Ksp. u. Stadt Kappeln. 16 Ewh. (1987), 5 Wohngeb. Keine Ldw.-Betriebe (1993).
Lage: südl. von Stutebüll, an der Straße nach Grimsnis. Höhe 15 m.

Ortsname. vSchröder 1854 Grimsnisfeld. Wpl-Verz 1871 Grimnisfeld. PreußLA 1877 u. Wpl-Verz 1987 Grimsfeld. Auch Schönfeld genannt.

Geschichte. Landstellen zu Gut Roest, 1853 Kappelerharde. 1871 FL Gem. Grimsnis, 27 Ewh., 5 Wohngeb., darunter die ehem. Schule von Stutebüll, heute Pension „Haus Königsberg“ genannt. 1937–1974 Gem. Mehlby.

Literatur. vSchröder 1837, I 325, II 334. vSchröder 1854, 186, 517. Oldekop 1906, V 44. Angeln 1922, 623. Wpl-Verz 1987, 89.

GRIMSTEEN
s. Wesebyfeld

GRÖDERSBY

Vogtei 1406–1777

Domkirchendistrikt in Südostangeln an der Schlei mit einem geschlossenen Gebiet um die Dörfer Grödersby und Faulück.
1406 verschenkte die dänische Königin das Gut Grödersby, Kappeln, die Insel Arnis und den Hof Pageroe an die Domkirche zu Schleswig, die diese Besitzungen in einer Vogtei zusammenfaßte. Kappeln ging 1565 an Gut Roest verloren, die Insel Arnis wurde 1667 abgegeben. Bei Aufteilung der Domkapitelgüter fiel der Distrikt 1658 an den Herzog zu Gottorf. Die Vogtei wurde 1777 aufgelöst und wieder der Schliesharde zugeordnet. Lit.: vSchröder 1854, VIII. Angeln 1922, 129, 635.

Gemeinde

Amt Kappeln-Land. Fläche 664 ha, davon 480 ha Festland, 180 ha Schlei, 21 ha Wald. 255 Ewh., 83 Wohngeb. (alle Angaben 1987). 6 Ldw.-Betriebe (1993). Zum Gemeindegebiet gehört auch das Noor vor Arnis mit dem Bootshafen.
SL Gemeinde 1871 mit 314 Ewh., 41 Wohngeb. Ewh.-Höchstzahl 1946: 514 Menschen. Amtszugehörigkeit bis 1971 Rabenkirchen. Das Gemeindegebiet ist seit der Gründung in seinen Grenzen unverändert.

Wohnplätze. Fegetasch teilw., Friedenshöh, Bahnhof Grödersby ehem., Gr. Grödersby, Grödersbyhof, Grödersbyholz, Kl. Grödersby, Habertwedt, Königstein, Marienhof, Moos, Mühlenholz, Neuwerk, Watestelle ehem., Westerlücken.

Literatur. Oldekop 1906, VIII 46. Angeln 1922, 635. Hist. Gem-Verz 1970, 168. Wpl-Verz 1987, 88.

GRÖDERSBYER AU

Au

Südangeln, im Bereich der Schlei. Fließstrecke 4,5 km, davon sind 1,5 km des Oberlaufs verrohrt. Die Strecke geht von Lacheby, Höhe 35 m bis zur Einmündung in die Schlei, Grödersbyer Noor. Einzugsfläche 520 ha, Gem. Grödersby.
Südlich von Brodlos eine Bachschlucht mit naturnahem Lauf im eingetieften Bett. Auf ihren 10 m steilen Böschungen steht ein kleiner Buchenwald. Der Biotoptyp ist in dieser Ausprägung in Südangeln selten zu finden.
Östlich von Westerlücken zwei kleinere Bachschluchten. In einer Wiesenniederung sammelt sich das Wasser aus verschiedenen Richtungen in einem Mittelgraben. Lit.: Biotop 1987, 1325 Nr. 108.
Einmündendes Gewässer: Faulücker Au.

Wassermühle. Kl. Grödersby, 1911 stillgelegt.

GRÖDERSBYER NOOR

Schlei-Bucht

Südangeln. Gem. Grödersby. Fläche 18 ha. Morphologisch deutlich ausgeprägtes Noor. Die Verbindung zur Schlei ist durch Nehrungshaken bis auf einen kleinen Durchlaß geschlossen. Das hohe Ostufer ist mit Holz bestanden, die westliche Noorseite flach auslaufend mit breitem Röhrichtsaum und angrenzendem Feuchtgrünland. Im Norden Einmündung der Grödersbyer Au, dabei ein kleiner bruchwaldartiger Wald.

Literatur. Arnis 1838, 10. Jensen Angeln 1844, 22. Oldekop 1906, VIII 47. Biotop 1987, 1325 Nr. 99. TK 1325.

GRÖDERSBY, GROSS-

PLZ 24376. Dorf

Südangeln. Ksp. Rabenkirchen, Gem. Grödersby. 170 Ewh. (1987), 4 Ldw.-Betriebe (1993), Bootshafen im Noor vor Arnis.
Lage: 3 km südl. von Kappeln am Straßendreieck Arnis–Faulück. Höhe 10 m.
Im Norden fließt durch tiefgelegene Wiesen die Grödersbyer Au. Im Südwesten liegt die Schlei mit dem Grödersbyer Noor. Wanderwege führen vom Dorf nach Osten und südlich am Noor-Ostufer entlang an die Schlei. Die Ortsmitte des Runddorfes mit dem Dorfteich „Bydiek" wird von einem weiten Straßendreieck eingefaßt. Die Dorf-Landstraße zeichnet einen großen Bogen.

Ortsname. KWE 1231 Grøthæbol. 1406 Grodersbu. Mejer 1649 Grodersbuy. PreußLA 1877 Gr. Grödersby. Ndt. Chrödesby. – Siedlung = dän. bøl, beim Wiesen-, beim Weideland zu dän. grøde. Der Ortsname hat sich an die by-Namen der Umgebung angeglichen, nicht allerdings in der angeldän. Form Grøsbøl (Laur). Lit.: JbAngeln 1964, 64. Laur 1992, 285.

Geschichte. 1231 königlicher Besitz, später zu Gut Grödersby. 1406 der Domkirche geschenkt, die das Dorf ihrer Vogtei Grödersby unterstellte. 1658 herzoglich, 1777 wieder zur Schliesharde. 1837 zählte das Dorf 13 Höfe und 6 Katen. 1871 SL Gem. Grödersby, zu Gr. Grödersby 213 Ewh., 27 Wohngeb. Freiw. Feuerwehr von 1924.

Schule 1829. Mühlenstr. 29. Dorfschule 1829 erbaut. 1963 aufgelöst zur DGS Habertwedt. Heute Wohnhaus.

Meierei 1888–1961. Mühlenstr. 20. Im ehem. Meiereigebäude heute eine Schlachterei.

Krug. Friedenshöher Str. 1. Backsteinbau mit weißgestrichenen Außenwänden und rotem Ziegeldach. Ausspannscheune erhalten. Gaststätte 1968 geschlossen (Denkmalbuch).

Bahnstation 1904–1972. Haltestelle der Kleinbahn Schleswig–Kappeln, Entfernungen 34–2 km. Die Station liegt 1 km nördlich vom Dorf am Hüholz, neben Kl. Rüde der einzige Waldbahnhof in Angeln. Privathaus und Bootshalle im vormaligen Kohlenlager.

Bauernhäuser. Friedenshöher Str. 7. Geweißter Backsteinbau, die Nordtraufwand in Fachwerk, Reetdach (Denkmalbuch). – Mühlenstr. 19. Wohnhaus von rotem Backstein, mit zweigeschossigem Frontispiz. Hinter dem Wohnhaus ein ehem. Wohn- und Wirtschaftsgebäude von 1753, umgebaut und als Stall genutzt, nur der Ring der Außenfachwerkwände zum Teil erhalten (Denkmalbuch). Lit.: Hagemeier-Kottwitz 1985, 69. – Mühlenstr. 22. Wohnhaus aus Fachwerkwänden mit roten Ziegelfüllungen. Neben dem Haus ein kleines Fachwerkgebäude mit Reetdach, ebenfalls als Wohnhaus genutzt (Denkmalbuch). – Mühlenstr. 26. Dreiseithof um 1800 erbaut, eine der frühesten Anlagen der Art in Angeln. Der ursprüngliche Zustand der Hofanlage ist jedoch nicht mehr erhalten. Kein Ldw.-Betrieb. Lit.: KDM SL 1957, 277. Hagemeier-Kottwitz 1982, 224.

Hüholz

Haus. Am Waldrand bei Grödersby Bahnhof ein Fachwerkwohnhaus mit gelben Backsteinausfachungen und Reetdach. In der Südfront zwei beschnitzte Haustüren. Zugehörig ein kleines Fachwerknebengebäude mit reetgedecktem Satteldach und Heidefirst (Denkmalbuch).

Denkmal. An der Einmündung der Straße „An de Bydiek" in die Dorfstraße. Doppeleiche 1898 mit Gedenkstein, der von der ehem. Friedenseiche 1871 hierher versetzt wurde. Lit.: Frahm 1993, 38, 41.

Literatur. vSchröder 1837, I 326. Jensen Angeln 1844, 394. vSchröder 1854, 187. Oldekop 1906, VIII 46. Angeln 1922, 635. Wpl-Verz 1987, 88. TK 1325.

GRÖDERSBYHOF

s. Klein-Grödersby

KLEIN-GRÖDERSBY, Windmühle 1888. Foto: B. Hamer

GRÖDERSBYHOLZ

PLZ 24376. Häusergruppe

Südangeln. Ksp. Rabenkirchen, Gem. Grödersby. 3 Wohngeb.
Lage: nördl. von Gr. Grödersby, am Waldrand des Hüholzes.

Ortsname. 1987 neuer Name für den vormals „Bahnhof Grödersby" genannten Wohnplatz. Lit.: Wpl-Verz 1987, 88.

Raurüh

Holz. Südteil des Hüholzes, der zur Gem. Grödersby gehört. Flurname. vSchröder 1837 Raurüh. Oldekop 1906 Rauhrüh.

GRÖDERSBY, KLEIN-

PLZ 24376. Dorf

Südangeln. Ksp. Rabenkirchen, Gem. Grödersby. 45 Ewh. (1970), 6 Wohngeb.
Lage: Westteil von Gr. Grödersby, an der Straße nach Faulück, in reizvoller Gegend am Mündungstal der Grödersbyer Au und dem Grödersbyer Noor. Höhe 4 m.
Wanderwege am Hof und Holz Moos vorbei zum Mühlenholz, auch Blasenholz genannt.

Geschichte. 1231 war das Dorf in königlichem Besitz und gehörte später zum Gut Grödersby, 1406 Vogtei Grödersby. 1658 herzoglich, 1777 Schliesharde. 1871 SL Gem. Grödersby, 49 Ewh., 6 Wohngeb.

Wassermühle. An der Grödersbyer Au, kurz vor der Mündung in das Noor. Das vergangene Mühlengebäude war ein Holzbau. Erhalten ist das Müllerwohnhaus, ein stattlicher gelber Backsteinbau mit Pfannendach, firsthoch übergiebelter Mittelrisalit mit einer Aufzugswinde. Beschnitzte Haustür (Denkmalbuch).
Bei der Übergabe von Gut Grödersby an die Domkirche wird die Mühle 1406 genannt. Ihr Betrieb war nur von Oktober bis Mai

durch Aufstauen der Wiesen nördlich der Landstraße möglich. 1911 stillgelegt. Lit.: KDM SL 1957, 277.

Windmühle 1888. Bockmühle von 1767 durch einen Galerieholländer 1888 ersetzt. Massiv gemauertes Sockelgeschoß, Reetdach, blechgedeckte Kappe. Betrieb 1965 eingestellt, 1968 zur Wohnmühle umgebaut (Denkmalbuch). Lit.: KDM SL 1957, 277.

Grödersbyhof

Hof mit Ldw.-Betrieb. Im Garten nahe des Noorufers ein Burgplatz mit flachem Turmhügel und Spuren des umlaufenden Grabens. 1844 wurde der Platz „Gammelgaard" genannt.
Ende des 14. Jh. Adelssitz. Nach Kauf durch die dänische Krone wurde das Gut 1406 an die Domkirche verschenkt. Lit.: KDM SL 1957, 276. O. Osewald, Die Hartwigseiche. Geschichte des Gutes Grödersby, JbAngeln 1964, 118. Kunst-Topographie SH 1969, 673.

Moos

Hof mit Ldw.-Betrieb u. Ferienhof. Abseits der Landstraße am Südhang des Waldrandes der Hölzung Moos. Höhe 12 m.
Der mit Feldsteinen gepflasterte Hofplatz wird in seltener Weise an allen vier Seiten von Gebäuden umschlossen. Das breitlagernde Wohnhaus hat geweißte Ziegel, eine beschnitzte Haustür und an der Gartenseite einen großen Frontispiz. Die Wirtschaftsgebäude sind einheitlich aus rotem Backstein mit verbrettertem, gelb gestrichenem Drempelgeschoß (Denkmalbuch). Lit.: Angeln 1922, 635. Wpl-Verz 1987, 89.

Mühlenholz

Haus. Ehem. Kate zum Hof Moos im Mühlenholz, auch Blasenholz genannt, an der Niederung zur Grödersbyer Au, dem Mühlenbach. Lit.: JbAngeln 1963, 179. Wpl-Verz 1987, 89.

Literatur. vSchröder 1837, I 326. Jensen Angeln 1844, 39, 394. vSchröder 1854, 188. Oldekop 1906, VIII 47. Angeln 1922, 635. Wpl-Verz 1970, 119. TK 1325.

GROSSBERG

Ehem. Hof

Ostangeln. Ksp. Gundelsby, Gem. Hasselberg.
Lage: westl. von Hasselberg, von der Straße nach Kieholm an der Abzweigung nach Geilberg.

Ortsname. 1674 FN Große Berg. 1791 Gros Berg. PreußLA 1877 Großberg. Lit.: Hald 1948-79, VII 427.

Geschichte. 1790 aus der Parzellierung des Meierhofs Hasselberg entstanden. 1837 drei kleine Landstellen zu Gut Oehe, 1853 Kappelerharde. 1871 FL Gem. Hasselberg, 2 Wohngeb. Vor 1906 abgebrochen, Land zu Kieholmhof gelegt.

Literatur. vSchröder 1837, I 362. Jensen Angeln 1844, 385. vSchröder 1854, 210. Oldekop 1906, V 54.

GROSSHOLZ

1) Gammelby 2) Sörupholz

1) s. Jürgenshagen

2) Holz

Mittelangeln. Gem. Sörup. Fläche 21 ha. Bauernwald zu Baustrup 10 ha, Schauby u. Möllmark.
Lage: in Sörupholz, von der Straße nach Südenseeholz bis zur Bondenau. Der Südzipfel des Waldes wird von der Bahnlinie Kiel–Flensburg durchschnitten. Höhe 35–48 m. Buchenwald auf bewegtem Relief, vereinzelt auch Eschen, Eichen und Ahorn.

Flurname. 1730 Groß Holtz. 1768 Lange Holz. 1777 Stor Schau. Lit.: Hald 1948-79, VII 251, 264.

Vorgeschichte. Nordöstlich der Bahnlinie sind an mehreren Stellen Spuren von Ackerwällen und Terrassen zu erkennen. Im Südteil befinden sich mehrere Hügelgräber.

Literatur. Röschmann 1963, 557. Biotop 1987, 1324 Nr. 123.

GROSSKOPPEL
1) s. Rundhofer Wald 2) s. Stangheck

GROSSOLT

Kirchspiel

Kirchenkreis Angeln. 2340 Gemeindeglieder (1991 zus. mit Kleinsolt). Kirche, Gemeindehaus, Schwesternstation u. Kindergarten in Kleinsolt. Grundbesitz 75 ha.

Wohnplätze. Bistoft, Bistoftfeld, Bistoftholz, Bregengaard, Erholung, Ernsthof, Estrup, Estrupfeld, Estruphof, Estrupstamm, Friedrichshöhe, Friedrichswille, Friesheck, Gammelby ehem., Großsolt, Gr. Soltbrück, Gr. Soltfeld, Gr. Soltheidefeld, Gr. Soltholz, Gr. Soltwesterholz, Holstein, Jägersruh, Kloster, Kollemosegaard ehem., Kollerup, Kollerupfeld, Kollerupholz, Krogberg, Louisenhof ehem., Mühlenbrück, Nordscheide teilw., Rugenranzel, Süderballig, Wilhelminenhof.

Geschichte. Propstei Amt Flensburg, Uggelharde. 1879 Propstei Nordangeln, 1971 Propstei Angeln, seit 1977 Kirchenkreis Angeln. Die Kirchengemeinde steht seit jeher im Verbund mit Kleinsolt.

Literatur. Jensen Stat. 1841, 947. Jensen Angeln 1844, 315. Angeln 1922, 528.

Amt bis 1971

Kreis Flensburg. 1889 Verbund der 8 Gemeinden Bistoft, Estrup, Großsolt, Gr. Soltbrück, Gr. Soltholz, Kleinsolt, Kl. Wolstrup, Kollerup. 1971 Vereinigung mit dem Amt Adelby zum Amt Hürup.

Gemeinde

Amt Hürup. Fläche 2509 ha, davon 99 ha Wald, 57 ha Moor u. Heide, 37 ha Wasser. 1615 Ewh., 449 Wohngeb. (alle Angaben 1987).

■ Nach Betriebszahl und Nutzungsfläche war Großsolt 1987 eine der größten Landwirtschaftsgemeinden Angelns, mit weiten Grünlandflächen und viel Rindvieh- und Milchkuhhaltung.

Wappen. Im Schild eine runenhafte Figur, die in Kreuzform sechs Rauten miteinander verbindet, als Symbol für den Zusammenschluß der ehemals selbständigen Gemeinden.

Wohnplätze. Bistoft, Bistoftfeld, Bistoftholz, Bregengaard, Erholung, Ernsthof, Estrup, Estrupfeld, Estruphof, Estrupstamm, Friesheck, Großsolt, Gr. Soltbrück, Gr. Soltfeld, Gr. Soltheidefeld, Gr. Soltholz, Gr. Soltwesterholz, Holstein, Kloster, Kollerup, Kollerupfeld, Kollerupholz, Mühlenbrück, Rugenranzel, Süderballig.

Gemeinde bis 1970. FL Amt Großsolt. Fläche 679 ha. 316 Ewh. (1969). Gemeinde 1871 mit 250 Ewh., 37 Wohngeb. 1885 Eingliederung der kommunalfreien Fläche des Treßsees. 1894 Gebietsaustausch mit der Gem. Gr. Soltbrück, Saldo für Großsolt –116 ha. Ewh.-Höchstzahl 1946: 494 Menschen. 1970 Eingliederung der Gem. Bistoft, Estrup, Gr. Soltbrück, Gr. Soltholz u. Kollerup. Seit 1971 im Amt Hürup.
Wohnplätze: Großsolt, Gr. Soltwesterholz, Rugenranzel.

Literatur. Oldekop 1906, V 45. Angeln 1922, 529. Hist. Gem-Verz 1970, 58. Wpl-Verz 1987, 96.

PLZ 24991. Kirchdorf

Westangeln. Ksp. u. Gem. Großsolt. 659 Ewh. (1987). Kirche, Pastorat, Schule, Krug, Bäckerei, Bank, 7 Ldw.-Betriebe (1993).
Lage: 12 km südl. von Flensburg, an der Straße nach Böklund, die Eckernförder Landstraße mit einer Brücke über die Bondenau im Ortsteil Gr. Soltbrück. Am östlichen Dorfrand geht der Große Gemeindeweg von Süderschmedeby nach Sörup vorbei. Höhe 40 m.
Das Dorf liegt heute auf dem Kirchberg hoch über der Bondenau. Das alte Dorf ist westlich nahe dem Treßsee zu suchen. Die Kirche stand einst allein auf dem Berg. Bis

in das 18. Jh. war Großsolt ein Heidedorf, allseits von Heide und Moor umgeben.

Ortsname. 1352 Soltæ. 1459 Grote Solte. Mejer 1648 u. Danckwerth 1652 Grotensolt. Trap 1864 dän. Store Solt. PreußLA 1877 Großsolt. Ndt. Chrootsolt. – Sumpf, sumpfige Stelle, Wasserloch = altdän. sol, ndt. Soll, in der Bedeutung „sumpfiges Gebiet" (Laur). Lit.: Hald 1948-79, VII 474. JbAngeln 1966, 18. vRohden 1989, 100. Laur 1992, 291.

Geschichte. Dorf in der Uggelharde. 1785 wurden bei einem Großbrand mehrere Häuser vernichtet. 1871 FL Gem. Großsolt, im Dorf 215 Ewh., 32 Wohngeb. Freiw. Feuerwehr 1889 gegründet.
Persönlichkeit. Eiler Henning Hagerup 1817–1863. Theologe, Sprachforscher. Seit 1850 Pastor in Großsolt bis zum Tod.

Kirche. Lage in der Mitte des Kirchspiels. Weithin sichtbar auf hohem Hügel, der zum Tal der Bondenau steil abfällt. Höhe 36 m. Kleiner romanischer Feldsteinbau des späten 12. Jh. Das Kirchenschiff mit gespaltenen Feldsteinen gemauert, die Kanten aus glatt gehauenen Quadern, alles mit Zement verputzt und gekalkt. Die Längswände wurden Ende des 19. Jh. mit Ziegelmauerwerk erhöht, als die Kirche einen neuen Dachstuhl bekam. Bemerkenswert sorgfältig gearbeitet sind die Hausteinleibungen der Rundbogenfenster und der vermauerten Portale. Dem Kastenchor ist mitten an die Ostwand ein Stützpfeiler angesetzt.
Der Eingang in die Kirche geht durch den unverputzten Feldsteinturm, zu dem eine sehr steile Treppe hinaufführt. Es ist der einzige steinerne Kirchturm in Westangeln, der 1921 als Denkmal für die Kriegstoten erbaut wurde. Der an der Westwand angebaute hölzerne Glockenturm wurde dafür 1920 abgebrochen.
In spätgotischer Zeit ist an die Südwand der Kirche ein Vorhaus aus Klostersteinen angefügt, dessen Eingang vermauert ist.
Literatur. KDM FL 1952, 322. Kunst-Topographie SH 1969, 295.

Friedhof. Auf dem hohen Hügel um die Kirche, der wie kein anderer Begräbnisplatz in Angeln besonders auf seiner West- und Nordseite sehr stark abfällt. Fläche 1,4 ha mit einer Westerweiterung von 1947.
Grab 1863 Pastor Eiler Hagerup, nordwestl. nahe der Kirche. Lit.: H. Hansen, Aus Großsolt. Drei Gräber, JbAngeln 1954, 126. Gr. Solt 1992, 302.

Pastorat 1911. Am Kirchberg 16, westl. unterhalb der Kirche. Großer Neubau an der Stelle des Altbaus von 1756. Lit.: Gr. Solt 1992, 31.

Schule 1971. Grund- u. Hauptschule mit 140 Schülern (1992).
Das alte Schulhaus von 1808 lag gegenüber dem Krug vor dem Eingang zum Friedhof. Hier wurden 1845 in zwei Klassen 180 Kinder gezählt. 1851–64 Unterricht in dänischer Sprache. Der große Neubau von 1906 an der Eckernförder Landstraße ist als Altenpflegeheim eingerichtet. Lit.: Ravn 1971, 170. Gr. Solt 1992, 28.

Krug. Am Kirchberg 9. Seit 1568 als „Solt Kroch" urkundlich. 1837 und 1854 „Friedrichswille" genannt. Die Gaststätte wird bewirtschaftet. Lit.: Hald 1948-79, VII 473, 475. Gr. Solt 1992, 40.

Armenhaus 1869. Neue Str. 1. Seit 1901 Privathaus. Lit.: Gr. Solt 1992, 40.

Bank. Raiffeisenbank eG Jübek-Tarp, Geschäftsstelle Flensburger Str. 30. Eine Spar- und Leihkasse wurde bereits 1868 gegründet.

Post 1929–1971. Seit 1971 wieder aus dem Kirchdorf nach Mühlenbrück verlegt. Lit.: Gr. Solt 1992, 509.

Denkmal 1898. Zwei Eichen nebeneinander am Pastoratsgarten neben der Landstraße gepflanzt. Gedenkstein zur Erinnerung an die Erhebung Schleswig-Holsteins im Jahre 1848.

Literatur. vSchröder 1837, II 294. Jensen Angeln 1844, 315. vSchröder 1854, 492. Oldekop 1906, V 45. Angeln 1922, 529.

GROSSOLT, Kirchdorf an der Bondenau. Im Hintergrund das Dorf Mühlenbrück.
Foto: B. Hamer

Röschmann 1963, 261. Wpl-Verz 1987, 96. U. Pülschen, Gem. Großsolt. Eine Chronik, 1992. M. Rheinheimer, Armut in Großsolt 1700-1900, ZSHG 1993, 21. TK 1223.

GROSSOLTBRÜCK

Gemeinde bis 1970

FL Amt Großsolt. Fläche 199 ha, die kleinste Gemeindefläche Westangelns. 237 Ewh. (1970). Gem. 1871 mit 101 Ewh., 18 Wohngeb. Ewh.-Höchstzahl 1946: 425 Menschen. 1970 Eingliederung in die Gem. Großsolt.

Wohnplätze. Bregengaard, Friesheck, Gr. Soltbrück, Mühlenbrück teilw.

Literatur. Oldekop 1906, V 45. Angeln 1922, 529. Hist. Gem-Verz 1970, 58.

PLZ 24991. Dorf

Westangeln. Ksp. u. Gem. Großsolt. 88 Ewh. (1987; Wpl-Verz 1970 zählt 193 Ewh.), 4 Ldw.-Betriebe (1993).
Lage: nordöstl. an das Kirchdorf Großsolt anschließend, an der Eckernförder Landstraße und der Bondenau. Höhe 30 m.
Von der 1966 erneuerten Straßenbrücke klettert die Landstraße aus dem 27 m tiefen Tal der Bondenau einen Hang hinauf, der im Norden die Höhe 46 m erreicht. Im Westen wird der nach Süden spitz zulaufende Höhenausläufer vom Tal der Kielsau begrenzt. Die Talsenke der Bondenau öffnet sich trichterförmig nach West und erreicht bald eine Breite von 400 m.

Ortsname. 1615 Soltbrugge. Trap 1854 dän. Solt-Bro. PreußLA 1877 Gr. Soltbrück. Ndt. Soltbrüch. – Brücke über die Bondenau. Lit.: Hald 1948-79, VII 474. JbAngeln 1966, 18. Laur 1992, 291.

Vorgeschichte. Zwischen der Landstraße und der Kielsau hat die archäologische Landesaufnahme mehrere Siedlungsstellen dicht beieinander gelegen festgestellt, auf denen eine große Menge steinzeitlicher Werkzeuge gefunden wurden. Im „Kempermoor“ waren viele Grabhügel. Lit.: Röschmann 1963, 264.

Geschichte. Dorf in der Uggelharde. 1871 FL Gem. Gr. Soltbrück, am Ort 86 Ewh., 15 Wohngeb. Seit 1970 Gem. Großsolt.

Krug. Schleswiger Str. 3. Ehem. Krug bis zum Jahr 1914. Heute Hofstelle mit Ausspannscheune parallel zur Landstraße. Roter Backsteinbau mit Reetdach. Um 1920 durch Zwerchhaus auf der Südseite erweitert (Denkmalbuch). – „Hotel an de Brüch“, Schleswiger Str. 18. Krug in einem alten Bauernhaus auf der gegenüberliegenden Straßenseite 1914 eingerichtet. Lit.: Gr. Solt 1992, 44.

Sparkasse. Spar- und Leihkasse des Kirchspiels Großsolt 1882 in Großsoltbrück gegründet. Seit 1940 Kreissparkasse Flensburg, die eine nebenamtlich verwaltete Zweigstelle in Mühlenbrück einrichtete.

Lager. Drei Baracken des Reichsarbeitsdienstes für weibliche Jugend, die in der Schleswiger Str. zwischen Nr. 10 u. 15 lagen. 1945 aufgelöst und als Hilfslazarett eingerichtet. Lit.: Gr. Solt 1992, 434.

Friesheck

Windmühle 1869–1920. Erdholländer-Kornmühle auf der nördl. Höhe an der Eckernförder Landstraße, nahe der Abzweigung nach Satrup. 1920 abgebrochen. Ortsname. 1693 FN Frißley. 1751 FN Friesheck. TK von 1939 Friedrichsheck. Literatur. Hald 1948-79, VII 473. Pöge 1980, 53. Freienwill 1992, 103. Gr. Solt 1992, 64, 552.

Krogberg

Haus 1747 „Crogbarg“, an der Bondenau bei Bregengaard. Lit.: Hald 1948-79, VII 473.

Literatur. vSchröder 1837, II 294. Jensen Angeln 1844, 316. vSchröder 1854, 315. Oldekop 1906, V 45. Angeln 1922, 529. Wpl-Verz 1987, 86. Gr. Solt 1992, 43. TK 1223.

GROSSOLTER MOOR

Naturraum

Westangeln. Gem. Großsolt. Fläche 35 ha.

Lage: 2 km westl. von Großsolt, südl. des Treßsees bei Gr. Soltwesterholz. Wanderweg durch das Moor von der Straße nach Oeversee abzweigend. Von einigen Moränen umgeben, die teilweise bis 47 m Höhe erreichen.
Das Hochmoor entstand in einer abflußlosen Senke und ist in seiner Torfmächtigkeit bis zu 5 m gewachsen. Heute ist es ein Moorfragment, das nach Maßnahmen zur Entwässerung durch Verwaldung, besonders durch Moorbirken, stark gefährdet ist. 1947 wurde hier maschinell Torfabbau betrieben, um Brennstoff für Flensburg zu gewinnen.
■ Ein landschaftliches Kleinod sind die benachbarten Heideflächen, zusammen mit denen in den Fröruper Bergen der letzte größere Rest von Heide in Angeln.

Literatur. D. Lüchau, Das Großsolter Moor, JbAngeln 1985, 203. Biotop 1987, 1322 Nr. 3, 4.

GROSSOLTFELD

PLZ 24991. Häusergruppe
Westangeln. Ksp. u. Gem. Großsolt, Strohbergstraße.
Lage: Ost-Großsolt, ehemals Gem. Gr. Soltholz. Höhe 37 m.

Ortsname. 1633 G. Soltt Feldtscheide. 1717 Groß Solter Felde. PreußLA 1877 Großsoltfeld. – Ortsname nicht mehr gebräuchlich. Lit.: Hald 1948-79, VII 474. TK 1223 (1988).

GROSSOLTHEIDEFELD

PLZ 24991. Häuser
Westangeln. Ksp. u. Gem. Großsolt. 5 Wohngeb., keine Ldw.-Betriebe (1993).
Lage: 2,5 km südwestl. von Großsolt, Weg „Zum Heidefeld“, bei Holstein von der Neuen Straße westlich abzweigend, durch Wiesen, Heide und Wald in Richtung Fröruper Berge. Ehemals mit Torfstich und Heideflächen, später teilweise aufgeforstet. Bis 1970 FL Gem. Gr. Soltholz.

Ortsname. 1717 Kahten bey der Heyde. 1780 Kodner- og Colonist-Huuse paa Stor-Solt Heder. – Heute Straßenname „Zum Heidefeld“. Lit.: Hald 1948-79, VII 475.

Vorgeschichte. Ehem. Riesenbett „Grauen Steine“. Am Weg in das Fröruper Holz ist nahe des Hauses „Zum Heidefeld“ Nr. 4 eine längliche flache Erhöhung zu erkennen. Hier lag eine der größten Steingrabanlagen der Landschaft. 1940 wurden neun riesige, teils mannshohe Findlinge aus der Steinkammer herausgebrochen und gesprengt. Lit.: Röschmann 1963, 275. Gr. Solt 1992, 75.

GROSSOLTHOLZ

Gemeinde bis 1970
FL Amt Großsolt. Fläche 481 ha. 334 Ewh. (1970). Gemeinde 1871 mit 243 Ewh., 55 Wohngeb. 1894 Gebietsaustausch mit der Gem. Großsolt, Saldo für Gr. Soltholz +116 ha. Ewh.-Höchstzahl 1946: 558 Menschen. 1970 Eingliederung in die Gem. Großsolt.

Wohnplätze. Erholung, Ernsthof, Gr. Soltfeld, Gr. Soltheidefeld, Gr. Soltholz, Holstein.

Literatur. Oldekop 1906, V 46. Angeln 1922, 530. Hist. Gem-Verz 1970, 58.

PLZ 24991. Streusiedlung
Westangeln. Ksp. u. Gem. Großsolt. 339 Ewh. (1987), 4 Ldw.-Betriebe (1993).
Lage: südl. von Großsolt, an der Straße nach Havetoft, Eckernförder Landstraße. Bis 1974 an der Kreisgrenze.

Ortsname. 1669 im Holtz. 1718 Solt Holtz. 1790 Grossoldholz. Trap 1864 dän. Solt-Skov. PreußLA 1877 Großsoltholz. Ndt. Chrootsoltholt. Lit.: Hald 1948-79, VII 475. JbAngeln 1966, 18. Laur 1992, 291.

Vorgeschichte. Durch die archäologische Landesaufnahme sind drei Grabhügel, einige Einzelfunde der Steinzeit und zwei Urnenfriedhöfe bekannt. Lit.: Röschmann 1963, 274.

Geschichte. Uggelharde. Um 1760 wurden die ersten Katen vom Kirchdorf ausgebaut. 1871 FL Gem. Gr. Soltholz bis 1970. Freiw. Feuerwehr 1889 gegründet.

Krug 1902. Privathaus ohne Wirtschaft. Lit.: Gr. Solt 1992, 92.

Meierei 1911–1959. Ecke Mittelstraße u. Schleswiger Straße. Lit.: Gr. Solt 1992, 566.

Post 1929–1971. Schleswiger Str. 19. Lit.: Gr. Solt 1992, 90, 511.

Literatur. vSchröder 1837, II 294. Jensen Angeln 1844, 316. Oldekop 1906, V 46. Angeln 1922, 530. Wpl-Verz 1987, 96. Gr. Solt 1992, 71. TK 1323.

GROSSOLTWESTERHOLZ

PLZ 24991. Häusergruppe

Westangeln. Ksp. u. Gem. Großsolt. 20 Ewh. (1987), 7 Wohngeb., Imkerei, keine Ldw.-Betriebe (1993).
Lage: 3 km westl. von Großsolt an der Straße nach Oeversee. Höhe 35 m.
Kuppige Landschaft mit mehreren Hügeln, höchste Erhebung 46 m. Im Nordosten liegt der Treßsee, im Süden das Großsolter Moor, dem noch 6 ha Heidefläche benachbart sind (1989). Grenzort zum Ksp. Oeversee.

Ortsname. 1779 FN Wester Holtz. PreußLA 1877 Westerholz. Lit.: Hald 1948-79, VII 502.

Geschichte. 1871 FL Gem. Großsolt, 35 Ewh., 5 Wohngeb. Das Ödland von Soltwesterholz gehörte zum „allerärmsten Lande“ im Kirchspiel.

Großsoltholz

Holz. Bauernwald im sehr hügeligen Gelände 27–44 m. Der Wald erstreckte sich Ende des 19. Jh. auch über die Südseite der Straße hinaus, wo die abgeholzte Fläche zu Ackerland kultiviert wurde.

Literatur. Wpl-Verz 1987, 96. Gr. Solt 1992, 112. TK 1322.

GRUBE

Ehem. Hof

Ostangeln. Ksp. Esgrus. Hufe 1765 niedergelegt. Lage in der sogenannten Grube bei Niesgrau, Flurname Grubetoft. Lit.: Hald 1948-79, VII 376.

GRÜDAU
s. Strukkerau

GRÜDER HOLZ

Holz

Westangeln. Gem. Idstedt. Lage: südöstl. von Idstedt zwischen Idstedter See und Langsee. Höhe 20–38 m.
Stark bewegtes Relief, nach allen Seiten abfallende Hänge, die bis an die hohe Seeböschung bewaldet sind. Viele Waldwege führen durch das kuppige Terrain. Zwischen dem nördlichen Holzende und der Seestraße liegt ein großer Teich, vor dem der Wald durch ehemaligen Kiesabbau abgestürzt ist. Lit.: TK 1423.

Flurname. 1642 Grudoue Holz. PreußLA 1877 Grüder Holz. – Stein = altdän. gryt.

GRÜFTHECK

PLZ 24395. Häusergruppe

Ostangeln. Ksp. u. Gem. Gelting. 3 Wohngeb., ein Ldw.-Betrieb (1993).
Lage: am nordwestl. Dorfende von Stenderup, an der Straße nach Gelting. Höhe 10 m.

Ortsname. 1730 Griffelheck. 1749 Grüfftleyheck. 1757 Grüft-Heck. PreußLA 1877 Grüftheck. – Heck an einer schluchtartigen Uferstelle = ndt. Grüft (Hald). Lit.: Hald 1948-79, VII 427.

Geschichte. Hof zu Gut Gelting, 1853 Kappelerharde. 1871 FL Gem. Stenderup. Der Hof wurde 1883 geteilt. Seit 1970 Gem. Gelting.

Armenhaus. Stenderup 1. Ehem. Pflegeheim des Ksp. Gelting, seit 1966 Werkstatt und Lagerhalle. Lit.: Gelting 1972, 560.

Literatur. vSchröder 1837, II 318. Jensen Angeln 1844, 381. vSchröder 1854, 508. Oldekop 1906, V 108. Angeln 1922, 611. Gelting 1972, 562. Gelting 1987, 269. Wpl-Verz 1987, 96. TK 1225.

GRÜFTLINGSFELD

PLZ 24395. Haus

Ostangeln. Ksp. u. Gem. Gelting. Ehem. Hof.
Lage: Nordwest-Stenderup, an der Straße nach Gelting.

Ortsname. 1683 FN Grüfft Heck Feldt. TK von 1939 Gräftlingsfeld. – Feld beim Grüftheck = dän. led zu -ling auf den Gutskarten 1786–88 umgewandelt (Hald). Lit.: Hald 1948-79, VII 427.

Geschichte. Landstelle 1853 gegründet. 1871 FL Gem. Suterballig, 1928–1970 Gem. Stenderup.

Literatur. Oldekop 1906, V 115. Angeln 1922, 609. Gelting 1972, 367. Gelting 1987, 153. Wpl-Verz 1987, 96. TK 1225.

GRÜNBERG

PLZ 24977. Häusergruppe

Nordangeln. Ksp. Grundhof, Gem. Westerholz, Grünberger Straße. 27 Ewh. (1987), 5 Wohngeb., 2 Ldw.-Betriebe (1993).
Lage: 2 km südöstl. von Westerholz, an der Straße von Unewattholz nach Dollerupholz, auf dem Westhang zur Sponsau-Niederung. Höhe 35 m.

Ortsname. 1799 Grünberg. PreußLA 1877 Grünberg. Ndt. Chrönbarch. Lit.: Hald 1948-79, VII 115. JbAngeln 1968, 30. Laur 1992, 293.

Geschichte. Aus einigen Katenstellen errichtete das Gut Lundsgaard 1714 einen Meierhof, der 1787 wieder parzelliert wurde. Das Land von 100 ha erhielten je zur Hälfte der Stammhof, Grünberg 3 und der Hof Grünberg 1. Wpl-Verz 1871 FL Gem. Westerholz, 22 Ewh., 3 Wohngeb.
Wohnhaus Nr. 2 ist 1957 erbaut. Nr. 4 war bis 1805 die Kate des Holzvogts des Gutes Lundsgaard. Nr. 5 eine ehemals Unewatter Kate, 1930 abgebrannt und neu erbaut.
An der Stelle des ehemaligen Steingrabes „Hye“, das südlich auf einem breiten Hügel gelegen hat, wurden 1685 einige Frauen als Hexen verbrannt.

Literatur. vSchröder 1837, I 330, II 47. Jensen Angeln 1844, 261. vSchröder 1854, 190. Oldekop 1906, V 127. Angeln 1922, 558. Röschmann 1963, 651. Grundhof 1981, 418. Wpl-Verz 1987, 102. TK 1124.

GRÜNESTRASSE

PLZ 24402. Häusergruppe

Ostangeln. Ksp. u. Gem. Esgrus. 3 Wohngeb.
Lage: nordwestl. von Wippendorf, Zufahrt von der Straße nach Rundhof. Höhe 37 m.
Bis 1970 FL Gem. Wippendorf. Lit.: Wpl-Verz 1987, 95. TK 1224.

GRÜNHOLZ

Gemeinde bis 1974

FL Amt Steinbergkirche. Fläche 493 ha. 314 Ewh. (1970). Gemeinde 1871 Fläche 186 ha, 198 Ewh., 30 Wohngeb., davon 21 Häuser zum Ksp. Sterup, 9 Häuser im Ksp. Esgrus. 1889–1970 im Amt Sterup. 1895 Vereinigung mit dem Gutsbezirk Grünholz und der Gem. Brunsbüll. Ewh.-Höchstzahl 1946: 647 Menschen. 1974 Eingliederung in die Gem. Sterup.

Wohnplätze. Brunsbüll, Brunsbüllund, Grünholz teilw., Grünholzhof, Grünholz-Husum, Helle, Hoheluft, Jordan, Jordanstraße teilw., Laßholz, Niehuus.

Literatur. Oldekop 1906, V 46. Angeln 1922, 589. Hist. Gem-Verz 1970, 58. Wpl-Verz 1970, 27.

GRÜNHOLZHOF, Gutshaus 1740. Foto: D. Weldt

Gutsbezirk bis 1895

FL Amt Sterup. Fläche 125 ha. 78 Ewh. (1890), 12 Wohngeb. Bereits 1895 aufgelöst und Eingliederung in die Gem. Grünholz. Lit.: Hist. Gem-Verz 1970, 58.

PLZ 24996. Dorf

Ostangeln. Ksp. u. Gem. Sterup u. Esgrus. 101 Ewh., davon zu Sterup 59 Ewh., zu Esgrus 42 Ewh. (1987), Krug, 4 Ldw.-Betriebe (1993).
Lage: 3,5 km südöstl. von Sterup, an der Kreuzung der Kappelner Straße mit der Straße von Esgrus nach Rügge. Höhe 42 m. Kirchspiel- und Gemeindegrenze gehen mitten durch den Ort. Auf der Ostseite fließt der stark begradigte Esgruser Mühlenstrom.

Ortsname. 1458 Gronholt. 1477 Grundholte. Mejer 1648 Grönholt. PreußLA 1877 Grünholz u. Grünholz-Hof. Ndt. Chrönholt. – Grüner Wald. Lit.: Hald 1948-79, VII 431. JbAngeln 1967, 116. Laur 1992, 294.

Geschichte. 1854 gehörten zum Dorf 8 Höfe und 17 Katen. Davon waren 20 Stellen der Nieharde ehemals den Gütern Grünholz, Südensee und dem Domkapitel untergehörig gewesen. 5 Häuser der Kappelerharde hatten vor 1853 zu Gut Brunsholm und Gut Rundhof gehört. Bei den Gemeindegründungen wurde der Nieharde-Teil der Gem. Grünholz, die Häuser der Kappelerharde der Gem. Esgrusschauby zugeordnet. 1871 im Dorf 198 Ewh., 30 Wohngeb. 1970 Esgrusschauby zur Gem. Esgrus, 1974 Grünholz zu Sterup eingemeindet.
1725–31 Sitz des Hardesvogts der Nieharde im Dorf. 1857 wurde eine Briefsammlungsstelle eröffnet. Freiw. Feuerwehr 1889 gegründet. Das letzte Lebensmittelgeschäft hat 1991 geschlossen.

Schule 1744–1800. An der Kappelner Straße, an der Abzweigung nach Laßholz. Nebenschule 1800 mit Ahneby vereinigt, und zwischen den Dörfern, in Brunsbüll, ein Schulhaus erbaut. Lit.: Sterup 1993, 328.

Krug. Haus Nr. 22. Von einst 6 Wirtschaften in der Gem. Esgrus ist der Krug zu Grünholz als einziger noch geöffnet.

Bahnstation 1902–1938. Haltestelle der Kleinbahn Flensburg–Satrup–Rundhof am Krug.

Meierei 1908–1959. Heute Wohnungen. Lit.: Sterup 1993, 458.

Grünholzhof

Hof. Ksp. u. Gem. Sterup. Kein Ldw.-Betrieb (1993).
Lage: 1 km nördl. vom Dorf Grünholz, an der Straße nach Sterup, Kappelner Chaussee. Höhe 45 m.
Das Wohnhaus ist ein reetgedeckter, langgestreckter Fachwerkbau, Mittelteil von 1740, Abnahmeteil von 1744. Seltener Bautyp (Denkmalschutz). Fachwerkscheune 1946 abgebrannt. Lit.: KDM FL 1952, 356. Kunst-Topographie SH 1969, 296.
Gut seit 1713 zum 1. Angler Güterdistrikt. 1738 unter vier Käufer aufgeteilt, die alle mit gleichen Rechten privilegiert waren, bis 1800 der Stammhof die Gutsgerechtigkeit allein übertragen bekam. 1853 unter der Nieharde. 1867–95 eigener Gutsbezirk, bis 1974 FL Gem. Grünholz.

Laßholz

2 Häuser westl. von Grünholz an einer kleinen Hölzung. Straßenname für den Verbindungsweg von der Kappelner Landstraße nach Brunsbüll.
Ortsname. 1733 FN Lasholt. Oldekop 1906 Laßholz. – Gehölz des Lasse. Lit.: Hald 1948-79, VII 342. Sterup 1993, 211.

Literatur. vSchröder 1837, I 334. Jensen Angeln 1844, 267, 362, 374. vSchröder 1854, 191. Oldekop 1906, V 33, 46. Angeln 1922, 589. Wpl-Verz 1987, 95, 101. TK 1224.

GRÜNHOLZ-HUSUM

PLZ 24996. Häusergruppe

Mittelangeln. Ksp. u. Gem. Sterup. 17 Ewh. (1987), 6 Wohngeb., keine Ldw.-Betriebe (1993).
Lage: nördl. vom Dorf Grünholz, an der Straße nach Esgrus. Höhe 43 m.

Ortsname. 1538 Hußem. 1669 Husum. 1720 Grün-Holtz Husum. – Altdän. Pluralis-Form von hus = Haus, als Siedlungsbezeichnung, ndt. -husen entsprechend (Laur). Lit.: Hald 1948-79, VII 341. Laur 1992, 355.

Geschichte. 1669 eine Kate genannt. 1837 zwei Katen, Nieharde. Bis 1974 FL Gem. Grünholz.

Literatur. vSchröder 1837, I 336. Jensen Angeln 1844, 362. vSchröder 1854, 192. Oldekop 1906, V 46. Angeln 1922, 589. Wpl-Verz 1987, 101. TK 1224.

GRÜNKOPPEL

PLZ 24395. Hof

Ostangeln. Ksp. u. Gem. Gelting. Ldw.-Betrieb.
Lage: 2 km östl. von Gelting, vor Pommerby Abzweigung nach Kattrott, am breiten Graben der Bobek. Höhe 9 m.

Ortsname. 1745 FN Grün-Koppel. PreußLA 1877 Grünkoppel. Lit.: Hald 1948-79, VII 439.

Geschichte. Landstelle 1789 auf einer Parzelle von Gut Gelting entstanden. 1853 Kappelerharde. 1871 FL Gem. Kattrott, 19 Ewh., 4 Wohngeb. Seit 1938 Gem. Gelting. Wohnhaus 1875 erbaut.

Literatur. vSchröder 1837, I 378. Jensen Angeln 1844, 380. vSchröder 1854, 220. Oldekop 1906, V 63. Angeln 1922, 609. Gelting 1972, 523. Gelting 1987, 254. Wpl-Verz 1987, 96. TK 1225.

GRUMBY

Gemeinde bis 1970

SL Amt Tolk. Fläche 560 ha. 325 Ewh. (1970). Gemeinde 1871 gegründet, Fläche 541 ha. 341 Ewh., 34 Wohngeb. 1894 Eingliederung des Gutsbezirk Grumby. 1898 Wohnplatz Lammershagen von der Gem. Buschau eingegliedert. Ewh.-Höchstzahl 1946: 605 Menschen. 1970 Vereinigung mit Buschau zu einer neuen Gemeinde Twedt.

Wohnplätze. Elkier, Grumby, Grumbyhof, Lammershagen, Neuheim, Stangheck, Twedt, Vörbarg.

Literatur. Oldekop 1906, VIII 48. Angeln 1922, 692. Hist. Gem-Verz 1970, 168. Wpl-Verz 1970, 119.

Gutsbezirk bis 1894

SL Amt Tolk. Fläche 84 ha. 43 Ewh. (1871). Einziger Wohnplatz war das Kanzleigut Grumby. 1894 Eingliederung in die Gem. Grumby.

PLZ 24894. Dorf

Südangeln. Ksp. Tolk, Gem. Twedt. 94 Ewh. (1987), 5 Ldw.-Betriebe (1993).
Lage: 2 km östl. von Tolk, an der Straße nach Süderbrarup, B 201. Höhe 15 m.
Eine kurze Bachschlucht mit verrohrter Au führt zum Tal der Loiter Au. Die Felder sind knicklos. Im Westen begrenzt der Grumbywald die Gemarkung. Das kleine Dorf, mit vier großen Hofanlagen, ist über seine alten Grenzen nicht hinausgewachsen.

Ortsname. KWE 1231 Grumbu. 1352 Grumby. Mejer 1649 Grumbuy. PreußLA 1877 Grumby. – Dorf = dän. by, des Grumi = altdän. PN (Laur). Lit.: JbAngeln 1964, 57. Laur 1992, 294.

Geschichte. Grumby war 1231 teilweise Königsbesitz, später gehörten einige Stellen zur Domkapitelvogtei Berend. 1692 hatte Grumby 3 Höfe und 6 Katen, 1777 zur Struxdorfharde. 1871 SL Gem. Grumby, im Dorf 50 Ewh., 6 Wohngeb. und zum Gutsbezirk 43 Ewh. Seit 1970 Gem. Twedt.
Persönlichkeit. Andreas Hansen 1818–1884. Landwirt, Politiker, geboren in Grumby, Haus Nr. 16.

Krug. Restgebäude mit ehem. Altenteil am Ortsausgang. Die Wirtschaft wurde 1974 geschlossen, und das Gebäude 1978 teilweise abgebrochen.

Post 1873–1904. Postagentur im Krug, seit 1880 mit Telegraphendienst.

Sparkasse 1927–1993. Zweigstelle der Kreissparkasse Schleswig.

Bauernhäuser. Grumby 2. Dreiseithof mit einem Wohnhaus von 1889, das reichlich mit Stuckdekor verkleidet ist. Lit.: Hagemeier-Kottwitz 1982, 394. – Grumby 16. Wohnhaus ca. 1900 erbaut. Großes Gebäude mit zweiseitig vorspringenden Giebeln. Im „Zuckerbäckerstil" der Gründerzeit-Architektur mit reichem Dekor.

Grumbyhof

Hof am Südende des Dorfes. Ldw.-Betrieb mit einer geschlossenen Landfläche, die das ganze Feld westlich von Grumby bis an die Grenze von Tolk umfaßt. Am Grumbywald hat der Hof einen Anteil.
In der Dreiseithofanlage das Wohnhaus von 1710, ein geweißter Ziegelbau mit Pfannendach. Die Hofseite wurde 1921 modernisiert und über einem Laubenvorbau ein Frontispiz eingefügt. Hinter dem Haus liegt ein kleiner Park mit alten Bäumen. Eine große Scheune von 1849 (Denkmalbuch).
Der Hof ist 1651 gegründet. 1682 wurde er als Kanzleigut privilegiert. Das Gutsareal war einst 230 ha groß. Durch den Verkauf des Meierhofes Lücke 1782 verblieben beim Haupthof 145 ha. 1853 Struxdorfharde, bis 1894 eigenständiger Gutsbezirk, danach zur Gem. Grumby. Lit.: Jensen Angeln 1844, 276. KDM SL 1957, 277.

Grumbywald

Holz. 16 ha Bauernwald, westl. des Dorfes, an der Gemeindegrenze, teilweise zur Gem. Tolk. Anteil zu Grumbyhof unter dem alten Flurnamen Diekhave.

Literatur. vSchröder 1837, I 337, 339. Jensen Angeln 1844, 426. vSchröder 1854, 193. Oldekop 1906, VIII 48. Angeln 1922, 692. Wpl-Verz 1987, 94. TK 1424.

GRUMMARK

PLZ 24376. Häusergruppe
Ostangeln. Ksp. u. Stadt Kappeln. 48 Ewh. (1987), 13 Wohngeb., 2 Ldw.-Betriebe zu Grummarkfeld (1993).
Lage: nördl. von Kappeln, an der Straße von Grimsnis nach Sandbek, am Talrand der Grimsau. Höhe 10 m.

Ortsname. KWE 1231 Grouæ. 1498 Grumarcke. Trap 1864 dän. Graamark. PreußLA 1877 Grummark. Ndt. Chrumark. – Graben = altdän. grouæ, zu grov, später um -mark = dän. Rodungsfeld erweitert (Laur). Lit.: JbAngeln 1967, 100. Laur 1992, 294.

Vorgeschichte. Am Hang zur Grimsau bis zum Wassermühlenholz lagen mehrere Grabstellen eng beieinander und wurden viele steinzeitliche Funde erfaßt. Lit.: Röschmann 1963, 413.

Geschichte. Die Landstellen von Grummark gehörten zu Gut Roest, 1853 Kappelerharde. 1871 FL Gem. Grimsnis, 50 Ewh., 11 Wohngeb. 1937 Gem. Mehlby, seit 1974 Stadt Kappeln.
Krieg. Schweden–Frankreich. 1808 Einquartierung französischer Truppen.

Grummarkfeld
Höfe, zwei Ldw.-Betriebe. Der Ortsname ist nur noch wenig bekannt.

Literatur. vSchröder 1837, I 339. Jensen Angeln 1844, 387. vSchröder 1854, 193. Oldekop 1906, V 44, 78. Wpl-Verz 1987, 89. TK 1325.

GRUMMARK, NEU-

PLZ 24376. Häusergruppe
Kleine Siedlung mit 6 Wohngeb., südöstl. von Grummark, an der Straße nach Wassermühlenholz, an der Grimsau.

Geschichte. 1906 vier Landstellen. TK von 1939 Neu-Grummark. Bis 1974 FL Gem. Mehlby. Lit.: Oldekop 1906, V 78.

GRUNDHOF

Kirchspiel
Kirchenkreis Angeln. 2720 Gemeindeglieder (1991). Kirche, Gemeindehaus, Kindergarten, Schwesternstation. Grundbesitz 65 ha.

Wohnplätze. Bek, Bönstrup, Bückberg, Bundeslund, Burott, Bytoft ehem., Dollerup, Dollerupholz, Dollerupkjaer, Dollerupmoor, Elle ehem., Ellgaard, Fischerkoppel, Freienwillen, Geschlossenheck, Graff, Grünberg, Grundhof, Grundhoffeld, Hassel, Höckeberg, Hörreberg, Hohenau, Kattberg, Kiekut, Knös, Kollenburg, Kreiberg, Krimm, Langballig, Langballigau, Langballiggaard ehem., Langballigholz, Langballigkaten, Lundsgaard, Lutzhöft teilw., Mariengaard, Marienhöh, Moosbüll ehem., Mürpoll, Nipkil ehem., Nordballig, Norderfeld, Osbeck, Ostenberg, Osterholz, Pickebüll ehem., Rabenholz, Reumoos, Sandberg ehem., Seeklüft, Sonnholm, Sponbrück, Stiefeheck, Streichmühle, Süderballig, Terkelstoft, Tiefengruft teilw., Tösmoos, Trollkjer, Unewatt, Unewattfeld, Unewatthof, Unewattholz, Unewattmühle, Weigab teilw., Westerholz.

Geschichte. 1209 erhielt das Rudekloster den Zehnten aus dem Kirchspiel. Seit der Reformation zur Propstei Amt Flensburg. 1879 Propstei Nordangeln, 1971 Propstei Angeln, seit 1977 Kirchenkreis Angeln. Im 19. Jh. wurde Grundhof als eine der kirchlichsten Gemeinden in Angeln gerühmt. Das Pastorat war 1816–39 Sitz des Propsten der Propstei Amt und Stadt Flensburg, 1879–92 der Propstei Nordangeln. Von der Reformation bis 1960 waren an der Kirche zwei Pastoren im Amt. Für eine Dorfkirche selten war auch, daß schon seit 1538 ein selbständiger Organistendienst bestand.
■ In der „Chronik-Landschaft" Angeln ist Grundhof einmalig, das in 86 Jahren seine Kirchspielchronik viermal geschrieben hat und drucken ließ.

Literatur. Jensen Stat. 1841, 978. Jensen Angeln 1844, 334. Trap 1864, 483. Angeln 1922, 551. Kuhlmann 1958, 174, 196.

GRUNDHOF, Kirche hinter hoher Feldsteinmauer. Foto: B. Hamer

Amt bis 1970

Kreis Flensburg. 1889 Verbund von 11 Gemeinden und 2 Gutsbezirken: Bönstrup, Dollerup, Dollerupholz, Gut Freienwillen, Grundhof, Langballig, Langballigholz, Gut Lundsgaard, Lutzhöft, Nordballig, Terkelstoft, Unewatt, Westerholz. 1970 Eingliederung in das Amt Langballig.

Gemeinde

Amt Langballig. Fläche 1156 ha, davon 26 ha Wald. 882 Ewh., 266 Wohngeb., 24 Ldw.-Betriebe (alle Angaben 1987).

Wohnplätze. Bönstrup, Bückberg, Bundeslund, Grundhof, Grundhoffeld, Hassel, Höckeberg, Kattberg, Kollenburg, Lundsgaard, Lutzhöft, Mariengaard, Marienhöh, Reumoos.

Gemeinde bis 1969. FL Amt Grundhof. Fläche 363 ha. 425 Ewh. (1969). Gemeinde 1871 Fläche 312 ha, 191 Ewh., 35 Wohngeb. 1928 Eingliederung des Gutsbezirk Lundsgaard. Ewh.-Höchstzahl 1946: 503 Menschen. 1970 Eingliederung der Gem. Bönstrup u. Lutzhöft.
Wohnplätze: Bundeslund, Grundhof, Grundhoffeld, Hassel, Höckeberg, Lundsgaard, Reumoos.

Literatur. Oldekop 1906, V 47. Angeln 1922, 553. Hist. Gem-Verz 1970, 58. Wpl-Verz 1987, 96.

PLZ 24977. Kirchdorf

Nordangeln. Ksp. u. Gem. Grundhof. 386 Ewh. (1987), Kirche, Pastorat, Krug, Wasserwerk, Bäckerei, Gärtnerei u. ein Ldw.-Betrieb im Dorf (1993).
Lage: 5 km östl. von Husby, an der Straße nach Langballig, auf der Westhöhe vor der Talsenke der Langballigau. Höhe 40 m.
Der schönste Platz des alten Runddorfes liegt vor der Kirche, mit seinen hohen Linden die Zierde des Dorfes. Der ältere Dorfteil liegt südlich der Kirche. Grundhof ist mehrmals als Schönes Dorf ausgezeichnet

und erhielt 1985 als Landessieger den „Krähenden Hahn“ und im Bundeswettbewerb eine Silberplakette.

Ortsname. 1209 Grumetoft. 1352 Grumtoft. 1533 Grundtofft. Mejer 1648 Grumtoft. Jensen Angeln 1844 Grundtoft. Trap 1864 dän. Grumtofte. PreußLA 1877 Grundhof. Ndt. Chrundhoff. – Wohnplatz, Siedlungsplatz = dän. toft, des Grumi = altdän. PN. Wie bei Rundhof im Niederdeutschen zu Grundhoff umgedeutet (Laur). Lit.: Hald 1948-79, VII 115. JbAngeln 1968, 27. Laur 1992, 294.

Börning

Vorgeschichte. Siedlung der älteren römischen Kaiserzeit. Am Südhang eines flachen Höhenrückens, 80 m nördlich des kleines Baches, der unweit der Kirche entspringt. Das Gelände wird von der Straße nach Streichmühle durchschnitten. Um 1842 Urnenfunde. Bei einer Grabung wurden 1954 mehrere Siedlungsstellen gefunden, jedoch keine Urnen. Lit.: Grundhof 1957, 33. Röschmann 1963, 279.
Flurname. 1707 Böring. 1769 Biornung Acker. – Bär = dän. bjørn. Wohl alter Name von Grundhof (Laur). Lit.: Hald 1948-79, VII 142. Laur 1992, 163.

Geschichte. 1837 zur Husbyharde 6 Höfe, 18 Katen, mehrere Handwerker, darunter ein Uhrmacher. 1864–1987 ein Arzt im Dorf, bis 1990 auch ein Kaufmann. 1871 FL Gem. Grundhof, im Dorf 176 Ewh., 33 Wohngeb. Freiw. Feuerwehr seit 1886.
Krieg. Schweden–Polen. 1658/59 verschanzten sich die Einwohner mit ihrer Habe zum Schutz vor den Polen hinter der hohen Kirchhofsmauer.

Kirche. St. Marien. Lage im Süden des Kirchspiels, im Nordteil des Dorfes, ursprünglich abseits der alten Siedlung. Das Gebäude ist auf einer durch Anschüttung erhöhten Fläche errichtet, die nach Süden und nach Osten zum Tal der Langballigau abfällt. Höhe 44 m.
■ Romanischer Feldsteinbau des 12. Jh., vermutlich als Tochterkirche von Husby gegründet. Ein stattlicher Großbau, 47 m lang, der den größten älteren Kirchenraum in Angeln umfaßt. Das Kirchenschiff ist mit 30 m Länge neben Sörup das größte einer mittelalterlichen Kirche in Angeln, das vermutlich schon während der Bauzeit verlängert worden ist.
1756 brannte die Kirche durch Blitzschlag völlig aus. Der Wiederaufbau dauerte bis 1763. Dabei wurden alle Wände erhöht, die romanischen Öffnungen vermauert und die Fenster in der Südwand vergrößert. Die großen Korbbogenfenster der Nordwand sind 1896 eingebaut. Der Chor aus spätgotischer Zeit ist aus Feldsteinen erbaut und mit neueren Fenstern versehen.
Der 32 m hohe Turm ist ein Neubau von 1757–63. Zu allen Seiten lassen sich je zwei Luken öffnen. Über dem vierseitigen Zeltdach ist eine achtseitige Laterne mit kleinem Spitzhelm errichtet, die gerade noch aus den hohen Baumkronen hervorlugt.
Der alte spätgotische Backsteinturm war mit 63 m einst der höchste Kirchturm in Angeln. Er brannte 1614 durch Blitzschlag ab, wurde 1616 wieder auf 55 m Höhe hergestellt und abermals 1756 beim Kirchenbrand vom Blitz vernichtet. In der Westwand des Turmes ist als bauliche Absonderlichkeit ein Zweisäulenportal eingefügt, das wohl eine Nachahmung eines romanischen Portals darstellt.
Ein Vorhaus aus Backstein mit Spitzbogentür ist in spätgotischer Zeit an die Südseite angebaut.
Literatur. KDM FL 1952, 175. Kuhlmann 1958, 160, 185. Kunst-Topographie SH 1969, 296.

Friedhof. Geräumiger Platz von 1,5 ha Fläche für ca. 2200 Gräber. Erweiterungen 1888, 1914 und 1920, wobei die Nordmauer abgerissen wurde.
■ Seit dem 16. Jh. ist der Platz von einer ungewöhnlich hohen und starken Feldsteinmauer umgeben, in der Südostecke bis zu 3,75 m hoch. Im Westen ein großes Tor und ein kleineres Südportal. Neben diesem sind die Jahreszahlen 1514, 1602, 1740 u.a. in den Backstein eingebrannt. Lit.: KDM FL 1952, 186. Kunst-Topographie SH 1969, 297. Grundhof 1981, 18.
Denkmal 1922. Ehrenmal für die Gefalle-

nen des I. Weltkrieges. 1955 Bronzetafeln für die Toten des II. Weltkrieges.
Grab 1933 Schriftsteller Georg Asmussen.
Vorplatz. Auf dem Vorplatz steht eine Gruppe von 17 Linden in zwei Reihen, die 1839 neu gepflanzt wurden. 1948 waren die Bäume von Saatkrähen mit Nestbauten belegt; sie mußten mit der Feuerspritze vertrieben werden. Die Vögel flüchteten an den südlichen Dorfeingang und bauten sich dort eine neue Kolonie mit 200 Horsten, die sie später auch verlassen haben.

Pastorat 1749. Holnisser Weg 9. Am Ende eines langen Vorplatzes mit Teich und seitlichen Baumreihen steht das Gebäude eines vornehmen Landhauses. Ein breitlagernder roter Backsteinbau mit Reetdach und Knüppelfirst. 1816 Umbau mit Mittelgiebel.
■ Es ist das älteste reine Wohnhaus für eine Pastoren-Bauernstelle in Angeln, das für die ab dem 19. Jh. erbauten bäuerlichen Wohnhäuser Vorbild war (Denkmalschutz). Durch zwei nicht mehr vorhandene Wirtschaftsgebäude wurde der Hof 1817 zur Dreiseitanlage ausgebaut. Auf dem Platz steht seit 1967 das Gemeindehaus. Vor dem Haus und im Garten sind besondere Bäume als Naturdenkmal geschützt. Lit.: KDM FL 1952, 186. Grundhof 1981, 223. Hagemeier-Kottwitz 1982, 167, 430.

Kompastorat 1868. Holnisser Weg 5. Nach Auflösung der 2. Pfarrstelle 1964–87 Arztpraxis. Lit.: Grundhof 1981, 221.

Schule 1910. Holnisser Weg 2. Aufgelöst 1973 und Umzug in die DGS Munkbrarup. Gebäude seitdem privates Wohnhaus.
Das alte Schulhaus von 1750 stand auf dem Gärtnereigrundstück, Holnisser Weg 6, das um 1800 verkauft und 1887 abgebrochen wurde. In einem zweiklassigen Neubau wurden 1845 bis zu 150 Schüler unterrichtet, 1851–64 in dänischer Sprache. Lit.: Grundhof 1957, 84, 99, 302, 320. Ravn 1971, 163. Grundhof 1981, 19, 220, 221. H. Jürgensen, Die Schulen des Ksp. Grundhof, JbAngeln 1982, 27.

Küsterhaus 1874. Holnisser Weg 3. Wohnung für den Hauptlehrer. Seit 1971 Privathaus. Lit.: Grundhof 1981, 220.

Krug 1969. „Grundhof-Krug“, Holnisser Weg 4, gegenüber dem Kirchenvorplatz. Der Vorgängerbau von 1909 brannte 1968 ab. Lit.: Grundhof 1981, 220.

Windmühle. Wille-Watt-Str. 1. Der erste Mühlenbau von 1826 war ein Erdholländer, der zur Ölmüllerei eingerichtet war. Wegen Baufälligkeit wurde sie 1870 durch eine Galerieholländer-Kornmühle ersetzt. Die Mühle brannte 1949 nieder und war bis 1964 als Motormühle in Betrieb. Lit.: Pöge 1980, 57. Grundhof 1981, 242.

Post. 1969 nach Langballig verlegt.

Sparkasse. 1860 gegründet. 1933 Kassenraum von Grundhof-Krug nach Streichmühle verlegt. 1945 zwangsweise an die Kreissparkasse überführt. Lit.: Grundhof 1981, 37.

Wasserwerk 1978. An der Straße nach Lutzhöft vom Wasserbeschaffungsverband Nordangeln erbaut. Zwei unterirdische Wasserspeicher und Windkraftanlage.
Das erste Werk erbaute die Wassergenossenschaft Grundhof 1961.

Bauernhäuser. Lutzhöfter Str. 2. Kleine Dreiseithofanlage. Wohnhaus 1837 in rotem Backstein erbaut, teilweise Reetdach, mit einem Rundbogenfrontispiz. Ein reetgedecktes Wirtschaftsgebäude im Ostgiebel in Fachwerk (Denkmalbuch). Lit.: Grundhof 1981, 234. – Ulmenallee 1. Ehem. Abnahme. Reetgedecktes Haus mit einer Türädikula und flachem Frontispiz. Ein kleines Nebengebäude in Fachwerkresten mit Reetdach (Denkmalbuch). Lit.: Grundhof 1981, 240.

Denkmäler. Friedenseiche 1871 mit Gedenkstein im Süddorf, Ecke Holnisser Weg und Ulmenallee. – Kriegsgefangenen-Mahnmal 1952 an der Kirchhofsmauer auf dem Vorplatz.

Naturdenkmäler. Baumgruppe von 17

GRUNDHOF, Pastorat 1749 erbaut. Foto: D. Weldt

Linden in zwei Reihen, 1839 vor der Friedhofsmauer auf dem Kirchenvorplatz gepflanzt. 1958 unter Schutz gestellt. – Riesenlebensbaum und eine Virginische Sumpfzypresse am Osthang der Straße Aukier. 1952 unter Schutz gestellt. – Am Pastorat eine Baumgruppe mit Kastanien, Eschen und Linden. Im Garten hinter dem Haus eine Rotbuche. 1936 unter Schutz.

Bytoft

Ehem. Hof im Süden von Grundhof, zum Hoffeld von Lundsgaard gelegt. Heute Neubaugebiet.
Flurname. 1695 Buytofft. 1719 Bytoft. Jetzt Straßenname. Lit.: Jensen Angeln 1844, 261. Hald 1948-79, VII 142.

Hassel

Häuser. 2 Wohngebäude in West-Grundhof, am Weg nach Mariengaard, Hasselweg. 1714 wurden eine Hufe und 5 Katen zum Hoffeld von Lundsgaard gelegt. Flurname 1695 Hasselen. Lit.: Jensen Angeln 1844, 261. Hald 1948-79, VII 143. Grundhof 1981, 217.

Literatur. vSchröder 1837, I 339. Jensen Angeln 1844, 336. vSchröder 1854, 193. Trap 1864, 483. Oldekop 1906, V 47. Angeln 1922, 553. Grundhof 1957, 296. Röschmann 1963, 278. Grundhof 1981, 171, 203. Wpl-Verz 1987, 96. TK 1223.

GRUNDHOFFELD

PLZ 24977. Streusiedlung

Nordangeln. Ksp. u. Gem. Grundhof. 33 Ewh. (1987), 6 Wohngeb.
Lage: südl. von Grundhof, an der Straße von Lutzhöft nach Hollehitt, Geltinger Landstraße. Höhe 45 m.
Grenzort der Husbyharde zur Nieharde und zum Ksp. Sörup.

Literatur. Grundhof 1981, 204. Wpl-Verz 1987, 96. TK 1223.

GRUNEWALD

PLZ 24894. Haus

Südangeln. Ksp. u. Gem. Tolk.
Lage: nordwestl. von Tolk, abseits der Straße nach Wellspang, der Eckernförder Landstraße, hier Flensburger Straße genannt. Höhe 24 m.
Eine reizvolle Gegend am Waldrand der Hölzung Grunewald, durch die ein Weg in das weite Wiesental der Wellspanger Au führt.

Literatur. Oldekop 1906, VIII 114. Angeln 1922, 691. Wpl-Verz 1987, 94. TK 1423.

GRUSKUHLE

Ehem. Haus

Mittelangeln. Ksp. u. Gem. Satrup. PreußLA 1877 verzeichnet den Wohnplatz zu Nord-Satrup als letztes Haus an der Ostseite der Straße nach Ausacker.

GÜDEROTT

PLZ 24392. Dorf

Südangeln. Ksp. u. Gem. Boren. 74 Ewh. (1987), 21 Wohngeb., 4 Ldw.-Betriebe, Reiterhalle (1991).
Lage: 3 km südöstl. von Süderbrarup, wo sich die Straßen von Süderbrarup nach Fahrtoft und von Nottfeld nach Boren kreuzen, an der windungsreichen Güderotter Au. Höhe 23 m.

Ortsname. 1352 Guderoth. 1492 Guderade. Mejer 1649 Guderott. Trap 1864 dän. Guderød. PreußLA 1877 Güderott. – Rodung = altdän. ruth, ndt. -rott und -rade, des Gythi = altdän. PN (Laur). Lit.: JbAngeln 1964, 60. Laur 1992, 295.

Geschichte. Im Dorf waren die Jurisdiktionen der Domkapitelvogtei Ulsnis bis 1777, des Gutes Lindau bis 1784, des Gutes Dollrott bis 1853 und die der Schliesharde vertreten. 1763 verbrannten bei einem

GÜDEROTT, Hof Jessen. Tore zum Kuh- und Pferdestall von 1910. Foto: U. Neitzel

Großfeuer drei Häuser. 1854 sind im Dorf 6 Höfe und 2 Katen, die nun unter Schliesharde und Kappelerharde gehören. 1871 SL Gem. Boren, 81 Ewh., 9 Wohngeb.

Dingstätte. 1550 ist Güderott als Dingort der Schliesharde urkundlich.

Schule. Eine Nebenschule war bis 1805 vorhanden, die dann von der Hauptschule in Boren übernommen wurde.

Krug 1848. Güderott 3. Gelber Backsteinbau, Mittelteil mit firsthohem Mansardgiebel und einer beschnitzten Haustür mit Halbsäulenädikula. Pfannengedecktes Mansarddach (Denkmalbuch). Ehem. Gaststätte „Jägerkrug“, früher „Zum halben Ott“ genannt. Vormals mit Hökerei. Lit.: KDM SL 1957, 164. Boren 1957, 103.

Jagdstein 1800. Am Weg von Güderott zur Kirche in Boren. Granitpfeiler mit Inschrift und teilweise erhaltener Krone. Grenzstein der Wildbahn, 1800 zur Regierungszeit König Christians VII. gesetzt. Lit.: KDM SL 1957, 567.

Naturdenkmal. Eiche neben der Reiterhalle am Weg nach Süderbrarup. Wohl die stärkste Eiche in Angeln, Umfang 700 cm, Höhe 25 m. Etwa 400 Jahre alt und noch in voller Kraft. Seit 1937 unter Denkmalschutz.

Langeschiff

Ortsteil mit 2 Katen und 2 Häusern (1957). Ortsname noch genannt. Lit.: Oldekop 1906, VIII 26. Boren 1957, 107.

Literatur. vSchröder 1837, I 340, 353. Jensen Angeln 1844, 398. vSchröder 1854, 194. Oldekop 1906, VIII 26. Angeln 1922, 639. Boren 1957, 101. Wpl-Verz 1987, 87. TK 1324.

GÜDEROTTER AU

Au

Südangeln, im Bereich der Lindau, Schlei. Fließstrecke 3,5 km, aus dem Gebiet von Süderbrarupholm und Christianslust, Höhe 25 m, bis zur Einmündung rechts in die Lindau, nördl. von Kl. Boren. Einzugsfläche 625 ha, Gem. Boren, Grenzlauf zur Gem. Süderbrarup.
Die Au fließt in östlicher Richtung zwischen den Hölzungen von Süderbrarup und Güderott, teilweise unter Rohr oder in ausgebauten Gräben. Aus dem Waldgebiet schlängelt sich der Lauf nach Süden an den Höfen von Güderott vorbei und mündet unterhalb von Grabbelwatt in die Lindau.

Gewässername. Gewässerkdl. Verz SH Güderottfelder Au. Von den Dorfbewohnern Güderotter Au genannt.

Literatur. LA für Wasserhaushalt SH, Gütelängsschnitt Güderotter Au 1989.

GÜDEROTTFELD

PLZ 24392. Streusiedlung

Südangeln. Ksp. u. Gem. Boren. 38 Ewh. (1970), 9 Wohngeb., kein Ldw.-Betrieb (1993).
Lage: 2 km nördl. von Boren, abseits der Straße nach Süderbrarup an den Wegen nach Güderott. Höhe 20 m.

Ortsname. Jensen Angeln 1844 Güderottfeld. PreußLA 1877 Güderottfeld. – Lit.: Laur 1992, 295.

Geschichte. Kate 1846 auf der Parzelle „Pilandsholz“ erbaut. 1854 Hof und Kate zur Schliesharde. 1871 SL Gem. Boren, 29 Ewh., 6 Wohngeb.

Güderottstamm

Häuser und Hof (1957). Ortsname noch gebräuchlich.
Vormals eine Domkapitelshufe, vom Dorf Güderott ausgebaut. Alle alten Gebäude wurden hier 1949 durch Brandstiftung vernichtet. Neubau 1950.

Literatur. Jensen Angeln 1844, 399. vSchröder 1854, 194. Oldekop 1906, VIII 26. Angeln 1922, 639. Boren 1957, 106. Wpl-Verz 1970, 117. TK 1324.

GÜHOLZ

PLZ 24395. Häusergruppe

Ostangeln. Ksp. u. Gem. Gelting. 2 Landstellen ohne Ldw.-Betrieb.
Lage: 1 km südl. von Stenderup, neben der Straße nach Schwackendorf, in der Südostecke des Kirchspiels.

Ortsname. 1750 FN Güdeholz. TK von 1939 u. Kat. Plankarte 1954 Gyholz. Ndt. Chüholt. – Gehölz bei oder mit einer schmalen Straße = dän. gyde (Laur). Lit.: Hald 1948-79, VII 428. Laur 1992, 295.

Geschichte. 1844 eine Kate zu Gut Gelting, 1853 Kappelerharde. 1871 FL Gem. Stenderup 2 Wohngeb. Seit 1970 Gem. Gelting.

Literatur. Jensen Angeln 1844, 381. vSchröder 1854, 508. Oldekop 1906, V 108. Angeln 1922, 611. Gelting 1972, 548. Gelting 1987, 265. Wpl-Verz 1987, 96. TK 1225.

GÜLDEBEK
s. Lüchtofter Mühlenau

GÜLDENHOLM
1) Ehem. Kloster 2) Holzhaus 3) Seehaus

1) s. Guldholm

2) PLZ 24881. Hof

Westangeln. Ksp. u. Gem. Nübel, Westerstraße. Ldw.-Betrieb (1993).
Lage: 2 km westl. von Brekling, am Weg nach Breklingfeld, oberhalb einer kleinen tiefeingekerbten Schlucht, am Hang zum Langsee. Höhe 30 m.

Ortsname. Im Gegensatz zu Güldenholm Seehaus am gegenüberliegenden Ufer des Langsees, „Holzhaus“ genannt, weil ehemals von Wald umgeben.

Geschichte. Vormals bischöflicher Besitz, Vogtei Füsing. Auf der wüsten Hofstelle entstand später eine Kate zur Struxdorfharde. 1871 SL Gem. Brekling, seit 1974 Gem. Nübel. 1903–05 wurde die gesamte Hofanlage neu erbaut.

Literatur. vSchröder 1837, I 340. Jensen Angeln 1844, 427. vSchröder 1854, 194. Oldekop 1906, VIII 29. Angeln 1922, 695. Brekling 1979, 44. Wpl-Verz 1987, 95. TK 1423.

3) PLZ 24890. Häusergruppe

Westangeln. Ksp. Böklund, Gem. Süderfahrenstedt. 4 Wohngeb., kein Ldw.-Betrieb (1993).
Lage: 2 km südwestl. von Süderfahrenstedt, abseits der Straße nach Idstedt, am Langsee. Höhe 20 m.
Die Häuser liegen am Fuß eines sehr steilen Hanges mit 20 m hoher bewaldeter Böschung am Seeufer. Der See wird hier durch eine Landenge in zwei Hälften geteilt, die nur durch einen bachbreiten Durchlaß verbunden sind.

Geschichte. Nahe der Stelle des ehem. Klosters Guldholm stand ursprünglich nur eine Kate, die 1840 erbaut wurde. 1900 kam eine Abnahme hinzu, und 1924 errichtete sich der Hofbesitzer eine Villa. Auf den TK von 1939–1967 stehen hier die Buchstaben P. F., d. h. Personenfähre.
Krieg. Schleswig-Holstein–Dänemark. 1850 Brückenschlag über den See.

Literatur. vSchröder 1837, I 340. Jensen Angeln 1844, 425. vSchröder 1854, 194. Oldekop 1906, VIII 108. Angeln 1922, 688. Süderfahrenstedt 1982, 47, 257. Wpl-Verz 1987, 93. TK 1423.

GULDBEK
s. Lüchtofter Mühlenau

GULDE

Gemeinde bis 1970

FL Amt Toestorf. Fläche 495 ha. 293 Ewh. (1970). Gemeinde 1871 gegründet, 329

GULDE, Alte Schule mit Eingangslauben. Foto: B. Hamer

Ewh., 60 Wohngeb. Ewh.-Höchstzahl 1946: 531 Menschen. 1970 Eingliederung in die Gem. Stoltebüll.

Wohnplätze. Belgrad, Blasberg, Gulde, Guldeholz, Kragelund teilw., Kurthöh ehem., Levshöh, Schörderup, Schörderupfeld, Schrepperie teilw., Spannbrück.

Literatur. Oldekop 1906, V 48. Angeln 1922, 629. Hist. Gem-Verz 1970, 66.

PLZ 24409. Dorf

Ostangeln. Ksp. Töstrup, Gem. Stoltebüll. 103 Ewh. (1970), 30 Wohngeb.
Lage: 2 km nördl. von Oersberg, am Weg von Schrepperie, Kappelner Chaussee nach Schörderup, auf dem Nordrand einer Hochfläche. Höhe 40 m.
Aus dem sehr bewegten Umfeld von Gulde erheben sich mehrere Hügelkuppen. Südöstlich des Dorfes liegt an der Straße nach Oersberg ein kleiner auffälliger Höhenrücken von 45 m frei im Gelände, der sich mit steilem Hang zum Tal des Oersberger Grabens neigt.

Ortsname. 1460 Gulde. Mejer 1649 u. Danckwerth 1652 Gulde. PreußLA 1877 Gulde. Ndt. Chulle. – Wohl zu dän. guld = golden, auf die Fruchtbarkeit des Bodens bezogen oder auf gelbblühende Blumen (Laur). Lit.: JbAngeln 1967, 105. Laur 1992, 296.

Vorgeschichte. Auf der südlichen Höhe 45,5 m liegt der höchste Grabhügel der Umgebung. An der Nordseite des Weges nach Schörderup sind drei gut gewölbte überpflügte Hügel zu erkennen. Lit.: Röschmann 1963, 280.

Geschichte. 1460 gehörte Gulde mit 5 Höfen zu Gut Rundhof. 1593 waren dazu auch 5 Katen vorhanden. 1853 Kappelerharde. 1871 FL Gem. Gulde, im Dorf 138 Ewh., 22 Wohngeb. 1890 gründeten Gulde und Schörderup die erste Freiw. Feuerwehr im

Kirchspiel. Seit 1970 gehört das Dorf zur Gem. Stoltebüll.

Schule. Am Weg nach Oersberg steht ein langgestreckter Backsteinbau mit Reetdach. Zur Straßenfront zwei Eingänge mit Verandavorbau (Denkmalbuch).
Seit 1967 werden die Kinder von Gulde in Kappeln unterrichtet. Im alten Schulhaus wurde eine Pension eröffnet und 1979 ein Schullandheim eingerichtet. Lit.: Toestrup 1982, 87, 258.

Dänische Schule. Zweiklassige Grund- u. Hauptschule, seit 1951 in einem Gebäude von 1913. Lit.: Toestrup 1982, 100, 234.

Krug. 1837 erwähnt. Ohne Gastwirtschaft. Lit.: Toestrup 1982, 246.

Bauernhäuser. Haus Nr. 6. Kleiner Dreiseithof mit einem Wohnhaus um 1850 erbaut. 1914 umgebaut. Lit.: Toestrup 1982, 251. Hagemeier-Kottwitz 1982, 280. – Haus Nr. 17. Dreiseithof um 1850 erbaut. Durch Umbauten stark verändert. Lit.: Toestrup 1982, 256. Hagemeier-Kottwitz 1982, 279.

Denkmal. Friedenseichen 1871. An der ehem. Schule und an der Dänischen Schule. Lit.: Frahm 1993, 345, 350.

Literatur. vSchröder 1837, I 341. Jensen Angeln 1844, 392. vSchröder 1854, 195. Oldekop 1906, V 48. Angeln 1922, 629. Toestrup 1982, 234. Wpl-Verz 1970, 34. Wpl-Verz 1987, 101. TK 1325.

GULDEHOLZ

PLZ 24409. Hof

Ostangeln. Ksp. Töstrup, Gem. Stoltebüll. 15 Ewh. (1987), Kinderheim.
Lage: 1 km nördl. von Gulde, einsam auf weiter Flur, im Westbogen von Hügeln umschlossen. Höhe 33 m.

Geschichte. Ehem. Kate zu Gut Rundhof, 1853 Kappelerharde. 1871 FL Gem. Gulde, seit 1970 Gem. Stoltebüll. Das Land wurde bei der Flurbereinigung 1968 aufgeteilt. Haus 1979 als Kinderheim eröffnet.

Literatur. vSchröder 1837, I 342. Jensen Angeln 1844, 392. vSchröder 1854, 195. PreußLA 1877. Oldekop 1906, V 49. Angeln 1922, 629. Toestrup 1982, 255. Wpl-Verz 1987, 101. TK 1225.

GULDHOLM

Ehem. Kloster

Westangeln. Auf einer Halbinsel am Nordufer des Langsees.

Ortsname. 1196 Gulholm. Annales Ryenses 13. Jh. Gulholm, Aurea Insula. 1312 Guldholm. – Goldener Holm, zu dän. guld = gold, dt. gülden, auf die Fruchtbarkeit des Bodens bezogen oder auf gelbblühende Pflanzen. Als Klostername ins Lateinische als „Aurea insula“ = die goldene Insel übersetzt (Laur). Lit.: JbAngeln 1963, 26. Laur 1992, 295.

Geschichte. Gegründet 1192 als erstes Kloster im ländlichen Gebiet, das durch den Bischof von Schleswig mit Mönchen des Zisterzienserordens von Esrom auf Seeland und reformwilligen Benediktinern des Michaelisklosters Schleswig besetzt wurde.
Zur Versorgung erhielt das Kloster den größten Teil der Besitzungen des Michaelisklosters und an Einkünften die bischöflichen Zehnten der Kirchen St. Michaelis Schleswig, Tolk, Nübel und Kahleby.
Nach Gefangennahme des Bischofs sollen sich Zisterzienser und Benediktiner angeblich 1194 „bekämpft“ haben, was 1196 durch das herzogliche Patronat über das Kloster beendet wurde. Aus unbekannten Gründen verzogen die Zisterzienser 1209 nach Nordangeln und gründeten an der Stelle des späteren Glücksburg ein neues Kloster Rude.
Von den Klostergebäuden am Langsee sind keine Reste nachweisbar. Das Gelände wurde nach Aufgabe der Anlage wieder in bischöflichen Besitz übernommen.

Literatur. vSchröder 1837, I 342. Jensen Angeln 1844, 181. vSchröder 1854, 196. Oldekop 1906, VIII 29. Angeln 1922, 137. H. J. Kuhlmann, Das Rudekloster und sein Vorgänger Guldholm, JbAngeln 1955, 81. KDM SL 1957, 278. Kuhlmann 1958, 216.

GUNDELSBY

Kirchspiel

Kirchenkreis Angeln. 1560 Gemeindeglieder (1991). Seit 1980 Kirchengem. Gundelsby-Maasholm. Kirche, Pastorat. Grundbesitz 6 ha.

Wohnplätze. Baggelan, Bekhaus, Bobeck, Dänischestraße, Domstag, Drecht, Düttebüll, Düttebüllschmiede, Eckeberg, Eckenhöh, Engberg, Ewersholz, Exhöft, Fehrenholz, Geilberg, Großberg, Gundelsby, Hafferholz, Haffskoppel, Hasselberg, Holm, Hüholz, Immenhof ehem., Kastensrott, Kieholm, Kieholmhof, Kl. Kieholm, Kisperhy, Klorr, Knorrlück, Kopperholm, Kronsgaard, Kronsgaarderdrecht, Langfeld, Maasholm, Marschall, Mühlenfeld, Mühlenkoppel, Nedderbusch ehem., Norderfeld, Oehe, Ostermoor, Pottloch, Pugholz, Radeland, Raukrug, Regenholz, Rote Kate, Scheideheck, Schellrott, Schleimünde, Schmaahuus, Schwackendorf, Schwensholz, Schwienkoppelholz ehem., Seeberg, Steenland, Strengtoft, Süderfeld, Wormshöft, Wulfsholz.

Geschichte. 1893 als 2. Pfarrbezirk des Ksp. Gelting eingerichtet. 1909 mit eigener Kirche. 1929 selbständige Kirchengemeinde, Propstei Nordangeln, 1971 Propstei Angeln, seit 1977 Kirchenkreis Angeln.
Seit 1980 ist Maasholm, das zum Ksp. Kappeln gehörte, mit Gundelsby verbunden.

Literatur. Angeln 1922, 613. Gundelsby 1977, 42.

Gemeinde bis 1970

FL Amt Buckhagen-Oehe. Fläche 473 ha. 366 Ewh. (1970). Gemeinde 1871 gegründet, 305 Ewh., 63 Wohngebäude. Ewh.-Höchstzahl 1946: 587 Menschen.
1970 Eingliederung in die Gem. Hasselberg.

Wohnplätze. Baggelan, Bobeck, Eckenhöh, Gundelsby, Hafferholz, Hüholz, Kieholm, Kieholmhof, Mühlenfeld, Ostermoor, Schwensholz, Steenland.

Literatur. Oldekop 1906, V 49. Angeln 1922, 613. Hist. Gem-Verz 1970, 60. Gundelsby 1977, 19.

PLZ 24376. Kirchdorf

Ostangeln. Ksp. Gundelsby, Gem. Hasselberg. 122 Ewh. (1987), Kirche, Krug, 5 Ldw.-Betriebe (1993).
Lage: 5 km südöstl. von Gelting, neben der Nordstraße. Höhe 12 m.
Parallel zu einem langen flachen Höhenzug fließt die Bobeck. Im Talgebiet der Au sind Knicks in bester Art erhalten geblieben.
Von Nord nach Süd erstreckt sich das Straßendorf, das an seiner langen Dorfstraße in dichten Reihen bebaut ist.

Ortsname. 1462 Gundesbu. 1535 Gundelby. 1634 Gundelßbuy. Mejer 1649 u. Danckwerth 1652 Gungelsby. PreußLA 1877 Gundelsby. Ndt. Chunnelsby. – Dorf = dän. by, des Gunnar oder des Gunni (Laur). Lit.: Hald 1948-79, VII 427. JbAngeln 1967, 101. Laur 1992, 296.

Geschichte. 1535 bestand das Dorf aus 10 Höfen, die zum Gut Buckhagen gehörten, seit 1583 zu Gut Oehe. Die Hälfte der Bauernstellen wurde nach und nach aufgelöst und die Ländereien dem Gutsareal zugelegt, so daß 1763 im Dorf nur noch 5 Höfe und einige Katen übrigblieben. 1853 Kappelerharde 13 Landstellen. 1871 FL Gem. Gundelsby, im Dorf 92 Ewh., 20 Wohngeb. Seit 1970 Gem. Hasselberg. Freiw. Feuerwehr 1907 gegründet.
Persönlichkeit. Georg Rössner 1885–1972. Maler. Lebte von 1942 bis zum Tod in Gundelsby.

Kirche. Christus-Kirche. Lage in der Mitte des Dorfes an der Dorfstraße. Höhe 13 m. Neuromanischer Backsteinbau von 1909, der in zeitlos-moderner Weise an die heimische Landkirchentradition anknüpft. Bei der Einweihung wurde eine Namensgebung versäumt und erst 1979 nachgeholt. Im Ostteil ist ein 20 m hoher Turm wandbündig in das Kirchenschiff eingefügt.

Friedhof. 1909 angelegt, 1938 nach Westen erweitert. Friedhofskapelle von 1969.
Denkmal 1921. Gedenkstätte an der Straßenseite errichtet, 1952 für die Gefallenen des II. Weltkrieges erweitert.
Grab 1972 Kunstmaler Georg Rössner.
Lit.: Gundelsby 1977, 41. Frahm 1993, 210.

Pastorat. Gundelsby 13. Wohnhaus bildet mit der Kirche zusammen eine Baugruppe.

Schule 1892. Gundelsby 38. Neubau von 1892, das alte Schulhaus von 1805 war zuvor abgebrannt. Nachdem die Schule 1965 zur DGS Kieholm eingegliedert wurde, ist das Gebäude ein privates Wohnhaus.
In der Schule Gundelsby wurde 1856–64 in dänischer Sprache unterrichtet. Das Patronat übergab die Gutsherrschaft von Oehe 1857 an das Kirchenvisitatorium Flensburg. Lit.: Ravn 1971, 160. Gundelsby 1977, 62, 175.

Krug 1908. Gundelsby 15. Heute noch Gaststätte. Lit.: Gundelsby 1977, 189.

Post 1929–1970. Mit Unterbrechung von 1946–52 und ab 1970 wieder in Schwackendorf.

Denkmal. Gedenkstein mit Inschriftplatte zur Erinnerung an die Erhebung 1848. Der Stein wurde 1970 von der Schule an den Südrand des Bürgerparks, dem sogenannten „Prof.-Rössner-Dreieck“, versetzt und nach 1980 eine neue Doppeleiche gepflanzt. Lit.: Frahm 1993, 208.

Steenland

Haus im Süddorf an der Dorfstraße. Ortsname 1791 Steenland. Wpl-Verz 1871, PreußLA 1877 u. DG 1974 Steenland. Lit.: Jensen Angeln 1844, 385. Hald 1948-79, VII 434. Gundelsby 1977, 193.

Literatur. vSchröder 1837, I 343. Jensen Angeln 1844, 218, 384. vSchröder 1854, 197. Oldekop 1906, V 49. Angeln 1922, 613. Röschmann 1963, 284. J. Jürgensen, Chronik des Ksp. Gundelsby, 1977. Wpl-Verz 1987, 97. TK 1225.

GUNNEBY

PLZ 24897. Dorf

Südangeln. Ksp. u. Gem. Ulsnis. 94 Ewh. (1987), 58 Wohngeb., 3 Ldw.-Betriebe (1993).
Lage: 1 km südwestl. von Lindaumühlenholz, neben der Straße nach Taarstedt. Höhe 10 m.
Das Straßendorf erstreckt sich bis an die Schlei zum Gunnebyer Noor. Die enge Noorbucht „Kleines Nis“ wird von Feuchtgrünland gesäumt. Die Knickwelt ist zerstümmelt.

Ortsname. 1352 Gunneby. Mejer 1649 Gundebuy. Trap 1864 dän. Gundeby. PreußLA 1877 Gunneby (Gundeby). Ndt. Chunneby. – Dorf = dän. by, des Gunni = altdän. PN (Laur). Lit.: JbAngeln 1964, 59. Laur 1992, 296.

Geschichte. Das Dorf war seit 1527 im Besitz des Gutes Lindau, die Bewohner Leibeigene der Gutsherrschaft. 1783 wurde die Gutsuntergehörigkeit aufgehoben und 5 Höfe mit 12 Katen der Schliesharde unterstellt. 1871 SL Gem. Kius, 156 Ewh., 19 Wohngeb. Seit 1974 Gem. Ulsnis. Krug, Bäcker, Schlachter, Schmied und Grützmüller sind aus dem Dorfleben verschwunden. Freiw. Feuerwehr 1930 gegründet.
Persönlichkeiten. Heinrich Hinrichsen 1832–1925. Maler sogenannter Bilder „Die Heimat“, geboren in Gunneby, Haus Nr. 15. – Gustav Johannsen 1840–1901. Lehrer, Politiker, Redakteur, geboren in Gunneby.

Schule 1879. Privathaus. Schule schon 1783 im Dorf, seit 1964 in Ulsnis und Lindaumühlenholz, später in Steinfeld. Lit.: Ulsnis 1987, 25, 263.

Krug. Haus Nr. 41. Bis 1964 Wirtschaft mit Saalbetrieb. Lit.: Ulsnis 1987, 248.

Heim. Gunneby Nr. 52 und 54. Seit 1973 Jugendhof des Diakonischen Werks der Nordelbischen Kirche Rendsburg. Lit.: Ulsnis 1987, 251.

Denkmäler. Friedenseiche 1871 mit Gedenkstein, in der Weggabel der Ortsmitte. – Eiche 1898 im Unterdorf zur Erinnerung an die Erhebung Schleswig-Holsteins 1848.

Ratzeburg

Ehem. Haus am Weg nach Dallacker beim Schulwald. Der Ortsname ist für die Gegend gebräuchlich. Lit.: Ulsnis 1987, 239.

Literatur. vSchröder 1837, I 343. Jensen Angeln 1844, 400. vSchröder 1854, 196. Trap 1864, 527. Oldekop 1906, VIII 60. Angeln 1922, 645. Ulsnis 1987, 231, 242. WplVerz 1987, 94. TK 1424.

GUNNEBYER NOOR

Schlei-Bucht

Südangeln. Gem. Ulsnis, zwischen Gunneby und Ulsnisland.
Im Uferverlauf haben sich an verschiedenen Aumündungen kleine Buchten gebildet, die größte im Norden, die sich zwischen Kl. Nis und der Halbinsel Böckenis südlich vor Gunneby ins Land hineinschiebt. Die flache Wiesenküste ist ohne Steilufer.
Südlich von Stauertwedt liegt eine Feuchtgrünlandniederung, die von Gräben durchzogen wird. In seiner Ausprägung ein einmaliger Biotopkomplex genutzter Salzwiesen an einem Angelner Schleinoor.
Die 1 km breite Öffnung zur Schlei wird seitlich von zwei Landzungen begrenzt, im Norden die Halbinsel Böckenis, im Süden die kurze Landnase Drei. Am Südrand der Drei, schon im Außenbereich des Noores, ein aktiver Nehrungshaken.

Gewässername. vSchröder 1837 u. Jensen Angeln 1844 Gundebyernoor. PreußLA 1877 Gunnebyer Noor.

Denkmal. Hochwassermarke 1872. Gedenkstein mit Inschrift, auf der Halbinsel Böckenis.

Böckenis

Halbinsel südl. von Gunneby zwischen dem kleinen Ostnoor und der Schlei. Flache Grünlandküste an der Nordseite, zur Schlei Steilufer mit Bäumen und Busch bewachsen.

Drei

Auch „Dreispitz“ genannt. Kurze Landnase am Südrand des Noors mit einer kleinen Bucht. Am südlichen Ufer hat sich ein kleiner aktiver Nehrungshaken gebildet.

Literatur. vSchröder 1837, I 343. Jensen Angeln 1844, 22. vSchröder 1854, 197. Oldekop 1906, VIII 60. JbAngeln 1964, 59. Ulsnis 1987, 68, 239. Biotop 1989, 151. TK 1424.

HAAF
s. Böklund

HAAK
s. Schausende

HAAL

PLZ 24960. Hof

Nordangeln. Ksp. u. Gem. Munkbrarup. Ldw.-Betrieb (1993).

Geschichte. Eine der 10 ursprünglichen Hufen im Dorf. 1966 Hof neu erbaut an der Straße von Munkbrarup nach Ranmark.

Ortsname. 1781 FN Haale. – Schwanz = dän. hale, allgemein für schmale Landstücke (Hald). Den Namen behielt der Hof auch an seinem neuen Ort. Lit.: Hald 1948-79, VII 64. Munkbrarup 1976, II 79.

HAALROIAU

Wasserlauf

Westangeln, im Bereich der Bollingstedter Au, Treene. Fließstrecke 800 m, westl. von Havetoftloit bis zur Einmündung links in die Bollingstedter Au. Entwässert mit zahlreichen Gräben ein schmales langgestrecktes Wiesenstück.

Gewässername. 1613 FN Halroj. Kat. Plankarte 1954 Haalroiau. – Schwanz = dän. hale, bei einer Rodung = angeldän. roj. In Flurnamen häufig als Bezeichnung für langgestreckte, schmale Wiesenstücke. Lit.: vRohden 1989, 287.

HAARHOLM

PLZ 24881. Häusergruppe

Westangeln. Ksp. Nübel, Gem. Nübel u. Neuberend. 26 Ewh. (1987). Truppenübungsplatz, Radarstation.
Lage: nördl. von Neuberend, bis an den Langsee. Höhe 30 m.

Ortsname. vSchröder 1837 Haarholm. PreußLA 1877 Haarholm. – Hasenholm = dän. hare. Lit.: Laur 1992, 297.

Vorgeschichte. Grabhügel „Schwarzer Berg" am Kirchenweg von Neuberend, beim Eingang zur Radarstation.

Geschichte. Die öde, von Heide und Busch überwucherte Gegend ist erst nach 1820 besiedelt worden. 1837 waren 3 Landstellen vorhanden. 1871 SL Gem. Berend, 64 Ewh., 9 Wohngeb. 1958 wurden die Anlieger ausgesiedelt, mehrere ihrer Häuser abgerissen und ein Truppenübungsplatz angelegt.

Literatur. vSchröder 1837, I 95. Jensen Angeln 1844, 428. vSchröder 1854, 39. Oldekop 1906, VIII 20. Angeln 1922, 696. Nübel 1981, 95. Wpl-Verz 1987, 91, 95. TK 1423.

HAARMARK

PLZ 24376. Streusiedlung

Ostangeln. Ksp. Kappeln, Gem. Rabel. 33 Ewh. (1987), 15 Wohngeb.
Lage: südl. von Rabel, am Weg von der Nordstraße nach Rabelsund. Höhe 10 m.
Am Westende der Siedlung läuft der Rabeler Scheidegraben unter der Nordstraße hindurch und weiter sehr gradlinig der Schlei zu. Die Au war Grenzlauf der Gutsherrschaft Buckhagen zu Gut Roest und bildete für eine kurze Zeit in den Jahren 1970–74 die Kreisgrenze.

Ortsname. Jensen Angeln 1844 Harmark. vSchröder 1854 auch Horremark. PreußLA 1877 Haarmark. – Hasenfeld = dän. hare.

Geschichte. 2 Landstellen zu Gut Buckhagen, 1853 Kappelerharde. 1871 FL Gem. Rabel, 61 Ewh., 9 Wohngeb.

Windmühle 1861–1868. Erdholländer-Kornmühle, 1868 nach Stoltebüllheck versetzt, wo sie 1948 abgebrochen wurde. Lit.: Pöge 1980, 29.

Literatur. Jensen Angeln 1844, 388. vSchröder 1854, 77. Oldekop 1906, V 94. Angeln 1922, 624. Wpl-Verz 1987, 99. TK 1325.

HABECK

PLZ 24890. Haus

Westangeln. Ksp. Böklund, Gem. Süderfahrenstedt. Ehem. Kate. Ortsname eigentlich Holbeck = hohler Bach.
Lage: westl. von Süderfahrenstedt, an der Straße nach Idstedt, hoch über dem bewaldeten Hang zum Langsee. Höhe 38 m.
Durch eine kleine Bachschlucht führt ein Wanderweg die steile Böschung treppab zum Seeufer und weiter nach Süderfahrenstedt.

Ortsname. Eigentlich Holbeck = hohler Bach, d. h. Bach zwischen hohen Ufern.

Geschichte. 1906 wurde das Haus durch Blitzschlag vernichtet und die sechsjährige Minna vom Blitz getötet. Ein neues Haus ist im gleichen Jahr erbaut.

Literatur. Süderfahrenstedt 1982, 259. TK 1423.

HABERNIS, Steilküste mit „Huk“. Foto: H. C. Callsen

HABERGAARWANG

PLZ 24409. Hof

Ostangeln. Ksp. Töstrup, Gem. Stoltebüll. Kein Ldw.-Betrieb (1993).
Lage: 2 km nördl. von Wittkiel, von der Straße nach Drült eine Abzweigung nach Stenneshöh, am Hang zum Drülter Holz. Höhe 44 m.

Ortsname. Jensen Angeln 1844 Habergaardwang. PreußLA 1877 Habergaarwang. TK von 1939 Gaarwang. – Hoffeld = dän. gårdvang, mit Hafer = ndt. Haber.

Geschichte. 1804 auf einer Parzellenstelle von Gut Drült gegründet. Wohnhaus von 1871. Bis 1970 FL Gem. Wittkiel, dann Gem. Stoltebüll.

Literatur. Jensen Angeln 1844, 392. Oldekop 1906, V 129. Angeln 1922, 628. Toestrup 1982, 452. Wpl-Verz 1987, 101. TK 1325.

HABERKIER
s. Westerholm

HABERNIS

Gemeinde bis 1965

FL Amt Quern-Steinberg. Fläche 440 ha, davon 312 ha Wasser der Förde. 80 Ewh. (1961). Einziger Wohnplatz Habernis. Gemeinde 1871 auf 128 ha Landfläche mit 74 Ewh., 11 Wohngeb. 1888 Eingliederung der Wasserfläche der Förde. Ewh.-Höchstzahl 1946: 169 Menschen. Bis 1949 im Amt Quern. 1966 Eingliederung in die Gem. Norgaardholz.

Literatur. Oldekop 1906, V 50. Angeln 1922, 577. Hist. Gem-Verz 1970, 64.

PLZ 24972. Dorf

Nordangeln. Ksp. Quern, Gem. Steinberg. 62 Ewh. (1970), 22 Wohngeb., 2 Ldw.-Betriebe (1991), Strandcafé, Campingplatz.

Lage: 4 km nördl. von Steinbergkirche auf einer Landinsel, die vom Wasser der Förde, der Geltinger Bucht und Niederungen umgeben ist. Höhe 18,6 m „Storhoi".
Im Süden wird die „Insel" vom Mittelweg bis zur Bucht von einer 1 km langen, aber nur schmalen Niederung begrenzt. In der von Gräben durchzogenen Ebene fällt das Gelände bis unter den Nullpunkt. Zur Geltinger Bucht hin ist die Niederung bedeicht und wird über ein Pumpwerk entwässert.
Im Westen bildete eine Fördebucht im Mündungsbereich der Steinberger Au die natürliche Grenze. Im Laufe der Zeit hat eine Sandbarre die Bucht verschlossen. Auf deren Kamm führt ein zu einem Damm erhöhter Fahrweg nach Neukirchen.
Die „Huk" ist eine ins Meer hineinragende, abgerundete Landspitze mit Steilufer, die den Eckpfeiler zwischen Förde und Geltinger Bucht bildet. Das Steilufer ragt bis 14 m Höhe empor, ist 1,5 km lang und setzt sich, nur durch eine 800 m breite bedeichte Niederung getrennt, in Nieby fort. Geologisch bemerkenswert ist die „Huk" durch die dort ausstreichenden eem-zeitlichen Tone. Darüber befindet sich eine block- und geröllhaltige Grundmoräne von mehreren Metern Mächtigkeit.

Ortsname. 1490 Hobernesße. 1511 Habernis. Mejer 1648 Habernyß. Danckwerth 1652 Haberniß. Trap 1864 dän. Havernæs. PreußLA 1877 Habernis. Ndt. Håwernis, Håfernis. – Landnase = dän. næs, ndt. -nis zu einem bisher ungedeuteten Orts- oder Flurnamen Haver (Hald). Dagegen Ziegenbock = altdän. hafær und Hafer = havre (Laur). Lit.: Hald 1948-79, VII 271. JbAngeln 1967, 110. Laur 1992, 297.

Geschichte. 1490 erwarb das Kloster Mohrkirchen Land und Hölzung zu Habernis. Durch den Kauf des Gutes Nübel wurden 20 Kätner 1618 Untertanen des Herzogs von Sonderburg, 1622 Herzogtum Glücksburg. Als Neukirchen sich 1622 als selbständiges Kirchspiel von Quern trennte, wurde der Ort von seinem Kirchspiel Quern abgeschnitten.
■ Eine der frühesten Besitzreformen erlebten die Habernisser 1636, als die herzoglichen Katen den Bewohnern zum Eigentum überlassen wurden. 1837 gehörten zu den Gütern Norgaard und Ohrfeld 13 Katen, 1853 unter Munkbrarupharde und Kappelerharde. 1871 FL Gem. Habernis, seit 1966 Gem. Norgaardholz, 1970 Gem. Steinberg. Bei der Sturmflut 1872 war der Ort von Wasser umgeben. Freiw. Feuerwehr Neukirchen-Habernis 1890 gegründet.

Ziegelei 1877–1914. Na de Huk 5. Die Ziegelei lag etwa 50 m vor der Steilküste. 1916 abgebrochen. Lit.: Quern 1961, 107.

Zollhaus 1928. Na de Huk 21. Haus an der Geltinger Bucht erbaut, heute Privathaus. Lit.: Quern 1961, 100.

Bauernhäuser. Grüfft 5. Fachwerkkate von 1834. Lit.: KDM FL 1952, 281. Quern 1961, 117. – Habernis Nr. 4. Kate von 1748. Familienbesitz seit 1740. Lit.: KDM FL 1952, 281. Quern 1961, 114.

Denkmal 1872. Hochwassermarke 400 m südl. der Dorfstraße an einem Waldweg. Gedenkstein mit Inschrift, Höhe 362 cm, etwa 50 cm zu hoch angesetzt.

Literatur. Gude 1778, 117. vSchröder 1837, I 344. Jensen Angeln 1844, 352. vSchröder 1854, 197. Trap 1864, 500. Oldekop 1906, V 50. Angeln 1922, 577. Quern 1961, 90. Biotop 1987, 1224 Nr. 18. WplVerz 1987, 100. H.-J. Tech, Vogelkundliche Beobachtungen am Steilufer von Habernis, JbAngeln 1990, 232. TK 1224.

HABERNISSER AU
s. Steinberger Au

HABERTWEDT

PLZ 24376. Häusergruppe
Südangeln. Ksp. Rabenkirchen, Gem. Grödersby. 17 Ewh. (1987), Schule, 7 Wohngeb., ein Ldw.-Betrieb (1992), Landmaschinenwerkstatt.
Lage: westl. von Grödersby, an der Straße nach Faulück, dem Grödersbyer Noor nahe.

Höhe 15 m. Grenzort zur Gem. Rabenkirchen-Faulück.

Ortsname. vSchröder 1837 Havetwedt. PreußLA 1877 Havetwedt. Angeln 1922 Havertwedt. – Rodung = dän. tved, wo Hafer wächst, zu dän. havre, ndt. Håwer (Laur). Lit.: Laur 1992, 297.

Geschichte. 1854 drei Katen, Schliesharde. 1871 SL Gem. Grödersby, 17 Ewh., 3 Wohngeb.

Schule 1963. Außenstelle der Grund- und Hauptschule Kappeln-Hüholz für Arnis, Faulück, Grödersby und Rabenkirchen.

Bauernhäuser. Haus Nr. 1. Wohn- und Wirtschaftsgebäude in Winkelform, roter Backstein, firsthoch übergiebelter Mittelrisalit, Reetdach. Wirtschaftsteil von 1933. – Haus Nr. 2. Kleines Fachwerkwohnhaus mit geweißten Backsteinfüllungen, Reetdach mit Knüppelfirst. Vor dem Haus ein Bauerngarten mit Dornenhecke und zwei großen Linden (beide Denkmalbuch).

Literatur. vSchröder 1837, I 255, 345. vSchröder 1854, 214. Oldekop 1906, VIII 47. Angeln 1922, 635. Wpl-Verz 1987, 88. TK 1325.

HAFERTEICH

Ehem. See

Westangeln. Stadt Schleswig. Fläche 10 ha, heute Mülldeponie.
Lage: nördl. der Stadt, im Hügelgebiet von Kattenhund.
Bei der PreußLA 1877 als See gezeichnet, Höhe 37,3 m. Nördlicher Zulauf aus dem kleineren Lehmteich und Abfluß über den Rathsteich in den Mühlenbach. Auf der TK von 1939 nicht mehr als Gewässer dargestellt.

HAFFERHOLZ

PLZ 24376. Häusergruppe

Ostangeln. Ksp. Gundelsby, Gem. Hasselberg. 6 Wohngeb., ein Ldw.-Betrieb (1993).
Lage: östl. von Gundelsby, an der Straße nach Kronsgaard. Höhe 10 m.

Ortsname. 1583 FN Holperholtt. 1834 Habberholz. vSchröder 1837 Haberholz. PreußLA 1877 Hafferholz. Ndt. Hafferholt. – Wald = ndt. Holt, beim oder mit Hafer = ndt. Håwer oder des Haghbarth = altdän. PN (Laur). Lit.: Hald 1948-79, VII 428. Laur 1992, 300.

Geschichte. 1837 zu Gut Oehe 5 Katen, 1853 Kappelerharde. 1871 FL Gem. Gundelsby, 36 Ewh., 7 Wohngeb. Seit 1970 Gem. Hasselberg.

Literatur. vSchröder 1837, I 344. Jensen Angeln 1844, 385. vSchröder 1854, 197. Oldekop 1906, V 50. Angeln 1922, 614. Gundelsby 1977, 193. Wpl-Verz 1987, 97. TK 1225.

HAFFSKOPPEL

PLZ 24395. Häusergruppe

Ostangeln. Ksp. Gundelsby, Gem. Kronsgaard. 2 Wohngeb. u. Feriendorf mit rund 50 Häusern.
Lage: nördl. von Kronsgaard, 200 m vor der Ostseeküste. Grenzort zu Pommerby.

Ortsname. 1785 FN Haf-Koppel. PreußLA 1877 u. Kat. Plankarte 1954 Haffkoppel. TK u. DG 1992 Haffskoppel. – Koppel am Meer = ndt. Haff. Lit.: Hald 1948-79, VII 428. Laur 1992, 301.

Geschichte. Hof 1785 auf einer Parzelle von Gut Düttebüll entstanden, 1853 Kappelerharde. 1931 wurde das Hofland zu Gut Düttebüll gelegt.

Bauernhaus. Zwei kombinierte Wohn- und Wirtschaftsgebäude aus rotem Backstein mit Reetdach. Das größere Haus mit auffallend hohem Granitquadersockel (Denkmalbuch).

Literatur. vSchröder 1837, I 352. Jensen Angeln 1844, 383. vSchröder 1854, 204. Oldekop 1906, V 68. Angeln 1922, 613. Gundelsby 1977, 224. Wpl-Verz 1987, 98. TK 1225.

HAGAB

PLZ 24897. Häusergruppe

Südangeln. Ksp. u. Gem. Ulsnis. 2 Wohngeb. Badestrand von Ulsnis.
Lage: östl. von Ulsnis an der Schlei, in einer Grünlandniederung am Gunnebyer Noor und am kleinen Buchenwäldchen „Hagab“, auch Krähenholz genannt.

Literatur. Ulsnis 1987, 15, 98. Biotop 1987, 1424 Nr. 139. Wpl-Verz 1987, 94. TK 1424.

HAIN

Ehem. Haus

Westangeln. Ksp. Sieverstedt, Gem. Süderschmedeby. 1854 eine Kate. Heute ein Flurname unmittelbar westl. des Dorfes.

Ortsname. 1788 FN Hayne Land. 1804 Heine. Lit.: vSchröder 1854, 460. Bjerrum 1986, 328, 340.

HAMMESTOFT

PLZ 24975. Häuser

Nordangeln. Ksp. Husby, Gem. Ausacker. 2 Wohngeb.
Lage: nordöstl. von Estrup, neben der Straße nach Ausacker. Höhe 45 m.
Grenzort zur Uggelharde und zum Ksp. Großsolt.

Ortsname. 1738 Hamannstoft. 1828 Hammerstoft. Jensen Angeln 1844 Hamannstoft. PreußLA 1877 Hammestoft. – Nach dem Familiennamen des ersten Besitzers. Lit.: Hald 1948-79, VII 172.

Geschichte. Wohnplatz kurz vor 1700 mit einer Kate begründet, Husbyharde. 1871 FL Gem. Ausackerholz, seit 1970 Gem. Ausacker.

Literatur. vSchröder 1837, I 77. Jensen Angeln 1844, 333. vSchröder 1854, 28. Oldekop 1906, V 17. Angeln 1922, 550. Husby 1976, 414. Wpl-Verz 1987, 95. TK 1223.

HARDESBY

Gemeinde bis 1970

FL Amt Sörup. Fläche 467 ha. 227 Ewh. (1970). Gemeinde 1871 mit 189 Ewh., 22 Wohngeb. Ewh.-Höchstzahl 1946: 375 Menschen. 1970 Eingliederung in die Gem. Sörup.

Wohnplätze. Hardesby, Hardesbyfeld, Hardesbyhof, Hardesbyholz, Knopp, Schwensby teilw., Schwensbyfeld teilw.

Literatur. Oldekop 1906, V 51. Sörup 1907, 133. Angeln 1922, 583. Sörup 1964, 254. Hist. Gem-Verz 1970, 64.

PLZ 24966. Streusiedlung

Mittelangeln. Ksp. u. Gem. Sörup. 78 Ewh. (1992), 5 Ldw.-Betriebe (1993).
Lage: 4 km nordwestl. von Sörup, an der Straße nach Lutzhöft und der Kappelner Straße nach Husby und Sterup. Höhe 45 m. Die Siedlung liegt auf der Wasserscheide. Im Straßenkreuz und auf der Linie der Landstraße trennen sich das Einzugsgebiet der Nordsee, aus dem die Kielsau nach Süden fließt, und das der Ostsee, aus dem, nur wenige 100 Meter nördlich, die Langballigau ihren Lauf beginnt.
Im Norden sind die ehemals ausgedehnten Wälder längst verschwunden. Südwestlich steht das Krähenholz, ein 6 ha großer Bauernwald. Von den Knicks sind nur wenige erhalten.
Hardesby hat eine auffällige Streulage. Seine Höfe sind hier früher als anderenorts mitten in ihrem eigenen Land errichtet worden. An der „Dorfstraße“, der kurvenreichen Strecke der Kappelner Chaussee, haben sich seit Mitte des 19. Jh. Handwerker angesiedelt.

Ortsname. 1477 Hergesbu. 1483 Herisbu. 1580 Harßbuj. 1602 Harritzbuj. Mejer 1648 Hardsby. Danckwerth 1652 Hardesby. Trap

1864 dän. Harresby. PreußLA 1877 Hardesby. – Dorf = dän. by, des Hærger = altdän. PN (Laur). Es könnte auch ein ursprünglich zusammengesetzter Ortsname Steinhaufe = altdän. hargh vorliegen (Hald). – Lit.: Hald 1948-79, VII 223. JbAngeln 1967, 113. Laur 1992, 308.

Geschichte. 1837 zur Nieharde 6 Höfe, 6 Katen. 1871 FL Gem. Hardesby, 139 Ewh., 16 Wohngeb. Seit 1970 Gem. Sörup. Freiw. Feuerwehr Hardesby-Schwensby 1886 gegründet.

Schule 1741–1802. Hardesbyer Str. 9. Nach 1802 in Schwensby. Lit.: Sörup 1907, 105.

Schmiede 1830–1941. Kappelner Str. 1. Lit.: Sörup 1964, 255. Sörup 1985, 294.

Literatur. vSchröder 1837, I 357. Jensen Angeln 1844, 359. vSchröder 1854, 208. Oldekop 1906, V 51. Sörup 1907, 133. Angeln 1922, 583. Röschmann 1963, 292. Sörup 1964, 254. Sörup 1985, 292. Wpl-Verz 1987, 100. TK 1223.

HARDESBYFELD

PLZ 24966. Häusergruppe

Mittelangeln. Ksp. u. Gem. Sörup, Hardesbyer Straße. 4 Wohngeb.
Lage: Süd-Hardesby, an der Straße nach Sörup, Hardesbyer Straße, an knicklosen Feldern. Höhe 45 m.

Ortsname. 1745 Hardesbüer-Feld. Lit.: Hald 1948-79, VII 224. Laur 1992, 308.

Geschichte. Anfang des 18. Jh. wurde eine Kate von Hardesbyhof abgelegt. 1837 zählten zur Nieharde zwei Katen und zu Gut Schwensby eine Kate. 1871 FL Gem. Hardesby, seit 1970 Gem. Sörup.

Meierei 1886–1942. Wohnhaus Hardesbyer Str. 1. Gegründet von Hardesby, Sörupmühle und Winderatt. Lit.: Sörup 1907, 146. Sörup 1964, 258. Sörup 1985, 292.

Literatur. vSchröder 1837, I 358. vSchröder 1854, 208. Sörup 1907, 145. Sörup 1964, 258. Wpl-Verz 1970, 33. Sörup 1985, 292. TK 1223.

HARDESBYHOF

PLZ 24966. Hof

Mittelangeln. Ksp. u. Gem. Sörup. 2 Wohngeb. Ldw.-Betriebsfläche 100 ha seit 1993 verpachtet.
Lage: südl. von Hardesby, Zufahrt von der Straße nach Sörup, Hardesbyer Straße, an einer Wiesenniederung der Kielsau, nahe des Winderatter Sees. Höhe 40 m.
Vor der Senkung des Wasserspiegels waren die Wiesen Teil der Seefläche.

Ortsname. 1601 Harretzbuy gard. Erdbuch 1803 u. Jensen Angeln 1844 Hardesbyhof. Lit.: Hald 1948-79, VII 224. Laur 1992, 308.

Literatur. vSchröder 1837, I 357. Jensen Angeln 1844, 359. vSchröder 1854, 208. Oldekop 1906, V 52. Sörup 1907, 134. Angeln 1922, 583. Sörup 1964, 257. Sörup 1985, 292. Wpl-Verz 1987, 100. TK 1223.

HARDESBYHOLZ

PLZ 24966. Haus

Mittelangeln. Ksp. u. Gem. Sörup, Zum Krähenholz 2. Landstelle 1874 gegründet.
Lage: südwestl. von Hardesby, am Ende des Weges von der Straße nach Sörup zum Krähenholz.
Der 6 ha kleine Bauernwald, in weiter Niederung gelegen, hat seinen Namen von einer 400-Horste-Krähenkolonie, die 1964 „nach über 60 Jahren“ zum Friedhof von Sörup verzog, wo heute noch eine kleinere Kolonie in den hohen Bäumen nistet.

Literatur. Sörup 1907, 135. Sörup 1964, 257. Sörup 1985, 306.

HARDESBY-KNOOP
s. Knoop

HARKMOOR

PLZ 24960. Hof

Nordangeln. Ksp. u. Gem. Munkbrarup. Kein Ldw.-Betrieb (1993).
Lage: östl. von Munkbrarup, neben der Nordstraße an einem Feldweg, an einem ehemaligen Moor. Höhe 45 m.

Ortsname. 1781 FN Harrckmohr. vSchröder 1837 u. Jensen Angeln 1844 Harksmoor. – Moor in einer harterdigen, trockenen Wiese = jüt. Harke (Hald). Lit.: Hald 1948-79, VII 64.

Geschichte. Bis 1782 lag der Hof im Dorf Munkbrarup nahe der Mühle. Bei der Fluraufteilung wurden die Gebäude abgebaut und hierher verlegt. Altes reetgedecktes Wohnhaus. Neue Scheune von 1957.

Literatur. vSchröder 1837, II 82. Jensen Angeln 1844, 344. vSchröder 1854, 62. Oldekop 1906, V 80. Angeln 1922, 562. Munkbrarup 1976, II 104. Wpl-Verz 1987, 98. TK 1123 (1985).

HARM

PLZ 24986. Häusergruppe

Mittelangeln. Ksp. u. Gem. Satrup. 45 Ewh. (1970). Altes Industriegebiet von Satrup, heute Handwerksbetriebe.
Lage: Süd-Satrup, an der Schleswiger Straße, vom Friedhof bis zum ehemaligen Bahnübergang. Höhe 35 m.

Ortsname. 1771 Harm. PreußLA 1877 Harm. – Wohl unser Wort Harm auf ein schlechtes Land oder etwas Schlechtes bezogen, obwohl es im Niederdeutschen eigentlich nicht verbreitet ist (Laur). Kurzform des PN Hermann = ndt. Harm. Lit.: Laur 1992, 309.

Geschichte. 1837 zur Satrupharde 3 Katen. 1871 SL Gem. Rehberg, 48 Ewh., 7 Wohngeb. Seit 1970 Gem. Satrup.

Literatur. vSchröder 1837, I 358. Wpl-Verz 1970, 124. TK 1323.

HARNIS

Ehem. Ziegelei

Nordangeln. Stadt Flensburg, Kirchengem. St. Jürgen, vormals Ksp. Adelby, bis 1900 Gem. Jürgensgaard.
Lage: am Ostufer der Förde, unterhalb des Ballastberges. Straßen- und Kainame. Ziegeleibetrieb von 1574 bis 1909.

Ortsname. 1530 Harnys. 1570 Harnes. 1592 Harnis Tegelhoff. – Steinerne Landnase (Hald). Lit.: Hald 1948-79, VII 37. Pust 1990, 133.

HASENBERG
s. Rothenhaus

HASENHOLZ

Holz

Mittelangeln. Gem. Satrup. Fläche 10 ha. Staatsforst Land SH, Forstamt Schleswig, Försterei Satrup.
Lage: nördl. von Satrup, westl. der Straße nach Ausacker, bei Rabenkiel.
Schmale Hölzung mit Eichen und Buchen. Im Norden anschließend das Wäldchen Jeßlund.
Ehem. Forstgutsbezirk Schleswig, 1928 Eingliederung in die Gem. Satrup. Lit.: Oldekop 1906, VIII 100. TK 1223.

HASENLAGER
s. Munkbrarup

HASSEL
1) s. Norderholz, Torsballig
2) s. Grundhof

HASSELBERG

Gemeinde

Amt Gelting. Fläche 1130 ha, davon 9 ha Wald. 831 Ewh., 263 Wohngeb. (alle Angaben 1987). 27 Ldw.-Betriebe (1993). Anerkannter Erholungsort.

Wohnplätze. Baggelan, Bobeck, Drecht, Eckeberg, Eckenhöh, Engberg, Ewersholz, Fehrenholz, Geilberg, Großberg, Gundelsby, Hafferholz, Hasselberg, Holm, Hüholz, Kieholm, Kieholmhof, Kisperhy, Knorrlück, Kopperholm, Marschall, Mühlenfeld, Mühlenkoppel, Nedderbusch, Norderfeld (Hasselberg), Norderfeld (Schwackendorf), Ostermoor, Pugholz, Radeland, Scheideheck, Schellrott, Schwackendorf, Schwensholz, Steenland, Strengtoft, Süderfeld, Wormshöft teilw., Wulfsholz.

Gemeinde bis 1970. FL Amt Buckhagen-Oehe. Fläche 336 ha. 138 Ewh. (1970). Gemeinde 1871 gegründet, 261 Ewh., 54 Wohngeb. Ewh.-Höchstzahl 1946: 424 Menschen. Seit 1970 im Amt Gelting und vereinigt mit den Gem. Gundelsby und Schwackendorf.
Wohnplätze: Drecht, Eckeberg, Engberg, Ewersholz, Fehrenholz, Geilberg, Großberg, Hasselberg, Kisperhy, Kopperholm, Marschall, Mühlenkoppel, Nedderbusch, Norderfeld, Pugholz, Schellrott, Strengtoft, Wormshöft teilw., Wulfsholz.

Literatur. Oldekop 1906, V 53. Angeln 1922, 614. Hist. Gem-Verz 1970, 60. Wpl-Verz 1987, 97.

PLZ 24376. Häusergruppe

Ostangeln. Ksp. Gundelsby, Gem. Hasselberg. 14 Ewh. (1987), 6 Wohngeb., Krug, Bank, ein Ldw.-Betrieb.
Lage: 6 km südöstl. von Gelting, an der Straße von Gundelsby, Nordstraße nach Wormshöft, in einer flachen Senke feuchter Küstenniederung, bis an den Strand der Ostsee.

Ortsname. 1462 Heselberch. 1497 Hasselborgh. Mejer 1649 Heßelberg. Trap 1864 dän. Hesselbjerg. PreußLA 1877 Hasselberg Krug. Ndt. Hasselbarch. – Berg mit Haselsträuchern = angeldän. hessel, ndt. Hassel (Laur). Lit.: JbAngeln 1967, 101. Laur 1992, 312.

Geschichte. 1535 war Hasselberg ein Dorf mit 6 Höfen, das zum Gut Buckhagen gehörte. Seit 1583 zu Gut Oehe mit 10 Landstellen. 1609 wurde das Dorf niedergelegt und daraus ein Meierhof gebildet. Aus der Parzellierung der Hofländereien sind 1790 die umliegenden Einzelstellen entstanden.
1853 zu Hasselberg in der Kappelerharde Krug und 3 Landstellen. 1871 FL Gem. Hasselberg, 33 Ewh., 6 Wohngeb. Freiw. Feuerwehr 1907 gegründet. Seit 1973 Erholungsort.

Krug. „Spieskamer", Land- und Gastwirtschaft. Haus 1855 neu erbaut, mehrere Umbauten. Lit.: vSchröder 1837, I 362. Hald 1948-79, VII 434. Gundelsby 1977, 312.

Bank. Volks- und Raiffeisenbank eG Kappeln, Geschäftsstelle Raiffeisenstr. 6. Sparkasse 1912 in Hasselberg gegründet.

Denkmal. Hochwassermarke der Sturmflut 1872. An der Straße „Eckstang" nach Kieholm ein Gedenkstein mit Inschrift. Höhe 357 cm, ca. 40 cm zu hoch eingesetzt. Lit.: Frahm 1993, 218.

Immenhof

Ehem. Hof. 1609–1790 Meierhof zu Gut Oehe. Gebäude um 1810 abgebrochen. An der Ostseite der Straße, neben dem Krug „Spieskamer", liegt der ehemalige Hofplatz, der an drei Seiten von einem teilweise trockenen Graben eingefaßt wird. Auf dem Grundstück steht heute das Abnahmehaus des Gasthauses. Lit.: Hald 1948-79, VII 428. Röschmann 1963, 287. Gundelsby 1977, 312.

Literatur. vSchröder 1837, I 362. Jensen Angeln 1844, 218, 384. vSchröder 1854, 210. Oldekop 1906, V 53. Angeln 1922, 614. Gundelsby 1977, 9, 89, 303. Wpl-Verz 1987, 97. TK 1225.

HASSELBERGER GRABEN

Wasserlauf

Ostangeln, im Bereich der Schlei. Gem. Hasselberg. Fließstrecke 5,5 km, von Gundelsby bis zur Einmündung in das Wormshöfter Noor. Entwässerungsgraben durch das Oeher Noor.

HASSELHOLZ

s. Hesselholz

HASSELHOY

Ehem. Hof

Nordangeln. Ksp. Quern, Gem. Nübel, nördl. von Gräfsholz.

Ortsname. 1599 FN Haßelhuj. 1819 Hasselhoy. vSchröder 1837 Hisselhöi. Quern 1961 Hasselhy. – Haselstrauch-Höhe = ndt. Hassel und angeldän. hy = Hügel, Grabhügel. Lit.: Hald 1948-79, VII 272.

Geschichte. Landstelle auf einer Parzelle von Gut Nübel 1819 gegründet, 1853 Munkbrarupharde. 1917 abgebrochen.

Literatur. vSchröder 1837, II 113. vSchröder 1854, 380. Quern 1961, 280.

HATTESHUUS

PLZ 24986. Hof

Mittelangeln. Ksp. u. Gem. Satrup. 2 Wohngeb. Ohne Ldw.-Betrieb (1993).
Lage: Nordwest-Satrup, abseits der Straße nach Obdrup, am Alten Mühlenstrom. Höhe 35 m.

Ortsname. 1648 Hartichshuus. PreußLA 1877 Hatteshuus. – Haus des ersten Pächters Hartich Held. Lit.: Laur 1992, 313.

Geschichte. Eine „wüste“ Kate wurde 1661 aufgelöst und das Land zum Hoffeld von Gut Satrupholm gelegt. 1770 entstand eine neue Landstelle auf einer Parzelle des Meierhofes Obdrup, Satrupharde. 1871 SL Gem. Obdrup, seit 1970 Gem. Satrup.

Literatur. vSchröder 1837, II 219. vSchröder 1854, 210. Satrup 1902, 199. Oldekop 1906, VIII 79. Angeln 1922, 674. Wpl-Verz 1970, 124. Obdrup 1982, 71. TK 1223.

HATTLUND

Gemeinde bis 1970

FL Amt Quern-Steinberg. Fläche 252 ha. 98 Ewh. (1970). Gemeinde 1871 mit 206 Ewh., 32 Wohngeb. einschließlich Hattlundmoor, das aber noch im gleichen Jahr nach Quern umgemeindet wurde. 1889 im Amt Quern, seit 1949 Amt Quern-Steinberg. Ewh.-Höchstzahl 1946: 433 Menschen. 1970 Eingliederung in die Gem. Steinbergkirche.

Wohnplätze. Brade, Hattlund, Scheersberg teilw.

Literatur. Oldekop 1906, V 54. Angeln 1922, 576. Quern 1961, 128. Hist. Gem-Verz 1970, 64.

PLZ 24972. Dorf

Nordangeln. Ksp. Quern, Gem. Steinbergkirche. 68 Ewh. (1987), 23 Wohngeb., 2 Ldw.-Betriebe (1991).
Lage: nördl. von Quern, an der Straße von Scheersberg nach Hattlundmoor und an der Nordstraße. Hochgelegen auf dem Scheersberg und am Osthang des Berges. Höhe 50–65 m.
Grenzort zum Ksp. Steinberg und zur Gem. Quern.
Das Hochdorf erstreckt sich an einer von Ost nach West verlaufenden Straße, die nur auf der Nordseite bebaut ist.

Ortsname. 1460 Hattelund. Mejer 1648 u. Danckwerth 1652 Hattelundt. PreußLA 1877 Hattlund. – Lichter Wald, Hain = dän. lund des Hatti = altdän. PN. Nach Hald eher hutförmiger = dän. hat, Hain (Laur). Lit.: Hald 1948-79, VII 271. JbAngeln 1967, 110. Laur 1992, 313.

Geschichte. 1854 waren zu Hattlund 7 Höfe und 10 Katen. Sie waren der Nieharde und Munkbrarupharde, vormals den Gütern Norgaard und Nübel untergehörig, andere der Kappelerharde, früher zu Gut Ohrfeld, und eine Kate des Gutes Satrupholm zur Satrupharde. 1871 FL Gem. Hattlund, im Dorf 127 Ewh., 16 Wohngeb. Seit 1970 Gem. Steinbergkirche.
Sitz des Hardesvogts der Nieharde 1621–

1725 und 1799–1847. Freiw. Feuerwehr Hattlund-Kalleby 1886 gegründet.

Großer Stein. Auf der „Großen Steinlücke", östlich von Hattlund auf der Höhe 51,5 m neben der Nordstraße, lag ein Stein, der mannshoch aus der Erde ragte. 1842 wurde der Findling zerstört und daraus u.a. Mühlsteine für die Mühle in Nübelfeld hergestellt. Lit.: Angeln 1922, 56. E. Schnack, Der Stein von Hattlund, JbAngeln 1936, 68. Röschmann 1963, 320.

Dänische Schule. Hattlund Nr. 9. Gegründet 1949. Seit 1973 mit der Schule Langballig zusammengelegt. Dort werden die Hauptschüler, hier die Grundschüler unterrichtet.

Krug. „De Bütt" genannt. Seit 1749 Krugwirtschaft. Wohl 1845 abgebrochen. Die Kate soll zwischen Haus Nr. 23 und heutiger Gastwirtschaft „Drei Kronen", Haus Nr. 26 gestanden haben. Lit.: Quern 1961, 132.

Schmiede. Hattlund Nr. 22. Von 1789 bis 1966 in Betrieb. Über 100 Jahre in Familienbesitz. Lit.: Quern 1961, 134.

Bauernhäuser. Nr. 7. Langgestreckter roter Backsteinbau mit Reetdach, ehemals ein kombiniertes Wohn- und Wirtschaftsgebäude (Denkmalbuch). Lit.: Quern 1961, 149. – Nr. 14. Dreiseithof. Wohnhaus mit Putzfassade, niedrigem Drempel, Schieferdach und übergiebeltem Mittelrisalit. Seit 1763 im Familienbesitz (Denkmalbuch). Lit.: Quern 1961, 146. – Nr. 17. Wohnhaus 1986 in Fachwerk mit Reetdach im Stil des verbrannten Vorgängers erbaut. Die Stelle war von 1622 bis 1725 im Besitz der Hardesvögte der Nieharde. Lit.: Quern 1961, 139. – Nr. 19. Großes Wohnhaus mit Abnahmewohnung, roter Backstein mit Frontispiz und Reetdach. Hof seit 1691 im Familienbesitz (Denkmalbuch). Lit.: Quern 1961, 137. – Nr. 20. Großes Wohnhaus aus rotem Backstein auf zweilagigem Granitquadersockel, Reetdach mit Knüppelfirst und breitem Frontispiz mit geschweiften Wangen. Beschnitzte Haustür mit reichhaltig verziertem Oberlicht mit Monogrammen und Laterne in der Frontmitte. Eine entsprechend kleinere Haustür befindet sich in der Giebelwand. 1803 bis 1847 Wohnung des Hardesvogts der Nieharde (Denkmalbuch). Lit.: Quern 1961, 136.

Feuerwehrhaus 1886. Altes Spritzenhaus aus dem Gründungsjahr der Freiw. Feuerwehr erhalten.

Literatur. Schröder 1837, I 362. Jensen Angeln 1844, 353. vSchröder 1854, 211. Oldekop 1906, V 54. Angeln 1922, 576. Quern 1961, 121. Röschmann 1963, 318. Wpl-Verz 1987, 100. TK 1224.

HATTLUNDMOOR

PLZ 24972. Dorf

Nordangeln. Ksp. u. Gem. Quern. 88 Ewh. (1987), 22 Wohngeb., ein Ldw.-Betrieb.
Lage: West-Steinbergkirche, am Weg nach Quern, am Machisterholt. Höhe 35 m.
Grenzort zum Ksp. Steinberg, zu dem das Schulgebäude und die Häuser der südlichen Straßenseite gehören.

Ortsname. 1723 Hattlund Mohr. Trap 1864 dän. Hatlundmose. PreußLA 1877 Hattlundmoor. Lit.: Hald 1948-79, VII 271. Laur 1992, 314.

Geschichte. Die erste Landstelle wurde 1696 erbaut. 1844 zur Nieharde und zu Gut Nübel ein Hof und 4 Katen. 1871 FL Gem. Quern, 79 Ewh., 16 Wohngeb. Zum Bau der Schule Steinbergkirche wurde das Grundstück 1973 von Quern ausgegliedert.

Machisterholt

Holz 3 ha der Kirchengemeinde Quern, im äußersten Ostwinkel des Kirchspiels. Alte Buchen und Eichen bis 120 Jahre. Zwei Kleingewässer als Biotop ausgewiesen.
Auch Preesterholt genannt. Lit.: Hald 1948-79, VII 291.

Literatur. vSchröder 1837, I 362. Jensen Angeln 1844, 354. vSchröder 1854, 211. Oldekop 1906, V 93. Angeln 1922, 575. Quern 1961, 321. Wpl-Verz 1987, 99. TK 1224.

HATTSCHAU

PLZ 24401. Häusergruppe

Mittelangeln. Ksp. u. Gem. Böel. 6 Wohngeb., ein Ldw.-Betrieb (1993).
Lage: nordöstl. von Böel, einsam und abseits der Straße nach Süderbrarup, Abzweigung bei Böelstamm, auf einer kleinen Anhöhe zwischen Senke und sumpfiger Niederung am Waldrand. Höhe 25 m.
Im Westen ein Moor, in dem nach 1945 noch Torf gegraben wurde.

Literatur. Angeln 1922, 666. Böel 1984, 194. Wpl-Verz 1987, 87. TK 1324.

HAU

Ehem. Hof

Nordangeln. Ksp. Munkbrarup, Gem. Wees. Gelände der DGS Munkbrarup u. Kindergarten.
Lage: nördl. von Munkbrarup, an der Straße nach Ulstrup, oberhalb der Nordstraße. Höhe 43 m.

Ortsname. 1781 FN Hau. DG von 1993 Hau. – Garten = dän. have, umzäuntes Land (Hald). Lit.: Hald 1948-79, VII 98.

Geschichte. Landstelle in der Gem. Oxbüll 1904 entstanden, seit 1959 Gem. Wees. 1966 nur noch Gartenbau. 1972 Gebäude abgebrochen und Baubeginn der Schule.

Literatur. Munkbrarup 1976, II 737. Wpl-Verz 1987, 101. TK 1123.

HAUBERG
s. Auenlück

HAUHECK

PLZ 24376. Haus

Ostangeln. Ksp. Kappeln, Gem. Rabel.
Lage: nordöstl. von Rabel, an der Straße von Kieholm, Nordstraße nach Wormshöft, auf einem Hügel. Höhe 14 m.
Nördlichster Punkt des Kirchspiels und mit 6 km Weg am weitesten von der Kirche entfernt. Die Straße bildet die Grenze zum Ksp. Gundelsby und der Gem. Hasselberg.

Ortsname. Heck am oder um das eingehegte Land = dän. have, angeldän. hav (Laur). Lit.: Laur 1992, 314.

Geschichte. 1837 eine Kate und das Armenhaus zu Gut Buckhagen, 1853 Kappelerharde. 1871 FL Gem. Rabel ein Haus und im Gutsbezirk Buckhagen drei Wohngeb., zusammen 33 Ewh. Seit 1928 Gem. Rabel.

Literatur. vSchröder 1837, I 366. Jensen Angeln 1844, 388. vSchröder 1854, 213. Oldekop 1906, V 26. Angeln 1922, 624. Wpl-Verz 1987, 99. TK 1225.

HAVEHOLZ
1) Esgrus 2) Tolk

1) PLZ 24402. Dorf

Ostangeln. Ksp. u. Gem. Esgrus. 44 Ewh. (1987), 11 Wohngeb., keine Ldw.-Betriebe (1993).
Lage: 3 km südl. von Esgrus, an einem Nebenweg der Straße von Grünholz nach Rügge, zu Füßen des Helleberges. Höhe 45 m.
Im Westen steht eine kleine Holzecke landschaftlich reizvoll am steilen Hang des Berges. Haveholz liegt in der Südwestecke des Kirchspiels, an der Grenze zu den Nachbarkirchspielen Sterup und Norderbrarup. Bis 1974 Kreisgrenze.

Ortsname. 1776 Haveholz. Trap 1864 dän. Havholt. PreußLA 1877 Haveholz. Ndt. Håfholt. – Gehölz = ndt. Holt, bei oder mit einer Einhegung = dän. have (Laur). Lit.: Hald 1948-79, VII 376. Laur 1992, 314.

Geschichte. 1837 zu Gut Brunsholm 7 Katen, 1853 Kappelerharde. 1871 FL Gem. Brunsholm, 78 Ewh., 16 Wohngeb. Seit 1970 Gem. Esgrus.

Literatur. vSchröder 1837, I 366. Jensen

Angeln 1844, 270, 374. vSchröder 1854, 213. Oldekop 1906, V 24. Angeln 1922, 598. Biotop 1987, 1324 Nr. 109. Wpl-Verz 1987, 95. TK 1324.

2) Ehem. Haus

Südangeln. Ksp. Tolk, Gem. Buschau, am Eichtaler Wald. Arbeiter- u. Melkerhaus vom Hof Eichtal. 1967 abgebrochen. Lit.: PreußLA 1877 u. TK von 1939.

HAVETOFT

Kirchspiel

Kirchenkreis Angeln. 1790 Gemeindeglieder (1991). Kirche, Gemeindehaus, Schwesternstation. Grundbesitz 59 ha.

Wohnplätze. Baustedt ehem., Bunsbüll, Oster-Bunsbüll, Bunsbüllstraße, Wester-Bunsbüll, Dammholm, Droitmaas, Elmholz, Fenne, Gammelby ehem., Gardinenhof, Glasholz, Hassel, Havetoft, Havetoftfeld, Havetoftloit, Havetoftmoor, Oster-Havetoft, Süder-Havetoft, Hellenstern ehem., Helleskjär ehem., Holming, Holmingfeld, Hostrup, Hostrupfeld, Hostrupholz, Hüholz, Klappholz, Klappholzheide, Knabberholz, Kolk, Kollehav, Kragel, Kroxbüll, Loitholm ehem., Loitmühle, Loitosterfeld, Loitschule, Loitwesterfeld, Moorstraße ehem., Mühlenkoppel, Neubrück, Neuheim, Neuhof, Norderholz, Nordscheide teilw., Osterholz, Schwienholm, Seegeil, Süderfeld, Tordschell, Torsballig, Waldhorn, Watt, Westscheide, Wiesbüll ehem.

Geschichte. Vielleicht gehörte das Kirchspiel früher zur Uggelharde. Das Patronatsrecht hatte seit 1302 das Domkapitel. Im Spätmittelalter war das Kirchspiel zeitweilig mit Sieverstedt verbunden. Propstei Amt Gottorf, Struxdorfharde. 1879 Propstei Südangeln, 1971 Propstei Angeln, seit 1977 Kirchenkreis Angeln.

Literatur. Jensen Stat. 1841, 1139. Jensen Angeln 1844, 416. Trap 1864, 512. Angeln 1922, 676. Kuhlmann 1958, 170, 177.

Amt bis 1970

Kreis Schleswig. Verbund der Gem. Dammholm, Havetoft, Havetoftloit, Hostrup, Klappholz, Torsballig. 1970 aufgelöst: Gem. Dammholm, Havetoft, Hostrup u. Klappholz zum Amt Böklund, die Gem. Havetoftloit u. Torsballig in das Amt Satrup.

Gemeinde

Amt Böklund. Fläche 1454 ha, davon 60 ha Wald. 814 Ewh., 213 Wohngeb., 44 Ldw.-Betriebe (alle Angaben 1987).

Wohnplätze. Gardinenhof, Havetoft, Havetoftfeld, Havetoftmoor, Oster-Havetoft, Süderhavetoft, Holming, Holmingfeld, Hostrup, Hostrupfeld, Hostrupholz, Kolk, Kollehav, Kroxbüll, Neuheim, Neuhof, Seegeil.

Gemeinde bis 1974. SL Amt Böklund. Fläche 710 ha. 546 Ewh. (1970). Gemeinde 1871 gegründet, mit 580 Ewh. die volkreichste Westgemeinde Angelns, 72 Wohngeb. 1874 Eingliederung des kommunalfreien Havetofter Sees und 5 Stellen aus der aufgelösten Gem. Nordscheide. 1880 Abgabe der Wohnplätze Hostrup, Hostrupfeld, Hostrupholz u. Nordscheide mit 207 ha an die Gem. Holming. Ewh.-Höchstzahl 1946: 867 Menschen. Bis 1970 im Amt Havetoft. 1974 Eingliederung der Gem. Hostrup.
Wohnplätze: Havetoft, Havetoftfeld, Havetoftmoor, Oster-Havetoft, Süder-Havetoft, Kolk, Kollehav, Kroxbüll, Neuheim, Neuhof, Seegeil.

Literatur. Oldekop 1906, VIII 50. Angeln 1922, 676. Hist. Gem-Verz 1970, 170. Wpl-Verz 1987, 89.

PLZ 24873. Kirchdorf

Westangeln. Ksp. u. Gem. Havetoft. 427 Ewh. (1987), Kirche, Pastorat, Schule, Kinder- u. Jugendheim, Krug, Post.
Lage: 9 km südwestl. von Satrup, an der Kreuzung der Straßen von Satrup nach Stenderupau und von Großsolt nach Böklund, Eckernförder Landstraße. Höhe 32 m. Im Süden liegt der Havetofter See, aus dem der Mühlenbach der westlich vorbeifließenden Bollingstedter Au zuläuft.

1844 waren um Havetoft beträchtliche Heideflächen.
Havetoft ist im Ortskern ein Runddorf. Der alte Ortsteil liegt abseits der Landstraße, in seiner Mitte ein bebautes Straßendreieck und Dorfteich. Etwas abgesondert im Norden der Dorfteil mit Kirche, Schule und Krug. Ein neueres Viertel hat sich bei der ehem. Meierei an der Landstraße gebildet. Havetoft ist als Schönes Dorf ausgezeichnet worden.

Ortsname. 1302 Hauetoftensi. 1352 Hauetoft. 1380 Houetoft. Mejer 1648 Hauetoft. PreußLA 1877 Havetoft. – Siedlungsplatz = dän. toft, in einem oder an einem eingehegten Land = dän. have (Laur). Lit.: JbAngeln 1963, 31. Laur 1992, 315.

Geschichte. 1663 zur Struxdorfharde 5 Höfe und 13 Katen. 1871 SL Gem. Havetoft, im Dorf 356 Ewh., 39 Wohngeb. Freiw. Feuerwehr 1889 gegründet.

Kirche. St. Marien. Lage im Westteil des Kirchspiels, im Norden außerhalb des alten Dorfkerns, dicht an der Landstraße auf einem flachen Rücken, der nördlich und westlich von der Bollingstedter Au umflossen wird. Höhe 33 m.
Der kleine romanische Bau ist die einzige Kirche Westangelns, bei der Granitquader Verwendung fanden. Um 1200 Baubeginn mit dem Chor in Haustein, dann auch das Schiff, das jedoch zum größten Teil in Feldstein weitergebaut wurde.
Die Ostecken und die unterste Südwand des Kirchenschiffs sind mit Quadern gebaut. Um das ganze Gebäude läuft ein profilierter Quadersockel. Die geweißten Wände sind aus Feldsteinen, jedoch sind alle Fenster, Portale und Kanten wieder mit behauenen Granitsteinen ausgeführt worden. Das Nordportal ist in sorgfältiger Technik aus Quadern gehauen, der Zugang hinter der alten Tür aber vermauert. Das Südportal im Vorhaus.
Der Chor aus Granitquadern hat einen profilierten Quadersockel. Bemerkenswert ist in der Ostwand, nahe der Nordostecke, ein eingetieftes Schrägkreuz.
Vorhausneubau von 1872 aus Ziegeln, größer und höher als der spätgotische Vorhausbau.
Literatur. J. Thomsen, Die Havetofter Marienkirche in der Geschichte, JbAngeln 1938, 82. KDM SL 1957, 27, 295. Kunst-Topographie SH 1969, 675.

Glockenhaus 1763. Holzbau neben der Kirche. Allseits zwei verschließbare Schallluken, achtseitiger kleiner Spitzhelm in Schindeln gedeckt. Der Vorgänger verbrannte 1759.

Friedhof. Fläche 1,4 ha. In alter Ausdehnung rings um die Kirche von Feldsteinmauer umgeben. Zwei große Vorplätze zur Landstraße und an der Südseite.
■ Großes Osttor mit zwei Durchlässen von 1626/1766, wohl das älteste gemauerte Friedhofstor in Angeln. Lit.: KDM SL 1957, 305. Kunst-Topographie SH 1969, 676.

Pastorat. Stenderuper Str. 4. Neubau neben der Kirche. Das alte Pastorat am Südende des Dorfes war einst ein Dreiseithof. Das reetgedeckte Wohnhaus aus Ziegeln mit Frontispiz und Reetdach ist um 1752 erbaut. Daneben eine reetgedeckte Scheune von 1854 (Denkmalbuch). Lit.: KDM SL 1957, 305.

Schule. Grundschule für Havetoft mit 70 Schülern (1992). Eine der wenigen Kleinschulen in Angeln. Altes Schulhaus von 1837 und Lehrerhaus von 1808 nicht mehr vorhanden. Unterricht 1851–64 in dänischer Sprache. Lit.: Ravn 1971, 174.

Armenhaus. Bestand mindestens seit 1837. Heute Privathaus.

Elisabeth-Heim 1888. Stiftung eines Waisenhauses durch den Havetofter Pastor Witt 1888, nach dessen Tochter benannt.

Krug. „Hovtoft Krog“, nahe der Kirche, vormals Kirchkrug Havetoft genannt. Früher mit Hökerei.

Wassermühle 1834. Im Süden des Dorfes am Mühlenbach, einem Abfluß aus dem Havetofter See zur Bollingstedter Au.

HAVETOFT, Großes Kirchhofs-Osttor 1626/1766. Foto: H. C. Callsen

Zweigeschossiges Wohn- und Betriebsgebäude über einem hohen Kellergeschoß (Denkmalbuch).
Als königliche Erbpachtmühle 1490 erstmals erwähnt. Das Wasserrad wurde 1917 durch eine Turbine im Westanbau ersetzt. Kleiner Mühlenteich, früher zur Fischzucht genutzt. Mühlenbetrieb 1963 stillgelegt. Lit.: F. W. Thomsen, Aus der Geschichte der Wassermühle Havetoft, JbAngeln 1937, 94. KDM SL 1957, 306.

Windmühle 1842–1908. Neben der Wassermühle erbaut. Nach Sturmschaden abgebrochen. 1837 wird bereits eine Windmühle genannt. Lit.: KDM SL 1957, 306.

Meierei 1884–1972. An der Eckernförder Landstraße.

Ziegelei. 1837 und 1854 genannt.

Post. Seit 1889 Postagentur, 1892 mit Telegraphendienst.

Sparkasse 1928–1993. Zweigstelle der Kreissparkasse Schleswig, Dorfstr. 10.

Bauernhaus. Pastor-Witt-Str. 4. Wohnhaus mit Reetdach, im Kern ca. von 1830. Späterer Giebelvorbau, Veränderungen an der Fassade und Flachdachanbau (Denkmalbuch).

Literatur. vSchröder 1837, I 367. Jensen Angeln 1844, 417. vSchröder 1854, 213. Oldekop 1906, VIII 50. Angeln 1922, 676. C. Petersen, Die Vögel in Havetoft, JbAngeln 1952, 173. E. Erichsen, Die Chronik des Ksp. Havetoft, JbAngeln 1958, 162. J. Thomsen, Heimatgeschichte um St. Marien Havetoft, JbAngeln 1969, 109. Wpl-Verz 1987, 89. TK 1323.

HAVETOFTER MÜHLENBACH

Au

Westangeln, im Bereich der Bollingstedter

Au, Treene. Fließstrecke 1,5 km, aus dem Havetofter See bis zur Einmündung links in die Bollingstedter Au. Einzugsfläche mit dem See 450 ha, Gem. Havetoft.

Gewässername. 1842 Mühlenstrom. Kat. Flurkarte 1874 Mühlenbach. Gewässerkdl. Verz. SH Havetofter Mühlengraben. TK Mühlenbach. Lit.: vRohden 1989, 356. TK 1323.

Wassermühle. In Havetoft seit 1490 urkundlich. 1963 stillgelegt.

HAVETOFTER SEE

See

Westangeln, im Bereich der Bollingstedter Au. Fläche 12 ha, Gem. Havetoft. Privatgewässer eines Angelsportvereins.

Lage: am Südrand des Dorfes. Höhe 30 m. 800 m langer See, in seiner größten Breite 200 m. Maximale Tiefe 6 m nahe des Ostufers. Eine alte Uferlinie läßt darauf schließen, daß bei Anlage der Wassermühle der Mühlenbach vertieft wurde, wodurch große Teile des Seebeckens trockengelegt wurden.

Den See umgeben teils verschilfte Ufer. Am Ostufer liegt ein Hangwaldbereich auf bedeutenden Höhen, die sich mit steigenden Böschungen um 15–20 m von der Seefläche abheben. Etwa 500 m weiter südlich des Sees ist zu beobachten, wie feinste Sande sich durch Verwehung zu kleinen Dünen gebildet haben.

1874 wurde der See in die Gem. Havetoft eingegliedert. Seit 1959 stehen 15 ha am See unter Landschaftsschutz.

Gewässername. 1590 Haffetofftern Sehe. 1699 Havetofter See. PreußLA 1877 Havetofter See. Lit.: vRohden 1989, 292.

Literatur. Oldekop 1906, VIII 51. Angeln 1922, 676. Biotop 1987, 1323 Nr. 44. TK 1323/1333.

HAVETOFT, Wassermühle 1834. Foto: B. Hamer

HAVETOFTFELD

PLZ 24873. Häusergruppe

Westangeln. Ksp. u. Gem. Havetoft. 40 Ewh. (1970), 7 Wohngeb.
Lage: südwestl. von Havetoft, an der Straße nach Westscheide, am Kroxbüller Moor. Höhe 35 m.

Ortsname. Kat. Plankarte 1954 u. TK von 1987 Havetoftfeld. TK von 1982 Süder-Havetoft. Wpl-Verz 1970 Süder-Havetoft u. Havetoftfeld.

Jagdstein 1801. Der Stein wurde 1909 beim Bau einer Hofscheune in die Wand eingemauert. Grenzstein der Wildbahn, aufgestellt 1801 zur Regierungszeit König Christians VII. Lit.: KDM SL 1957, 567.

Literatur. Wpl-Verz 1987, 89. TK 1323.

HAVETOFTLOIT

Gemeinde

Amt Satrup. Fläche 1490 ha, davon 28 ha Moor u. 16 ha Wald. 775 Ewh., 243 Wohngeb. (alle Angaben 1987). 24 Ldw.-Betriebe (1993).

Wohnplätze. Oster-Bunsbüll, Bunsbüllstraße, Wester-Bunsbüll, Dammholm, Droitmaas, Hassel, Havetoftloit, Hüholz, Knabberholz, Loitholm ehem., Loitmühle, Loitosterfeld, Loitschule, Loitwesterfeld, Moorstraße ehem., Neubrück, Norderholz, Osterholz, Schwienholm, Tordschell, Torsballig, Waldhorn, Watt.

Gemeinde bis 1969. SL Amt Havetoft. Fläche 519 ha. 297 Ewh. (1970). Gemeinde 1871 mit 289 Ewh. 53 Wohngeb. Ewh.-Höchstzahl 1946: 650 Menschen. 1970 Eingliederung der Gem. Dammholm, 1974 der Gem. Torsballig.
Wohnplätze: Bunsbüllstraße teilw., Havetoftloit, Loitholm, Loitmühle, Loitosterfeld, Loitschule, Loitwesterfeld, Moorstraße, Neubrück, Tordschell.

Literatur. Oldekop 1906, VIII 51. Angeln 1922, 678. Hist. Gem-Verz 1970, 170. Wpl-Verz 1987, 89.

PLZ 24875. Dorf

Westangeln. Ksp. Havetoft, Gem. Havetoftloit. 212 Ewh. (1987), Post, Bank, 6 Ldw.-Betriebe (1993).
Lage: 3 km nordöstl. von Havetoft, an der Straße nach Satrup. Höhe 40 m.
Havetoftloit ist vom baulichen Charakter unschwer als Runddorf zu erkennen. Ein Straßendreieck und die kurze Dorfstraße sind geschlossen bebaut. Mehrmals als Schönes Dorf ausgezeichnet.

Ortsname. 1352 Luchte. 1407 Loythe. 1554 Hauetoftloyte. Mejer 1648 Loyth. Jensen Angeln 1844 Loyt. PreußLA 1877 Havetoftloit. – Wasser = altdän. løgh, oder Einhegung = altdän lykt. Im Unterschied zu Loit in Südangeln, Havetoftloit genannt (Laur). Lit.: JbAngeln 1963, 32. Laur 1992, 315.

Vorgeschichte. Auf den höchsten Erhebungen nordöstlich des Dorfes lagen eine Gruppe von 21 abgetragenen und überpflügten Grabhügeln und zwei geschleifte Steingräber. Lit.: Bronzezeit 1978, 120.

Geschichte. Das Dorf gehörte ursprünglich zur Struxdorfharde. 1407 erwarb das Domkapitel Schleswig, Vogtei Berend, 6 Landstellen. Ab 1668 wurde der Großteil des Dorfes vom Gut Satrupholm beherrscht. 1771 in der Satrupharde mit 20 Häusern. 1871 SL Gem. Havetoftloit, im Dorf 153 Ewh., 27 Wohngeb. Freiw. Feuerwehr 1887 gegründet.
Persönlichkeit. Claus Jürgensen 1803–1851. Lehrer, Gründer der Landwirtschaftsschule Oersberg, geboren in Havetoftloit.

Schule. Südlich des Dorfes im Ortsteil Loitschule, an der Bunbüllstraße. Seit 1830 für Dammholm und Havetoftloit, daher zwischen beiden Dörfern erbaut. 1845 zweiklassig mit 110 Kindern. 1851–64 Unterricht in dänischer Sprache. Der 1912 umgebaute Altbau ist vorhanden. 1969 aufgelöst zur DGS Satrup. Lit.: JbAngeln 1969, 125. Ravn 1971, 174.

Krug. Ülsbyer Str. 4. Vormals mit Hökerei, heute ohne Gastwirtschaft. Lit.: JbAngeln 1969, 140.

Bahnstation 1904–1965. Ülsbyer Str. 2. Heute Siloanlagen. Haltestelle der Kleinbahn Schleswig–Satrup, Entfernungen 26 – 5 km. Personenverkehr 1965 eingestellt, Strecke nach 1975 abgebaut.

Meierei 1889–1965. Havetofter Str. 11. Heute Privatwohnhaus.

Post. 1924–29 Postagentur, seit 1937 wieder eine Poststelle im Dorf.

Bank. Raiffeisenbank Jübek-Tarp eG, Geschäftsstelle Ülsbyer Str. 2. Seit 1904 eine Sparkasse am Ort.

Bauernhaus. Ülsbyer Str. 7. Wohnhaus aus rotem Backstein auf Granitquadersockel, Reetdach mit Knüppelfirst. Über dem Eingang ein geschweifter Rundbogenfrontispiz, darin Bodenfenster mit gebogener Versprossung (Denkmalbuch).

Denkmal 1898. Gedenkstein zur Erinnerung an die Erhebung Schleswig-Holsteins 1848. Auf der Straßenkreuzung im Westdorf neben einem Baumstumpf, vermutlich von der üblicherweise zur Anlage gehörenden Doppeleiche.

Naturdenkmal. Redder mit Hohlweg im nordöstlichen Ortsausgang, von der Straße nach Satrup abzweigend. Auf 300 m sehr gut ausgebildet und weithin sichtbar. Daran im Osten ein kleiner Hohlweg. 1985 unter Denkmalschutz.

Süderfeld

Häuser. 6 Katen 1854 bei Havetoftloit genannt. Lit.: vSchröder 1837, I 368, II 337. vSchröder 1854, 519.

Literatur. vSchröder 1837, I 368. Jensen Angeln 1844, 418. vSchröder 1854, 214. Oldekop 1906, VIII 51. Angeln 1922, 678. J. Thomsen, Geschichte des Dorfes Havetoftloit, JbAngeln 1969, 117. Wpl-Verz 1987, 89. TK 1323.

HAVETOFTMOOR

PLZ 24873. Häusergruppe

Westangeln. Ksp. u. Gem. Havetoft. 23 Ewh. (1970), 5 Wohngeb.
Lage: südl. von Havetoft. Exklave in der Gem. Klappholz. Höhe 50 m.

Literatur. Oldekop 1906, VIII 51. Angeln 1922, 677. Wpl-Verz 1970, 119. TK 1323.

HAVETOFT, OSTER-

PLZ 24873. Streusiedlung

Westangeln. Ksp. u. Gem. Havetoft. 93 Ewh. (1987), mehrere Ldw.-Betriebe.
Lage: östl. von Havetoft, abseits der Straße nach Dammholm, in hügeliger, von vielen Knicks durchzogener Landschaft. Höhe 40 m.

Ortsname. vSchröder 1837 Colk. Nach Ansiedlung mehrerer Landstellen im Wpl-Verz 1871 Oster-Havetoft genannt. PreußLA 1877 Osterhavetoft. Der alte Hofname Kolk ist im Volksmund noch gebräuchlich. – Eine mit Wasser gefüllte Vertiefung = ndt. Kolk.

Geschichte. 1837 ein einzelner Hof Kolk genannt. 1871 SL Gem. Havetoft, 118 Ewh., 20 Wohngeb.

Literatur. vSchröder 1837, I 367. vSchröder 1854, 213. Oldekop 1906, VIII 51. Angeln 1922, 677. Wpl-Verz 1987, 89. TK 1323.

HAVETOFT, SÜDER-

s. Havetoftfeld

HEBROHY

PLZ 24395. Streusiedlung

Ostangeln. Ksp. u. Gem. Gelting. 34 Ewh. (1987), 10 Wohngeb., Kunstschmiede.
Lage: 3 km östl. von Gelting, bei Kattrott an der Bobeck. Südlich der Höfe lag das abgeholzte Wäldchen „Börsbyer Holz", von der Au durchzogen. Höhe 7 m.

Ortsname. 1730 FN Hobrohuy. 1745 FN Hebrehüy. 1788 Huebrohoey. vSchröder 1837 u. Jensen Angeln 1844 Hibbrohye. Trap 1864 dän. Hebrohøj. PreußLA 1877 Hebrohy. – Hügel, Grabhügel = angeldän. hy, entweder bei der Heidebrücke = dän. Hedebro, oder bei der hohen Brücke, zu angeldän. Hybro. Als Flurname mehrere Male in Nordschleswig vertreten, wobei dann Hibro- und Hebro- Umdeutungen darstellen würden. Dän. bro = Brücke bezieht sich auf den Übergang über einen Wasserlauf an dieser Stelle (Laur). Lit.: Hald 1948-79, VII 428. JbAngeln 1967, 103. Laur 1992, 315.

Geschichte. 6 Landstellen 1789 auf Parzellen des Gutes Gelting entstanden, 1853 Kappelerharde. 1871 FL Gem. Kattrott, 36 Ewh., 8 Wohngeb. Seit 1938 Gem. Gelting.

Denkmal. Friedenseiche 1871 ohne Stein. An der Verzweigung der Wege nach Grünkoppel und Hebrohy von der Straße von Kattrott. Lit.: Frahm 1993, 185.

Voßberg

Hof mit 2 Wohngeb., Ldw.-Betrieb (1993). Ortsname nach dem Hügel „Voßberg" = ndt. Fuchsberg. Lit.: Hald 1948-79, VII 436. Gelting 1972, 521. Gelting 1987, 254.

Literatur. vSchröder 1837, I 378. Jensen Angeln 1844, 380. vSchröder 1854, 220. Oldekop 1906, V 63. Angeln 1922, 609. Röschmann 1963, 226. Gelting 1972, 506, 521. Gelting 1987, 253. Wpl-Verz 1987, 96. TK 1225.

HECHTMOOR

NSG Hochmoor

Mittelangeln. Gem. Havetoftloit, Fläche 34 ha. Seit 1941 unter Naturschutz.
Lage: 3 km südl. von Satrup. Im Gegensatz zu anderen Mooren des Hügellandes sehr weit nach Osten vorgeschoben.
Das Hechtmoor liegt in einer Senke, umgeben von jungeiszeitlichen Moränen mit fruchtbaren Ackerböden. Die Entwässerung bewirken Umfassungsgräben, die sich in Nordwestrichtung der Nackholzer Au anbinden und weiter über Bondenau und Treene zum Einzugsgebiet der Nordsee gehören. Unmittelbar östlich des Moorgebietes, und südlich im Schwennholz, liegt die Wasserscheide zur Ostsee.
Das Hechtmoor ist ein verlandendes Hochmoor. An der tiefsten Stelle erreicht die Moormächtigkeit mehr als 10 m. 1879 war die Fläche noch 43 ha groß, 1976 sind nur noch 13 ha Hochmoor erhalten, die Restfläche ist verbuscht. Das Moor wird von einem Erlenbruchwald umgeben. Feuchte Inseln mit Birken- und Weidengebüsch lockern die sonst offene Fläche auf.
■ Aufgrund des relativ naturnahen Erhaltungszustandes und seiner floristischen Ausstattung ist das Hechtmoor bemerkenswert. Charakterpflanze des Moores ist die Ährenlilie. Bedeutend sind Fieberklee und Königsfarn. Die Weichwurz hat hier ihren einzigen Standort in Angeln. Insgesamt wurden 187 Pflanzenarten beobachtet (1975). Durch die vielseitige Pflanzenwelt ist auch das Insektenleben artenreich.

Flurname. Nach dem Hecht, der in den alten Torfstichgewässern lebte.

Literatur. vSchröder 1837, II 380. Oldekop 1906, VIII 51. M. Kranz, Das Hechtmoor bei Satrup, JbAngeln 1975, 153. W. Riedel, Die Naturschutzgebiete im Kreis, 1986, 46. Biotop 1987, 1323 Nr. 63. TK 1323.

HEDEHUS

Ehem. Haus

Westangeln. Ksp. u. Gem. Sieverstedt, nördl. des Dorfes. Früher die Kate des Dorfhirten.

Ortsname. 1780 Heede-Huuse. – Heide-Haus = dän. hede. Lit.: Bjerrum 1986, 328.

Literatur. vSchröder 1854, 478. Oldekop 1906, V 104. Angeln 1922, 526.

HEDWIGSHOF
s. Unewatthof

HEGEBERGE
s. Ekeberge

HEGEHOLZ

PLZ 24392. Häusergruppe

Südangeln. Ksp. u. Gem. Boren. 27 Ewh. (1987), Ferienhaussiedlung u. Hof mit Ldw.-Betrieb (1991).
Lage: östl. von Lindaumühlenholz, am Waldweg nach Lindaunis, am Rand des Hegeholzes. Höhe 10 m.
Der Hof liegt weiter nördlich am Borenmoor.

Ortsname. PreußLA 1877 Hegeholz. – Eingehegtes Gehölz (Laur). Lit.: Laur 1992, 317.

Vorgeschichte. 45 einzelne Grabhügel liegen versteckt im Wald, teils gewölbt oder flach, von denen einige unversehrt, andere aber auch stark beschädigt sind.

Geschichte. 4 Katen zu Gut Lindau, 1784 zur Schliesharde. 1871 SL Gem. Ketelsby, 63 Ewh., 9 Wohngeb. Seit 1974 Gem. Boren.

Hegeholz

Holz. Fläche 13 ha. Staatsforst Land SH, Forstamt Schleswig, Försterei Tiergarten. Landschaftsschutzgebiet „Nördliches Schleiufer“.
Lage: bei Lindaunis am Nordufer des Lindauer Noor mit steil abfallenden Böschungen und auf kuppigem Gelände. Durch das Holz führt ein Wanderweg bis an den Noorhang. Höhe 10–20 m.
In den Buchen und Eichen nistet eine Saatkrähenkolonie (1993). Um die Jahrhundertwende wurde im Hegeholz eine volksfestartige Krähenjagd veranstaltet, zu der die Jäger aus Schleswig mit dem Dampfer nach Lindaunis reisten und von dort mit Musik in den Wald marschierten.
Im 15. Jh. gehörte der Wald dem Domkapitel zu Schleswig und wurde zur Schweinemast genutzt. Späterer Besitzer war das Gut Lindau, ab 1784 königliches Gehege.

Literatur. vSchröder 1837, I 369, II 19. Jensen Angeln 1844, 397. vSchröder 1854, 215. Oldekop 1906, VIII 59. Angeln 1922, 127, 640. Boren 1957, 141. Biotop 1987, 1424 Nr. 74, 77. Wpl-Verz 1987, 87. TK 1324/1424.

HEIDBERG

NSG Wallberg

Südangeln. Gem. Süderbrarup im südlichen Wiesental der Oxbek. Fläche 1,3 ha.
■ Das kleinste Naturschutzgebiet des schleswig-holsteinischen Festlandes. Der Wallberg ist gut erhalten und in dieser Ausstattung einmalig.
Der Heidberg erhebt sich mit ca. 4 m Höhe auffällig aus dem Autal. Von seinem Rücken ist das weite Tal zu überblicken. Der 25–50 m breite und 300 m lange Wall ist mit Trockenrasen und Heide in kleinen Resten bewachsen, eine Pflanzendecke, die im Gegensatz zur Umgebung steht.
Von den ca. 130 Pflanzenarten, die hier ihren Lebensraum haben, ist der in Schleswig-Holstein höchst seltene Vielblütige Hahnenfuß erwähnenswert. In den Monaten Mai und Juni leuchtet der Berg im Gelb des Besenginsters. Markantester Baum ist eine alte Hude-Buche.
Ursprünglich war der Wallberg länger und baumlos. Die Seiten sind stellenweise abgetragen und der Wall 1917 und 1943 zu Felddienstübungen mit Schanzenbau und Schützengräben formverletzend durchwühlt worden. Nach dem I. Weltkrieg diente der Berg als Torftrockenplatz.
Früher wurde der Kiesrücken für ein von den Schmelzwässern in Tunneltälern unter dem Eis abgelagertes Os gehalten. Seit 1956 steht der Heidberg unter Naturschutz.

Literatur. Angeln 1922, 656. W. Riedel, Die Naturschutzgebiete im Kreis, 1986, 155. Biotop 1987, 1324 Nr. 43. K. H. Petersen, Der Heidberg, JbAngeln 1992, 198. TK 1324.

HEIDEFELD
s. Großsoltheidefeld

HEINEBERG

PLZ 24986. Häusergruppe

Mittelangeln. Ksp. u. Gem. Satrup. 4 Wohngeb., keine Ldw.-Betriebe (1993).
Lage: 2 km südl. von Satrup, an der Straße nach Ülsby, nahe dem Rehbergholz. Höhe 42 m.

Ortsname. vSchröder 1837 Heineberg. Trap 1864 dän. Hegnebjerg. Ndt. Heinebarch. – Wohl Berg bei einer Einhegung = dän. hegn (Laur). Lit.: Laur 1992, 321.

Geschichte. Parzellen von Gut Satrupholm, Meierhof Rehberg, 1771 Satrupharde. 1871 SL Gem. Esmark, 15 Ewh., 4 Wohngeb. Seit 1970 Gem. Satrup.

Literatur. vSchröder 1837, II 219. vSchröder 1854, 216. Satrup 1902, 188. Oldekop 1906, VIII 40. Angeln 1922, 674. Wpl-Verz 1970, 124. TK 1323.

HEISTERKROG
s. Steinberg

HELENENRUH

Ehem. Hof

Südangeln. Ksp. Loit. 1837 und 1854 eine Landstelle auf einer Parzelle von Loithof. In Loit heute nicht mehr bekannt. Lit.: vSchröder 1837, II 28. vSchröder 1854, 324.

HELENENTAL

PLZ 24402. Hof

Ostangeln. Ksp. u. Gem. Esgrus. Ohne Ldw.-Betrieb (1993).
Lage: südl. von Brunsholm, an der Straße nach Saustrup. Höhe 53 m.

Ortsname. 1800 Helenenthal. PreußLA 1877 Helenthal. Lit.: Hald 1948-79, VII 376.

Geschichte. Ehem. Meierhof von Gut Brunsholm, seit 1799 selbständiger Hof. 1853 Kappelerharde. 1871 FL Gem. Brunsholm, seit 1970 Gem. Esgrus.
Über drei Generationen bis 1942 Sitz der Gemeindevorsteher von Brunsholm.

Literatur. vSchröder 1837, I 372. Jensen Angeln 1844, 270. vSchröder 1854, 75, 217. Oldekop 1906, V 24. Angeln 1922, 598. Wpl-Verz 1987, 95. TK 1324.

HELLE

PLZ 24996. Häusergruppe

Mittelangeln. Ksp. Norderbrarup, Gem. Sterup. 19 Ewh. (1987), 6 Wohngeb.
Lage: 4 km südwestl. von Sterup, an der Straße von Grünholz nach Rügge, die einzige Verkehrsverbindung zwischen den Kirchspielen. Die Häuser liegen im steilen Hang des Hellebergs. Höhe 47–67 m.
Zwischen Helle und Haveholz steht ein Wäldchen am Hang des Berges. Helle ist der südlichste Wohnplatz der Gemeinde Sterup. Grenzort zwischen Nieharde und Struxdorfharde, bis 1974 Kreisgrenze, jetzt nur noch zur Gem. Rügge.

Ortsname. 1802 Heller. vSchröder 1837 Hell. Kat. Flurbuch 1875 Hell. Angeln 1922 Heller. Wpl-Verz 1987 Grünholz-Helle. Ndt. Hell. – Abhang = ndt. Hell (Laur). Lit.: Laur 1992, 322.

Geschichte. 1837 ein Hof zur Struxdorfharde. 1871 FL Gem. Grünholz, seit 1974 Gem. Sterup.

Literatur. vSchröder 1837, I 372. vSchröder 1854, 217. Oldekop 1906, V 46. Angeln 1922, 589. Wpl-Verz 1987, 101. TK 1224.

HELLEBERG

Höhe

Mittelangeln. Ksp. Norderbrarup, Gem. Rügge, nördl. des Dorfes, am Rande der Hochfläche. Höhe 71,1 m. Großer Weitblick von der Straße nach Grünholz oberhalb der Häuser von Helle.
■ Der Helleberg ist der Höhepunkt der

Endmoränenzone, die sich von der Innenförde in Südostrichtung durch ganz Angeln bis zur Schlei erstreckt. Die Höhenkette läßt eindeutig die ehemalige Eisrandlage erkennen.
Grenzpunkt zwischen Nieharde und Struxdorfharde und den Kirchspielen Esgrus, Norderbrarup und Sterup.

HELLENSTERN
s. Helleskjär

HELLERT

PLZ 24395. Häusergruppe
Ostangeln. Ksp. u. Gem. Gelting. 31 Ewh., 12 Wohngeb., ein Ldw.-Betrieb (1993).
Lage: 2 km südl. von Gelting, abseits der Straße nach Rabenholz, am Waldrand von Holmkjer. Höhe 20 m.
Die kleine, eng zusammengebaute Siedlung besteht aus 10 Häusern und zwei Hofplätzen an der Hellestraße und zu Hellertbusch.

Ortsname. 1730 FN Hellert. 1752 FN Hellefeld. 1786 FN Hellertbusch. 1803 Hellert. 1804 Hellerfeld. Jensen Angeln 1844 Hellertsbusch. PreußLA 1877 Hellert, Hellertbusch. – Ein ursprüngliches dän. hælde, ndt. Hell = Abhang. Die Herkunft der schriftlichen Form auf -ert ist ungewiß (Laur). Lit.: Hald 1948-79, VII 428. Laur 1992, 322.

Geschichte. Landstellen zu Gut Gelting, 1853 Kappelerharde. 1871 FL Gem. Lehbek, 54 Ewh., 10 Wohngeb. Seit 1938 Gem. Gelting.

Hellertbusch
Häuser. 2 Wohngeb. an der südlichen Straße, dem „Holzweg".

Hellertfeld
Hof nur 1837 und 1854 verzeichnet.

Literatur. vSchröder 1837, II 13. Jensen Angeln 1844, 381. vSchröder 1854, 313. Oldekop 1906, V 71. Angeln 1922, 610. Gelting 1972, 434. Gelting 1987, 214. Wpl-Verz 1987, 96. TK 1225.

HELLESKJÄR

Ehem. Haus
Westangeln. Ksp. Havetoft, Gemarkung Torsballig. 1837 und 1854 eine Landstelle zur Satrupharde. Lage unbekannt.
An gleicher Stelle auch Hellenstern genannt. Das Grundwort -stern ist in Ortsnamen Angelns ungewöhnlich, vermutlich verschrieben. Lit.: vSchröder 1837, II 379. vSchröder 1854, 524.

HELLIGBEK
1) Au 2) Häusergruppe

1) Au
Westangeln, im Bereich der Bollingstedter Au, Treene. Fließstrecke 5,5 km, beginnt den teils verrohrten Oberlauf um Westscheide, Höhe 50 m und mündet westl. von Helligbek links in die Bollingstedter Au ein. Einzugsfläche 1800 ha, Gem. Klappholz u. Stolk.
Am Südrand des Elmholzes bildet die Au einen besonderen Talraum mit Sandbett und Feuchtgrünland. Eine Brücke bei Kellerbude im Weg von Poppholz nach Stolkerfeld und eine große Betonbrücke der B 76 beim ehemaligen Krug Helligbek.
Grenzlauf der Uggelharde zur Struxdorfharde, der Gemeinden Stolk und Sieverstedt, bis 1974 auch Kreisgrenze.
Einmündende Gewässer: Branntweinsbek, Poppholzer Au.

Gewässername. 1540 Hilligenbek. Mejer 1648 Hilligbeck. Danckwerth 1652 Hilligen Beck. 1762 Hellebecker Strohm. Jensen Angeln 1844 Helligbek. PreußLA 1877 Helligbek. Ndt. Hellichbek. – „Heiliger Bach". Angeblich seit der Taufe von König Harald Blauzahn (gest. 986) durch Bischof Poppo beim Poppostein so benannt.
Wahrscheinlich ist, daß die in Dänemark und auch in Deutschland verbreitete Poppo-Legende im Schleswigschen, am Hellig-

HELLIGBEK, Poppostein. Steingrab der Jungsteinzeit. Foto: B. Hamer

bek und bei Poppholz lokalisiert, als Volkssage weiterlebt, und zwar aufgrund der bereits vorhandenen Namen von Fluß und Ort, so daß beide unabhängig und ohne Bezug vom Wirken des Bischofs zu erklären sind (Laur).
Eine einfache Deutungsmöglichkeit wäre, daß im Mittelalter vielfach die der Kirche gehörenden Grundstücke als „heilig" bezeichnet werden.
Früher wurde der ganze Unterlauf der Bollingstedter Au als Helligbek bezeichnet. Der Ortsname ist 1587 nach der Au benannt. Helligbek ist im dänischen Sprachgebiet weit verbreitet. Auch in Deutschland ist der entsprechende Name „Heiligenbach" häufig.
Nach historischen Quellen soll der Bach vordem Judebeke, Jüdebek, Jütebek = Jüten-Bach genannt worden sein. Vermutlich als Stammesgrenze, wobei die Namensgeber immer die Nachbarn waren, die sich nicht als Jüten betrachteten (vRohden). Vielleicht aber eher eine Verwechslung mit dem nur wenige Kilometer weiter südlich fließenden Jübek. Lit.: Bjerrum 1986, 334. vRohden 1989, 265, 296, 444. Laur 1992, 322. TK 1322.

■ Poppostein. Steingrab aus der Jungsteinzeit 3000–2700 v. Chr. Freistehende Grabkammer aus 6 Tragsteinen und einem großen Deckstein. 1859 durch Kauf Landeseigentum (Denkmalschutz). Fußweg vom Parkplatz an der B 76 an der Au entlang zum Stein. Lit.: F. H. Schirrmann-Hamkens, Der Poppostein, JbAngeln 1952, 93. Röschmann 1963, 585. Kunst-Topographie SH 1969, 308.

Literatur. Jensen Angeln 1844, 29. vSchröder 1854, 221. Angeln 1922, 55.

2) PLZ 24890. Häusergruppe
Westangeln. Ksp. Böklund, Gem. Stolk. 2 Wohngeb.
Lage: 3 km südl. von Sieverstedt, an der

B 76 und der alten Schleswiger Chaussee, Brücke über die Helligbek. Höhe 20 m. Helligbek ist einer der westlichsten Wohnplätze im Kirchspiel, 8 km Kirchenweg. Grenzort zur Uggelharde und zum Ksp. Sieverstedt. Bis 1974 war der Bachlauf die Kreisgrenze.

Ortsname. 1587 Hilligbeke. Mejer 1649 Helligbeck. Jensen Angeln 1844 Helbek. PreußLA 1877 Helligbek Krug. – Nach der Au Helligbek. Lit.: JbAngeln 1963, 26. Laur 1992, 322.

Geschichte. Hof und Krug zur Struxdorfharde. 1871 SL Gem. Stolk, 13 Ewh., 2 Wohngeb.
Chausseebau im Abschnitt Flensburg–Helligbek 1846 fertiggestellt und 1848 bis Schleswig fortgeführt.
Krieg. Schleswig-Holstein–Dänemark. 1850 Gefecht am 24. Juli.

Literatur. vSchröder 1837, II 324. Jensen Angeln 1844, 424. vSchröder 1854, 221. Oldekop 1906, VIII 105. Angeln 1922, 688. Wpl-Verz 1987, 93. TK 1322.

HELLÖR

PLZ 24864. Hof

Südangeln. Ksp. Brodersby, Gem. Goltoft. Hof ohne Ldw.-Betrieb. Campingplatz am Schleiufer.
Lage: 1,5 km südl. von Goltoft, am Ende eines Feldweges zur Schlei. Höhe 7 m.
Eine kleine Au „Beek“, die durch eine Bachschlucht zur Schlei einmündet, ist Grenzlauf zur Gem. Brodersby.

Ortsname. 1775 FN Hellüer. Kat. Flurbuch 1875 Hellur. – Abhang = dän. hælde, ndt. Hell, mit Grus, sandiger Strand, zu dän. øre (Laur). Lit.: Laur 1992, 322.

Geschichte. 1885 Hof errichtet, 1936 Neubau nach Brand. Campingplatz seit 1969, Ldw.-Betrieb 1971 aufgegeben.

Literatur. Wpl-Verz 1987, 88. Brodersby 1989, 395. TK 1424.

HEMSTRUP

Ehem. Dorf

Südangeln. Ksp. Ulsnis, Gemarkung Steinfeld. Flurstück südlich von Krock, auf der Westseite der Straße nach Wackerade, auf freiem Feld. Im Umkreis des Siedlungsplatzes wurden Silbermünzen des 10. Jh. gefunden. Lit.: Steinfeld 1979, 42, 48.

Ortsname. Kat. Flurbuch 1875 Hemstrup, Helmstrup. – Dorf = altdän. thorp, des Heme = altdän. PN (Laur). Lit.: Kuhlmann 1958, 92. JbAngeln 1964, 60. Laur 1992, 324.

HENNEBACH
s. Hüruper Bach

HENNESCHAU
s. Hürup

HERMANNSBERG
s. Bockholm

HERMANNSHÖH

PLZ 24395. Haus

Ostangeln. Ksp. Gelting, Gem. Rabenholz.
Lage: 2 km südl. von Rabenholz, an der Straße nach Vogelsang. Höhe 23 m.

Ortsname. Jensen Angeln 1844 Herrmannshöh, auch „Buttermaas“. – Der FN Buttermaas, moorige Wiese = ndt. Maas, bezieht sich wohl auf den Torfboden (Laur). Lit.: Hald 1948-79, VII 428. Laur 1992, 326.

Geschichte. 1844 eine Kate zu Gut Priesholz, 1853 Kappelerharde. 1871 FL Gutsbezirk Priesholz, 2 Wohngeb. Seit 1928 Gem. Rabenholz.

Literatur. Jensen Angeln 1844, 382. vSchröder 1854, 412. Oldekop 1906, V 92. Angeln 1922, 610. Gelting 1972, 663. Gelting 1987, 333. Wpl-Verz 1987, 99. TK 1225.

HERMANNSLÜCK

PLZ 24893. Häusergruppe
Südangeln. Ksp. u. Gem. Taarstedt. 2 Wohngeb.
Lage: 1,5 km von Taarstedt, Zufahrt von der Straße nach Brodersby. Höhe 23 m.

Geschichte. Landstelle 1828 gegründet. Gebäude 1940 und wieder 1961 abgebrannt.

Literatur. vSchröder 1854, 169. Wpl-Verz 1987, 93. Taarstedt 1989, 167. TK 1424.

HERREGAARDLEI

PLZ 24975. Häusergruppe
Nordangeln. Ksp. u. Gem. Hürup. 37 Ewh. (1987), 14 Wohngeb.
Lage: südöstl. von Maasbüll, an der Kappelner Chaussee. Höhe 55 m.
Nördlichster Wohnplatz im Kirchspiel, an der Grenze zum Ksp. Rüllschau.

Ortsname. 1615 Hörgardttley. 1696 Höerkerley. 1739 Hörgerley. 1742 Horgeleier Kathe. PreußLA 1877 Herregaardlei. Ndt. Hegelei. – Einfahrt, Heck = dän. led, angeldän. lej, zu einer Einhegung für Flachs = dän. Hørgård, zu dän. herre = Herr umgedeutet (Laur). Von allen Heck-Ortsnamen in Angeln hat sich nur hier und in Rübelei das dänische Grundwort -led erhalten. Lit.: Hald 1948-79, VII 4. JbAngeln 1968, 34. Laur 1992, 326.

Geschichte. 1837 eine Kate zur Husbyharde. 1871 FL Gem. Weseby, seit 1970 Gem. Hürup. Nach 1960 entstanden mehrere Neubauten.

Herregaardlück
Häuser. 2 Wohngeb. mit einem Ldw.-Betrieb (1993), eine Kate von 1868. Heute Straßenname im Neubaugebiet.

Literatur. vSchröder 1837, II 423. vSchröder 1854, 576. Oldekop 1906, V 126. Angeln 1922, 544. Wpl-Verz 1987, 97. Hürup 1991, 547, 549. TK 1223.

HERRENGER WASSERLAUF

Wasserlauf
Mittelangeln, im Bereich der Nackholzer Au, Bondenau. Gem. Satrup.
Kleiner Wasserlauf 800 m lang, aus einem Wiesengelände östl. von Esmarkholm, Höhe 37 m. Einmündung rechts in die Nackholzer Au.

Gewässername. 1772 FN Herreng. Kat. Flurkarte 1873 u. Kat. Plankarte 1954 Herrenger Wasserlauf. – Herren-Wiese = dän. eng, wobei vermutlich der Pastor als „Herr“ bezeichnet wird. Lit.: vRohden 1989, 300.

HERRENMOOR
s. Idstedtholzkrug

HESELGAARD

Ehem. Hof
Südangeln. Ksp. Ulsnis, nordöstl. von Kius auf einer kleinen Landnase am Südufer des ehem. Kalkjärsees.

Ortsname. 1362 Hesel. 1485 Hezel. 1509 Heßell. Mejer 1649 Hesel. – Hof beim Haselnußgebüsch = altdän. hæsli, ndt. Hessel, später um das Grundwort dän. gård erweitert (Laur). Der Platz wird im Volksmund noch „Hassel“ genannt. Lit.: JbAngeln 1964, 59. Laur 1992, 328.

Geschichte. 1362 ist ein adliger Hof urkundlich, vermutlich der Sitz eines Heermannen. 1504 kaufte das Domkapitel den Grundbesitz, der von der Vogtei Ulsnis, auch Vogtei Hesel genannt, verwaltet wurde. Heselgaard wird 1509 als Wohnplatz letztmals erwähnt. 1821 wurden die den Hof umgebenden Gräben zugeschüttet und der Platz eingeebnet. Heute sind keine Spuren der Anlage zu erkennen.

Literatur. vSchröder 1837, I 376. vSchröder 1854, 219. Oldekop 1906, VIII 60. Angeln 1922, 127, 645. Steinfeld 1979, 53. Ulsnis 1987, 209.

HESSELHOLZ

PLZ 24888. Häusergruppe

Südangeln. Ksp. Ulsnis, Gem. Steinfeld, Hasselholzer Straße. 34 Ewh. (1987).
Lage: südl. von Steinfeld, an der Straße nach Wackerade, am Rand der Hölzung. Höhe 25 m.

Ortsname. Straßenname 1977 Hasselholzer Straße. Wpl-Verz 1987 Hasselholz. TK Hesselholz.

Bauernhaus. Kate teilweise in Fachwerk und reetgedeckt. Stallteil kaum verändert (Denkmalbuch).

Hesselholz

Holz. Das Hesselholz hat eine Fläche von 8 ha, die sich drei Eigner in Steinfeld teilen. Im Wald stehen Buchen und im tiefer gelegenen Westteil Eschen.

Literatur. Steinfeld 1979, 361. Biotop 1987, 1424 Nr. 120. Wpl-Verz 1987, 93. TK 1424.

HESSELMÜHLE

PLZ 24897. Häusergruppe

Südangeln. Ksp. u. Gem. Ulsnis. 2 Wohngeb., ehem. Müllerhaus mit Abnahme.
Lage: südöstl. von Kius, Zufahrt vom Weg nach Stauertwedt, an der Mühlenau, die 300 m weiter im Gunnebyer Noor in die Schlei mündet. Höhe 5 m.
Eine flach eingeschnittene Bachschlucht öffnet sich unterhalb der Teiche zu einem breiten Tal, in dem sich der ehemalige Mühlenplatz in reizvoller Lage mit Blick auf die Schlei einfügt.

Ortsname. vSchröder 1837 Hesselmühle. PreußLA 1877 Hesselmühlen.

Geschichte. Die Mühle gehörte zum Hof Heselgaard, die mit diesem 1504 an das Domkapitel, Vogtei Ulsnis, verkauft wurde. 1658 königliche Erbpachtmühle, 1777 in der Schliesharde. 1871 SL Gem. Kius, seit 1974 Gem. Ulsnis.

Wassermühle. 1587 erste Erwähnung. 1833 abgebrannt und Neubau errichtet. Nach einem Brand wurden die Gebäude 1908 noch einmal erneuert und dabei neben dem Mühlenbetrieb auch ein Elektrizitätswerk eingebaut. Die Mühle ist seit 1952 stillgelegt und zu Wohnungen ausgebaut. Karpfenzucht im Mühlenteich.

Windmühle 1730–1877. Neben der Wassermühle stand seit 1730 eine Bockmühle, die 1819 durch eine Holländermühle ersetzt wurde. 1877 ist sie nach Kiesby versetzt worden. In Stauertwedt an der Schlei befand sich der Lösch- und Ladeplatz der Hesselmühlen.

Literatur. vSchröder 1837, I 376. vSchröder 1854, 219. Oldekop 1906, VIII 60. Angeln 1922, 644. G. Dircks, Aus der Geschichte des Ksp. Ulsnis. Hesselmühle, JbAngeln 1934, 65. KDM SL 1957, 565. Steinfeld 1979, 55. Ulsnis 1987, 208, 216. Wpl-Verz 1987, 94. TK 1424.

HESSELMÜHLENAU

Au

Südangeln, im Bereich der Schlei. Fließstrecke 4,5 km, von Krock und Hesselholz, südl. von Steinfeld, Höhe 20 m, bis zur Einmündung in die Schlei, Gunnebyer Noor. Einzugsfläche 500 ha, Gem. Steinfeld und Ulsnis.
Der zur Hälfte verrohrte Lauf durchzieht die Wiesen von Kalkjär, an denen früher ein Teich lag, der 1862 trockengelegt wurde. Grenzlauf der Gemeinden Steinfeld und Ulsnis. Im Oberlauf 1963 in Gräben ausgebaut. Im Dorf Kius läuft die Au offen neben der Dorfstraße. Der Hof Nr. 20 hat in das Bachbett einen kleinen Wasserfall mit Pumpe zur Wasserentnahme gebaut. Der Unterlauf ab Kius hat ein schmales Bett mit steilen Kanten. An der Stelle der ehemaligen Wassermühle versorgt die Au die Fischteiche von Hesselmühle mit Wasser. Entlang des Baches viel Grauerle.

Gewässername. Auch Höchstgraben und Kalkjärgraben. Ndt. Möhlenbek.

Wassermühle. Hesselmühle. 1952 stillgelegt.

Literatur. Steinfeld 1979, 19. Ulsnis 1987, 14.

HESTHOLM

Schlei-Insel

Südangeln. Gem. Schaalby, in der Großen Breite der Schlei. Rund 300 m vom Ufer entfernt, knapp 100 m lang. Höhe 1 m.
Die unbebaute Insel ist Bestandteil des NSG Reesholm. 1901 von der königlichen Regierung an die Gem. Füsing verkauft.

Flurname. Mejer 1649 Hästholm. PreußLA 1877 Hestholm. – Insel = dän. holm, wo Pferde sind = dän. hest.

Literatur. vSchröder 1854, 219. Angeln 1922, 701. TK 1423.

HESTLÜCK

PLZ 24409. Hof

Ostangeln. Ksp. Töstrup, Gem. Stoltebüll. Ldw.-Betrieb (1993).
Lage: östl. vom Dorfzentrum Stoltebüll, an der Straße nach Kl. Vogelsang, neben dem ehem. Schulhaus, hoch über der Grimsau. Höhe 28 m.

Ortsname. Koppel = ndt. Lück, wo Pferde sind = dän. hest.

Geschichte. 1837 eine Kate zu Gut Rundhof, 1853 Kappelerharde. 1871 FL Gem. Stoltebüll. Hof 1876 erbaut.

Literatur. vSchröder 1837, II 325. Jensen Angeln 1844, 392. vSchröder 1854, 513. Toestrup 1982, 337. Wpl-Verz 1987, 101. TK 1225.

HESTOFT

PLZ 24897. Dorf

Südangeln. Ksp. u. Gem. Ulsnis. 60 Ewh. (1987), 23 Wohngeb., 4 Ldw.-Betriebe (1993).
Lage: 2 km südwestl. von Ulsnis, an der Straße nach Goltoft, Schleidörferstraße. Höhe 20 m.
Zum Norden steigt das Gelände auf 35 m an und erreicht auf der Süderlandstraße einen guten Aussichtspunkt. Am Schleiufer entlang führt ein schöner Wanderweg in Richtung Ulsnisland, der aber seit 1989 auf halbem Weg endet.
Im kleinen Runddorf sind große Hofanlagen, wenige Einzelhäuser und kaum Neubauten errichtet. Die Schleidörferstraße passiert in einem kurzen Abschnitt das Dorf. Ein- und Ausgang werden mit dem typischen Einknicken der Straße betont.

Ortsname. 1467 Hestoff, Hestofft. Mejer 1649 Heßtofft. vSchröder 1837 „soll vorm. Steendamm geheißen haben". PreußLA 1877 Hestoft. – Siedlungsplatz = dän. toft, wo Pferde gehalten werden = dän. hest, oder des Hest; dieses Wort als Beiname gebraucht (Laur). JbAngeln 1964, 60. Laur 1992, 328.

Geschichte. Im Mittelalter gingen die Einwohner von Hestoft in das Nachbardorf Goltoft zur Kirche, die bis zum Ende des 15. Jh. bestand. 1486 kaufte das Domkapitel Schleswig das adlige Dorf, das der Vogtei Ulsnis unterstellt wurde. 1569 besteht Hestoft aus 8 Hufen und 4 Katen. 1658 gehört das Dorf zum königlichen Anteil, seit 1777 zur Schliesharde. 1871 SL Gem. Ulsnis, 107 Ewh., 9 Wohngeb.

Schule 1782–1849. Eine eigene Nebenschule im Dorf. Vormals und danach Schule in Ulsnis.

Bauernhäuser. Nr. 4. Ehem. Wohnhaus von 1756, teilweise in Fachwerk, zum Stall umgebaut. Lit.: KDM SL 1957, 564. Ulsnis 1987, 167. – Nr. 24. Kleinbauernstelle. 1756 erbautes Südangelner Fachhallenhaus in Fachwerk, geweißter Backstein, Reetdach, mit einem Dielentor und seitlichen Mistgangtüren. Heute Ferienwohnung (Denkmalschutz). Lit.: KDM SL 1957, 564. Hagemeier-Kottwitz 1985, 82. Ulsnis 1987, 172.

Jagdstein 1782. Im Feld südlich des Dorfes, nahe der Schlei, auf der Gemeindegrenze von Ulsnis und Goltoft. Granitpfeiler mit Krone und Inschrift. Grenzstein der Gottorfer Amtswildbahn, 1782 zur Regierungszeit König Christians VII. gesetzt. Lit.: KDM SL 1957, 567.

Denkmal. Friedenseichen 1871. Zwei Bäume ohne Stein, in der Ortsmitte und am Dorfeingang gepflanzt.

Literatur. vSchröder 1837, I 377. Jensen Angeln 1844, 401. vSchröder 1854, 219. Oldekop 1906, VIII 118. Angeln 1922, 127, 644. Ulsnis 1987, 156. Wpl-Verz 1987, 94. TK 1424.

HESTOFT-NORD

PLZ 24897. Häusergruppe

Südangeln. Ksp. u. Gem. Ulsnis. Zwei Aussiedlerstellen, eine mit Ldw.-Betrieb, nördl. vom Dorf Hestoft am Weg zum Hestofter Holz. Lit.: Wpl-Verz 1987, 94.

Burgplatz. Nach mündlicher Überlieferung hat auf der Koppel Bredsand eine Befestigung aus dem 15. Jh. gestanden. Spuren sollen 1854 sichtbar gewesen sein. Heute ist an der Stelle nichts zu erkennen. Lit.: vSchröder 1854, 220.

HESTOFTER HOLZ

Wald

Südangeln. Gem. Ulsnis u. Goltoft. Fläche 10 ha im Besitz von drei Bauern in Hestoft.
Lage: nordwestl. oberhalb Hestoft, auf leicht kuppigem Gelände. Grenzwald zur Gem. Taarstedt. Höhe 30 m.
Der Buchenwald ist in vier Teilflächen zerstückelt, von denen die zwei kleinen Ost-Abschnitte in der Gem. Goltoft liegen.

Literatur. Biotop 1987, 1424 Nr. 151. TK 1424.

Borriser Holz

Holz. Kleiner Buchenwald östl. des Hestofter Holzes. Auch „Pariser Holz“ genannt. Lit.: Ulsnis 1987, 14.

HIMMERSHOI

PLZ 24999. Ortsteil

Nordangeln. Ksp. Munkbrarup, Gem. Wees. 30 Ewh. (1987; Wpl-Verz 1970 zählt 211 Ewh.). Der alte Ortsteil umfaßt nur 8 Wohngeb. an der Straße „Himmershoi“. Dabei liegen die Häuser „Am Bahnhof“ und ein großes Neubaugebiet, deren Bewohner 1970 hinzugezählt wurden.
Lage: West-Wees, an der alten Straße nach Flensburg, die parallel zur Nordstraße verläuft. Höhe 53 m.
Himmershoi ist der westlichste Wohnplatz im Kirchspiel und war Grenzort des Herzogtums Glücksburg, der Munkbrarupharde zur Husbyharde und seit 1910 an der Stadt- und Kreisgrenze.

Ortsname. Mejer 1649 Himeriß. Danckwerth 1652 Himmershövet. vSchröder 1837 Himmelshoi. Jensen Angeln 1844 Himmerishoy. PreußLA 1877 Himmershoi. Chronik 1898 im Volksmund Himre. – Vorsprung = angeldän. hoi, ndt. hövet, beim Wald „Himmerig“, zu dän. himmerige = Himmelreich (Laur). In Dänemark als Orts- und Flurname weit verbreitet. Lit.: Hald 1948-79, VII 64. JbAngeln 1968, 37. Laur 1992, 330.

Geschichte. Herzogtum Glücksburg, 1779 Munkbrarupharde 3 Katen. 1871 FL Gem. Wees, 28 Ewh., 8 Wohngeb.

Literatur. vSchröder 1837, II 417. Jensen Angeln 1844, 344. vSchröder 1854, 572. Oldekop 1906, V 125. Angeln 1922, 562. Munkbrarup 1976, I 250, II 629. Wpl-Verz 1987, 101. TK 1123.

HINKELHÖFT

PLZ 24881. Häusergruppe

Westangeln. Ksp. u. Gem. Nübel. 4 Wohngeb., kein Ldw.-Betrieb (1993).
Lage: 1 km nördl. von Berend, an der Straße

nach Breklingfeld, Güldenholmer Weg, auf einem kleinen Höhenrücken. Höhe 35 m. Auf den Topographischen Karten von 1877 und 1939 ist der Ort an einer anderen Stelle, am Weg nach Haarholm, eingezeichnet; DG bezeichnet jetzt beide Plätze mit demselben Ortsnamen.

Ortsname. Jensen Angeln 1844 Hinkelhövd. PreußLA 1877 Hinkelhöft. – Entweder zu ndt. Hinkel = dickes Stück, oder zu einem Personennamen, wie altdän. Henkil, und Vorsprung = Höft (Laur): Lit.: Laur 1992, 330.

Geschichte. Struxdorfharde. Um 1780 eine Kate erbaut, die sich durch Landzukauf zu einem Hof vergrößerte. 1871 SL Gem. Berend, 10 Ewh. auf dem Hof. Seit 1974 Gem. Nübel.

Hinkelhöftberg

Häuser. Wpl-Verz 1871 mit 18 Ewh., 2 Wohngeb.

Literatur. vSchröder 1837, I 95. Jensen Angeln 1844, 428. vSchröder 1854, 39. Oldekop 1906, VIII 20. Angeln 1922, 696. Nübel 1981, 142. Wpl-Verz 1987, 95. TK 1423.

HIRSCHHOLM

PLZ 24991. Hof

Westangeln. Ksp. Kleinsolt, Gem. Freienwill. Ldw.-Betrieb (1993).
Lage: nördl. von Kleinwolstrup, auf der Westseite der Hüruper Höhen. Höhe 55 m.
Das Haus liegt am Waldrand des Wolstruper Holzes. Im Süden fließt die Scherrebek.

Ortsname. PreußLA 1877 Hirschholm. Lit.: Hald 1948-79, VII 507.

Geschichte. Nach 1870 als Parzellenstelle gegründet. 1871 FL Gem. Kleinwolstrup, seit 1974 Gem. Freienwill.

Literatur. Oldekop 1906, V 65. Angeln 1922, 532. Wpl-Verz 1987, 102. TK 1222. Freienwill 1992, 79.

HISSELHOY
s. Hasselhoy

HISSHOLZ

Wald

Mittelangeln. Gem. Satrup. Fläche 25 ha. Staatsforst Land SH, Forstamt Schleswig, Försterei Satrup.
Lage: westl. von Obdrup, auf der Nordseite der Straße nach Bistoft. Höhe 35 m.
Laubmischwald mit Esche, Buche, Eiche. Graureiherkolonie. Der alte Bahndamm der Kleinbahn Flensburg–Satrup geht quer durch das Holz.
Ehemals im Forstgutsbezirk Schleswig, 1928 SL Gem. Obdrup, seit 1970 in der Gem. Satrup.

Flurname. PreußLA 1877 Hissholz. – Ursprünglich wohl Hasselholz, Hesselholz. Lit.: Oldekop 1906, VIII 100. TK 1223.

HODDERUP

Gemeinde bis 1970

FL Amt Husby. Fläche 337 ha. 149 Ewh. (1970). Gemeinde 1869 gegründet, 145 Ewh., 24 Wohngeb. Ewh.-Höchstzahl 1946: 315 Menschen. 1970 Eingliederung in die Gem. Husby.

Wohnplätze. Hodderup, Husbymühle teilw., Rönn, Sorgenfrei, Spang, Voldewraa.

Literatur. Oldekop 1906, V 55. Angeln 1922, 547. Hist. Gem-Verz 1970, 60. Husby 1976, 527.

PLZ 24975. Dorf

Nordangeln. Ksp. u. Gem. Husby. 40 Ewh. (1987), 7 Wohngeb., ein Ldw.-Betrieb (1991).
Lage: 2 km nördl. von Husby, an der Straße Gremmerup–Bönstrup. Höhe 47 m.
Im Osten begrenzt die Grimbek die Gemarkung. An der Straße liegen auf 3 km vier Dörfer nacheinander – Gremmerup, Hodderup, Voldewraa und Bönstrup – zwischen denen sich in Hodderup kein dörfliches Zentrum entwickeln konnte.

Ortsname. 1483 Hoddorp. 1580 Hodrup. Mejer 1649 u. Danckwerth 1652 Hodderup. PreußLA 1877 Hodderup. – Dorf = altdän. thorp des Hoddi = altdän. PN, oder mit Hütten = altdän. hodda, vielleicht eine Benennung im Gegensatz zum Mutterdorf Husby (Laur). Lit.: Hald 1948-79, VII 172. JbAngeln 1968, 31. Laur 1992, 333.

Vorgeschichte. Nördlich der Straße von Gremmerup nach Voldewraa sind auf den Höhen 50 m rund 10 Stellen dicht beieinander als ehemalige Grabhügel festgestellt worden, von denen jedoch kaum einer noch als solcher zu erkennen ist. Lit.: Röschmann 1963, 322.

Geschichte. 1837 zur Husbyharde 4 Höfe. 1871 FL Gem. Hodderup, im Dorf 43 Ewh., 5 Wohngeb. Seit 1970 Gem. Husby.
1610 Sitz des Hardesvogts der Husbyharde.
Freiw. Feuerwehr von Bönstrup-Hodderup 1889 gegründet.

Denkmal. Eine Gruppe von vier Bäumen und ein Stein mit der Inschrift „Hodderup um 1483“, das Jahr der ersten urkundlichen Erwähnung des Dorfes.

Rönn

Hof. Bachstr. 4. Auf einer Parzelle des Meierhofes Voldewraa 1788 entstanden. Neue Gebäude 1869 nach Brand, nur eine Scheune blieb vom Feuer verschont.
Ortsname. 1773 FN Rönns Lücke. Husby 1976 Rönn. – Rinnsal, Graben = ndt. Rönne. Ortsname im Volksmund noch gebräuchlich. Lit.: Hald 1948-79, VII 186. Husby 1976, 565.

Literatur. vSchröder 1837, I 383. Jensen Angeln 1844, 331. vSchröder 1854, 224. Oldekop 1906, V 55. Angeln 1922, 547. Husby 1976, 527. Wpl-Verz 1987, 97. TK 1223.

HÖCHT

PLZ 24888. Häusergruppe

Südangeln. Ksp. Ulsnis, Gem. Steinfeld. 8 Wohngeb.
Lage: nordwestl. von Steinfeld, an der Straße nach Loit. Höhe 25 m. Lit.: Steinfeld 1979, 296.

HÖCHSTGRABEN
s. Hesselmühlenau

HÖCKEBERG
1) Höhe 2) Grundhof 3) Sterup

1) Hökeberg

Westangeln. Gem. Freienwill. Höhe 82,4 m. ■ Die höchste Erhebung in der Landschaft Angeln.
Lage: in den Hüruper Bergen, westl. von Hürup, nahe eines Feld- und Waldweges nach Wielenberg, auf der Wasserscheide von Ostsee und Nordsee.
Auf der TK ist der Punkt mit nur 81,6 m an den Waldrand verdrängt worden, weil der Vermessungsstein auf dem Feld der eigentlichen Höhe bei der Ackerarbeit störte.

Flurname. Kat. Flurkarte 1875 Höchberg. Oldekop 1906 u. Angeln 1922 Hökeberg. Habichts-Berg = dän. høg. Lit.: Hald 1948-79, VII 518.

Literatur. Oldekop 1906, V 65. Angeln 1922, 532. W. Sell, Angelns höchste Berge, Kreis-Chronik 1979/80, 65.

2) PLZ 24977. Haus

Nordangeln. Ksp. u. Gem. Grundhof, Höckeberg 1. Fuhrunternehmen.
Lage: Nord-Grundhof, an der Straße nach Bönstrup. Höhe 50 m. Der „Höckeberg“ 60 m liegt südlich des Wohnplatzes.

Ortsname. 1707 FN Höhberg. 1816 Höckeberg. PreußLA 1877 Höckeberg. Ndt. Hökebarch. – Habichts-Berg = dän. høg. Lit.: Hald 1948-79, VII 116.

Geschichte. Hof 1801 erbaut, von Dollerup auf Lundsgaarder Hoffeld verlegt. Wohnhaus 1957 abgebrochen und Neubau.

Literatur. vSchröder 1837, I 208. Jensen

Angeln 1844, 260, 339. vSchröder 1854, 331. Grundhof 1981, 218. TK 1223 (1988).

3) PLZ 24996. Hof
Mittelangeln. Ksp. u. Gem. Sterup. Kein Ldw.-Betrieb (1993).
Lage: 2,5 km westl. von Sterup, Zufahrt von der Straße nach Sörup, kurz hinter einer Hügelkuppe. Höhe 55 m.

Ortsname. 1692 FN Hoeckberg. 1707 Hoeckberg. Jensen Angeln 1844 Hökeberg. Wpl-Verz 1987 Hökeberg. TK Höckeberg. Ndt. Hökebarch. – Habichts-Berg = dän. høg. Lit.: Hald 1948-79, VII 342.

Literatur. vSchröder 1837, I 144. Jensen Angeln 1844, 361. Oldekop 1906, V 110. Angeln 1922, 587. Wpl-Verz 1987, 101. TK 1224.

HÖCKMOOS

PLZ 24888. Häusergruppe
Südangeln. Ksp. Ulsnis, Gem. Steinfeld. 2 Wohngeb.
Lage: 1 km nördl. von Steinfeld, an der Straße nach Brebel, von freiem Feld umgeben. Höhe 25 m.
Westlich führt ein Wanderweg über das Feld in das kleine „Bruerholz“ und weiter zum Loiter Osterholz.

Ortsname. vSchröder 1837 Hökemoor. Wpl-Verz 1871 Höckmus. Angeln 1922 Hökemoos. – Moor = dän. mose, angeldän. mos, wo Habichte sind = dän. høg (Laur). Lit.: Laur 1992, 333.

Geschichte. 1837 zwei Katen zur Schliesharde. 1871 SL Gem. Steinfeld, 16 Ewh., 2 Wohngeb.

Bauernhaus. Reetgedeckte Kate mit einer Ladeluke über dem Eingangsbereich. Fenster und Türen modernisiert (Denkmalbuch).

Literatur. vSchröder 1837, I 386. vSchröder 1854, 225, 505. Oldekop 1906, VIII 104. Angeln 1922, 646. Wpl-Verz 1970, 125. Steinfeld 1979, 320. TK 1324.

HÖRDAMM
s. Rundhof

HÖRGAARD

Ehem. Hof
Westangeln. Ksp. Böklund, Gemarkung Stolk. Flurname südlich der Landesstraße L 28 vor der Gemeindegrenze zu Böklund. Lit.: vSchröder 1837, II 325.

HÖRREBERG

PLZ 24977. Häusergruppe
Nordangeln. Ksp. Grundhof, zur Gem. Westerholz 2 Wohngeb. u. zur Gem. Dollerup 1 Haus. Ein Ldw.-Betrieb (1993).
Lage: 2 km nördl. von Dollerup, am Nebenweg von Nordballig nach Kiekut, auf der Kante zur Niederung der westlich in einem breiten Wiesental fließenden Sponsau. Höhe 20–30 m.

Ortsname. 1642 Hörreberg, Hörriberg. 1694 Höruppberg. Ndt. Hörrebarch. – Wohl Berg von Hörup, zu einem vergangenen Ortsnamen (Hald). Sollte es sich aber bei der Form von 1694 um eine fehlerhafte Wiedergabe handeln, so könnte bei Hörre- eine Zusammensetzung mit -roi, -rüde oder -hoj vorliegen (Laur). Lit.: Hald 1948-79, VII 116. Laur 1992, 335.

Geschichte. 3 Katen zu den Gütern Freienwillen, Nübel und Unewatt, 1853 unter Husbyharde und Munkbrarupharde. 1869 FL Gem. Dollerupholz u. Nordballig, seit 1970 Gem. Westerholz u. Dollerup.
Der Hof ist seit 1779 im Familienbesitz, die Katen wurden 1822 und 1840 erbaut.

Literatur. vSchröder 1837, I 208, 387. Jensen Angeln 1844, 341. vSchröder 1854, 105, 226. Oldekop 1906, V 27. Angeln 1922, 559. Grundhof 1981, 125, 403. Wpl-Verz 1987, 102. TK 1224.

HÖRUPKJER

PLZ 24885. Höfe

Westangeln. Ksp. u. Gem. Sieverstedt. 2 Wohngeb., 2 Ldw.-Betriebe.
Lage: südwestl. von Süderschmedeby, Zufahrt von der Straße nach Keelbek. Die Häuser liegen am Fuß der Nordhöhe, direkt neben der Autobahn. Höhe 42 m.

Ortsname. 1726 FN Hörup Kier. Angeln 1922 Hyppkjer. Ndt. Hybkaer. Lit.: Bjerrum 1986, 341.

Geschichte. 1869 FL Gem. Süderschmedeby, seit 1971 Gem. Sieverstedt.

Literatur. Angeln 1922, 528. Wpl-Verz 1970, 35. Süderschmedeby 1985, 131, 143. TK 1322.

HÖVERHOLZ

Ehem. Häuser

Mittelangeln. Ksp. Thumby, Gem. Schnarup-Thumby.
Lage: wohl an der Stelle des „Priesterholzes" im Nordzipfel des Kirchspiels. 1837 bei Köhnholz ein Hof und 2 Katen. Wpl-Verz 1871 SL Gem. Schnarup, 2 Wohngeb. Ortsname heute nicht mehr bekannt. Lit.: vSchröder 1837, I 389. vSchröder 1854, 227.

HOFFNUNGSTAL
1) Sörup 2) Tolk

1) PLZ 24966. Hof

Mittelangeln. Ksp. u. Gem. Sörup. Ldw.-Betrieb 105 ha (1993).
Lage: Nord-Sörup, an der Straße nach Löstrup. Höhe 48 m.

Ortsname. PreußLA 1877 bezeichnet einen Hof „Hoffnungsthal" im Dorf Löstrup. Lit.: Hald 1948-79, VII 224.

Vorgeschichte. In den Hofkoppeln wurde auf frühen Siedlungsstellen ein reichhaltiges Material an Steinwerkzeugen aus allen Zeitepochen der Vorgeschichte gefunden. Lit.: H. J. Killmann, Vorgeschichtliche Funde aus der Feldmark Hoffnungsthal, Heimat 1951, 169. Röschmann 1963, 396.

Geschichte. Hof 1848 von Löstrup ausgebaut. 1869 FL Gem. Löstrup, seit 1970 Gem. Sörup.

Literatur. Sörup 1907, 183. Angeln 1922, 585. Sörup 1964, 274. Sörup 1985, 308. Wpl-Verz 1987, 100. TK 1224.

2) PLZ 24894. Häusergruppe

Südangeln. Ksp. Tolk, Gem. Twedt. 4 Wohngeb.
Lage: südwestl. von Loit, an der Straße B 201 nach Twedt, Straßenbrücke über die Loiter Au. Höhe 10 m.
Grenzort zur Schliesharde und zum Ksp. Loit.

Ortsname. Mejer 1649 Oxtangburck. PreußLA 1877 Twedter M. TK von 1939 Hoffnungsthal, Twedter M.

Geschichte. 1871 SL Gem. Buschau, ein Haus mit 15 Ewh. Wpl-Verz 1970 teilweise zur Gem. Loit u. Twedt.
Die Brücke über die Loiter Au ist bereits in der Karte von 1649 als „Austanger Brücke" eingezeichnet. Die alte Holzbrücke wurde 1831 in Stein erneuert. 1976 Ausbau der Straße mit einer Betonbrücke.

Wassermühle 1866. Turbinenmühle an der Loiter Au erbaut 1864–66. Wegen Beendigung des Staurechts wurde der Betrieb 1928 auf Motorantrieb umgestellt. Müllerei ca. 1989 aufgegeben.

Literatur. Oldekop 1906, VIII 32. Wpl-Verz 1970, 117, 122. Wpl-Verz 1987, 94. TK 1324.

HOHBÖK

PLZ 24894. Haus

Südangeln. Ksp. u. Gem. Tolk, Flensburger Str. Aussicht über das Große Autal.

HOHELUFT
1) Boren 2) Ekenis 3) Nübel 4) Sörup 5) Steinberg 6) Sterup

1) PLZ 24392. Häusergruppe
Südangeln. Ksp. u. Gem. Boren. 3 Wohngeb., darunter das ehem. Bahnwärterhaus.
Lage: westl. von Güderott, an der Straße nach Nottfeld beim Bahnübergang der Strecke Kiel–Flensburg.

Ortsname. In der Bedeutung „luftige Höhe", auch „Lichtung" (Laur).

Literatur. Boren 1957, 106. Wpl-Verz 1970, 117.

2) PLZ 24392. Haus
Südangeln. Ksp. Boren, Gem. Ekenis. Haus 1874 erbaut.
Lage: nördl. von Ekenis, am Weg ins Lunderholz. Höhe 40 m.

Literatur. PreußLA 1877. Boren 1957, 124. Wpl-Verz 1970, 118. TK 1325.

3) PLZ 24881. Häusergruppe
Westangeln. Ksp. u. Gem. Nübel. 62 Ewh. (1987), 14 Wohngeb., ein Ldw.-Betrieb (1993).
Lage: 500 m südöstl. von Nübel, an der Straße von Schleswig nach Böklund. Höhe 40 m.
Hoheluft liegt im „Hochland" von Nübel, das sich mit vielen Kuppen auffällig aus seinem Umfeld hervorhebt. Im Westen ist der „Nübelwald", ein Buchenmischwald von 14 ha, eine der letzten erhaltenen Hölzungen der Umgebung.

Ortsname. 1804 Hoheloft. vSchröder 1837 Hoheluft. PreußLA 1877 Hoheluft. – In der Bedeutung „luftige Höhe" (Laur). Lit.: Laur 1992, 337.

Vorgeschichte. Früher lagen 10 Grabhügel in einem Kreis, von denen nur noch einer südlich des Weges nach Nübelmoor sichtbar ist.

Geschichte. 1837 Hof und Schmiedekate zur Struxdorfharde. 1871 SL Gem. Nübel, 31 Ewh., 5 Wohngeb.

Armenhaus. Hoheluft Nr. 1. Für das Kirchspiel Nübel, 1867 vorhanden. Lit.: Nübel 1981, 22.

Literatur. vSchröder 1837, II 112. Jensen Angeln 1844, 428. vSchröder 1854, 379. Oldekop 1906, VIII 79. Angeln 1922, 695. Nübel 1981, 19. Biotop 1987, 1423 Nr. 113. Wpl-Verz 1987, 95. TK 1423.

4) PLZ 24966. Hof
Mittelangeln. Ksp. u. Gem. Sörup, Schwensbyer Weg 2. Zwei Wohngeb., ein Ldw.-Betrieb (1993).
Lage: nördl. von Sörup, im Dreieck der Straße nach Schwensby. Höhe 55 m.
Westlich erhebt sich der 63,3 m hohe „Deumerdeel", der zweithöchste Berg im Kirchspiel. Vom Weg nach Sörupmühle ist das Kirchdorf Sörup in seiner ganzen Ausdehnung zu überblicken.

Geschichte. Hof 1859 von Löstrup ausgebaut. Bis 1970 Gem. Löstrup.

Literatur. Sörup 1907, 193. Sörup 1964, 274. Sörup 1985, 345. Wpl-Verz 1987, 100. TK 1224.

5) PLZ 24972. Haus
Nordangeln. Ksp. u. Gem. Steinberg, Kösterstr. 3. Ehem. Ldw.-Betrieb.
Lage: nördl. von Steinberg, am Weg nach Steinbergholz, hoch über der Niederung der Steinberger Au. Höhe 15 m.

Literatur. Wpl-Verz 1987, 100. TK 1224.

6) PLZ 24996. Häusergruppe
Mittelangeln. Ksp. u. Gem. Sterup. 16 Ewh. (1987), 4 Wohngeb., ein Ldw.-Betrieb (1993). Bis 1974 FL Gem. Grünholz.
Lage: südl. von Esgrus, an der Straße nach Grünholz, nahe des Esgruser Mühlenstromes. Höhe 45 m.

Literatur. Wpl-Verz 1987, 101. TK 1224.

HOHENAU

PLZ 24977. Häusergruppe

Nordangeln. Ksp. Grundhof, Gem. Langballig. 22 Ewh. (1970).
Lage: Nord-Langballigholz, auf der hohen Kante des bewaldeten Steilhangs zur Förde. Höhe 25 m.
Der Kliffhang ist mit regelmäßigen Bodenrutschungen und Schollenabbrüchen immer noch aktiv. Die Steilküste erreicht eine Höhe von 30 m. Vom „Wachthausberg" ist die Förde weit zu überblicken. Beeindruckend sind die Ulmenwälder mit wuchtigen Altbäumen. Ein Fußweg führt vom Hafen von Langballigau herauf.

Ortsname. Name des Hotels von 1888. Lit.: Hald 1948-79, VII 116. Laur 1992, 337.

Geschichte. 1888 Wohnplatz durch Hotelbau begründet. Bis 1965 FL Gem. Langballigholz.

Hotel 1888–1972. „Hohenau". Aus Fachwerk erbaut mit Stallungen für 100 Pferde. Großer Garten mit 500 Obstbäumen. Hotelbetrieb 1916 geschlossen, 1948 bis Ende der 1960er Jahre als Pension mit Restaurant bewirtschaftet. 1972 abgebrochen. Auf dem Grundstück stehen zwei neue Häuser.

Fischerbaracken. 1945 auf einer Koppel, jetzt Neue Straße, von der Stadt Flensburg für heimatvertriebene Fischer aus Pommern errichtet. Bis etwa 1960 bewohnt, 1972 abgebrochen. Heute 15 Wohngebäude.

Naturdenkmal. Vier Lampertsnußbäume im Garten des Hauses Klüft 10. Seit 1952 unter Schutz gestellt.

Wachthausberg

Gedenkstein 1922. Vor dem ehemaligen Hotel mit Inschrift. Hier soll in den Kriegsjahren 1813, 1848–51 und 1864 ein Ausguck gestanden haben. Während des I. Weltkrieges war auf dem Berg ein Beobachtungsposten stationiert.

Literatur. Oldekop 1906, V 71. Wpl-Verz 1970, 30. Grundhof 1981, 324. W. Schmidt, Langballigau 1984, 89, 91. Biotop 1987, 1123 Nr. 112. TK 1123.

HOHENWICHEL

PLZ 24966. Häusergruppe

Mittelangeln. Ksp. u. Gem. Sörup. 2 Wohngeb. Bis 1970 FL Gem. Löstrup.
Lage: nördl. von Sörup, Abzweigung von der Straße nach Sörupmühle, parallel zum Großen Gemeindeweg. Höhe 55 m.

Ortsname. Straßenname. – Weide = ndt. Wichel.

Literatur. Sörup 1907, 197. Sörup 1964, 271. Sörup 1985, 310.

HOHLENGWASSERLAUF
s. Kattbek

HOHLWEGE

Gemeinde bis 1875

FL Gemeinde 1871 gegründet. 977 Ewh., 81 Wohngeb. Die Gemeinde bestand nur vier Jahre, wurde 1875 in die Stadt Flensburg eingegliedert. Lit.: Hist. Gem-Verz 1970, 26.

Wohnplätze. Bredeberg, Norderhohlweg, Püllskrug, Süderhohlweg.

Straßen

Stadt Flensburg, Glücksburger und Kappelner Straße. Kirchengem. Engelsby, St. Johannis und St. Jürgen.
Lage: Ost-Flensburg, die alten Landstraßen vom Hafermarkt nach Engelsby und Adelby hinauf.

Ortsname. 1377 Holwegh. 1595 Norder Halenwege. 1609 Norder Holwege. 1621 Suderholenwegh. 1724 Waßer Holwege. Trap 1864 dän. Nørre-Huulvei, Sønder-Huulvei. 1881 Umbenennung in Glücksburger bzw. Kappelner Straße. Lit.: Hald 1948-79, VII 37.

Geschichte. Die Hohlwege haben sich 1790 bis 1810 als volkreiche Quartiere der Arbeiterbevölkerung entwickelt. Flensburg hat sich lange gesträubt, aus der geschützten Mulde die Höhen hinaufzusteigen. Erst nach 1840 wurde systematisch bergauf gebaut. Neue Häuserzeilen folgten den Landstraßen und streckten lange Fühler über den Höhenrand aus bis in das ländliche Angeln.
Beide Hohlwege enden vor der Einmündung in die Angelburger Straße auf dem Hafermarkt, der ursprünglich außerhalb städtischen Grunds lag. Hier war der Getreideumschlag und Verkaufsplatz der Bauern aus Angeln.

Norderhohlweg
Glücksburger Straße. Der Hohlweg-Charakter ist in der unteren Straße mit steilen, durch Feldsteinmauern gefestigte Böschungen noch gegeben.
1837 eine Häuserreihe in der unteren Straße mit 11 Katen zum Ksp. Adelby, Husbyharde. 1871 FL Gem. Hohlwege, 1875 Eingliederung in die Stadt Flensburg. 1895 von Adelby ausgepfarrt zur neuen Kirchengemeinde St. Jürgen.

Schule. Hohlwegeschule, Glücksburger Str. 38. Grundschule 9 Klassen mit Schulkindergarten.
Zur Entlastung der Kirchspielschule Adelby 1856 zweiklassig für 200 Kinder erbaut. Lit.: Ravn 1971, 157.

Süderhohlweg
Kappelner Straße. Der obere Teil zeigt noch einen Hohlweg mit Böschungen und Feldsteinmauern.
1837 eine Häuserreihe mit 42 Katen, Windmühle und Krug zur Husbyharde, Ksp. Adelby und St. Johannis Flensburg. 1871 FL Gem. Hohlwege, 1875 Eingliederung in die Stadt Flensburg. 1895 von Adelby ausgepfarrt zur neuen Kirchengemeinde St. Jürgen.

Windmühle 1808. Galerieholländer-Kornmühle „Johannis“, Kappelner Str. 36. Seit 1927 im Besitz der Stadt Flensburg und unter Denkmalschutz gestellt. 1939 hat der Müller den Windbetrieb aufgegeben. Lit.: KDM Stadt Flensburg 1955, 570. Pöge 1980, 191.

Literatur. vSchröder 1837, I 394. Jensen Angeln 1844, 2, 320. vSchröder 1854, 229. Trap 1864, 477. KDM Stadt Flensburg 1955, 529. Pust 1990, 122, 163.

HOLLBÜLL

Ehem. Dorf
Westangeln. Ksp. Böklund, Gemarkung Stolk. Lage: zwischen Nieder-Stolk und Stolk-Norderfeld.

Ortsname. 1847 FN Hollbüll. – Siedlung = dän. bøl, dt. -büll, bei oder in der Kluft, Schlucht, Senke = hol (Laur). Lit.: Kuhlmann 1958, 253. Laur 1992, 341.

HOLLEHITT

PLZ 24966. Häusergruppe
Mittelangeln. Ksp. u. Gem. Sörup. 31 Ewh. (1987), 9 Wohngeb, keine Ldw.-Betriebe (1993).
Lage: 2 km südl. von Grundhof, an der Kreuzung der Straßen von Grundhof nach Schwensby und von Lutzhöft nach Quern, Geltinger Landstraße. Höhe 44 m.
Die idyllische Ortschaft Hollehitt ist der nördlichste Wohnplatz im Kirchspiel, für seine Bewohner weiteste Kirchenweg nach Sörup.

Ortsname. 1718 Hollehit. 1749 Hollehitt. vSchröder 1837 u. Jensen Angeln 1844 Hollehit. Trap 1864 dän. Holdhit. PreußLA 1877 Hollehitt. – Scherzhafte Befehlsform, den Krug betreffend, „Halt hier“ = dän. hold hit (Laur). Lit.: Hald 1948-79, VII 224. Laur 1992, 341.

Geschichte. 1844 zur Nieharde 2 Katen mit Krug. 1871 FL Gutsbezirk Schwensby, 45 Ewh., 9 Wohngeb. 1928 Gem. Schwensby, seit 1970 Gem. Sörup.

Krug. „Roter Krug“. Geltinger Landstr. 1.

Krug mit Landwirtschaft 1742 begründet. 1910 Gastwirtschaft eingestellt.

Literatur. vSchröder 1837, II 258. Jensen Angeln 1844, 359. vSchröder 1854, 469. Oldekop 1906, V 103. Sörup 1907, 157. Angeln 1922, 585. Sörup 1964, 262, 299. Sörup 1985, 335, 338. Wpl-Verz 1987, 100. TK 1223.

HOLLMARK

PLZ 24991. Hof

Westangeln. Ksp. Kleinsolt, Gem. Freienwill.
Lage: südl. von Freienwill, am Hollmarker See. Höhe 30 m.

Ortsname. 1543 Holmark. Mejer 1648 Holmarck. Danckwerth 1652 Holmmark. – Geländesenke, Wasserloch, kleiner See = südjüt. hol, wahrscheinlich Bezeichnung für den See. Lit.: Hald 1948-79, VII 508.

Geschichte. Hollmarkhof ist die älteste Landstelle auf Kl. Soltfeld, der schon 1668 erwähnt wird. 1871 „Seehof" erbaut.
Krieg. II. Weltkrieg 1943 und 1944 Bombenabwurf.

Hollmarker See

See. Bade- u. Angelsee. Fläche 2 ha. Durch einen Abflußgraben zur Kielsau wurde der Seespiegel 1906 gesenkt. Freibad 1966 eingerichtet.
Gewässername. 1800 Hollmarker See. DG 1981 Hollmarksee. Lit.: Hald 1948-79, VII 511. vRohden 1989, 306.

Literatur. Oldekop 1906, V 65. Freienwill 1992, 41, 95.

HOLLMÜHLE

PLZ 24891. Dorf

Mittelangeln. Ksp. u. Gem. Struxdorf u. Ülsby. 239 Ewh. (1987), davon zu Struxdorf 204 Ewh., zu Ülsby 35 Ewh. mit 11 Wohngeb. Krug, Bank, nur ein Ldw.-Betrieb zu Ülsby (1993). Größtes Dorf in der Gemeinde und im Kirchspiel.
Lage: Südwest-Teil vom Dorf Struxdorf, an der Straße von Böklund nach Böel, an der Ülsbyer Au. Höhe 35 m.
Im Süden des Dorfes fließt die Ülsbyer Au in Richtung Bellig in einem Talraum, dessen steile Hangpartien von einer Erlen-Eschen-Galerie gesäumt werden. Ein Wanderweg, der teilweise auf den Resten des ehemaligen Bahndammes verläuft, begleitet die Au.
Das Straßendorf ist von West nach Ost an der schnurgeraden Dorfstraße geschlossen bebaut. Der einzige Hofplatz von Hollmühle liegt bei der Brücke der Alten Landstraße an der Au. Vor dem Krug der von Kastanienbäumen umstellte freie Platz der ehemaligen Bahnstation.

Ortsname. Mejer 1649 Holmöll. vSchröder 1837 Holmühl. Jensen Angeln 1844 Hohlmühlen. PreußLA 1877 Hollmühle. Ndt. Hollmöhl. – Mühle am Wasserloch = dän. hol (Laur). Lit.: JbAngeln 1963, 29. Laur 1992, 343.

Geschichte. In Hollmühle gehörten ein Hof, 13 Katen und zwei Krüge zur Struxdorfharde, dem Johanniskloster und dem Graukloster in Schleswig. Bis 1777 war auch das Domkapitel, Vogtei Berend, Grundbesitzer im Dorf. 1871 SL Gem. Struxdorf, 124 Ewh., 21 Wohngeb. und zur Gem. Ülsby 8 Ewh.

Bahnstation 1904–1965. Beim Krug Haltestelle der Kleinbahn Schleswig–Satrup, Entfernungen 20–12 km.

Krug. Gasthaus Hollmühle. Gehört zur Gem. Struxdorf.

Meierei 1888–1967. Heute Wohnhaus Ekeberger Str. 4.

Wassermühle. An der Ülsbyer Au. Von Mejer 1649 auf der Karte „Nordertheil des Amptes Gottorff" eingezeichnet, sonst ohne Beleg.

Windmühle 1843. Mühlenstraße. Flügelloser Zwickstellholländer mit einem Ziegelunterbau in klassizistischen Formen. 1980 Müllerei eingestellt. Lit.: KDM SL 1957, 480.

Post 1909–1923. Postagentur im Haus Hollmühle 11.

Sparkasse 1919–1988. Zweigstelle der Kreissparkasse Schleswig.

Denkmal. An der Straßenkreuzung der Landstraße drei Granitsteine zur Erinnerung an die Flurbereinigung in der Gemeinde Struxdorf 1972–82.

Literatur. vSchröder 1837, I 403. Jensen Angeln 1844, 421, 423. vSchröder 1854, 235. Oldekop 1906, VIII 106, 117. Angeln 1922, 682. Wpl-Verz 1987, 93, 94. TK 1323.

HOLM
1) Gundelsby 2) Husby

1) PLZ 24376. Häusergruppe

Ostangeln. Ksp. Gundelsby, Gem. Hasselberg. 4 Wohngeb.
Lage: nördl. von Schwackendorf, Zufahrt von der Straße nach Kieholm, auf einer kleinen Erhebung, von feuchtem Gelände und vielen Knicks umgeben. Höhe 10 m.

Ortsname. 1583 Schwachendorpholm. 1780 Holmehaus. Jensen Angeln 1844 Schwackendorf-Holm. PreußLA 1877 Holm. Gundelsby 1977 Schwackendorfholm. – Erhebung in einer Niederung = dän. holm. Lit.: Hald 1948-79, VII 428. JbAngeln 1967, 119. Laur 1992, 344.

Geschichte. Eine Kate zu Gut Buckhagen, 1853 Kappelerharde. 1871 FL Gem. Schwackendorf, 20 Ewh., 5 Wohngeb. Seit 1970 Gem. Hasselberg.
Krieg. II. Weltkrieg. 1944 wurde ein Haus von Bomben zerstört.

Literatur. vSchröder 1837, II 255. Jensen Angeln 1844, 385. vSchröder 1854, 468. Oldekop 1906, V 102. Angeln 1922, 616. Gundelsby 1977, 290. Wpl-Verz 1987, 97. TK 1225.

2) s. Ausackerholz

HOLMBRÜCKAU
s. Dammender Wasserlauf

HOLMBERG
s. Hürup

HOLMBURG
s. Hürupmühle

HOLMING

Gemeinde bis 1880

SL Gemeinde. Fläche 354 ha. 164 Ewh., 33 Wohngeb. (1871). Wechsel der Kreiszugehörigkeit 1878 von Flensburg nach Schleswig. Der Gemeindename wurde 1880 in Hostrup geändert. Lit.: Hist. Gem-Verz 1970, 170.

Wohnplätze. Holming, Hostrup, Hostrupholz.

PLZ 24873. Häusergruppe

Westangeln. Ksp. u. Gem. Havetoft. 43 Ewh. (1987).
Lage: südwestl. von Hostrup, an der Straße nach Sieverstedt, Angelboweg und nördl. der Bollingstedter Au.

Ortsname. 1472 Hollem. 1602 Holming. Mejer 1648 Holm. PreußLA 1877 Holming. – Bei der im 17. Jh. auftretenden Form „Holming“ handelt es sich um eine zum Ortsnamen gewordene Einwohner-Bezeichnung für die „Holminger“ (Laur). Lit.: JbAngeln 1963, 32. Laur 1992, 344.

Geschichte. Das Dorf war seit dem Mittelalter im Besitz des Rudeklosters, 1584 königlich. 1837 zur Uggelharde 3 Landstellen. 1871 FL Gem. Holming, im Dorf 46

Ewh., 9 Wohngeb. 1878 Kreis Schleswig, 1880 Gem. Hostrup, 1974 Gem. Havetoft.

Literatur. vSchröder 1837, I 403. Jensen Angeln 1844, 417. vSchröder 1854, 235. Oldekop 1906, VIII 53. Angeln 1922, 677. W. Philipsen, Kulturgeschichtliches aus dem alten Holming, JbAngeln 1951, 109.

HOLMINGER AU

Au

Westangeln, im Bereich der Bollingstedter Au, Treene. Fließstrecke 4,5 km, von Nordscheide, Höhe 36 m, bis zur Einmündung rechts in die Bollingstedter Au unterhalb Hostrup. Einzugsfläche 1490 ha, Gem. Havetoft.
Der Oberlauf bildet die Grenze zwischen den Gem. Großsolt und Havetoft. Der Unterlauf ist mit einem langen schnurgeraden Graben stark ausgebaut.

Gewässername. 1771 Schobeck. 1819 Holming-Strom. 1846 Schobeek-Strohm. Kat. Plankarte 1954 u. Gewässerkdl. Verz SH Holmingau. Lit.: Angeln 1922, 677. Hald 1948-79, VII 498. vRohden 1989, 307, 415. TK 1323 (1987).

HOLMINGFELD

PLZ 24873. Streusiedlung

Westangeln. Ksp. u. Gem. Havetoft.
Lage: westl. von Hostrup einige Einzelstellen, im Osten fließt die Holmingau. In einer Niederung ein teilweise sehr gut erhaltener Hochmoorrest. mit schützenswerten Beständen seltener Pflanzen. Südöstlich von Holming eine bewachsene Binnendüne.

Geschichte. Um 1870 Beginn der Kultivierung der großen Heide- und Moorflächen und erste Bebauung. 1880 SL Gem. Hostrup, seit 1974 Gem. Havetoft.

Literatur. Angeln 1922, 677. W. Philipsen, Die ersten Siedler von Holmingfeld, JbAngeln 1950, 147. Biotop 1987, 1322 Nr. 28, 29. Wpl-Verz 1987, 89. TK 1322, 1323.

HOLMKJER

PLZ 24395. Häusergruppe

Ostangeln. Ksp. u. Gem. Gelting. 22 Ewh. (1987), 8 Wohngeb., kein Ldw.-Betrieb.
Lage: 1 km südl. von Lehbek, am Wald Holmkjer, auf freiem Feld ohne Knickschmuck. Höhe 20 m.

Ortsname. 1730 FN Holmcer. 1752 FN Holmkier. 1804 Holmkiaer. vSchröder 1837 Holmkiär. Jensen Angeln 1844 Holmkjär. PreußLA 1877 Holmkjaer. Kat. Plankarte 1954 Holmkier. TK Holmkjer. – Kratt, Bruch = dän. kær, angeldän. kjär, bei einer Erhebung = dän. holm (Laur). Lit.: Hald 1948-79, VII 428, 448. Laur 1992, 344.

Geschichte. 1853 in der Kappelerharde Hof und Holzwärterhaus. 1871 FL Gem. Lehbek, 42 Ewh., 8 Wohngeb. Seit 1938 Gem. Gelting. Der Hof Holmkjer 1 wurde 1948 durch Brand vernichtet und danach neu aufgebaut.

Bauernhaus. Holmkjer 4. Kleinbauernstelle mit einem um 1860 erbauten Wohnhaus. Der schiefergedeckte, weißgetünchte Backsteinbau ist mit seinem flach übergiebeltem Mittelrisalit und der Türädikula mit Pilastern und Giebel ein Beispiel dafür, wie selbst im kleinbäuerlichen Bauwesen die Stilrichtungen der jeweiligen Bauzeit angewandt wurden. Eine Stallscheune von 1909 (Denkmalbuch). Lit.: Gelting 1972, 448. Hagemeier-Kottwitz 1982, 339. Gelting 1987, 219.

Holmkjer

Wald. Fläche 51 ha. Forstverwaltung Gut Gelting. Wald gesperrt.
Lage: südl. von Gelting, einziger Zufahrtsweg von Lehbek. Höhe 15–25 m.
Im Holz stehen Buche, Eiche, Fichte und Tanne. Im Südwestteil ist ein älterer Buchenwald mit schönen Altbäumen erhalten, von denen einige aus der Zeit um 1850 stammen. Der östliche Bereich ist abwechslungsreicher mit mehreren kleinen Waldmooren. Am Westrand wird der Grenzwald zur Gemeinde Stangheck von einem Zulauf der Lehbek gesäumt.

Die Waldfläche gehörte zum Gutsbezirk Gelting, 1928 Gem. Lehbek, seit 1938 Gem. Gelting. Lit.: Biotop 1987, 1225 Nr. 3.

Literatur. vSchröder 1837, II 13. Jensen Angeln 1844, 379, 381. vSchröder 1854, 313. Oldekop 1906, V 38. Angeln 1922, 610. Gelting 1972, 421, 444. Gelting 1987, 217. Wpl-Verz 1987, 96. TK 1225.

HOLMKNOPP
s. Niebymaas

HOLMRIESER WASSERLAUF
s. Munkbrarupau

HOLMSLADE
s. Pommerby

HOLNIS

Halbinsel

Nordangeln. Stadt Glücksburg. Zwischen Innen- und Außenförde und im Süden durch den Höhenzug von Bockholm nach Schausende und dem Friedeholz begrenzt. Höhe 0–27 m.

■ Die Halbinsel Holnis ist der nördlichste Bereich der deutschen Ostseeküste.

Naturräume. Die kleine Landschaft teilt sich in drei verschiedenartige Naturräume. Den breiten Sockel der Halbinsel säumen die Ausläufer des kuppigen Waldgebietes vor Glücksburg. Den Mittelteil bildet die Senke um das ehemalige Holnis Noor. Das Kopfstück Holnisspitze ragt als Sporn in die Förde.

■ Dieser Teil ist eines der reizvollsten und interessantesten Gebiete Angelns und der gesamten Fördenküste. 2,7 km Steilufer säumen auf allen drei Seiten die Spitze der Halbinsel.

Naturschutz. Zur Bewahrung des Landschaftsjuwels Holnis bestehen mehrere Schutztitel: 1967 Landschaftsschutzgebiet Flensburger Förde, 1978 Naturdenkmal Holniskliff und Naturschutzgebiet Pugumer See. 1993 wurde eine Gesamtfläche von 360 ha auf Holnisspitze zum Naturschutzgebiet erklärt, das die Salzwiese mit den Nehrungshaken, Kleines Noor und Großes Noor, die Steilküste, das Hochland und Küstengewässer beinhaltet.

Der Naturschutzwert liegt in einem dichten Knicknetz, dem weitverzweigten Grabensystem und dem Vorkommen fast aller Bodentypen in Schleswig-Holstein auf engstem Raum. Von besonderer Bedeutung ist Holnis auch für den Vogelschutz. Die größte Uferschwalbenkolonie der Förde bewohnt die Kliffkante, Kormorane versammeln sich auf der Sandbank in der Noorbucht, und viele andere Vogelarten verweilen auf der Salzwiese und dem Höftsee.

Steilküste. An drei Seiten von Holnisspitze sind Steilküsten herausgeformt worden. Die etwa 5–6 m hohen Steilhänge an der Nord- und Ostseite sind zum größten Teil bewachsen. Der Strand an der Nordküste ist breiter, die Ostküste überwiegend mit Geröllstrand belegt.

■ Naturdenkmal. Holniskliff. Fläche ca. 3 ha. Höhe oberhalb der Kante 23,7 m. In landschaftlich exponierter Lage am Ausgang der Innenförde erhebt sich das Westkliff, das sich immer noch aktiv in Abbruch befindet. In den mächtigen Sand- und Kiesschichten sind einzelne Ton- und Lehmbänder sichtbar. Der steile Hang ist mit vielen Bruthöhlen einer großen Uferschwalbenkolonie durchlöchert.

Nehrungshaken. Durch zwei entgegengesetzte Küstenströmungen kommt es am Nordufer zur Bildung von Nehrungshaken. An der Nordwestspitze ist eine ehemalige Bucht mit mehreren Strandwällen aufgefüllt und daran ein ausgeprägter Sandhaken weit in die Förde hinaus angelagert worden. Ebenso hat auch die Nordostspitze ihr gehörntes Aussehen erhalten.

Landschaftswandel. Beim nacheiszeitlichen Anstieg des Meeresspiegels wurde neben dem eigentlichen Fördebecken auch die Senke in der Mitte der Halbinsel über-

HOLNIS, Westküste. Seichte Noorbucht, Naturdenkmal Holnis-Kliff und Nehrungshaken an der Nordspitze. Foto: D. Weldt

flutet und somit das Hochgebiet von Holnisspitze als Insel abgetrennt. Aus der Abtragung der Steilufer an der Ostflanke schoben sich Strandwälle vor den Ostausgang des Sundes und schlossen ihn von der Außenförde ab. Durch die Nehrung von Drei ist die Insel wieder an das Festland angebunden worden.
Ursprünglich war die Halbinsel Holnis größtenteils mit Holz bewachsen. Seit 1730 wurden die Waldflächen gerodet und zu Ackerland kultiviert. 1880 sind auf Holnis noch 14 ha Heiden verkartet, die heute völlig verschwunden sind.
Die großen Strukturveränderungen sind weniger von der Landwirtschaft, sondern vom Fremdenverkehr hervorgerufen worden. Neue Verkehrswege, Wohnsiedlungen und Campingplätze haben das Landschaftsbild beeinträchtigt. Am störendsten wirken die Gebäudeklötze und der Kunsthafen von Schausende. Eine großangelegte, viel Fläche verzehrende Straße durchschneidet die Halbinsel in der Mitte auf ganzer Länge.

Holnis Noor

Eingedeichte und entwässerte ehemalige Fördebucht auf der Westseite in der Senke zwischen Schausende und der Landenge von Drei. Fläche ca. 60 ha. Das Wiesengelände ist nördlich von Schausende durch einen Deich mit Pumpwerk von der Innenförde abgetrennt. Die größte Tiefe liegt 2,4 m unter NN in der Noormitte.
Am Leuchtturm ist eine Fläche mit Dünenvegetation, darunter größere Bestände seltener Pflanzenarten, naturschutzwürdig. Vor dem Deich hat sich durch aufeinander zulaufende Nehrungshaken ein neues kleines Noor gebildet.

Gewässername. Mejer 1649 Gaab, Gaull. Gude 1778 Holnessernoer. 1781 Grose Nohr. Lit.: Hald 1948-79, VII 78.

Vorgeschichte. Zahlreiche Steinwerkzeuge sind am Nordrand des Noores, östlich des Pumpwerkes und im Nordwesten von Drei auf einer ehemaligen Noorinsel gefunden worden. Lit.: Röschmann 1963, 325, 326.

Geschichte. Nördlich vom Großen Noor lag abgesondert das Kleine Noor, auch „Kinningnoor“ genannt, das bereits 1870 eingedeicht wurde. Die Trockenlegung des Großen Noores begann ein Landwirt 1920, ab 1924 wurden die Entwässerungsarbeiten und der Deichbau mit Staatshilfe betrieben. 1926 waren die Weideflächen trockengelegt, die 1938 an die umliegenden Höfe parzellenweise vergeben wurden.

Literatur. Gude 1778, 96, 104. Jensen Angeln 1844, 17. W. Riedel, Bodengeographische Beobachtungen auf der Halbinsel Holnis, Heimat 1975, 155. Ders., Ein Beitrag zur Kenntnis der Böden auf der Halbinsel Holnis, JbAngeln 1976, 151. H. J. Tech, Mit Vogelfreunden rund um die Halbinsel Holnis, JbAngeln 1978, 182. W. Riedel, Die Naturschutzgebiete im Kreis, 1986, 185. Biotop 1987, 1123 Nr. 94-99. Biotop 1989, 109. TK 1123.

Gemeinde bis 1938

FL Amt Munkbrarup. Fläche 966 ha. 136 Ewh. (1933). Gemeinde 1871 mit 127 Ewh., 25 Wohngeb. 1938 Eingliederung in die Stadt Glücksburg.

Wohnplätze. Drei, Dreisacker, Dreifeld, Dreishöh, Holnis, Holnishof, Kobbellück.

Literatur. Oldekop 1906, V 57. Angeln 1922, 564. Hist. Gem-Verz 1970, 58.

PLZ 24960. Häusergruppe

Nordangeln. Ksp. Munkbrarup, Stadt Glücksburg. 124 Ewh. (1970; im Wpl-Verz 1987 nicht enthalten). Leuchtfeuer „Holnis“ in Schausende.
Lage: auf dem Steilufer zur Förde, 6 km nordöstl. von Glücksburg. Höchste Erhebung auf der Bergkoppel 27 m.
■ Holnis ist der nördlichste Punkt Angelns und der deutschen Ostseeküste. Einst ein Brückenkopf – heute verkehrsmäßig ein Endpunkt.
Die Bewohner sind 8 km von ihrer Kirche in Munkbrarup entfernt und haben einen der längsten Kirchenwege in Angeln.

Ortsname. 1255 Haldenes. 1576 Holdenißе. 1582 Holldeniß. Mejer 1649 u. Danckwerth 1652 Holdenyß. Trap 1864 dän. Holdnæs. PreußLA 1877 Holnis. – Nase, Landvorsprung = dän. næs, ndt. –nis, die einem freien Bauern, einem Erbbauern = altdän. hald, gehört (Laur). Lit.: Hald 1948-79, VII 64. JbAngeln 1968, 39. Laur 1992, 344.

Geschichte. Als das Gebiet des Rudeklosters 1582 Teil des Herzogtums Sonderburg wurde, war auf Holnis als einziges Gebäude die Fährkate an der Süderbrücke vorhanden. 1622 Herzogtum Glücksburg, 1779 Munkbrarupharde. 1871 FL Gem. Holnis, 65 Ewh., 12 Wohngeb. 1938 zur Stadt Glücksburg.
1890 erschien auf der Förde vor Holnis anläßlich eines Manövers fast die gesamte Übungsflotte der kaiserlichen Marine. 1921–61 Anlegestelle der Fördeschiffe an der Norderbrücke.
Krieg. Schleswig-Holstein–Dänemark. 1848 Gefecht gegen 5 dänische Schiffe.

Fähre. Auf dem alten Kurierweg von Schleswig nach Kopenhagen war Holnis Brückenkopf. Die Überfahrt nach Brunsnis auf Sundewitt wird wohl seit dem 13. Jh. bestanden haben und vom Rudekloster betrieben worden sein, auch um auf dem kürzesten Weg zu seinen Besitzungen im Broackerland zu gelangen. 1582 ist eine Fährkate genannt und die Fähre als Verkehrsverbindung zwischen Sonderburg und Glücksburg für fürstliche Herrschaften und Bedienstete in Fahrt gewesen. Öffentliche Fährtransporte sind seit 1648 urkundlich.
Die ursprüngliche Anlegestelle war die Süderbrücke am Ostufer der Förde, wo der alte Steindamm noch zu erkennen ist. 1820 wurde der Fähranleger an die Norderbrücke verlegt. Der Fährtransport für Wagen wurde 1869 eingestellt, und 1875 fand die letzte Personenüberfahrt statt.
Ein großes Fährunglück ereignete sich 1792, als das Boot in einem Sturm kenterte und 6 Personen ertranken. Lit.: J. Stüdtje, Holnis und seine Fähre, JbAngeln 1965, 131 u. 1966, 89. Munkbrarup 1976, I 121, III 1131.

Fährhaus 1823. Restaurant u. Café mit weitem Ausblick über die Förde. Zweigeschossiger geweißter Backsteinbau mit Schieferdach. Im Mittelteil der risalitartig vorgezogene, übergiebelte Eingang mit Granitfreitreppe. Auf dem Wirtschaftshof zwei alte Stallgebäude mit Reetdach (Denkmalbuch).
Das alte Fährhaus an der Süderbrücke, das gegenüber dem Zollkontrolleurhaus von 1796 lag, wurde 1827 abgebrochen. Lit.: Munkbrarup 1976, III 1121.

Zollhaus 1796. Geweißter Backsteinbau auf hohem Feldsteinsockel mit dem rückwärtigen Flügelanbau unter Reetdach, vor dem Eingang eine Granittreppe. Seltener Bautyp (Denkmalbuch).
Die Zollstation Holnis gehörte zum Flensburger Zolldistrikt, seit 1826 mit einem zweiten Beamten besetzt. Auf der gegenüberliegenden Straßenseite sind 1900 und 1938 neue Zollhäuser erbaut worden. Lit.: Munkbrarup 1976, III 1095.

Brückenhaus 1821. An der Norderbrücke als Unterkunft für die Bauarbeiter zur Brückenreparatur erbaut (Denkmalbuch). Lit.: Munkbrarup 1976, III 1100.

Post. 1882 Postagentur mit Telegraphendienst im Fährhaus Holnis.

Ziegeleien. Holnishof 1710–1964. Der Betrieb wurde 1920 elektrifiziert und war zu der Zeit mit einer Jahresproduktion von 3–5 Millionen Steinen ein bedeutendes Unternehmen. Ziegeleigebäude 1966 abgebrochen. Lit.: Jensen Angeln 1844, 345. Munkbrarup 1976, III 1103. – Außerdem lag an der Nordküste von Holnis eine Ziegelei. Sie brannte 1909 ab, und nur das Wohnhaus wurde wieder aufgebaut. Lit.: Munkbrarup 1976, III 1110.

Denkmäler. Seemannsgrab 1830. Am Feldweg nahe des Nordstrandes, versteckt im Knickgebüsch. Der Seemann aus Flensburg starb an Bord seines Schiffes an der Cholera auf der Rückreise von Westindien und wurde von der Besatzung hier begraben. Lit.: Munkbrarup 1976, III 1137. – Sol-

HOLNIS, Fährhaus 1823. Foto: D. Weldt

datengrab 1848. An der Wasserseite der alten Landstraße. Findling mit eingelegter Inschriftstafel, umfriedet mit einem Eisengeländer. Der dänische Soldat wurde auf einem Kriegsschiff vor Holnis erschossen und am Strand begraben (Denkmalbuch). Lit.: Stolz 1980, 32.

Naturdenkmal. Ehem. Zitterpappel im Garten des Fährhauses. 1936 unter Naturschutz. Gefällt.

Holnishof

Hof ohne Ldw.-Betrieb. An der Innenförde, Zufahrtsallee von der neuen Straße.
Ehem. Großkate mit Ziegelei, durch Zukauf 1852 mit 90 ha Land und nun von seinem Besitzer Holnishof genannt. Der Hof wurde 1931 parzelliert und die landwirtschaftliche Fläche unter 6 neue Landstellen auf Holnis aufgeteilt.

Literatur. Gude 1778, 103, 104. vSchröder 1837, I 403. Jensen Angeln 1844, 345. vSchröder 1854, 235. Oldekop 1906, V 57. Angeln 1922, 564. Röschmann 1963, 324. Wpl-Verz 1970, 26. Munkbrarup 1976, I 264, III 1089. TK 1123.

HOLSTEIN

PLZ 24991. Hof

Westangeln. Ksp. u. Gem. Großsolt. Ldw.-Betrieb (1993).
Lage: südwestl. von Großsolt, an der Straße nach Süderschmedeby, hinter Tannen. Höhe 36 m. Weg zum „Steertmoor“.

Ortsname. PreußLA 1877 Holstein. – Die Landstelle wurde zur Zeit der schleswig-holsteinischen Erhebung errichtet.

Geschichte. Um 1880 noch von Heide umgeben. Bis 1970 FL Gem. Großsoltholz.

Literatur. Wpl-Verz 1987, 96. Gr. Solt 1992, 80. TK 1322.

HOLSTENWATTER AU
s. Scheggerotter Au

HOLT
s. Stausmark

HOLTKOPPEL

PLZ 24882. Hof

Südangeln. Ksp. Kahleby, Gem. Schaalby. Ldw.-Betrieb (1992).
Lage: nördl. von Schaalby, am Ende des Weges „Weide". Höhe 30 m.
Bei der Flurbereinigung 1965 aus der beengten Ortslage an den Rand der Gemarkung des Dorfes ausgesiedelt. Lit.: Schaalby 1982-89, III 27.

HOLZKOPPEL
1) Esgrus 2) Rundhofer Wald
3) Satrup 4) Töstrup

1) PLZ 24395. Häusergruppe

Ostangeln. Ksp. u. Gem. Esgrus. 5 Wohngeb.
Lage: nordwestl. von Rundhof, am Weg nach Lüchtoft, am Waldrand der Gutshölzung „Holzkoppel". Höhe 20 m.
Die Häuser stehen an drei voneinander getrennten Stellen, unmittelbar an der Grenze zur Gem. Stangheck.

Ortsname. 1593 Holdtkoppell. Ndt. Holtkoppel. – Waldkoppel = ndt. Holt. Lit.: Hald 1948-79, VII 376. Laur 1992, 346.

Geschichte. 1837 zwei Katen zu Gut Rundhof, 1853 Kappelerharde. 1871 FL Gem. Birzhaft, 16 Ewh., 6 Wohngeb. Seit 1970 Gem. Esgrus.

Literatur. vSchröder 1837, I 406. vSchröder 1854, 236. Oldekop 1906, V 20. Angeln 1922, 599. Wpl-Verz 1987, 95. TK 1224, 1225.

2) s. Rundhofer Wald

3) Wald

Mittelangeln. Gem. Satrup. Fläche 31 ha. Staatsforst Land SH, Forstamt Schleswig, Försterei Satrup.
Lage: nördl. von Satrup, der Nordteil des Forstes im Bogen der Bondenau.
„Kleine Holzkoppel". Wald mit Eiche, Buche, Esche, Erle und Lärche.
Ehem. Forstgutsbezirk Schleswig, 1928 Eingliederung in die Gem. Satrup. Lit.: TK 1223 (1988).

4) s. Stoltebüllheck

HOPPEGAARD

Burgplatz

Ostangeln. Ksp. Esgrus, Gemarkung Wippendorf.
Lage: südl. von Wippendorf, nördl. der Grimsau, ca. 200 m westl. der Straße nach Schörderup im Ackerland auf einer kleinen Kuppe. Höhe 29 m.
Zum Burgplatz Kappeshoi weiter südlich nur 1000 m entfernt.
Auf einer Karte des Dorffeldes von 1764 war die Anlage mit einem dreifachen Graben, der einen kleinen runden Platz umgab, und einem äußeren Graben, der eine größere Fläche umschloß, dargestellt. Die Gesamtanlage von 120 x 200 m deutet auf einen größeren Hofplatz. 1963 waren die ehemaligen Burggräben und Wallreste noch gut zu erkennen, heute ist davon in dem Gelände kaum noch etwas feststellbar.

Ortsname. Hof = dän. gård, des Hoppe (Hald). – Lit.: Hald 1948-79, VII 417.

Literatur. vSchröder 1837, II 438. Jensen Angeln 1844, 207. Angeln 1922, 99. Röschmann 1963, 656. Esgrus 1990, 48.

HOPPENBERG

PLZ 24879. Häusergruppe

Westangeln. Ksp. Nübel, Gem. Neuberend. 10 Wohngeb.
Lage: am Rande der Landschaft Angeln,

südwestl. von Neuberend, an der alten Schleswiger Chaussee, am Falkenberger Holz. Höhe 35 m.

Ortsname. Ndt. = Hopfenberg. Nur im Volksmund gebräuchlich.

HORNHOLZ

PLZ 24941. Dorf

Westangeln. Ksp. Oeversee, Gem. Jarplund-Weding. 163 Ewh. (1970).
Lage: 4 km südl. von Flensburg an der Straße B 76 nach Schleswig, am Südwestrand der Hornholzer Höhen. Grenzort zur Stadt Flensburg.
Das bewegte Höhengebiet von Hornholz erhebt sich etwa um 30 m aus dem Gelände. Es ist von Kiesgruben zerfressen und vernarbt, die mehrere „Berge" abgetragen haben. Der Weg zum Martinsstift verläuft auf dem Rücken der Höhen und überquert die größte Erhebung 70 m. Von hier geht der Blick weit nach Westen und erfaßt das Panorama der Stadt Flensburg. Der Höhenweg markiert die Wasserscheide zur Ostseeförde, die nur 4 km entfernt ist, Hornholz liegt aber im Einzugsgebiet der Nordsee.

Ortsname. 1613 Horn Holtz. Mejer 1648 Wornholt. Trap 1864 dän. Hornskov. PreußLA 1877 Hornholz. Angeldän. Vornskov, Vornskrup. Ndt. Hornholt. – Gehölz = ndt. Holt, bei einem Vorsprung = Horn. Als Grundwort ist später dän. skrup = Gebüsch eingetreten (Laur). Es könnte auch Ecke = dän. hjørne gemeint sein, wobei als Ecklage der Winkel zur Stadtgrenze bezeichnet würde (Bjerrum). Lit.: Bjerrum 1986, 295. Laur 1992, 348.

Geschichte. 1837 Kolonistenstellen zur Uggelharde. 1871 FL Gem. Jarplund, 43 Ewh., 6 Wohngeb.

Richtstätte. 1816 verlegte die Stadt Flensburg ihren Galgen nach Hornholz. Die letzte Hinrichtung geschah 1820 auf der Armsünderkoppel bei Hornholz, als fünf Matrosen wegen Meuterei gehängt wurden.

Literatur. vSchröder 1837, I 433. vSchröder 1854, 256. Oldekop 1906, V 61. WplVerz 1970, 29. TK 1222.

HORSTKOPPEL

Wald

Nordangeln. Gem. Quern. Fläche 77 ha. Staatsforst Land SH, Forstamt Flensburg, Försterei Glücksburg.
Lage: nördl. von Quern, zwischen Förde und Friedrichstal. Im Relief wenig gegliedert, erst allmählich, dann stärker nach Ost zum Bach abfallend. Höhe 5–35 m.
Der Wald besteht aus Rotbuche, Stieleiche, Esche, Ulme und Ahorn. Nadelholz ist wenig vorhanden. Eine Rarität ist ein Restbestand an alten Eichen, der aus der Zeit um 1720 datiert wird. Im Revier ist eine Naturwaldparzelle zur Beobachtung der Waldentwicklung von der forstlichen Bewirtschaftung ausgenommen. Die Flora der Laubwälder Angelns ist reichhaltig vertreten. Kolkrabe, Dachs und Fuchs bewohnen den Wald, zahlreiche Höhlenbrüter im alten Baumbestand, u.a. Hohltaube. Reh- und Damwild haben in der Horstkoppel ihre Einstände. Durch das Gehege führt ein Rundweg.

Flurname. 1668 Hors Coppell. 1784 Horst-Koppel. PreußLA 1877 Horstkoppel. – Pferdekoppel = dän. hors, zu Gehölz = dt. Horst umgedeutet (Hald). Lit.: Hald 1948-79, VII 275.

Geschichte. Im 17. Jh. war die Horstkoppel die Waldweide für die Kühe des Meierhofes Friedrichstal, Herzogtum Glücksburg. Seit 1789 königliche Hölzung, 1869 Forstgutsbezirk Glücksburg. 1928 Eingliederung in die Gem. Roikier, seit 1970 Gem. Quern.

Haus 1859. Forstwärterhaus am Weg nach Mühlendamm, am Ostrand des Waldes.

Literatur. vSchröder 1837, I 288. Jensen Angeln 1844, 352. Oldekop 1906, V 43. Angeln 1922, 577. Quern 1961, 471. Biotop 1987, 1124 Nr. 17. TK 1224.

HOSBÜLL
s. Munkbrarup

HOSKOPPEL

PLZ 24405. Hof
Mittelangeln. Ksp. Böel, Gem. Mohrkirch. Wohngeb., ohne Ldw.-Betrieb.
Lage: nördl. von Mohrkirch, Zufahrt von der Straße nach Sterup in Pattburg abzweigend. Höhe 44 m.
Der Hofplatz liegt auf der schmalsten Stelle eines flachen Höhenzuges. Im Gelände verläuft die Wasserscheide, von der die Gewässer im Norden zur Nordsee und aus dem Einzugsgebiet der Ostsee nach Süden in Richtung Schlei fließen. Im Nordosten steht eine kleine Hölzung, die zum Hof Mohrkirchen gehört.

Ortsname. 1778 Haaskoppel. Wpl-Verz 1871 u. PreußLA 1877 Hoskoppel. Angeln 1922 Hoskoppel. Wpl-Verz 1987 u. TK Hoskoppeln. Volksmund u. Chronik 1991 Hosskoppeln. – Pferdekoppel = dän. hors. Südlichster Wohnplatz in Angeln mit dem Grundwort -koppel im Ortsnamen.

Geschichte. Hof 1778 gegründet auf einer Parzelle des Gutes Mohrkirchen, Mohrkirchharde. 1871 SL Gem. Mohrkirchosterholz, seit 1970 Gem. Mohrkirch. Wohnhaus um 1800 erbaut. Die Landwirtschaft wurde 1970 aufgegeben.

Graben. Nordöstlich des Hofes liegt am Weg nach Pattburg ein fast zugeschütteter Graben. Zu dessen ursprünglichen Zweck und den Zeitpunkt der Entstehung sind die Meinungen strittig. Angeblich soll das Kloster Mohrkirchen diesen Graben als „Kanal“ zwischen Bondenau und Mohrkirchau als Verbindung zur Oxbek angelegt haben. Dafür ist das Gelände aber zu hoch – oder der Graben müßte sehr viel tiefer gewesen sein. Lit.: JbAngeln 1964, 87. E. Frohne, Der Kanal bei Mohrkirchen, JbAngeln 1976, 24. Mohrkirch 1991, 64.

Literatur. vSchröder 1837, I 409. vSchröder 1854, 239. Oldekop 1906, VIII 72. Angeln 1922, 669. Wpl-Verz 1987, 91. Mohrkirch 1991, 451. TK 1324.

HOSTRUP

Gemeinde bis 1974
SL Amt Böklund. Fläche 772 ha. 301 Ewh. (1970). Gemeinde 1880 Nachfolgerin der Gem. Holming durch Namensänderung. Ewh.-Höchstzahl 1946: 581 Menschen. Bis 1970 im Amt Havetoft. 1974 Eingliederung in die Gem. Havetoft.

Wohnplätze. Gardinenhof, Holming, Holmingfeld, Hostrup, Hostrupfeld, Hostrupholz.

Literatur. Oldekop 1906, VIII 53. Angeln 1922, 677. Hist. Gem-Verz 1970, 170. Wpl-Verz 1970, 120.

PLZ 24873. Dorf
Westangeln. Ksp. u. Gem. Havetoft. 186 Ewh. (1987).
Lage: nördl. von Havetoft, an der Straße nach Großsolt, Eckernförder Landstraße, die hier die Bollingstedter Au mit einer Brücke überquert. Höhe 30 m.
Hostrup ist als Runddorf angelegt und bis dicht an die Aubrücke bebaut.

Ortsname. 1425 Hostrop. 1460 Hostorpe. Mejer 1648 Hosterup. PreußLA 1877 Hostrup. – Dorf = altdän. thorp, des Horsi = altdän. PN (Laur). In Nordschleswig ist der Ortsname mehrmals anzutreffen. Lit.: JbAngeln 1963, 32. Laur 1992, 350.

Geschichte. Das Dorf stand ursprünglich unter dem Ding der Uggelharde. In diesem erwarb das Gut Satrupholm vom Domkapitel Schleswig einige Landstellen, die 1658 der Struxdorfharde zugeordnet wurden, womit Hostrup je zur Hälfte beiden Ämtern zugehörig war: 1663 zählen zum königlichen Amt Flensburg, Uggelharde, 3 Höfe, 7 Katen und zum herzoglichen Amt Gottorf, Struxdorfharde, 3 Höfe, 9 Katen. Bei der Bildung preußischer Kreise wurde an diesem geteilten Zustand noch nichts geändert. Laut Wpl-Verz 1871 hatte das Dorf

Hostrup 148 Ewh., 19 Wohngeb., von denen zur FL Gem. Holming 76 Ewh., 14 Wohngeb. gehörten und 72 Ewh., 5 Wohngeb. zur SL Gem. Havetoft gezählt wurden. Als die Gem. Holming 1878 zum Kreis Schleswig wechselte, 1880 die 5 Häuser aus der Gem. Havetoft übernahm und den Gemeindenamen in Hostrup änderte, war das Dorf nach 220 Jahren auch politisch „vereint". Freiw. Feuerwehr 1927 gegründet.

Schule. Nebenschule bis 1806 im Dorf Hostrup vorhanden.

Dänische Schule. 1950 erbaut. 1965 geschlossen. Seit 1967 dän. Kindergarten.

Bauernhaus. Eckernförder Landstr. 13. Ehem. Krug. Großes Wohnhaus eines Hofes, erbaut 1856. Geweißter Backstein auf Granitquadersockel, Reetdach mit Knüppelfirst. Zur Straßenfront zwei Eingänge, in der Nordgiebelwand eine alte zweiflügelige Holz-Füllungstür. Durch die südlich anschließende Durchfahrtsscheune noch als Krug erkennbar (Denkmalbuch).

Denkmal 1898. Doppeleiche und Gedenkstein mit Inschrift zur Erinnerung an die Erhebung 1848. An der Straße von Gr. Soltholz nach Havetoft, bei der Abzweigung Petersilienstraße.

Literatur. vSchröder 1837, I 410. Jensen Angeln 1844, 168, 416. vSchröder 1854, 240. Oldekop 1906, VIII 53. Angeln 1922, 677. W. Philipsen, Dorfschaftsabrechnung der Gem. Hostrup, JbAngeln 1948, 46. Wpl-Verz 1987, 89. TK 1323.

HOSTRUPER AU
s. Bollingstedter Au

HOSTRUPER SEE

Ehem. See

Lage vermutlich in der Niederung der Bollingstedter Au zwischen Hostrup und Havetoft, bei Neubrück. 1835 erwähnt. Lit.: vRohden 1989, 310.

HOSTRUPFELD

PLZ 24873. Häusergruppe

Westangeln. Ksp. u. Gem. Havetoft.
Lage: 2 km nördl. von Hostrup, an der Straße nach Großsolt, Eckernförder Landstraße, an der Holmingau, der Grenzau zum Ksp. Großsolt. Höhe 30 m.
Ehemals Grenzort der Uggelharde zur Satrupharde. Kreisgrenze bis 1974.

Geschichte. 1871 SL Gem. Havetoft, ein Haus. 1880–1974 Gem. Hostrup. 1922 zwei Höfe und eine Kate.

Literatur. Oldekop 1906, VIII 53. Angeln 1922, 677. Wpl-Verz 1987, 89. TK 1323.

HOSTRUPHOLZ

PLZ 24873. Häusergruppe

Westangeln. Ksp. u. Gem. Havetoft. 59 Ewh. (1970; Wpl-Verz 1987 zählt nur 7 Ewh.).
Lage: nördl. von Hostrup, östl. der Straße nach Gr. Soltholz. Höhe 30 m.

Geschichte. 1837 zur Uggelharde 2 Katen. 1871 FL Gem. Holming, 38 Ewh., 10 Wohngeb. u. zur SL Gem. Havetoft, 7 Ewh., ein Haus. 1880 SL Gem. Hostrup, seit 1974 Gem. Havetoft. Ziegelei bei der PreußLA 1877 verzeichnet.

Literatur. vSchröder 1837, 410. Jensen Angeln 1844, 417. vSchröder 1854, 240. Oldekop 1906, VIII 53. Angeln 1922, 677. Wpl-Verz 1987, 89. TK 1323.

HÜGUM
s. Dollrottfeld

HÜHNERHÄUSER
s. Steinbergkirche

HÜHOLZ
1) Gundelsby 2) Havetoft 3) Husby 4) Kappeln 5) Ulsnis

1) PLZ 24376. Häusergruppe
Ostangeln. Ksp. Gundelsby, Gem. Hasselberg. 4 Wohngeb., ein Ldw.-Betrieb (1993).
Lage: 1 km nördl. von Gundelsby, Abzweigung von der Straße nach Kronsgaard. Höhe 12 m.

Ortsname. 1583 FN Hüyeholtt. 1780 Höyholt. 1815 Hüholz. vSchröder 1837 u. Jensen Angeln 1844 Hyholz. PreußLA 1877 Hyholz. Ndt. Hüholt. – Hochgelegener Wald = angeldän. hy oder Hölzung mit Grabhügeln = südjüt. hy (Laur). Lit.: Hald 1948-79, VII 428. Laur 1992, 351.

Geschichte. 1786 vier Parzellen von Gut Oehe, 1853 Kappelerharde. 1871 FL Gem. Gundelsby, 3 Wohngeb. Seit 1970 Gem. Hasselberg.

Fabrik. Hüholz 2. Pharmazeutische Fabrik 1947 erbaut, bereits 1948 wieder stillgelegt. Gebäude 1992 teilweise abgebrannt.

Literatur. vSchröder 1837, I 430. Jensen Angeln 1844, 385. vSchröder 1854, 242. Oldekop 1906, V 50. Angeln 1922, 614. Gundelsby 1977, 197. Wpl-Verz 1987, 97. TK 1225.

2) PLZ 24875. Häusergruppe
Westangeln. Ksp. Havetoft, Gem. Havetoftloit. 44 Ewh. (1987). Dänische Schule Dammholm.
Lage: 4 km südl. von Havetoftloit, an der Straße von Dammholm nach Havetoft, Hüholzer Straße. Höhe 45 m.
Im Süden liegt in einer Senke ein Weidensumpf, einst Torfstich. Die offene Wasserfläche ist mit einem Schilfgürtel von sehr schönem Bestand gesäumt.

Geschichte. Zwei kleine Landstellen wurden 1770 bei der Parzellierung des Meierhofes Bunsbüll, Gut Satrupholm, gegründet, 1771 Satrupharde. 1871 SL Gem. Dammholm, seit 1970 Gem. Havetoftloit.

Literatur. vSchröder 1837, I 174. Jensen Angeln 1844, 419. vSchröder 1854, 82. Oldekop 1906, VIII 33. Angeln 1922, 679. Biotop 1987, 1323 Nr. 38. Wpl-Verz 1987, 89. Dammholm 1991, 147. TK 1323.

3) s. Südertoft

4) PLZ 24376. Häusergruppe
Ostangeln. Ksp. u. Stadt Kappeln. 24 Ewh. (1987), Schulzentrum, Gaststätte, Schießstand u. 5 Wohngeb.
Lage: am Südwest-Stadtrand von Kappeln auf einer Hügelkuppe im herzoglichen Wald Hüholz.

Geschichte. 1871 FL Gutsbezirk Roest, 1928 Gem. Mehlby, seit 1970 SL Stadt Kappeln.

Schule 1974–79. Schulzentrum mit Grund- u. Hauptschule, ab 1979 auch Gymnasium.

Krug. Discothek „Lila Eule“, Hüholz 26. Backsteinhaus mit Reetdach und einem Frontispiz von 1815. Klassizistische Haustür. Erbaut als Holzvogthaus. 1848 Ausflugsgaststätte eingerichtet, 1879 Saalanbau. 1977 Umwandlung in einen Nachtbetrieb (Denkmalbuch).

Denkmal 1898. Doppeleiche ohne Stein im Garten der Gaststätte. Lit.: Frahm 1993, 393.

Hüholz

Wald. Stadt Kappeln u. Gem. Grödersby. Nordteil 20 ha im Besitz der Herzogl. Holstein-Glücksburgischen Forstverwaltung, der Südteil ist Bauernwald von Grödersby. Der Nordteil bedeckt eine ziemlich gleichmäßige, bis 25 m ansteigende Moränenkuppe. Nach Osten und Süden fällt das wellige Gelände ab.
Der Wald besteht zum größten Teil aus jungen Mischwaldpflanzungen. Der ältere Bestand liegt im Ostbereich hinter der Schule. Im Holz seltene Farnarten.
Eine der größeren Senken ist als Naturparzelle „Hüholz-Niederung“ mit Wasser- und Schilfflächen angelegt. Ein Wanderweg führt durch den Wald über eine Bach-

schlucht zum ehemaligen Bahnhof von Grödersby. Lit.: M. Kranz, Flora der Wälder um Mehlby, JbAngeln 1968, 151. Biotop 1987, 1325 Nr. 26, 87.

Hüholzer Au

Au im Bereich der Schlei. Fließstrecke 2 km, von Fegetasch, Höhe 22 m, bis zur Einmündung in die Schlei, nördl. von Königstein. Grenzlauf der Stadt Kappeln zur Gem. Grödersby. Einzugsfläche 230 ha. Mitten im Wald bildet der kleine Bach eine tiefeingeschnittene Schlucht, über die die „Teufelsbrücke“ gelegt ist. Der gesamte Lauf ist naturbelassen und erreicht auf seiner kurzen Strecke ein großes Gefälle.

Literatur. Jensen Angeln 1844, 387. Oldekop 1906, V 96. Wpl-Verz 1987, 90. TK 1325.

5) Ehem. Haus

Südangeln. Ksp. Ulsnis, Gem. Steinfeld. Lage: zwischen Schmedeland u. Wackerade. Kate mit einer Ziegelei. Um 1918 abgebrochen. Lit.: Steinfeld 1979, 343.

HÜRUP

Kirchspiel

Kirchenkreis Angeln. 960 Gemeindeglieder (1991). Kirche, Gemeindehaus, Kindergarten. Grundbesitz 46 ha zus. mit Rüllschau.

Wohnplätze. Brettenburg, Grimsteen, Henneschau ehem., Herregaardlei, Holmburg, Hürup, Hürupfeld, Hürupheide, Hürupholm ehem., Hürupholz, Hürupmühle, Jepstoft ehem., Kielsgaard, Kuhberg ehem., Pinkwra ehem., Wattschaukrug teilw., Weseby, Wesebyfeld, Wesebygaard, Wesebykjer.

Geschichte. Propstei Amt Flensburg, Husbyharde. 1879 Propstei Nordangeln, 1971 Propstei Angeln, seit 1977 Kirchenkreis Angeln. Seit 1956 in Personalunion mit der Kirchengemeinde Rüllschau.

Literatur. Jensen Stat. 1841, 966. Jensen Angeln 1844, 327. Trap 1864, 480. Angeln 1922, 542. Kuhlmann 1958, 176.

Amt

Zum Amt gehören 7 Gemeinden: Ausacker, Freienwill, Großsolt, Hürup, Husby, Maasbüll, Tastrup.
1889 gegründet mit den Gemeinden Hürup, Maasbüll, Rüllschau, Weseby. 1948 Vereinigung mit dem Amt Adelby, 1949 wieder aufgelöst. 1968 Eingliederung in das Amt Husby. 1971 Zusammenlegung der Ämter Großsolt, Hürup, Husby und der amtsfreien Gem. Adelby zum Amt Hürup. Der Amtssitz wurde erst 1974 von Husby nach Hürup in die ehem. Schule verlegt. Lit.: Husby 1976, 52. Hürup 1991, 113.

Gemeinde

Amt Hürup. Fläche 1625 ha, davon 62 ha Wald. 1114 Ewh., 320 Wohngeb., 24 Gewerbebetr., 17 Ldw.-Betr. (alle Angaben 1993).

Wohnplätze. Brettenburg, Herregaardlei, Hürup, Hürupfeld, Hürupholz, Hürupmühle, Kielsgaard, Neukrug teilw., Wattschaukrug teilw., Weseby, Wesebyfeld, Wesebygaard, Wesebykjer.

Gemeinde bis 1970. FL Amt Hürup. Fläche 1019 ha. 783 Ewh. (1970). Gemeinde 1871 gegründet mit 427 Ewh., 74 Wohngeb. Bei der Gründung umfaßte Hürup das größte Gemeindegebiet in Nordangeln. Ewh.-Höchstzahl 1946: 1072 Menschen. 1970 Eingliederung der Gem. Weseby.
Wohnplätze: Brettenburg, Hürup, Hürupfeld, Hürupholz, Hürupmühle, Kielsgaard.

Literatur. Oldekop 1906, V 58. Angeln 1922, 543. Hist. Gem-Verz 1970, 60. Wpl-Verz 1987, 97. Hürup 1991, 124.

PLZ 24975. Kirchdorf

Nordangeln. Ksp. u. Gem. Hürup. 725 Ewh. (1987), Kirche, Pastorat, Amtshaus, Dörpshus, Polizeistation, Bank, Supermarkt, mehrere Handwerksbetriebe und 4 Ldw.-Betriebe im Dorf (1993).
Lage: 10 km östl. von Flensburg, an der Straße von Kleinsolt nach Maasbüll, am Osthang der Hüruper Höhen. Höhe 55 m.

Auf den Hüruper Höhen, die sich 20–30 m aus der Umgebung erheben, erreicht das Dorf seinen Höhepunkt 71 m in Hürupmühle. Der „Gipfel“ ist der Holmberg 79 m. Nach Osten fällt das Gelände zum Hüruper Bach hin in eine weite Ebene ab; eine so große unbebaute Fläche ist in der Landschaft Nordangelns selten.
Das Hochdorf Hürup ist heute ein Straßendorf mit einer knapp 2 km langen, dicht bebauten Dorfstraße. Mehrere Nebenstraßen und Querverbindungen ziehen zur Westseite den Hang hinauf. Der alte Ortskern in Form eines Runddorfes liegt südlich der Kirche.
In einem Straßentunnel gelangen Fußgänger und Radfahrer seit 1994 sicherer zwischen Kirchdorf Hürup und Nachbardorf Weseby unter der vielbefahrenen Kreisstraße 90 hindurch.

Ortsname. 1352 Hudderup. 1379 Hudorp. 1538 Hörupp. Mejer 1648 Hyrup. Danckwerth 1652 Hürup. Trap 1864 dän. Hyrup. PreußLA 1877 Hürup. – Altdän. Høghthorp, angeldän. Hyghthorp in der Bedeutung hochliegendes Dorf = altdän. thorp – oder eher: Dorf bei den Grabhügeln = altdän. høgh, angeldän. hy (Laur). In Dänemark als Højrup oder Hørup häufig. Lit.: Hald 1948-79, VII 33. JbAngeln 1968, 33. Laur 1992, 352.

Geschichte. Von den alten Landstellen im Dorf gehörten ursprünglich 27 zum Domkapitel, Vogtei Gammelbygaard, seit 1777 in der Husbyharde. Außerdem waren 8 Stellen im Besitz des Gutes Satrupholm, die 1657 der Struxdorfharde, Amt Gottorf, zugeordnet wurden und erst seit 1856 der Husbyharde, Amt Flensburg, „inkorporiert“ sind. 1871 FL Gem. Hürup, im Dorf 373 Ewh., 66 Wohngeb.
In der „Dänenzeit“ in den Jahren nach 1848 war die Dorfgesinnung gespalten: in den Häusern des Süddorfes wurde Deutsch gesprochen und „gedacht“, während sich die Bewohner im Nordteil von der Kirche ab überwiegend dem Dänischen verbunden fühlten. Bei der Gründung der Freiw. Feuerwehr 1886 haben diese Gegensätze keine Rolle mehr gespielt.

Kirche. St. Marien. Lage im Südteil des Kirchspiels inmitten des Dorfes, ursprünglich am Nordrand der alten Siedlung gelegen. Höhe 55 m, nach Quern die höchstgelegene Kirche in Angeln. Kleiner spätromanischer Backsteinbau aus dem Anfang des 13. Jh., vermutlich eine Tochtergründung von Husby. Das Nordportal ist vermauert. Die Fenster im Kirchenschiff wurden 1787 verändert. Die Backsteinwände sind seit 1892 teilweise mit Zement überzogen. Die Bleidächer wurden 1952 abgenommen und mit Pfannen neu gedeckt.
In spätgotischer Zeit hat der Chor eine Verlängerung mit einem Polygonschluß erhalten, an dem zwei Strebepfeiler schief angesetzt sind. Die Bauweise des Chorschlusses ist neben Esgrus einzigartig in Angeln.
Der Turm ist im Spätmittelalter erbaut. Schiffsbreit auf querrechteckigem Grundriß, unten kraftvoll, oben mit schwächlichem Abschluß. 1803 durch Blitzschlag abgebrannt und 1804 erneuert. Steiles vierseitiges Zeltdach und offene achtseitige Laterne mit Spitzhelm. Schindeldeckung 1988 erneuert. Vorhausneubau von 1892 an der Südseite.
Literatur. KDM FL 1952, 191. Kuhlmann 1958, 183, 190. Kunst-Topographie SH 1969, 297.

Friedhof. Fläche 0,5 ha. Die Anlage war von hohen Bäumen umstellt, die zur Platzerweiterung und wegen Überschattung gefällt wurden – die beiden letzten Ulmen am Südeingang fielen 1993 der Ulmenkrankheit zum Opfer. Feldsteinmauer 1898 erneuert. Ehrenmal von 1922, hoher Granitblock mit Adlerbekrönung. Anlage 1954 für die Gefallenen des II. Weltkrieges erweitert. Am südlichen Vorplatz, dem sogenannten Brautplatz, steht eine Leichenhalle von 1970.

Pastorat 1765. Hauptstr. 25. Roter Backsteinbau mit kleinem Frontispiz und Reetdach (Denkmalbuch). Daneben das Gemeindehaus von 1975 und seit 1992 ein Kindergarten. Lit.: Hürup 1991, 394.

Schule 1912. Schulstr. 1. Seit 1974 Amtshaus des Amtes Hürup.

HÜRUP, Kirche. Foto: H. W. Langholz

Das alte Schulhaus von 1827 stand am Kirchplatz. 1851–64 Unterricht in dänischer Sprache. Eine neue Schule wurde 1884 an gleicher Stelle erbaut, in der seit 1954 bis zum Abbruch 1983 die Sparkasse ihre Geschäftsräume hatte. Das dritte Schulgebäude errichtete Hürup 1912. Im Altbau am Kirchplatz verblieben zwei Klassen, die 1954 in einen Anbau umzogen. Schule 1971 zur DGS Husby aufgelöst. Lit.: Ravn 1971, 164. Hürup 1991, 394.

Krüge. Alter Dorfkrug, Meiereistr. 7. Bewirtschaftet bis 1901 und in den Bahnhof verlegt. Lit.: Hürup 1991, 421. – Gasthaus Seemann, Hauptstr. 22. Wirtschaft 1902 begonnen und 1988 beendet. Heute Baustoffhandel. Lit.: Hürup 1991, 386. – Gasthof Agger, Bahnhofstr. 10. Gaststätte im 1901 erbauten ehem. Bahnhof. Lit.: Hürup 1991, 438. – Gaststätte im „Dörpshus Hürup“, 1992 von der Gemeinde erbaut.

Bahnstation 1901–1938. Bahnhofstr. 10. Haltestelle der Kleinbahn Flensburg–Satrup–Rundhof.

■ Höhe 65 m, die höchstgelegene Station aller Bahnlinien in Angeln. Der Zug kam aus Flensburg durch das Hürupholz und machte nach der Dorfstation wieder eine Kehrtwendung nach Südwest in Richtung auf Freienwill. Im Volksmund wurde diese Umwegstrecke „de Frienwiller Näs“ genannt. Der ehemalige Bahndamm von Hürup nach Freienwill ist auf einigen Teilabschnitten zu verfolgen. Lit.: Hürup 1991, 438.

Post 1901–1974. Posthilfsstelle im Bahnhof eröffnet, seit 1903 Postagentur mit Telegraphendienst. 1974 aufgelöst nach Husby. Lit.: Hürup 1991, 235.

Bank. Raiffeisenbank eG Hürup, Hauptstr. 2. Geschäftsstelle der Raiffeisenbank eG Flensburg. Spar- und Darlehnskasse Hürup 1901 gegründet. 1971 Fusion mit der Raiffeisenbank eG Husby, heute die Raiffeisenbank eG Flensburg. Lit.: Hürup

HÜRUP, Hauptstr. 42/44, ehemalige Katen. Foto: H. W. Langholz

1991, 223. – 1873 Gründung der Spar- und Leihkasse der Kirchspiele zu Hürup und zu Rüllschau, deren Sitz um die Jahrhundertwende nach Neukrug verlegt wurde.

Meierei 1887–1966. Hauptstr. 54. Wohnhaus. Lit.: Hürup 1991, 195, 364.

Supermarkt. Hauptstr. 2. Hürup hatte zwei Hökerläden im Dorf, die sich mit einem Großhandel zusammenschlossen und 1977 den Markt eröffneten. Lit.: Hürup 1991, 417.

Bauernhäuser. Markeruper Weg 1. Hof unmittelbar neben der Kirche. Seit 1679 im Familienbesitz. Großes langgestrecktes rotes Backsteinwohnhaus mit Reetdach, der firsthoch übergiebelte Frontispiz von 1903. Ein langes Nebengebäude aus Fachwerk mit roten Ziegelausfüllungen, reetgedeckt (Denkmalbuch). Lit.: Hürup 1991, 392. – Hauptstr. 44. Ehem. Kate aus rotem Backstein, der Nordgiebel aus Fachwerk. Reetdach und kleiner Frontispiz mit Bodenfenster (Denkmalbuch). Lit.: Hürup 1991, 368.

Denkmäler. Friedenseiche 1871 ohne Stein. Neben der ehem. Meierei. – Am Weg nach Kleinwolstrup, etwa 500 m vor dem Fernsehturm, Gedenkstein zur Erinnerung an die Flurbereinigung 1970–90.

Brettenburg

Ortsteil. Brettenburger Straße. 27 Wohngeb., überwiegend Neubauten.
Ortsname. 1773 FN Brettenburg. PreußLA 1877 Brettenburg. – Scherzname, angeblich nach Schloß Breitenburg benannt. Lit.: Hald 1948-79, VII 3.
Ehem. Krug- u. Schmiede-Kate, Brettenburger Str. 13. Lit.: Hürup 1991, 490.

Henneschau

Ehem. Haus. 1715 FN Hennschau. – Wald = dän. skov, dt. -schau, bei einer Einhegung = altdän. hæghnath (Hald). Lit.: Hald 1948-79, VII 3.

Literatur. vSchröder 1837, I 414. Jensen Angeln 1844, 327. vSchröder 1854, 243. Oldekop 1906, V 58. Angeln 1922, 543. Röschmann 1963, 331. Wpl-Verz 1987, 97. Hürup 1991, 124, 349. J. Lorenzen, Chronik des Ksp. Hürup, 1991. TK 1223.

HÜRUPER BACH

Au

Nordangeln, im Bereich der Kielsau, Treene. Fließstrecke 6,5 km, von der Bahnstrecke auf Wesebyfeld Höhe 45 m, nahe der Wasserscheide zur Ostsee, bis zur Einmündung rechts in die Kielsau, oberhalb von Kleinsolt. Einzugsfläche 885 ha, Gem. Hürup.

Mit Gräben wird die weite Ebene vor Hürup entwässert. In einem engeren Tal geht die Au westlich an Kielsgaard vorbei und mündet unterhalb der Straße von Kysweek in die Kielsau.

Gewässername. 1538 by der Beke. 1819 Hürup-Beck. Kat. Flurkarte 1875 u. Kat. Plankarte 1954 Hüruper Bach. – Auch Hennebach, schriftlich nicht belegt, mündlich aber oft gebrauchter Name und auch im Gewässerkdl. Verz SH aufgeführt. Lit.: Hald 1948-79, VII 9. vRohden 1989, 310.

HÜRUPER HÖHEN

Höhenzug

Nord- u. Westangeln. Die Hüruper Höhen sind der Nordteil eines schwach bogenförmigen Höhenzuges, der bei Weseby beginnt und nach 8 km vor dem Sankelmarker See und Oeversee endet.

Der kompakte, steil ansteigende Wall hebt sich 20–30 m aus seiner Umgebung heraus. Besonders vom Norden Kleinwolstrups an zeigt er eine außergewöhnlich kuppige Ausbildung.

■ Dort liegen in zwei voneinander getrennten Höhenzentren die höchsten Berge der Landschaft Angeln: der 79 m hohe Holmberg bei Hürupmühle ist die Spitze des Nordzentrums, und der absolute Gipfel erreicht auf dem Hökeberg 82 m.

■ Hürupmühle ist der höchstgelegene Wohnplatz in Angeln. Das beherrschende Bauwerk der Höhen ist der Fernmeldeturm.

Größere Waldflächen bedecken nur die Westseite, Hürupholz und Wolstruper Holz.

Viele Wege durchkreuzen von Hürup, Kleinsolt und Kleinwolstrup die Höhen. Die Eckernförder Landstraße zieht über den 60 m hohen Wielenberg, und die neue Kreisstraße 90 überwindet die Kuppe von 70 m beim Durchschneiden des Nordteils.

HÜRUPFELD

PLZ 24975. Häusergruppe

Nordangeln. Ksp. u. Gem. Hürup. 18 Ewh. (1987), 7 Wohngeb., keine Ldw.-Betriebe (1993).

Lage: 2 km östl. von Hürup, am Weg nach Markerup, an der Levensau. Höhe 42 m.

Hürupfeld liegt an der Grenze zum Ksp. Husby, deren Verlauf von der Au gezeichnet wird.

■ Die Landschaft um Hürupfeld ist ein Stück Geest mitten in Angeln, eine ebene Fläche, die mit dunkelgrauem Sand und Dornenhecken auffällig anders geartet ist. Nach Osten setzt sich das ehemalige Heideland in Markerupheide fort. Das Flachland zwischen Hürupfeld und Hürup ist unbebaut und von vielen Knickstrecken durchzogen.

Ortsname. 1615 uff der Heide. 1631 Hurup Heide. vSchröder 1837 u. Jensen Angeln 1844 Hürupheide. PreußLA 1877, Angeln 1922 u. Kat. Plankarte 1954 Hürupheide. TK u. Wpl-Verz 1970 u. 1987 Hürupfeld. Lit.: Hald 1948-79, VII 4.

Geschichte. 1844 eine Kate „Hürupheide", Husbyharde. 1871 FL Gem. Hürup. Um 1900 von sechs Landstellen bebaut.

Literatur. vSchröder 1837, I 415. Jensen Angeln 1844, 328. vSchröder 1854, 243. Oldekop 1906, V 58. Angeln 1922, 544. Husby 1976, 10. Wpl-Verz 1987, 97. Hürup 1991, 466. TK 1223.

HÜRUPHOLM

Ehem. Hof

Nordangeln. Ksp. Hürup. Lage vermutlich auf dem Holmberg bei Hürupmühle. 1538 bis 1741 erwähnt.

Ortsname. 1538 Hudrup Holm. 1741 Hürupholllm. Lit.: Hald 1948-79, VII 4.

HÜRUPHOLZ

PLZ 24975. Streusiedlung

Nordangeln. Ksp. u. Gem. Hürup. 18 Ewh. (1987), 3 Ldw.-Betriebe (1993).
Lage: westl. von Hürup, an der Straße nach Tastrup, auf einem Höhenrand mit Ausblick auf Flensburg. Höhe 68 m.

Ortsname. 1631 Hurup Holz. PreußLA 1877 Hürupholz. Ndt. Hürupholt. Lit.: Hald 1948-79, VII 4. Laur 1992, 352.

Literatur. Angeln 1922, 544. Wpl-Verz 1987, 97. Hürup 1991, 441, 460. TK 1223.

Hürupholz

Wald. Fläche 45 ha Gem. Hürup und ein kleiner Anteil in der Gem. Freienwill. Höhe 60–70 m.
■ Das Hürupholz ist der höchstgelegene Wald in Angeln. An seinem Südrand beginnt die Scherrebek ihren Lauf vom höchsten Quellort. Durch das Holz zog 1901–38 die Kleinbahn von Flensburg nach Hürup.

HÜRUPMÜHLE

PLZ 24975. Häusergruppe

Nordangeln. Ksp. u. Gem. Hürup. 44 Ewh. (1987), ein Ldw.-Betrieb (1993).
■ Lage: Nord-Hürup, Mühlenstraße. Der höchstgelegene Wohnplatz in Angeln, Höhe 71 m.

Ortsname. 1715 FN Holmberg. vSchröder 1837 Holmburg. PreußLA 1877 Hürup M. Lit.: Hald 1948-79, VII 3.

Windmühle. „Holmburg", Galerieholländer-Korn- und -Grützmühle 1785 auf dem Holmberg erbaut. Letztes Betriebsjahr 1963 und seitdem ohne Flügel und Kappe. Rumpf mit Blech verkleidet.
Ehem. Müllerhaus, Mühlenstr. 16. Massiver Ziegelbau mit Souterraingeschoß und Schieferdach. In der Frontfassade ein übergiebelter Mittelrisalit mit Freitreppe und Balkon. Im Südgiebel ein Aufzugserker und Bodenluke (Denkmalbuch). Lit.: Pöge 1980, 68. Hürup 1991, 190, 454.

Literatur. vSchröder 1837, I 415. vSchröder 1854, 243. Oldekop 1906, V 58. Angeln 1922, 544. Wpl-Verz 1987, 97. Hürup 1991, 454. TK 1223.

HÜRYE

PLZ 24392. Hof

Südangeln. Ksp. u. Gem. Boren. Ldw.-Betrieb (1991).
Lage: südwestl. von Boren, an der Straße nach Kl. Boren, auf einer kleinen Kuppe. Höhe 20 m.

Ortsname. Jensen Angeln 1844 Hyrye. PreußLA 1877 Hürge. Angeln 1922 Hüry. Ndt. Hürie. – Kratt = angeldän. ry, bei einem Hügel oder Grabhügel = angeldän. hy.

Geschichte. Zwei kleine Landstellen entstanden 1784 auf einer Parzelle von Gut Lindau, Schliesharde. 1871 SL Gem. Boren, 13 Ewh., 2 Wohngeb.

Literatur. vSchröder 1837, II 19. Jensen Angeln 1844, 397. vSchröder 1854, 244. Oldekop 1906, VIII 26. Angeln 1922, 639. Boren 1957, 99. Wpl-Verz 1970, 117. TK 1324.

HÜSFELD

PLZ 24395. Hof

Ostangeln. Ksp. Gelting, Gem. Pommerby. Ldw.-Betrieb (1987).
Lage: 3 km südl. von Pommerby, an der Straße von Kronsgaard nach Bobeck. Höhe 10 m. Grenzort zum Ksp. Gundelsby und zur Gem. Kronsgaard.

Ortsname. 1785 Hüsfeld. PreußLA 1877 Hüsfeld. Lit.: Hald 1948-79, VII 428.

Geschichte. 1783 Hof auf einer Parzelle von Gut Düttebüll, 1853 Kappelerharde.

Literatur. vSchröder 1837, I 217. Jensen Angeln 1844, 382. vSchröder 1854, 111, 244. Oldekop 1906, V 92. Angeln 1922, 612. Gelting 1972, 641. Gelting 1987, 323. WplVerz 1987, 99. TK 1224.

HUK
s. Habernis

HUNAU

Au

Ostangeln, im Bereich der Ostsee. Fließstrecke 4 km, aus dem Feld zwischen Rundhof und Mariannenhof, nordwestl. von Stangheck, Höhe 28 m, bis zur Einmündung in die Geltinger Bucht bei Hunhoi. Einzugsfläche 990 ha, Gem. Niesgrau u. Stangheck.
Vom Gesamtlauf sind 2,3 km offene Gräben. Die Strecke durch den Wald Mörderkoppel ist naturbelassen und unterhalb von Regelsrott mit einem tiefen Taleinschnitt ausgebildet. Der Mündungslauf ist begradigt und wurde 1937–39 durch den Reichsarbeitsdienst mit einem Deich vor der Ostsee geschützt. Im Winter 1978/79 zerstörten zwei Sturmfluten den Deich, der vollkommen neu erbaut werden mußte. An diesen Bau erinnert ein Gedenkstein auf dem Deich bei Koppelheck. 1975–77 erfolgte ein Ausbau der Gesamtstrecke.
Einmündendes Gewässer: Lüchtofter Mühlenau, die den Westteil der Einzugsfläche entwässert.

Hundamm

Ehem. See. Niederung der Hunau an der Nordstraße bei Koppelheck. Der frühere See soll sich bis Ohrfeld erstreckt haben, wo den Bauern von Lehbek 1539 urkundlich erlaubt war, hier ihr Vieh zu tränken.
Auf den moorigen Verlandungsbereichen stehen große Reetbestände. Wenn sich zur Winterzeit bei Hochwasser Rückstau bildet und von den südlichen Hängen viel Wasser einströmt, dann verwandelt sich die Niederung wieder in einen See.
Nach dem Ausbau der Hunau wird das Wasser heute oberhalb der Senke, an den Hängen vorbei, herumgeführt. Die Niederung selbst wird durch ein Schöpfwerk entwässert.

Gewässername. 1508 Hunedamm. 1539 Huntdame. 1540 Hundam. Lit.: Hald 1948-79, VII 415.

Literatur. Jensen Angeln 1844, 24, 247. Angeln 1922, 603. E. Raabe, Die Wiesen der Hunau-Niederung, JbAngeln 1960, 174. LA für Wasserhaushalt SH, Gütelängsschnitt Hunau 1987. Esgrus 1990, 446.

HUNGERBURG
s. Gintoft

HUNHOI

PLZ 24395. Häusergruppe

Ostangeln. Ksp. Esgrus, Gem. Niesgrau. 2 Wohngeb., Café „Seeblick“.
Lage: 3 km westl. von Gelting, von Bonsberg an der Nordstraße Abzweigung zur Geltinger Bucht.
Im Westen mündet die Hunau in die Bucht. Strand- und Deichweg von Ohrfeldhaff nach Wackerballig.

Ortsname. 1690 FN Hund Hue. 1786 Hunhöj. 1817 Hunhoi. TK von 1939 Hundenkopf (Hunhoi). Ndt. Hunnenkopp. – Hundehügel zu dän. høj = Hügel, Grabhügel. Die Benennung nach der Tierbezeichnung Hund ist entweder in übertragener Bedeutung aufzufassen oder hat einen anderen Grund. Das zweite Zusammensetzungsglied ist im Dänischen zu angeldän. hoi, schriftsprachlich hoved = Haupt umgedeutet und ins Niederdeutsche mit Kopp = Kopf übersetzt worden (Laur). Lit.: Hald 1948-79, VII 377. Laur 1992, 354.

Geschichte. 1837 zwei Katen am Strand

zu Gut Ohrfeld, 1853 Kappelerharde. 1871 FL Gem. Koppelheck, 22 Ewh., 5 Wohngeb. Seit 1970 Gem. Niesgrau.

Denkmal 1941. Gedenkstein auf dem Deich zur Erinnerung an den Deichbau.

Literatur. vSchröder 1837, II 131. Jensen Angeln 1844, 372. vSchröder 1854, 390. Oldekop 1906, V 67. Angeln 1922, 603. Wpl-Verz 1987, 98. TK 1225.

HUSBERG

PLZ 24405. Haus

Mittelangeln. Ksp. Norderbrarup, Gem. Rügge, Kukedeel 4. Ehem. Kate von Gut Brunsholm.
Lage: westl. von Rügge, an der Straße nach Spenting.

Literatur. vSchröder 1837, II 205. vSchröder 1854, 438.

HUSBY

Harde

Amt Flensburg. Die Husbyharde umfaßte die westliche Hälfte Nordangelns von Tastrup bis Ausackerholz und Dollerupholz an der Förde, ohne die Nordspitze der Landschaft. In den Grenzen der Kirchspiele Adelby, Rüllschau, Hürup, Husby und Grundhof wohnten 1854 etwa 6100 Hardesuntergehörige.
Ursprünglich gehörte zur Husbyharde auch das Kirchspiel Munkbrarup, das sich 1237 als eigenständiges Birk des Rudeklosters von der Harde trennte und 1779 als Munkbrarupharde fortbestand. Vom aufgelösten Domkapitel Schleswig kamen 1777 Teile der Vogtei Gammelbygaard unter Hardeshoheit. Ein annähernd geschlossenes Verwaltungsgebiet war erst 1853 zustandegekommen, als die im Hardesbereich verstreuten Guts- und Kirchengerichtsbarkeiten übernommen wurden. Die Untergehörigen der Güter Freienwillen, Lundsgaard und Weseby, die bereits 1805 der Harde dingpflichtig wurden, hat die Husbyharde 1853 auch unter ihre Verwaltung genommen. Die Gerichte des Hospitals und der Kirchen St. Marien und St. Nikolai in Flensburg wurden 1853 vom Hardesding abgelöst. Zuletzt sind 8 Stellen zu Hürup, die unter der Struxdorfharde, Amt Gottorf, standen, 1856 zur Harde des Amtes Flensburg gelegt worden. Der Verwaltungsbezirk war in vier Trinte unterteilt: Adelby, Dollerup-Langballig, Hürup-Husby und bis 1860 Hohlwege-Fischerhof.
Seit 1850 wurde die Harde zusammen mit der Nieharde von einem Hardesvogt verwaltet, der seitdem seinen Amtssitz in der Stadt Flensburg hatte. 1867 ist die Rechtspflege durch das neue Amtsgericht Flensburg übernommen worden.

Name. KWE 1231 Husbüheret. 1352 Husbyherrit. 1431 Husebu Herde. Mejer 1649 Husbuy Herde. Lit.: Hald 1948-79, VII 173. JbAngeln 1968, 42. Laur 1992, 355.

Wappen. Siegel 1450. Auf rotem Grund ein Holzhaus, an dessen Dach zu beiden Seiten ein Kreuz. Früher wurde fälschlicherweise ein von Pfeilen durchbohrtes Herz für das Hardeszeichen gehalten. Lit.: B. Asmussen, Kommunale Wappen in Angeln, JbAngeln 1980, 149, 157.

Dingstätte. Hauptort der Harde war Husby, ziemlich zentral im ursprünglichen Gebiet gelegen. Der erste Gerichtsplatz befand sich auf dem südlichen Teil des heutigen Friedhofs. Später wurde bei der Schmiede, Flensburger Str. 15, und danach im Dorfkrug, Flensburger Str. 8, Gericht gehalten.

Richtstätte. Außerhalb des Dorfes Husby auf dem Galgenfeld auf Husbyfeld. Der Galgen wurde letztmals 1752 erneuert. Lit.: Jensen Angeln 1844, 81. Röschmann 1963, 337. Husby 1976, 32, 241.

Literatur. Jensen Stat. 1841, 951. Jensen Angeln 1844, 7, 290. vSchröder 1854, XI, LXXVIII. Trap 1864, 477. Angeln 1922, 104. O. Klauder, Die Husbyharde in ältester Zeit, JbAngeln 1932, 20. Husby 1976, 18.

Kirchspiel

Kirchenkreis Angeln. 2050 Gemeindeglieder (1991). Kirche, Gemeindehaus, Kindergarten, Sozialstation. Grundbesitz 86 ha.

Wohnplätze. Adderoi ehem., Altona, Ausacker, Ausackerfeld, Ausackerholz, Ausackerosterholz, Ausackerwesterholz, Beierlund ehem., Bisgaard ehem., Dammende, Gosewatt, Gravenstein, Gremmerup, Hammestoft, Hodderup, Hüholz, Husby, Husbyfeld, Husbyholz, Husbymühle, Husbyries, Kielsieck ehem., Lämmerstraße, Langroi, Leisberg ehem., Lutzhöft teilw., Markerup, Markerupfeld, Markerupheide, Nedderby, Poldamm, Rönn, Schausmark ehem., Schubytoft, Seegaard, Seegaardfeld, Seegaardmühle, Snorrum, Sorgenfrei ehem., Spang, Stalitt, Stendels, Süderholz teilw., Südertoft, Tweetschau, Voldewraa, Walachei ehem., Wattschaukrug teilw., Winderattheck teilw., Wolmkjer ehem.

Geschichte. Von Husby sind die Kirchen zu Munkbrarup, Grundhof, Adelby und später auch Hürup und Rüllschau gegründet worden und als selbständige Kirchspiele aus dem Gebiet von Husby herausgelöst. Propstei Amt Flensburg, Husbyharde. 1879 Propstei Nordangeln, 1971 Propstei Angeln, seit 1977 Kirchenkreis Angeln.

Literatur. Jensen Stat. 1841, 972. Jensen Angeln 1844, 329. Trap 1864, 481. Angeln 1922, 545. Kuhlmann 1958, 174, 176.

Amt bis 1971

Kreis Flensburg. 1889 Gem. Ausacker, Ausackerholz, Gremmerup, Hodderup, Husby, Husbyholz, Markerup. 1968 Vereinigung mit, 1971 Eingliederung in das Amt Hürup.

Gemeinde

Amt Hürup. Fläche 1931 ha, davon 60 ha Wald. 1736 Ewh., 480 Wohngeb., 42 Ldw.-Betriebe (alle Angaben 1987).
Husby ist die volkreichste Gemeinde Nordangelns. Die Einwohnerzahl hat sich in 120 Jahren mehr als verdoppelt.

Wappen. Zeichen der Husbyharde 1980 als Gemeindewappen angenommen.

Wohnplätze. Altona, Gosewatt, Gravenstein, Gremmerup, Hodderup, Husby, Husbyfeld, Husbyholz, Husbymühle, Husbyries, Langroi, Markerup, Markerupfeld, Markerupheide, Nedderby, Poldamm, Rönn, Schausmark ehem., Seegaard, Seegaardfeld, Seegaardmühle, Snorrum, Spang, Stalitt, Stendels, Süderholz teilw., Voldewraa, Wattschaukrug teilw.

Gemeinde bis 1970. FL Amt Husby. Fläche 456 ha. 848 Ewh. (1970). Gemeinde 1867 gegründet, 1871 mit 150 Ewh., 25 Wohngeb., nicht mehr als in den Nachbargemeinden Gremmerup, Hodderup oder Markerup. 100 Jahre später hat Husby viermal mehr Bewohner als jene. Ewh.-Höchstzahl 1946: 1233 Menschen. 1970 Eingliederung der Gem. Gremmerup, Hodderup und Markerup.
Wohnplätze: Husby, Husbyfeld, Husbyries, Poldamm, Wattschaukrug teilw.

Literatur. Oldekop 1906, V 58. Angeln 1922, 545. Hist. Gem-Verz 1970, 60. Wpl-Verz 1987, 97.

PLZ 24975. Kirchdorf

Nordangeln. Ksp. u. Gem. Husby. 997 Ewh. (1987), Kirche, Pastorat, Schule, Polizeistation, Post, Banken, Apotheke, Gaststätten, Druckerei, Wehrbereichsbekleidungsamt, Tankstelle, verschiedene Gewerbe- u. Handelsbetriebe, 2 Ldw.-Betriebe im Dorf (1993).
Lage: 10 km östl. von Flensburg, an der Straße nach Sterup, Kappelner Chaussee, hier Flensburger Straße genannt, und der Straße von Munkbrarup nach Satrup, dem alten Kurierweg, hier als Glücksburger und Schleswiger Straße bezeichnet. Höhe Dorfmitte und Kirchplatz 50 m.
Das Dorf liegt auf einer großen ebenen Hochfläche. Nach Südwest fällt das Gelände in die weite Niederung der Moorau leicht ab. Schöner Wanderweg neben der Au nach Husbyries. Die Wasserscheide verläuft am Nordrand von Husby, der Dorfteich entwässert über die Munkbrarupau zur Ostsee, südlich der Linie Sportplatz–Schule rinnt das Wasser Richtung Nordsee.

HUSBY, Süddorf mit baumumstandenem Kirchplatz und ehem. Bahnhof an der Strecke Kiel–Flensburg. Foto: B. Hamer

Der alte Dorfkern im Nordosten von Husby zeigt deutlich die Anlage eines Runddorfes. Um den großen Dorfteich hat sich ein reizvolles Bild einer bäuerlichen Siedlung erhalten.
Nach Eröffnung der Bahnstation verlagerte sich der Mittelpunkt nach Süden an die Landstraße, die durch mehrere Geschäftshäuser die Hauptstraße geworden ist. In jüngster Zeit ist Husby durch zahlreiche Neubauten nach Westen und Norden gewachsen. Am Ostrand entsteht seit 1993 ein Gewerbegebiet. Im Süden wird der Großteil des Dorfes von der Bahnstrecke begrenzt.
Schönes Dorf. 1973 ausgezeichnet als Kreis- und Landessieger mit dem „Krähenden Hahn".

Ortsname. 1319 Husebuy. 1352 Husby. Mejer 1648 Husbuy. PreußLA 1877 Husby. – Zusammensetzung von hus = Haus und by = dän. Dorf, Siedlung. Vermutlich ein Königs- oder Bischofshof bzw. der Sitz eines königlichen oder bischöflichen Lehns- oder Amtmannes, oder auch hus als Bezeichnung für ein befestigtes Haus. Für Husby im nördlichen Angeln könnte man die erstgenannte Bedeutung vermuten, obwohl es keinerlei Überlieferung in dieser Hinsicht gibt (Laur). In nordischen Ländern ist der Ortsname weit verbreitet. Lit.: Hald 1948-79, VII 173. JbAngeln 1968, 32. Laur 1992, 354.

Vorgeschichte. Für den Norden der Landschaft Angeln war Husby zur Wikingerzeit ein Mittelpunkt, vielleicht auch ein heidnisches Kultzentrum.
Am westlichen Dorfrand, am Sportplatz, wurde 1955 beim Siedlungsbau ein Urnenfeld aus der Zeit 600 vor bis Chr. Geb. entdeckt. Bis 1960 sind hier insgesamt etwa 1300 Urnen ausgegraben.
■ Eine Sensation ist der Fund eines Wagengrabes, von dessen Art nur drei bekannt sind. Das Grab lag am Nordrand des Urnenfeldes, abgesondert von allen anderen Beisetzungen. Der Tote, aufgrund der Beigaben vermutlich von fürstlichem Stand, war offensichtlich mit dem Wagen verbrannt worden. Von dem Wagen hatten sich nur die metallenen Beschläge erhalten. Lit.: Röschmann 1963, 333, 338. K. Raddatz, Das Wagengrab der jüngeren vorrömischen Eisenzeit von Husby, Offa Bd. 20, 1967. Husby 1976, 13.

Geschichte. 1837 zur Husbyharde 8 Höfe und 3 Katen. 1871 FL Gem. Husby, im Dorf 107 Ewh., 15 Wohngeb. Husby war bis um 1860 ein reines Bauerndorf. An der Landstraße, die 1872 zur Chaussee ausgebaut wurde, lagen nur der Krug und eine Schmiede. Mit Eröffnung der Bahnstation Kiel–Flensburg hat sich das Dorf seit 1881 durch Ansiedlung von Handelsgeschäften und Handwerkerbetrieben entlang der Kappelner Chaussee zu einem Geschäftszentrum entwickelt.
Freiw. Feuerwehr gegründet 1886 gemeinsam mit Gremmerup, 1905 eigene Dorfwehr, seit 1962 mit Feuerwehrmusikzug.
Krieg. Schweden–Brandenburg. Im sogenannten „Polackenkrieg" wurde das Pastorat 1659 von schwedischen Soldaten niedergebrannt.
Persönlichkeit. Lars Hansen 1788–1876. Lehrer, Botaniker, 1822–50 und 1864–66 an der Schule in Husby.

Kirche. St. Vincentius. Lage in der Mitte der Nordhälfte des Kirchspiels, auf einem nach Süden abfallenden Hügel. Ursprünglich allein und abseits des Dorfes, heute vor seinem Südrand. Höhe 50 m.
Romanischer Granitquaderbau aus der Zeit um 1200. Nach Umbau von 1786 eine Saalkirche. Alle Wände des Kirchenschiffes sind aus Granitquadern errichtet, später oben mit Zement verputzt. Die Längswände ruhen auf profilierten Quadersockeln. Die Sohlbanksteine der Fenster sind mit fremdartigen Motiven flacher Tierreliefs geziert. Eingang durch das Südportal im Vorhaus. 1856 wurde die baufällige Nordwand neu aufgeführt. 1859 sind die großen Südfenster angelegt worden und das Bleidach durch Ziegel ersetzt.
Chor und Apsis sind 1786 wegen Baufälligkeit abgebrochen und nicht wieder aufgebaut. Dafür wurde das Schiff verlängert, wobei vom Abbruchmaterial die Granitquader wieder Verwendung fanden.

HUSBY, Kirche mit 51 m hohem Turm. Foto: D. Weldt

■ Der Turm ist der imposanteste Bauteil der Kirche, mit 51 m der höchste Kirchturm in Nordangeln. Er ist in spätgotischer Zeit auf einem groben Feldsteinsockel aus Backstein erbaut. Nach Blitzschlag erhielt er 1603 einen neuen sehr hohen Spitzhelm, der 1699 und 1756 abermals wegen Blitzschäden repariert werden mußte. Die Wände sind daher mit Zahlenankern übersät. Seit 1690 mit Schindeln gedeckt. West- und Südwand wurden 1703 quaderverblendet und 1856/59 große Fenster angelegt. 1972 sind die Turmwände mit Stahl und Flüssigbeton verfestigt worden. Das angebaute Vorhaus ist ein Neubau von 1806.

Literatur. KDM FL 1952, 203. Kuhlmann 1958, 160, 188. Kunst-Topographie SH 1969, 299. Husby 1976, 23.

Friedhof. Fläche 2 ha. Von einer Feldsteinmauer umgeben und mit hohen Bäumen umstellt. 1887 nach Süden erweitert. Neue Anlage 1921 östlich der Kirche.

Denkmal 1921. Ehrenmal auf dem neuen Friedhof, 1956 mit einer zusätzlichen Gedenkstätte gestaltet.

Grab 1876 Lehrer, Botaniker Lars Hansen. An der Südseite der Kirche.

Pastorat 1762. Zum Dorfteich 12. Am Nordrand von Husby, genau in entgegengesetzter Lage zur Kirche.

Ansehnlicher eingeschossiger Backsteinbau. Reetdach mit Knüppelfirst (Denkmalschutz). Gemeindehaus in der ehem. Pastoratsscheune. Kindergarten 1968 im Garten erbaut. Der Garten ist 1840 neu angelegt

HUSBY, Küsterhaus und alte Dorfschule 1826. Foto: J. Clausen

worden. Mehrere Bäume sind als Naturdenkmal geschützt.
Das alte Pastorat lag weiter östlich an der Poldamm-Niederung. Es war um 1560 erbaut und wurde 1659 von schwedischen Soldaten niedergebrannt. Das neue Haus war schon 1755 baufällig, worauf der Platzwechsel vorgenommen wurde. Lit.: KDM FL 1952, 215. Kunst-Topographie SH 1969, 300. Husby 1976, 194.

Schule. Grund- u. Hauptschule. 13 Klassen mit 230 Schülern (1992) aus den Gem. Ausacker, Hürup, Husby und Maasbüll.
Gebäude mit Turnhalle in üblicher Schulbauarchitektur 1965 errichtet, 1969 und 1973 erweitert. Der Altbau von 1895 wurde 1966 abgebrochen. 1945/46 Schule als Lazarett für verwundete Soldaten eingerichtet. Lit.: Husby 1976, 68.

Küsterhaus 1826. Zum Dorfteich 7. Alte Dorfschule, 1973 als Privatwohnhaus verkauft. Langgestreckter roter Backsteinbau auf Granitquadersockel. Reetdach mit Knüppelfirst (Denkmalschutz). 1851–64 Unterricht in dänischer Sprache. Lit.: Ravn 1971, 164. Husby 1976, 181.

Dänische Schule. Husbyfeld, Lerchenweg 2/4. Dreiklassige Grund- u. Hauptschule mit 30 Kindern (1989). Unterricht seit 1946. Auch Kindergarten. Lit.: Husby 1976, 70, 236.

Turnhalle 1927–1970. An der Kreuzung Flensburger und Glücksburger Straße. Auch Jugendherberge. Abgebrochen. Lit.: Husby 1976, 160.

Gemeindebüro. Flensburger Str. 36. Privathaus 1936 erbaut. Ehem. Kassenräume der Sparkasse. 1966 Verwaltung des Amtes Husby, seit 1974 Gemeindebüro und Kirchspielarchiv. Lit.: Husby 1976, 157.

Krüge. Alter Dorfkrug, Flensburger Str. 8. Haus 1774 erbaut. 1781 die Krugwirtschaft von Poldamm hierher verlegt. Gebäude in geweißtem Mauerwerk mit übergiebeltem Frontispiz und Reetdach (Denkmalbuch). Bis zur Mitte des 19. Jh. waren der Krug und ihm gegenüber die Schmiede die einzigen Häuser an der Landstraße. Nach dem Bau des Bahnhofshotels wurde die Wirtschaft 1885 geschlossen. Lit.: Husby 1976, 131. – Bahnhofshotel, Flensburger Str. 33. Erbaut 1885. Saal, Stallungen und Durchfahrt sind abgebrochen. Seit 1987 wird das Haus von Dauermietern bewohnt. Lit.: Husby 1976, 156.

Bahnhof 1881. Station der Bahnlinie Kiel–Flensburg 1881–1986. Zweigeschossiger gelber Backsteinbau mit Gliederung von roten Ziegeln. Obergeschoß mit Schieferverkleidung und Schieferdach. Späterer eingeschossiger Anbau für Stellwerk und Güterhalle aus rotem Backstein. Nach Aufgabe der Haltstelle nur noch Schrankenwärterhaus für drei Übergänge in Husby und seit 1992 Wohngebäude (Denkmalbuch). Lit.: Husby 1976, 227.

Post. Flensburger Str. 12. Briefsammlungsstelle 1857 eröffnet. 1875 Postagentur, 1883 mit Telegraphendienst. Lit.: Husby 1976, 137.

Banken. Raiffeisenbank eG Husby, Flensburger Str. 40. Gebäude von 1967/1977. Die Geschichte der Bank beginnt 1862 mit der Gründung der Spar- und Leihkasse für die Kirchspiele Husby und Munkbrarup, 1890 allein für Husby. Dieses Geldinstitut übernahm 1940 die Spar- und Darlehnskasse Husby von 1903, die seit 1971 als Raiffeisenbank Husby und ab Juli 1993 als Raiffeisenbank eG Flensburg firmiert. Lit.: Husby 1976, 88, 160. – Sparkasse Schleswig-Flensburg, Hauptzweigstelle Flensburger Str. 35. Eröffnung 1963 im Bahnhofshotel. Neubau von 1965.

Meierei 1886–1964. Kirchstr. 2. Im Betriebsgebäude heute Wohnungen und Apotheke. Lit.: Husby 1976, 87, 217.

Apotheke. „Kirch-Apotheke“, Kirchstr. 2. Seit 1977 in der früheren Meierei.

Silo 1962. Schleswiger Str. 8. Raiffeisen-Bezugsverein, Silo, Lagerhallen und Wohnhaus. Lit.: Husby 1976, 228.

Fabrik. Ehem. Landmaschinenbau und -handel, Flensburger Str. 31. Im Haus von 1885 seit 1915 Schmiede und 1931 Maschinenbau. Betrieb 1993 eingestellt. Lit.: Husby 1976, 153.

Bauernhäuser. Zum Dorfteich 6. Wohnhaus von 1823. Langgestreckter roter Backsteinbau auf hohem Granitquadersockel. Breite gemauerte Schleppgaube, Reetdach. Wirtschaftsteil unter gleichem Dach mit niedrigerer Traufe. Ohne Ldw.-Betrieb (Denkmalbuch). Lit.: Husby 1976, 179. – Zum Dorfteich 8. Wohnhaus von 1838. Geweißtes Mauerwerk auf Granitquadersockel, breiter Frontispiz, Reetdach mit Knüppelfirst. Ohne Ldw.-Betrieb (Denkmalbuch). Lit.: Husby 1976, 187.

Denkmal 1977. Am Weg nach Husbymühle. Gedenkstein mit Inschrift zur Erinnerung an die Flurbereinigung.

Großer Stein. Am östlichen Ortsausgang von Husby, an der Einfahrt zum Neubaugebiet, als Obelisk aufgestellt. Der Findling wurde 1993 bei Erdarbeiten im neuen Gewerbegebiet zutage gefördert.
■ Der größte Monolith Angelns aus rötlichem norwegischem Granit ragt fast 4 m in die Höhe, ist 250 cm breit und hat ein Gewicht von 45 Tonnen.

Naturdenkmäler. Im Pastoratsgarten zwei Linden, Sumpfzypresse, Weichselkirsche und isländische Eibe. – Eiche vor der Schule auf der Ecke des Schulplatzes. 1952 unter Naturschutz.

Poldamm

Ehem. Kate nordöstl. des alten Dorfes, am Weg nach Husbymühle, der heute im Feld endet. 1618–1781 Dorfkrug von Husby. Wpl-Verz 1871 zwei Wohngeb., 1928 abgebrochen, seitdem unbebaut.
Ortsname. 1768 FN Poldamm. Wpl-Verz 1871 Poldamam. PreußLA 1877 Polldamm. Husby 1976 Poldamm. – Teich an einer klei-

nen Höhe = dän. pold (Hald). Lit.: Hald 1948-79, VII 177.
Literatur. vSchröder 1837, I 422. Jensen Angeln 1844, 331. vSchröder 1854, 247. Oldekop 1906, V 59. Angeln 1922, 546, 547. Husby 1976, 177.

Literatur. vSchröder 1837, I 422. Jensen Angeln 1844, 330. vSchröder 1854, 247. Oldekop 1906, V 58. Angeln 1922, 545. C. Gondesen, Chronik des Ksp. Husby, 1976. W. Sell, Husbyer Pastoren und Küster in der Zeit der nationalen Auseinandersetzungen 1830-1870, JbAngeln 1985, 65. Wpl-Verz 1987, 97. TK 1223.

HUSBYFELD

PLZ 24975. Streusiedlung

Nordangeln. Ksp. u. Gem. Husby. 35 Ewh. (1987), 19 Wohngeb.
Lage: Südwest-Husby, Husbyfelder Straße u. Lerchenweg. Höhe 50 m.

Richtstätte. Auf dem „Galgenfeld", auf einem später abgetragenen Grabhügel neben der ehem. Abdeckerei, befand sich der Richtplatz der Husbyharde.

Ziegelei. Husbyfelder Str. 16/18. Gebäude 1880 abgebrochen. Lit.: Husby 1976, 245.

Abdeckerei 1914–1992. Husbyfelder Str. 2/4. Betrieb 1914 durch Kreis Flensburg errichtet. Stillgelegt. Lit.: Husby 1976, 241.

Literatur. Oldekop 1906, V 59. Angeln 1922, 547. Husby 1976, 236, 240. Wpl-Verz 1987, 97. TK 1223.

HUSBYHOLZ

Gemeinde bis 1968

FL Amt Husby. Fläche 284 ha. 156 Ewh. (1961). Gemeinde 1868 gegründet. 1871 mit 127 Ewh., 23 Wohngeb., Eingliederung der Häuser Stalitt von der Gem. Lutzhöft. Husbyholz war die an Einwohnern kleinste Gemeinde Nordangelns. 1969 Eingliederung in die Gem. Markerup.

Wohnplätze. Altona, Gosewatt, Husbyholz, Seegaard, Seegaardfeld, Seegaardmühle, Snorrum, Stalitt, Walachei ehem.

Literatur. Oldekop 1906, V 59. Angeln 1922, 548. Hist. Gem-Verz 1970, 60.

PLZ 24975. Dorf

Nordangeln. Ksp. u. Gem. Husby. 38 Ewh. (1987), 16 Wohngeb., 5 Ldw.-Betriebe (1993).
Lage: 3 km südöstl. von Husby, an der Straße nach Sterup, Kappelner Chaussee. Höhe 40 m.
Vom Wald Husbyholz sind nur noch 5 kleine Restflächen übrig, die westlich des Dorfes an der Niederung zur Moorau stehen.
Das winzige Runddorf besteht aus 5 größeren Hofplätzen um den Dorfteich und einigen Häusern an der Landstraße.

Ortsname. 1483 Husbuschouw. Mejer 1648 u. Danckwerth 1652 Husbuyholt. PreußLA 1877 Husbyholz. Ndt. Husbyholt. – Wald = dän. skov, ndt. Holt von Husby. Lit.: Hald 1948-79, VII 174. JbAngeln 1968, 32. Laur 1992, 355.

Geschichte. Im Dorf waren früher 4 Höfe und 5 Katen, darunter 4, die zum Gut Rundhof, später Gut Toestorf gehörten und 1803 der Husbyharde unterstellt wurden. 1871 FL Gem. Husbyholz, im Dorf 71 Ewh., 13 Wohngeb. Seit 1969 Gem. Markerup, 1970 zur Gem. Husby. Gemeinsame Freiw. Feuerwehr Markerup-Husbyholz 1888 gegründet.

Schule 1910. Kappelner Str. 1. Wohnhaus am Nordende des Dorfes. Bis 1963 einklassige Schule für die Gemeinde und den zum Kirchspiel Husby gehörenden Teil von Lutzhöft. Lit.: Husby 1976, 589.

Bauernhaus. Kappelner Str. 7. Großes Wohnhaus mit Abnahmewohnung, erbaut 1818. Weißes Mauerwerk und Reetdach (Denkmalbuch). Lit.: Husby 1976, 596.

Literatur. vSchröder 1837, I 422. Jensen Angeln 1844, 332. vSchröder 1854, 248. Oldekop 1906, V 59. Angeln 1922, 548. Rösch-

HUSBY, Großer Stein.
Foto: A. Clausen

HUSBYRIES, Bismarck-Gedenkstein 1900.
Foto: A. Clausen

mann 1963, 342. Husby 1976, 583. Wpl-Verz 1987, 97. TK 1223.

HUSBYMÜHLE

PLZ 24975. Häusergruppe

Nordangeln. Ksp. u. Gem. Husby. 20 Ewh. (1987), 4 Wohngeb., ein Ldw.-Betrieb (1993). Der Wohnplatz gehörte bis 1970 zur Gem. Hodderup.
Lage: nordöstl. von Husby, an der Straße nach Hodderup. Höhe 55 m.
Von Husbymühle gehen sechs Wege in alle Himmelsrichtungen, u. a. zu den Dörfern Hodderup, Voldewraa, Bönstrup, Grundhof.

Ortsname. 1601 Huyßbuy Windtmöele. 1703 Hußbuyer Mühle. PreußLA 1877 Husby M. Lit.: Laur 1992, 355.

Vorgeschichte. Von ehemals 9 Grabhügeln sind im Gelände nur noch zwei schwach zu erkennen. Lit.: Röschmann 1963, 323.

Windmühle. Die erste Mühle war eine Bockmühle, die 1594 erstmals urkundlich ist. Neubau 1710 errichtet, 1818 abgebrochen. Die dritte Kornmühle von 1819 war ein Galerieholländer, der 1930 wegen baufälligem Zustand abgebrochen werden mußte. Die Wohn- und Wirtschaftsgebäude sind 1902 nach Brand erbaut. Lit.: Pöge 1980, 72.
Der Hof Husbymühle 1 ist der Stamm der ehem. Erbpachtmühle, die Zwangsmühle für die königlichen Untergehörigen der Husbyharde war. 1878 entstand durch Teilung die Landstelle Husbymühle 2.

Literatur. vSchröder 1837, I 422. Jensen Angeln 1844, 330. vSchröder 1854, 247. Oldekop 1906, V 55. Angeln 1922, 548. Husby 1976, 567. Wpl-Verz 1987, 97. TK 1223.

HUSBYRIES

PLZ 24975. Häusergruppe

Nordangeln. Ksp. u. Gem. Husby. 14 Ewh. (1987), 5 Wohngeb.
Lage: östl. von Husby, an der Straße nach Husbyholz, Kappelner Chaussee, am Wald. Höhe 45 m.

Ortsname. Mejer 1648 Ryß. Danckwerth 1652 Husby Rieß. Jensen Angeln 1844 Husbyeriis. PreußLA 1877 Husbyries. – Wald, Buschwerk = dän. ris, ndt. ries, von Reisig (Laur). Lit.: Hald 1948-79, VII 174. JbAngeln 1968, 32. Laur 1992, 355.

Krug 1876. Früher Waldgaststätte mit Kegelbahn und Schießstand im Wald. 1895 um einen Saalbau erweitert. Husbyries war der Mittelpunkt des gesellschaftlichen Lebens des Kirchspiels und ein beliebter Ausflugsort, den zahlreiche Vereine zu Sommerfesten besuchten. 1940–45 Kriegsgefangenenlager.

Denkmal. „Waldemars Eiche" an der Weggabelung der Kappelner Chaussee und Geltinger Landstraße. Unter der Eiche wurde 1900 zu Ehren Bismarcks ein Gedenkstein aufgestellt.

Husbyries

Holz. Fläche 22 ha, an der 12 Besitzer Anteil haben, die Kirche in Husby und Bauern in Gosewatt, Husby, Lutzhöft, Mariengaard und der Krug von Husbyries.

Literatur. vSchröder 1837, I 422. Jensen Angeln 1844, 331. vSchröder 1854, 247. Oldekop 1906, V 59. Angeln 1922, 547. Husby 1976, 121. Wpl-Verz 1987, 97. TK 1223.

HYE

1) Böel 2) Norderbrarup

1) s. Krämersteen

2) PLZ 24392. Häusergruppe

Mittelangeln. Ksp. Norderbrarup, Gem. Rügge. 3 Wohngeb. Samen- u. Pflanzenzucht.
Lage: südöstl. von Rügge, im Dreieck der Straßen von Rügge nach Brarupholz und Brunsholm nach Saustrup, auf der Mitte einer Kuppe im Waldwinkel. Höhe 48 m.

Ortsname. vSchröder 1837 Hüe. – Höhe = angeldän. hy, oder bei Grabhügeln.

Literatur. vSchröder 1837, I 136. Wpl-Verz 1970, 124. TK 1324.

IDSTEDT

Naturraum

Die Zugehörigkeit des Idstedter Raumes zur Landschaft Angeln ist aus topographischer Sicht fraglich, und seine historische Verbindung trägt keine engen Züge.
„Das Volk hat sich daran gewöhnt, alles Land, welches östlich von der Flensburg-Schleswiger Chaussee liegt, zu Angeln zu rechnen" (Angeln 1922), und so haben die Topographen von 1844 und 1922 Idstedt, wenn auch nur im Anhang auf der letzten Seite ihrer Werke, in die Landschaft aufgenommen.
Die Dorfbewohner waren zum größten Teil an das Dinggericht der Struxdorfharde gebunden und haben sich bis zum Ende des Mittelalters vermutlich zur Kirche nach Stolk begeben. Nach 500 Jahren ist diese alte kirchliche Bindung zu Angeln, die durch die Zugehörigkeit zur Schleswiger Kirchengemeinde Michaelis-Land beendet wurde, längst vergessen. Die heutigen Bewohner von Idstedt fühlen sich nicht als Angelner; im Heimatverein der Landschaft ist keiner von ihnen Mitglied.
Der landschaftliche Charakter des Idstedter Raumes, seit 1973 Landschaftsschutzgebiet und Naherholungsgebiet „Idstedter Gehege", ist vom Typ der Landschaft Angelns weit entfernt. Bodenart und -güte, Oberflächengestalt und landwirtschaftliche Strukturen sind der Geest weit mehr verwandt.
Auf dem Wasserwege neigt sich der Großteil der Fläche um Idstedt jedoch der Hügellandschaft im Südosten zu, wo Au und

See an das System der Angelner Auen Anschluß finden. Lit.: W. Riedel, Der Landschaftswandel in den letzten 100 Jahren im Raum Idstedt, 1978.

Gemeinde

Amt Schuby. Fläche 1341 ha, davon 325 ha Wald (lt. Gemeindechronik). 805 Ewh., 235 Wohngeb., 27 Ldw.-Betriebe, überwiegend im Nebenerwerb bewirtschaftet (alle Angaben 1987). Nur 60 % der Gemeindefläche wird landwirtschaftlich genutzt, zur Hälfte als Grünland. 120 ha Landschaft sind abgekiest und nur zum Teil rekultiviert.

Wohnplätze. Idstedt, Idstedtholzkrug, Idstedtkirche, Idstedtosterfeld, Idstedtwege teilw., Idstedtwesterfeld, Königsdamm, Röhmke, Schwanholm.

Geschichte. 1871 SL Gem. Idstedt, 395 Ewh., 46 Wohngeb. 1874 Eingliederung des bisher kommunalfreien Idstedter Sees. 1928 Eingliederung des Geheges Idstedtwege. Die Einwohnerzahl hat sich in 120 Jahren mehr als verdoppelt.

Literatur. Oldekop 1906, VIII 55. Angeln 1922, 708. Hist. Gem-Verz 1970, 170. Wpl-Verz 1987, 89.

PLZ 24879. Dorf

Westangeln. Kirchengem. Jübek-Idstedt, Gem. Idstedt. 627 Ewh. (1987). Erholungsort. Kieswerk, Betonsteinwerk, Baustoffhandel, Gaststätte, Ladengeschäfte, 10 Ldw.-Betriebe (1992).
Lage: nördl. der Stadt Schleswig, an der Straße von Idstedtkirche nach Stolk, an der Strukkerau und vor dem Idstedter See. Höhe 25 m.
Landschaftlich liegt das Schöne Dorf Idstedt am Rande Angelns im Übergangsbereich zur Geest, in dem durch Kiesabbau viel Landschaft verschwunden ist.

Ortsname. 1196 Ystad. KWE 1231 Istathesysæl. 1352 Isted. 1464 Istede. Mejer 1649 Idstede. PreußLA 1877 Idstedt. – Eibenstätte zu altdän. iR = Eibe und altdän. stath = Stätte, Wohnplatz, Siedlung. Das -d stellt einen jungen Einschub dar (Laur). Lit.: JbAngeln 1963, 27. Laur 1992, 357.

Geschichte. 1663 zählte das Dorf 4 Höfe und 2 Katen. 1837 zur Struxdorfharde 10 Höfe und 10 Katen. 1871 SL Gem. Idstedt, im Dorf 253 Ewh., 27 Wohngeb. Freiw. Feuerwehr 1932 gegründet. 1985 als Erholungsort anerkannt.
Krieg. Schleswig-Holstein–Dänemark. Schlacht von Idstedt am 25. Juli 1850. Zum Kampf waren 36.000 Dänen gegen 26.000 Schleswig-Holsteiner aufmarschiert. Für die schleswig-holsteinische Armee führte die Unsicherheit in ihrer Heeresführung, sich widersprechende Befehle, ein schlechter Nachrichtendienst und viel zu später Angriff zur Niederlage.
■ „Idstedt“ war das größte militärische Ereignis neuerer Zeit nördlich der Elbe, die blutigste Schlacht mit 2808 Toten. Lit.: G. Stolz, Die Schlacht bei Idstedt, JbAngeln 1992, 33. Idstedt 1992, 34.

Schule 1873. Altes Schulhaus 1871 abgebrannt. Neubau 1873, umgebaut 1957. Nach Ende der Schulzeit umgestaltet und 1978 als Gaststätte „Zur Alten Schule“ eingerichtet.
Nebenschule seit etwa 1730 im Dorf. Ab 1901 war in der Schule auch eine Postagentur, die der Lehrer verwaltete. 1968 Vereinigung mit den Schulen in Stolk und Stolkerfeld zur DSG Idstedt-Stolk. 1974 Auflösung der Schulen in das Schulzentrum Böklund. Lit.: Idstedt 1992, 206.

Meierei. Privatmeierei seit etwa 1900 bis 1948 in Betrieb. Lit.: Idstedt 1992, 182.

Post 1884–1988. Postagentur 1884 gegründet, seit 1901 in der Schule. Poststelle 1988 aufgehoben. Lit.: Idstedt 1992, 348.

Banken. Raiffeisenbank Süderbrarup, Zweigstelle Röhmker Weg. – Kreissparkasse Schleswig, Zweigstelle 1926–1988 in Idstedt.

Denkmäler. Soldatengrab 1850. Etwa 100 m östl. der Kreuzung der Straße von Idstedt nach Stolk mit der Dorfstraße an einem Feldweg in einem Knick. Ein gußeisernes Kreuz und Steinplatte mit Inschrift, umgeben von gußeisernem Gitter. Lit.: Stolz 1980, 27. – Gedenkstein 1900 mit Inschrift zur Erinnerung an einen hier 1850 gefallenen dänischen Offizier. Etwa 1 km südl. der Straßenkreuzung, an einem Pfad (beide Denkmalbuch). Lit.: Stolz 1980, 27.

Literatur. vSchröder 1837, I 434. Jensen Angeln 1844, 432. vSchröder 1854, 256. Oldekop 1906, VIII 55. Angeln 1922, 708. Wpl-Verz 1987, 89. H.-W. Brodersen, Chronik der Gemeinde Idstedt, 1992. TK 1423.

IDSTEDTER SEE

See

Westangeln, im Bereich des Langsees, Schlei. Fläche 38 ha Privatbesitz, Gem. Idstedt.
Lage: zwischen dem Dorf Idstedt und dem Westende des Langsees. Höhe 17 m.
Der See ist in seiner größten Ausdehnung 800 m lang. In der Tiefe erreicht er nur 120–180 cm. Unterhalb des Dorfes mündet die Strukkerau ein, und aus dem See führt die Grüdau über einen 900 m langen Abfluß das Wasser dem Langsee zu.
Die Ufer säumen ein unterbrochener Schilfgürtel, im Norden ein schmaler Erlenbruch und am Osthang ein kleiner Buchenwald. Das Westufer wird von Wiesen mit zahlreichen Gräben und Weidengebüsch begrenzt, die Bucht davor bedecken große Teich- und Seerosenfelder.
Von Norden führt ein Uferweg über die Seestraße dicht am Ostufer entlang bis zur Südspitze. Badestelle, Angelstege und Parkplatz am See. Angelsportzentrum am Südufer beim Ablauf des Sees.

Geschichte. Das ehemals königliche Pachtgewässer, 1854 als fischreich bezeichnet, wurde 1874 in die Gem. Idstedt eingegliedert. Die Wasserfläche war früher größer; im Laufe der Zeit ist der See von den Rändern her an einigen Stellen verschilft und verlandet.

Literatur. vSchröder 1837, I 434. Jensen Angeln 1844, 24. vSchröder 1854, 256. Oldekop 1906, VIII 54. Biotop 1987, 1423 Nr. 39. TK 1423.

IDSTEDTFELD
s. Idstedtosterfeld

IDSTEDTHOLZKRUG

PLZ 24879. Häusergruppe

Westangeln. Kirchengem. Jübek-Idstedt, Gem. Idstedt. 51 Ewh. (1987), 2 Ldw.-Betriebe, Tankstelle (1992).
Lage: südl. von Idstedtkirche, an der alten Schleswiger Chaussee, am Waldrand des Idstedter Geheges. Höhe 25 m.
Die Wasserscheide zwischen Nordsee und Ostsee markiert die Chaussee. An ihrer Westseite liegt das „Herrenmoor", das den Kolonisten von Neuberend 1764 zur Torfgewinnung zugeteilt war. Die Fläche gehört heute noch zur Gem. Neuberend als Exklave in der Gem. Idstedt.

Krug. Ehem. Hof mit Krugwirtschaft an der Landstraße. 1850 bei der Schlacht von Idstedt in Brand geschossen. 1871 SL Gem. Idstedt, 15 Ewh. auf dem Hof. Gaststätte 1959 durch Brandstiftung vernichtet.

Denkmal 1784. Von der Chaussee zweigt ein Weg nach Westen ab, an dem nach etwa 250 m an einem Hecktor ein Grenzstein mit der Inschrift 1784 Struxdorfharde steht.

Literatur. vSchröder 1837, I 434. Jensen Angeln 1844, 432. vSchröder 1854, 256. Oldekop 1906, VIII 55. Angeln 1922, 709. Wpl-Verz 1987, 89. TK 1422.

IDSTEDTKIRCHE

PLZ 24879. Häusergruppe

Westangeln. Kirchengem. Jübek-Idstedt, Gem. Idstedt. 45 Ewh. (1987), ein Ldw.-Betrieb (1992).
Lage: 1 km westl. von Idstedt an der Schleswiger Chaussee, die hier von der Straße nach Jübek gekreuzt wird. Höhe 29 m.

IDSTEDT, Gedächtnishalle 1930. Foto: H. C. Callsen

Kirche 1956. Gedächtniskirche für die Kriege 1848–51 und die Schlacht bei Idstedt. Der Neubau von 1956 hatte einen Vorgänger, der 1903 erbaut worden war. Bereits 1909 mußte die Kirche repariert und 1923 eine gründliche Renovierung vorgenommen werden. 1954 ist der gesamte Bau abgebrochen worden.

Das Dorf Idstedt ist im Mittelalter vermutlich zur Kirche von Stolk eingepfarrt gewesen, die bis zur Mitte des 15. Jh. bestand, und dann der nächstliegenden Kirchengemeinde St. Michaelis in Schleswig zugeordnet worden. 1898 selbständige Pfarrstelle St. Michaelis-Land, die sich 1902 von der Schleswiger Gesamtgemeinde trennte. Pastorat ab 1904 in Schuby. Seit 1903 ist die Gedächtniskirche von Idstedt Nebenkirche der Kirchengemeinde. 1980 hat sich aus dem Nordbezirk der Landgemeinde die selbständige Albert-Schweitzer-Kirchengemeinde Jübek-Idstedt, Kirchenkreis Schleswig, gebildet. Lit.: KDM SL 1957, 317. Idstedt 1992, 278, 303.

Friedhof. Für Idstedt, Gammellund und Friedrichsau.

Grabhügel. Auf dem Friedhof ein gut erhaltener, hoch gewölbter vorgeschichtlicher Grabhügel.

Gedächtnishalle 1930. Erbaut von der Stadt Schleswig, seit 1962 vom Kreis Schleswig betreut. 1978 übernahm die Idstedt-Stiftung die Trägerschaft des Museums und setzte das Gebäude instand (Denkmalbuch).

Zur Aufsicht des Denkmals und der Gräber wurde 1878 ein Wärterhaus erbaut, das die Landeskampfgenossenschaft 1889 zur „Waffenkammer“ für die Sammlung militärischer Erinnerungsstücke ausbaute. In den Jahren 1945–48 hielt die britische Militärverwaltung die Halle geschlossen und brachte die Bestände nach Schleswig.

In der alten Waffenkammer seit 1930 eine Gaststätte. Lit.: B. Egge, Die neue Idstedt-Halle, Kreis-Chronik 1979/80, 67. Idstedt 1992, 319.

Krug. An der Schleswiger Chaussee, gegenüber der Gedächtnishalle. Heute ohne Gaststätte.

Denkmal 1869. Unmittelbar hinter der Gedächtnishalle wurde 1869 ein Ehrenmal zur Erinnerung an die Erhebungsjahre 1848–50 errichtet. Auf einem 2 m hohen Hügel zwei Steinstufen mit kubischen Sokkel, darauf ein vierkantiger Obelisk. Nach mündlicher Überlieferung sollen hier 54 Soldaten begraben sein (Denkmalschutz). Im Volksmund heißt der Hügel „Feldherrn-Hügel", weil General von Willisen hier in der Schlacht von Idstedt seinen Standort gehabt haben soll. Lit.: Stolz 1980, 23.

Literatur. Oldekop 1906, VIII 55. Angeln 1922, 708. Wpl-Verz 1987, 89. TK 1422.

IDSTEDTOSTERFELD

PLZ 24879. Streusiedlung

Westangeln. Kirchengem. Jübek-Idstedt, Gem. Idstedt. 32 Ewh. (1987), 3 Ldw.-Betriebe (1992).
Lage: östl. von Idstedt, am Weg nach Süderfahrenstedt, im Winkel von Idstedter See und Langsee. Höhe 30 m.
Das östliche Feld von Idstedt ist mit Moorsenken, Teichen, Weideland und Aufforstungen eine geestartige Landschaft. Einen sehr wertvollen und seltenen Biotopkomplex bilden Binnendünen, die mit einer geschlossenen Rasendecke, im Ostteil mit feuchtem Birkenwald und großen Adlerfarnbeständen bewachsen sind. Zwischen den Hauptdünenzügen liegt eine Moorsenke.

Ortsname. 1312 Listedmark. Wpl-Verz 1970, DG u. TK Idstedtfeld. Wpl-Verz 1987 u. Gemeindechronik 1992 Idstedtosterfeld. -Feld = dän. mark, von Idstedt. Lit.: Laur 1992, 357.

Vorgeschichte. Am Ostrand einer „Voßbarg" genannten Anhöhe, die auf drei Seiten von feuchten Niederungen begrenzt wird, wurde 1949 nach Abtragen der Kuppe ein Steingrab entdeckt. Lit.: Bronzezeit 1978, 135.

Geschichte. 1871 SL Gem. Idstedt, 28 Ewh., 4 Wohngeb.

Literatur. Oldekop 1906, VIII 55. Angeln 1922, 709. Wpl-Verz 1970, 120. Biotop 1987, 1423 Nr. 74, 75. TK 1423.

IDSTEDTWEGE

Wald Idstedter Gehege

Westangeln. Gem. Idstedt u. Neuberend. Fläche 196 ha zum Staatsforst Land SH, Forstamt Schleswig, Försterei Idstedtwege. Am Südrand gehört eine zusätzliche Fläche einigen Bauern in Neuberend. Landschaftsschutzgebiet.
Lage: südl. von Idstedt, zwischen der Schleswiger Chaussee und den Wiesenniederungen der Königsdammau. Im Osten setzt sich der Wald im Gehege Karenberg fort. Durch das Idstedter Gehege führt der europäische Fernwanderweg.
Der Wald steht auf einer hohen Endmoräne und ist in der Landschaft schon von weitem sichtbar. Aus der sehr stark bewegten Oberfläche türmen sich zahlreiche Berge bis zu 50 m Höhe auf, die insbesondere den westlichen, zur Chaussee sich erstreckenden Teil zur Hügellandschaft gestalten. Das Idstedter Gehege ist zu etwa gleichen Teilen mit Laub- und Nadelwald bestockt, überwiegend Mischwald mit Eiche, Buche, Fichte und Lärche.
Im Wald ziehen Mäusebussard, Habicht, Sperber und Waldkauz ihre Brut groß. Als Besonderheit ist die regelmäßige Brut von Schwarzspecht, Hohltaube und Turteltaube zu erwähnen.
Etwa fünfzehn Stück Damwild leben im Idstedter Gehege und seiner Umgebung.
In der Nähe der „Räuberhöhle" kann man in jedem Frühjahr mehr als tausend Erdkröten auf der Wanderung von ihrem Überwinterungsgebiet im Wald zu den Laichplätzen am Reethsee beobachten. Im Herbst sind sie auf dem gleichem Weg bei der Rückwanderung anzutreffen.

Vorgeschichte. Großsteingrab „Räuberhöhle" im südlichen Waldrand an der Schleswiger Chaussee, nahe dem Wald-

parkplatz. Hügelgrab mit einer begehbaren Grabkammer von 9 Tragsteinen und 3 großen Decksteinen. Es wurde in der Jungsteinzeit vor etwa 5000 Jahren erbaut und ist in seiner ursprünglichen Form noch gut erhalten.
■ Die Idstedter „Räuberhöhle" ist das südlichste Beispiel eines Ganggrabs. Lit.: Idstedt 1992, 42.

Geschichte. Das königliche Gehege gehörte seit preußischer Zeit zum Forstgutsbezirk Schleswig. 1928 Eingliederung in die Gem. Idstedt. Schwere Orkane von 1967 vernichteten durch Flächenwurf ein Drittel des Waldes. Seit 1973 ist der Wald mit einer großen umgebenden Fläche Landschaftsschutzgebiet.

Schießstände. Nordwestlich des Forsthauses befinden sich im Wald mehrere lange, hohe Erdwälle. Hier waren Militärschießstände, die von Schleswiger Einheiten bis etwa 1914 genutzt wurden.

PLZ 24879. Häusergruppe

Forsthaus zur Gem. Idstedt u. Häuser zur Gem. Lürschau u. Neuberend. 18 Ewh. (1987).
Neues Forstdienstgehöft 1921 erbaut. Unmittelbar an der Försterei steht ein stattlicher, neunzigjähriger Lebensbaum. Seit 1985 wird von der Försterei in einer großen Voliere die Zucht und Auswilderung von Uhus unterstützt.

Literatur. vSchröder 1837, I 434. Oldekop 1906, VIII 54, 100. Wpl-Verz 1987, 89, 91. Idstedt 1992, 494. TK 1423.

IDSTEDTWESTERFELD

PLZ 24879. Streusiedlung

Westangeln. Kirchengem. Jübek-Idstedt, Gem. Idstedt. 21 Ewh. (1987), 3 Ldw.-Betriebe (1992).
Lage: nordwestl. von Idstedt, an der Schleswiger Chaussee zwischen Idstedtkirche und Poppholz. Höhe 25 m.

Vorgeschichte. Zwei Grabhügel mit steilgeböschter Kuppe, beiderseits der alten Schleswiger Chaussee auf einer alten Düne liegend.

Steinberg

Hof nordwestl. von Idstedt, auf der Westseite der alten Schleswiger Chaussee, kurz vor der Grenze zur Gem. Stolk. Höhe 25 m. Lit.: TK 1967. DG 1983.

Literatur. Wpl-Verz 1987, 89. TK 1422.

IHLSEESTROM

Au

Westangeln, im Bereich der Treene. Fließstrecke 4 km, von Gr. Soltwesterholz und aus den Fröruper Bergen, Höhe 35 m, bis zur Einmündung links in die Treene. Einzugsfläche 1000 ha, Gem. Oeversee. Einmündendes Gewässer: nordwestlich von Süderschmedebyfeld die Dingwatter Au.

Ihlsee

Ehem. See bei Süderschmedebyfeld, an der Grenze nach Frörup, kurz vor der Einmündung des Ihlseestroms in die Treene. Verlandet.

Gewässername. 1587 Ihlesee. 1787 Ilsio-Schilfsee. 1821 Illsee. Kat. Flurkarte 1874 Ihlsee u. Ihlseestrom. – Ihl = ndt. Egel. Lit.: Bjerrum 1986, 302. vRohden 1989, 312, 313. TK 1322.

ILENSEE

Ehem. See

Südangeln, im Bereich der Schlei. Stadt Schleswig.
Lage: Ost-Schleswig, auf dem Klosterfeld, ca. 300 m vom Schleiufer entfernt. Jetzt Betriebshof der Stadtwerke. Straßenname „Ilensee".
Bei der PreußLA 1877 bereits als verlandete Fläche gezeichnet.

IMMENHOF
s. Hasselberg

INTECHT

Ehem. Häusergruppe
Mittelangeln. Ksp. u. Gem. Satrup. Lage unbekannt. Vermutlich zu Stiesholz bei Rehbergholz, wo auf dem „Grund-Riß“ 1767–68 ein Flurstück „Intecht“ bezeichnet wird, das an Freikoppel grenzt.

Ortsname. Trap 1864 dän. Indtægt. – Ein Stück Land, das für einen besonderen Zweck aus der Dorfflur herausgetrennt ist = dän. indtægt.

Geschichte. 1771 zwei Landstellen auf einer Parzelle des Meierhofes Rehberg, Satrupharde. 1871 SL Gem. Rehberg, 2 Wohngeb.

Literatur. vSchröder 1837, I 439. vSchröder 1854, 260. Trap 1864, 516. Wpl-Verz 1871. Satrup 1902, 192.

ISKIERDAMMAU

Au
Nordangeln, im Bereich der Außenförde. Fließstrecke 2,5 km, östl. von Rüde, Höhe 19 m. Einzugsfläche 305 ha, Stadt Glücksburg.
Teilweise Grenzlauf zur Gem. Munkbrarup. Die kleine flache Au fließt in einem geröllreichen und sandigen Bachbett. Der mäandrierende Lauf wird stellenweise von bewaldeten Hängen gesäumt. In der Bucht von Bockholmwik unterhalb Wahrberg Einmündung in die Förde.

Iskierdamm
Ehem. Teich östl. von Iskiersand. 1724 vergab die herzogliche Verwaltung zu Glücksburg den Teich in Fischpacht. 1854 war er trockengefallen.

Gewässername. 1724 Iskerdamm. 1781 Eskerdamm. – Kratt, Buschwald = dän. kær, mit Eschen = dän. esk. Lit.: Hald 1948-79, VII 72. Glücksburg 1974, 132.

Literatur. vSchröder 1854, 170. Oldekop 1906, V 21. Biotop 1987, 1123 Nr. 122.

ISKIERSAND

PLZ 24960. Häusergruppe
Nordangeln. Ksp. Munkbrarup, Gem. Munkbrarup 3 Wohngeb. u. Stadt Glücksburg 4 Wohngeb.
Lage: nördl. von Rüde, an der Straße nach Bockholm. Höhe 10 m.
Die drei alten Katen von Iskiersand stehen eng beieinander in der Krümmung der Straße, unmittelbar an der Grenze zu Bockholm. Darunter die ehemalige Heckkate „Ischer Kroch“.
Nach Nordwesten führt ein Wanderweg zur Brusmarker Hochfläche hinauf.

Ortsname. 1655 Eschersand. 1797 Iskiaersand. vSchröder 1837 Iskjer. Jensen Angeln 1844 Iskjärsand. Trap 1864 dän. Eskjærsande. PreußLA 1877 Iskjersand. Ndt. Ischersand. – Sand von Iskier = Kratt, Buschwald mit Eschen, zu dän. kær, angeldän. kjär und esk (Laur). Lit.: Hald 1948-79, VII 63. JbAngeln 1968, 36. Laur 1992, 359.

Geschichte. Herzogtum Glücksburg, 1779 Munkbrarupharde. 1871 FL Gem. Rüde, 17 Ewh., 3 Wohngeb. Seit 1938 zur Stadt Glücksburg bzw. 1970 zur Gem. Munkbrarup.

Literatur. vSchröder 1837, I 303, 443. Jensen Angeln 1844, 344. vSchröder 1854, 263. Oldekop 1906, V 98. Angeln 1922, 563. KDM FL 1952, 244. Munkbrarup 1976, I 247, II 443. Wpl-Verz 1987, 98. TK 1123.

IVERSLUND

PLZ 24966. Häusergruppe
Mittelangeln. Ksp. u. Gem. Sörup. 37 Ewh. (1987), 11 Wohngeb, landtechn. Schmiede, keine Ldw.-Betriebe.
Lage: Nord-Sörup, an der Straße nach Löstrup. Höhe 50 m.

Ortsname. 1601 Juers Luntt. 1671 Ivers Lundt. PreußLA 1877 Iverslund. – Gehölz, Hain = dän. lund, des Iver (Laur). Lit.: Hald 1948-79, VII 224. Laur 1992, 361.

Vorgeschichte. Auf dem Grundstück Bahnhofstr. 37, früher eine Gärtnerei, wurde 1886 ein goldener Armreif aus der Wikingerzeit gefunden. Auf den westlichen Feldern sind drei Siedlungsplätze durch zahlreiche steinzeitliche Funde bezeugt. Lit.: Röschmann 1963, 396, 557.

Geschichte. 1837 bestand Iverslund aus einem Hof mit Krugwirtschaft und 6 Katen, die zur Nieharde und den Gütern Schwensby und Südensee gehörten. 1871 FL Gem. Löstrup, 23 Ewh., 5 Wohngeb. 1925 wurden 6 Häuser zur Gem. Sörup, Bahnhofstraße eingegliedert. Seit 1970 Gem. Sörup.

Krug. Iverslund Nr. 6. Die Krugwirtschaft ist seit 1728 an dieser Stelle nachzuweisen, die mehrere Jahre vom ersten Chronisten Sörups, dem Landmesser Lorenz Nissen (1823–1905), geführt wurde. 1875 schloß der Krug seine Schankstube. Gebäude 1905 abgebrannt und durch Neubau ersetzt. 1907–56 Stellmacherei und Fahrzeugbau. Seit 1956 befindet sich auf dem Hofgelände eine Betonsteinfabrik. Lit.: Sörup 1907, 184. Sörup 1964, 272. Sörup 1985, 312.

Schmiede. Iverslund Nr. 14. Werkstatt 1914 neu erbaut.
■ Eine der ältesten Schmieden in Angeln, seit 1653 nachweislich existent und heute noch mit einem Schmiedemeister in Betrieb (1993). Lit.: Sörup 1907, 184. Sörup 1964, 273. Sörup 1985, 312.

Literatur. vSchröder 1837, I 446. Jensen Angeln 1844, 360. vSchröder 1854, 265. Oldekop 1906, V 73. Sörup 1907, 182. Angeln 1922, 585. Sörup 1964, 272. Sörup 1985, 310. Wpl-Verz 1987, 100. TK 1224.

JAARSTRUP

Ehem. Dorf

Mittelangeln. Ksp. Norderbrarup, Gemarkung Saustrup.

Ortsname. 1776 FN Jahr-Starup. – Die moderne Form auf der Katasterkarte würde für angeldän. Jårstrup sprechen, das auf ein Hiorsthorp, Dorf = altdän. thorp, des Hior = altdän. PN, zurückgehen könnte. Die Form des 18. Jh. spricht aber für ein ursprüngliches Starup, eine Zusammensetzung von dän. torp = Dorf und altdän. stath = Stätte in der Bedeutung Siedlungsplatz (Laur). Lit.: Kuhlmann 1958, 251. Laur 1992, 361.

JÄGERBUCHT
s. Kronsgaard

JÄGERSBURG

PLZ 24885. Hof

Westangeln. Ksp. u. Gem. Sieverstedt. Großsolter Str. 22.
Lage: am Fröruper Holz, auf Schmedebyfeld.

Literatur. PreußLA 1877. Angeln 1922, 528. Sieverstedt 1951, 12. Süderschmedeby 1985, 147.

JÄGERSLUST
s. Ringsbergfeld

JAKOBSTOFT

Ehem. Hof

Ostangeln. Ksp. u. Gem. Gelting, Gemarkung Wackerballig.
Eine Parzelle von Gut Gelting, die vom Hof Lehbekwiese gekauft wurde. Flurname 1745 Jacobs Tofft. Als Wohnplatz nicht belegt, daher ungewiß, ob Stelle bebaut war.

Literatur. vSchröder 1837, II 13. vSchröder 1854, 313. Hald 1948-79, VII 429.

JEPSTOFT

Ehem. Hof

Nordangeln. Ksp. u. Gem. Hürup. 1715 FN Jepens Tofft. - Wohnplatz = dän. toft, des Jep (Hald). Lit.: Hald 1948-79, VII 4. JbAngeln 1968, 33.

JERNWEG

Ehem. Haus

Mittelangeln. Ksp. u. Gem. Satrup. 1871 Wpl-Verz ein Haus mit 8 Ewh. Lage in Satrup unbekannt. FN Jerneweg zwischen Dorf u. Moor. Lit.: Satrup 1902, 180.

JESSLUND

Holz

Mittelangeln. Gem. Satrup. Fläche 9 ha. Staatsforst Land SH, Forstamt Schleswig, Försterei Satrup.
Lage: nördl. von Satrup, an der Westseite der Straße nach Husby, zwischen Rabenkiel und der Bondenau. Vom Hasenholz nur durch den Waldweg getrennt. Höhe 35 m.
Im Holz stehen Buche und Eiche. Altbäume bis 200 Jahre alt.
Ehem. Forstgutsbezirk Schleswig, 1928 Eingliederung in die Gem. Satrup.

Flurname. PreußLA 1877 Jeslundkoppel. Kat. Plankarte 1955 Jeßlunds-Koppel. TK 1223 Jeßlund.

JOACHIMSTAL

Ehem. Hof

Ostangeln. Ksp. Kappeln, Gemarkung Sandbek.
Lage: nördl. von Sandbek, an der Straße nach Gelting, im Tal der Grimsau.
Der Hof wurde 1832 errichtet. 1849 durch Brand total vernichtet und nicht wieder aufgebaut. Lit.: Jensen Angeln 1844, 388.

JOHANNESBERG
s. Bockholm

JOHANNISHOF

Ehem. Hof

Südangeln. Stadt Schleswig, Klosterfeld.
Lage: Ost-Schleswig, am Ende des Weges „Grabensberg", an der Schlei. Heute militärische Anlage.

Ortsname. Früher Warnstedtshof. PreußLA 1877 Johannishof.

Geschichte. Hof des Johannisklosters. 1871 SL Gem. Klosterhof, 1936 zur Stadt Schleswig.

Literatur. vSchröder 1854, 261. Oldekop 1906, VIII 62. Angeln 1922, 706.

JOHANNISKLOSTER

PLZ 24837. Kloster

Südangeln. Stadt Schleswig, Domgem. Ost.
Lage: Ost-Schleswig, an der Schlei und an die Fischervorstadt Holm grenzend.
Zum Klosterbezirk gehören das in seinen wesentlichen Teilen mittelalterliche Kloster mit Kirche, Klausur und Kreuzgang, sowie ringsum mehrere Wohnhäuser und Wirtschaftsgebäude des 16. bis 19. Jh.
■ Das Johanniskloster ist der besterhaltene Klosterkomplex des Landes.

Geschichte. Vermutlich 1200/1230 als Benediktinernonnenkloster gegründet. In der Zeit der Reformation wurde das Kloster nicht säkularisiert, sondern 1527 in ein Damenstift zur Versorgung adliger Töchter umgewandelt, wodurch es in seinen alten Rechten und mit allen Privilegien und Grundbesitz bestehen blieb.
1871 SL Gem. Klosterhof (St. Johannis), 45 Ewh., 17 Wohngeb. 1936 Stadt Schleswig.

Besitz. In der Geschichte Angelns ist das Johanniskloster aufgrund seines umfangreichen Grundbesitzes von Bedeutung.
Zentrum des Klosterbesitzes in Angeln war das Dorf Schaalby. Zahlreiche Einzelstellen lagen verstreut, besonders im Süden der Landschaft, einige sogar weit im Norden zu Lutzhöft im Kirchspiel Husby.
1840 zählte das Kloster auf seinen Landstellen in Angeln 850 Untergehörige, von denen der überwiegende Teil in den Kirchspielen Kahleby, Tolk, Struxdorf und Brodersby wohnte.
Das Kloster hatte seit 1250 eigene Gerichtsbarkeit, die erst wieder 1853 den Harden, in denen die klösterlichen Stellen

lagen, abgetreten wurde. Die Verwaltung, mit Steuererhebung und Polizeigewalt, nahmen Klosterpropst und -vogt auch weiter wahr, bis 1873 das Gesetz zur Ablösung der Reallasten die grundherrliche Hoheit aufhob. Seit 1876 verkaufte das Kloster sämtlichen Grundbesitz, dessen Erlös aber durch die Inflation völlig verlorenging.
Als letzte Bindung an das Johanniskloster in Angeln hat die Kirche zu Kahleby, die seit 1385 unter klösterlichem Patronat stand, bis 1884 ihre Eigenständigkeit erhalten.

Literatur. Jensen Angeln 1844, 10, 186. vSchröder 1854, XIII. Oldekop 1906, VIII 61. Angeln 1922, 142, 144. Kuhlmann 1958, 223, 274. E. Freytag, Das St. Johannis-Kloster, JbAngeln 1977, 108. KDM Stadt Schleswig 1985, 211.

JOHANNISTAL

PLZ 24837. Häusergruppe
Südangeln. Stadt Schleswig, Domgem. St. Jürgen.
Lage: Ost-Schleswig, Johannistaler Weg.

Geschichte. 1871 SL Gem. Klosterhof, 2 Wohngeb. 1900 Hof, Psychiatriekrankenhaus, Lederfabrik mit 200 Arbeitern, 74 Ewh., 4 Wohngeb. Seit 1936 gehört die Häusergruppe zur Stadt Schleswig.

Wassermühle. Am Solterbek, einem verschwundenen Bach. 1334 war die Mühle im Besitz des Johannisklosters. Ende des 16. Jh. wird sie nicht mehr erwähnt. Lit.: H. Rosenbohm, Die Solterbekemöle im Johannistal, JbAngeln 1957, 68.

Literatur. PreußLA 1877. Oldekop 1906, VIII 62. Angeln 1922, 706. TK 1423.

JORDAN

PLZ 24996. Häusergruppe
Mittelangeln. Ksp. u. Gem. Sterup. 20 Ewh. (1987), 7 Wohngeb. zus. mit Jordanstraße. Kein Ldw.-Betrieb (1993).
Lage: 2 km südöstl. von Sterup, an der Straße nach Grünholz, Kappelner Chaussee, zu Füßen eines Berghangs und am Ende einer Senke. Höhe 43 m, der Hausberg ist 53 m hoch.

Ortsname. 1723 Jordan. vSchröder 1837 u. Jensen Angeln 1844 Jordam. PreußLA 1877 Jordam. Angeln 1922 ursprünglich Hjortdam = Hirschteich. – Vermutlich nach dem biblischen Fluß, ein Spottname für den Krug, als Hinweis auf die durstigen Trinker. Lit.: Hald 1948-79, VII 342. Laur 1992, 366.

Geschichte. Eine Kate mit Krug „Jordan“ und eine Kate „Jordanstraße“, 1853 Nieharde. Bis 1974 Gem. Grünholz.
Seit 1807 entwickelte sich hier die Firma „Callsen-Jordan“ vom kleinen Krug mit Hökerei zu einem bedeutenden Butterversandhaus, seit etwa 1873 auch mit Fleischfabrik und Getreidehandel, und wurde eines der größten Handelsunternehmen in Angeln. Die Firma wurde 1964 abgemeldet.

Krug. Der „Jordan“ wird um 1750 als Krug zum Gut Grünholz gehörig erwähnt. 1901 durch Feuer vernichtet.

Bahnstation 1902–1938. Haltestelle der Kleinbahn Flensburg–Satrup–Rundhof.

Jordanstraße
Häusergruppe 3 Wohngeb. Eine der Katen war das Armenhaus des Ksp. Sterup. Ortsname. 1723 in der Straat. 1733 Jordans Redder. vSchröder 1837 u. Jensen Angeln 1844 Jordamstraße. Ndt. Jordanstråt. Lit.: Laur 1992, 366.

Literatur. vSchröder 1837, I 335. Jensen Angeln 1844, 362. vSchröder 1854, 192. Oldekop 1906, V 46, 110. Angeln 1922, 587, 589. Wpl-Verz 1987, 101. Sterup 1993, 432. TK 1224.

JORDMOOS

PLZ 24405. Haus
Mittelangeln. Ksp. Böel, Gem. Mohrkirch, Ortsteil Krämersteen.

Lage: 2 km nordwestl. von Mohrkirch, an der Straße nach Satrup. Höhe 50 m.
Hinter dem Haus liegt eine kleine feuchte Senke 42 m, vermutlich das ehemalige „Hirschmoor“.

Ortsname. 1777 FN Jortmoos. Trap 1864 dän. Hjortmos. PreußLA 1877 Jordmoos. – Hirschmoor = dän. hjort. Im Volksmund wurde der Krug um 1860 „de Krim“ genannt.

Krug. Haus 1789 erbaut. Krugwirtschaft seit 1795, später auch Hökerei. 1871 SL Gem. Mohrkirch-Westerholz, 2 Wohngeb. Die Wirtschaft wurde um 1965 beendet. Seit 1970 Gem. Mohrkirch.

Literatur. Oldekop 1906, VIII 72. Angeln 1922, 669. Wpl-Verz 1970, 123. Mohrkirch 1991, 232, 453. TK 1324.

JÜRGENSBY

PLZ 24943. Stadtteil
Nordangeln. Stadt Flensburg, Kirchengem. St. Jürgen. 7935 Ewh. (1987).
Lage: Ost-Flensburg, am Hafen und auf der östlichen Höhe der Stadt. Das alte Jürgensby wird von Hafendamm, Nordstraße und Bismarckstraße umgrenzt. Die enge St. Jürgenstraße mit ihren kleinen Häusern hat zum Teil noch den baulichen Charakter des 18. Jh. behalten. Hier haben Fischer und Seefahrer ihre Wohnungen gebaut.
Am Fördeufer existierte nur ein Fußweg, der Hafendamm wurde erst 1875 als Straße angelegt. Durch den Straßenbau und endgültig durch den Bau der Bahn nach Kiel 1881 wurden die Schiffer, Fischer und kleinen Werftplätze vertrieben.
Der Ort St. Jürgen bestand aus zwei gesonderten Teilen: Norder-St. Jürgen mit der St. Jürgenstraße gehörte zum Kirchspiel Adelby, Süder-St. Jürgen mit der Johannisstraße zur Kirche St. Johannis.

Ortsname. 1590 Jorgenßbuj. Mejer 1649 Jurgensbuy. PreußLA 1877 Jürgensby. Angeldän. Jörnsby. – Dorf = dän. by, beim St. Jürgen-Hospital. Lit.: Hald 1948-79, VII 37. JbAngeln 1968, 41. Laur 1992, 367.

Geschichte. Der Grund gehörte dem St. Jürgen-Hospital, das nach der Auflösung im Spätmittelalter seine Güter dem Heiligen-Geist-Hospital Flensburg übertrug. 1853 unter der Jurisdiktion der Husbyharde. 1874 wurden die Grundstücke von Norder-St. Jürgen unter dem Ortsnamen Jürgensby zusammengefaßt und zur Stadt Flensburg ausgegeliedert. 1895 trennte sich der Stadtteil Jürgensby vom Kirchspiel Adelby zu einer selbständigen Kirchengemeinde St. Jürgen, die 1907 eine eigene Kirche erhielt.
Persönlichkeit. Ludwig Dettmann 1865–1944. Maler, Direktor der Kunstakademie Königsberg, geboren zu Norder-St. Jürgen im Ksp. Adelby.

Hospital St. Jürgen. Vermutlich im 13. Jh. für Aussätzige und Pestkranke errichtet, urkundlich seit 1332. Im Spätmittelalter vor 1436 aufgehoben. Das Hospital bestand aus Kirche mit Friedhof, Krankenhaus und Wirtschaftshof, die von einem Graben umgeben waren. Lit.: Jensen Angeln 1844, 319. KDM Stadt Flensburg 1955, 269.

Schule. Erste Erwähnung 1698, für Norder-St. Jürgen und Ballastbrücke. 1845 zweiklassig mit 170 Kinder. 1851–64 Unterricht in dänischer Sprache. Lit.: Ravn 1971, 158.

Wassermühle. An der Adelbybek, hier Lautrupsbach genannt. Eine Sägemühle von 1582 wurde 1628 zerstört, 1638 neu erbaut und im 17. Jh. wieder vernichtet. An gleicher Stelle stand seit 1716 eine Graupenmühle, die 1788 nach ihrem Besitzer Lautrups-Mühle benannt wurde. 1904 abgebrannt. Ein Neubau mit Turbinen war bis 1959 in Betrieb. Lit.: Pöge 1980, 187. Pust 1990, 24.

Literatur. vSchröder 1837, I 445. Jensen Angeln 1844, 319. vSchröder 1854, 264. Angeln 1922, 533. KDM Stadt Flensburg 1955, 539. Wpl-Verz 1987, 15. TK 1222.

ST. JÜRGEN

Gemeinde bis 1936
SL Amt Moldenit. Fläche 118 ha. 114 Ewh. (1933). Die Gemeinde bestand nur aus dem Wohnplatz St. Jürgen. 1936 Eingliederung in die Stadt Schleswig.

Literatur. Oldekop 1906, VIII 83. Angeln 1922, 706. Hist. Gem-Verz 1970, 174.

PLZ 24837. Stadtteil
Südangeln. Stadt Schleswig, Domgem. St. Jürgen. 4994 Ewh. (1987).

Ortsname. 1418 Sunte Jurgen. Mejer 1648 S. Jürgen. PreußLA 1877 St. Jürgen. – Nach der St. Jürgen-Kapelle. Lit.: Laur 1992, 564.

Geschichte. 10 Landstellen des Grauklosters, 1807 unter Struxdorfharde u. 3 Häuser der Stadt Schleswig. 1871 SL Gem. St. Jürgen, 122 Ewh., 13 Wohngeb. Seit 1936 Stadt Schleswig.

Hospital. Eine St. Jürgenkapelle vor Schleswig wird 1344 und 1430 erwähnt, offenbar mit einem Hospital verbunden. Mitte des 16. Jh. beides aufgegeben. Lit.: KDM Stadt Schleswig 1985, 307.

Wassermühle. Am Mühlenbach, nahe des Landeskrankenhauses, am Mühlenredder. 1793 vom Graukloster an die Stadt verpachtet. Später Eigentum der Provinzial Heil- und Pflegeanstalt (1922). Nach 1950 abgebrochen.

Literatur. vSchröder 1837, I 444. Jensen Angeln 1844, 431. vSchröder 1854, 263. Oldekop 1906, VIII 83. Angeln 1922, 153, 706. Wpl-Verz 1987, 92. TK 1423.

JÜRGENSFELD

PLZ 24402. Häusergruppe
Ostangeln. Ksp. u. Gem. Esgrus. 12 Ewh. (1987), 6 Wohngeb., keine Ldw.-Betriebe (1993).
Lage: östl. von Gut Brunsholm, an einem langen, schnurgeraden Feldweg zum Hof Frauenhof. Höhe 50 m.

Ortsname. 1801 Jürgensfeld. 1806 Jürgensthal. PreußLA 1877 Jürgensfeld. – Angeblich nach dem Besitzer Jürgensen (Hald). Heute auch noch „Uhlenstraße“ genannt. Lit.: Hald 1948-79, VII 377. Laur 1992, 367.

Geschichte. 1854 eine Kate zu Gut Brunsholm, Kappelerharde. 1871 FL Gem. Brunsholm, 39 Ewh., 7 Wohngeb. Seit 1970 Gem. Esgrus.

Literatur. vSchröder 1854, 264. Oldekop 1906, V 24. Angeln 1922, 598. Wpl-Verz 1987, 95. TK 1324.

JÜRGENSGAARD

Gemeinde bis 1900
FL Amt Adelby. Fläche 205 ha. 938 Ewh. (1895). Gemeinde 1871 mit 169 Ewh., 23 Wohngeb. 1900 Eingliederung in die Stadt Flensburg. Lit.: Hist. Gem-Verz 1970, 26.

Wohnplätze. Blasberg, Jürgensgaard, Kielseng.

PLZ 24943. Stadtteil
Nordangeln. Stadt Flensburg, Kirchengem. St. Jürgen.
Lage: auf der östlichen Höhe der Stadt, auf Jürgensby, Jürgensgaarder Straße.

Ortsname. 1672 Jürgensgaard. Trap 1864 dän. Jørgensgaarde. PreußLA 1877 Jürgensgaard. – Ehem. Hof des St. Jürgen-Hospitals. Lit.: Hald 1948-79, VII 37. JbAngeln 1968, 41. Laur 1992, 367.

Geschichte. 1837 zum Hospital Flensburg 4 Höfe, 2 Katen u. Krug im Ksp. Adelby. 1853 Husbyharde. 1871 FL Gem. Jürgensgaard, im Dorf 58 Ewh., 7 Wohngeb. 1900 Eingliederung in die Stadt Flensburg. Seit 1902 Kirchengem. St. Jürgen Flensburg.

Literatur. vSchröder 1837, I 445. Jensen

Angeln 1844, 319. vSchröder 1854, 264. Angeln 1922, 533.

JÜRGENSHAGEN

PLZ 24966. Hof

Mittelangeln. Ksp. u. Gem. Sörup, Seender Str. 1. Ldw.-Betrieb (1993).
Lage: 3,5 km südwestl. von Sörup, am Weg nach Gammelby, am Westende des Südensees. Höhe 35 m.
Vom Hofplatz, der auf einem kleinen Holm am Fuße eines 44 m hohen Hügels liegt, ist der Südensee in seiner ganzen Länge bis nach Sörup zu überblicken.

Geschichte. Der Hof hat schon vor 1747 bestanden. 1871 FL Gem. Gammelby, seit 1970 Gem. Sörup.

Großholz

Hölzung hinter dem Hof bis an die Bondenau. 7 ha Wald zum Hof Gammelbygaard. Zwei Hügelgräber wurden 1890 abgetragen, in einem befand sich ein Bronzeschwert. Lit.: Röschmann 1963, 215.

Literatur. Sörup 1907, 239. Sörup 1964, 248. Sörup 1985, 288. Wpl-Verz 1987, 100. TK 1223.

JÜTEBEK
s. Helligbek

JUHLSCHAU

Gemeinde bis 1961

FL Amt Oeversee. Fläche 469 ha. 121 Ewh. (1961), an Einwohnern die kleinste ehem. Westgemeinde Angelns. Gemeinde 1871 gebildet, 96 Ewh., 13 Wohngeb. 1962 Eingliederung in die Gem. Munkwolstrup.

Wohnplätze. Augaard, Augaardholz, Juhlschau, Juhlschaufeld, Kl. Juhlschau.

Literatur. Oldekop 1906, V 62. Angeln 1922, 617. Hist. Gem-Verz 1970, 62.

PLZ 24988. Dorf

Westangeln. Ksp. Oeversee, Gem. Sankelmark. 59 Ewh. (1970), 15 Wohngeb., 3 Ldw.-Betriebe (1993).
Lage: 3 km nordöstl. von Oeversee, an der Straße nach Freienwill, unterhalb eines hohen Bergrückens und am Rand einer Wiesenniederung. Höhe 43 m.
Im Nordwesten erstreckt sich ein Höhenzug mit zwei hohen, über 65 m sich erhebenden Hügelkuppen.

Ortsname. 1472 Julschouwe. Danckwerth 1652 Juelschow. Trap 1864 dän. Julskov. PreußLA 1877 Juhlschau. – Wohl runder Wald zu dän. hjul = Rad (Laur). Vielleicht auch Wald, in dem man Holz für Wagenräder holte, oder, falls der Ortsname mit einem ursprünglichen j anlautete, Igelwald zu altdän. iughul = Igel (Bjerrum). Lit.: JbAngeln 1966, 19. Bjerrum 1986, 295. Laur 1992, 368.

Vorgeschichte. Am Weg nach Munkwolstrup, auf den Höhen 50–60 m, verzeichnet die archäologische Landesaufnahme mehrere Grabstellen. Lit.: Röschmann 1963, 352.

Geschichte. Das kleine Dorf war im Besitz des Rudeklosters, später zur Uggelharde gehörig, deren Hardesvogt 1795–1830 im Dorf wohnte. 1871 FL Gem. Juhlschau, im Dorf 66 Ewh., 8 Wohngeb. 1962 zur Gem. Munkwolstrup, die sich 1974 mit Barderup zur neuen Gem. Sankelmark zusammenschloß.

Literatur. vSchröder 1837, I 445. vSchröder 1854, 265. Oldekop 1906, V 62. Angeln 1922, 617. Wpl-Verz 1970, 31. TK 1222.

JUHLSCHAUER GRABEN
s. Breide Rönn

JUHLSCHAUFELD

PLZ 24988. Haus

Westangeln. Ksp. Oeversee, Gem. Sankelmark.

Lage: südl. von Juhlschau, am Weg nach Gr. Soltbrück. Im Süden das NSG „Düne am Treßsee“. Höhe 35 m.

Geschichte. 1906 FL Gem. Juhlschau 4 kleine Landstellen. 1962 Gem. Munkwolstrup, seit 1974 Gem. Sankelmark.

Literatur. PreußLA 1877. Oldekop 1906, V 63. Angeln 1922, 617. TK 1222 (1987).

JULIANENHOF

PLZ 24941. Hof

Westangeln. Ksp. Oeversee, Gem. Jarplund-Weding.
Lage: Ost-Jarplund, am Weg nach Munkwolstrupfeld, zu Füßen der Hornholzer Höhen. Höhe 47 m.

Ortsname. 1761 Julianenhof. PreußLA 1877 Julianenhof. – Nach Königin Juliane von Dänemark. Lit.: Bjerrum 1986, 295.

Geschichte. 1761 Hof gegründet, zur Kolonie Friedrichsmoor.

Literatur. Oldekop 1906, V 125. Wpl-Verz 1970, 29. TK 1222.

JUNGFERNBERG

Holz

Nordangeln. Stadt Glücksburg. Fläche 19 ha. Staatsforst Land SH, Forstamt Flensburg, Försterei Glücksburg. Landschaftsschutzgebiet.
Lage: Nord-Glücksburg, an der Paulinenallee, zwischen Friedeholz und Sandwig an der Munkbrarupau (Schwennau), um den 25 m hohen „Jungfernberg“. Wanderweg um den Hügel.
Bestockung aus Rotbuche, Stieleiche, Esche, Roterle und viel Nadelholz, mit der der „Jungfernberg“ in Folge der Nachkriegskahlschläge aufgeforstet wurde.
Aus der Vogelwelt wurden Eisvogel, Graureiher, Turmfalke, Baumfalke und Sperber beobachtet. An der Au haben besondere Orchideenarten ihren Standort.

Flurname. 1779 Jungfern Berg. PreußLA 1877 Jungfern-B. – Namensgebung unklar. Lit.: Hald 1948-79, VII 94.

Literatur. Jensen Angeln 1844, 345. vSchröder 1854, 445. TK 1123.

JUNGFERNKATE

s. Gintoft

JUSTRUP

PLZ 24392. Häusergruppe

Mittelangeln. Ksp. Norderbrarup u. Süderbrarup, Gem. Wagersrott u. Dollrottfeld. 24 Ewh. (1987), 6 Wohngeb. Davon zu Wagersrott 4 Wohngeb. mit einem Ldw.-Betrieb, zur Gem. Dollrottfeld zwei Häuser. Die Bewohner von Justrup fühlen sich alle Dollrottfeld verbunden, ihre Gemeinde Wagersrott liegt für sie „weit weg“.
Lage: nordöstl. von Süderbrarup, an der Straße von Dollrottholz nach Scheggerott. Straßenbrücke über die Oxbek. Höhe 20 m.

Ortsname. Mejer 1649 Justorp. 1794 Justrup. PreußLA 1877 Justrup. – Dorf = altdän. thorp, des Jost, Just (Laur). Lit.: JbAngeln 1963, 39. Laur 1992, 368.

Geschichte. 1837 eine Kate zu Gut Dollrott, zwei Katen zur Struxdorfharde. 1871 SL Gem. Dollrottfeld u. Wagersrott.
Ursprünglich bildete die Oxbek bei Justrup die Gemeindegrenze. 1888 ist der Lauf auf etwa 500 m in einem neuen Bett in gerader Richtung bis zur Brücke verlegt worden. Der ehemalige Krug lag vordem südlich der Oxbek, heute nördlich der Au. Der Weg über die Au führte durch eine Watestelle und erhielt 1793 eine Holzbrücke, seit 1889 Steinbrücke.

Krug. Alter Krug 1845 erbaut. Neubau 1881 nach Brand. Altes Abnahmehaus gegenüber. Früher mit Bäckerei und Brennerei. Bäckerei bis 1970, Hökerladen bis 1972. Lit.: Dollrottfeld 1981, 203, 293.

Literatur. vSchröder 1837, I 210, 446.

Jensen Angeln 1844, 406. vSchröder 1854, 106, 450. Oldekop 1906, VIII 37, 87. Angeln 1922, 657, 661. Dollrottfeld 1981, 151, 202, 272. Wpl-Verz 1987, 88, 94. Wagersrott 1993, 462. TK 1324.

KABBERNACK
s. Gammellück, Gelting

KÄLBERHAGEN

PLZ 24405. Häusergruppe
Mittelangeln. Ksp. Böel, Gem. Mohrkirch. 24 Ewh. (1987), 6 Wohngeb. Kein Ldw.-Betrieb.
Lage: 1 km nördl. von Mohrkirch, am Weg von Krämersteen nach Baustrup, am Rande eines kleinen Höhenzuges. Höhe 50 m.

Ortsname. 1680 FN Kälberkoppel oder Callehau. 1804 Kallehauge. Trap 1864 dän. Kalvehave. PreußLA 1877 Kälberhagen. – Einhegung für Kälber = dän. Kalvehave, die Kälberkoppel des ehem. Klosters Mohrkirchen. Lit.: Laur 1992, 369.

Geschichte. Mohrkirchharde. 1871 SL Gem. Mohrkirch-Westerholz, 24 Ewh., 2 Wohngeb. Seit 1970 Gem. Mohrkirch.
Persönlichkeit. Jes Christophersen 1826–1901. Landwirt, Politiker, geboren u. gestorben Kälberhagen.

Hof. Christophersen. 1778 auf einer Parzelle von Gut Mohrkirchen gegründet, seitdem im Familienbesitz. Durch Teilung entstand 1780 eine zweite Landstelle. Auf dem Stammhof brannten 1923 sämtliche Gebäude nieder.

Literatur. vSchröder 1854, 266. Oldekop 1906, VIII 72. Angeln 1922, 670. Wpl-Verz 1987, 91. Mohrkirch 1991, 454. TK 1324.

KAHLEBY

Kirchspiel
Kirchenkreis Angeln. 1065 Gemeindeglieder (1991) zusammen mit dem Ksp. Moldenit, die sich 1971 zu einer Kirchengem. vereint haben. Kirche, Kindergarten.

Wohnplätze. Ekeberg, Füseholm, Füsing, Füsingfeld, Füsingmoor ehem., Füsing Ziegelei, Gammeltoft, Große Eiche, Holtkoppel, Kahleby, Kahlebybrücke, Kahlebygaard, Krimm, Möhlenkoppel, Mollacker, Reesholm ehem., Ruhetal, Rußland, Schaalby, Schaalbyfeld, Sparhöh, Swienskier, Tolkwade, Winningmaystraße.

Geschichte. Das Patronat erhielt 1192 das Kloster Guldholm. Nach dessen Auflösung war die Kirche 1209 wieder dem Bischof von Schleswig unterstellt. 1385–1884 unter dem Patronat des Johannisklosters. Die Kirchenaufsicht lag seit 1636 beim Generalsuperintendenten. 1850 Eingliederung in die Propstei Amt Gottorf, Struxdorfharde. Seit 1879 Propstei Südangeln, 1971 Propstei Angeln, 1977 Kirchenkreis Angeln.
Seit dem 16. Jh. haben Kahleby und Moldenit gemeinsam einen Pastor, waren aber bis 1971 zwei selbständige Kirchengemeinden.

Literatur. Jensen Stat. 1841, 1313. Jensen Angeln 1844, 429. Angeln 1922, 697. J. Mertsch, Geschichte der Kirchengemeinde Kahleby-Moldenit, 1982.

PLZ 24882. Häusergruppe
Südangeln. Ksp. Kahleby, Gem. Schaalby. Kirche u. 4 Wohngeb.
Lage: 1 km östl. von Schaalby, am Kahlebyer Weg zur Schleidörferstraße oberhalb des Osthangs zur Loiter Au, nahe dem Kirchenholz. Höhe 10 m.

Ortsname. 1196 Callebu. 1255 Kalleby. 1326 Kallæby. 1462 Calebu. Mejer 1649 Kalebuy. Trap 1864 dän. Kalleby. PreußLA 1877 Kahleby.
■ Einer der am frühesten urkundlich belegten Ortsnamen in Angeln. – Dorf = dän. by, des Kali = altdän. PN, wohl eine Koseform zu Karl (Laur). Lit.: JbAngeln 1963, 25. Laur 1992, 370.

Geschichte. Das Dorf Kahleby ist verschwunden. Wo es gelegen hat und wie lan-

KAHLEBY, Loiter Au mit Kirche, Brücke und Kirchenholz. Foto: B. Hamer

ge es bestand, ist nicht bekannt. Kirche, Pastorat und Küsterhaus gehörten zum Johanniskloster, 1853 Struxdorfharde. 1871 SL Gem. Schaalby, 2 Wohngeb.
Persönlichkeit. William Martensen 1858–1950. Pastor, Heimatforscher, 1922 „Jensen-Angeln" neu bearbeitet. Von 1889–1925 in Kahleby.

Kirche. St. Marien. Lage im Nordost-Kirchspiel, ein stiller Kirchplatz am Rande einer zum Tal der Loiter Au abfallenden Höhe 10 m.
Romanische Feldsteinkirche, ein stattlicher Bau, der größte Kirchenraum Südangelns. 1192 schon als Kirche urkundlich.
Die unverputzten Ziegelwände des Kirchenschiffes ruhen auf rohem Granitquadersockel. Vom Gründungsbau sind nur wenige Feldsteinreste sichtbar. Im 14. Jh. Westverlängerung und Erhöhung in Backstein. Süd- und Nordportal sind vermauert. 1855 hat die Kirche eine umfangreiche Erneuerung erlebt: die südliche Feldsteinwand wurde abgebrochen und in Ziegeln ersetzt, dabei alle Fenster neu angelegt, die Schiffswände auf Chorhöhe gebracht und das Dach in Schiefer gedeckt. An der Nordseite verschwand das Vorhaus.
■ Der Chor ist in gotischer Zeit mit zwei Fensterachsen neu erbaut. Neben Esgrus der geräumigste Chorraum an einer Kirche in Angeln. Die Wände werden von backsteinernen Strebepfeilern gestützt.
Der Eingang in die Kirche befindet sich im Turm, der 1855 an der Westwand anstelle eines hölzernen Glockenturmes errichtet wurde. Im Untergeschoß massiv aus Ziegeln gebaut, darüber in Holz und darauf als Helm eine achtseitige Pyramide aufgesetzt. Turmhöhe 28 m.
Literatur. KDM SL 1957, 318. Kuhlmann 1958, 89. Kunst-Topographie SH 1969, 677. Füsing 1982, 193. J. Mertsch, Geschichte der Kirchengemeinde Kahleby, 1982.

Friedhof. Fläche 0,6 ha rund um die Kirche. Von Linden, Hecken und Steinwall eingefriedet. Doppeleiche 1898 ohne Stein am Eingangstor. Westerweiterung und Ehrenmal von 1921. Lit.: KDM SL 1957, 327. Füsing 1982, 199.

Pastorat 1843. Eingeschossiger Ziegelbau mit Frontispiz von 1914. Lindenallee 1867. Seit 1970 Privathaus „Petersgaard". Neues Pastorat in Schaalby. Lit.: KDM SL 1957, 327. Schaalby 1982-89, IX 155.

Küsterhaus. Ehem. Schule. Langgestrecktes Wohnhaus aus gelbem Backstein auf Granitquadersockel, Reetdach (Denkmalbuch). Lit.: KDM SL 1957, 327. Füsing 1982, 204. Schaalby 1982-89, IV 39, 71.

Schule 1875. An der Straße gegenüber dem Küsterhaus. Seit 1964 DGS in Schaalby. Die Schule stand bis 1884 unter dem Patronat des Johannisklosters.

Literatur. vSchröder 1837, I 447. Jensen Angeln 1844, 429. vSchröder 1854, 266. Oldekop 1906, VIII 86. Füsing 1982, 193. Wpl-Verz 1987, 92. TK 1423.

KAHLEBYBRÜCKE

PLZ 24882. Häusergruppe

Südangeln. Ksp. Kahleby, Gem. Schaalby. 3 Wohngeb., ein Ldw.-Betr. u. Malerbetrieb. Lage: 1,5 km östl. von Schaalby, am Weg zur Schleidörferstraße, am Hang zur Loiter Au, die hier im Bogen unterhalb des Kirchberges fließt. Straßenbrücke. Höhe 5 m.

Geschichte. 1871 SL Gem. Füsing, 2 Wohngeb. Seit 1974 Gem. Schaalby.
Parzellenstelle 1862 gegründet, die neben der Landwirtschaft auch einen Handel mit Ziegelsteinen betrieb. Die Steine wurden per Schiff über die Schlei und flußaufwärts bis Kahlebybrücke verfrachtet.
Das kleine Haus an der Brücke ist 1866 als Schnittgerwohnung erbaut. 1992 für Wohnzwecke renoviert.

Wassermühle. Vor dem 15. Jh. soll hier eine bischöfliche Wassermühle in Betrieb gewesen sein.

Brücke. 1954 neue Straßenbrücke und Schöpfwerk nach der Auregulierung und der Wiesenbedeichung erbaut.

Literatur. Oldekop 1906, VIII 45. Angeln 1922, 701. Füsing 1982, 113, 299. Wpl-Verz 1987, 92. TK 1423.

KAHLEBYER KIRCHENHOLZ

Holz

Südangeln. Gem. Schaalby, Fläche 5 ha im Besitz der Kirchengem. Kahleby-Moldenit. Lage: nördl. der Kirche, am Weg nach Scholderup bis zur Loiter Au, an einem stark nach Südost zur Au abfallenden Hang. Höhe 15–2 m.
Eschen- und Buchenwäldchen mit einem kleinen Bach. Am westlichen Waldrand zieht sich eine Senke hin, in der die Wasser der höherliegenden Felder abfließen. Vor dem Eintritt in den Wald hat der Hofbesitzer von Kahlebygaard eine Vertiefung mit Aufstau geschaffen. Der kleine Teich wird „Silberquelle" genannt.
■ Das Kirchenholz ist der einzige Fundplatz des Bärlauch in üppiger Entwicklung in Angeln. Zur Blütezeit in der letzten Mai-Hälfte ist der Waldboden mit einem schneeweiß durchwirkten Blütenteppich bedeckt. Die Massenbestände verströmen einen intensiven würzigen Knoblauchgeruch, der hier schon auf dem Weg am Waldrand dem Wanderer das Vorhandensein des wilden Knoblauchs verrät.

Literatur. H. Möller, Das Kahlebyer Kirchenholz, Heimat 1936, 186. Biotop 1987, 1423 Nr. 15. Schaalby 1982-89, VIII 62.

KAHLEBYGAARD

PLZ 24882. Hof

Südangeln. Ksp. Kahleby, Gem. Schaalby. Ohne Ldw.-Betrieb.
Lage: nördl. der Kirche Kahleby. Zufahrt vom Weg nach Scholderup. Höhe 12 m.

Vorgeschichte. Im nördlichen Waldrand der Hölzung „Kahlebygaard" erhebt sich

KAHLEBYER KIRCHENHOLZ, blühender Bärlauch bedeckt den Waldboden Ende Mai mit einem schneeweiß durchwirkten Blütenteppich. Foto: B. Hamer

ein 5 m hoher, teilweise abgetragener Grabhügel. Ein ebenso hoher Grabhügel steht gegenüber auf der Weide an der Straße nach Scholderup.

Geschichte. Kahlebygaard war ein kleiner Adelssitz, vermutlich ein Heermannenhof, der unterhalb des Kirchenholzes in den Wiesen nahe der Loiter Au lag. 1362 hatte die Kirche zu Kahleby den Hof als Pfand in Besitz, der nach 1388 mit der Kirche Eigentum des Johannisklosters wurde.
Bei der Verkoppelung 1792 entstand auf den ehemals zum Edelhof gehörenden gerodeten Waldflächen eine Parzellenstelle Kahlebygaard, 1853 Struxdorfharde. 1871 SL Gem. Schaalby, 2 Wohngeb. Der Hof wurde 1946 an das Elektrizitätsnetz angeschlossen, vordem versorgte sich der Haushalt durch eine Batterieanlage selbst mit Strom.

Holz

„Kahlebygaard" 20 ha Bauernwald, am Weg nach Scholderup. Südlich davon das kleinere Kahlebyer Kirchenholz.

Literatur. vSchröder 1837, I 447. Jensen Angeln 1844, 430. PreußLA 1877. Oldekop 1906, VIII 86. Angeln 1922, 697. KDM SL 1957, 318. Schaalby 1982-89, I 7, VIII 47. Wpl-Verz 1987, 92. TK 1423.

KAISERBERG
s. Sünnerschau

KALKGRUND

Ostseegrund

Ostangeln. Untiefe 3 km nördl. von Birk-Nack, die sich 3,5 km lang und etwa 1 km breit in die Ostsee schiebt. Die Wassertiefe über dem Grund liegt um 2–3 m, im Nordteil sogar nur bis zu 90 cm.

Name. 1592 Kalck Gront. Mejer 1648 Kalck Grundt. – Von den angeblichen Kreideablagerungen im Untergrund. In dänischen Fahrgewässern häufige Bezeichnung. Lit.: Hald 1948-79, VII 218.

Leuchtfeuer 1963. Turm „Kalkgrund" als Ersatz für das Feuerschiff „Flensburg" erbaut. Turmhöhe 22 m.

Literatur. Jensen Angeln 1844, 20. Angeln 1922, 613. Gelting 1972, 241.

KALKJÄR

PLZ 24888. Häusergruppe

Südangeln. Ksp. Ulsnis, Gem. Steinfeld. 2 Wohngeb.
Lage: 1,5 km südöstl. von Steinfeld, Zufahrt von der Straße nach Ulsnis, in einer großen Niederung, die von der Hesselmühlenau in einem Graben, hier Kalkjärgraben genannt, durchzogen wird. Höhe 20 m.

Ortsname. Mejer 1649 Kalckier. 1804 Kalkier. Im Volksmund Kaikjär. – Kälberkratt, Kälbersumpf = dän. kalvkær (Laur). Lit.: Laur 1992, 371.

Ziegelei 1874–1919. Lage auf der Ostseite der Au. Erster Ziegler bis 1877 war Heinrich Traulsen, später Schriftsteller.

Kalkjärsee

Ehem. See. Die Niederung ist die Fläche eines ehemals langgestreckten Sees, der durch die Au zum Mühlenteich der Hesselmühle an der Schlei aufgestaut wurde. Bereits vor der Mitte des 19. Jh. scheint der See verlandet gewesen zu sein und wurde 1862 trockengelegt.

Kalkjärgaard

Ehem. Hof. Vermutlich Meierhof des Gutes Heselgaard. 1664 wird der Hof „Kalckegaarde" als „wüst" bezeichnet. Das Areal von rund 100 ha wurde 1779 parzelliert. Der Stammhof ist der „Fasanenhof" im Dorf Steinfeld, der im Wohnplatzverzeichnis 1871 noch mit dem Namen Kalkjärgaard eingetragen ist. Lit.: Laur 1992, 371.

Kalkjärlück

Ehem. Kate östl. von Wackerade, am Hasselholz. Aufgrund der anmutigen Lage vom Volksmund „Paradies" genannt. Lit.: KDM SL 1957, 565. Steinfeld 1979, 366.

KALLEBY, Haus 12. Eingang mit Säulenportikus. Foto: D. Weldt

Literatur. vSchröder 1837, I 448. Jensen Angeln 1844, 401. vSchröder 1854, 267. Oldekop 1906, VIII 104. Angeln 1922, 645. KDM SL 1957, 549, 565. Steinfeld 1979, 53, 259, 366, 367. Wpl-Verz 1987, 93. TK 1424.

KALKWIK

Schleibucht

Südangeln. Gem. Boren. Eine vom „Norderhaken“ bei Lindaunis eingefaßte offene Bucht. Die Landzungen verengen die Schlei auf 300 m. Lit.: Boren 1957, 131.

KALLEBY

Gemeinde bis 1970

FL Amt Quern-Steinberg. Fläche 396 ha. 272 Ewh. (1970). Gemeinde 1871 mit 191 Ewh., 35 Wohngeb. Bis 1949 im Amt Quern. Ewh.-Höchstzahl 1946: 513 Menschen. 1970 Eingliederung in die Gem. Quern.

Wohnplätze. Kalleby, Nübelfeld, Nübelmoor, Tiefengruft teilw.

Literatur. Oldekop 1906, V 63. Angeln 1922, 577. Quern 1961, 178. Hist. Gem-Verz 1970, 62.

PLZ 24972. Dorf

Nordangeln. Ksp. u. Gem. Quern. 109 Ewh. (1987), 44 Wohngeb., 2 Ldw.-Betriebe (1993).

Lage: 3 km nördl. von Quern, an der Straße nach Neukirchen. Höhe 30–43 m.

Kalleby ist ein Straßendorf. Vom hochgelegenen Dorfeingang im Süden neigt sich die Dorfstraße bis zum Nordende. Zwischen den großen Hofplätzen stehen eng daneben viele Kleinhäuser, die mit ihren verschiedenen Bau- und Stilelementen eine interessante Fassadenschau präsentieren. Mehrere nur kurz bebaute Wege führen zu beiden Seiten der Dorfstraße ins Feld. Der Feldweg vom Norddorf, der westlich nach Tiefengruft führt, ist als Redder erhalten.

Ortsname. 1435 Kalebü. Mejer 1649 u. Danckwerth 1652 Kalleby. PreußLA 1877 Kalleby. – Dorf = dän. by, des Kali = altdän. PN. Gleicher Name wie Kahleby in Südangeln (Laur). Lit.: Hald 1948-79, VII 272. JbAngeln 1967, 110. Laur 1992, 371.

Geschichte. Das Dorf gehörte zum Gut Nübel, ab 1622 zum Herzogtum Glücksburg, 1779 Munkbrarupharde. 1871 FL Gem. Kalleby, im Dorf 115 Ewh., 17 Wohngeb. Seit 1970 Gem. Quern. Freiw. Feuerwehr Hattlund-Kalleby 1886 gegründet.

Schule 1900. Kalleby Nr. 31. Seit dem Schulende 1966 Wohnhaus. 1703 trennte sich Kalleby von der Küsterschule in Quern und baute sich eine eigene Schule im Dorf. 1800 Neubau, 1900 abgebrochen und neues Gebäude errichtet. 1851–64 Unterricht in dänischer Sprache. Lit.: M. Martensen, Nebenschule Kalleby, JbAngeln 1955, 111. Quern 1961, 43, 200. Ravn 1971, 166.

Meierei 1889–1960. Kalleby Nr. 22. Im Betriebsgebäude heute eine Kfz-Werkstatt. Lit.: Quern 1961, 198.

Krug. Kalleby Nr. 26. An der Stelle des Gasthauses, das 1685 erstmals genannt wird und Anfang der 1980er Jahre abbrannte, steht heute ein Wohnhaus. Lit.: Quern 1961, 191.

Bauernhäuser. Nr. 7. Eingeschossiger roter Backsteinbau mit zweigeschossigem Seitenflügel, stuckierte Fensterfaschen, Schieferdach. Laubenvorbau in reich dekorierter Holzkonstruktion. – Nr. 12. Abnahmehaus. Verputzter Ziegelbau mit Schieferdach. Bemerkenswerter Hauseingang mit Halbsäulenportikus. – Nr. 13. Breitlagerndes Wohnhaus, roter Backstein, Schieferdach. Reich detaillierte Gesimsgliederung. Zweigeschossig firsthoch übergiebelter Mittelrisalit. – Nr. 23. Eingeschossiger roter Backsteinbau mit zweigeschossigem Seitenflügel, Schieferdach. Laubenvorbau mit reich dekorierter Holzkonstruktion. – Nr. 36. Kombiniertes Wohn- und Wirtschaftsgebäude, verputzt und geweißt, Querdielentor. Reetdach mit Knüppelfirst. – Nr. 39. Abnahmehaus von 1868. Roter Backstein, reetgedeckt mit Knüppelfirst. Flachübergiebelter Frontispiz, darunter Eingang mit portikusartiger Stuckumrahmung. – Nr. 43. Wohnhaus mit zwei zweigeschossigen übergiebelten Eckrisaliten. Roter Ziegel, mit Stuckeckrustika und Fensterfaschen. Schieferdächer. Hof seit 1630 im Familienbesitz (alle Denkmalbuch).

Feuerwehrhaus 1886. Altes Spritzenhaus heute Geräteschuppen.

Literatur. vSchröder 1837, I 448. Jensen Angeln 1844, 352. vSchröder 1854, 267. Oldekop 1906, V 63. Angeln 1922, 577. M. Martensen, Aus der Geschichte des Festebauerndorfes Kalleby, JbAngeln 1951, 86. Quern 1961, 167. Röschmann 1963, 355. Wpl-Verz 1987, 99. TK 1224.

KALLEBYHUUS
s. Kellerbude

KALLEHAU
s. Kollehav

KALLESDAMM
s. Struxdorf

KALLEWATT

PLZ 24996. Häusergruppe
Mittelangeln. Ksp. u. Gem. Sterup. 2 Wohngeb.
Lage: 2 km nordöstl. von Sterup, im Waldwinkel am Weg von Boltoftheck und Osterholm nach Westerholm herauf. Brücke über die Lippingau, hier Einmündung der Bordeskuhler Au.

Ortsname. 1752 Collewat. 1776 Kallewad. – Kälberfurt = dän. Kalvevad (Laur). Lit.: Hald 1948-79, VII 351. Laur 1992, 372.

Vorgeschichte. In der Hölzung liegen drei Grabhügel, darunter ein großer Hügel eines ehemaligen Steingrabes mit einem Findling. Lit.: Röschmann 1963, 647.

Geschichte. Der Wohnplatz entstand wohl erst nach 1870, da auf der Karte der PreußLA 1877 hier kein Haus eingezeichnet ist. 1906 zwei Katen zur FL Gem. Boltoft. Seit 1962 Gem. Sterup.

Literatur. Oldekop 1906, V 22. Angeln 1922, 587. Wpl-Verz 1987, 101. TK 1224.

KALLSTRENG

Höhe

Nordangeln. Gem. Grundhof. Höhe 65 m. Höchste Erhebung im Kirchspiel Grundhof, Mittelpunkt einer großen Hochfläche, am Nordrand von Lutzhöft. Über die Bergkuppe geht die Wasserscheide von Nordsee und Ostsee. Lit.: Oldekop 1906, V 75. Angeln 1922, 554.

KALTENKIRCHEN

PLZ 24402. Häusergruppe

Ostangeln. Ksp. u. Gem. Esgrus. 2 Wohngeb.
Lage: 3 km südöstl. von Esgrus, am Weg von Tollschlag nach Ulegraff. Höhe 46 m.

Ortsname. 1754 Kaltzkirchen. 1764 Kalkarck, Kohlkarck. 1797 Kaltenkirch. Angeldän. Koldkjær (Jensen). Im Volksmund Kalkaer. Ndt. Kolkark. – Ein ursprüngliches dän. Koldkær = kaltes Kratt, im Deutschen wie im Falle von Mohrkirchen und Rabenkirchen zu ndt. Kolkark und hdt. entsprechend zu Kaltenkirchen umgedeutet. Lit.: Hald 1948-79, VII 377. Laur 1992, 372.

Geschichte. 1837 eine Kate zu Gut Rundhof, 1853 Kappelerharde. 1871 FL Gem. Wippendorf, 3 Wohngeb. Seit 1970 Gem. Esgrus.

Literatur. vSchröder 1837, I 104. Jensen Angeln 1844, 268. Oldekop 1906, V 128. Angeln 1922, 599. Wpl-Verz 1987, 95. TK 1224.

KALTOFT

PLZ 24392. Dorf

Südangeln. Ksp. Boren, Gem. Kiesby. 46 Ewh. (1987), 13 Wohngeb. 2 Ldw.-Betriebe, Süßmosterei, Fischteiche (1993).
Lage: östl. von Kiesby, an der Straße von Ekenis nach Boren, am Nordhang eines kleinen Hügelrückens. Höhe 30 m.

Ortsname. 1462 Caltoft. 1554 Koltoff. Mejer 1649 Kaltofft. vSchröder 1837 u. Jensen Angeln 1844 Kalltoft. Trap 1864 dän. Kalvtoft. PreußLA 1877 Kaltoft. – Siedlungsplatz = dän. toft, entweder, wo Kälber sind, zu dän. kalv, oder des Kali (Laur). Lit.: JbAngeln 1964, 61. Laur 1992, 373.

Geschichte. Vormals zur Vogtei Füsing, 1702 Füsingharde und Domkapitelvogtei Grödersby, 1777 Schliesharde. 1871 SL Gem. Kiesby, 69 Ewh., 11 Wohngeb., darunter 6 Katen u. die Schmiede.

Meierei 1888–1959. Gegründet von den Dörfern Ekenis, Güderott, Kaltoft und Kiesby. Großer Neubau von 1948. Betrieb 1959 eingestellt. Heute Süßmosterei. Lit.: Boren 1957, 152, 166.

Literatur. vSchröder 1837, I 449. Jensen Angeln 1844, 399. vSchröder 1854, 267. Oldekop 1906, VIII 59. Angeln 1922, 639. Boren 1957, 164. Wpl-Verz 1987, 90. TK 1325.

KANAPEE
s. Kysweek

KANZLEI
s. Steinbergkirche

KAPPELHOLZ

PLZ 24376. Häusergruppe

Ostangeln. Ksp. u. Stadt Kappeln. 111 Ewh. (1987).
Lage: West-Kappeln, am Straßendreieck, wo die B 201 und B 199 Nordstraße zusammentreffen. Höhe 20 m.

Ortsname. 1498 Kastelbuy. vSchröder 1837 Castelbye. Jensen Angeln 1844 Kastelbye oder Casselbye. PreußLA 1877 Kappelholz. – Dorf = dän. by, bei einem Kastell, einer Burg. Unbekannt, worauf bezogen (Laur). Lit.: JbAngeln 1967, 100. Laur 1992, 377.

Geschichte. Kappelholz ist der Siedlungsplatz des bis 1800 genannten Dorfes Kasselby. 1837 waren hier 11 Katen zu Gut Roest, 1853 Kappelerharde. 1871 FL Gem. Mehlby, 98 Ewh., 13 Wohngeb. 1970 zum Kreis Schleswig, seit 1974 Stadt Kappeln.

Kasselby

Ehem. Dorf an Stelle von Kappelholz, das 1498 unter den Dörfern zu Gut Roest gehörend aufgeführt ist. Die 5 Höfe des Dorfes mußten ihre Ländereien zum Hoffeld des Gutes abtreten, wodurch die Hufner zu Kätnern herabsanken. 1629 sind nur noch Kätner zu Kasselby verzeichnet. In den Kirchenrechnungen von Kappeln werden seit 1748 jährlich 10 Kätner genannt. Dieselben sind im Erdbuch des Gutes 1798 als in Kappelholz wohnhaft eingetragen. 1799 wurden sie aus der Leibeigenschaft entlassen.

Nach Jensen Angeln 1844 soll das frühere Bauerndorf zur Kirche von Rabenkirchen eingepfarrt gewesen sein. Auf dem Kirchhof wurde im 18. Jh. noch ein Stück als „Casselbyer Begräbnis" bezeichnet.

Kasselbyholz

Ehem. Holz. Lage nach der Roester Flurkarte von 1800 westlich von Kappelholz, im Dreieck zwischen den Straßen nach Arnis und Faulück bis an die Grenze zum Ksp. Rabenkirchen. Der Wald wurde 1804 niedergeschlagen und das Land dem Meierhof Dothmark zugelegt. Die Ackerfläche von 9 ha verkaufte Gut Roest 1920 an den Hof Fegetasch.

Literatur. vSchröder 1837, I 181. Jensen Angeln 1844, 232, 387, 393. vSchröder 1854, 88, 91. Oldekop 1906, V 78. Angeln 1922, 622, 635. R. Albert, War Casselby eine totale Wüstung?, Heimat 1959, 176. Wpl-Verz 1987, 90.

KAPPELLOCH

Ehem. Hof

Ostangeln. Ksp. Töstrup, Gem. Stoltebüll. Lage: 1,5 km südöstl. von Stoltebüll, an der Straße von Sünnerschau nach Gr. Vogelsang. Höhe 30 m.

Geschichte. 1837 ein Hof zu Gut Rundhof, 1853 Kappelerharde. 1872 FL Gutsbezirk Drült. 1928 Gem. Stoltebüll. Im 18. Jh. Standort der Schule von Stoltebüll. Sämtliche Hofgebäude sind 1970 abgebrannt und nicht wieder aufgebaut.

Literatur. vSchröder 1837, II 325. Jensen Angeln 1844, 392. vSchröder 1854, 513. PreußLA 1877. Angeln 1922, 630. Wpl-Verz 1970, 34. TK 1325.

KAPPELN

Harde

Die Kappelerharde umfaßte den östlichen Teil der Landschaft Angeln mit einem geschlossenen Gebiet von Steinberghaff an der Geltinger Bucht bis Kappeln an der Schlei. Über die Grenzen der Kirchspiele Esgrus, Gelting, Töstrup und Kappeln hinaus waren Stellen unter der Nieharde, Struxdorfharde und Schliesharde verstreut der Ostharde Angelns zugehörig. Einige im Besitz von Gut Rundhof befindliche Katen zu Großsolt, Kleinsoltfeld und Kysweek waren die entlegensten Exklaven der Harde.

Die Kappelerharde entstand 1853, als die politische Sonderstellung der adligen Güter durch Aufhebung ihrer Gerichtsbarkeit beseitigt wurde. 14 Güter des 1. Angler Güterdistrikts, die um Düttebüll, Gelting, Rundhof und Roest einen geschlossenen Komplex in Ostangeln bildeten, wurden nun zusammen mit dem Flecken Kappeln, der bisher keiner Harde angehörte, als neue Kappelerharde verwaltet. Die Hardesvogtei war zugleich die Fleckensvogtei für Kappeln.

Nach der Volkszählung von 1860 war die Kappelerharde mit 12.680 Bewohnern die größte Harde in Angeln. Sie wurde erst 1867 dem Amt Flensburg angeschlosssen und bestand nur 36 Jahre bis 1889, als die Amtsbezirke die kommunale Verwaltung übernahmen.

Wappen. Zwei blaue Löwen in Gold, dem Wappen des Herzogtums Schleswig entnommen.

Literatur. vSchröder 1854, XI, LXXXIII. Trap 1864, 635. Angeln 1922, 106.

Kirchspiel

Kirchenkreis Angeln. 4400 Gemeindeglieder (1991, ohne Ellenberg auf Schwansen). Kirche, Gemeindehaus, Kindergarten, Schwesternstation. Grundbesitz 84 ha.

Wohnplätze in Angeln. Albrechtsruh, Amalienfeld ehem., Benediktsmark ehem., Buckhagen, Buhs, Bystedt ehem., Carlshöhe, Dothmark, Fegetasch teilw., Freudenlund, Gammellück, Grauhöft, Grimsberg, Grimsnis, Grimsnisfeld, Grummark, Grummarkfeld, Neu-Grummark, Haarmark, Hauheck, Hüholz, Joachimstal ehem., Kappelholz, Kappeln, Neu-Kappeln, Kasselby ehem., Kielsebeck, Kleefeld, Knüppelberg, Lückenholz, Lückloos, Lusthof, Maas ehem., Marienthal, Mehlby, Mehlbydiek, Minnaesby ehem., Mühlenholz, Neuheim, Ochsenkoppel, Osterfeld, Rabel, Rabelsund, Roest, Roesterfeld, Ruhkrog, Sandbek, Kl. Sandbek, Schauheck, Scheideheck, Stutebüll, Stutebüllfeld, Tarup ehem., Töstrupholz teilw., Trotzmehlby, Wassermühlenholz, Wiemoos, Wilhelminenhöh, Wilhelmshöh, Wittkielberg.

Geschichte. Der Kirchort Kappeln ist vermutlich durch eine Andachts- und Wallfahrtskapelle begründet worden. In alten Registern wird die Kirche zur Schliesharde gerechnet. Das Kirchenpatronat erhielt 1406 das Domkapitel zu Schleswig als königliches Geschenk. Im 16. Jh. hat sich die Gutsherrschaft von Roest die Kirchenhoheit angeeignet. Mit dem Verkauf des Fleckens Kappeln an die dänische Krone wurde die Kirche 1807 königlich und der Aufsicht des Generalsuperintendenten unterstellt. 1879 Propstei Südangeln, 1971 Propstei Angeln, seit 1977 Kirchenkreis Angeln. 1872 wurde das Diakonat als 2. Pfarrstelle eingerichtet, aus dem 1905 das Kompastorat entstand, allgemein als Land-Pastorat bezeichnet. Zum Kirchenkreis Angeln und zur Kirchengemeinde Kappeln gehört seit 1970 Ellenberg auf Schwansen, das sich von Karby trennte. Als 4. Pfarrstelle wurde Arnis 1972–76 von Kappeln betreut. Nach langer Zugehörigkeit zu Kappeln hat sich Maasholm 1980 mit der Kirchengemeinde Gundelsby verbunden.

Literatur. Jensen Angeln 1844, 385. Angeln 1922, 618. Kuhlmann 1958, 172.

Amt

1969 Verbund der Gemeinden Faulück, Grödersby, Oersberg und Rabenkirchen zum Amt Kappeln-Land. 1970 aufgelöst zum Amt Rabenkirchen. 1971 wieder neugebildet mit der Stadt Arnis und den Gemeinden Grödersby, Oersberg und Rabenkirchen-Faulück.

PLZ 24376. Stadt

■ Das Gebiet der größten Stadt in Angeln umfaßt eine Fläche von 4293 ha, davon rund 825 ha Wasserfläche der Schlei. Auf 3468 ha Landfläche sind 221 ha mit Wald bedeckt. Die landwirtschaftliche Nutzfläche von 2676 ha wurde 1987 von 52 Ldw.-Betrieben bewirtschaftet.
In den 2336 Wohngeb. der Stadt leben 9999 Ewh.; auf dem 1720 ha umfassenden Stadtgebiet der Angelner Seite 5175 Menschen (alle Angaben 1987).

Wappen. Ein rotbekleideter Heiliger Christophorus, der in blauen Wellen steht, beiderseits je drei blaue Heringe. Symbole des Schutzpatrons der Schiffer und Fährleute und des Heringshandels. Das Wappen entstammt einem alten Fleckenssiegel und ist in seiner heutigen Form seit 1963 gültig.

Wohnplätze in Angeln. Albrechtsruh, Amalienfeld ehem., Buhs, Carlshöhe, Dothmark, Fegetasch teilw., Freudenlund, Gammellück, Grauhöft, Grimsberg, Grimsnis, Grimsnisfeld, Grummark, Grummarkfeld, Neu-Grummark, Hüholz, Kappelholz, Kappeln, Neu-Kappeln, Kielsebeck, Klee-

KAPPELN an der Schlei, Panoramabild. Foto: B. Hamer
Bahnanlagen. Alter Speicher. Windmühle „Amanda“.

In der Schlei: Brücke und Heringszaun.
Am Hafen: Alter Flensburger Bahnhof, Kirchturm, Getreidespeicher.

feld, Knüppelberg, Lückloos, Lusthof, Mehlby, Mehlbydiek, Mühlenholz, Neuheim, Roest, Roesterfeld, Sandbek, Kl. Sandbek, Schleimünde, Stutebüll, Stutebüllfeld, Töstrupholz, Trotzmehlby, Wassermühlenholz, Wiemoos, Wilhelminenhöh, Wilhelmshöh, Wittkielberg.

Geschichte. Stadtrecht 1870, vordem Flecken. 1871 SL Stadtgebiet 64 ha, 2609 Ewh. in 324 Wohngeb.
1884 Eingliederung von 58 ha der FL Gem. Mehlby mit dem Friedhof von Kappeln und den Wohnplätzen Albrechtsruh, Carlshöhe, Grauhöft, Kielsebeck, Lückloos, Pastorenhof. 1889 wurde das Grundstück mit dem Gerichtsgebäude vom FL Gutsbezirk Roest an die Stadt gegeben. 1915 trennte sich der Gutsbezirk von weiteren 30 ha mit dem Kreisbahnhof und Krankenhaus.
Bis 1928 war Kappeln eine Enklave im Kreis Flensburg. Erst mit der Eingliederung von 119 ha Fläche auf Dothmark aus dem Gutsbezirk Roest erreichte die Stadt die unmittelbare Verbindung zu ihrem Kreis Schleswig. 1928 wurde auch der Gutsbezirk Schleimünde eingegliedert.
1946 wuchs die Einwohnerzahl in der Stadt von heute auf morgen um 2000 Menschen, die aus ihrer ostdeutschen Heimat vertrieben waren. Die größte Erweiterung erlebte das Stadtgebiet 1974 durch die Eingliederung der Gem. Mehlby und der Gem. Kopperby auf Schwansen.

Literatur. Oldekop 1906, VIII 57. Angeln 1922, 618. Hist. Gem-Verz 1970, 170. Wpl-Verz 1987, 90.

Stadtkern

Ksp. u. Stadt Kappeln. 3030 Ewh. (1987). Geschäftszentrum, Industrie- u. Hafenstadt. Erholungsort seit 1977. Kirche, Kirchenkreis-Rentamt, Amtsgericht, Polizeistation, Post, Zollamt, Schulen, Bücherei, Museum, Kino, Krankenhaus, Apotheken, Ärzte, Hotels, Gaststätten, Jugendherberge, Banken, Supermärkte, Fischräucherei, Tankstellen.
Lage: an der Schlei, die etwa 8 km von ihrer Mündung entfernt von Osten kommend vor Kappeln nach Süden biegt und durch den 200–300 m breiten Sund, wie ein Fluß, an der Stadt vorbeizieht. Kappeln ist eine Brückenstadt, in seiner Lage ähnlich Sonderburg am Alsensund und nicht, wie die Fördestädte sonst, am Ende der Wasserstraße gelegen. Für seegehende Schiffe ist der Hafen die letzte günstige Anlandungsmöglichkeit und für von See kommende Boote die erste sichere Stelle.
■ Unter den Kleinstädten Schleswig-Holsteins ist Kappeln eine der wenigen, die sich die topographisch begünstigte Unverwechselbarkeit seiner Schauseite bewahrt hat. Das Schleipanorama ist die Paradeansicht Kappelns. Das Bild wird von der Kirche als „Stadtkrone" beherrscht. Den Rand der Ansicht bilden die hochaufragende Mühle, die markante Dreiergruppe der Räuchereischornsteine und der mächtige turmartige rote Klinkerbau mit Silo und Speicher.
In der Gesamterscheinung Kappelns ist die Schleibrücke ein besonderer, nicht mehr trennbarer Bestandteil, die sich in Niveau, Proportion und Zuführung in die Stadtlandschaft einfügt – was alle Hochbrücken-Neubauentwürfe nicht vermochten.
Die geschlossen bebaute Altstadt liegt auf einem plateauartigen Hügelrücken mit einem Steilhang zur Schlei. Daher weisen alle östlichen Zufahrtsstraßen dicht vor dem Stadtkern merkliche Steigungen auf. In der Stadt selbst ist das Gelände ziemlich ebenmäßig. Die Nordstraße umschließt im weiten Halbkreis das Stadtzentrum.

Bebauung. Der Siedlungskern der Altstadt, der mittelalterlichen Ursprung erkennen läßt, unterscheidet sich durch seine unregelmäßige Struktur von der planmäßigen Erweiterung im Westen. Ältere Züge sind im späten 18. Jh. in der Blütezeit von Schiffahrt und Fischerei geprägt, insbesondere am Plätzchen „Kehrwieder" um die Kirche und dem „Dehnthof".
Bis um 1800 waren die Häuser des Fleckens durch das Gutsland von Roest von allen Seiten eingeschlossen. Auf diesen Raummangel hat sich die Stadt mit engen Straßen und dichter Bebauung einrichten müssen. Ab 1800 kann die bauliche Erweiterung an der neuen Prinzenstraße, Süder-

KAPPELN, Drehbrücke 1927. Foto: B. Hamer

straße und Schanze schrittweise erfolgen. Mit dem Verkauf 1807 wurden das mit Holz bestandene Bendixenfeld und Lütjenfeld nördlich des Ortes, einst „die Zierde von Cappeln“, veräußert, um Bauland für künftige Erweiterungen zu haben.
Trotz empfindlicher Verluste an charaktervollen Altbauten hat sich Kappeln eine individuelle Stadtgestalt bewahrt.

Straßen und Plätze. Rathausmarkt. Ein kleiner dreieckiger Marktplatz, von dem die beiden Hauptstraßen Schmiedestraße und Poststraße ihren Anfang nehmen. Der Platz gewinnt seinen besonderen städtebaulichen Reiz durch die Ausrichtung auf den Kirchturm, auf den hin er sich zu einem rahmenden Durchblick verengt. Ein Unglück für den Platz war 1971 der unverzeihliche Abbruch von Rathaus und Altem Ratskrug.
Kehrwieder. Ein hofartiger Platzraum mit drei älteren Häusern nahe der Kirche. Dieser malerischste Winkel des alten Kappelns vermittelt das beste Kleinstadtbild.
Dehnthof. Die Straße, die von der Schmiedestraße zum Hafen hinabführt, ist die am besten erhaltene Giebelhaus-Straße. Der heute noch in der unteren Hälfte sehr steile Weg war früher für Wagen nicht befahrbar, bis er 1847 abgetragen und die Fahrbahn tiefer gelegt wurde. Der Straßenname bezieht sich auf die Küstertoft, zu dänisch Degntoft.
Hafen. In der sonst eher stillen Kleinstadt ist der Hafen ein lebendiger Platz mit Schiffs-, Bahn- und Industrieanlagen entlang des Uferstreifens unterhalb des Steilhangs zur Schlei.
Fährberg. Der sehr steil aufsteigende Weg markiert an reizvoller Hanglage eine Art „Stadttor“. Er ist seit Jahrhunderten der eigentliche Zugang zur Altstadt und heute die wichtigste zum Hafen und zur Brücke hinabführende Straße.

■ Brücke 1927. Die 163 m lange Drehbrücke ist die belebteste und interessante-

KAPPELN, Rathaus 1869. Foto: D. Weldt

ste Fahrbahn von Kappeln (Denkmalbuch). Das „Fossil gemächlicherer Verkehrszeitalter“ steht im Mittelpunkt eines im Sommer besonders bewegten Schauspiels, das sich auf Klingelzeichen zu jeder Stunde abspielt: zahlreich versammelte Boote passieren nach Öffnung der Brücke den Durchlaß in dichtem Konvoi schleiauf oder -ab. Nachdem sich die Brücke wieder mit der Straße verbunden hat, setzt sich eine kilometerlange Autoschlange nach geduldigem Warten in Bewegung. Eine Hochbrücke wäre für alle Fahrzeuge bequemer, die Schleiüberfahrt und -durchfahrt und Kappeln damit jedoch um die Attraktion beraubt.
Bis 1933 haben Fußgänger und Wagen Brückengeld zahlen müssen. Als Vorgängerbau verband eine Pontonbrücke seit 1866 Angeln mit Schwansen. Lit.: J. Petersen, Schleibrücken, JbAngeln 1991, 153.
Fähre. Vor 1866 wurde die Schlei mit einer Fähre überbrückt. Das Fährprivileg lag seit 1672 beim Gut Loitmark. Eine zweite Personenfähre wurde ab 1810 von Kappeln nach Ellenberg betrieben. Lit.: J. Petersen, Schleifähren, JbAngeln 1986, 82.

Prinzenstraße. Der untere Abschnitt ist der besterhaltene Straßenzug der Altstadt, wo abwechselnd giebel- und traufenständige Kleinbürgerhäuser stehen. 1800 wurden 2 ha vom Dothmarker Feld abgelegt und darauf 32 Bauplätze ausgewiesen. Diese Nebenstraße war die erste räumliche Ausweitung des Ortes, die nach dem derzeitigen Gutsherrn von Roest, Prinz Carl zu Hessen, benannt wurde. Beim Verkauf des Fleckens sind die Grundstücke aus der Gutszugehörigkeit von Roest an Kappeln übergegangen.
Schanze. Auf der Fläche der Pastoratskoppel „Schanze“, zwischen Post-, Schmiede- und Querstraße, entstand ab Mitte des 19. Jh. ein neuer Stadtteil mit geraden Straßen und einem kleinen rechteckigen Platz, dem Neumarkt in der Mitte.
Schmiedestraße. Wo diese Straße, die Flensburger Straße und die altstadtbe-

grenzende Gerichtsstraße zusammenlaufen, entsteht ein städtebaulich markanter Ort, das „Tor“ vom Hinterland in das kleinteiligere Straßennetz der Altstadt.

Ortsname. 1357 Capell. 1462 Cappel. 1482 Kappele. Mejer 1648 Cappell. Trap 1864 dän. Kappel. – Nach der Kapelle St. Nikolai. Namensgleich in Deutschland im Kreis Kusel, Rheinland-Pfalz, und Kreis Traunstein, Bayern. Lit.: JbAngeln 1964, 65. Laur 1992, 375.

Geschichte. Kappeln wird 1357 erstmals erwähnt. Der Ort, der seit altersher Grundbesitz des Domkapitels zu Schleswig war, gelangte 1533 durch einen widerrechtlichen Verkauf an die Gutsherrschaft von Roest. Der Handel wurde vom Domkapitel angefochten, zur Beweisführung fehlten jedoch die Urkunden, die nach einem Einbruch in das Kirchenarchiv verlorengegangen waren. Durch Jahrzehnte währende Prozesse verschleppte sich die Sache schließlich 1565 zugunsten von Roest. Für die Fleckensbewohner war der Konflikt damit noch nicht beendet. Die ständigen Versuche, die Kappler zu Leibeigenen von Roest zu machen, führte 1667 zur Abwanderung einiger Familien nach Arnis. Erst durch den Besitzwechsel auf Gut Roest begann 1797 die Förderung des Ortes durch den neuen Grundherrn.
Das gemeinschaftliche Gericht mit Roest wurde 1822 durch ein eigenes Fleckensgericht beendet. Seit 1846 war Kappeln auch in seiner Ortsverwaltung selbständig.
■ Die Freiw. Feuerwehr von 1879 ist die erste Gründung in Angeln.
Wirtschaft. Nach dem Verkauf an die dänische Krone 1807 konnte sich der Ort, der in seiner günstigen Lage an der Schlei und zu seinem Umland mit keiner anderen Stadt in der Nähe in Konkurrenz stand, vorteilhaft entwickeln. Zu Anfang des 19. Jh. begann für Kappeln die wirtschaftliche Blütezeit, in der Schiffahrt, Handel und Gewerbe 200 Haushalte beschäftigten. 1807 hatte der Flecken 10 Krüge, 3 Bäcker, 7 Kleinmüller und 50 Krambuden. 1854 waren in Kappeln drei Schulen, Post, Apotheke, Armenhaus, Sparkasse, Mühle, Zollamt und mehrere Ärzte vorhanden. Um die Jahrhundertwende kamen Krankenhaus, Landwirtschaftsschule, Präparandenanstalt, Banken, Meierei und Amtsgericht hinzu. Die Anzahl der Krugwirtschaften war jetzt sogar auf 27 gestiegen. Als größte Unternehmen sind seit 1928 die Nestle-Werke und seit 1946 ein Bekleidungswerk in Kappeln ansässig.
In Kappeln erschien 1844 die erste eigene Zeitung, das Kappelner Wochenblatt, 1864 die Angler Zeitung, seit 1877 der noch erscheinende Schleibote.
Märkte. Ab 1830 bis etwa 1928 wurde in Kappeln regelmäßig am Mittwoch Wochenmarkt gehalten, heute am Samstag. Ein Jahrmarkt fand am Mittwoch und Donnerstag nach dem 1. Mai und am 16. Oktober statt, Viehmarkt war am Montag nach dem 5. Sonntag vor Ostern.
Veranstaltungen. Ein bekanntes Faschingsfest ist die „Türkenmaskerade“ der Junge-Leute-Gilde, die seit 1722 überliefert ist. Ursprünglich war die Gilde eine Vereinigung zur Unterstützung für in Not geratene Schiffer. Früher wurde das Fest mit Türkenschießen über mehrere Tage gefeiert, heute mit einem Ball am ersten Februarsamstag.
Zur Erinnerung an die Bedeutung des Herings für die Stadt wurden 1979 die „Heringstage“ ins Leben gerufen, die jedes Jahr von Himmelfahrt bis zum darauffolgenden Sonntag stattfinden.
Schiffahrt und Verkehr. In der Wirtschaftsgeschichte Kappelns spielen Schiffahrt und Fischerei seit Gründung des Ortes die größte Rolle. Die Kappler Schiffer waren nicht allein Seefahrer, sondern teilweise zugleich Kaufleute. In Angeln und auf Schwansen kauften sie Landprodukte, verfrachteten diese über See, um sie in anderen Ostseehafenstädten, vornehmlich in Kopenhagen, zu verkaufen.
Weit bekannt war Kappeln durch den Schleihering, der in den Heringszäunen gefangen und durch die Fischräuchereien als Bückling vermarktet wurde.
1835 waren in Kappeln 54 Schiffe beheimatet. Nach 1864 starb die Seglerflotte als Folge der politischen Veränderungen. Das erste Postdampfschiff nach Schleswig wurde

KAPPELN, Heringszaun. Foto: D. Weldt

1880 in Dienst gestellt. Auf der Schlei verkehrten regelmäßig Dampfer nach Schleswig und Maasholm, die heute nur noch im Sommer als Ausflugsfahrten von einem Motorboot angelaufen werden.

■ Von 1886–1904 entwickelte sich Kappeln zur größten Bahnstation in Angeln mit drei Bahnlinien nach Flensburg, Schleswig und Eckernförde.

Sturmflut 1872. Am Lagerhaus, Am Hafen 12–16, ist eine Metallplatte als Hochwassermarke angebracht, früher am Gebäude des Flensburger Bahnhofs. Lit.: Frahm 1993, 423.

Krieg. II. Weltkrieg. Bei einem Bombenangriff auf das Hafengebiet wurde 1940 ein Kappler Bürger getötet und die Gaststätte „Die Börse" zerstört. 1944 fiel eine Bombe auf den Schulhof. 1945/46 war Kappeln ein einziges großes Menschen- und Heerlager mit unübersehbaren Scharen Flüchtlinge, entlassener Soldaten und letzter Nothafen für 150 Schiffe der Kriegsmarine.

Persönlichkeiten. Hans Gardthausen 1776–1845. Zollverwalter, Schriftsteller. Seit 1809 bis zum Tod in Kappeln. – Julius Thomsen 1815–1896. Arzt, med. Schriftsteller, lebte seit 1853 bis zum Tod in Kappeln. – Ludwig Hinrichsen 1872–1957. Schriftsteller, geboren in Kappeln. – Jan Laß 1890–1958. Maler, geboren in Kappeln.

Kirche. St. Nikolai. Lage am Rande eines Steilhangs zur Schlei in ca. 10 m Höhe. Der Kirchenplatz mit Rasenflächen und Linden ist nach Osten zur Schlei mit einer hohen Böschungsmauer aus Feldsteinen befestigt. Eine steile Steintreppe führt vom Hafen herauf (Denkmalbuch). Der Hauptzugang vom westlich vorgelagerten Rathausmarkt.

■ Spätbarocke Backsteinkirche, erbaut 1789–93 durch den Erbherrn auf Roest, Patron der Kirche. Es ist der letzte bedeutende Kirchenbau spätbarocker Tradition im Lande. Das Kirchenschiff umfaßt den größten Kirchenraum Angelns.

Von der mittelalterlichen Kirche, die vor

1789 ungefähr am Platz des Nachfolgebaus abgebrochen wurde, sind keine Abbildungen oder ausreichende Beschreibungen erhalten. Vermutlich war es ein langer und schmaler Backsteinbau mit Turm. 1745 war diese Kirche für Kappeln zu klein geworden und danach auch baufällig. Reparaturen wurden seit 1774 nicht mehr durchgeführt, da bereits Neubaupläne bestanden.
Die neue Kirche, ein längsrechteckiger Baukörper mit abgeschrägten Ecken, ist aus unverputztem Backstein auf Granitquadersockel errichtet. Zu Sockelquadern wurden Feldsteine behauen, die aus Steingräbern der näheren Umgebung stammten. Die Längswände mit hohen Rundbogenfenstern sind mit feinliniger Wandgliederung als Schauseiten behandelt, in der Mitte über den Seitenportalen mit hohen Giebeln bekrönt. In der Ostwand ein Portal mit beiderseitiger Treppe, darunter der Niedergang zur Gruft von Rumohr. Auf der Mitte des Pfannendaches steht ein kleiner Dachreiter.
Der zweigeschossige Backsteinturm mit Quadern trägt auf seiner Turmhaube eine Laterne und eine hohe Spitze aus kupferblechbeschlagenem Holz. Als Windfahne eine Christophorusfigur. Durch das Westportal im Turm der Haupteingang in die Kirche.
Literatur. KDM SL 1957, 334. Kunst-Topographie SH 1969, 678.

Katholische Kirche. St. Marien-Kapelle, Gartenstraße. Gemeinsame Pfarrstelle mit Gelting.

Friedhof 1767. Schmiedestraße. Fläche 5 ha. Höhepunkt landschaftlicher Schönheit in Kappeln. Seine besondere Zierde sind die alten Linden von 1804. Der Bach Kirsebek durchschneidet das Gelände in einer tiefen Schlucht (Denkmalschutz).
Gedenkanlage. Für den I. Weltkrieg ein Denkmal von 1923 mit einer Sandsteinfigur einer knieenden Frau auf einem großem Quader mit eingelassenen Namenstafeln. Dabei die Gedenkstätte des II. Weltkrieges mit liegenden Bronzeplatten. Lit.: Frahm 1993, 454, 458.
■ Der größte kircheneigene Friedhof in Angeln war der erste kirchenferne Begräbnisplatz in der Landschaft, der 1767 durch Verlegung von der alten Kirche vor der Stadt angelegt wurde und schon sehr früh 1834 erweitert werden mußte. Das Friedhofsgelände gehörte zum Areal der Gemeinde Mehlby im Kreis Flensburg und wechselte 1884 zur Stadt Kappeln in den Kreis Schleswig.
Friedhofskapelle 1767. Die besondere Eingangsgestaltung des Friedhofs wird durch die Kapelle hervorgehoben. Der Backsteinbau mit Dachreiter ist so in die Häuserreihe der Schmiedestraße eingestellt, daß er mit den seitlichen Torbauten eine dreiteilige Schauwand bildet. 1901 Anbau einer Leichenhalle. 1965 Kapelle vergrößert, daneben 1973 ein hölzerner Glockenstuhl errichtet.
Während des Kirchenbaus wurde in der Kapelle 1789–93 Gottesdienst gehalten. 1867 Benutzung durch preußisches Militär. Lit.: KDM SL 1957, 354. Kunst-Topographie SH 1969, 680. Frahm 1993, 440.

Pastorate. Wassermühlenstr. 12. Früheres Hauptpastorat, heute Rentamt des Kirchenkreises Angeln. Zweigeschossiger Putzbau von 1851. Mitteleingang durch Portalumbau betont (Denkmalbuch). Der „Pastorenhof“ mit 40 ha Kirchenland wurde 1884 aus der Flensburger Gemeinde Mehlby in die Stadt Kappeln, Kreis Schleswig, eingemeindet. Lit.: KDM SL 1957, 357. – Propstenhaus, Wassermühlenstr. 12 a. Erbaut 1970 neben dem Rentamt. – Kompastorat 1911 erbaut, allgemein als „Landpastorat“ bezeichnet. Aufgelöst und das Gebäude 1977 an Privat verkauft. – Landpastorat, Wassermühlenstr. 10 a. Neben dem Rentamt 1977 erbaut. – 3. Pastorat, Konsul-Lorentzen-Str. 2. Mit Gemeindezentrum „Christophorushaus“ 1972 im Stadtteil Dothmark erbaut.

Rathaus 1869. Reeperbahn 2. Erbaut als Realschule. Um 1900 durch zwei Flügelanbauten erweitert. 1986 zum Rathaus mit Anbau hergerichtet.
■ Bedeutendster Bau des 19. Jh. in Kappeln. Eines der anschaulichsten Beispiele für die dekorative Behandlung des Back-

steinbaus dieser Jahre. Seine Dächer sind durch unterschiedliche Dachziegelfarben gemustert. Das Gebäude, das nach der Schulauflösung als Konditorei mit Café diente, ist in seiner unveränderten Erhaltung ein Glücksfall (Denkmalschutz).
Ehem. Rathaus 1847. Am Rathausmarkt. Zweigeschossiges Giebelhaus in Frührenaissanceformen. 1971 abgebrochen. – Rathaus 1962–86 im Gebäude Theodor-Storm-Str. 5. Jetzt Motel.

Amtsgericht 1884. Gerichtsstr. 1. Zweigeschossiger massiver Backsteinbau in gelben und roten Ziegeln, über einem hohen Sockelgeschoß mit einem Rückflügel. Mittelteil der Fassade risalitartig vorspringend mit firsthohem Giebel. Schieferdach (Denkmalbuch). Letztes sogenanntes preußisches Typengericht in Schleswig-Holstein. Sein „Typ" entspricht der ursprünglich ziemlich einheitlichen Bauart preußischer Gerichte. Das Grundstück im Flensburger Gutsbezirk Roest wurde 1889 zur Stadt Kappeln eingemeindet.

Schulen. Schulzentrum Hüholz. Grund- u. Hauptschule mit 490 Schülern. Gymnasium 580 Schüler (1992).
Sonderschule für Lernbehinderte „H. C. Andersen-Schule", Hindenburgstr. 2.
Dänische Schule „Kai-Munk-Skolen", H. C. Andersen-Weg 14. Grund- u. Hauptschule mit 90 Schülern (1989). Die Schule begann ihren Unterricht 1946 mit 270 Schülern.
Realschule, Hindenburgstr. 2. Rund 470 Schüler (1989). Das ehem. Schulgebäude von 1869 ist heute Rathaus.
Gymnasium „Klaus-Harms-Schule", Kirchstr. 7. Gegründet 1923 als Aufbauschule, im Gebäude der 1921 aufgelösten Präparandenanstalt. Seit 1946 Gymnasium. Ab 1979 im Schulzentrum Hüholz. Im Gebäude seit 1982 Außenstelle der Kreisberufsschule. Lit.: E. Pankalla, 50 Jahre Klaus-Harms-Schule Kappeln, JbAngeln 1974, 35.

Präparandenanstalt 1904–1921. Schule zur Ausbildung von Volksschullehrern. Die Anstalt begann ihren Unterricht 1904 in einem Haus im Dehnthof. 1906 Schulgebäude Kirchstr. 7 erbaut. 1921 aufgelöst.

Landwirtschaftsschule 1930. Hindenburgstr. 1. Schule 1994 geschlossen, jetzt nur noch Beratungszentrum für die Landwirtschaft.
■ Älteste Landwirtschaftliche Lehranstalt der Provinz. 1868 als Privatschule eröffnet, 1875 städtische Landwirtschaftsschule.
Ehemaliges Schulgebäude von 1878 Schmiedestr. 46–48. Zweigeschossiges Traufenhaus in Ecklage, mit einer Putzfassade, die mit ihren spätbiedermeierlichen Formen charakteristisch für die Kappelner Bauart Ende des 19. Jh. ist (Denkmalbuch). Lit.: Angeln 1922, 723. G. Vaagt, Die landwirtschaftliche Lehranstalt in Örsberg und ihre Nachfolger, Heimat 1968, 134.

Ehem. Grundschule 1926. Reeperbahn 4. Roter Backsteinbau über hohem Keller mit ausgebautem Dachgeschoß. Pfannendach mit beidseitig firsthohem Zwerchhaus, alle Giebel als vielfach gestufte Treppengiebel ausgebildet. Mitteleingang mit Freitreppe (Denkmalbuch). Seit 1984 „Das Haus der Diakonie", ein Kranken- und Pflegeheim.

Krankenhäuser. Margarethen-Klinik 1956. Konsul-Lorentzen-Str. 3. Chirurgische Unfall- und Frauenklinik. – Krankenhaus zu Kappeln. Reeperbahn 4. Belegarztkrankenhaus in der ehem. Schule 1984 eingerichtet. – Ehem. Altes Krankenhaus. Hospitalstraße, Ecke Arnisser Straße. 1882 erbaut. 1984 Abbruch. Die Umfassungsmauer des Geländes mit dem Schriftzug „Krankenhaus" ist als Lärmschutzwand erhalten. Lit.: Frahm 1993, 430.

Bahnstationen. Flensburg–Kappeln 1886–1952. Entfernung 49,5 km. Ehem. Bahnhof, Am Hafen 12. Zweigeschossiges weißes Doppelgiebelhaus mit dazwischen eingezogener zweigeschossiger Terrasse. Ein typischer gründerzeitlicher Renommierbau, um 1905 errichtet (Denkmalbuch). Der Bahnhof lag in sehr beengten Verhältnissen am Hafen. Er bestand aus einer Schalterhalle im Hotel, Güterschuppen, Lokomotivschuppen und mehreren Gleisen. 1906 und 1929 wurde die Anlage erweitert, die seit 1927 auch die Eckernför-

der Kreisbahn mitbenutzte. Lit.: Bohljahn 1979, 80.
Eckernförde–Kappeln 1889–1958. Entfernung 29,7 km. Im Jahr der Betriebseröffnung endete die Bahn in Ellenberg. 1890 wurde über die Pontonbrücke ein Gleis bis Kappeln gelegt, auf dem die Wagen mit Pferdekraft zum Bahnhof der Flensburger Kreisbahn gezogen wurden. Nach dem Bau der Drehbrücke 1927 durchgehender Zugverkehr.
Schleswig–Kappeln 1904–1972. Entfernung 35,6 km. Auf dem südlichen Hafengelände, heute der „Bahnhof" der Angelner Museumsbahn.

Post 1897. Poststr. 4. Postexpedition 1812 eingerichtet. 1828 Fahrende Post bis Schleswig. 1866 Telegraphenverbindung nach Schleswig.
■ Kappeln war die erste offizielle Postdienststelle Angelns.

Zollamt 1936. Am Hafen. Zollstätte 1748 von Maasholm nach Kappeln verlegt.

Museen. Museumshafen mit 17 Schiffen 1987 an der hölzernen Südpier eingerichtet. – Schleimuseum, Mittelstr. 7. Sammlungen aus Schiffahrt, Handel und Gewerbe 1989 eröffnet.

Windmühle 1888. Zwickstellholländer „Amanda" auf dem höchsten Punkt der Stadt am oberen Ende der Mühlenstraße erbaut.
■ Das städtebaulich markante Technikdenkmal ist die größte Windmühle in Schleswig-Holstein: Höhe 30 m, 8 Stockwerke, Flügeldurchmesser 23 m. Angeschlossen ein ehemaliges Sägewerk (Denkmalschutz). Die Müllerei wurde 1964 beendet, das Sägewerk mit elektrischem Strom weiterbetrieben. Die Mühle ist seit 1976 im Besitz der Stadt. Sie besorgte ihre Wiederherstellung und richtete 1978 ein Informationszentrum für den Fremdenverkehr ein. In der Mühle befindet sich auch ein Trauzimmer, in dem jährlich bis zu 200 Paare getraut werden.
Kappelns erste Windmühle bestand bis 1815, ein Nachfolgebau brannte 1888 ab.

Meierei. Genossenschaftsmeierei gegründet 1888. Neubau der Zentralmeierei 1962 an der Nordstraße. Im Altbau an der Flensburger Straße hat sich 1962 eine Gaststätte eingerichtet. Lit.: A. Lüthje, 90 Jahre Zentral-Meierei Kappeln 1978.

Wasserturm 1909–1975. Kirchstraße, Ecke Gartenstraße. Wegen Baufälligkeit abgebrochen.

Nestle-Werke. Seit 1928 Produktion von Dauermilcherzeugnissen. Vormals Milchwerke Angeln.

Textilfabrik. Wassermühlenstr. 32. Herstellung von Damenbekleidung. 1946 Bekleidungswerk Liening in den Lagerhäusern am Bahnhofsweg mit rund 300 Beschäftigten. 1960–76 Firma Müller-Wipperfürth, Herrenbekleidung, 700 Mitarbeiter. 1976 Betriebsneubau, seit 1978 Firma Klaus Steilmann.

Speicher 1801. Am Hafen 1. Lagerhaus mit hohem Mansarddach, Kranerker und Aussichtsplattform. Außenwände im oberen Teil verbrettert, sonst massiv gelber Backstein (Denkmalschutz).

Silo- und Speichergebäude 1935. Getreide AG, Am Hafen 19. Mächtiger, turmartiger Backsteinbau, stadtbildwirksam als flankierende Rahmendominante des Schleipanoramas (Denkmalbuch).

Schaltzentrale. In der Gartenstraße, am hohen weißen Funkmast zu erkennen. Die Schaltzentrale ist der „Leuchtturmwärter" sämtlicher Leuchtfeuer zwischen Flensburg und Eckernförde. Von hier aus werden seit 1970 an der Küste Angelns die Leuchttürme von Schleimünde, Falshöft, Kalkgrund, Neukirchen und Holnis „befeuert".

Banken. Die erste Sparkasse in Kappeln wurde 1819 von einigen Bürgern der Stadt als „Private Spar- und Leihkasse" gegründet. 1903 umgewandelt in eine öffentliche städtische Sparkasse. 1920 verkauft an die Schleswig-Holsteinische Bank. – Vereins- und Westbank, Rathausmarkt 5. Seit 1896

Schleibank. Gebäude 1912 erbaut (Denkmalbuch). – Volks- und Raiffeisenbank eG Kappeln, Mühlenstr. 38. Gegründet 1911. – Sparkasse Schleswig-Flensburg, Filiale Rathausmarkt 1. Eröffnet 1921 von der Kreissparkasse Schleswig. – Eckernförder Volksbank, Rathausmarkt 8.

Apotheken. Löwen-Apotheke, Poststr. 2. Seit 1793 an dieser Stelle. Ursprüngliches Giebelhaus 1954 vollständig umgestaltet. Als Hauszeichen ein barockes Löwenrelief an der Hausecke. Lit.: E. Christiansen, Die „Loewen-Apotheke“ zu Kappeln, JbAngeln 1992, 125. – Adler-Apotheke, Schmiedestr. 28. - Dehnthof-Apotheke, Dehnthof 9.

Stadtbücherei 1912. Schmiedestr. 13–15. Zweigeschossiger Winkelbau unter Aufnahme barocker Formenelemente erbaut. Bemerkenswertes Portal. Hervorragendes Beispiel für die Variationsfähigkeit der Heimatschutzarchitektur (Denkmalbuch).

Kino. Capitol-Lichtspiele, Poststr. 10. Bemerkenswerte Fassade im Heimatschutzstil der 20er Jahre, die anläßlich der Eröffnung des Kino-Theaters aus der vordem einfachen Gebäudefront des 19. Jh. mit zwei flankierenden Bogenportalen zur repräsentativen Ansicht gestaltet wurde (Denkmalbuch).

Jugendherberge 1990. Eckernförder Str. 2. Ortsteil Loitmark, auf der Schwansener Seite. Neubau direkt an der Schlei. Das ehemalige Haus von 1956 in Grauhöft jetzt Behindertenheim.

Hotels. „Stadt Kappeln“, Schmiedestr. 36. Vormals „Deutsches Haus“. – „Hohenzollern“, erbaut 1902, heute Möbelgeschäft und Supermarkt. – „Strandhotel“, Bahnhofsweg 10. Auf dem ehemaligen Werftgelände von Carlshöhe. Seit 1992 Asylantenwohnheim.

Bürgerhäuser. Das ursprüngliche Bürgerhaus in Kappeln ist vom Typus eines kleinen, eingeschossigen Giebelhauses, das bis ins 19. Jh. stets in Fachwerk erbaut wurde, nur die Utluchten sind aus Ziegeln gemauert (alle folgenden Gebäude im Denkmalbuch).

Kehrwieder. Nr. 4. Fachwerkhaus, pfannengedecktes Satteldach, verbretterter Giebel. 18. Jh. – Nr. 6. Fachwerkhaus mit Utlucht. 18. Jh.

Dehnthof. Nr. 1. Traufenhaus mit Zwerchhaus. Eines der wenigen Beispiele in Kappeln, das als vollständiges und authentisches Zeugnis der bürgerlichen Baukultur in einer Kleinstadt um 1800 gilt. – Nr. 8. Zweigeschossiges Giebelhaus mit Fachwerkseitenwänden. Wohl 18. Jh. – Nr. 16. Giebelhaus an städtebaulich wichtiger Ecklage. Front massivgelber Backstein mit Utlucht, sonst Fachwerk. Klassizistische Haustür an der Traufenseite. Das Gebäude aus dem 18. Jh. wurde 1981 durchgreifend erneuert. – Nr. 24. Zweigeschossiges Giebelhaus mit alten Fachwerkseitenwänden. 17./18. Jh.

Mühlenstraße. Nr. 7. Fachwerkbau auf Feldsteinsockel. Über der Tür ein Zwerchhaus. Jüngerer Fachwerkanbau. 18. Jh. – Nr. 14. Großes Giebelhaus mit zwei Dachgeschossen. Fachwerkbau mit verputzter Ziegelfront. Mitte 19. Jh. – Nr. 16. Verputzter Backsteinblendgiebel mit Utlucht und reicher Gliederung. Mitte 19. Jh. – Nr. 51. Altenheim Margarethenhof. Im Stil einer Großvilla 1905 erbaut. Hervorragende Verschränkung des plastischen Bauschmucks mit balusterbewehrter Treppe im Zentrum, reichen Giebelbekrönungen, rotem Mansarddach. Repräsentative Gartenanlage auf der Rück- und Vorderseite, gepflasterte Vorfahrt.

Prinzenstraße. Nr. 22. Fachwerktraufenhaus, klassizistische Haustür. Charakteristisches Beispiel für die ursprüngliche Bauart in dieser Straße. Erbaut 1802. – Nr. 38. Am Haus vier Sandsteinreliefs verbaut, darunter im Straßengiebel ein „Gnadenstuhl“ aus der 2. Hälfte des 16. Jh.

Fabrikstraße. Nr. 11. Haus mit einer sehr gut erhaltenen, elegant profilierten Fassade und einem in Kappeln einzigartigen Schweifgiebel. Ende 19. Jh.

Querstraße. Nr. 17. Fachwerkgiebelhaus mit Utlucht in Ecklage. 18. Jh. – Nr. 21. Sehr schmales, eingeschossiges Giebelhaus mit steilem Mansarddach. Front in Ziegeln, Seitenwände mit Fachwerk. Um 1800. Rathausmarkt. Nr. 5. Vereins- und Westbank. Hohes zweigeschossiges Giebelhaus aus Backstein. 1912 von der Schleibank im Stil der Heimatschutzarchitektur erbaut. Ursprüngliche Rotsteinfassung modernisiert. – Nr. 6. Großes zweigeschossiges Backsteingebäude, Mitteleingang mit Freitreppe. Bedeutsame Ecklage an der Engführung zur Kirche.

Heringszaun. In der Schlei vor der Brücke taucht ein langgestrecktes Labyrinth aus dicht mit Erlenzweigen geflochtenen Wänden über dem Wasserspiegel auf, die mehrfach trichterförmig zulaufen und an den Enden mit Reusen geschlossen werden. Den ehemals herzoglichen Heringszaun hat die Stadt 1977 übernommen. Heute noch Heringsfang.
■ Letztes Zeugnis einer einzigartigen Fangmethode in Europa (Denkmalbuch). Lit.: Frahm 1993, 418.

Denkmäler. An der Südseite der Kirche. Granitstele auf Feldsteinunterbau ruhend mit Bronzeziffern 1870/71, bekrönt von einem Bronzeadler auf Kanonenkugel. Zur Erinnerung an den Deutsch-Französischen Krieg und die Gründung des Kaiserreiches (Denkmalbuch). – An der Nordseite der Kirche. Schwarzer Obelisk mit den Bronzereliefs der Kaiser Wilhelm I. und Friedrich III. mit Inschriften von 1897 (Denkmalbuch). – Auf dem nördlichen Kirchplatz. Doppeleiche mit Gedenkstein 1898. Die Schriftplatte zur Erinnerung an die Erhebung 1848 fehlt. – An der Wassermühlenstraße, nahe der Nordstraße. Friedenseiche 1871 ohne Stein und Gedenkstein 1899 mit Inschrift zur Erinnerung an die Erhebung 1848. Der Gedenkstein mit Doppeleiche ursprünglich am anderen Ort. – Hindenburgstraße, vor der Landwirtschaftsschule. Kriegsgefangenenmahnmal 1953. Granitstein mit Inschrift. – Lit.: Frahm 1993, 377, 405, 410-417.

Lusthof

Straße in Nord-Kappeln, oberhalb des Hafens. 1799 eine Kate zu Gut Roest. Lit.: vSchröder 1837, II 47. vSchröder 1854, 333.

Neukappeln

Siedlung und Straßenname in Nord-Kappeln an der Kirsebek. 100 Ewh. (1987). Wpl-Verz 1871 Stadt Kappeln „Domänen-Enclave Neukappeln“, 113 Ewh., 15 Wohngeb. Lit.: Wpl-Verz 1987, 90.

Carlsgärten

1806 überließ der Gutsherr von Roest, Prinz Carl zu Hessen, den Hausbesitzern von Kappeln, die keinen oder nur einen kleinen Garten besaßen, das Gebiet des ehemaligen Priesterholzes in Erbpacht. Auf dem 11 ha großen Gelände nördlich des Pastorenhofes, zwischen Nordstraße und der Straßenzeile Neukappeln, wurden ca. 100 Gärten angelegt, Alleen und Obstbäume gepflanzt. 1807 ging die Fläche von der Gutszugehörigkeit von Roest mit dem Flecken in königlichen Besitz über.
■ Die heute noch bestehenden „Carlsgärten“ sind wahrscheinlich die älteste Kleingartenanlage in Deutschland.

Kielsebeck

Haus. Flensburger Str. 9, ursprünglich allein gelegen, unmittelbar am Bach Kirsebek. 1872 vom Gutsbezirk Roest zur FL Gem. Mehlby, 1884 zur SL Stadt Kappeln. Wohnhaus eines Lohgerbers, später Strickerei. Wpl-Verz 1871 Kielschebeck.

Lückloos

Süd-Kappeln, an der Schlei zwischen Bahnhofsweg und Nestleweg. Getreide-Siloanlage, Gleiskörper der ehem. Schleswiger Kreisbahn, jetzt Museumsbahn. Logenhaus.
1799 wurden vier Katen aus der Leibeigenschaft von Gut Roest entlassen, 1853 Kappelerharde. 1871 FL Gem. Mehlby, 26 Ewh., 6 Wohngeb. 1884 SL Stadt Kappeln. Der Ortsname ist nicht mehr bekannt. Lit.: vSchröder 1837, II 196. vSchröder 1854, 431.

Carlshöhe

Ehem. Werft. Süd-Kappeln, auf dem Gelände des ehem. Strandhotels und Schleswiger Kreisbahnhofs, Bahnhofsweg 10. Ein Schiffbauer war seit 1807 am Platz des späteren Flensburger Bahnhofs ansäs-

sig. 1853 wurde die Werft auf die Koppel Lückloosfeld zu Dothmark verlegt, Gutsbezirk Roest. Wpl-Verz 1871 FL Gem. Mehlby ein Wohngeb., seit 1884 SL Stadt Kappeln.
Ortsname. Auf Antrag des Werftbesitzers genehmigte Herzog Carl zu Glücksburg, Besitzer des Gutes Roest, 1857 den Namen. Der Ortsname ist nicht mehr gebräuchlich. Lit.: JbAngeln 1965, 85.

Literatur. vSchröder 1837, I 181. Jensen Angeln 1844, 386. vSchröder 1854, 88. Trap 1864, 582. Oldekop 1906, VIII 57. Angeln 1922, 618. J. Röschmann, Steinzeitliche Grabhügel in der Umgegend von Kappeln, JbAngeln 1931, 42. J. Nagel, Kappeln, eine siedlungsgeographische Betrachtung, Heimat 1951, 167. Ders., Die Küstenmiliz 1807 in Kappeln, JbAngeln 1956, 174. KDM SL 1957, 334. J. Nagel, Die älteste Ansicht von Kappeln aus der Mitte des 18. Jh., JbAngeln 1958, 186. Ders., Landgraf Carl von Hessen und Kappeln, Heimat 1959, 179. R. Albert, Wie Kappeln im Jahre 1807 an den König von Dänemark verkauft wurde, Heimat 1959, 172. W. Müller, Nachkriegsverhältnisse in Kappeln 1945-46, JbAngeln 1962, 108. M. Kranz, Grundriß einer Flora von Kappeln und Umgebung, JbAngeln 1963, 154. J. Nagel, Kurzer Gang durch die Geschichte der Stadt Kappeln, JbAngeln 1966, 126. Kunst-Topographie SH 1969, 678. A. Scharff, Die Verleihung des Stadtrechts an Kappeln und ihr zeitgeschichtlicher Hintergrund, JbAngeln 1971, 18. J. Nagel, Kappeln, Schiffahrt u. Häfen, 1971, 79. R. Albert, Wie Kappeln sich in der Zeit von 1800 bis heute aus der Umklammerung des Roester Gutsbezirkes befreite, JbAngeln 1973, 38. J. Habich, Stadtkernatlas SH, 1976, 72. H. G. Andresen, Altstadt-Erneuerung in Kappeln, JbAngeln 1977, 15 u. 1980, 166. E. Pankalla, Kappeln. Idyll an der Schlei, 1978. Wpl-Verz 1987, 90. TK 1325.

KAPPESHOI

Burgplatz

Ostangeln. Ksp. Esgrus, Gemarkung Brunsholm.
Lage: nördl. von Frauenhof, auf der Westseite der Kappelner Chaussee, an der Höhe „Kappeshoi“ 56,4 m. Zum Burgplatz „Hoppegaard“ weiter nördlich nur 1000 m entfernt.
1854 ein Platz mit doppelten Gräben. Bei der archäologischen Landesaufnahme 1963 noch als Turmhügel mit Burggraben und Wallresten deutlich zu erkennen gewesen. Seitdem hat sich das Gelände verändert.

Ortsname. Jensen Angeln 1844 Kappeshoy. vSchröder 1854 Korpeshöi. Lit.: Hald 1948-79, VII 392.

Literatur. vSchröder 1837, I 272. Jensen Angeln 1844, 125, 206. vSchröder 1854, 64, 150. Oldekop 1906, V 24. Angeln 1922, 60, 99, 598. Röschmann 1963, 148. Kunst-Topographie SH 1969, 288. Esgrus 1990, 49.

KARENBERG

Wald

Westangeln. Gem. Idstedt. Fläche 29 ha. Staatsforst Land SH, Forstamt Schleswig, Försterei Idstedtwege. Landschaftsschutzgebiet.
Lage: südl. von Idstedt, nahe dem Westende des Langsees. Höhe 30–50 m, der „Karenberg“ im Nordteil des Waldes 52 m.
Im sehr hügeligen Waldgelände stehen Eiche und Buche. Altbäume von 1850. Am Nordrand militärische Anlage.

Flurname. vSchröder 1837 Kornberg. vSchröder 1854 Katharinenberg/Karenberg. PreußLA 1877 u. DG 1984 Karenberg. TK 1423 Karrenberg.

Denkmal. Soldatengrab 1850. Etwa 100 m von der Straße von Idstedt nach Neuberend, ca. 300 m von der Abzweigung nach Schwanholm im Holz ein Findling. Grabstätte für 53 in der Schlacht von Idstedt gefallene Schleswig-Holsteiner (Denkmalbuch). Lit.: Stolz 1980, 23.

Literatur. vSchröder 1837, I 434. vSchröder 1854, 256. Oldekop 1906, VIII 100.

KARNÖER

Schlei-Halbinsel

Gem. Boren, östl. von Lindaunis, auf der TK als „Norderhaken" bezeichnet, der mit dem gegenüberliegenden Schwansener „Süderhaken" die Schlei verengt. Lit.: Boren 1957, 131. TK 1425.

KARSCHAU

PLZ 24407. Häusergruppe

Südangeln. Ksp. Rabenkirchen, Gem. Rabenkirchen-Faulück u. Gem. Ekenis ein Hof. 52 Ewh. (1987), 31 Wohngeb., 2 Ldw.-Betriebe, Campingplatz, kleiner Bootshafen (1993).
Lage: südöstl. von Faulück an der Straße von Grödersby nach Lindaunis, an der Schlei. Reizvolle Küstenlandschaft. Kleiner Strandweg am Schleiufer.
Im Norden begrenzt die Kuschbeck mit einer tiefen Bachschlucht die Gemarkung.

Ortsname. 1804 Karschau. Trap 1864 dän. Karskov. PreußLA 1877 Karschau. - Wald = dän. skov, dt. -schau, mit Kresse, zu dän. karse (Laur). Lit.: Laur 1992, 376.

Geschichte. 1837 zur Schliesharde ein Hof mit Ziegelei und 5 Katen. 1871 SL Gem. Faulück, 129 Ewh., 15 Wohngeb.

Krug. Schleiblick, früher Seelust. Zu Ferienwohnungen umgebaut.

Ziegelei. 1837 Ziegelei mit Kalkbrennerei genannt, bis ca. 1880 in Betrieb. Gelände an der Schlei, neben dem Hof Karschau 10, malerischer Platz umrahmt von Bäumen.

Bauernhaus. Nr. 38. Kleines Wohnhaus aus Fachwerk mit geweißten Füllungen, mit Pultdachanbau. Bodenluke über der Haustür. Reetdach mit Knüppelfirst. 1984 geschickt renoviert (Denkmalbuch).

Literatur. vSchröder 1837, I 255. Jensen Angeln 1844, 394. vSchröder 1854, 135. Oldekop 1906, VIII 43. Angeln 1922, 634. Wpl-Verz 1987, 91. TK 1325.

KASSELBY
s. Kappelholz

KASTENROTT

Ehem. Haus

Ostangeln. Ksp. Gelting, Gemarkung Gundelsby. 1837 eine Freiparzelle von Gut Oehe; ob diese jemals bebaut war, ist nicht eindeutig belegt.

Ortsname. 1674 FN Kastenrott. vSchröder 1837 u. 1854 Karstensrott. – Vermutlich eine Zusammensetzung mit -sten, zusammengeworfener Steinhaufen = dän. kastet sten und Rodung = ndt. -rott (Hald). Lit.: Hald 1948-79, VII 441.

Literatur. vSchröder 1837, I 456. vSchröder 1854, 272.

KASTRUP

Ehem. Dorf

Nordangeln. Ksp. Quern. Tochtersiedlung von Kalleby. 1628 durch den Herzog von Glücksburg aufgelöst. Das Land wurde zum neuen Meierhof von Nübel, Sophienhof, später Friedrichstal genannt, gelegt.

Ortsname. 1686 Castrop. Gude 1778 Kastrup. – Dorf = altdän. thorp, des Karl (Laur). Lit.: Hald 1948-79, VII 272. Laur 1992, 377.

Literatur. vSchröder 1837, I 288. Jensen Angeln 1844, 254, 255. vSchröder 1854, 159. Quern 1961, 416.

KATHARINENHOF

PLZ 24894. Höfe

Südangeln. Ksp. u. Gem. Tolk. 21 Ewh. (1987), 4 Wohngeb., ein Ldw.-Betrieb.
Lage: 3 km nördl. von Tolk, Zufahrt von Tolkschuby, auf einer kleinen Hochfläche. Höhe 35 m.
Nördlich von Katharinenhof befinden sich zwei Bachschluchten im abfallenden Ge-

lände zum Tal der Wellspanger Au. Besonders die Westschlucht ist mit 8 m hohen Böschungen und fließendem Bach sehr schön ausgebildet.

Ortsname. vSchröder 1837 Catharinenhof. PreußLA 1877 u. Angeln 1922 Katharinenhof. Wpl-Verz 1987 Katharinenhof. TK 1323 Katarinenhof. – Benannt nach Catharina thor Straten, Mutter des ersten Hofbesitzers.

Geschichte. 1786 erster Nebenhof des Kanzleigutes Tolkschuby gegründet, 1853 Struxdorfharde. 1871 SL Gem. Tolkschuby, 27 Ewh., 2 Wohngeb. auf dem Hof. 1928 durch die Höfebank erworben, parzelliert und 11 Siedlungsstellen erbaut. Beim Stammhof verblieben 50 ha Land. Seit 1942 Gem. Tolk.

Literatur. vSchröder 1837, II 371. Jensen Angeln 1844, 276. vSchröder 1854, 540. Oldekop 1906, VIII 114. Angeln 1922, 691. A. Reiche, Katharinenhof – einst und jetzt, JbAngeln 1979, 127. Biotop 1987, 1323 Nr. 23. Wpl-Verz 1987, 94. TK 1323.

KATHARINENTAL

PLZ 24405. Hof

Mittelangeln. Ksp. Böel, Gem. Mohrkirch, Appelberger Straße. Kein Ldw.-Betrieb. Lage: 2 km westl. von Mohrkirch, nördl. der Kiesperdieker Au. Höhe 40 m.

Ortsname. DG 1974 Katharinental. TK von 1982 Katarinental. Mohrkirch 1991 Catharinental. – Nach Catharine Vogel, Frau des Hofbesitzers, benannt. Offizieller und amtlicher Ortsname seit 1890.

Geschichte. Katenstelle, durch Parzellen von Gut Mohrkirchen zum Hof erweitert. Ehem. Dreiseithof mit einem 1853 erbauten Wohnhaus. 1871 SL Gem. Mohrkirch-Westerholz, seit 1970 Gem. Mohrkirch. Die Landwirtschaft wurde 1987 eingestellt und die gesamte Landfläche zur Aufforstung eines Neuwaldes verkauft. Der Hof war 220 Jahre im Familienbesitz.

Gehege

„Katharinental". Fläche 80 ha. Staatsforst Land SH, Forstamt Schleswig, Försterei Satrup. 1988 Neuanpflanzung eines Buchen- und Eichenmischwaldes auf der ehemals landwirtschaftlich genutzten Fläche. Gedenkstein zur Aufforstung. Reiterweg und Wanderweg um das Gelände. Lit.: Mohrkirch 1991, 103.

Literatur. Oldekop 1906, VIII 72. Angeln 1922, 669. Wpl-Verz 1970, 123. K. Vogel, Zur Geschichte des Hofes Catharinental, JbAngeln 1989, 98. Mohrkirch 1991, 368. TK 1324.

KATTBEK

1) Au Böel 2) Au Böklund 3) Dorf

1) s. Böeler Au

2) Au

Westangeln, im Bereich der Wellspanger Au, Schlei. Fließstrecke 6,5 km, von Nieder-Stolk, Höhe 48 m, bis zur Einmündung links in die Wellspanger Au unterhalb des Dorfes Kattbek. 2,5 km verrohrt. Einzugsfläche 1050 ha, Gem. Stolk u. Böklund.
Das Quellgebiet der Kattbek liegt in großer Höhe. Der Lauf beginnt in einer kleinen, engen Schlucht in stark fallendem Gelände. Von Stolk an weitet sich der Talraum nach Osten. Das Dorf Böklund durchfließt die Au im Norden. Die Verrohrung im Neuwaldgebiet „Fahrenstedt" bis zum Dorf Kattbek soll entfernt werden (1993). Das Dorf durchzieht die Au im gebogenen Lauf in einem von Steilhängen und Wald gesäumten Tal und tritt dann aus der Hügelwelt in die weite Niederung der Wellspanger Au. Im Unterlauf Grenzau der Gem. Böklund zur Gem. Süderfahrenstedt.
Einmündendes Gewässer: Fischengraben.

Gewässername. 1621 Katbeke. Mejer 1649 Kadtbeck. 1763 Kattbeck. Oldekop 1906 Böklunder Au. DG 1984 Hohlengwasserlauf u. Kattbeker Au im Mündungslauf. – Katzenbach = ndt. Katt und Bek.

Literatur. Oldekop 1906, VIII 23. Dansk sø- og ånavne 1968-89, IV 51.

3) PLZ 24860. Dorf

Westangeln. Ksp. u. Gem. Böklund. 91 Ewh. (1987), 3 Ldw.-Betriebe (1993).
Lage: 1,5 km östl. von Böklund, Abzweigung von der Straße nach Struxdorf, am Hang und im Tal der Kattbek. Höhe 27 m.
Die Landschaft um das kleine Dorf wird vom Lauf seiner Au mit Schluchten, Steilhängen und Böschungen geprägt. Mehrere Hügelkuppen türmen sich im Umkreis auf, um Ausschau über die große Grünfläche im Tal der Wellspanger Au zu halten. Schöne Wanderwege streifen über die Höhen, durch den Wald und an der Au entlang.

Ortsname. 1462 Kattesbeke. Trap 1864 dän. Katbæk. PreußLA 1877 Kattbek. – Katzenbach = ndt. Katt und Bek. Lit.: JbAngeln 1963, 26. Laur 1992, 378.

Geschichte. 1837 gehörten zum Gut Fahrenstedt 10 Parzellenstellen und zur Struxdorfharde 6 Katen. 1853 wurden alle Stellen zur Harde gelegt. 1871 SL Gem. Böklund, 37 Ewh., 6 Wohngeb., zum Gutsbezirk Fahrenstedt 78 Ewh., 8 Häuser. Seit 1928 Gem. Böklund.

Krug. Kattbeker Str. 9. Bis 1933 Gaststätte. 1934 Landjahrlager, ab etwa 1940 Sommerlager der Hitler-Jugend. 1941–45 Gärtnerei und „Gewürzmühle“.

Kattbekholz

Holz zur Gem. Süderfahrenstedt. Fläche 5 ha im Besitz eines Hofes in Böklund. Stark kupiertes Gelände südl. vom Dorf an der Au. Höhe 30 m.
Buchenwald vermischt mit Eiche und Erle. Altbestände um 1900 und Nachkriegsaufforstungen. Im Holz verstecken sich Fuchs, Dachs, Rehwild und Kolkrabe. Wanderweg vom Dorf zur Landstraße durch das Holz.

Literatur. vSchröder 1837, I 458. Jensen Angeln 1844, 425. vSchröder 1854, 274. Oldekop 1906, VIII 23. Angeln 1922, 687. Wpl-Verz 1987, 87. TK 1323.

KATTBERG

PLZ 24977. Häusergruppe

Nordangeln. Ksp. u. Gem. Grundhof. 10 Ewh. (1987), 4 Wohngeb., 2 Ldw.-Betriebe (1993).
Lage: 2,5 km westl. von Grundhof, an der Straße nach Husbymühle, wo sich das Gelände zur Grimbek neigt, der Grenzau zum Ksp. Husby. Höhe „Kattberg“ 52 m.

Ortsname. 1675 FN Katberg. 1722 Kattberg. PreußLA 1877 Kattberg. Ndt. Kattbarch. – Katzenberg = ndt. Katt. Lit.: Hald 1948-79, VII 122. Laur 1992, 378.

Geschichte. 1837 zwei vom Dorf Bönstrup ausgebaute Höfe zu Gut Lundsgaard, 1853 Husbyharde. 1871 FL Gem. Bönstrup, 19 Ewh., 5 Wohngeb. Seit 1970 Gem. Grundhof.

Haus Kattberg 3. Ehem. Landarbeiterhaus. Schlichter roter Backsteinbau mit Drempelgeschoß und kleinem Frontispiz (Denkmalbuch). Lit.: Grundhof 1981, 191.

Denkmal. Friedenseiche 1871, ohne Stein.

Literatur. vSchröder 1837, I 115. Jensen Angeln 1844, 337. vSchröder 1854, 50. Oldekop 1906, V 22. Angeln 1922, 555. Grundhof 1981, 190. Wpl-Verz 1987, 96. TK 1223.

KATTENHUND

PLZ 24881. Häusergruppe

Westangeln. Ksp. Nübel, Gem. Nübel u. zu Neuberend ein Haus. 25 Ewh. (1987). Keine Ldw.-Betriebe (1993).
Lage: südöstl. von Neuberend, an der Straße nach Schleswig. Höhe 45 m.
Von Osten her beginnt zu Kattenhund ein besonders reich im Relief modelliertes, durch große Unregelmäßigkeit verwirrendes Höhengebiet, aus dem mehrere Hügel über 50 m aufsteigen. Durch das kuppige Gelände bahnt sich die Kattenhundau ihren Lauf. Im Südostwinkel der Straße versteckt sich ein tiefliegender Teich.

Die Grenzen der Gemeinden und der Stadt sind in ihrem verwinkelten Verlauf kaum nachzuvollziehen.

Ortsname. PreußLA 1877 Katt u. Hund. – Scherzhafte Bezeichnung für eine abgelegene Siedlung, wo sich Katze und Hund Gute Nacht sagen (Laur). Nach der Überlieferung soll der Name nach dem Brand des ersten Hauses entstanden sein, als vom lebenden Beschlag nur eine Katze und ein Hund übrigblieben. Lit.: Laur 1992, 379.

Geschichte. Vormals zum Domkapitel, Vogtei Berend, 1777 in der Struxdorfharde. 1837 zwei Landstellen, die vom Dorf Berend ausgebaut waren. 1871 SL Gem. Berend, 25 Ewh., 3 Wohngeb. Krug nach 1945 abgebrochen. Seit 1974 Gem. Nübel; das Anwesen der Mühle gehört zur Gem. Neuberend.

Literatur. vSchröder 1837, I 458. Jensen Angeln 1844, 428. vSchröder 1854, 274. Oldekop 1906, VIII 20. Angeln 1922, 696. Berend 1980, 156. Wpl-Verz 1987, 91, 95. TK 1423.

KATTENHUNDAU

Au

Westangeln, im Bereich des Schleswiger Mühlenbachs, Schlei. Fließstrecke 3,5 km, von Kattenhund, Höhe 40 m, bis zur Einmündung rechts in den Mühlenbach unterhalb Klappschau. Zur Hälfte verrohrt. Grenzlauf der Gem. Nübel und der Stadt Schleswig, auch Stadtscheidegraben genannt. Einzugsfläche 350 ha.

KATTLOCH
s. Sünderup

KATTLUND

Ehem. Haus

Mittelangeln. Ksp. Satrup. 1837 eine Kate zur Satrupharde. Lage unbekannt. Ein Flurname „Katzberg“ auf dem „Grund-Riß von Satrupholm“ 1767–68 zu einem damals bewaldeten Areal, östlich des Gutes bis an die Bondenau. Lit.: vSchröder 1837, I 458. vSchröder 1854, 274.

KATTROTT

Gemeinde bis 1938

FL Amt Gelting. Fläche 382 ha. 154 Ewh. (1933). Gemeinde 1871 mit 183 Ewh., 38 Wohngeb. 1938 Eingliederung in die Gem. Gelting.

Wohnplätze. Basrott, Bleicherfeld, Grünkoppel, Hebrohy, Kattrott, Nadelhöft, Oberkoppel, Pommerbyheck, Voßberg.

Literatur. Oldekop 1906, V 63. Angeln 1922, 609. Hist. Gem-Verz 1970, 56. Gelting 1972, 505.

PLZ 24395. Häusergruppe

Ostangeln. Ksp. u. Gem. Gelting. 24 Ewh. (1987), 13 Wohngeb. Kein Ldw.-Betrieb. Lage: 2 km östl. von Gelting, an der Straße nach Pommerby. Höhe 8 m.

Ortsname. 1730 FN Cartrott. 1788 FN Kattrott. 1804 Kattrott. PreußLA 1877 Kattrott. – Rodung = ndt. -rott, des Kati = altdän. PN, oder Katzenrodung = dän. kat (Laur). Lit.: Hald 1948-79, VII 429. JbAngeln 1967, 103. Laur 1992, 379.

Vorgeschichte. Grabhügel „Kinderberge“. Südwestlich des Ortes liegen in einem kleinen Wäldchen des Gutes Gelting sechs Grabhügel, von denen zwei noch gut zu erkennen sind. Lit.: Röschmann 1963, 223.

Geschichte. Die Siedlung wurde 1789 auf Parzellen von Gut Gelting gegründet. 1837 gehörten 5 Häuser zum Gut, 1853 Kappelerharde. 1871 FL Gem. Kattrott, 52 Ewh., 11 Wohngeb. Seit 1938 Gem. Gelting.

Literatur. vSchröder 1837, I 458. Jensen Angeln 1844, 380. vSchröder 1854, 274. Oldekop 1906, V 63. Angeln 1922, 609. Gelting 1972, 505, 514. Gelting 1987, 249, 252. Wpl-Verz 1987, 96. TK 1225.

KATZBERG

Ehem. Haus

Mittelangeln. Ksp. Satrup. 1771 Kate auf einer Parzelle von Gut Satrupholm, Satrupharde. Lage unbekannt. Vielleicht östlich von Satrupholm, wo die Gutskarte von 1767–68 ein teils bewaldetes Flurstück bis an die Bondenau als „Katz-Berg" bezeichnet. Lit.: vSchröder 1854, 274. Satrup 1902, 181.

KAUSLUND

PLZ 24943. Häusergruppe

Nordangeln. Stadt Flensburg, Kirchengem. Engelsby, vormals Ksp. Adelby. 129 Ewh. (1987), 27 Wohngeb.
Lage: am nordöstl. Stadtrand von Flensburg, an der Straße von Engelsby nach Wees, neben der Nordstraße. Höhe 55 m.

Ortsname. 1634 Kauschelundt. 1783 Causlund. Trap 1864 dän. Kavslund. PreußLA 1877 Kauslund. – Buschwald = dän. Kageskov zu Kausche (Laur). Lit.: Hald 1948-79, VII 38. JbAngeln 1968, 40. Laur 1992, 380.

Geschichte. 12 Katen mit Krug zum Hospital Flensburg, 1853 Husbyharde. 1871 FL Gem. Twedt, 87 Ewh., 15 Wohngeb. Seit 1910 zur Stadt Flensburg.

Bahnstation 1885–1953. Haltestelle der Kleinbahn Flensburg–Kappeln, Entfernungen 4–46 km. Bahnhof im vorhandenen Krug. Höchstgelegene Station der Strecke.

Literatur. vSchröder 1837, I 459. Jensen Angeln 1844, 321. vSchröder 1854, 275. Oldekop 1906, V 120. Angeln 1922, 537. Wpl-Verz 1987, 15. TK 1122.

KEGELBERG
s. Glücksburg

KEHLBERG
s. Wittkiel

KELLERBUDE

PLZ 24890. Hof

Westangeln. Ksp. Böklund, Gem. Stolk. Am Elmholz. 2 Wohngeb. auf dem Hof, Ldw.-Betrieb (1993).
Lage: 3,5 km westl. von Stolk, am Weg von Poppholz nach Stolkerfeld, bei der Straßenbrücke über die Helligbek, in die hier die Branntweinsbek einmündet. An der Nordseite der Au das Elmholz. Höhe 25 m. Grenzort zur Uggelharde und dem Ksp. Sieverstedt, ehemals Kreisgrenze. Der Weg zur Kirche in Böklund ist 7 km lang.

Ortsname. vSchröder 1854 Kallebyhuus. PreußLA 1877 Kellerbude. – Nach Mensing deutet das Wort Keller in Orts- und Flurnamen auf Hünengräber mit Steinkammern hin. Der Ortsname Kalleby, ohne die Endung -huus, ist unter den Einheimischen gut bekannt.

Geschichte. 1837 eine Kate, 1854 zwei Katen in der Struxdorfharde. 1871 SL Gem. Stolk, Hof mit 8 Ewh.

Literatur. vSchröder 1837, II 324. Jensen Angeln 1844, 424. vSchröder 1854, 267, 277. Oldekop 1906, VIII 105. Angeln 1922, 688. Wpl-Verz 1987, 93. TK 1322.

KELLERBUDE-BACH
s. Branntweinsbek

KELLINGREUH
s. Ausackerholz

KELLINGSBÜLL

Ehem. Haus

Westangeln. Ksp. Böklund, Gemarkung Süderfahrenstedt. Lage unbekannt.

Ortsname. Kat. Flurbuch 1875 FN Kellingsbüll. – Siedlung = dän. bøl, dt. -büll, des Kærling, Kælling, ein Beiname, der zu dän. kælling in der Bedeutung alte Frau gehört (Laur). Lit.: Laur 1992, 381.

KEMPHY

PLZ 24395. Hof

Ostangeln. Ksp. u. Gem. Gelting. Ldw.-Betrieb (1993).
Lage: südl. von Lehbek, am Weg nach Bosiek, auf knicklosem Feld. Höhe 10 m.

Ortsname. 1752 FN Kemp Hoy. Jensen Angeln 1844 Kemphye. PreußLA 1877 Hemphy sic. – Hünengrab = dän. Kæmpehøj. Lit.: Hald 1948-79, VII 430.

Vorgeschichte. Steingrab „Pinkhy“. Ehemals eine Steinkammer mit vier Decksteinen, schon 1852 als demontiert bezeichnet. Die archäologische Landesaufnahme stellte nur noch eine gewölbte Kuppe am Garten des Hofes fest. Lit.: Röschmann 1963, 224. Gelting 1972, 22.

Geschichte. Hof zu Gut Gelting, 1853 Kappelerharde. 1871 FL Gem. Lehbek, 3 Wohngeb. Seit 1938 Gem. Gelting.

Literatur. vSchröder 1837, II 13. Jensen Angeln 1844, 381. vSchröder 1854, 313. Oldekop 1906, V 71. Angeln 1922, 610. Gelting 1972, 442. Gelting 1987, 217. Wpl-Verz 1987, 96. TK 1225.

KERUM
s. Neukrug

KETELSBY

Gemeinde bis 1974

SL Amt Süderbrarup. Fläche 607 ha. 325 Ewh. (1970). Gemeinde 1871 mit 309 Ewh., 49 Wohngeb. Ewh.-Höchstzahl 1946: 655 Menschen. Bis 1970 im Amt Boren. 1974 Eingliederung in die Gem. Boren.

Wohnplätze. Akeby, Albrowatt, Boknis teilw., Borenmoor, Hegeholz, Ketelsby, Lindauhöh, Lindaunis.

Literatur. Oldekop 1906, VIII 58. Angeln 1922, 639. Boren 1957, 130. Hist. Gem-Verz 1970, 170.

PLZ 24392. Dorf

Südangeln. Ksp. u. Gem. Boren. 67 Ewh. (1987), 29 Wohngeb., 2 Ldw.-Betriebe (1991).
Lage: 6 km südöstl. von Süderbrarup, an der Straße von Boren nach Lindaunis, 500 m südl. vom Dorf die Schlei. Höhe 12 m.
Knicks sind im Umfeld von Ketelsby eine Seltenheit geworden.
Das kleine Runddorf ist lückenhaft bebaut mit großen Hofplätzen. Dorfteich und eine Wiese in der Ortsmitte.

Ortsname. 1464 Ketelsby. Mejer 1649 Ketelsby. PreußLA 1877 Ketelsby. – Dorf = dän. by, des Ketel = altdän. PN (Laur). Lit.: JbAngeln 1964, 61. Laur 1992, 382.

Geschichte. Dorf zu Gut Lindau, 1784 Schliesharde. 1837 waren 5 Höfe und 5 Katen vorhanden. 1871 SL Gem. Ketelsby, im Dorf 89 Ewh., 13 Wohngeb. Seit 1974 Gem. Boren. Freiw. Feuerwehr 1911 gegründet.

Meierei 1910–1966. Heute Wohnhaus. Lit.: Boren 1957, 134.

Krug. Heute keine Gastwirtschaft (1993). Lit.: Boren 1957, 136.

Armenhaus. Im Dorf von 1807 bis 1838 für das Kirchspiel Boren, dann im Kirchort Boren selbst.

Bauernhäuser. Andersen (1982). Dreiseithof 1860 in einem Zuge erbaut. Lit.: Boren 1957, 134. Hagemeier-Kottwitz 1982, 25. – Marxen (1982). Wohnhaus von 1869 mit neugotischen Stilelementen in der Hoffassade und einer Eingangsloggia. Lit.: Boren 1957, 133. Hagemeier-Kottwitz 1982, 342. – Lehmann (1957). Haus teilw. Fachwerk. Beschnitzte Haustür. Lit.: Boren 1957, 137. KDM SL 1957, 164.

Literatur. vSchröder 1837, I 462. Jensen Angeln 1844, 398. vSchröder 1854, 277. Oldekop 1906, VIII 58. Angeln 1922, 639. Boren 1957, 130. Wpl-Verz 1987, 87. TK 1325.

KIEHOLM
1) Gundelsby 2) Ulsnis

1) PLZ 24376. Häusergruppe
Ostangeln. Ksp. Gundelsby, Gem. Hasselberg. 19 Ewh. (1987), 7 Wohngeb., Schule, Fischräucherei.
Lage: 1 km südl. von Gundelsby, an der Kreuzung der Nordstraße mit der Straße von Schwackendorf–Maasholm. Höhe 10 m.

Ortsname. 1656 Kieholm. Trap 1864 dän. Kidholm. PreußLA 1877 Kieholm. – Holm hier als Bezeichnung für „eine große mit verschiedenen Holtz Sprengen bewachsene Koppel oder Schlag an der Bockhagener Scheide – welche – in vielen Jahren nicht anders als zur Weide genutzt worden" (1656), auf der junge Ziegen = dän. kid, gehalten wurden (Laur). Lit.: Hald 1948-79, VII 429. Laur 1992, 382.

Vorgeschichte. Westlich neben Kieholmhof liegen auf einem kleinen Höhenrücken, der mit hohen alten Bäumen bestanden ist, zwei in Umriß und Wölbung gut erkennbare Grabhügel. Auf der DG ist diese Stätte auf der Höhe 16,5 m als „Erbbegräbnis" eingezeichnet. Lit.: Röschmann 1963, 286.

Geschichte. 1837 Hof, Krug und einige Katen zu Gut Oehe, 1853 Kappelerharde. 1871 FL Gem. Gundelsby, 58 Ewh., 9 Wohngeb. Seit 1970 Gem. Hasselberg.

Krug. Kieholm 2. Seit 1656 urkundlich. 1908 Schankbetrieb eingestellt.

Meierei 1887–1962. Gebäude mit Schornstein, seit Betriebsstillegung Fischräucherei. Lit.: Gundelsby 1977, 113, 170.

Schule 1966. Grundschule. DGS der Gemeinden Hasselberg, Maasholm und Rabel. 70 Schüler (1992). Turnhalle 1972 angebaut. Lit.: Gundelsby 1977, 75.

Kieholmhof
Hof. Ldw.-Betrieb 97 ha (1993). Ehem. Parzelle von Gut Oehe. Lit.: Gundelsby 1977, 105, 167.

Literatur. vSchröder 1837, I 464. Jensen Angeln 1844, 384. vSchröder 1854, 279. Oldekop 1906, V 50. Angeln 1922, 614. Gundelsby 1977, 113, 166. Wpl-Verz 1987, 97. TK 1225.

2) Schlei-Insel
Kleine baumbestandene Badeinsel, südl. von Hestoft, Gem. Ulsnis.

Flurname. vSchröder 1837 Badstave. PreußLA 1877 Kieholm (Badstave). – Ziegen-Insel = dän. kid und Badstube = ndt. Badstave.

Literatur. vSchröder 1837, I 78. TK 1424.

KIEHOLM, KLEIN-
s. Eckenhöh

KIEKINSDORF
s. Faulück

KIEKUT
1) Grundhof 2) Töstrup

1) PLZ 24977. Häusergruppe
Nordangeln. Ksp. Grundhof, Gem. Westerholz, Kiekuter Weg. 14 Ewh. (1987), 4 Wohngeb., keine Ldw.-Betriebe (1993).
Lage: nordöstl. von Dollerup, am Weg von Nordballig nach Dollerupholz. Höhe 35 m.

Ortsname. 1767 Kiekut. Jensen Angeln 1844 Kikut. PreußLA 1877 u. Grundhof 1981 Kiekut. – Schöne Aussicht „sieh hinaus" = ndt. Kiekut. Lit.: Hald 1948-79, VII 116. Laur 1992, 383.

Geschichte. Kate zu Gut Unewatt, 1853 Munkbraruphärde. 1871 FL Gem. Dollerupholz, seit 1970 Gem. Westerholz.

Krug. Kiekuter Weg 4. Gasthaus von 1767 bis 1968, vormals auch mit Hökerei.

Literatur. Jensen Angeln 1844, 341.

vSchröder 1854, 105. Oldekop 1906, V 27. Angeln 1922, 559. Grundhof 1981, 405. Wpl-Verz 1987, 102. TK 1224.

2) PLZ 24409. Haus

Ostangeln. Ksp. Töstrup, Gem. Stoltebüll. Lage: am östl. Dorfende von Wittkiel, an der Kappelner Chaussee, auf Wittkielberg. Höhe 45 m.

Ortsname. vSchröder 1837 Kickut. Jensen Angeln 1844 Kikut. Wpl-Verz 1987 Kieckut.

Geschichte. Ehem. Krugkate zu Gut Roest, die als „Unterschlupf für Vagabunden und Diebe" berüchtigt war. 1836 abgebrannt und neu gebaut. 1853 Kappelerharde. 1871 FL Gem. Mehlby, 1873 Gem. Wittkiel, seit 1970 Gem. Stoltebüll.
In den ersten Nachkriegstagen von 1945 geriet das Haus durch zwei Morde in die Schlagzeilen. Eine Feldgendarmeriegruppe, die aus Kurland über die Ostsee gekommen war, bezog hier Quartier, die von einem fanatischen Major angeführt wurde. Aus nichtigen Gründen und unter dem Vorwand, Deserteure zu sein, wurden zwei Soldaten auf seinen Befehl am Drülter Wald erschossen.

Literatur. vSchröder 1837, II 442. Jensen Angeln 1844, 391. vSchröder 1854, 584. Oldekop 1906, V 129. Angeln 1922, 628. Toestrup 1982, 421. Wpl-Verz 1987, 101. TK 1325.

KIELSAU

Au

Mittel- bis Westangeln, im Bereich der Treene, Nordsee. Neben der Bondenau einer der beiden Quellflüsse der Treene. Fließstrecke 17 km, von Barg bis zur Einmündung rechts in die Bondenau kurz vor dem Treßsee, westlich von Großsolt. Die Einzugsfläche erreicht mit 4950 ha nur ein um die Hälfte kleineres Gebiet als die etwas längere Bondenau. Der Lauf geht durch das Gemeindegebiet von Sörup, Ausacker und Freienwill und bildet auf Teilstrecken die Grenze der Kirchspiele Sörup, Husby, Hürup, Kleinsolt und Großsolt.
Das Quellgebiet liegt in den 50-m-Höhen nördlich von Barg. Der Verband „Obere Treene" hat den Quellort in Schwensby, nordwestlich der ehemaligen Schule festgelegt. Der höchstgelegene Quellarm hat seinen Anfang zwischen Barg und Neuschwensbyhof, nahe der Wasserscheide zur Ostsee, die ungefähr mit der Kappelner Chaussee verläuft. Südlich an Friedrichshof vorbei durch Schwensbyfeld und Hardesbyfeld ist der Lauf verrohrt. Im Hardesbymoor bei Hardesbyhof beginnt die durchgehend offene Fließstrecke.
Einmündung in den Winderatter See. Aus der 100–500 m breiten Seesenke heraus erreicht die Au das Dorf Ausacker und nach 3,5 km Kleinsolt, das mit Dorfteich und sechs Straßen- und Hofbrücken von der Kielsau besonders geprägt ist.
Westlich von Kleinsolt erhält die Talform einen anderen Charakter. Die Breite ist geringer, aber gleichmäßiger, die Böschungen der Ufer sind steiler, und mit Windungen und hohem Gefälle schließt sich der Aulauf dem Relief der Landschaft an.
Ursprünglich mündete die Kielsau in den Treßsee. Seit 1964 fließt sie, etwa 600 m vor dem See verlegt, in die Bondenau.
Einmündende Gewässer: Lutzhöfter Au, Osterholz Au, Moorau, Dammender Wasserlauf, Levensau, Hüruper Bach. Die größeren Zuläufe kommen aus nördlicher Richtung.

Gewässername. Mejer 1648 Kielst aw oder Norderaw. 1819 Kiels-Aue. Jensen Angeln 1844 Kielstau oder Norderau. 1846 Kiels-Aue. vSchröder 1854 Kielstau. Trap 1864 dän. Kilsaa. Kat. Flurkarte 1875 Kielsau. PreußLA 1877 Kielstau. – Wohl in Zusammenhang mit dem Ortsnamen Kielsgaard – der Ort liegt aber nicht direkt an der Kielsau, sondern am Zulauf Hüruper Bach. Das unkorrekte -t erscheint bereits in der ersten überlieferten Form 1648 und wurde später von anderen Topographen übernommen bis hin zur heute amtlichen Schreibung der Topographischen Karte.
Andere, nicht mehr gebräuchliche Namen

waren: Norderau, im Gegensatz zur südlich fließenden Bondenau, auch Ausacker Au, Ausacker Mühlenau, oder Mühlenstrom, solange die Wassermühle in Ausacker in Betrieb war. Lit.: Hald 1948-79, VII 1. JbAngeln 1968, 42. vRohden 1989, 189, 328, 359, 366. Laur 1992, 383.

Vorgeschichte. An den Niederungen zwischen Winderatter See und Ausacker sind durch reichhaltige Funde aus der Steinzeit mehrere Siedlungsstellen kenntlich. Besonders dicht beieinander liegen die Plätze zwischen Großsoltbrück und der Au.

Brücken. Im Dorf Ausacker zwei Brücken. In Kleinsolt wird die Au von 6 Straßen und Hofzufahrten überbrückt. Bei Schmiedekrug geht die Eckernförder Landstraße über eine steinerne Brücke.

■ Eine Brücken-Seltenheit ist die „Grüh-Brücke" auf dem Weg von Kleinsoltfeld nach Juhlschau. Es ist die letzte erhaltene Brücke mit gewölbter Straßenführung in Angeln (Denkmalschutz).

Wassermühle. Ausacker bis 1845. Kleinsolt 1891–1953.

Literatur. Jensen Angeln 1844, 29, 316. vSchröder 1854, 279. Oldekop 1906, V 46, 58. Angeln 1922, 528. LA für Wasserhaushalt SH, Gütelängsschnitt Kielstau 1990. TK 1222.

KIELSEBECK
s. Kappeln

KIELSENG

Ehem. Hof

Nordangeln. Stadt Flensburg, Kirchengem. St. Jürgen. Straße von der Ballastbrücke bis Mürwik, unterhalb des Blasberges.
Lage: zwischen Harnis und Mürwik, am Hang zu einer ehemals kleinen Fördebucht, die 1888 zugeschüttet und bis 1924 mit Baggerschutt aus dem Hafenbecken von Flensburg zum Freihafengebiet aufgelandet wurde.

Ortsname. 1621 Keelßengh. 1642 Kelß Enge. PreußLA 1877 Kielseng. – Wiese = dän. eng, des Ketel, der hier um 1500 lebte – der Ortsname wird jedoch erst im 17. Jh. genannt. Einziger Ortsname in Angeln, in dem das Grundwort -eng erhalten geblieben ist. Lit.: Hald 1948-79, VII 38. JbAngeln 1968, 41. Laur 1992, 383.

Geschichte. Hof seit 1500 bekannt. 1738 Wechsel unter die Jurisdiktion der Husbyharde, die zugehörige Ziegelei verblieb bei der Nikolaikirche Flensburg. 1871 FL Gem. Jürgensgaard, 45 Ewh., 6 Wohngeb. Um 1890 städtischer Besitz, 1910 Eingliederung in das Stadtgebiet. Bis 1902 im Ksp. Adelby.
Ein neues Wohnhaus wurde vermutlich 1801 erbaut, 1830/40 um eine Sommerwirtschaft erweitert und 1874 dabei ein vielbesuchter „Lustgarten" angelegt.

Windmühle. Galerieholländer-Grütz- und -Graupenmühle 1756 auf dem Ballastberg vom Hof erbaut. Bei der PreußLA 1877 nicht mehr verzeichnet. Lit.: KDM Stadt Flensburg 1955, 570. Pöge 1980, 211.

Literatur. vSchröder 1837, I 464. Jensen Angeln 1844, 319. vSchröder 1854, 279. Angeln 1922, 533. KDM Stadt Flensburg 1955, 551. W. Lange, Kielseng, SFSt 1969, 13. Pust 1990, 169. TK 1122.

KIELSGAARD

PLZ 24975. Häusergruppe

Nordangeln. Ksp. u. Gem. Hürup. 41 Ewh. (1987), 9 Wohngeb., 3 Ldw.-Betriebe (1993).
Lage: südl. von Hürup, an der Straße nach Kleinsolt, auf einer kleinen, nur leicht erhöhten Fläche, an der der Hüruper Bach vorbei zur Kielsau fließt. Höhe 40 m.
Kielsgaard ist unverkennbar als Runddorf angelegt. Mit der Landstraße beschreibt die Dorfstraße einen Kreis, an dem die Höfe dicht beieinander stehen. Hofteiche und bunte Gärten schmücken den Ort.

Ortsname. 1352 Kylsgarde. Um 1450 in Kyle. Mejer 1648 Kielstrup. Danckwerth

1652 Kielstgarde. Trap 1864 dän. Kilsgaarde. PreußLA 1877 Kielsgaard. Im Volksmund früher kurz Kil. Ndt. Kielschår. – Hof = dän. gård, im Keil = dän. kile, nach der Lage im Terrain (Laur). Nach der Sage soll der Ort seinen Namen nach dem ersten Hofbesitzer Ketel oder Kiedel erhalten haben. Lit.: Hald 1948-79, VII 4. JbAngeln 1968, 33. Laur 1992, 383.

Geschichte. Aus einem großen Freigut des Domkapitels zu Schleswig, Vogtei Gammelbygaard, das um die Mitte des 17. Jh. wüst lag, entstanden 3 Höfe. 1777 zur Husbyharde. 1823 waren 7 Landstellen vorhanden. 1871 FL Gem. Hürup, 54 Ewh., 8 Wohngeb. 1941 verursachte ein Bombenabwurf nur Flurschaden.

Bauernhaus. Hauptstr. 76. Kombiniertes Wohn- und Wirtschaftsgebäude aus rotem Backstein mit Reetdach. Im Winkel angebaut ein Stallflügel mit Drempel (Denkmalbuch). Lit.: Hürup 1991, 347.

Literatur. vSchröder 1837, I 465. Jensen Angeln 1844, 327. vSchröder 1854, 279. Oldekop 1906, V 58. Angeln 1922, 544. Röschmann 1963, 383. Wpl-Verz 1987, 97. Hürup 1991, 334. TK 1223.

KIELSIECK
s. Ausackerholz

KIERKOPPEL
s. Buschkoppel

KIESBY

Gemeinde

Amt Süderbrarup. Fläche 367 ha, davon 8 ha Wald. 210 Ewh., 62 Wohngeb., 8 Ldw.-Betriebe (alle Angaben 1987).
1871 SL Gemeinde gegründet, 243 Ewh., 32 Wohngeb. Ewh.-Höchstzahl 1946: 475 Menschen. Bis 1970 im Amt Boren.

Wohnplätze. Bekhaus, Bremswatt, Kaltoft, Kiesby, Kiesbyfeld.

Literatur. Oldekop 1906, VIII 59. Angeln 1922, 639. Hist. Gem-Verz 1970, 170. Wpl-Verz 1987, 90.

PLZ 24392. Dorf

Südangeln. Ksp. Boren, Gem. Kiesby. 120 Ewh. (1987), 5 Ldw.-Betriebe, Landtechnische Schmiede (1993).
Lage: 3 km südöstl. von Süderbrarup, an der Straße nach Ketelsby u. Lindaunis, östlich der Lindau. Höhe 25 m.
Kiesby besteht aus zwei voneinander getrennten Siedlungen. Im nördlichen Bauerndorf bleiben 5 große Höfe unter sich, am Straßenkreuz der Süderlandstraße rücken Katen und Handwerksbetriebe zu einem kleinen Geschäftsviertel zusammen, das mit dem Kirchort Boren eng verbunden ist.

Ortsname. 1386 Kysby. 1406 Kyzebu. Mejer 1649 Kiesebuy. PreußLA 1877 Kiesby. – Dorf = dän. by, des Kisi = altdän. PN (Laur). Lit.: JbAngeln 1964, 62. Laur 1992, 384.

Geschichte. Zu Kiesby hatten das Domkapitel in seiner Vogtei Grödersby, Gut Dollrott und Gut Lindau anteiligen Besitz. 1777 und 1784 wurden alle Landstellen der Schliesharde zugeordnet. 1871 SL Gem. Kiesby, im Dorf 114 Ewh., 12 Wohngeb. Freiw. Feuerwehr 1907 gegründet.

Krug 1875. Ehem. mit Posthilfsstelle. Heute Clubraum. Lit.: Boren 1957, 163.

Windmühle 1877–1942. Von Hesselmühle nach Kiesby versetzt, 1893 abgebrannt. Neubau 1894 als Galerieholländer errichtet, 1942 abgebrochen. Bis 1890 war mit der Mühle eine Bäckerei verbunden. Lit.: Boren 1957, 160. KDM SL 1957, 164.

Jagdstein 1800. An der Straße nach Güderott. Granitpfeiler mit Inschrift „C 7 · 1800" (Denkmalbuch).

Literatur. vSchröder 1837, I 467. Jensen Angeln 1844, 398. vSchröder 1854, 280. Oldekop 1906, VIII 59. Angeln 1922, 639. Boren 1957, 148. Wpl-Verz 1987, 90. TK 1324.

KIESBYFELD

PLZ 24392. Häusergruppe

Südangeln. Ksp. Boren, Gem. Kiesby. 17 Ewh. (1987), 7 Wohngeb., kein Ldw.-Betrieb (1993).
Lage: südl. von Boren am Hang des Kirchberges. Höhe 15 m.
Der schmale Südzipfel des Gemeindegebietes wird an drei Seiten von der Gemeinde Boren eingeengt. Am Südrand des westlichen Bauernholzes steht ein Haus als Exklave auf Borener Grund. Das südliche Ende von Kiesbyfeld ist ein weiter, 4 m tief liegender Niederungsraum, den eine große Moorfläche und ein Teich bedecken. Die Papenfelder Au entwässert das Gebiet.

Geschichte. 1871 SL Gem. Kiesby, 31 Ewh., 4 Wohngeb.

Literatur. PreußLA 1877. Oldekop 1906, VIII 59. Angeln 1922, 639. Boren 1957, 157, 162. KDM SL 1957, 164. Wpl-Verz 1987, 90. TK 1324.

KIESPERDIEK

PLZ 24405. Häusergruppe

Mittelangeln. Ksp. Böel, Gem. Mohrkirch. 3 Wohngeb., kein Ldw.-Betrieb (1993).
Lage: 3 km westl. von Mohrkirch, am Weg von Krämersteen nach Rüdesüderholz, am Rand einer großen Wiesenniederung. Höhe 37 m. Grenzort zur Struxdorfharde, zum Kirchspiel Satrup und der Gemeinde Rüde.

Ortsname. Mejer 1648 FN Schrikisdamm. 1692 FN Kißbüy-Teich. Wpl-Verz 1871 Kisperdick. Angeln 1922 Kisperdiek. – Kirsche, Kirschbaum = dän. kirsebær (Laur).

Geschichte. 1467 kaufte das Kloster Mohrkirchen einen Hof, zu dem auch eine Mühle gehörte, die zu einer anderen Zeit nicht erwähnt wird. Die Landstellen entstanden 1778 auf Parzellen des Meierhofes Schrixdorf, Mohrkirchharde. 1871 SL Gem. Mohrkirch-Westerholz, 25 Ewh., 5 Wohngeb. Seit 1970 Gem. Mohrkirch.

Ehem. Teiche

Fischteiche des Gutes Mohrkirchen. Im 18. Jh. langsam verlandet und trockengelegt. Eine 1912 gegründete Genossenschaft entwässerte die ehemalige Seefläche, die 1989 aufgeforstet wurde.

Literatur. Oldekop 1906, VIII 72. Angeln 1922, 669. Mohrkirchen 1983, 15, 84. Wpl-Verz 1987, 91. Mohrkirch 1991, 461. TK 1324.

KIESPERDIEKER AU

Au

Mittelangeln, im Bereich der Mohrkircher Au, Schlei. Fließstrecke 7 km, von Schnarupholz, Höhe 40 m, bis zur Einmündung rechts in die Mohrkircher Au, östlich von Böelkamp. Gem. Mohrkirch u. Böel.
Ein kleines Bächlein beginnt südlich von Rüdesüderholz am Priesterholz von Schnarup und durchzieht das Wiesengelände des ehemaligen Teiches „Kiesperdiek". Bei der Brücke der Straße Appelberg muß sich die Au in einen engen tiefen Durchlaß zwängen. An der Kreuzung der Hauptstraße von Mohrkirch wechselt der Lauf seine Richtung nach Süden, an der Hölzung von Stoltoft und am Hof Böelkamp vorbei. Kurz vor der Einmündung in die Mohrkircher Au vereinigt sich die Kiesperdieker Au mit der Böeler Au zu einem seltenen Drei-Auen-Treffen.

Wassermühle. Zu Appelberg mit Färberei. Im 18. Jh. abgebrochen. – 1467 eine Mühle, die vermutlich am Ausfluß der Au aus den Teichen lag.

KINNINGNOOR
s. Holnisnoor

KIRCHHECK
s. Steinbergkirche

KIRCHMOOR
s. Tolk

KIRSEBEK

Au

Ostangeln, im Bereich der Schlei. Fließstrecke 2,5 km, aus der Feldmark von Gut Roest bis zur Einmündung in die Schlei bei der ehemaligen Ziegelei von Kappeln. Zur Hälfte verrohrt, im Gebiet der Schulen, zwischen Nordstraße und Flensburger Straße, und der Unterlauf. Einzugsfläche 160 ha, Stadt Kappeln.
Die Au zeichnet sich durch großes Gefälle und ein tief eingekerbtes Bachbett aus. Den Friedhof von Kappeln durchschneidet sie in einer tiefen Schlucht und auch im schleiküstennahen Bereich ist der Lauf noch sehr ausgeprägt.

Gewässername. 1770 Kielbeck. 1797 Killschebeck. – Kiel = Keil, keilförmig. Neuer Straßenname im Kappelner Ortsteil Mehlby „An der Kirsebek".

Literatur. KDM SL 1957, 332. Dansk sø- og ånavne 1968-89, IV 80.

KISPELHECK

PLZ 24402. Haus

Ostangeln. Ksp. u. Gem. Esgrus. Früher die Heckkate an der Gutsgrenze zu Rundhof. Lage: östl. von Esgrus, an der Straße nach Birzhaft, gegenüber der Hofzufahrt von Ellgaard. Höhe 41 m.

Ortsname. 1797 Kisperheck. vSchröder 1837 u. Jensen Angeln 1844 Kirchspielheck. TK von 1939 Kispelheck. – Angeblich nach dem Versammlungsort der Kirchspiel-Männer (1837). Vermutlich Heck bei einem Kirschbaum = dän. kirsebær (Hald). Lit.: Hald 1948-79, VII 377.

Geschichte. 1837 Kate zur Nieharde. 1871 FL Gem. Esgrusschauby, seit 1970 Gem. Esgrus.

Literatur. vSchröder 1837, II 222. Jensen Angeln 1844, 371. vSchröder 1854, 484. Oldekop 1906, V 32. Wpl-Verz 1987, 95. TK 1224.

KISPERHY

PLZ 24376. Häusergruppe

Ostangeln. Ksp. Gundelsby, Gem. Hasselberg. 4 Wohngeb., ein Ldw.-Betrieb (1993). Lage: West-Hasselberg, Zufahrt von der Straße nach Wormshöft, eng zusammengerückt zwischen zwei kleinen Hügeln. Höhe 5 m.

Ortsname. 1791 Kisperbüy (lies: -hüy). 1819 Kisperhoi. vSchröder 1837 Kisberhye. PreußLA 1877 Kisperhy. – Wohl Hügel, Grabhügel = angeldän. hy, bei Kirschbäumen = dän. kirsebær (Laur). Lit.: Hald 1948-79, VII 429. Laur 1992, 385.

Geschichte. Hof 1790 gegründet auf einer Parzelle vom Meierhof Hasselberg, Gut Oehe. 1853 Kappelerharde. 1871 FL Gem. Hasselberg, 14 Ewh., 2 Wohngeb.

Literatur. vSchröder 1837, I 362. Jensen Angeln 1844, 385. vSchröder 1854, 210. Oldekop 1906, V 53. Angeln 1922, 614. Gundelsby 1977, 319. Wpl-Verz 1987, 97. TK 1225.

KISTELHOE

s. Christelhoe

KIUS

Gemeinde bis 1974

SL Amt Süderbrarup. Fläche 1034 ha. 285 Ewh. (1970). Gemeinde 1871 gebildet, 434 Ewh., 44 Wohngeb. Gunnebyer Noor 1920 Eigentum der Gemeinde. Ewh.-Höchstzahl 1946: 657 Menschen. Bis 1970 im Amt Ulsnis. 1974 Eingliederung in die Gem. Ulsnis.

Wohnplätze. Affegünt teilw., Bremsdiek, Dallacker, Düttnis, Glatry, Gunneby, Hesselmühle, Kius, Kiusbek, Kiusweg, Knappersfeld, Ratzeburg ehem., Schmedeland teilw., Stauertwedt.

Literatur. Oldekop 1906, VIII 59. Angeln 1922, 644. Hist. Gem-Verz 1970, 170. Wpl-Verz 1970, 120.

KIUS, Haus 9 erbaut 1806. Im Straßendreieck eine Friedenseiche. Foto: B. Hamer

PLZ 24897. Dorf

Südangeln. Ksp. u. Gem. Ulsnis. 80 Ewh. (1987), Uhrmacher, Dorfmuseum, 3 Ldw.-Betriebe (1993).

Lage: 1 km nördl. von Ulsnis, an der Kreuzung der Straßen von Ulsnis nach Steinfeld und Lindau nach Taarstedt, in einem flachen Talraum. Durch das Dorf fließt die Hesselmühlenau, die Dorfstraße begleitend. Höhe 15 m.

Ein schöner Wanderweg führt in Richtung Schlei nach Hesselmühle und Stauertwedt ans Gunnebyer Noor.

Ortsname. 1635 Kyus. Mejer 1641 Jvst (lies: Kiust). Danckwerth 1652 Kiust. PreußLA 1877 Kius.– Bucht = altdän. Kius. Wohl alter Name für das Gunnebyer Noor (Laur). Lit.: JbAngeln 1964, 59. Laur 1992, 386.

Geschichte. 1561 zählte das Dorf 6 Höfe und 4 Katen, die zum Domkapitel, Vogtei Ulsnis, gehörten, 1658 königlich wurden und 1777 zur Schliesharde kamen. 1871 SL Gem. Kius, im Dorf 198 Ewh., 14 Wohngeb. mit dem Armenhaus des Kirchspiels. 1974 Gem. Ulsnis. Freiw. Feuerwehr 1885 gegründet.

Persönlichkeit. Joh. Hinrich Thomsen 1740–1776. Lehrer, Dichter, 1769–73 in Kius.

Schule. Auf Allmannsgrund mitten im Dorf, heute Straßenkreuz. Kius hatte bereits 1710 eine Schule, die nur für kurze Zeit bestand. 1771 wieder als Nebenschule von Steinfeld eingerichtet. 1849 aufgelöst nach Ulsnis. Auf dem Schulgelände ist 1872 das Haus Nr. 15 erbaut worden. Lit.: Ulsnis 1987, 212.

Kiusbek

Krug 1779–1911. Das Haus lag im Norddorf an der Landstraße neben der Hesselmühlenau. 1883 auch Postagentur. 1911 durch Blitzschlag abgebrannt. Lit.: Ulsnis 1987, 188.

Uhrmacher. Haus Nr. 12. Werkstatt 1830 eröffnet.
■ Ältester Uhrenhandwerksbetrieb in Angeln, seit sieben Generationen in der Uhrmacherfamilie Tüxen. Lit.: U. Köhler, 150 Jahre Uhrmacherhandwerk der Familie Tüxen in Kius, JbAngeln 1980, 39. Ulsnis 1987, 199.

Museum. Haus Nr. 9. In der früheren Malerwerkstatt volkskundliche Sammlung 1968 eingerichtet. Lit.: Ulsnis 1987, 197.

Bauernhäuser. Nr. 3. Kleines Wohnhaus von 1859, früher Abnahmehaus vom Hof Nr. 2. Gelber Backsteinbau mit Reetdach. Kassettentür, darüber kleiner Frontispiz mit Rundbogenfenster. Lit.: Ulsnis 1987, 195. – Nr. 9. Südangelner Fachhallenhaus von 1806. Geweißter Backstein, bis auf die Südwand in Fachwerk. Reetdach mit Knüppelfirst. Vormals eine Kate, dann Handwerksbetrieb. In der 1908 erbauten Malerwerkstatt hat der Besitzer 1968 ein Heimatmuseum mit volkskundlicher Sammlung eingerichtet. Lit.: KDM SL 1957, 564. Hagemeier-Kottwitz 1985, 88. Ulsnis 1987, 197, 316. – Nr. 10. Arbeiterkate erbaut 1769. Kleines Fachwerkhaus, geweißte Füllungen, Reetdach mit Knüppelfirst. Lit.: Ulsnis 1987, 198. – Nr. 20. Bemerkenswerte Dreiseithofanlage mit einer Lindenreihe vor der Hausfront. Wohnhaus von 1838, verputzter Massivbau, 1871 aufgestockt und mit Schieferdach gedeckt. Nach 1900 zweigeschossiger Verandabau in Jugendstilformen angefügt, das Obergeschoß in Fachwerk. Auf dem Hof zwei seltene, baukörperlich gleiche reetgedeckte Wirtschaftsgebäude von 1764; die Fachwerkscheune mit zwei Durchfahrten, der Kuh- und Pferdestall aus gelbem Backstein mit einer Durchfahrt. Der Hof seit 1766 im Familienbesitz. Lit.: KDM SL 1957, 564. Hagemeier-Kottwitz 1982, 366. Ulsnis 1987, 203. – Nr. 22. Geweißter Backsteinbau mit firsthoch übergiebeltem Frontispiz, erbaut 1795. Lit.: Ulsnis 1987, 204. – Nr. 27. Großes Wohnhaus aus gelbem Backstein mit breitem Frontispiz, halbsäulenflankierter Haustür, Reetdach. Lit.: Ulsnis 1987, 205 (alle Denkmalbuch).

Glatry

Haus Nr. 4. Kate „Glaffrühe" 1698 erwähnt, in der ein Botenläufer wohnte. Lit.: Ulsnis 1987, 187, 195.

Grenzstein 1786. In der Straßenkreuzung Steinfeld-Ulsnis. Stein mit Krone und Buchstaben AG = Amt Gottorf 1786.

Denkmal. Friedenseichen 1871. Zwei Bäume am Ortsanfang und -ende mit Gedenkstein (Denkmalbuch). Zur Anlage im Straßendreieck vor dem Haus Nr. 9 gehörte ein kleiner Teich, der beim Straßenbau 1986 zugeschüttet wurde.

Literatur. vSchröder 1837, I 472. Jensen Angeln 1844, 401. vSchröder 1854, 282. Oldekop 1906, VIII 59. Angeln 1922, 644. G. Dircks, Aus der Geschichte des Ksp. Ulsnis, Dorfschaft Kius, JbAngeln 1936, 43. Ulsnis 1987, 185, 193. Wpl-Verz 1987, 94. TK 1424.

KIUSBALLIG

PLZ 24893. Häusergruppe

Südangeln. Ksp. u. Gem. Taarstedt. 23 Ewh. (1987), 6 Wohngeb., 2 Ldw.-Betriebe (1993).
Lage: 1,5 km nordöstl. von Taarstedt, an der Straße nach Lindau, der Süderlandstraße, am Südrand des Kiuser Geheges. Höhe 25 m. Grenzort der Füsingharde zur Schliesharde und Ksp. u. Gem. Ulsnis.

Ortsname. Mejer 1649 Kruxallig, Juelsball. Trap 1864 dän. Kjusballe. PreußLA 1877 Kiusballig. Ndt. Kiusballi. – Teil eines Dorfes = altdän. balgh, neudän. balle, hier wohl im Sinne von abgeteilte Siedlung von Taarstedt nach Kius zu (Laur). Lit.: JbAngeln 1964, 58. Laur 1992, 386.

Geschichte. 3 Katen des Bischofs und des Domkapitels, 1702 zur Füsingharde. 1871 SL Gem. Taarstedt, 19 Ewh., 4 Wohngeb. Durch Landerwerb haben die ursprünglichen Katen heute Hofgrößen erreicht.

Denkmal 1898. Doppeleiche zur Erinnerung an die Erhebung 1848 zum 50. Jahrestag gepflanzt.

Literatur. vSchröder 1837, I 472. Jensen Angeln 1844, 403. vSchröder 1854, 282. Oldekop 1906, VIII 110. Angeln 1922, 649. Wpl-Verz 1987, 93. Taarstedt 1989, 142. TK 1424.

KIUSER GEHEGE

Wald

Südangeln. Gem. Ulsnis. Fläche 33 ha. Staatsforst Land SH, Forstamt Schleswig, Försterei Tiergarten.
Lage: westl. von Kius. Grenzwald zu den Gem. Taarstedt u. Steinfeld. Höhe 20–30 m. Wald mit Buche, Esche, Erle, Japanlärche. Altbäume von 1855. Aus dem Holz sammelt der Schelmkjärgraben das Wasser. Das Kiuser Gehege und das angrenzende Akebyer Holz sind das größte Waldgebiet der weiteren Umgebung.

Literatur. vSchröder 1837, I 472. vSchröder 1854, 282. Oldekop 1906, VIII 59. TK 1424.

KIUSWEG

PLZ 24897. Haus

Südangeln. Ksp. u. Gem. Ulsnis, Kius Nr. 30. Ferienhaus.
Lage: 1,5 km östl. von Kius, an der Straße von Lindau nach Taarstedt, am Hang einer kleinen Bachschlucht. Höhe 12 m.

Geschichte. Der Wohnplatz ist 1614 vom Dorf Kius mit einer Heckkate begründet worden, die an der Gemarkungsgrenze zu Gut Lindau erbaut und mit einem Viehhüter besetzt wurde. Die neue Kate von 1766, später baulich verändert, steht noch als Ferienhaus an ihrem Platz. 1871 SL Gem. Kius, seit 1974 Gem. Ulsnis.

Literatur. vSchröder 1837, I 472. vSchröder 1854, 282. Oldekop 1906, VIII 60. Angeln 1922, 644. Wpl-Verz 1970, 120. Ulsnis 1987, 186, 206. TK 1424.

KLAHOLZ

PLZ 24891. Häusergruppe

Mittelangeln. Ksp. Thumby, Gem. Schnarup-Thumby, Ortschaft Köhnholz. 13 Ewh. (1987), 4 Wohngeb., ein Ldw.-Betrieb (1993).
Lage: 2 km nördl. von Thumby, am Weg von Köhnholz nach Rehberg. Grenzort zum Ksp. Satrup. Höhe 43 m.

Ortsname. Trap 1864 dän. Klaaholt. PreußLA 1877 Klaholz. – Entweder Kla als Nebenform zu Klank = Klumpen, oder altdän. „Kratzen“ in herabsetzender Bedeutung (Laur).

Krug. 1871 Gem. Schnarup ein Haus. Wirtschaft u. Ldw.-Betrieb (1993).

Literatur. Oldekop 1906, VIII 101. Angeln 1922, 681. Wpl-Verz 1987, 92. TK 1323.

KLAPPHOLZ

Gemeinde

Amt Böklund. Fläche 822 ha, davon 22 ha Wald. 378 Ewh., 89 Wohngeb., 28 Ldw.-Betriebe (alle Angaben 1987). An Einwohnern die kleinste Westgemeinde Angelns.
SL Gemeinde 1871 mit 304 Ewh., 49 Wohngeb. Ewh.-Höchstzahl 1946: 616 Menschen. Bis 1970 im Amt Havetoft. Gemeindegebiet seit Gründung unverändert.

Wohnplätze. Dennholm teilw., Elmholz, Fenne, Glasholz, Klappholz, Klappholzheide, Neubrück, Norderholz, Westscheide.

Literatur. Oldekop 1906, VIII 60. Angeln 1922, 679. Hist. Gem-Verz 1970, 170. Wpl-Verz 1987, 90.

PLZ 24860. Dorf

Westangeln. Ksp. Havetoft, Gem. Klappholz. 229 Ewh. (1987), Krug.
Lage: 4 km südöstl. von Havetoft, an der Straße nach Böklund, Eckernförder Landstraße.
■ Das Runddorf hat eine für Angeln seltene Dorflage mitten auf einer hohen, groß-

flächigen Bergkuppe. Über den nach allen Seiten abfallenden „Roggenberg“ 67 m geht die Wasserscheide, die den Einzugsbereich der Nordsee nach West von dem der Ostsee nach Ost trennt.
Im 18. Jh. war das Umfeld noch mit Wald bedeckt und die Heide wuchs um 1800 bis an den westlichen Dorfrand.

Ortsname. 1352 Claphold. 1445 Klapholte. Mejer 1648 Klapholt. vSchröder 1837 Klapholz. PreußLA 1877 Klappholz. Ndt. Klapholt. – Wald = ndt. Holt, in dem Laub als Futter durch Abschlagen der Zweige = dän. klappe, gesammelt wurde (Laur). Lit.: JbAngeln 1963, 33. Laur 1992, 386.

Geschichte. Das Dorf hat vermutlich bis zum 15. Jh. zum ehemaligen Kirchspiel Stolk gehört. 1692 waren im Dorf 3 Höfe und 2 Katen zur Struxdorfharde. 1837 wurden 6 Höfe, 3 Katen, Krug und Schule gezählt. 1871 SL Gem. Klappholz, im Dorf 93 Ewh., 14 Wohngeb. Freiw. Feuerwehr 1890 gegründet.

Schule 1846. Heute Bürgerhaus. Geweißter Backsteinbau mit firsthoch übergiebeltem Frontispiz. Reetdach mit Knüppelfirst. In der Frontmitte zwei Haustüren. Ehem. einklassige Schule für 40 Kinder. 1851–64 Unterricht in dänischer Sprache. Lit.: Ravn 1971, 174.

Meierei 1897–1971. Gebäude zu Wohnungen umgebaut.

Post. 1899 Postagentur mit Telegraphendienst eröffnet.

Bank. Raiffeisenbank Böklund-Süderbrarup, Geschäftsstelle.

Klappholzheide

Häuser westl. vom Dorf Klappholz, die um 1800 von Heideflächen umgeben waren. Lit.: vSchröder 1854, 283. Trap 1864, 512.

Literatur. vSchröder 1837, I 474. Jensen Angeln 1844, 418. vSchröder 1854, 283. Oldekop 1906, VIII 60. Angeln 1922, 679. WplVerz 1987, 90. TK 1323.

KLAPPSCHAU

PLZ 24837. Häusergruppe

Südangeln. Stadt Schleswig, Domgem. St. Jürgen. Pflegeheim für 120 Bewohner und ein Ldw.-Betrieb.
Lage: im Nordosten der Stadt, an der B 201, St. Jürgener Straße, am Tal des Mühlenbachs. Höhe 22 m.

Ortsname. 1489 Clapschoo. Mejer 1649 Klapschow. PreußLA 1877 Klapschau. – Wald = dän. skov, dt. -schau, in dem Laub abgeschlagen wurde = dän. klappe, also bedeutungsmäßig der gleiche Name wie Klappholz (Laur). Lit.: JbAngeln 1963, 21. Laur 1992, 387.

Geschichte. Der verschwundene Wald diente der Stadt als Schweineweide zur Buchen- und Eichenmast. 1751 war das Gelände „gänzlich vom Unterholz befreit“. Auf dem ehemals städtischen Meierhof wurde um 1845 eine „Anstalt für verwahrloste Kinder“ eingerichtet, die 1866 in private Trägerschaft übernommen wurde. 1883 Krankenhaus für geistig behinderte Menschen.

Literatur. vSchröder 1837, I 474. vSchröder 1854, 283. Angeln 1922, 705. K. Hansen, Klappschau, seit 1883 im Dienste der Menschen, JbAngeln 1992, 159. TK 1423.

KLEEFELD

PLZ 24376. Häusergruppe

Ostangeln. Ksp. u. Stadt Kappeln. 15 Ewh. (1987), 3 Wohngeb., ein Ldw.-Betrieb (1993).
Lage: westl. von Rabel, an der Straße nach Stutebüll, am Rabeler Scheidegraben. Höhe 10 m.
Auf der TK fälschlich unter Stutebüllfeld eingetragen.

Ortsname. PreußLA 1877 Kleefeld. – Straßenname. Unter den Einwohnern wird der Ortsname Kleefeld und nicht der falsche TK-Eintrag Stutebüllfeld gebraucht.

Geschichte. Eine Parzellenstelle von Gut Roest, 1853 Kappelerharde. 1871 FL Gem. Rabel, 2 Wohngeb. 1906 Gem. Stutebüll 6 Landstellen. 1937 Gem. Mehlby, seit 1974 Stadt Kappeln.

Literatur. vSchröder 1837, II 196. vSchröder 1854, 432. Oldekop 1906, V 112. Angeln 1922, 623. Wpl-Verz 1987, 90. (TK 1325)

KLEINQUERNER AU

Au

Nordangeln, im Bereich der Langballigau, Förde. Fließstrecke 5,5 km, vom Südrand des Scheersberg, an der westl. Straßenseite nach Quern, Höhe 45 m, bis zur Einmündung rechts in die Langballigau, unterhalb Ostenberg. Einzugsfl. 750 ha, Gem. Quern u. Dollerup. Die Au fließt durch die Dörfer Kleinquern und den Nordteil von Dollerup. Der Oberlauf ist auf 2,5 km verrohrt.

KLEINSOLT

Kirchspiel

Kirchenkreis Angeln. Kirchengem. Großsolt-Kleinsolt, beide von Anfang an verbunden und mit einem gemeinsamen Pastor. Propstei Flensburg, 1879 Nordangeln.

Wohnplätze. Braustrup ehem., Freienwill, Freudenhof, Hirschholm, Hollmark, Kleinsolt, Kl. Soltfeld, Kl. Soltholz, Kl. Wolstrup, Kl. Wolstrupfeld, Kragsbüll ehem., Krimm, Kysweek, Oelbrücke ehem., Prinzenhof, Schmiedekrug, Thorsbüll ehem., Walkenhof, Wielenberg, Wormshoi ehem.

Literatur. Jensen Stat. 1841, 947. Jensen Angeln 1844, 317. Trap 1864, 473. Angeln 1922, 531. Kuhlmann 1958, 147.

Gemeinde bis 1974

FL Amt Hürup. Fläche 792 ha. 397 Ewh. (1974). Gemeinde 1871 mit 320 Ewh., 56 Wohngeb. Ewh.-Höchstzahl 1946: 756 Menschen. Bis 1971 im Amt Großsolt. 1974 Eingliederung in die neue Gem. Freienwill.

Wohnplätze. Freudenhof, Hollmark, Kleinsolt, Kl. Soltfeld, Kl. Soltholz, Kysweek, Schmiedekrug, Walkenhof.

Literatur. Oldekop 1906, V 64. Angeln 1922, 532. Hist. Gem-Verz 1970, 60. Wpl-Verz 1970, 29.

PLZ 24991. Dorf

Westangeln. Ksp. Kleinsolt, Gem. Freienwill. 87 Ewh. (1987), 7 Ldw.-Betriebe (1993).
Lage: 3 km südl. von Hürup, an der Straße nach Freienwill, an der Kielsau. Höhe 35 m. Im Norden steigen die Felder von Kleinsolt zu den Hüruper Bergen auf. Südlich des Dorfes erstreckt sich an der Gemeindegrenze das Wiesenland „Tueng", ein Niedermoor, das nach 1928 urbar gemacht wurde. Das Audorf füllt den Talraum der Kielsau aus, die von 6 Straßen und Hofzufahrten überbrückt wird. Der Südteil des Dorfes hat ein malerisches Ortsbild. Die Dorfstraße verbindet alle Höfe, die in gestaffelter Anordnung oft eng beieinander stehen. Die Lücken zwischen den Hofplätzen sind nicht mit modernen Neubauten geschlossen, sondern Kälberwiesen geblieben. Der baumbestandene Dorfteich wird von der Kielsau im Vorbeifluß bewässert. Im Norddorf ist die Landstraße merkwürdigerweise nur einseitig auf der südlichen Auseite bebaut.

Ortsname. 1352 Lille Solte. 1462 Solte minor. 1472 Lutke Solte. Mejer 1650 Kleinesolt. Danckwerth 1652 Lütkensolt. Trap 1864 dän. Lille-Solt. PreußLA 1877 Kleinsolt. Ndt. Kleen Solt. – Sumpf = ndt. Soll. Lit.: Hald 1948-79, VII 508. JbAngeln 1966, 19. Laur 1992, 390.

Geschichte. Im Dorf war der größte Teil der Häuser der Jurisdiktion der Uggelharde, Amt Flensburg, unterstellt, die bis 1777 dem Domkapitel Schleswig, Vogtei Gammelbygaard, und bis 1853 dem Hospital Flensburg gehört hatten. Zwei Landstellen des Gutes Rundhof wurden 1853 der Kappelerharde pflichtig. Besonders waren die Beziehungen von 5 Häusern zum Amt Gottorf, die aufgrund ihres früheren Grundherrn Gut Satrupholm 1657 zur Struxdorfharde gelegt wurden. Sie wechselten erst 1856 in das Amt Flensburg zur Uggelharde. 1871 FL Gem. Kleinsolt, im Dorf 206 Ewh., 28 Wohngeb. Seit 1974 Gem. Freienwill.

Kirche. Lage weitab westlich des Dorfes zu Freienwill, auf einem flachen Hügel an der Eckernförder Landstraße. Höhe 48 m. Ursprünglich stand die Kirche ganz allein an der Landstraße auf Kleinwolstruper Feld, daher wird sie in alten Registern auch Walsdorp genannt. Da die Kirche gleichweit von Kleinsolt und von Kleinwolstrup entfernt ist, wird sie vermutlich eine Gemeinschaftsgründung beider Dörfer gewesen sein.
Die romanische Feldsteinkirche des späten 12. Jh. ist ein krumm und schief gebauter Winzling unter Angelns Kirchen. An den Kanten der Schiffswände sind Quader verwendet worden. Das granitgerahmte Nordportal ist vermauert, das Südportal mit einem Tympanon im Vorhaus. Der Gemeinderaum hat kaum 60 qm. Der kleine Chor mit großem erneuerten Südfenster.
Der kurze vierkantige Holzturm mit niedriger Lukenzone ist wohl 1684 an die Westwand angefügt. Sein spitzes Zeltdach wurde erneuert.
Das Vorhaus, ein verputzter Ziegelbau, seine Westwand aus Quadern. Im Giebel eine kleine Tafel mit einem Stundenglas.
Literatur. KDM FL 1952, 329. Kuhlmann 1958, 160. Kunst-Topographie SH 1969, 301. Freienwill 1992, 80.

Friedhof. Fläche 1,4 ha, nach Norden und Westen erweitert.
Ehrenmal 1921. Auf einem breiten Sockel eine schlanke Sandsteinsäule mit Kreuz. Um das Denkmal 25 Steine mit Namen. Auf der anderen Seite der Anlage die Gedenksteine für den Zweiten Weltkrieg.

Schule. Schulstr. 7. Dreiseitanlage an der Straße nach Freienwill mit Schulhaus und Lehrerhaus. Seit 1973 Atelier und Ausstel-

KLEINSOLT, Dorfteich an der Kielsau. Foto: B. Hamer

KLEINSOLT, Kirche. Foto: H. C. Callsen

lungsraum eines Kunstmalers. Im zweiklassigen Nebenbau von 1950 der Kindergarten.
Nach dem Zusammenschluß der Dorfschulen von Kleinsolt und Kleinwolstrup wurde auf diesem Platz 1803 die erste gemeinsame Schule erbaut. 1851–64 Unterricht in dänischer Sprache. Das Lehrerhaus auf der westlichen Hofseite ist 1892 errichtet. 1898 Umbauten. Mit dem Umzug zur DGS in Großsolt wurde 1971 das Ende der Schulzeit in Kleinsolt bestimmt. Lit.: Ravn 1971, 170. Freienwill 1992, 133, 187.

Krug. Alte Dorfstr. 5. Gebäude 1885 als Bäckerei erbaut, später mit Schankerlaubnis. 1987 letzter Krug mit Saalbetrieb in der Gemeinde geschlossen. Lit.: Freienwill 1992, 112.

Bahnstation 1901–1938. In der Heubergstraße beim Krug. Haltestelle der Kleinbahn Flensburg–Satrup–Rundhof. Lit.: Gr. Solt 1992, 539.

Windmühle 1890–1957. Schulstr. 14. Galerieholländer-Kornmühle bis 1957, danach abgebrochen Lit.: Pöge 1980, 55.

Wassermühle 1891–1953. Bei Schmiedekrug an der Kielsau. 1953 wurde das eiserne Wasserrad abgenommen. Lit.: Pöge 1980, 55. Freienwill 1992, 103.

Bank. Spar- und Leihkasse des Kirchspiels 1875 zu Kleinsolt gegründet. Kassenstunden im Krug von Freienwill. 1940 Überführung auf die Kreissparkasse Flensburg, die 1941 eine nebenamtlich verwaltete Zweigstelle in Mühlenbrück errichtete.

Bauernhaus. Schulstr. 18. Reetgedecktes Querdielenhaus mit Altenteil. Zweigeschossiger, schiefergedeckter Frontgiebel. Am Wohnhaus rechtwinkelig eine Stallerweiterung. Hofraumbegrenzung durch Alleebäume (Denkmalbuch).

Denkmal. Friedenseichen 1871 mit Ge-

KLEINSOLT, Grüh-Brücke. Foto: G. Schmidt

denkstein; bei der ehemaligen Schmiede steht der Baum der Knechte und am Dorfteich die Pflanzung der Bauern.

Literatur. vSchröder 1837, II 295. Jensen Angeln 1844, 317. vSchröder 1854, 493. Oldekop 1906, V 64. Angeln 1922, 532. Röschmann 1963, 363. Wpl-Verz 1987, 87. J. P. Clausen, Gemeinde Freienwill, Eine Chronik, 1992. TK 1223.

KLEINSOLTFELD

PLZ 24991. Streusiedlung
Westangeln. Ksp. Kleinsolt, Gem. Freienwill. 79 Ewh. (1987), 2 Ldw.-Betriebe (1993).
Lage: südl. von Freienwill, an der Straße nach Oeversee. Ein intensiver Kiesabbau hat flächenhaft ins Relief eingegriffen und sämtliche Höhen abgetragen. Die großen Moore sind fast vollständig zur Agrarnutzung umgewandelt. Von den weiten Heideflächen ist nur ein Rest von 5 ha nahe des Treßsees unberührt geblieben. Die Kielsau begrenzt das Feld im Osten und Süden.

Ortsname. 1797 Klein Soldt-Feld. PreußLA 1877 Kl. Soltfeld. Lit.: Hald 1948-79, VII 508.

Geschichte. 1837 zur Uggelharde und Gut Rundhof 3 Katen und 2 Kolonistenstellen. 1871 FL Gem. Kleinsolt, 66 Ewh., 16 Wohngeb. Seit 1974 Gem. Freienwill.

Brücke. „Grüh-Brücke“. In der Straße nach Juhlschau über die Kielsau. Einbogenbrücke in Granitquaderwerk mit schmiedeeisernem Geländer.
■ Die letzte erhaltene Brücke der Bauart mit gewölbter Straßenführung in Angeln (Denkmalschutz).

Literatur. vSchröder 1837, II 295. vSchröder 1854, 493. Oldekop 1906, V 65. Angeln 1922, 532. Wpl-Verz 1987, 102. TK 1222.

KLEINSOLTHOLZ

PLZ 24991. Streusiedlung

Westangeln. Ksp. Kleinsolt, Gem. Freienwill. 36 Ewh. (1987), 10 Wohngeb., 2 Ldw.-Betriebe (1993).
Lage: östl. von Kleinsolt, an der Straße nach Ausacker. Höhe 42 m.
Im Norden fließt die Kielsau. Im Süden stehen 8 ha Holz, die einzige Waldfläche der Gemarkung Kleinsolt. Die Feldmark ist mit gradlinigen Knicks dicht gestreift.

Ortsname. 1751 Klein Soldholt. Trap 1864 dän. Lille-Soltskov. PreußLA 1877 Kl. Soltholz. Ndt. Kleensoltholt. Lit.: Hald 1948-79, VII 509. Laur 1992, 391.

Geschichte. 1837 standen in Kleinsoltholz 6 Katen zur Uggelharde und eine zu Gut Rundhof. 1871 FL Gem. Kleinsolt, 48 Ewh., 12 Wohngeb. Seit 1974 Gem. Freienwill.

Denkmal. Friedenseiche 1871 mit Gedenkstein, beim Haus Nr. 3 an der Straße nach Ausacker und der Abzweigung „Lammholm".

Literatur. vSchröder 1837, II 295. vSchröder 1854, 493. Oldekop 1906, V 65. Angeln 1922, 532. Wpl-Verz 1987, 102. Freienwill 1992, 28. TK 1223.

KLEINWESTERLAND
s. Burg

KLEINWOLSTRUP

Gemeinde bis 1974

FL Amt Hürup. Fläche 741 ha. 620 Ewh. (1970). Gemeinde 1871 mit 310 Ewh., 46 Wohngeb. Ewh.-Höchstzahl 1946: 686 Menschen. Bis 1971 im Amt Großsolt. 1974 Eingliederung in die neue Gem. Freienwill, zusammen mit der Gem. Kleinsolt.

Wohnplätze. Freienwill, Hirschholm, Kleinwolstrup, Krimm, Prinzenhof, Wielenberg.

Literatur. Oldekop 1906, V 65. Angeln 1922, 532. Hist. Gem-Verz 1970, 60. Wpl-Verz 1970, 30.

PLZ 24991. Dorf

Westangeln. Ksp. Kleinsolt, Gem. Freienwill. 255 Ewh. (1987), 8 Ldw.-Betriebe, Gemischtwarenladen (1993).
Lage: nördl. von Freienwill, abseits der Straße nach Flensburg, Eckernförder Landstraße, am hohen Südhang der Hüruper Berge. Höhe 62 m.
Nordöstlich des Dorfes steigt der Hang zum Hökeberg 82 m auf, der höchsten Erhebung in Angeln. Die Westseite der Höhe bedeckt das große Wolstruper Holz. Mitten durch das Dorf verläuft die Wasserscheide von Nordsee und Ostsee, von der in Richtung Norden die Entwässerung zur Flensburger Innenförde geschieht.

Ortsname. 1352 Volstorp. 1472 Lutken Walstorpp. 1587 Walstorp. Mejer 1648 Wollstrup. Danckwerth 1652 Wolstrup. Trap 1864 dän. Lille-Volstrup. PreußLA 1877 Kleinwolstrup. – Dorf = altdän. thorp, des Wal = altdän. PN (Laur). Ein Groß-Wolstrup gibt es nicht, dafür steht Munkwolstrup. Lit.: Hald 1948-79, VII 509. JbAngeln 1966, 18. Laur 1992, 392.

Vorgeschichte. Westlich des Dorfes, beiderseits des Weges nach Munkwolstrup, liegt auf einer hohen flachen Sandkuppe eine Hügelgruppe mit Gräbern der Bronzezeit, von denen mehrere noch deutlich zu erkennen sind. Lit.: Röschmann 1963, 369. Bronzezeit 1978, 17.

Geschichte. Im Dorf waren 5 Jurisdiktionen vertreten: Uggelharde, Nieharde, Hospital Flensburg, daneben hatte Gut Rundhof bis 1663 und das Domkapitel, Vogtei Gammelbygaard, bis 1777 Grundbesitz. 1837 zählte das Dorf 12 Höfe und 12 Katen. 1871 FL Gem. Kleinwolstrup, im Dorf 154 Ewh., 26 Wohngeb. Freiw. Feuerwehr 1889 gegründet. Seit 1974 Gem. Freienwill.

Schule. Beim ehemaligen Brunnen am Kuhgang. Im Dorf bis 1802, dann gemeinsam mit Kleinsolt.

KLEINWOLSTRUP, Fernmeldeturm auf dem Hökeberg. Foto: B. Hamer

Meierei 1897–1959. Kirchwatt 15. Betriebsgebäude heute noch vorhanden. Lit.: Freienwill 1992, 67.

Ziegelei. Am Feldweg zum Hökeberg. 1864 genannt. Bei der PreußLA 1877 nicht verzeichnet. Lit.: Trap 1864, 474.

Fernmeldeturm 1975. Am Weg nach Hürup, auf der Höhe 71 m. Turmhöhe mit Antenne 175 m, die Plattform in 75 m mit einer Betriebskanzel von 33 m Durchmesser und 8 m Höhe. Zweite Plattform in 83 m, eine kleine in 103 m Höhe. Mobile TV-Sender auf dem Hofplatz. Lit.: Freienwill 1992, 125.

Denkmal. Friedenseiche 1871 mit Gedenkstein in der Dorfmitte.

Literatur. vSchröder 1837, II 445. Jensen Angeln 1844, 317. vSchröder 1854, 586. Oldekop 1906, V 65. Angeln 1922, 532. Wpl-Verz 1987, 102. Freienwill 1992, 44. TK 1222.

KLEINWOLSTRUPFELD
s. Wielenberg

KLENSBY

PLZ 24882. Dorf

Südangeln. Ksp. Moldenit, Gem. Schaalby. 124 Ewh. (1987), 33 Wohngeb., ein Ldw.-Betrieb (1992).

Lage: 5 km nordöstl. von Schleswig, an der Straße nach Füsing, Schleidörferstraße. Höhe Ortsmitte 27 m.

Südöstlich des Dorfes, westlich des Weges zur Winninger Yachtwerft, ist ein landschaftlich wertvoller Kleinraum zu entdecken. In einem Quellgebiet, in stark bewegtem, insgesamt nach Süden steil abfallendem Gelände entspringen mehrere Bäche. Am abschüssigen Hang steht ein kleiner Buchenmischwald. Im Schleiufer liegt das artenreiche Feuchtgrünland „Moorwiese“, das von einem Bächlein entwässert wird.

Ein schöner Wanderweg führt von der ehemaligen Bahnhaltestelle über ein Bachtal durch die Gutshölzung nach Winning.
Das Runddorf an der kurzen, gebogenen Schleidörferstraße, mit Dorfteich, war „wegen der schönen Lage von Schleswiger Einwohnern oft besucht, welches den Ort, besonders in den Sommermonaten sehr belebt“ (1837).

Ortsname. 1196 Clensbu. 1554 Klensbuj. Mejer 1649 Klensbuy. – Dorf = dän. by, des Klen = altsächs. PN (Laur). Lit.: JbAngeln 1963, 24. Laur 1992, 392.

Geschichte. Klensby ist sehr früh in einer Urkunde von 1196 erwähnt, als das Dorf im Besitz der Michaeliskirche war. Später zum Graukloster Schleswig, seit 1807 in der Struxdorfharde. 1837 waren im Dorf 5 Höfe und 2 Krüge. Graf Baudissin rühmte 1864 das „Angeliter Dorfe Klensby, wo man die herrlichste Milch, frische Butter und Käse, und nachher zur besseren Verdauung eine Auswahl von Kegelbahnen findet“. 1871 SL Gem. Moldenit, 58 Ewh., 7 Wohngeb. Seit 1974 Gem. Schaalby.

Krug. Die 1820 eröffnete Gaststätte war ein beliebtes Ausflugsziel von Schleswig. Poststelle bis 1929 im Krug. 1966 durch Blitzschlag abgebrannt, Neubau. Wirtschaft 1969 aufgegeben. Lit.: Schaalby 1982-89, VI/VII 19.

Bahnstation 1883–1972. Bedarfshaltestelle der Kleinbahn Schleswig–Süderbrarup–Kappeln, Entfernungen 3,6–32,0 km. 1972 Personenverkehr eingestellt, Schienen 1983 abgebaut.

Post. Bis 1929 im Krug. Landzustellbereich Schleswig. 1953 Poststelle, 1967 nach Schaalby verlegt. Lit.: Schaalby 1982-89, IX 146.

Bauernhäuser. Schleidörferstr. 2. Kombiniertes Wohn- und Wirtschaftsgebäude mit Abnahmewohnung 1866 erbaut. Gelber Backstein. Zwei Haustüren mit je einem Frontispiz. Reetdach mit Heidefirst. Stallteil durch Anbau eines Drempelflügels im Winkel erweitert, später zu Wohnungen ausgebaut (Denkmalbuch). Lit.: Schaalby 1982-89, IX 80. – Schleidörferstr. 9. Kleinbauernstelle mit einem Südangelner Fachhallenhaus und einem Wirtschaftsteil mit Fachwerkgiebelwand. 1798 wohl Veränderung; das Außenfachwerk auf der Giebelseite des Wohnteils kann noch aus dem 17. Jh. stammen. 1975/80 renoviert. Lit.: KDM SL 1957, 407. Hagemeier-Kottwitz 1985, 87. Schaalby 1982-89, IX 76.

Literatur. vSchröder 1837, I 476. Jensen Angeln 1844, 431. vSchröder 1854, 284. Oldekop 1906, VIII 73. Angeln 1922, 704. Biotop 1987, 1423 Nr. 6, 21. Wpl-Verz 1987, 92. K. Thiessen, Hufner der Dorfschaften Moldenit, Klensby u. Schaalby, Gemeindechronik Schaalby 1982-89 VIII u. IX. TK 1423.

KLEVE

Ehem. Haus

Mittelangeln. Ksp. Norderbrarup. 1837 eine Kate zu Gut Dollrott bei Brarupholz im Holz „Damm“.

Ortsname. 1680–1735 Kirchenbuch „in der Kleve“, später dort nicht mehr genannt. – Abhang = ndt. Kleef. Ortsname nicht mehr gebräuchlich.

Literatur. vSchröder 1837, I 136. vSchröder 1854, 64.

KLINGENHY
s. Philippstal

KLIPP
s. Bockholm

KLORR
s. Kronsgaard

KLOSTER
s. Estrup, Möllmark, Neuberend, Rabenkirchen, Sörup-Dingholz

KLOSTERFELD

PLZ 24837. Stadtteil

Südangeln. Ostteil der Stadt Schleswig, bis zur Schlei, mit dem Gelände der Zuckerfabrik. Vormals SL Gem. Klosterhof, 1936 zur Stadt.

Ortsname. PreußLA 1877 Johannishof. TK von 1939 Klosterfeld.

Zuckerfabrik 1953. Werk mit eigenen Kaianlagen und Umschlagsvorrichtungen am äußersten Stadtrand an der Schlei errichtet. Verarbeitung von Zuckerrüben aus dem ganzen Land.

Margarethenhöh

Haus. „Privat-Irrenanstalt für weibliche Kranke am Weg nach Klensby, vor einigen Jahren erbaut" (1922). Lit.: Angeln 1922, 706.

KLOSTERHOF

Gemeinde bis 1936

SL Amt Moldenit. Fläche 354 ha. 214 Ewh. (1933). Gemeinde 1871 Johannis (Sanct), 64 Ewh., 20 Wohngeb. 1936 Eingliederung in die Stadt Schleswig.

Wohnplätze. Freiheit, Johannishof, Johanniskloster, Johannistal, Klosterfeld, Klosterhof, Margarethenhöh.

Literatur. Oldekop 1906, VIII 61. Angeln 1922, 705. Hist. Gem-Verz 1970, 174.

Kloster

Südangeln. Stadt Schleswig, Häusergruppe um das Johanniskloster. 1871 SL Gem. Klosterhof, 45 Ewh., 17 Häuser. Lit.: PreußLA 1877. TK 1423.

KLOSTERHOLZ
s. Mürwik

KNABBERHOLZ
s. Torsballig

KNAPPERSFELD

PLZ 24897. Häusergruppe

Südangeln. Ksp. u. Gem. Ulsnis. 3 Häuser, kein Ldw.-Betrieb (1993).
Lage: 1 km nördl. von Gunneby, am Weg nach Affegünt. Höhe 20 m.

Ortsname. Jensen Angeln 1844 Knapperfeld. PreußLA 1877 Knappersfeld. – Wohl unebenes Feld = angeldän. knabbret (Laur). Lit.: Laur 1992, 397.

Geschichte. 1784 vier Katen auf Parzellen von Gut Lindau gegründet, Schliesharde. 1871 SL Gem. Kius, 36 Ewh., 5 Wohngeb. Seit 1974 Gem. Ulsnis.

Literatur. vSchröder 1837, II 19. Jensen Angeln 1844, 400. vSchröder 1854, 288. Oldekop 1906, VIII 60. Angeln 1922, 645. Ulsnis 1987, 256. Wpl-Verz 1987, 94. TK 1424.

KNEFFERBEK

PLZ 24395. Hof

Ostangeln. Ksp. Gelting, Gem. Rabenholz. 2 Wohngeb., ohne Ldw.-Betrieb.
Lage: südl. von Rabenholz, Zufahrt von der Straße nach Vogelsang. Höhe 16 m.

Ortsname. 1802 Knefferbeck. PreußLA 1877 Knefferbek. DG 1974 Knetterbek sic. – Nach dem Geräusch der klappernden Au = dän. knebre (Hald). Lit.: Hald 1948-79, VII 429.

Geschichte. 1796 Landstelle mit Krug auf einer Parzelle von Gut Priesholz, 1853 Kappelerharde. 1871 FL Gem. Rabenholz, 3 Wohngeb.

Krug. 1796 ein Krüger genannt, später mit einer Bäckerei. 1896 Scheune mit Tanzsaal erbaut und 1898 die Gastwirtschaft erneuert. 1964 Krug geschlossen.

Wasserlauf

Im Bereich der Grimsau, Schlei. Der 2,5 km lange Lauf von Priesholzdamm bis zur Grimsau ist verrohrt. Die ehemalige Einmündung in die Geltinger Au wurde 1916 durch eine Rohrleitung in die Grimsau verlegt.

Literatur. vSchröder 1837, II 164. Jensen Angeln 1844, 382. vSchröder 1854, 412. Oldekop 1906, V 94. Angeln 1922, 610. Gelting 1972, 680. Gelting 1987, 340. Wpl-Verz 1987, 99. TK 1225.

KNÖS

1) Brodersby 2) Grundhof

1) PLZ 24864. Wochenendsiedlung

Südangeln. Ksp. u. Gem. Brodersby. Ferienhäuser.
Lage: südl. von Gr. Brodersby an der Schlei, am steil zum Brodersbyer Noor abfallenden Hang.

Ortsname. Wpl-Verz 1987 Knöös. – Knuds Näs, d. h. Ecke.

Geschichte. Angeblich soll sich hier eine Schutzwehranlage aus der Zeit um 1100 befunden haben. 1922 sollen noch Spuren sichtbar gewesen sein, was sich heute durch Anzeichen im Gelände nicht bestätigen läßt.
Bis etwa 1830 war die Knös bewaldet. 1959 wurde auf den Weideflächen ein Baugebiet für Wochenendhäuser erschlossen, 1968 vergrößert. 1989 entstand auf weiteren 40 Grundstücken die Feriensiedlung Knös.

Literatur. Oldekop 1906, VIII 31. Angeln 1922, 647. Wpl-Verz 1987, 88. Brodersby 1989, 335.

2) Höhenrücken

Nordangeln. Nördl. von Unewatt im NSG „Tal der Langballigau". Ein halbinselartiger, 28 m hoher Moränenrücken, der sich zwischen der Niederung der Langballigau und dem tief eingeschnittenen Tal der Schiebeck nach Norden erstreckt. Die bis zu 15 m hohen Hänge sind mit einem Wald bestanden, in dem sich größere, teilweise terrassenförmig ausgeformte Quellkomplexe befinden.
Mit seiner Nordspitze „Knös-Nack" springt der Höhenzug in das Tal der sich vereinigenden Auen vor und läuft in den „Kier-Wiesen" aus. Vom Höhenweg kann man beiderseits in die tiefen Täler der beiden Auen hinabblicken.

Ortsname. 1636 FN Knöß. 1858 Knös. – Kleiner Hügel = dän. knös (Hald). Lit.: Hald 1948-79, VII 116, 160.

Vorgeschichte. Von einer frühen Besiedlung zeugen zahlreiche bearbeitete Flintstücke, die auf „Knös-Nack" und der Koppel der Kate gefunden wurden. Lit.: Röschmann 1963, 629.

PLZ 24977. Haus

Ksp. Grundhof, Gem. Westerholz, Exklave in der Gem. Langballig. Ehem. Kate, einziges Gebäude auf dem Knös. Höhe 25 m.

Literatur. Oldekop 1906, V 127. Grundhof 1981, 432. Wpl-Verz 1987, 102. TK 1123.

KNOOP

PLZ 24966. Hof

Mittelangeln. Ksp. u. Gem. Sörup, Hardesbyer Str. 6. Zwei Wohngeb., Ldw.-Betrieb (1993).
Lage: südl. von Hardesby, lange Zufahrt von der Straße nach Sörup, auf einem Hügelrücken. Höhe 48 m.

Ortsname. Sörup 1964 u. 1985 Knopp. Wpl-Verz 1987 Hardesby-Knoop. – Knopf = ndt. Knoop, als Terrainbezeichnung für eine kleine Erhöhung. Lit.: Hald 1948-79, VII 244.

Geschichte. Hof erstmals 1594 genannt. 1871 FL Gem. Hardesby, seit 1970 Gem. Sörup.

Literatur. Sörup 1907, 146. Sörup 1964, 257. Sörup 1985, 293. Wpl-Verz 1987, 100.

KNOPPERDAMM

PLZ 24392. Hof

Südangeln. Ksp. u. Gem. Boren. Ldw.-Betrieb (1991).
Lage: nördl. von Lindaumühlenholz, am Waldrand. Höhe 10 m.
Fußweg durch die Hölzung, über die Lindau zum Dorf Lindaumühlenholz.

Ortsname. 1780 Knabroedams. 1781 Knubber Damm. vSchröder 1837 Knobredamm. Trap 1864 dän. Knøbberdam. Ndt. Knubberdiek. – Teich = dän. dam, vermutlich bei einer Brücke mit großen Holzbalken als Fundament, zu dän. Knubbebro (Laur). Lit.: Laur 1992, 397.

Geschichte. Kate zu Gut Lindau, 1784 Schliesharde. 1871 SL Gem. Lindau. 1974 Gem. Boren.

Holz

Fläche 11 ha. Staatsforst Land SH, Forstamt Schleswig, Försterei Tiergarten. Vom Tal der Lindau bis in die Nordostecke des Waldes aufsteigendes Gelände von 4–14 m. Buche, Esche, Eiche. Altbäume von 1870. Zahlreiche Grabhügel. Mehrere Waldwege. Holz von Gut Lindau, 1784 königliche Hölzung. Forstgutsbezirk Schleswig, 1928 Eingliederung in die Gem. Lindau.

Literatur. vSchröder 1837, I 483. vSchröder 1854, 289, 378. Oldekop 1906, VIII 66, 77. Angeln 1922, 641. Boren 1957, 181. Wpl-Verz 1970, 121. TK 1324.

KNORR

PLZ 24395. Hof

Ostangeln. Ksp. u. Gem. Gelting. Kein Ldw.-Betrieb.
Lage: 1 km östl. von Rabenholz, Zufahrt von der Straße nach Stenderup, direkt in der Schleife der Geltinger Au. Höhe 12 m.
Die Au, die auch Knorrau genannt wird, ist Grenzlauf zur Gem. Rabenholz.

Ortsname. 1736 FN Knorr. 1754 FN Stenderupper Knor-Holtz. PreußLA 1877 Knorr. – Wohl dän. knorre, das im Ablautverhältnis zu knarre = Knast, Knorren steht und ein entsprechendes Terrain bezeichnet (Laur). Lit.: Hald 1948-79, VII 429. Laur 1992, 397.

Geschichte. Hof 1871 FL Gem. Stenderup. Im Wpl-Verz 1871 ist ein zweites Haus unter dem Ortsnamen zur Gem. Suterballig aufgeführt. Seit 1970 Gem. Gelting.

Literatur. Oldekop 1906, V 115. Angeln 1922, 609. Gelting 1972, 372. Gelting 1987, 155. Wpl-Verz 1987, 96. TK 1225.

KNORRAU
s. Geltinger Au

KNORRLÜCK

PLZ 24376. Häusergruppe

Ostangeln. Ksp. Gundelsby, Gem. Hasselberg. 17 Ewh. (1987), 5 Wohngeb., kein Ldw.-Betrieb (1993).
Lage: nordwestl. von Schwackendorf, Zufahrt am Nordende des Dorfes von der Straße nach Stenderup. Höhe 12 m.
Westlich zeichnet der Lauf der Geltinger Au die Grenze zur Gem. Rabenholz.

Ortsname. 1797 Knorlück. Jensen Angeln 1844 Knorrlük. PreußLA 1877 Knorrlück. – Koppel = dän. løkke, angeldän. lyk, bei Knorr (Laur). Lit.: Hald 1948-79, VII 429. Laur 1992, 397.

Geschichte. 1844 zu Gut Buckhagen vier Landstellen, 1853 Kappelerharde. 1871 FL Gem. Schwackendorf, 24 Ewh., 5 Wohngeb. Seit 1970 Gem. Hasselberg.

Literatur. vSchröder 1837, II 255. Jensen Angeln 1844, 385. vSchröder 1854, 468. Oldekop 1906, V 102. Angeln 1922, 616. Gundelsby 1977, 281. Wpl-Verz 1987, 97. TK 1225.

KNUB
s. Estrupfeld

KNÜPPELBERG

PLZ 24376. Haus

Ostangeln. Ksp. u. Stadt Kappeln, Stutebüllfeld.
Lage: südwestl. von Stutebüll, an der Straße nach Sandbek, an der Grimsau.

Ortsname. Im Volksmund gebräuchlich. Amtlicher Straßenname „Stutebüllfeld", obwohl dieser Ortsname zu keiner Zeit für den Wohnplatz geführt wurde.

Geschichte. 1837 eine Kate zu Gut Roest, 1853 Kappelerharde. 1871 FL Gem. Stutebüll, 1937 Gem. Mehlby, seit 1974 Stadt Kappeln.

Literatur. vSchröder 1837, II 334. vSchröder 1854, 517. Oldekop 1906, V 112. Wpl-Verz 1987, 90.

KOBBELLÜCK

PLZ 24960. Häusergruppe

Nordangeln. Ksp. Munkbrarup, Stadt Glücksburg. 16 Ewh. (1987), 7 Wohngeb., keine Ldw.-Betriebe (1993).
Lage: nördl. von Bockholm, an der Straße nach Schausende, in einem Wiesengelände. Höhe 3 m.
Im Westen liegt der See Neupugum, die Förde ist nur 250 m östlich entfernt. Vormals war die Gegend mit Wasser, Sumpf, Moor, Wiesen, Bruch und Holz bedeckt und wurde daher auch „Wasserkobo" genannt.

Ortsname. 1667 Cobülücke. 1742 Cobelück. Trap 1864 dän. Kabbelløk. Angeldän. Koffellyk. PreußLA 1877 Kobbellück. – Koppel = angeldän. lyk, von Kobüll (Laur). Lit.: Hald 1948-79, VII 65. JbAngeln 1968, 39. Laur 1992, 398.

Geschichte. Als das Herzogtum Sonderburg 1582 das Gebiet des Rudeklosters übernahm, waren hier ein Hof Kobüll und eine Kate vorhanden, auch „Osterkobo" genannt. Vermutlich ist der fürstlich glücksburgische Hof 1668 bei der Gründung von Kobbellück aufgelöst worden und das Land auf die drei neuen Katen verteilt worden. 1685 brannte eine Kate ab und wurde nicht wieder aufgebaut. 1779 Munkbrarupharde. 1871 FL Gem. Holnis, 3 Wohngeb. Seit 1938 Stadt Glücksburg.

Bauernhaus. Nr. 3. Langgestrecktes Haus mit Wohnteil, Stall und Abnahme. Geweißter Backstein, Reetdach (Denkmalbuch).

Dreisacker

Meierei 1906–1920. Betriebsgebäude 1906 an der Straßenecke erbaut. Meierei für Holnis, Schausende und die Nordhälfte von Bockholm. Jetzt Wohnhaus. Ortsname nach dem Bau eingeführt. Lit.: Hald 1948-79, VII 80. Munkbrarup 1976, III 994. TK 1123 (1985).

Kobüll

Ehem. Hof am Strand bei Kobbellück. Ortsname 1668 Cobüll. Gude 1778 Wasserkobo. – Vielleicht ein altdän. koböli in der Bedeutung Kuhstall, entsprechend Oxbüll (Laur). Aufgrund der Lage zur Förde auch Wasserkobo genannt. Lit.: Gude 1778, 102. vSchröder 1854, 53. Hald 1948-79, VII 71. Laur 1992, 398.

Literatur. vSchröder 1837, I 119. Jensen Angeln 1844, 345. vSchröder 1854, 52. Oldekop 1906, V 57. Angeln 1922, 564. Glücksburg 1974, 68, 87. Munkbrarup 1976, I 264, III 989. Wpl-Verz 1987, 96. TK 1123.

KÖHNHOLZ

PLZ 24891. Dorf

Mittelangeln. Ksp. Thumby u. Böel, Gem. Schnarup-Thumby u. Mohrkirch. 91 Ewh. (1987), 28 Wohngeb., 3 Ldw.-Betriebe (1993). Der zur Gem. Mohrkirch gehörende Dorfteil mit 4 Wohngeb. wird amtlich Köhnholz-Ost genannt.
Lage: nördl. von Thumby, an den Straßen nach Mohrkirch und Schnarup, auf und um den Mittelpunkt einer großen Hochfläche. Höhe 47 m.
Im Südosten wird die Gemarkung vom Es-

KÖHNHOLZ-HOF, Großes Wohnhaus mit zwei Haustüren nebeneinander. Foto: D. Weldt

lingholz, im Nordosten vom Holz Köhnholzkjer begrenzt. Historischer Grenzort der Struxdorfharde und der Mohrkirchharde, westlich anschließend die Satrupharde.

Ortsname. 1587 Konholtt. Mejer 1649 Koenholt. PreußLA 1877 Köhnholz. Ndt. Köhnholt. – Wald = ndt. Holt, mit Erdklumpen, Erhöhungen zu einer dän. Entsprechung køn (Laur). Lit.: JbAngeln 1963, 28. Laur 1992, 399.

Geschichte. 1837 zur Struxdorfharde 5 Höfe und 12 Katen, zur Mohrkirchharde 4 Katen. 1871 SL Gem. Schnarup, 122 Ewh., 20 Wohngeb. und zur Gem. Mohrkirch-Westerholz 33 Ewh., 5 Wohngeb. Seit 1970 Gem. Schnarup-Thumby und Mohrkirch.

Meierei 1912. Alleinstehendes Gebäude, ca. 200 m westlich der Straßenkreuzung erbaut. Der Betrieb arbeitete bis etwa 1949. Nach Stillegung wurde die Meierei zu Wohnungen umgebaut.

Bauernhaus. Alter Weg 6. Abnahmehaus von 1860. Roter Backstein, Reetdach, kleiner Frontispizgiebel über dem Eingang. Haustür verglast, mit gebogenen Ziersprossen (Denkmalbuch).

Köhnholz-Hof

Größter Ldw.-Betrieb der Gemeinde. Dreiseithof mit Hofteich. Zweigeschossiges großes Wohnhaus über 10 Achsen mit vielen hohen Fenstern über alle Geschosse. Flachübergiebelter Mittelrisalit. Zwei Haustüren nebeneinander, davor Freisitz mit Balustrade (Denkmalbuch).

Mittelkamp

Hof. „Mitten im Feld". Ortsname noch gebräuchlich.

Denkmal. Doppeleiche 1898. Im Garten auf dem Hof Mittelkamp, zugehöriger Gedenkstein neben der Hofeinfahrt.

Literatur. vSchröder 1837, I 486. Jensen

Angeln 1844, 420. vSchröder 1854, 290. Oldekop 1906, VIII 72, 101. Angeln 1922, 669, 681. Wpl-Verz 1987, 91, 92. Mohrkirch 1991, 472. TK 1323, 1324.

KÖHNHOLZKJER

Holz

Mittelangeln. Gem. Mohrkirch. Fläche 10 ha. Staatsforst Land SH, Forstamt Schleswig, Försterei Satrup.
Lage: östl. von Köhnholz, an der Straße nach Mohrkirch. Höhe 45 m.
Wald mit Buche und Eiche, Altbäume von 1800 und 1870. Ehemals königliches Gehege, 1873 Eingliederung in die Gemeinde Mohrkirch-Westerholz. Lit.: Oldekop 1906, VIII 72.

Grenzstein 1826. An der Straßenseite zum Waldeingang. Mit Inschriftzeichen. 1826 zur Regierungszeit König Friedrichs VI. gesetzt.

KÖNIGSAU

Au

Nordangeln, im Bereich der Außenförde. Fließstrecke 3 km, von Ringsberg, Höhe 38 m, bis zur Einmündung in die Förde, nördl. von Siegumlund. Einzugsfläche 250 ha, Gem. Munkbrarup. Grenzlauf der Kirchspiele Munkbrarup und Grundhof und zur Gem. Langballig.
Der Oberlauf ist zu Anfang auf 700 m verrohrt, fließt dann aber im naturnahen Bett mit Erlen und Gebüschsaum, streckenweise auch zwischen zwei Knicks. Der vertiefte und begradigte Unterlauf geht zum Teil durch ein steil eingeschnittenes Bachtal, das sich von Südwest bogenförmig am Hof und Holz Siegumlund vorbei in malerischer Landschaft bewegt und bis ins Höftland von Bockholmwik erstreckt.

Gewässername. Die Au war 1920 die Grenze des Abstimmungsgebietes der 2. zur 3. Zone und wurde vom Volksmund in Anlehnung zur Königsau in Nordschleswig so benannt. Lit.: Hald 1948-79, VII 149.

Literatur. Grundhof 1981, 10. Biotop 1987, 1123 Nr. 107.

KÖNIGSDAMM

Au

Westangeln, im Bereich der Wellspanger Au, Schlei. Fließstrecke 3,5 km, von Christiansgabe, südl. von Neuberend, Höhe 35 m, bis zur Einmündung in den Langsee. Einzugsfläche 730 ha, Gem. Neuberend.
Die Au fließt zunächst in Richtung Nordwest und biegt dann bei Wilhelmslust, an der alten Schleswiger Chaussee, plötzlich nach Nordost um. Von da ab beginnt der breite und lange Talraum der Königsdamm-Wiesen, mit großflächigen, feuchten Fluren – ein in dieser Form und Qualität in Angeln sehr seltener Niederungsbereich.
Ein ausgebautes Wanderwegenetz führt durch Wiesen, über die Au und in den Wald von Idstedtwege.

Fischerei. Ein kleiner Fischteich „Königsdamm“ war in Pacht vergeben. Durch den Zentral-Fischerei-Verein wurde die Au vor einigen Jahren mit Krebsen besetzt (1906).

Gewässername. 1599 Konings Dam. 1695 Königsdamm. Gewässerkdl. Verz SH Königsau. Lit.: Dansk sø- og ånavne 1968-89, IV 156.

PLZ 24879. Hof

Kirchengem. Jübek-Idstedt, Gem. Idstedt. 1871 SL Gem. Idstedt, 16 Ewh., 2 Wohngeb. Lage: zwischen Neuberend und dem Wald Idstedtwege. Lit.: Oldekop 1906, VIII 55. Angeln 1922, 709.

Literatur. vSchröder 1837, I 95. Oldekop 1906, VIII 29, 74. Biotop 1987, 1423 Nr. 64. Biotop 1989, 164.

KÖNIGSHOF

PLZ 24941. Hof

Westangeln. Ksp. Oeversee, Gem. Jarplund-Weding, Schleswiger Straße. 1761 ein

Hof der Kolonie Friedrichsmoor gegründet.

Literatur. PreußLA 1877. Bjerrum 1986, 295. Wpl-Verz 1987, 102. TK 1222.

KÖNIGSTEIN

PLZ 24376. Häusergruppe

Südangeln. Ksp. Rabenkirchen, Gem. Grödersby. 30 Ewh. (1987), 8 Wohngeb., Geflügelhof.
Lage: südl. von Kappeln, Zufahrt vom Dorf Gr. Grödersby über einen Feldweg zum Schleiufer. Wanderweg von Kappeln und Arnis an der Schlei entlang.
Östlichster Wohnplatz des Kirchspiels Rabenkirchen, weitester Kirchenweg 5 km.

Ortsname. Mejer 1641 Königstein. Jensen Angeln 1844 Königsstein. Trap 1864 dän. Kongsten. PreußLA 1877 Königstein. – Nach dem großen Stein in der Schlei. Lit.: Laur 1992, 400.

Geschichte. Kate des Domkapitels zu Schleswig, Vogtei Grödersby, 1777 Schliesharde. 1854 zwei Landstellen. 1871 SL Gem. Grödersby, 28 Ewh., 3 Wohngeb.

Bauernhaus. Haus Nr. 2. Geweißtes Mauerwerk, Reetdach. Über der Haustür ein kleiner Frontispiz. Von gleicher Bauart ein Nebengebäude (Denkmalbuch).

Naturdenkmal. Wanderblock „Königstein“ in der Schlei, etwa 50 m vom Ufer entfernt. Durch Sprengungen im Ausmaß vermindert. 1938 unter Denkmalschutz. Lit.: Frahm 1993, 36.

Literatur. vSchröder 1837, I 326, 489. Jensen Angeln 1844, 394. vSchröder 1854, 187. Oldekop 1906, VIII 47. Angeln 1922, 635. Wpl-Verz 1987, 88. TK 1325.

KÖNIGSTOFT

PLZ 24893. Hof

Südangeln. Ksp. u. Gem. Taarstedt. Ldw.-Betrieb, 1962 aus dem Dorf ausgesiedelt.
Lage: nordöstl. von Taarstedt, an der Straße nach Kiusballig, an der Abzweigung zum Hof Kulk. Höhe 27 m.
Lit.: Taarstedt 1989, 93.

KOGAB

Ehem. Hof

Nordangeln. Ksp. Adelby, Gemarkung Sünderup. 1562 urkundlich, 1621 zuletzt genannt. Lit.: Hald 1948-79, VII 38.

KOHLFELD

PLZ 24986. Häusergruppe

Mittelangeln. Ksp. u. Gem. Satrup. 6 Wohngeb., kein Ldw.-Betrieb (1993).
Lage: Ost-Satrup, an der Straße nach Sörup. Höhe 32 m.
Von der Landstraße der einzige Nordzugang in das Satrupholmer Moor. Wanderweg durch das Moor nach Rüde.

Ortsname. Trap 1864 dän. Kaalmark. PreußLA 1877 Kofeld. TK von 1939 Kohlfeld.

Geschichte. Parzellen von Gut Satrupholm, Satrupharde. 1837 zwei Landstellen. 1871 SL Gem. Satrup, 17 Ewh., 2 Wohngeb.

Ziegelei. Bei der PreußLA 1877 verzeichnet. Bis 1900 in Betrieb.

Literatur. vSchröder 1837, II 219. vSchröder 1854, 292. Oldekop 1906, VIII 84. Angeln 1922, 673. TK 1323.

KOHLFELDER GRABEN

Wasserlauf

Mittelangeln, im Bereich der Bondenau, Treene. Fließstrecke 3 km, umschließt das Satrupholmer Moor. Einmündung links in die Rüder Au, kurz vor der Bondenau. Gem. Satrup.

Literatur. Kat. Flurkarte 1874. vRohden 1989, 333.

KOLK
s. Havetoft, Oster-

KOLLEHAV

PLZ 24875. Hof

Westangeln. Ksp. u. Gem. Havetoft. Ldw.-Betrieb.
Lage: 1 km westl. von Havetoftloit, an der Straße nach Havetoft. Höhe 32 m.

Ortsname. Angeldän. Kalleshaw. Wpl-Verz 1970 Kollehav. Wpl-Verz 1987 Kallehau. TK Kollehav. – Einhegung = dän. have, für Kälber = dän. kalve, oder runder Hügel = dän. kol (Laur). Lit.: Wpl-Verz 1987, 89. TK 1323.

KOLLEMOSEGAARD

Ehem. Hof

Westangeln. Ksp. Großsolt, Gemarkung Estrup.
Lage: am Weg von Estrup nach Dammende, Knooper Weg.

Geschichte. Der Hof gehörte vermutlich dem Kloster Mohrkirchen. Nach Abbruch der Hofgebäude kam das Land zu Estruphof, der Stammsitz ist möglicherweise Estrupstamm.

Denkmal 1811. Gedenkstein mit Krone, Jahreszahl und Initialen des letzten Hofbesitzers. Lit.: Gr. Solt 1992, 192.

KOLLENBURG
1) Grundhof 2) Munkbrarup

1) PLZ 24977. Haus

Nordangeln. Ksp. u. Gem. Grundhof, Alte Geltinger Landstr. 7.

Geschichte. Um 1700 eine Krugkate entstanden. 1852 Wirtschaft nach Lutzhöft verlegt. 1871 FL Gem. Lutzhöft. Neues Wohnhaus 1877 erbaut. Seit 1970 Gem. Grundhof.

Literatur. vSchröder 1837, II 48. Jensen Angeln 1844, 337. vSchröder 1854, 333. Oldekop 1906, V 75. Hald 1948-79, VII 174. Husby 1976, 653. Grundhof 1981, 245.

2) Ehem. Haus

Nordangeln. Ksp. Munkbrarup, Gemarkung Ringsberg.

Ortsname. 1621 Kolldenburgh. Mejer 1649 Koldenberg. 1685 Coldenburg. – Wohl ndt. koold = kalt, in der Bedeutung alt, verlassen.

Geschichte. Heckkate des Herzogtums Glücksburg, Munkbrarupharde, an der Grenze zum Ksp. Grundhof, Husbyharde. Nach Verfall abgebrochen. Fast am gleichen Platz wurde 1887 das Wohnhaus „Jägerslust“ zu Ringsbergfeld erbaut. Lit.: Munkbrarup 1976, II 239.

KOLLERUP

Gemeinde bis 1970

FL Amt Großsolt. Fläche 349 ha. 76 Ewh. (1970), neben Stobdrup die einzige Gemeinde in Angeln unter 100 Einwohner.
Gemeinde 1871 mit 109 Ewh., 19 Wohngeb. Ewh.-Höchstzahl 1946: 211 Menschen. 1970 Eingliederung in die Gem. Großsolt.

Wohnplätze. Kollerup, Kollerupfeld, Kollerupholz, Süderballig.

Literatur. Oldekop 1906, V 66. Angeln 1922, 530. Hist. Gem-Verz 1970, 58.

PLZ 24991. Dorf

Westangeln. Ksp. u. Gem. Großsolt. 58 Ewh. (1970; Wpl-Verz 1987 zählt nur 15 Ewh.), 19 Wohngeb.
Lage: 3 km nordöstl. von Großsolt an der Straße nach Sörup, Alte Landstraße, auf dem Rand eines weit zum Autal vorspringenden Höhenzuges. Höhe 40 m.
Im Süden fließt die Bondenau in einem weiträumig ausgeprägten Tal.
Neben dem alten, als Runddorf angelegten Ortskern gehören zum Dorf die Häuser-

gruppe Süderballig und 800 m westlich kurz vor Estrup die Häuser um die ehemalige Schule. Mittelpunkt ist der Dorfkarpfenteich.

Ortsname. 1472 Koldorpp. 1483 Coldorppe. Mejer 1648 Kallrup. Danckwerth 1652 Kalldrup. Wpl-Verz 1871 Collerup. PreußLA 1877 Kollerup. – Dorf = altdän. thorp, des Kolli = altdän. PN (Laur). Namensgleich zwei Kirchdörfer auf Jütland bei Thisted und bei Vejle. Lit.: Hald 1948-79, VII 473. JbAngeln 1966, 19. Laur 1992, 402.

Geschichte. 1837 zur Uggelharde 8 Höfe und 9 Katen. Seit Mitte des 19. Jh. hat sich der Baubestand in Kollerup fast nicht mehr verändert. 1871 FL Gem. Kollerup, im Dorf 109 Ewh., 19 Wohngeb. Seit 1970 Gem. Großsolt. Freiw. Feuerwehr Estrup-Kollerup 1890 gegründet.
■ Krieg. II. Weltkrieg 1945. In den letzten Kriegstagen war Kollerup als Hauptquartier des deutschen Oberbefehlshabers Nord mit 350 Offizieren und Mannschaften belegt. Im Hause Alte Landstr. 10 Quartier von Generalfeldmarschall Busch.

Krug 1791. Kollerup 4. Als kleine Bauernstelle mit Krugwirtschaft erbaut, Ende des 19. Jh. im Wohnteil erweitert. Gaststube seit 1989 geschlossen (Denkmalbuch). Lit.: Gr. Solt 1992, 208.

Bauernhäuser. Alte Landstr. 7. Ehemals kombiniertes Wohn- und Wirtschaftsgebäude aus rotem Backstein. Später angebaut ein weit vorgezogener, firsthoch übergiebelter Risalit mit Schieferdach (Denkmalbuch). Lit.: Gr. Solt 1992, 214. – Alte Landstr. 10. Breitlagernder Putzbau, Schieferdach mit Drempelgeschoß. Repräsentative Gartenfront mit übergiebeltem Mittelrisalit und Freitreppe. Seitliche Anbauten in gotisierenden Formen. (Denkmalbuch). 1945 Hauptquartier des Oberbefehlshabers Nord, Generalfeldmarschall Busch. Lit.: Gr. Solt 1992, 213.

Süderballig

Häuser im südlichen Ortsteil von Kollerup, Süderballig Straße. 3 Höfe am Hang zur nahen Bondenau, ein Ldw.-Betrieb (1993). Lit.: Oldekop 1906, V 66. Angeln 1922, 530. Hald 1948-79, VII 475. Gr. Solt 1992, 215.

Kollerupfeld

Hof. Ortsname nicht mehr gebräuchlich. Lit.: vSchröder 1837, I 491. vSchröder 1854, 293.

Literatur. vSchröder 1837, I 491. Jensen Angeln 1844, 315. vSchröder 1854, 293. Oldekop 1906, V 66. Angeln 1922, 530. Röschmann 1963, 375. U. Pülschen, Kollerup zur Zeit der Kapitulation 1945, JbAngeln 1981, 182. Wpl-Verz 1987, 96. Gr. Solt 1992, 204, 450. TK 1223.

KOLLERUPHOLZ

PLZ 24991. Häusergruppe

Westangeln. Ksp. u. Gem. Großsolt. 15 Ewh. (1987), 5 Wohngeb. Auto- u. Landmaschinenhandel.
Lage: 1,5 km östl. von Kollerup, an der Straße nach Sörup, Alte Landstraße. Im Süden reicht das 25 ha große Kollerupholz bis an die Bondenau. Höhe 35 m.
Kollerupholz ist der östlichste Wohnplatz im Kirchspiel mit dem längsten Kirchenweg nach Großsolt 5,5 km. Grenzort zur Husbyharde, Ksp. Husby u. Gem. Ausacker.

Geschichte. 4 Katen zur Uggelharde. 1871 FL Gem. Kollerup, seit 1970 Gem. Großsolt.

Bauernhaus. Nr. 2. Wohn- und Wirtschaftsgebäude, geweißter Backstein, Reetdach mit Knüppelfirst. Über der alten Haustür ein flacher Frontispiz (Denkmalbuch).

Literatur. PreußLA 1877. Oldekop 1906, V 66. Angeln 1922, 530. Wpl-Verz 1987, 96. Gr. Solt 1992, 218. TK 1223.

KOLLMERYER BEEK
s. Kuschbeek

KOLTOFT

PLZ 24891. Häusergruppe
Mittelangeln. Ksp. u. Gem. Struxdorf. 14 Ewh., 2 Wohngeb., kein Ldw.-Betrieb (1993).
Lage: südl. von Hollmühle, am Weg nach Rabenholz. Höhe 35 m.
Nach Westen führt ein Wanderweg zur tief im Tal fließenden Ülsbyer Au. Das Feld ist von seinen Knicks geräumt.

Ortsname. Mejer 1649 Koldtofft. PreußLA 1877 Koltoft. – Wohnplatz = dän. toft, des Kolli = altdän. PN (Laur). Lit.: JbAngeln 1963, 29. Laur 1992, 402.

Geschichte. Vormals 2 Höfe und 2 Katen des Grauklosters in Schleswig und der Struxdorfharde, 1807 alle unter Hardesding. 1871 SL Gem. Struxdorf, nur ein Hof, 14 Ewh.

Literatur. vSchröder 1837, I 493. Jensen Angeln 1844, 421. vSchröder 1854, 295. Oldekop 1906, VIII 106. Angeln 1922, 682. Wpl-Verz 1987, 93. TK 1323.

KOMPAGNIE
1) Böel 2) Ülsby

1) PLZ 24405. Höfe
Mittelangeln. Ksp. Böel, Gem. Mohrkirch. 3 Wohngeb., ein Ldw.-Betrieb (1993).
Lage: westl. von Mohrkirch, Zufahrt von der Straße nach Satrup, auf freiem, knicklosem Feld. Höhe 40 m.

Ortsname. Wpl-Verz 1970 u. TK von 1982 Kompagnie. Mohrkirch 1991 Compagnie. – 1875 wurde der Landbesitz von drei Anteilseignern in „Compagnie" gemeinsam bewirtschaftet.

Geschichte. Zwei Katen, deren Besitzer seit 1688 bzw. 1746 bekannt sind. Auf der älteren Landstelle, mit neuem Wohnhaus von 1900, wurde seit 1717 eine Färberei betrieben, zu der eine Stampfwassermühle an der südlich vorbeifließenden Kiesperdieker Au gehörte. Das andere Wohnhaus ist 1818 erbaut. 1871 SL Gem. Mohrkirch-Westerholz, seit 1970 Gem. Mohrkirch.

Literatur. Angeln 1922, 669. Wpl-Verz 1970, 123. Mohrkirch 1991, 370. TK 1324.

2) s. Companie

KOOPMANSBEK
s. Brodersbyer Bek

KOPPELHECK

Gemeinde bis 1970
FL Amt Rundhof-Esgrus. Fläche 433 ha. 194 Ewh. (1970). Gemeinde 1867 gegründet mit einer Fläche von 295 ha, 213 Ewh., 47 Wohngeb. 1928 Eingliederung des Gutsbezirks Ohrfeld. Ewh.-Höchstzahl 1946: 403 Menschen. 1970 Eingliederung in die Gem. Niesgrau.

Wohnplätze. Bonsberg, Brening, Geltingmole, Gräverdiek, Hunhoi, Koppelheck, Mühlenkoppel, Ohrfeld, Ohrfeldhaff, Schnogholm teilw., Sick, Winnery.

Literatur. Oldekop 1906, V 67. Angeln 1922, 602. Hist. Gem-Verz 1970, 62.

PLZ 24395. Dorf
Ostangeln. Ksp. Esgrus, Gem. Niesgrau. 82 Ewh. (1987), 31 Wohngeb., 2 Ldw.-Betriebe, Gaststätte (1992).
Lage: 4 km westl. von Gelting an der Nordstraße, auf der Kante vor einer langgestreckten Niederung mit dem Graben der Lüchtofter Mühlenau. 500 m nördlich die Geltinger Bucht.
Durch das Straßendorf zieht die ehemalige Geltinger Landstraße parallel zur Nordstraße.

Ortsname. 1765 Coppelheck. Jensen Angeln 1844 angeldän. Koffellei. Trap 1864 dän. Kobbelled. PreußLA 1877 Koppelheck. – Heckkate auf der Holzkoppel von Gut Ohrfeld an der Grenze zu Gut Niesgraugaard. Lit.: Hald 1948-79, VII 377. JbAngeln 1967, 107. Laur 1992, 403.

Geschichte. Ursprünglich nur eine Heckkate an der Feldscheide zu Gut Niesgraugaard auf der Holzkoppel von Gut Ohrfeld. 1837 zu Gut Ohrfeld 12 Landstellen, 1853 Kappelerharde. 1871 FL Gem. Koppelheck, im Dorf 71 Ewh., 17 Wohngeb. Seit 1970 Gem. Niesgrau.
Freiw. Feuerwehr Niesgrau-Koppelheck 1891 gegründet.

Schule 1803–1972. Von Niesgrau nach Koppelheck verlegt. 1828 neues Schulhaus, 1964 abgebrochen. 1845 einklassig mit 90 Kindern. 1851–64 Unterricht in dänischer Sprache. 1951 Neubau. 1969 Hauptschule des Amtes Rundhof-Esgrus. 1972 aufgelöst nach Sterup. Gebäude jetzt Gästehaus mit Ferienfahrschule. Lit.: KDM FL 1952, 122. Ravn 1971, 160. Esgrus 1990, 251.

Krug. Seit 1826 im Dorf. Gaststätte noch vorhanden.

Ziegelei. Von Gut Niesgraugaard südlich der Schule angelegt. Sonst keine Nachrichten bekannt. Lit.: Esgrus 1990, 326.

Sparkasse. 1861 gegründet.

Bauernhäuser. Nr. 21. Reetgedeckte Kate aus rotem Backstein, teilw. in Fachwerk. – Nr. 42. Kleines Wohnhaus, roter Backstein mit Reetdach (beide Denkmalbuch).

Denkmal. Friedenseiche 1871 ohne Stein. An der ersten Einfahrt von der Nordstraße zur Dorfstraße zum Krug. Lit.: Esgrus 1990, 113. – Gedenkstein 1979. Stein mit Inschrift zur Erinnerung an die Deicharbeiten nach den Sturmfluten 1978 und 1979.

Sick

Häuser im Dorf, ehem. Kate und Abnahmehaus. Ortsname 1735 beim Sick. Jensen Angeln 1844 im Sick. – Aufgrund der tiefen Lage in einer Bodensenke = ndt. Sick (Hald). Der Ortsname ist bei älteren Einwohnern gebräuchlich. Lit.: Hald 1948-79, VII 381.

Strandkoppel

Häuser. 1844 einige Landstellen. Ortsname 1593 FN Strandt Koppel. 1783 Strand Coppel. Ortsname nicht mehr gebräuchlich. Lit.: Hald 1948-79, VII 382.

Literatur. vSchröder 1837, I 494. Jensen Angeln 1844, 372. vSchröder 1854, 295. Oldekop 1906, V 67. Angeln 1922, 602. Röschmann 1963, 378. Wpl-Verz 1987, 98. TK 1225.

KOPPERFELD
s. Rothenhaus

KOPPERHOLM

Ehem. Häuser

Ostangeln. Ksp. Gelting, Gemarkung Hasselberg.
Lage: südl. der Straße „Eckstang“, zwischen Hasselberg und Kieholm, westl. des Weges nach Geilberg.

Ortsname. 1674 FN Kopperholm. – Kupfer = dän. kobber. Lit.: Hald 1948-79, VII 429.

Geschichte. 1790 Parzellen aus dem Meierhof Hasselberg, Gut Oehe. 1817 eine Kate, 1837 zwei Landstellen genannt, 1853 Kappelerharde.

Literatur. vSchröder 1837, I 362. Jensen Angeln 1844, 360, 385. vSchröder 1854, 210. Oldekop 1906, V 50. Gundelsby 1977, 163.

KOPPERHOLZ
s. Stoltebüll

KRÄMERSTEEN

PLZ 24405. Ortsteil

Mittelangeln. Ksp. Böel, Gem. Mohrkirch. 77 Ewh. (1987), 21 Wohngeb. einschließlich Jordmoos. Kein Ldw.-Betrieb (1993).
Lage: nordwestl. von Mohrkirch, Ortsteil in

Mohrkirch-Westerholz, an und unterhalb der Landstraße nach Satrup, am Hang und auf der Höhe eines langgestreckten Höhenzuges. Höhe 45 m.
Die Wasserscheide des Einzugsgebietes der Nordsee grenzt im Norden an den Ort. Oberhalb der Landstraße steigen die Hügel bis 55 m an.

Ortsname. 1778 Cremersteen. PreußLA 1877 Krämersteen. – Wohl Stein, wo Händler, Höker = dt. Krämer, verweilten (Laur). Lit.: Laur 1992, 405.

Geschichte. 1778 zwei Landstellen auf Parzellen der Domäne Mohrkirchen gegründet, Mohrkirchharde. 1837 vier Stellen. 1871 SL Gem. Mohrkirch-Westerholz, 31 Ewh., 3 Wohngeb. Seit 1970 Gem. Mohrkirch.

Schule 1868. Krämersteen Nr. 3. Ehem. Schule der Gem. Mohrkirch-Westerholz. Seit 1971 Freizeitheim „Alte Schule", 1992/93 umgebaut. Großer Sportplatz 1974 und Schützenhaus.

Windmühle. Krämersteen Nr. 2. Mühle von Sundewitt 1868 hier aufgestellt und als Knochenmühle betrieben. 1920 abgebrochen. Müllerhaus nach Brand 1934 neu erbaut. Lit.: Mohrkirch 1991, 477.

Schmiede 1890. Krämersteen Nr. 10. Werkstatt 1970 geschlossen. Lit.: Mohrkirch 1991, 249, 483.

Hye

Windmühle. Krämersteen Nr. 11. Auf einem hohen Berg 57 m, der höchsten Erhebung an der Landstraße nach Satrup. Galerieholländer 1877 von einem Sägewerk aus Flensburg erworben und an diesem Platz aufgestellt. 1963 wurden die Flügel abgenommen und die Mühle bis 1973 mit Motorkraft weiter betrieben. Mühlenrumpf und Müllerhaus erhalten. Lit.: KDM SL 1957, 147. Wpl-Verz 1970, 123. Mohrkirch 1991, 240, 485. TK 1324.

Literatur. vSchröder 1837, I 497. Jensen Angeln 1844, 413. vSchröder 1854, 297. Angeln 1922, 669. Wpl-Verz 1987, 91. Mohrkirch 1991, 475. TK 1324.

KRAGEL
s. Torsballig

KRAGELUND

PLZ 24407. Häusergruppe

Ostangeln. Ksp. Töstrup, Gem. Oersberg u. Stoltebüll. 21 Ewh. (1987), 7 Wohngeb., davon ein Haus zur Gem. Stoltebüll.
Lage: 1,5 km nördl. von Oersberg, an der Straße nach Brunsholm, Kappelner Chaussee. Höhe 48 m.
Im Westen eine Hölzung. Grenzort zur Gem. Stoltebüll, bis 1974 im Kreis Flensburg.

Ortsname. 1804 Kragelund. PreußLA 1877 Kragelund. Ndt. Krachelund. – Krähenhain = dän. krage und lund. Lit.: Laur 1992, 405.

Geschichte. 1854 waren zu Kragelund 6 Katen unter Struxdorfharde und eine vormals Rundhofer Kate zur Kappelerharde. 1871 SL Gem. Töstrup 5 Wohngeb. und 2 Häuser zur FL Gem. Gulde, die seit 1970 der Gem. Stoltebüll angehören.

Ziegelei. Bei der PreußLA 1877 verzeichnet und auch noch auf der TK von 1939 vorhanden. Westlich von Kragelund, nahe der Hölzung, am Ende eines Weges von Arrild.

Literatur. vSchröder 1837, I 342, 497. Jensen Angeln 1844, 391. vSchröder 1854, 195, 297. Oldekop 1906, V 49, VIII 80. Angeln 1922, 627, 629. Toestrup 1982, 203, 238. Wpl-Verz 1987, 91, 101. TK 1325.

KRAGHÖH

PLZ 24409. Haus

Ostangeln. Ksp. Töstrup, Gem. Stoltebüll.
Lage: nördl. von Wittkiel, an der Straße nach Schörderup, an der Abzweigung nach Stenneshöh. Höhe 50 m.

Ortsname. vSchröder 1837 Kraakhoy. PreußLA 1877 Kraghöh. – Krähenhöhe = dän. krage.

Geschichte. Kate bis 1952 zu Gut Drült. Neubau 1970. Bis 1970 FL Gem. Wittkiel.

Höhe

Erhebung 59,5 m an der Straße nach Schörderup. Die Kraghöhe ist der höchste Berg des letzten kleinen Teilgebiets der Endmoränenzone Ostangelns.

Literatur. vSchröder 1837, II 442. vSchröder 1854, 584. Oldekop 1906, V 129. Angeln 1922, 628. Wpl-Verz 1970, 35. Toestrup 1982, 447. TK 1325.

KRAGHOLM

PLZ 24960. Häusergruppe

Nordangeln. Ksp. u. Gem. Munkbrarup. 19 Ewh. (1987), 6 Wohngeb., ein Ldw.-Betrieb (1993).
Lage: nordöstl. von Munkbrarup, unterhalb der Nordstraße, in einem kleinen Talraum an einer Hügelkuppe. Höhe 40 m. Der Hausberg „Kragholmhy" 52 m.

Ortsname. 1624 Kraghollm. Mejer 1648 u. Danckwerth 1652 Kragholm. PreußLA 1877 Kragholm. Ndt. Krachholm. – Erhebung, Insel = dän. holm, wo Krähen sind = dän. krage (Laur). Lit.: Hald 1948-79, VII 65. JbAngeln 1968, 35. Laur 1992, 405.

Vorgeschichte. Am Rande und zwischen den Häusern liegen dicht beieinander mehrere Grabhügel, von denen noch drei Hügel im Gelände gut zu erkennen sind. Lit.: Röschmann 1963, 434.

Geschichte. Herzogtum Glücksburg, 1779 Munkbrarupharde. 1844 zwei Höfe und zwei Katen. 1871 FL Gem. Munkbrarup, 42 Ewh., 4 Wohngeb.

Kragholmhy

Haus an der Höhe „Kragholmhy". Ortsname noch gebräuchlich. Lit.: Munkbrarup 1976, II 176.

Au

Fließstrecke 2,5 km, südl. von Harkmoor, Höhe 42 m, bis zur Einmündung rechts in die Munkbrarupau. Oberlauf verrohrt.

Literatur. vSchröder 1837, I 497. Jensen Angeln 1844, 344. vSchröder 1854, 298. Oldekop 1906, V 80. Angeln 1922, 562. Munkbrarup 1976, I 239, II 168. Wpl-Verz 1987, 98. TK 1123.

KRAGSBÜLL

Ehem. Siedlung

Westangeln. Ksp. Kleinsolt, südwestl. des Dorfes, durch Flurname erschlossen.

Ortsname. 1747 FN Kragsbüll. – Siedlung = dän. bøl, dt. -büll, des Krag = altdän. PN (Laur). Lit.: Hald 1948-79, VII 513. Kuhlmann 1958, 253. Laur 1992, 405.

KRAKHOLM
s. Böklund

KREIBERG

PLZ 24977. Hof

Nordangeln. Ksp. Grundhof, Gem. Westerholz. Ldw.-Betrieb (1993).
Lage: 2 km südl. von Westerholz, in der äußersten Südwestecke der Gemeinde, am Weg von Unewatt nach Unewattholz, an einem geschützten Hang vor dem Tal der Schiebeck. Höhe 16 m.

Ortsname. 1758 Kreyen-Barg. 1782 Kragberg. 1815 Kreiberg. vSchröder 1837 Kroyberg. Ndt. Kreibarch. – Krähenberg = ndt. Krei. Lit.: Hald 1948-79, VII 116.

Geschichte. 1758 Hof auf einer Parzelle von Gut Unewatt entstanden, Husbyharde. Der Gründer der Flensburger Hefefabrik hat hier als Branntweinbrenner begonnen.

Literatur. vSchröder 1837, II 390. vSchröder 1854, 551. Oldekop 1906, V 127. Grundhof 1981, 433. Wpl-Verz 1987, 102. TK 1124.

KREUZ
s. Tarup

KREUZAU
s. Loiter Au

KREUZERHOLZ
s. Rundhofer Wald

KREUZORT
s. Brodersby, Groß-

KRIMM
1) Grundhof 2) Kahleby 3) Kleinsolt 4) Rüllschau

1) s. Dollerup

2) s. Reesholm

3) PLZ 24991. Hof

Westangeln. Ksp. Kleinsolt, Gem. Freienwill, Waldstr. 5. Ohne Ldw.-Betrieb.
Lage: nördl. von Kleinwolstrup, nahe dem Wolstruper Holz. Höhe 60 m.

Ortsname. PreußLA 1877 Krimm. – Ursprung im ndt. krim = weit weg. Später verbreitete Nachbenennung für Flurstücke und Siedlungen nach der südrussischen Halbinsel, zur Zeit des Krimkrieges 1853–56 häufig als Spottname für entlegene, einsame Wohnplätze eingeführt. Lit.: Hald 1948-79, VII 508.

Geschichte. Haus 1861 erbaut. Hof seit 1969 ohne Ldw.-Betrieb. Bis 1974 FL Gem. Kl. Wolstrup.

Literatur. Oldekop 1906, V 65. Angeln 1922, 532. Wpl-Verz 1987, 102. Freienwill 1992, 78. TK 1222.

4) s. Maasbüllfeld

KRITTENBURG
1) Munkbrarup 2) Sieverstedt

1) s. Rüdeheck

2) PLZ 24885. Häusergruppe

Westangeln. Ksp. u. Gem. Sieverstedt. 71 Ewh. (1970).
Lage: am Südostrand des Dorfes Süderschmedeby, am Weg nach Sieverstedt, im kurzen, schmalen Talraum der Krittenburger Au, der auf beiden Seiten von zwei hohen 50-m-Hügeln postiert wird. Höhe 36 m. Die Au fließt weiter nach Süden durch eine breite Wiesenniederung, die das Süderholz und Kirchenholz begrenzen.

Ortsname. 1753 Krittenburg. PreußLA 1877 Krittenburg. Ndt. Krittenborch. – Heimchenburg = ndt. Kritt, als Scherzname – oder fahren mit der Schiebkarre = angeldän. kritte (Laur). Borg häufig als ironische Hof- oder Hausbezeichnung. Lit.: Bjerrum 1986, 329. Laur 1992, 408.

Vorgeschichte. Die archäologische Landesaufnahme verzeichnet östlich von Krittenburg rund 15 Grabstellen, von denen noch 5 Hügel mit gewölbter Kuppe im Gelände gut zu erkennen sind. Lit.: Röschmann 1963, 539. Bronzezeit 1978, 77.

Geschichte. Uggelharde. Seit 1798 die Armenhauskate, ab etwa 1880 die Hebammenwohnung des Kirchspiels, seit 1939 Privathaus. 1871 FL Gem. Süderschmedeby, 2 Wohngeb. 1971 zur Gem. Sieverstedt.

Ostersieg

Haus am „Ostersick-Weg“. 1837 eine Kate. Ortsname 1804 Ostersieg. – Sumpfige Niederung, feuchtes Land = ndt. Siek. Lit.: vSchröder 1837, II 243. vSchröder 1854, 460. Oldekop 1906, V 114. Sieverstedt 1983, 207. Bjerrum 1986, 343.

Literatur. vSchröder 1837, II 243. vSchröder 1854, 460. Oldekop 1906, V 114. Angeln 1922, 528. Wpl-Verz 1970, 35. Süderschmedeby 1985, 60. TK 1322.

KRITTENBURGER AU

Au

Westangeln, im Bereich der Bollingstedter Au, Treene. Fließstrecke 3,5 km, östl.von Krittenburg, Höhe 40 m, bis zur Einmündung rechts in die Bollingstedter Au, westl. von Stenderupau. Gem. Sieverstedt.

Gewässername. DG 1989 Krittenburger Graben.

KROCK

PLZ 24888. Häusergruppe

Südangeln. Ksp. Ulsnis, Gem. Steinfeld. 37 Ewh. (1987), 10 Wohngeb., Landtechnik, Tankstelle. Kein Ldw.-Betrieb (1993).
Lage: Süd-Steinfeld, an der Straße nach Ulsnis, an der Ecke der Hardesstraße und dem Kirchenweg. Höhe 25 m.

Ortsname. Wpl-Verz 1871 Krook. PreußLA 1877 Krock. Wpl-Verz 1987 Krok. – Ecke, Winkel = dän. Krog, ndt. Krock, oder Krümmung, Biegung (Laur). Hier ist gemeint im Winkel zweier Straßen. Lit.: Laur 1992, 408.

Geschichte. 1854 Hof zur Schliesharde. 1871 SL Gem. Steinfeld, 2 Wohngeb.

Bauernhaus. Auf einem Hof an der Landstraße ein großes Wohnhaus mit dreiachsigem, zweigeschossigem und firsthohem Frontgiebel, Vorbereich überdacht mit Säulen. Eckquadrierung und Fensterumrahmungen aus Putzornamenten (Denkmalbuch).

Literatur. vSchröder 1854, 505. Oldekop 1906, VIII 104. Angeln 1922, 646. Steinfeld 1979, 330. Wpl-Verz 1987, 93. TK 1424.

KRÖGUM
s. Oberland

KROGBERG
s. Gr. Soltbrück

KROKHOLM
s. Böklund, Krakholm

KRONSGAARD

Gemeinde

Amt Gelting. Fläche 592 ha, davon 7 ha Wald. 227 Ewh., 105 Wohngeb. (alle Angaben 1987). 6 Ldw.-Betriebe (1993).
FL Gemeinde 1871 gebildet, Fläche 356 ha, 212 Ewh., 47 Wohngeb. 1928 Eingliederung des Gutsbezirks Düttebüll. Ewh.-Höchstzahl 1946: 569 Menschen. Bis 1948 im Amt Düttebüll.

Wohnplätze. Boysenfeld, Breede, Busch ehem., Domstag, Düttebüll, Düttebüllschmiede, Haffskoppel, Klorr, Kronsgaard, Kronsgaarderdrecht, Langfeld, Pottloch, Regenholz, Rote Kate, Schmaahus, Schwienkoppelholz ehem., Ziegelwiese ehem.

PLZ 24395. Streusiedlung

Ostangeln. Ksp. Gundelsby, Gem. Kronsgaard. 169 Ewh. (1987). Erholungsort mit Sporthotel, Krug u. Campingplatz, 5 Ldw.-Betriebe (1993).
Lage: 5 km südöstl. von Gelting, an der Straße von Pommerby nach Hasselberg und am Deich und Strand. Höhe 5 m.
Ohne eigentliches dörfliches Zentrum setzt sich der Ort aus zwei Nachbarschaften zusammen: die Fischernachbarschaft an der zum Strand führenden Straße und die Inselnachbarschaft, von der die Ringstraße „An der Insel“ ihren Namen hat. Um die Siedlung sind viele Knicks in seltener Dichte erhalten und bewahren das alte Bild der Landschaft.

Ortsname. 1535 Kronsgardt. 1696 Cronsgarde. PreußLA 1877 Kronsgaard. Ndt. Kronschår. – Hof = dän. gård, des Kron = altdän. PN (Laur). Lit.: Hald 1948-79, VII 429. JbAngeln 1967, 104. Laur 1992, 409.

Geschichte. 1785 entstanden nach der Parzellierung des Meierhofes von Gut Düttebüll 24 kleine Landstellen, 1853 zur Kappelerharde. 1871 FL Gem. Kronsgaard, 146

Ewh., 36 Wohngeb. und eine Hofkate zum Gutsbezirk Düttebüll. Früher im Ksp. Gelting, seit 1909 zur neuen Kirche Gundelsby gehörig. Freiw. Feuerwehr 1913 gegründet. 1972 anerkannter Erholungsort.

Meierhof. 1535 ein Hof zu Gut Buckhagen, den 1614 das Gut Düttebüll kaufte und als seinen neuen Meierhof bewirtschaftete. 1785 wurde der Hof parzelliert, worauf viele kleine Stellen zu Kronsgaard entstanden. Der Stamm des ehemaligen Meierhofes verblieb beim Hof Klorr.
Von den Wall- und Grabenresten des alten Hofes, die östlich der Straße lagen, und von der viereckigen Anlage mit Bastionen und Gräben des jüngeren Hofplatzes von 1614 auf der gegenüberliegenden Straßenseite sind heute keine Spuren zu erkennen. Lit.: Röschmann 1963, 389.

Schule 1949. Dorfstr. 12. Seit Auflösung zur DGS Gelting als Rentnerwohnheim der Gemeinde genutzt. Das erste Schulhaus stand auf der Ziegelwiese, nahe dem Strand bei Pottloch. 1805 wurde ein Wohnhaus in Kronsgaard zur Schule umgebaut, 1858 abgebrochen. Neubau von 1859 abgebrannt 1945. Schulpatronat Gut Düttebüll 1857 an das Kirchenvisitatorium Flensburg übergeben. 1856–64 Unterricht in dänischer Sprache. Lit.: P. Schwennsen, Die Schule in Kronsgaard, JbAngeln 1970, 155. Ravn 1971, 162. Gundelsby 1977, 15, 70.

Krug 1893. Jägerbucht 4. Roter Backsteinbau mit niedrigem Saalanbau. Bemerkenswerte Detailausbildung an Fenstern und Haustür (Denkmalbuch). Lit.: Gundelsby 1977, 240.

Post. Seit 1929 eigene Poststelle. Heute keine Post in Kronsgaard.

Ziegelei. 1897 nach Stenderup verlegt.

Bauernhäuser. Jensen (1983). Reetgedeckter roter Backsteinbau von 1860. Haustür unter flachem Frontispiz. Durch Anbauten verändert (Denkmalbuch). Lit.: Gundelsby 1977, 235. – Heinsen (1983). Kombiniertes Wohn- und Wirtschaftsgebäude mit Reetdach, Fachwerkwände mit roten Backsteinfächern. Quererschlossener Wirtschaftsteil massiv erneuert (Denkmalbuch).

Denkmal 1898. Vor dem Feuerwehrhaus ein Gedenkstein mit Inschriftplatte und einer ungewöhnlichen Aufsatzspitze. Zur Erinnerung an die Erhebung Schleswig-Holsteins 1848. Lit.: Frahm 1993, 233.

Dänischestraße

Häuser u. Straßenname. Weg zum Strand 1785 nach der Parzellierung des Meierhofes von Alsingern der Insel Alsen bebaut. Lit.: Hald 1948-79, VII 423. Gundelsby 1977, 18.

Kronsgaarderdrecht

Häusergruppe von 16 Wohngeb. u. Sporthotel am Deich. Ortsname PreußLA 1877 Kronsgaard. – Strandwall = ndt. Drecht. Lit.: Wpl-Verz 1987, 98. TK 1225.

Jägerbucht

Süd-Dorfstraße u. Straßenkreuz in Kronsgaard mit den Wegen nach Düttebüll u. Stenderup. 1864 von österreichischen Jägern als Schießübungsplatz benutzt. Lit.: Gundelsby 1977, 18.

Klorr

Hof. Süd-Kronsgaard, an der Straße nach Gundelsby zur Nordstraße. 1785 Stammhof des parzellierten Meierhofes. Neues Wohnhaus von 1906.
Lit.: PreußLA 1877. Hald 1948-79, VII 429. Gundelsby 1977, 239. Wpl-Verz 1987, 98.

Schmaahus

Hof. Seit 1786 im Familienbesitz. Hier lagen drei Steingräber „Smaahuus“, heute nur noch eine flache Bodenwelle, südl. der Straßenkreuzung, auf der Westseite der Straße nach Klorr.
Ortsname. 1785 FN Schmaahuus. – Kleiner Hügel = dän. små. Die letzte Silbe vermutlich eine Entstellung von høj = Hügel, Grabhügel (Hald). Lit.: Hald 1948-79, VII 446.
Lit.. Jensen Angeln 1844, 37. Röschmann 1963, 385. Gundelsby 1977, 236.

KRONSGAARD, Dorfkrug 1893. Foto: B. Hamer

Literatur. vSchröder 1837, I 501. Jensen Angeln 1844, 244, 383. vSchröder 1854, 300. Oldekop 1906, V 68. Angeln 1922, 613. Röschmann 1963, 381. Gundelsby 1977, 13, 120. Wpl-Verz 1987, 98. TK 1225.

KROXBÜLL

PLZ 24873. Häusergruppe
Westangeln. Ksp. u. Gem. Havetoft. 20 Ewh. (1987), 5 Wohngeb.
Lage: westl. von Havetoft, an der Straße nach Stenderup. Höhe 35 m. Im Süden liegt ein Moor von 7 ha Fläche. Bei der Flurbereinigung hat die Gemeinde das Areal erworben und 1990 das Moor renaturiert. Am Westrand des Moores führt ein Wanderweg nach Süder-Havetoft. Nördlich von Kroxbüll fließt die Bollingstedter Au tief unterhalb der Landstraße.

Ortsname. 1796 FN Kruxbüll. – Siedlung = dän. bøl, dt. -büll, des Krok, Krog, zu altdän. krok = etwas Gebogenes, siehe dän. kro = Krug u. ndt. Krooch in beiden Bedeutungen. Krogsbølle als Parallele in Dänemark einige Male vertreten (Laur). Lit.: JbAngeln 1963, 32. Laur 1992, 410.

Literatur. Kuhlmann 1958, 253. Wpl-Verz 1987, 89. TK 1323.

KRÜPPELKRUG
s. Adelbylund

KRÜSELHY
s. Christelhoe

KRUMMESGAARD
s. Steinberggaard

KÜCHENHOLZ
s. Rundhofer Wald

KÜSTERWIESE

Wald

Mittelangeln. Gem. Satrup. Fläche 12 ha. Staatsforst Land SH, Forstamt Schleswig, Försterei Satrup.
Lage: nördl. von Satrupholm, der Südteil des Forstes, der im Osten von der Bondenau begrenzt wird. Höhe 35–40 m.
Im Wald stehen Esche, Buche und Tanne. Ein vorgeschichtlicher Grabhügel.
Gut Satrupholm, 1771 königliches Gehege. Ehem. Forstgutsbezirk Schleswig, 1928 Eingliederung in die Gem. Satrup.

Denkmal 1897. „Kaiser-Eiche" zum 100. Geburtstag Kaiser Wilhelms I. gepflanzt und ein Gedenkstein mit Inschrift aufgestellt.

Literatur. PreußLA 1877. Oldekop 1906, VIII 100. TK 1223 (1988).

KUHBERG

Ehem. Haus

Nordangeln. Ksp. Hürup. 1837 eine Kate, 1906 „einige Katen". Vermutlich ein jüngerer Ortsname, da ein diesbezüglicher Flurname im Kirchspiel nicht bekannt ist (Hald).

Literatur. vSchröder 1837, I 415. Jensen Angeln 1844, 328. vSchröder 1854, 243. Oldekop 1906, V 58. Hald 1948-79, VII 5.

KUHHOLZ

PLZ 24392. Häusergruppe

Südangeln. Ksp. Süderbrarup, Gem. Nottfeld. 24 Ewh. (1970), 6 Wohngeb., ein Ldw.-Betrieb (1993).
Lage: 2 km südl. von Süderbrarup, an der Straße nach Lindaunis, am Waldrand des Kuhholzes. Höhe 35 m.

Ortsname. 1804 Kühholz. vSchröder 1837 Küholz. PreußLA 1877 u. TK von 1939 Kühholz. – Wald, in dem Kühe weiden (Laur). Lit.: Laur 1992, 415.

Geschichte. Wohnung des Gutsoberjägers von Lindau, Schliesharde. 1784 Haus des Hegereiters des Lindauer Hegereiterberitts, später zu Christianslust wohnhaft. 1837 fünf Katen. 1871 SL Gem. Nottfeld, 20 Ewh., 5 Wohngeb.

Handweberei. 1863 gegründet und seitdem in Familienbesitz. 1918 abgebrannt und neu aufgebaut.

Kuhholz

Holz. Fläche 29 ha. Staatsforst Land SH, Forstamt Schleswig, Försterei Tiergarten.
Lage: an der Straße nach Lindaunis, im Süden vom Petersholz nur durch diese getrennt. Das Waldgelände steigt aus dem Südteil mit vielen Senken und kleinen Bächen von 17 auf 36 m gleichmäßig an.
Buchenwald mit Eiche und Esche, Altbäume von 1840.
Die Kuhholz-Koppel des Lindauer Meierhofes Nottfeld wurde 1784 als königliche Hölzung von der Parzellierung des Gutes ausgenommen. 1873 Eingliederung des Geheges in die Gem. Nottfeld. Grenzwald zur Gem. Boren.

Literatur. vSchröder 1837, I 504, II 111. Jensen Angeln 1844, 406. vSchröder 1854, 303, 378. Oldekop 1906, VIII 77. Angeln 1922, 656. Wpl-Verz 1970, 123. TK 1324.

KUHLE
s. Ringsbergfeld

KULK

PLZ 24893. Hof

Südangeln. Ksp. u. Gem. Taarstedt. Ldw.-Betrieb (1993).
Lage: 2 km östl. von Taarstedt, Zufahrt von der Straße nach Kius, am Waldrand des Hestofter Holzes. Höhe 27 m.
Der lange Weg zum Hof geht am Kulker Wald vorbei. Die beiden kleinen Hölzungen sind im Besitz von Taarstedter Bauern.

Geschichte. Hof 1874 gegründet. Ortsname Kolk = Wasserloch.

Literatur. Wpl-Verz 1987, 93. Taarstedt 1989, 140. TK 1424.

KUMMELMAY
s. Langballigau

KURTHÖH

Ehem. Hof

Ostangeln. Ksp. Töstrup in der ehem. Gem. Gulde.
Lage: östl. von Schörderup, nahe der Grenze zu Stoltebüll. Zufahrtsweg von Levshöh. Hof 1952 abgebrochen.

Literatur. Wpl-Verz 1871. PreußLA 1877. Oldekop 1906, V 49. Angeln 1922, 630. Toestrup 1982, 275.

KUSCHBEEK

Au

Südangeln, im Bereich der Schlei. Fließstrecke 3,5 km, von Bicken, Höhe 30 m, bis zur Einmündung in die Schlei, östl. von Karschau. Gem. Rabenkirchen-Faulück.
Der Lauf ist bis kurz vor Karschau verrohrt oder in offene Gräben, mit wiederholten Unterbrechungen, gelegt. Im Unterlauf hat die Au ein sehr gut ausgebildetes, naturnahes Bachbett, teilweise schluchtartig, begleitet von Eschenwald. Auf der Hangoberkante ein Buchenwäldchen. Lit.: Biotop 1987, 1325 Nr. 84.

Gewässername. Kuschbeek, auch Kollmeryer Beek lt. Verband Grödersby.

KUTSCHERHAK

Ostsee-Bucht

Ostangeln. Kleine Einbuchtung an der Ostküste der Birk. Benannt nach einem dort wohnenden Kutscher. Auch „Preußische Bucht“, wegen des Übungsschießens preußischer Soldaten 1864. Lit.: Gelting 1972, 250.

KYSWEEK

PLZ 24991. Haus

Westangeln. Ksp. Kleinsolt, Gem. Freienwill.
Lage: südl. von Hürup, an der Straße nach Kleinsolt. Der von Kielsgaard kommende Hüruper Bach markiert die Grenze zum Ksp. Hürup. Höhe 36 m.

Ortsname. TK Kysweek. Freienwill 1992 Kyswyk. Dän. Kylsvæk. – Vermutlich im Zusammenhang mit Kielsgaard, dessen ursprünglicher Ortsname „Kil“ war. Welche Bedeutung die zweite Silbe hat, ist unklar. Im Kirchenbuch 1869 und im Volksmund wurde der Krug auch „Kanapee“ genannt, mit Bezug auf die Raststätte der Jagdherren. Lit.: Hald 1948-79, VII 513.

Geschichte. Ehemals eine Kate, die dem Gut Rundhof gehörte und von der Gutsherrschaft zur Jagd besucht wurde. Das alte Haus ist nach einem Zahlenanker 1780 erbaut und beherbergte bis 1903 eine Krugwirtschaft. Das Gebäude wurde 1931 und 1986 durch Feuer vernichtet. Neubau.

Literatur. Wpl-Verz 1970, 29. Freienwill 1992, 101. TK 1223.

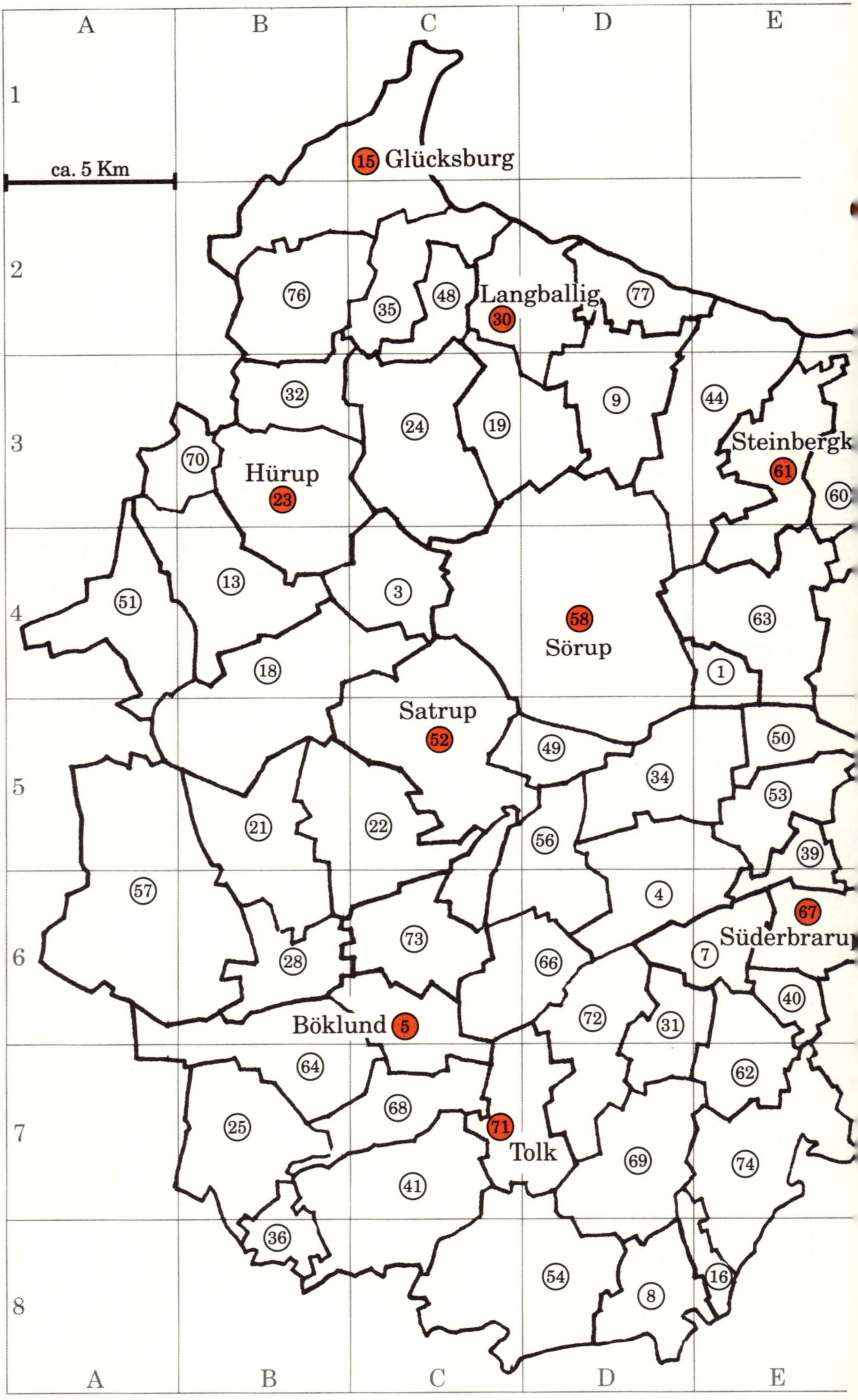

A
B
C
D
E
1
2
3
4
5
6
7
8
ca. 5 Km
15 Glücksburg
76
35
48
Langballig
30
77
32
24
19
9
44
Steinbergk
61
60
70
Hürup
23
51
13
3
58
Sörup
63
18
1
Satrup
52
49
50
34
53
21
22
56
39
57
4
67
Süderbraru
73
28
66
7
40
Böklund 5
72
31
64
62
68
25
71
Tolk
69
74
41
36
54
16
8
A
B
C
D
E